FANUC数控系统PMC编程从入门到精通

罗敏 著

化学工业出版社
·北京·

本书面向数控装备电气设计、安装调试、维修保全工程师以及相关专业大中专院校师生，全面深入地介绍了FANUC数控系统内置可编程机床控制器（Programmable Machine Controller，PMC）的硬件结构与I/O模块、硬件连接与地址分配、程序结构和编程指令，以及编程软件FAPT LADDER-Ⅲ的使用方法。结合工程应用实例，全面介绍了数控系统运行准备、手动操作、自动运行、倍率、程序自动调出、M/S/T/B功能、PMC窗口等基本PMC应用设计，以及PMC轴控制、I/O LINK轴控制等伺服轴PMC应用设计。

书中提供的例题和应用实例，有详细的地址分配、电气连接图、指令详解和程序设计分析，使读者能更好地理解PMC编程方法和技巧。

图书在版编目（CIP）数据

FANUC数控系统PMC编程从入门到精通/罗敏著.—北京：化学工业出版社，2020.1（2022.9重印）

ISBN 978-7-122-35506-5

Ⅰ.①F…　Ⅱ.①罗…　Ⅲ.①数控机床-程序设计　Ⅳ.①TG659

中国版本图书馆CIP数据核字（2019）第247313号

责任编辑：张兴辉　　文字编辑：陈　喆
责任校对：王鹏飞　　装帧设计：王晓宇

出版发行：化学工业出版社（北京市东城区青年湖南街13号　邮政编码100011）
印　　装：北京七彩京通数码快印有限公司
787mm×1092mm　1/16　印张27¾　字数727千字　2022年9月北京第1版第3次印刷

购书咨询：010-64518888　　售后服务：010-64518899
网　　址：http://www.cip.com.cn
凡购买本书，如有缺损质量问题，本社销售中心负责调换。

定　　价：128.00元

前言

本书着眼于FANUC数控系统内置PMC的编程及应用，从硬件、指令、编程及工具软件的使用等多方面，系统、全面地介绍了FANUC数控系统PMC编程技术。此书适合有一定数控基础知识的数控装备电气设计、安装调试、维修保全工程师以及对FANUC数控系统的设计开发感兴趣的学生和教师阅读。

书中提供了大量的例题和应用实例，全部来自生产实际，融合了笔者长期以来数控系统工程应用研究成果，有详细的地址分配、电气连接图、指令详解和程序设计分析，使读者能更好地理解PMC编程方法和技巧。

全书共分5章。第1章从PMC的概念、规格、信号地址、功能、与I/O模块的通信与连接、参数等方面，简单介绍了FANUC数控系统内置PMC的基本概况；第2章从PMC常用I/O模块入手，详细介绍了各种硬件模块的规格、I/O LINK和I/O LINK i地址分配以及电气连接；第3章重点介绍了常用PMC程序指令的格式和编程举例，涵盖了基本指令、定时器指令、计数器指令、数据传送指令、比较指令、位操作指令、代码转换指令、运算指令、CNC功能相关指令、程序控制指令、旋转控制指令，以及功能块FB的定义与调用方法；第4章根据PMC编程指令，结合FANUC数控系统接口信号，从运行准备、手动操作、自动运行、倍率设计、程序自动调出、M/S/T/B功能设计、PMC轴控制、PMC窗口功能应用、I/O LINK轴控制等多方面，以具体工程案例，翔实介绍了PMC硬软件设计方法和技巧；第5章阐述了在PC个人计算机上，借助FANUC编程软件FAPT LADDER-Ⅲ，完成PMC程序的创建和编辑、编译和反编译、输入和输出、运行和停止，以及程序调试的一般操作方法。附录中分别按功能顺序和地址顺序列出了0i-F系统接口信号，以及它们在FANUC 0i-F系统功能手册中的章节号，以方便读者索引。

由于笔者水平有限，书中难免有不足之处，恳请广大读者批评指正。

著者

目
录

第1章

FANUC数控系统PMC概述

1.1 PMC 概念

PMC（Programmable Machine Controller）是FANUC数控系统内置的可编程控制器，称为可编程机床控制器。它主要用于机床顺序控制，包括主轴旋转、刀具交换、机床操作面板控制等。所谓顺序控制，是指按预先确定的顺序或按照一定的逻辑有序地执行一系列动作。数控机床完成顺序控制的程序被称为顺序程序。通常，该顺序程序使用梯形图编程。

1.1.1 PMC 的组成

PMC 的基本结构如图 1-1 所示。顺序程序按照预定的顺序读入输入信号，执行一系列操作，然后输出结果。

图 1-1 中，实线表示 PMC 输入信号，虚线表示 PMC 输出信号。PMC 的输入信号包括来自 CNC 的输入信号（如 M 功能、T 功能信号等）和来自机床侧的输入信号（如循环启动按钮、进给暂停按钮信号等）。PMC 的输出信号包括输出到 CNC 的信号（如循环启动命令、进给暂停命令等）和输出到机床侧的信号（如主轴启动、冷却启动等）。

1.1.2 PMC 程序结构

PMC 程序一般分 2 级，见图 1-2。某些型号的数控系统也可以分为 3 级。

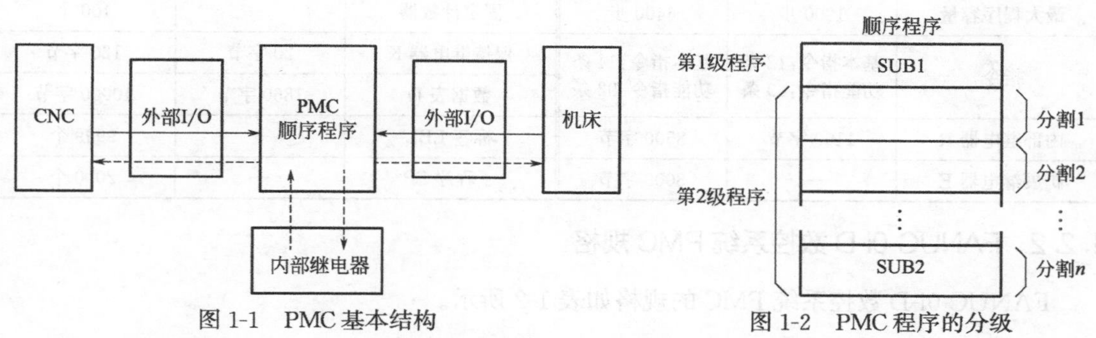

图 1-1 PMC 基本结构　　图 1-2 PMC 程序的分级

第 1 级程序每 8ms 执行一次。第 2 级程序每 8n ms 执行一次。n 为第 2 级程序的分割数。

如果第 1 级程序较长，那么总的执行时间就会延长。因此编制的第 1 级程序应尽可能短。一般第 1 级程序仅处理短脉冲信号。这些信号包括急停、坐标轴超程、外部减速、跳步、到达测量位置和进给暂停信号。

程序编制完成后，在向 CNC 的调试 RAM 中传送时，第 2 级程序被自动分割。第 2 级程序的分割是为了每 8ms 执行一次第 1 级程序。当分割数为 n 时，程序的执行过程如图 1-3 所示。当最后的第 2 级程序（分割数为 n）执行完后，程序又从头开始。8ms 中的 1.25ms 用于执行第 1 级和第 2 级程序，剩余时间由 NC 使用。

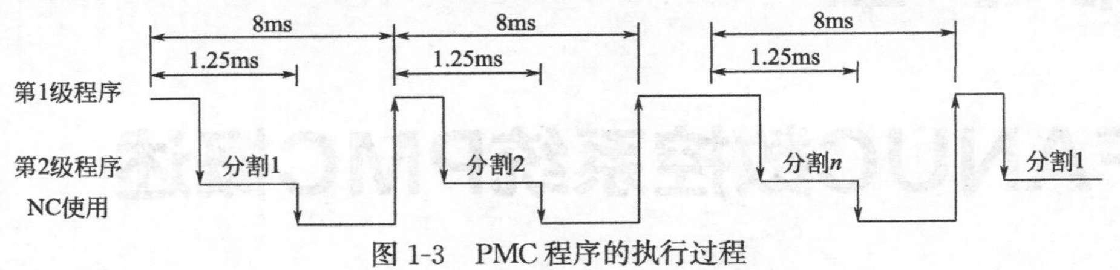

图 1-3　PMC 程序的执行过程

1.1.3　PMC 程序运行

PMC 程序的运行是从梯形图的开头执行直至梯形图结束，在程序执行完后，再次从梯形图的开头执行，这被称作循环执行。从梯形图的开头执行直至结束的执行时间称为循环处理时间，它取决于控制程序的步数和第 1 级程序的大小。

1.2 PMC 规格

1.2.1　FANUC-0i-C/16i/18i/21i 数控系统 PMC 规格

FANUC-0i-C/16i/18i/21i 数控系统 PMC 的规格如表 1-1 所示。

表 1-1　FANUC-0iC/16i/18i/21i 数控系统 PMC 的规格

PMC 类型	PMC-SA1	PMC-SB7	PMC 类型	PMC-SA1	PMC-SB7
编程语言	梯图	梯图	信息显示请求 A	200 点	2000 点
程序级数	2	2	可变定时器 TMR	40 个	250 个
第 1 级程序运行周期	8ms	8ms	固定定时器	100 个	500 个
基本指令处理速度	5μs/步	0.033μs/步	可变计数器 CTR	20 个	100 个
最大程序容量	1200 步	6400 步	固定计数器	—	100 个
指令	基本指令:12 条 功能指令:69 条	基本指令:14 条 功能指令:92 条	保持继电器 K	20 字节	120 字节
			数据表 D	1860 字节	10000 字节
内部继电器 R	1100 字节	8500 字节	标签 LBL	—	9999 个
扩展继电器 E	—	8000 字节	子程序 SP	—	2000 个

1.2.2　FANUC-0i-D 数控系统 PMC 规格

FANUC-0i-D 数控系统 PMC 的规格如表 1-2 所示。

表 1-2　FANUC-0i-D 数控系统 PMC 的规格

PMC 类型	0i-D PMC	0i-D PMC/L 0i-D-mate PMC/L
编程语言	梯图	梯图

续表

PMC 类型	0i-D PMC	0i-D PMC/L 0i-D-mate PMC/L
程序级数	3	2
第 1 级程序运行周期	8ms	8ms
基本指令处理速度	25ns/步	1μs/步
最大程序容量	32000 步	8000 步
指令	基本指令:14 条 功能指令:93 条	基本指令:14 条 功能指令:92 条
指令(扩展)	基本指令:24 条 功能指令:218 条	基本指令:24 条 功能指令:217 条
CNC 接口	输入 F:768 字节×2(F0～F767;F1000～F1767) 输出 G:768 字节×2(G0～G767;G1000～G1767)	输入 F:768 字节×2(F0～F767) 输出 G:768 字节×2(G0～G767)
DI/DO	输入 X:2048 点(X0～X127;X200～X227) 输出 Y:2048 点(Y0～Y127;Y200～Y227)	输入 X:1024 点(X0～X127) 输出 Y:1024 点(Y0～Y127)
内部继电器 R	8000 字节(R0～R7999)	1500 字节(R0～R1499)
系统继电器 R	500 字节(R9000～R9499)	500 字节(R9000～R9499)
扩展继电器 E	10000 字节(E0～E9999)	10000 字节(E0～E9999)
信息显示请求 A	2000 点(A0～A249)	2000 点(A0～A249)
可变定时器 TMR	250 个(T0～T499)	40 个(T0～T79)
固定定时器 TMRB/TMRBF	500 个	100 个
可变计数器 CTR	100 个(C0～C399)	20 个(C0～C79)
固定计数器 CRTB	100 个	20 个
保持继电器 K	用户区:100 字节(K0～K99) 系统区:100 字节(K900～K999)	用户区:20 字节(K0～K99) 系统区:100 字节(K900～K999)
数据表 D	10000 字节(D0～D9999)	3000 字节(D0～D2999)
上升沿/下降沿检测	1000 个	256 个
标签 LBL	9999 个(L1～L9999)	9999 个(L1～L9999)
子程序 SP	5000 个(P1～P5000)	512 个(P1～P512)

1.2.3 FANUC-0i-F 数控系统 PMC 规格

FANUC-0i-F 数控系统 PMC 的规格如表 1-3 所示。

表 1-3 FANUC-0i-F 数控系统 PMC 的规格

PMC 类型	第 1～3 路径 0i-F PMC	0i-F PMC/L	DCS PMC
程序级数	3	2	2
第 1 级程序运行周期	4ms 或 8ms	8ms	8ms
基本指令处理速度	18.2ns/步	1μs/步	1μs/步
最大程序容量	100000 步	24000 步	5000 步
指令	基本指令:24 条 功能指令:329 条	基本指令:24 条 功能指令:227 条	基本指令:24 条 功能指令:220 条

续表

PMC 类型	第 1～3 路径 0i-F PMC	0i-F PMC/L	DCS PMC
CNC 接口	输入 F:768 字节×15 输出 G:768 字节×15	输入 F:768 字节×2 输出 G:768 字节×2	输入 F:768 字节 输出 G:768 字节
DI/DO	输入 X:2048 点 输出 Y:2048 点	输入 X:1024 点 输出 Y:1024 点	输入 X:896 点 输出 Y:896 点

第 1～3 路径 PMC 存储器有 A、B、C、D 四个类别，其中第 1 路径 PMC 使用 B、C、D 三种规格，第 2～3 路径 PMC 使用 A、B、C 三种规格。存储器类别不同，PMC 存储区不同，具体见表 1-4。

表 1-4　FANUC-0i-F 数控系统 PMC 存储区

PMC 类型	第 1～3 路径 0i-F PMC				0i-F PMC/L	DCS PMC
	存储器 A	存储器 B	存储器 C	存储器 D		
内部继电器 R	1500 字节	8000 字节	16000 字节	60000 字节	1500 字节	1500 字节
系统继电器 R9000	500 字节	500 字节	500 字节	500 字节	500 字节	500 字节
扩展继电器 E	10000 字节	10000 字节	10000 字节	10000 字节	10000 字节	—
信息显示请求 A	2000 点	2000 点	4000 点	6000 点	2000 点	—
可变定时器 T	40 个	250 个	500 个	500 个	40 个	40 个
固定定时器	100 个	500 个	1000 个	1500 个	100 个	100 个
可变计数器 C	20 个	100 个	200 个	300 个	20 个	20 个
固定计数器	20 个	100 个	200 个	300 个	20 个	20 个
保持继电器 K	用户:20 字节 系统:100 字节	用户:100 字节 系统:100 字节	用户:200 字节 系统:100 字节	用户:300 字节 系统:100 字节	用户:20 字节 系统:100 字节	用户:20 字节 系统:100 字节
数据表 D	3000 字节	10000 字节	20000 字节	20000 字节	—	—
边沿检测	256 个	1000 个	2000 个	3000 个	256 个	256 个
标签 LBL	9999 个	9999 个	9999 个	9999 个	9999 个	9999 个
子程序 SP	512 个	5000 个	5000 个	5000 个	512 个	512 个

1.2.4　FANUC-30i-B 数控系统 PMC 规格

FANUC-30i-B 数控系统 PMC 的规格如表 1-5 所示。

表 1-5　FANUC-30i-B 数控系统 PMC 的规格

PMC 类型	第 1～5 路径 30i-B PMC	DCS PMC
编程语言	梯图	梯图
程序级数	3	2
第 1 级程序运行周期	4ms 或 8ms	8ms
基本指令处理速度	9.1ns/步	1μs/步
最大程序容量	300000 步	3000 步
指令	基本指令:14 条 功能指令:93 条	基本指令:14 条 功能指令:85 条

续表

PMC 类型	第 1～5 路径 30i-B PMC	DCS PMC
指令(扩展)	基本指令:24 条 功能指令:218 条	基本指令:24 条 功能指令:207 条
CNC 接口	输入 F:768 字节×10 输出 G:768 字节×10	输入 F:768 字节 输出 G:768 字节
DI/DO	输入 X:4096 点 输出 Y:4096 点	输入 X:64 点 输出 Y:64 点

第 1～5 路径 PMC 存储器有 A、B、C、D 四个类别，其中第 1 路径 PMC 使用B、C、D 三种规格，第 2～5 路径 PMC 使用 A、B、C 三种规格。存储器类别不同，PMC 存储区不同，具体见表 1-6。

表 1-6　FANUC-30i-B 数控系统 PMC 存储区

功能	第 1～5 路径 30i-B PMC				DCS PMC
	PMC 存储器 A	PMC 存储器 B	PMC 存储器 C	PMC 存储器 D	
内部继电器 R	1500 字节	8000 字节	16000 字节	60000 字节	1500 字节
系统继电器 R9000	500 字节	500 字节	500 字节	500 字节	500 字节
扩展继电器 E	10000 字节	10000 字节	10000 字节	10000 字节	—
信息显示请求 A	2000 点	2000 点	4000 点	6000 点	—
可变定时器 TMR	40 个	250 个	500 个	500 个	40 个
固定定时器 TMRB/TMRBF	100 个	500 个	1000 个	1500 个	100 个
可变计数器 CTR	20 个	100 个	200 个	300 个	20 个
固定计数器 CRTB	20 个	100 个	200 个	300 个	20 个
保持继电器 K	用户区:20 字节 系统区:100 字节	用户区:100 字节 系统区:100 字节	用户区:200 字节 系统区:100 字节	用户区:300 字节 系统区:100 字节	用户区:20 字节 系统区:100 字节
数据表 D	3000 字节	10000 字节	20000 字节	20000 字节	—
上升沿/下降沿检测	256 个	1000 个	2000 个	3000 个	256 个
标签 LBL	9999 个	9999 个	9999 个	9999 个	9999 个
子程序 SP	512 个	5000 个	5000 个	5000 个	512 个

1.3 PMC 信号地址

PMC 信号地址由地址号和位号（0～7）组成，如图 1-4 所示。地址号的首字符代表信号类型。如果在功能指令中指定字节单位的地址，位号忽略，如 X127。

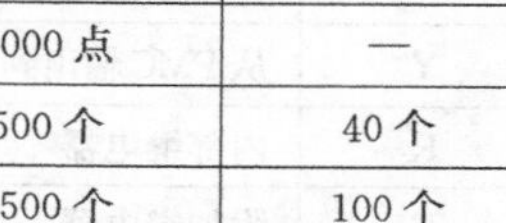

图 1-4　PMC 信号地址格式

地址用来区分信号。不同的地址分别对应 CNC 侧的输入/输出信号（F/G）、机床侧的输入/输出信号（X/Y）、内部继电器（R）、计数器（C）、保持型继电器（K）、数据表（D）等，见图 1-5。

表 1-7 列出了 PMC 地址符号及其对应的类型说明。

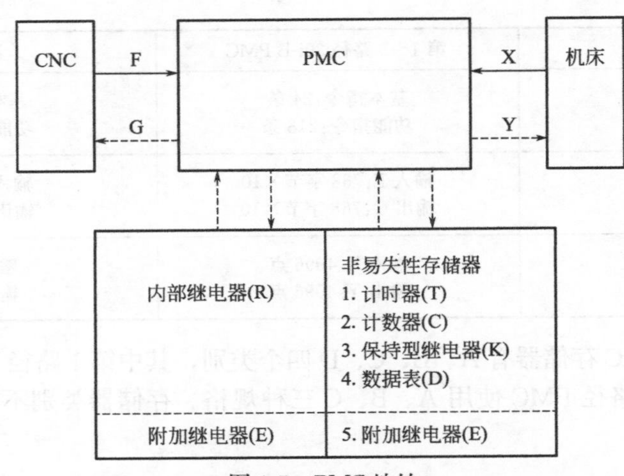

图 1-5 PMC 地址

表 1-7 PMC 地址符号和信号类型

地址符号	信号类型	地址符号	信号类型
F	从 CNC 到 PMC 的输入信号(CNC→PMC)	T	可变定时器
G	从 PMC 输出到 CNC 的输出信号(PMC→CNC)	C	计数器
X	从机床侧到 PMC 的输入信号(MT→PMC)	K	保持型继电器
Y	从 PMC 输出到机床侧的输出信号(PMC→MT)	D	数据表
R	内部继电器	L	标记号
E	附加继电器	P	子程序号
A	信息显示请求信号		

1.3.1 G 地址和 F 地址

G 地址和 F 地址是 PMC 与 CNC 的接口信号。

F 信号是从 CNC 输出到 PMC 的接口信号，主要是反映 CNC 运行状态或运行结果的信号，地址范围见表 1-8。

G 信号是从 PMC 输出到 CNC 的接口信号，主要是使 CNC 改变或执行某一种运行的控制信号，地址范围见表 1-9。

表 1-8 从 CNC 到 PMC 的 F 信号

第 1～5 路径 PMC	0i-F PMC/L	DCS PMC
F0～F767 F1000～F1767 F2000～F2767 F3000～F3767 F4000～F4767 F5000～F5767 F6000～F6767 F7000～F7767 F8000～F8767 F9000～F9767	F0～F767 F1000～F1767	F0～F767

表 1-9 从 PMC 到 CNC 的 G 信号

第 1～5 路径 PMC	0i-F PMC/L	DCS PMC
G0～G767 G1000～G1767 G2000～G2767 G3000～G3767 G4000～G4767 G5000～G5767 G6000～G6767 G7000～G7767 G8000～G8767 G9000～G9767	G0～G767 G1000～G1767	G0～G767

1.3.2 X地址和Y地址

X地址和Y地址是PMC与机床的接口信号。

X信号是从机床到PMC的输入信号，主要是机床操作面板按键、按钮，或其他各种开关信号；部分X信号地址固定，由CNC直接读取，可以不经过PMC处理，如急停信号X8.4。X信号地址范围见表1-10。

Y信号是从PMC到机床的输出信号，主要是执行元件的控制信号，以及状态和报警信号。Y信号地址范围见表1-11。

表 1-10 PMC的X输入信号

第1～5路径PMC	0i-F PMC/L	DCS PMC
X0～X127 X200～X327 X400～X527 X600～X727	X0～X127	X0～X127

表 1-11 PMC的Y输出信号

第1～5路径PMC	0i-F PMC/L	DCS PMC
Y0～Y127 Y200～Y327 Y400～Y527 Y600～Y727	Y0～Y127	Y0～Y127

1.3.3 内部继电器地址R

R地址信号是PMC程序中的工作区。系统上电之初，R地址信号全部清零。其可用地址范围见表1-12。

表 1-12 内部继电器地址R

第1～5路径PMC				0i-F PMC/L	DCS PMC
存储器A	存储器B	存储器C	存储器D		
R0～R1499	R0～R7999	R0～R15999	R0～R59999	R0～R1499	R0～R1499

1.3.4 系统继电器地址

系统继电器地址是PMC系统信息区，包括功能指令操作结果、系统定时器、梯形图执行状态、PMC报警等信息。在PMC程序中只可读，不可写。其可用地址范围见表1-13。

表 1-13 系统继电器地址

第1～5路径PMC				0i-F PMC/L	DCS PMC
存储器A	存储器B	存储器C	存储器D		
R9000～R9499	R9000～R9499	Z0～Z499	Z0～Z499	R9000～R9499	R9000～R9499

（1）ADDB、SUBB、MULB、DIVB、COMPB功能指令操作结果

R9000.0或Z0.0：结果为0；

R9000.1或Z0.1：结果为负；

R9000.5或Z0.5：结果溢出。

（2）EXIN、WINDR、WINDW功能指令出错输出

R9000.0或Z0.0：结果出错。

（3）DIVB功能指令操作输出寄存器

R9002～R9005或Z2～Z5：DIVB除法运算的余数存放地址。

（4）一级程序执行周期1ms、2ms、4ms情形的系统定时器

R9091.0或Z91.0：始终为0；

R9091.1 或 Z91.1：始终为 1；
R9091.5 或 Z91.5：200ms 周期信号，100ms 为 ON，100ms 为 OFF；
R9091.6 或 Z91.6：1s 周期信号，500ms 为 ON，500ms 为 OFF。

（5）一级程序执行周期 8ms 情形的系统定时器

R9091.0 或 Z91.0：始终为 0；
R9091.1 或 Z91.1：始终为 1；
R9091.5 或 Z91.5：200ms 周期信号，104ms 为 ON，96ms 为 OFF；
R9091.6 或 Z91.6：1s 周期信号，504ms 为 ON，496ms 为 OFF。

（6）梯形图执行状态

R9015.0 或 Z15.0：梯形图执行启动信号（1 个扫描周期）；
R9015.1 或 Z15.1：梯形图停止信号；
R9091.2 或 Z91.2：第 1 级程序执行中信号；
R9091.3 或 Z91.3：第 2 级程序执行中信号；
R9091.4 或 Z91.4：第 3 级程序执行中信号。

（7）PMC 报警/警告

R9080.1 或 Z80.1：第 1 路径 PMC 报警/警告；
R9130.1 或 Z130.1：第 2 路径 PMC 报警/警告；
R9144.1 或 Z144.1：第 3 路径 PMC 报警/警告；
R9158.1 或 Z158.1：第 4 路径 PMC 报警/警告；
R9304.1 或 Z304.1：第 5 路径 PMC 报警/警告；
R9080.1 或 Z80.1：第 1 路径 PMC 报警/警告。

（8）DCSPMC 报警/警告

R9080.1 或 Z80.1：DCSPMC 报警/警告。

1.3.5 附加继电器地址 E

附加继电器地址 E 也是 PMC 程序的工作区。在多路径 PMC 下，该区变为公共存储区，在各个路径 PMC 中具有相同的状态，称为共享存储器。系统上电之初，E 地址信号全部清零。其可用地址范围见表 1-14。

表 1-14 附加继电器地址 E

第 1～5 路径 PMC				0i-F PMC/L	DCS PMC
存储器 A	存储器 B	存储器 C	存储器 D		
E0～E9999	E0～E9999	E0～E9999	E0～E9999	E0～E9999	—

1.3.6 信息显示地址 A

信息显示地址 A 用于请求信息显示和输出信息状态。DISPB 功能指令将涉及该地址。系统上电之初，A 地址全部清零。信息显示地址 A 见表 1-15。

表 1-15 信息显示地址 A

数据类型	第 1～5 路径 PMC				0i-F PMC/L	DCS PMC
	存储器 A	存储器 B	存储器 C	存储器 D		
信息显示请求	A0～A249	A0～A249	A0～A499	A0～A749	A0～A249	—

续表

数据类型	第1～5路径PMC				0i-F PMC/L	DCS PMC
	存储器A	存储器B	存储器C	存储器D		
信息显示状态	A9000～A9249	A9000～A9249	A9000～A9499	A9000～A9749	A9000～A9249	—

1.3.7 定时器地址T

定时器地址T用于TMR指令时间及精度值的设定。即便停电，T地址数据不会丢失。T地址范围见表1-16。

表1-16 定时器地址T

数据类型	第1～5路径PMC				0i-F PMC/L	DCS PMC
	存储器A	存储器B	存储器C	存储器D		
可变定时器个数	40	250	500	500	40	40
时间设定值	T0～T79	T0～T499	T0～T999	T0～T999	T0～T79	T0～T79
时间精度	T9000～T9079	T9000～T9499	T9000～T9999	T9000～T9999	T9000～T9079	T9000～T9079

1.3.8 计数器地址C

计数器地址C用于可变计数器CTR指令和固定计数器CTRB指令计数预置值和当前值的设定。即便停电，C地址数据不会丢失。可变计数器地址C范围见表1-17，每个计数器占4个字节，前2个字节为计数预置值，后2个字节为计数当前值。

表1-17 可变计数器地址C

数据类型	第1～5路径PMC				0i-F PMC/L	DCS PMC
	存储器A	存储器B	存储器C	存储器D		
可变计数器个数	20	100	200	300	20	20
计数器变量	C0～C79	C0～C399	C0～C799	C0～C1199	C0～C79	C0～C79

固定计数器地址C范围见表1-18。每个计数器占2个字节，存储计数当前值。

表1-18 固定计数器地址C

数据类型	第1～5路径PMC				0i-F PMC/L	DCS PMC
	存储器A	存储器B	存储器C	存储器D		
固定计数器个数	20	100	200	300	20	20
计数器变量	C5000～C5039	C5000～C5199	C5000～C5399	C5000～C5599	C5000～C5039	C5000～C5039

1.3.9 停电记忆型继电器地址K

停电记忆型继电器地址K范围见表1-19。地址K也是PMC的工作寄存器，即便停电其数据依然能记忆。

表1-19 停电记忆型继电器地址K

第1～5路径PMC				0i-F PMC/L	DCS PMC
存储器A	存储器B	存储器C	存储器D		
K0～K19	K0～K99	K0～K199	K0～K299	K0～K19	K0～K19

1.3.10 数据表地址 D

数据表地址 D 范围见表 1-20。地址 D 中的数据在停电时，能保持不变。

表 1-20 数据表地址 D

第 1～5 路径 PMC				0i-F PMC/L	DCS PMC
存储器 A	存储器 B	存储器 C	存储器 D		
D0～D2999	D0～D9999	D0～D19999	D0～D59999	D0～D2999	D0～D2999

1.3.11 多路径 PMC 接口地址 M 和 N

多路径 PMC 间接口 M/N 地址用于路径间 PMC 的通信。它仅限于第 1～3PMC 中每两个 PMC 之间的数据交换，不能用于第 4 和第 5PMC。当一个路径 PMC 输出数据到 N 地址，则另一个 PMC 中用 M 地址进行输入，如图 1-6 所示。如果采用共享存储器 E 地址作 PMC 间数据交换，E 地址有可能被其他 PMC 不恰当地改写。因此 M/N 接口用于 PMC 间数据的传送或接收相对较安全。

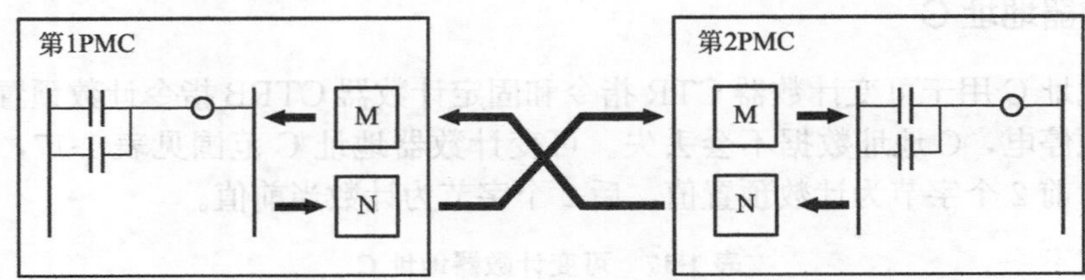

图 1-6 多路径 PMC 间接口

多路径 PMC 接口地址 M 和 N 范围见表 1-21。

表 1-21 多路径 PMC 接口地址 M 和 N

数据类型	第 1～5 路径 PMC				0i-F PMC/L	DCS PMC
	存储器 A	存储器 B	存储器 C	存储器 D		
输入信号	M0～M767	M0～M767	M0～M767	M0～M767	—	—
输出信号	N0～N767	N0～N767	N0～N767	N0～N767	—	—

1.3.12 子程序号地址 P

子程序号地址 P 范围见表 1-22。该值决定了允许的子程序个数。

表 1-22 子程序号地址 P

第 1～5 路径 PMC				0i-F PMC/L	DCS PMC
存储器 A	存储器 B	存储器 C	存储器 D		
P1～P512	P1～P5000	P1～P5000	P1～P5000	P1～P512	P1～P512

1.3.13 标号地址 L

标号地址 L 范围见表 1-23。功能指令 JMPB 和 JMPC 将使用标号地址 L。

表 1-23 标号地址 L

第 1～5 路径 PMC				0i-F PMC/L	DCS PMC
存储器 A	存储器 B	存储器 C	存储器 D		
L1～L9999	L1～L9999	L1～L9999	L1～L9999	L1～L9999	L1～L9999

1.4 多路径 PMC 功能

多路径 PMC 功能允许一个 PMC 系统同时执行多个 PMC 程序。各个 PMC 程序的存储器基本独立，因此相同的 PMC 信号地址在不同的 PMC 程序中可以有不同的定义。附加继电器 E 用作多路径 PMC 间的共享存储器。各路径 PMC 均可读或写该区域，因此它可以作为多路径 PMC 间的接口。此外，M 地址和 N 地址也可用作 PMC 间的接口，如图 1-7 所示。

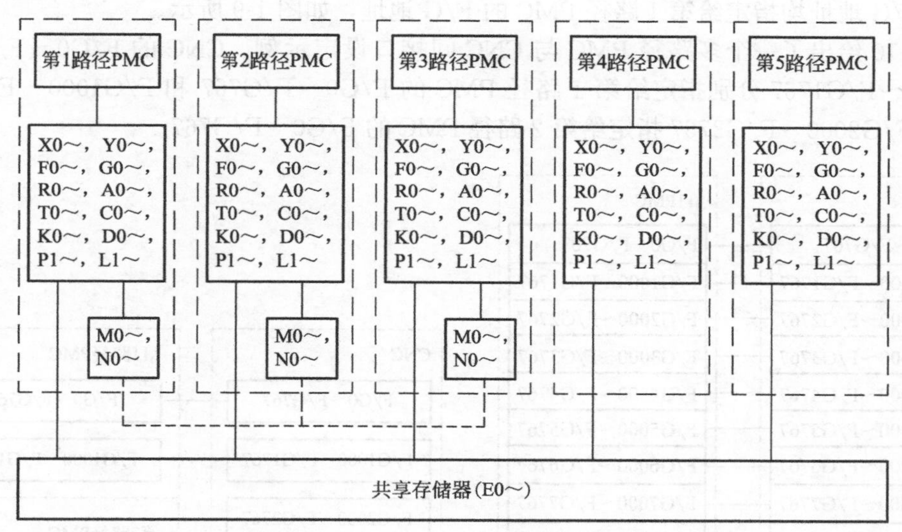

图 1-7 多路径 PMC 功能的存储器

多路径 PMC 功能的每个 PMC 程序分别以单独的文件存储，因此各路径 PMC 程序的编辑、修改、备份均单独进行。

1.4.1 多路径 PMC 执行顺序和执行时间

对于多路径 PMC，各 PMC 程序的执行顺序和执行时间占比通过 CNC 参数进行设定。如果执行顺序相关参数未设定，缺省为 0，各 PMC 的执行顺序如图 1-8 所示。

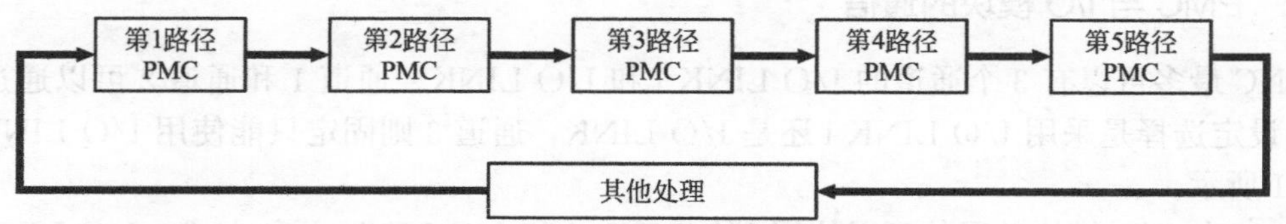

图 1-8 多路径 PMC 的缺省执行顺序

如果执行时间占比相关参数未设定，缺省为 0，各 PMC 执行时间占比见表 1-24。

表 1-24　多路径 PMC 的缺省执行时间占比

路径数	第 1 个执行 PMC	第 2 个执行 PMC	第 3 个执行 PMC	第 4 个执行 PMC	第 5 个执行 PMC
1	100%	—	—	—	—
2	85%	15%	—	—	—
3	75%	15%	10%	—	—
4	70%	10%	10%	10%	—
5	60%	10%	10%	10%	10%

1.4.2　多路径 PMC 与 CNC 间接口

CNC 与 PMC 间接口 F/G 地址由 10 块存储区组成，每块 768 字节。多路径 PMC 与 CNC 间接口地址可以通过 CNC 参数进行设定。如果相关参数未设定，即在缺省状态，CNC 的全部 F/G 地址均指定给第 1 路径 PMC 的 F/G 地址，如图 1-9 所示。

图 1-10 给出了一个多路径 PMC 与 CNC 间接口设定示例。CNC 的 F/G0～F/G767 和 F/G1000～F/G1767 分别指定给第 1 路径 PMC 的 F/G0～F/G767 和 F/G1000～F/G1767；CNC 的 F/G2000～F/G2767 指定给第 2 路径 PMC 的 F/G0～F/G767。

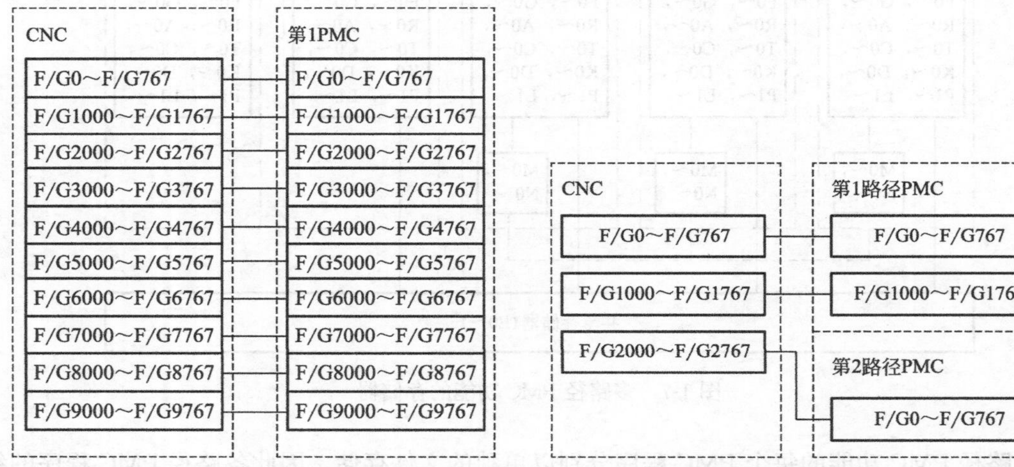

图 1-9　多路径 CNC 与 PMC 间接口地址的初始设定　　图 1-10　多路径 PMC 与 CNC 间接口设定

1.5　PMC 与 I/O 模块的通信与连接

1.5.1　PMC 与 I/O 模块的通信

CNC 最多可以有 3 个通道的 I/O LINK i 和 I/O LINK。通道 1 和通道 2 可以通过参数 11933 设定选择是采用 I/O LINK i 还是 I/O LINK，通道 3 则固定只能使用 I/O LINK，如图 1-11 所示。

PMC 与 I/O 模块的通信可以使用 I/O LINK i 和 I/O LINK 两种方式。I/O LINK i 和 I/O LINK 的规格见表 1-25。

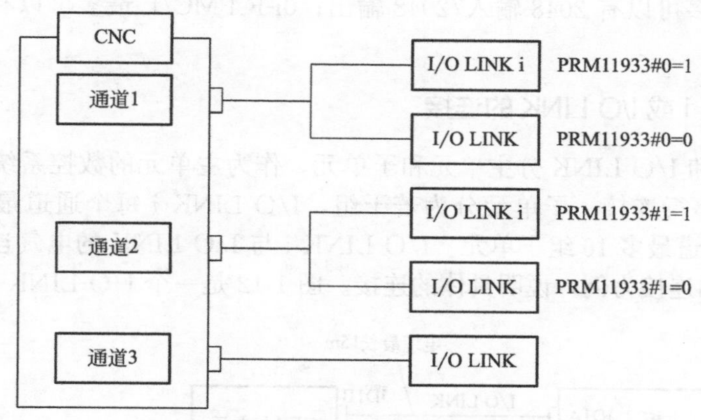

图 1-11　PMC 与 I/O 模块通信

表 1-25　I/O LINK i 和 I/O LINK 的规格

项目	I/O LINK i		I/O LINK
	标准模式	高速模式	
传输速度	12Mbps		1.5Mbps
刷新周期	2ms	0.5ms	2ms
每个通道的 I/O 点数	2048/2048	512/512	1024/1024
每组的 I/O 点数	512/512		256/256
每个通道的组数	24	5	16
PMC 地址	X0～X127/Y0～Y127 X200～X327/Y200～Y327 X400～X527/Y400～Y527 X600～X727/Y600～Y727		

I/O LINK i 通信时，信号传送间隔有 2 种模式：标准模式为 2ms；高速模式 0.5ms。

I/O LINK 通信时，通道 1 和通道 2 中信号传送间隔为 2ms；通道 3 中信号传送间隔为梯形图执行周期 4ms 或 8ms。

I/O LINK i 通信时，每个通道 I/O 点数最多可达到 2048 入/2048 出；而 I/O LINK 通信时，每个通道 I/O 点数最多可达到 1024 入/1024 出。I/O LINK i 和 I/O LINK 可以组合使用，但 PMC 总的 I/O 点数不能超过 4096 入/4096 出，具体组合见表 1-26。

表 1-26　I/O LINK i 和 I/O LINK 的组合

通道 1	通道 2	通道 3	总的 DI/DO 点数
I/O LINK i	I/O LINK i	—	4096/4096
I/O LINK i	I/O LINK	I/O LINK	4096/4096
I/O LINK i	I/O LINK	—	3072/3072
I/O LINK	I/O LINK	I/O LINK	3072/3072
I/O LINK i	—	—	2048/2048
I/O LINK	I/O LINK	—	2048/2048
I/O LINK	—	I/O LINK	2048/2048
I/O LINK	—	—	1024/1024

0i-F PMC 最多可以有 2048 输入/2048 输出；0i-F PMC/L 最多可以有 1024 输入/1024 输出。

1.5.2 I/O LINK i 或 I/O LINK 的连接

I/O LINK i 和 I/O LINK 分主单元和子单元，作为主单元的数控系统与作为子单元的各种分布式 I/O 串行连接。子单元分为若干组，I/O LINK i 每个通道最多 24 组子单元；I/O LINK 每个通道最多 16 组子单元。I/O LINK i 与 I/O LINK 的电气连接完全一样。下面以 I/O LINK 的连接为例，说明具体的连接。图 1-12 是一个 I/O LINK 的接线实例。

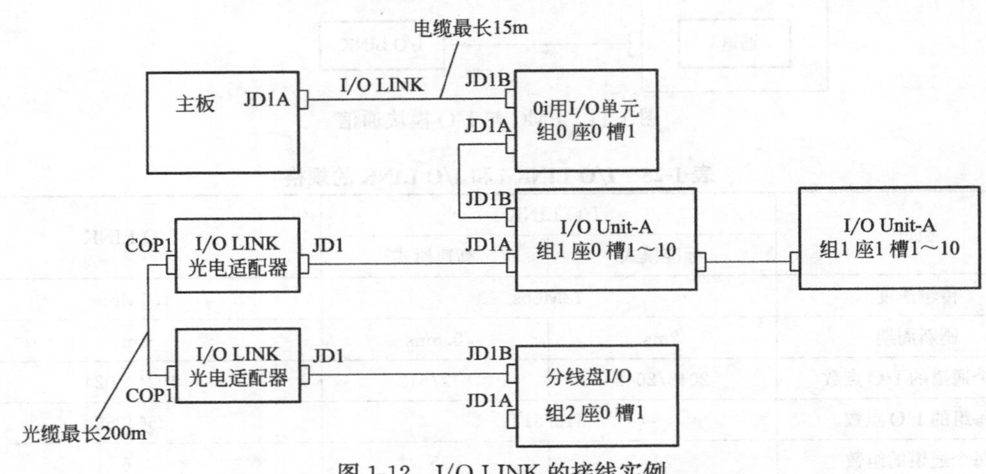

图 1-12 I/O LINK 的接线实例

I/O LINK 的连接可以使用电缆，也可以使用光缆。I/O LINK 电缆连接如图 1-13 所示。图中 SIN（Serial Input）表示串行输入；SOUT（Serial Output）表示串行输出；＊SIN 和＊SOUT 分别是串行输入的非和串行输出的非。

对于长距离传输，I/O LINK 通信可以使用光缆，为此需要光电适配器将电信号转换为光信号，或将光信号转换为电信号。光电适配器的连接如图 1-14 所示。

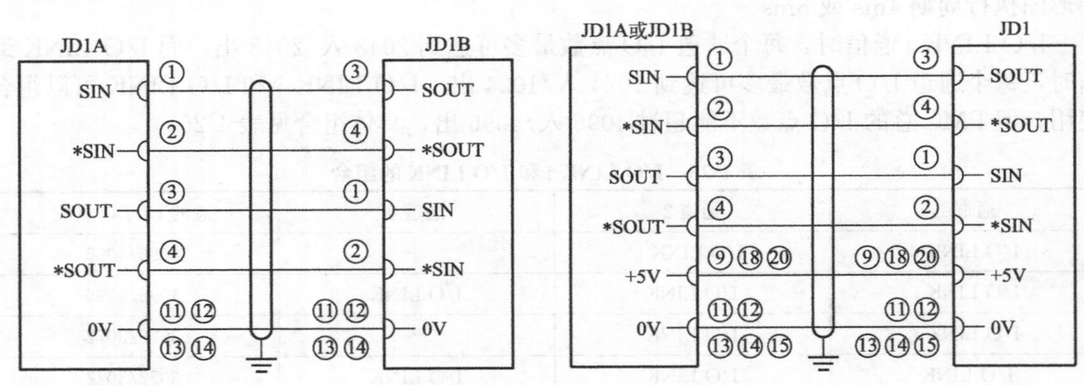

图 1-13 I/O LINK 电缆连接

图 1-14 光电适配器的连接

对于 I/O LINK 使用多通道的情况，如 0i-F 可以使用 2 个通道，其 I/O 点数可以达到 2048 输入/2048 输出。这时，需要使用 I/O LINK 分支器，其规格号为 A20B-1007-0680，如图 1-15 所示。

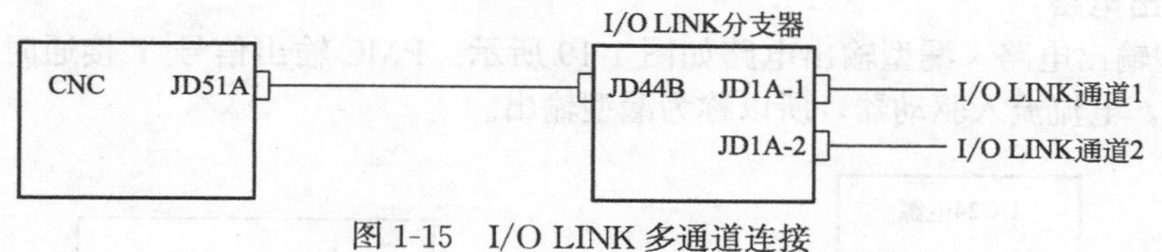

图 1-15 I/O LINK 多通道连接

JD51A 到 JD44B 的连接如图 1-16 所示。

1.5.3 I/O 接口电路

(1) 输入电路

① 漏型输入电路 漏型输入电路如图 1-17 所示，接收器的输入侧有下拉电阻，模块输入公共端 DICOM 连接 0V。当外部开关闭合时，电流将流入接收器。因为电流是流入的，所以称为漏型输入。

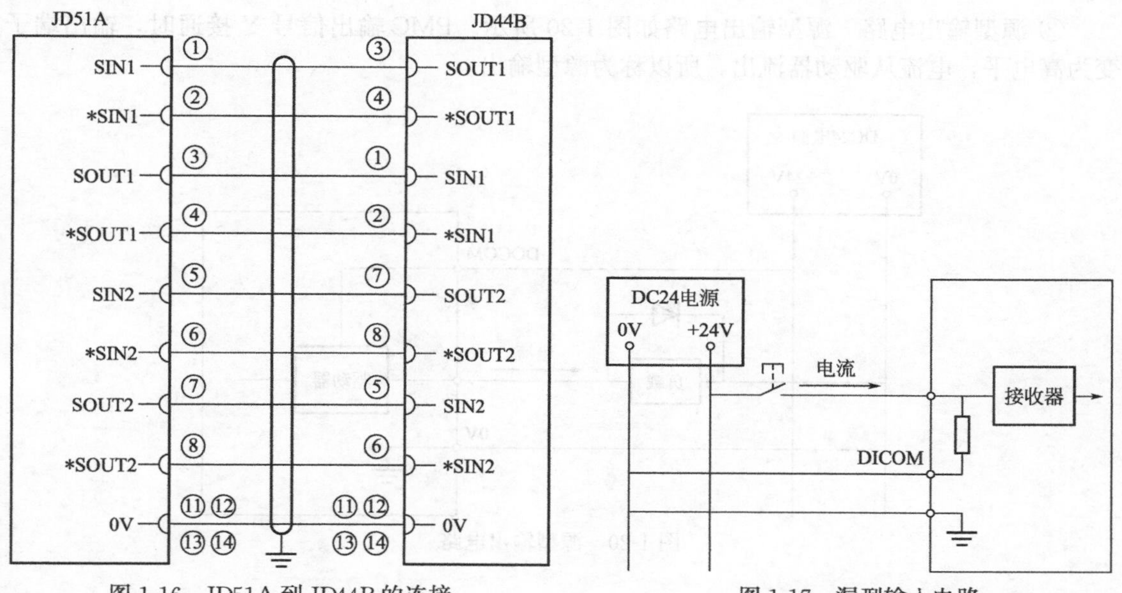

图 1-16 JD51A 到 JD44B 的连接

图 1-17 漏型输入电路

② 源型输入电路 源型输入电路如图 1-18 所示，接收器的输入侧有上拉电阻，模块输入公共端 DICOM 连接＋24V。当外部开关闭合时，电流将从接收器流出。因为电流是流出的，所以称为源型输入。

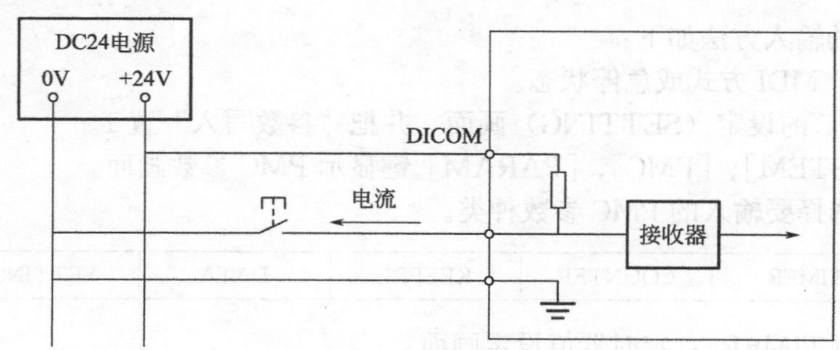

图 1-18 源型输入电路

（2）输出电路

① 漏型输出电路　漏型输出电路如图 1-19 所示。PMC 输出信号 Y 接通时，输出端子变为低电平，电流流入驱动器，所以称为漏型输出。

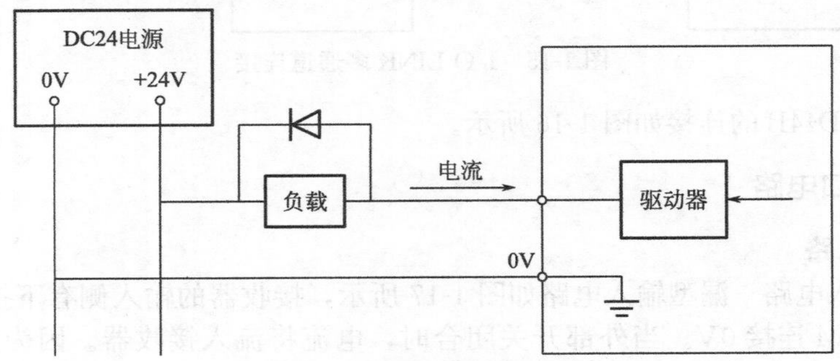

图 1-19　漏型输出电路

② 源型输出电路　源型输出电路如图 1-20 所示。PMC 输出信号 Y 接通时，输出端子变为高电平，电流从驱动器流出，所以称为源型输出。

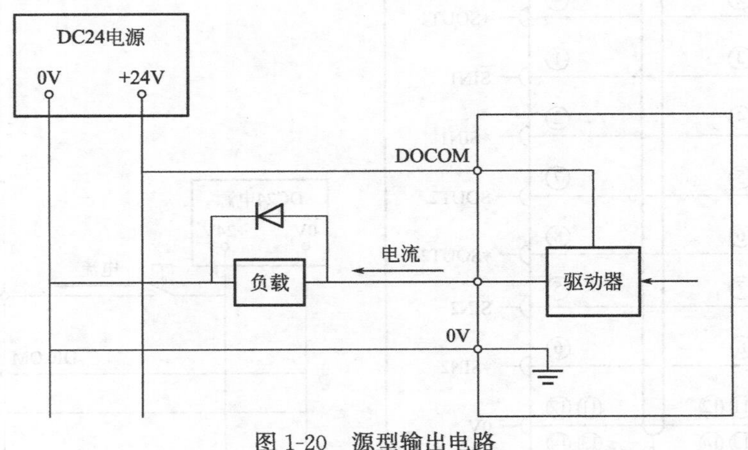

图 1-20　源型输出电路

1.6 PMC 参数

1.6.1 PMC 参数的输入方法

PMC 参数的输入方法如下：

① 系统置于 MDI 方式或急停状态。

② 显示 CNC 的设定（SETTING）画面，并把“参数写入”置 1。

③ 按［SYSTEM］、［PMC］、［PARAM］键显示 PMC 参数画面。

④ 用软键选择要输入的 PMC 参数种类。

TIMER	COUNTER	KEEPRL	DATA	SETTING

- 定时器（TIMER）：定时器值设定画面。
- 计数器（COUNTER）：计数器值设定画面。

• K 继电器（KEEPRL）：保持型继电器画面。
• 数据（DATA）：数据表画面。
• 设定（SETTING）：PMC 设定画面。

⑤ 移动光标到输入的位置。

⑥ 输入数值，按［INPUT］。

⑦ 输入结束，回 CNC 设定画面，并把“参数写入”置 0。

1.6.2 定时器时间设定

用 ms 为单位设定定时器指令 TMR（SUB3）的设定时间。TIMER 设定画面如图 1-21 所示。

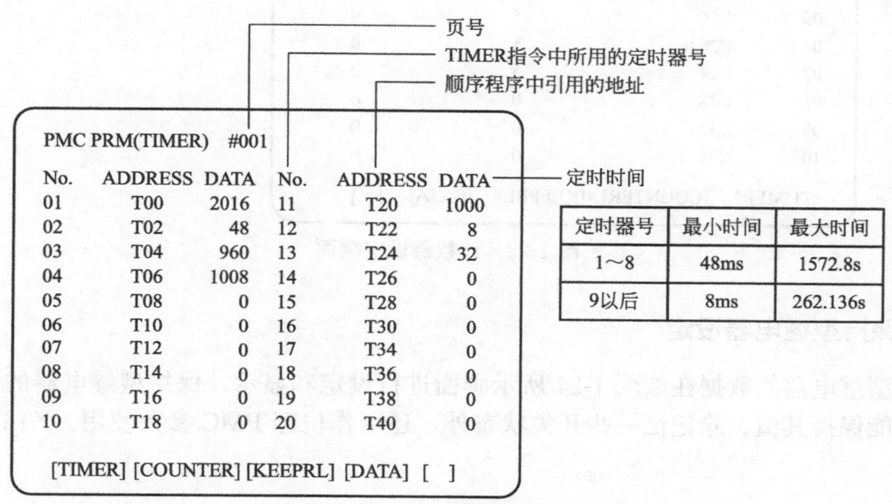

定时器号	最小时间	最大时间
1～8	48ms	1572.8s
9以后	8ms	262.136s

图 1-21　TIMER 设定画面

此外，还可用 PMC 程序修改定时器的设定时间。在与定时器号 n 对应的 PMC 地址（T_{n-1}～T_n）上，可用 2 字节长写入定时器值。

定时器值是一个用定时精度划分时间的计量数。在 CRT 画面上显示以 ms 为单位的时间。但在写入数据时，使用以定时精度为单位的数值。如在 1 号定时器上设定 960ms 时，写入 20 即可，见图 1-22。

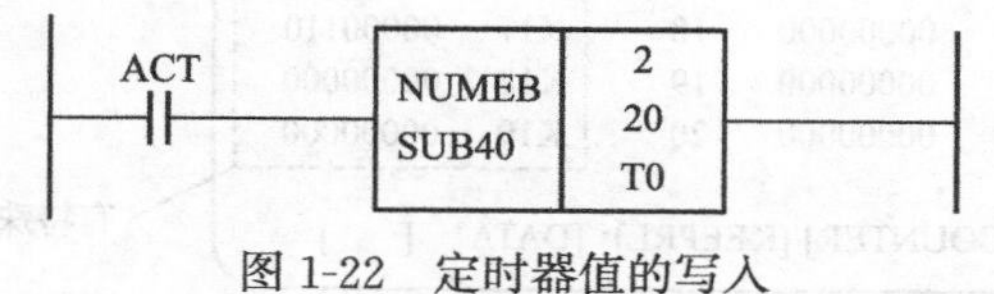

图 1-22　定时器值的写入

1.6.3 计数器值设定

计数器 CTR（SUB5）指令的预置值（PRESET）和当前值在如图 1-23 所示画面进行设定和显示。计数器预置值和当前值都是 2 字节长的数据。如 1 号计数器预置值是 C0～C1，当前值是 C2～C3。

在系统参数（SYSPRM）画面上，选择二进制形式时，计数范围为 0～65535；选择 BCD 形式时，计数范围为 0～9999。

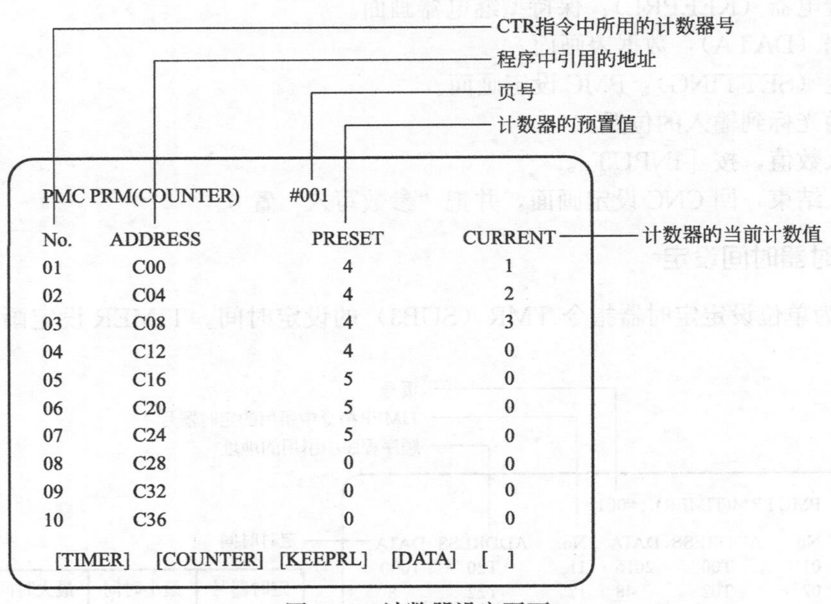

PMC PRM(COUNTER) #001

No.	ADDRESS	PRESET	CURRENT
01	C00	4	1
02	C04	4	2
03	C08	4	3
04	C12	4	0
05	C16	5	0
06	C20	5	0
07	C24	5	0
08	C28	0	0
09	C32	0	0
10	C36	0	0

[TIMER] [COUNTER] [KEEPRL] [DATA] [ ]

图 1-23　计数器设定画面

1.6.4　保持型继电器设定

保持型继电器的数据在如图 1-24 所示画面进行设定和显示。保持型继电器的值在切断电源后仍能保持其值。除记忆一些开关状态外，还可作位型 PMC 参数使用。K16～K19 由系统使用。

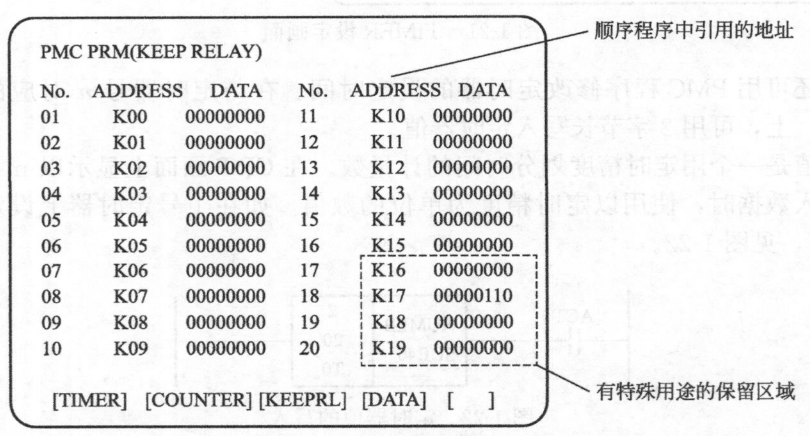

PMC PRM(KEEP RELAY)

No.	ADDRESS	DATA	No.	ADDRESS	DATA
01	K00	00000000	11	K10	00000000
02	K01	00000000	12	K11	00000000
03	K02	00000000	13	K12	00000000
04	K03	00000000	14	K13	00000000
05	K04	00000000	15	K14	00000000
06	K05	00000000	16	K15	00000000
07	K06	00000000	17	K16	00000000
08	K07	00000000	18	K17	00000110
09	K08	00000000	19	K18	00000000
10	K09	00000000	20	K19	00000000

[TIMER] [COUNTER] [KEEPRL] [DATA] [ ]

图 1-24　保持型继电器设定画面

1.6.5　数据表设定

数据表包括两种画面：数据表控制数据画面和数据表画面。

按下［DATA］软键后可显示数据表控制数据画面，见图 1-25。其中数据表参数的设定见图 1-26。

数据表控制数据设定后，按下［G. DATA］软键即可显示数据表画面，见图 1-27。

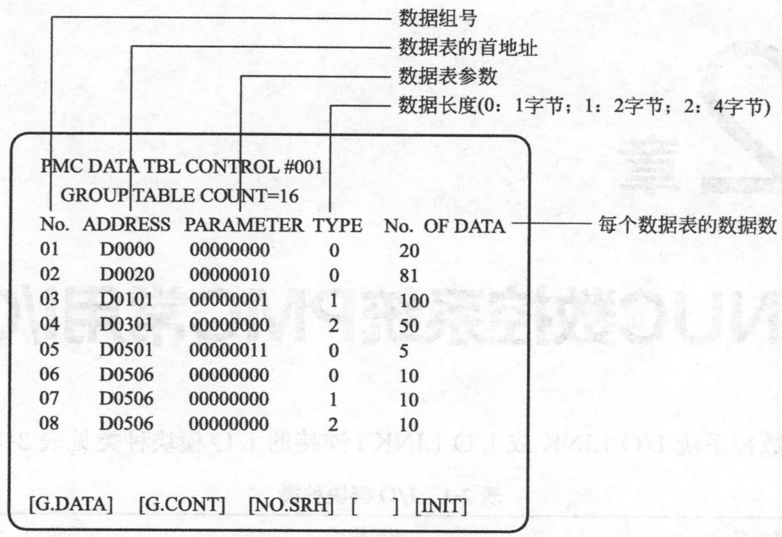

图 1-25　数据表控制数据画面

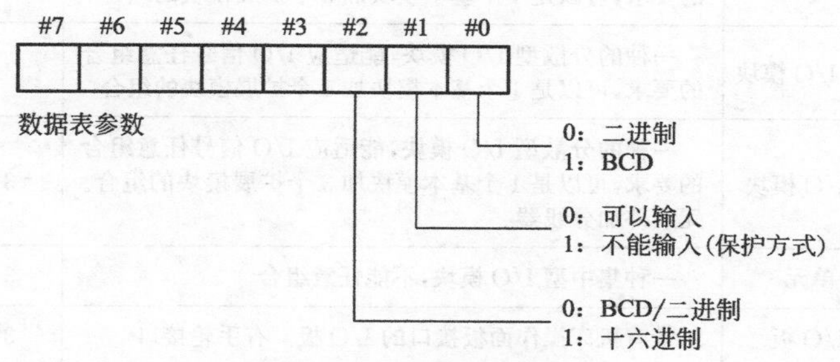

图 1-26　数据表参数的设定

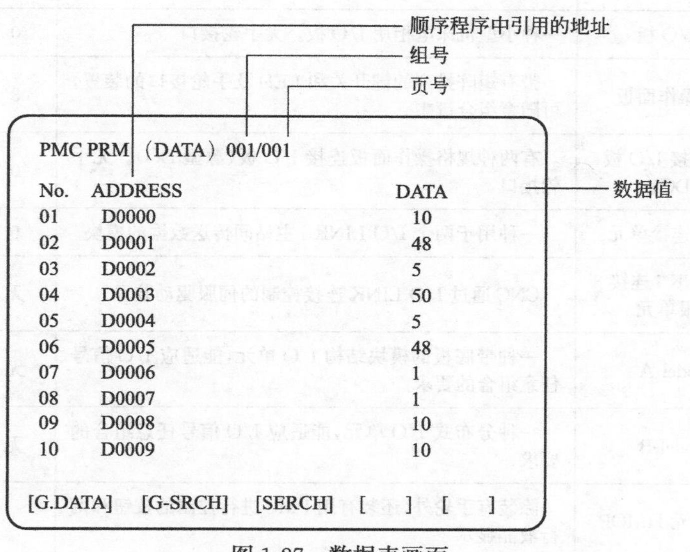

图 1-27　数据表画面

第2章 FANUC数控系统PMC常用I/O模块

FANUC 数控系统 I/O LINK 或 I/O LINK i 连接的 I/O 模块种类见表 2-1。

表 2-1 I/O 模块种类

序号	模块名称	简要说明	手轮	I/O 点
1	分线盘 I/O 模块	一种的分散型 I/O 模块，能适应 I/O 信号任意组合的要求，可以是 1 个基本模块加 3 个扩展模块的组合	3	96DI/64DO
2	TYPE-2 分线盘 I/O 模块	一种的分散型 I/O 模块，能适应 I/O 信号任意组合的要求，可以是 1 个基本模块加 1 个扩展模块的组合	3	96DI/64DO
3	端子型分线盘 I/O 模块	一种的分散型 I/O 模块，能适应 I/O 信号任意组合的要求，可以是 1 个基本模块加 3 个扩展模块的组合。无须外加分线器	3	96DI/64DO
4	电柜用 I/O 单元	一种集中型 I/O 模块，不能任意组合	3	96DI/64DO
5	操作面板用 I/O 板	带有机床操作面板接口的 I/O 板。有手轮接口	3	48DI/32DO
6	操作面板用 I/O 板（矩阵扫描）	一种带有机床操作面板接口的 I/O 板。有手轮接口	3	通用 16DI/56DO 矩阵输入 56 点
7	电柜用 I/O 板	一种小型机床电柜用 I/O 板。无手轮接口	0	48DI/32DO
8	标准机床操作面板	带有矩阵排列的键开关和 LED 及手轮接口的装置，可随意组合键帽	3	通用 32DI/8DO 矩阵输入 55 点
9	操作面板连接 I/O 板（源型 DO）	有两种规格操作面板连接 I/O 板（源型 DO）。无手轮接口	0	96DI/64DO 或 48DI/32DO
10	I/O LINK 连接单元	一种用于两个 I/O LINK i 主站间传送数据的模块	0	256DI/256DO
11	通过 I/O LINK i 连接 βi 系列伺服单元	CNC 通过 I/O LINK 连接控制的伺服驱动装置	无	256DI/256DO
12	I/O Model-A	一种带底板的模块结构 I/O 单元，能适应 I/O 信号任意组合的要求	无	—
13	I/O Model-B	一种分布式 I/O 单元，能适应 I/O 信号任意组合的要求	无	—
14	手持操作单元 HMOP	除装有手轮外，还装有用 PMC 进行控制的按钮和两行液晶显示	1	—
15	安全 I/O 单元	一种连接双检安全信号的 I/O 模块	0	—

续表

序号	模块名称	简要说明	手轮	I/O 点
16	带安全功能的操作面板用 I/O 板(A 型)	一种带双检安全输入信号的操作面板用 I/O 板	3	24DI/16DO 4 个安全输入信号
17	带安全功能的操作面板用 I/O 板(B 型)	一种带双检安全输入信号的操作面板用 I/O 板	1	21DI/16DO 3 个安全输入信号
18	多传感器单元	一种能连接振动、温度等模拟量信号的 I/O 模块	0	—

2.1 分线盘 I/O 模块

2.1.1 分线盘 I/O 模块规格

分线盘 I/O 模块是一种分散型 I/O 模块，能适应 I/O 信号任意组合的要求。1 组分线盘 I/O 模块由 1 个基本模块和最多 3 个扩展模块组成，模块间使用 34 芯扁平电缆连接。基本模块只有 1 种规格，扩展模块有 4 种规格，见表 2-2。

表 2-2 分线盘 I/O 模块规格

名称	型号	规格
基本模块	A03B-0824-C001	DI/DO:24/16
扩展模块 A	A03B-0824-C002	DI/DO:24/16;带 MPG 接口
扩展模块 B	A03B-0824-C003	DI/DO:24/16;无 MPG 接口
扩展模块 C	A03B-0824-C004	2A 输出模块;DO:16
扩展模块 D	A03B-0824-C005	模拟量输入模块

(1) 基本模块与扩展模块 A 和 B 的 DI/DO 信号规格

基本模块与扩展模块 A 和 B 的 DI/DO 信号规格如表 2-3 所示。

表 2-3 DI/DO 信号规格

输入信号规格	信号点数	每个模块 24 点
	额定输入	DC24V,7.3mA
	触点容量	DC30V,16mA 以上
	触点断开时的漏电流	1mA 以下(26.4V)
	触点闭合时的电压降	2V 以下(包括电缆的电压降)
	时延	接收器时延最大 2ms。此外还需考虑 CNC 与 I/O 模块串行通信(I/O LINK)时间(最大 2ms)以及梯形图的扫描时间
输出信号规格	信号点数	每个模块 16 点
	ON 状态时最大负载电流	200mA 以下
	ON 状态时饱和电压	最大 1V(负载电流 200mA 时)
	耐压	24V±20%以下(包括瞬间变化)
	OFF 状态时的漏电流	20μA 以下
	时延	驱动器时延最大 50μs。此外还需考虑 CNC 与 I/O 模块串行通信(I/O LINK)时间(最大 2ms)以及梯形图的扫描时间

(2) 扩展模块C的DO信号规格

扩展模块C的2A输出DO信号规格如表2-4所示。

表2-4 扩展模块C的2A输出DO信号规格

输出信号规格	信号点数	每个模块16点
	ON状态时最大负载电流	每点2A以下。整个模块最大12A
	耐压	24V±20%以下(包括瞬间变化)
	OFF状态时的漏电流	100μA以下
	时延	驱动器时延最大120ns。需考虑CNC与I/O模块串行通信(I/O LINK)时间以及梯形图的扫描时间

(3) 扩展模块D的信号规格

扩展模块D是一种带有4个输入通道的模拟量输入模块，占用3字节输入点/2字节输出点。由通道选择电压输入或电流输入。扩展模块D模拟输入信号的规格如表2-5所示。

表2-5 扩展模块D模拟输入信号的规格

<table>
<tr><th>项目</th><th>规格</th></tr>
<tr><td>输入通道</td><td>4个通道</td></tr>
<tr><td>模拟输入</td><td>①DC−10～+10V(输入电阻4.7MΩ)
②DC−20～+20mA(输入电阻250Ω)</td></tr>
<tr><td>数字输出</td><td>12位二进制</td></tr>
<tr><td>输入/输出对应关系</td><td><table>
<tr><th>模拟输入</th><th>数字输出</th></tr>
<tr><td>+10V</td><td>+2000</td></tr>
<tr><td>+5V或+20mA</td><td>+1000</td></tr>
<tr><td>0V或0mA</td><td>0</td></tr>
<tr><td>−5V或−20mA</td><td>−1000</td></tr>
<tr><td>−10V</td><td>−2000</td></tr>
</table></td></tr>
<tr><td>分辨率</td><td>5mV或20μA</td></tr>
<tr><td>综合精度</td><td>电压输入:±0.5%;电流输入:±1%</td></tr>
<tr><td>最大输入电压/电流</td><td>±15V/±30mA</td></tr>
<tr><td>占用输入输出字节</td><td>DI:3字节;DO:2字节</td></tr>
</table>

使用模拟量输入模块时，由PMC程序来确定使用4个通道中的哪个通道。用于选择通道的DO点为图2-1(b)中的CHA和CHB。CHA和CHB的信号状态与通道选择的关系如表2-6所示。

表2-6 通道选择信号

CHB	CHA	选择的通道
0	0	通道1
0	1	通道2
1	0	通道3
1	1	通道4

扩展模块 D 数字输出由 3 字节中的 12 位组成一组，占用输入点，输出格式如图 2-1 所示。D00～D11 表示 12 位数字输出数据，D11 位为二进制补码的符号位。CHA 和 CHB 通过二进制编码表示 4 个模拟输入通道。这样，PMC 程序读取图 2-1(a) 中的两字节数据就可读取到所有通道的 AD 转换数据。

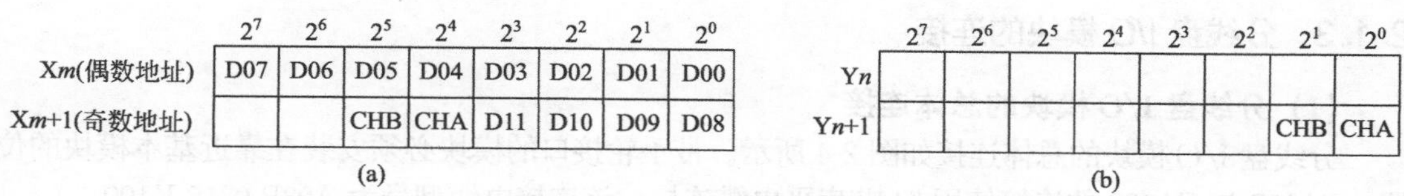

	2^7	2^6	2^5	2^4	2^3	2^2	2^1	2^0
X*m*(偶数地址)	D07	D06	D05	D04	D03	D02	D01	D00
X*m*+1(奇数地址)			CHB	CHA	D11	D10	D09	D08

(a)

	2^7	2^6	2^5	2^4	2^3	2^2	2^1	2^0
Y*n*								
Y*n*+1							CHB	CHA

(b)

图 2-1　模拟量输入模块地址

分线盘 I/O 模块组中包括模拟量输入模块时，基本模块的首地址通常被分配在偶数地址 X*m*。这样，①当模拟量输入模块安装在扩展模块 1 的位置时，模拟量输入模块的首地址为 X*m*＋3，AD 转换数字输出地址为 X*m*＋4～X*m*＋5；②当模拟量输入模块安装在扩展模块 2 的位置时，模拟量输入模块的首地址为 X*m*＋6，AD 转换数字输出地址为 X*m*＋6～X*m*＋7；③当模拟量输入模块安装在扩展模块 3 的位置时，模拟量输入模块的首地址为 X*m*＋9，AD 转换数字输出地址为 X*m*＋10～X*m*＋11。

2.1.2　分线盘 I/O 模块地址分配

(1) I/O LINK 地址分配

分线盘 I/O 模块 I/O LINK 地址分配如图 2-2 所示。

分线盘 I/O 模块需分配 16 字节 DI 地址和 8 字节 DO 地址。分配说明如下：

① MPG 接口占用 DI 空间，地址从 X*m*＋12～X*m*＋14。不管扩展模块 2 和 3 有无，这些地址都是固定的。

② DI 地址中的 X*m*＋15 用于检测 DO 驱动中 IC 产生的过热和过流报警。也是不管扩展模块 2 和 3 有无，这些地址都是固定的。

(2) I/O LINK i 地址分配

分线盘 I/O 模块 I/O LINK i 地址分配如图 2-3 所示。

DI分配图

X*m*	基本模块
X*m*+1	基本模块
X*m*+2	基本模块
X*m*+3	扩展模块1
X*m*+4	扩展模块1
X*m*+5	扩展模块1
X*m*+6	扩展模块2
X*m*+7	扩展模块2
X*m*+8	扩展模块2
X*m*+9	扩展模块3
X*m*+10	扩展模块3
X*m*+11	扩展模块3
X*m*+12	第1手轮
X*m*+13	第2手轮
X*m*+14	第3手轮
X*m*+15	DO报警检测

DO分配图

Y*n*	基本模块
Y*n*+1	基本模块
Y*n*+2	扩展模块1
Y*n*+3	扩展模块1
Y*n*+4	扩展模块2
Y*n*+5	扩展模块2
Y*n*+6	扩展模块3
Y*n*+7	扩展模块3

图 2-2　分线盘 I/O 模块 I/O LINK 地址分配

DI分配图

X*m*1	基本模块	SLOT1
X*m*1+1	基本模块	SLOT1
X*m*1+2	基本模块	SLOT1
X*m*2	扩展模块1	SLOT2
X*m*2+1	扩展模块1	SLOT2
X*m*2+2	扩展模块1	SLOT2
X*m*3	扩展模块2	SLOT3
X*m*3+1	扩展模块2	SLOT3
X*m*3+2	扩展模块2	SLOT3
X*m*4	扩展模块3	SLOT4
X*m*4+1	扩展模块3	SLOT4
X*m*4+2	扩展模块3	SLOT4
X*m*mpg	扩展模块1	SLOT MPG
X*m*mpg+1	扩展模块1	SLOT MPG
X*m*mpg+2	扩展模块1	SLOT MPG

DO分配图

Y*n*1	基本模块	SLOT1
Y*n*1+1	基本模块	SLOT1
Y*n*2	扩展模块1	SLOT2
Y*n*2+1	扩展模块1	SLOT2
Y*n*3	扩展模块2	SLOT3
Y*n*3+1	扩展模块2	SLOT3
Y*n*4	扩展模块3	SLOT4
Y*n*4+1	扩展模块3	SLOT4

图 2-3　分线盘 I/O 模块 I/O LINK i 地址分配

每个模块分配一个槽，每个模块均需要单独指定输入和输出的首字节以及字节长度。如果仅使用 1 个模块，则分配 SLOT1，指定 3 个字节输入和 2 个字节输出；如果连接有扩展模块，则依次分配为 SLOT2、SLOT3、SLOT4，每个模块也是指定 3 个字节输入和 2 个字节输出；如果使用扩展模块 1 连接手轮，则分配 SLOT MPG，指定 3 个字节输入，对应 3 个手轮。

2.1.3 分线盘 I/O 模块的连接

(1) 分线盘 I/O 模块的总体连接

分线盘 I/O 模块的总体连接如图 2-4 所示。带手轮接口的模块必须安装在靠近基本模块的位置。CA137 与 CA138 的连接使用 34 芯扁平电缆连接，该连接电缆型号为 A03B-0815-K100。

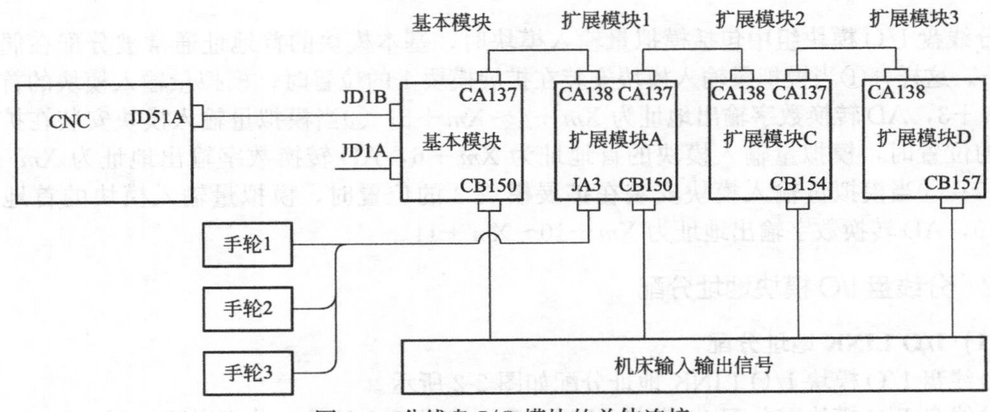

图 2-4 分线盘 I/O 模块的总体连接

(2) 基本模块、扩展模块 A 和 B 的 DI/DO 连接

基本模块、扩展模块 A 和 B 的 DI/DO 连接插头号为 CB150，插头型号为 HONDA MR-50RMA，其引脚分配如图 2-5 所示。图中 *m* 和 *n* 分别是本模块输入信号和输出信号的

CB150

引脚	信号
33	DOCOM
34	Y*n*+0.0
35	Y*n*+0.1
36	Y*n*+0.2
37	Y*n*+0.3
38	Y*n*+0.4
39	Y*n*+0.5
40	Y*n*+0.6
41	Y*n*+0.7
42	X*m*+0.0
43	X*m*+0.1
44	X*m*+0.2
45	X*m*+0.3
46	X*m*+0.4
47	X*m*+0.5
48	X*m*+0.6
49	X*m*+0.7
50	+24V

引脚	信号
19	0V
20	0V
21	0V
22	0V
23	0V
24	DICOM0
25	X*m*+1.0
26	X*m*+1.1
27	X*m*+1.2
28	X*m*+1.3
29	X*m*+1.4
30	X*m*+1.5
31	X*m*+1.6
32	X*m*+1.7

引脚	信号
01	DOCOM
02	Y*n*+1.0
03	Y*n*+1.1
04	Y*n*+1.2
05	Y*n*+1.3
06	Y*n*+1.4
07	Y*n*+1.5
08	Y*n*+1.6
09	Y*n*+1.7
10	X*m*+2.0
11	X*m*+2.1
12	X*m*+2.2
13	X*m*+2.3
14	X*m*+2.4
15	X*m*+2.5
16	X*m*+2.6
17	X*m*+2.7
18	+24V

图 2-5 CB150 引脚分配

首地址。模块的电源通过 CB150 的 18 脚和 50 脚（+24V）提供。

基本模块、扩展模块 A 和 B 的 DI 输入信号为 24 点，其中 X*m* 字节的输入信号可以接漏型输入，也可以接源型输入，这取决于公共端 DICOM0（CB150 的 24 脚）是接 0V 或是+24V。X*m*+1 和 X*m*+2 字节的输入信号只能接漏型输入。图 2-6 所示为漏型输入信号的连接图。

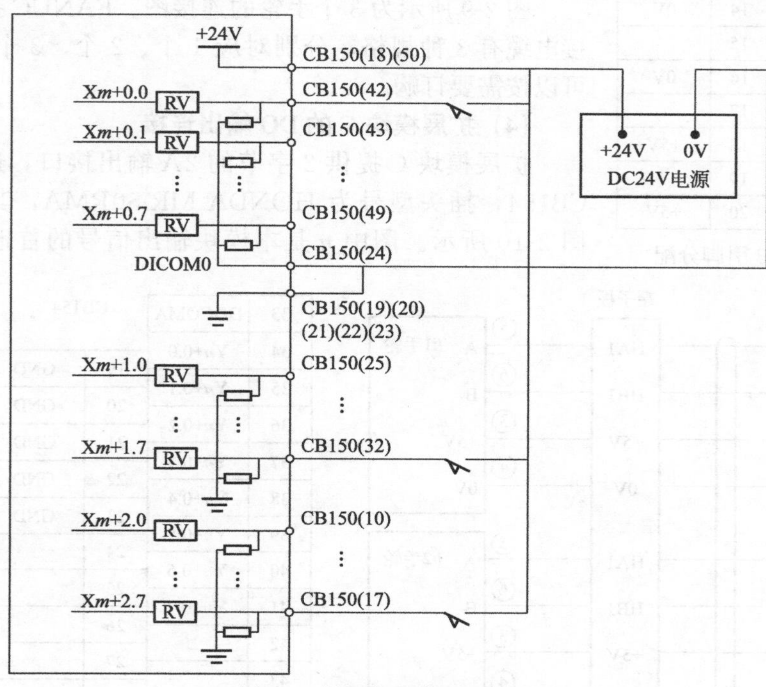

图 2-6 漏型输入信号连接图

图 2-7 所示为源型输出信号的连接图。图中输出公共端 DOCOM 接+24V。

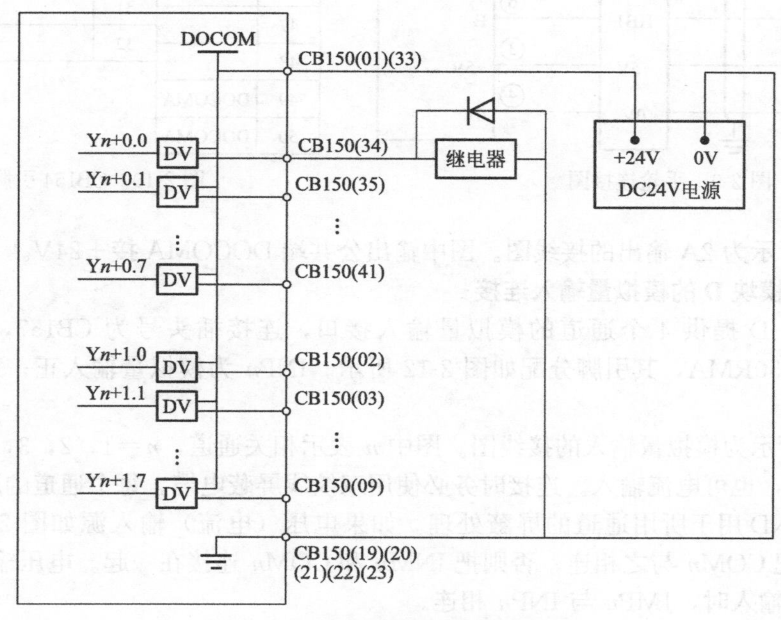

图 2-7 源型输出信号连接图

(3) **扩展模块 A 的手轮连接**

扩展模块 A 最多可连接 3 台手轮。手轮连接插头号为 JA3，插头信号为 PCR-E20LMDT，其引脚分配如图 2-8 所示。

JA3			
01	HA1	11	
02	HB1	12	0V
03	HA2	13	
04	HB2	14	0V
05	HA3	15	
06	HB3	16	0V
07		17	
08		18	+5V
09	+5V	19	
10		20	+5V

图 2-8　JA3 引脚分配

图 2-9 所示为 3 个手轮的连接图。FANUC 提供的 JA3 连接电缆有 3 种规格，分别对应 1 个、2 个、3 个手轮的连接，可以按需要订购。

(4) **扩展模块 C 的 DO 输出连接**

扩展模块 C 提供 2 字节的 2A 输出接口，连接插头号为 CB154，插头型号为 HONDA MR-50RMA，其引脚分配如图 2-10 所示。图中 n 是本模块输出信号的首地址。

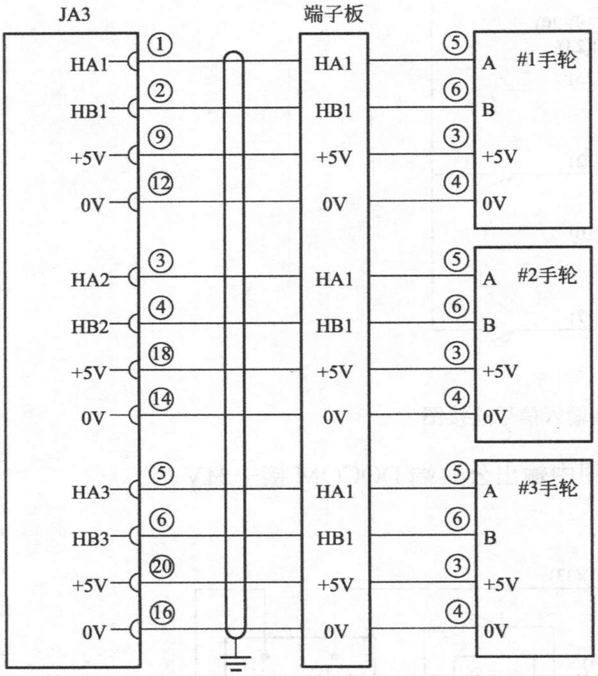

图 2-9　手轮连接图

CB154					
33	DOCOMA			01	DOCOMA
34	Yn+0.0	19	GND	02	Yn+1.0
35	Yn+0.1	20	GND	03	Yn+1.1
36	Yn+0.2	21	GND	04	Yn+1.2
37	Yn+0.3	22	GND	05	Yn+1.3
38	Yn+0.4	23	GND	06	Yn+1.4
39	Yn+0.5	24		07	Yn+1.5
40	Yn+0.6	25		08	Yn+1.6
41	Yn+0.7	26		09	Yn+1.7
42		27		10	
43		28		11	
44		29		12	
45		30		13	
46		31		14	
47		32		15	
48				16	
49	DOCOMA			17	DOCOMA
50	DOCOMA			18	DOCOMA

图 2-10　CB154 引脚分配

图 2-11 所示为 2A 输出的接线图。图中输出公共端 DOCOMA 接＋24V。

(5) **扩展模块 D 的模拟量输入连接**

扩展模块 D 提供 4 个通道的模拟量输入接口，连接插头号为 CB157，插头型号为 HONDA MR-50RMA，其引脚分配如图 2-12 所示。INPn 为模拟量输入正；INMn 为模拟量输入负。

图 2-13 所示为模拟量输入的接线图。图中 n 表示相关通道，n=1，2，3，4。每个通道既可电压输入，也可电流输入。连接时务必使用双绞线屏蔽电缆。每个通道的屏蔽线连接到 FGNDn，FGND 用于所用通道的屏蔽处理。如果电压（电流）输入源如图 2-13 所示带有 GND 引脚，把 COMn 与之相连；否则把 INMn 和 COMn 连接在一起。电压输入时，JMPn 不连接；电流输入时，JMPn 与 INPn 相连。

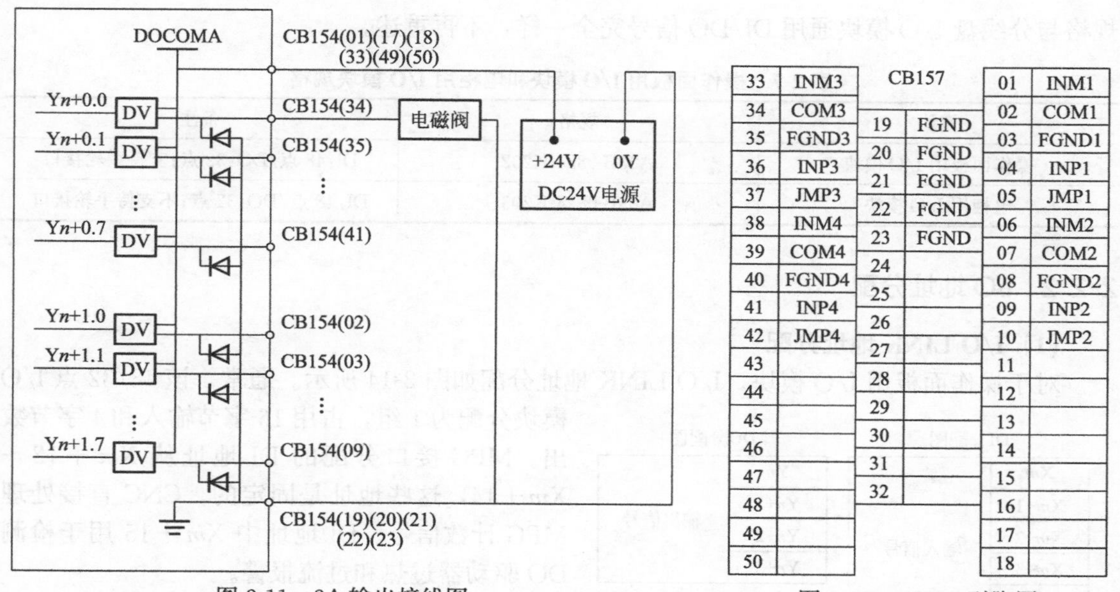

图 2-11 2A 输出接线图

图 2-12 CB157 引脚图

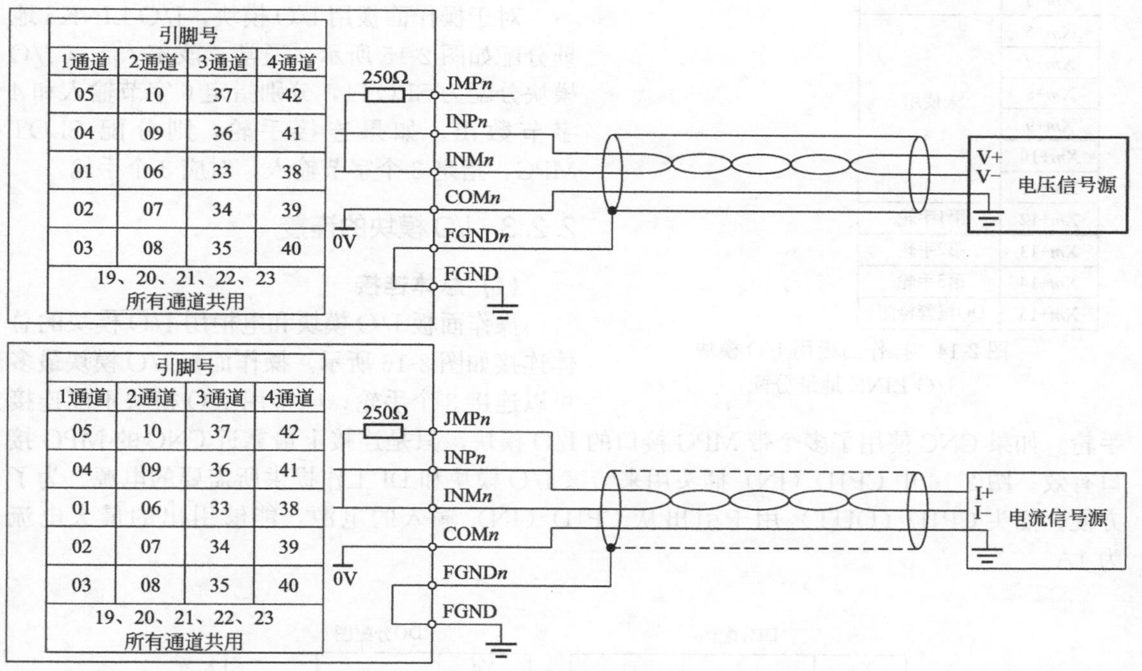

图 2-13 模拟量输入接线图

2.2 操作面板用 I/O 模块和电柜用 I/O 模块

2.2.1 I/O 模块规格

操作面板用 I/O 模块和电柜用 I/O 模块的区别在于是否有手轮接口，电柜用 I/O 模块不提供手轮接口。它们的规格如表 2-7 所示。手轮接口最多 3 个手轮。DI/DO 输入输出信号规格与分线盘 I/O 模块通用 DI/DO 信号完全一样，不再重述。

表 2-7　操作面板用 I/O 模块和电柜用 I/O 模块规格

模块	规格	备注
操作面板用 I/O 模块	A03B-0824-K202	DI:48 点/DO:32 点;支持手轮接口
电柜用 I/O 模块	A03B-0824-K203	DI:48 点/DO:32 点;不支持手轮接口

2.2.2　I/O 地址分配

(1) I/O LINK 地址分配

对于操作面板用 I/O 模块，I/O LINK 地址分配如图 2-14 所示。通常，该 48/32 点 I/O 模块分配为 1 组，占用 16 字节输入和 4 字节数出。MPG 接口分配的 DI 地址从 Xm＋12～Xm＋14，这些地址是固定的。CNC 直接处理 MPG 计数信号。DI 地址中 Xm＋15 用于检测 DO 驱动器过热和过流报警。

DI分配图

Xm	输入信号
Xm+1	输入信号
Xm+2	输入信号
Xm+3	输入信号
Xm+4	输入信号
Xm+5	输入信号
Xm+6	未使用
Xm+7	未使用
Xm+8	未使用
Xm+9	未使用
Xm+10	未使用
Xm+11	未使用
Xm+12	第1手轮
Xm+13	第2手轮
Xm+14	第3手轮
Xm+15	DO报警检测

DO分配图

Yn	输出信号
Yn+1	输出信号
Yn+2	输出信号
Yn+3	输出信号

图 2-14　操作面板用 I/O 模块 I/O LINK 地址分配

(2) I/O LINK i 地址分配

对于操作面板用 I/O 模块，I/O LINK i 地址分配如图 2-15 所示。通常，该 48/32 点 I/O 模块分配为 SLOT1，分别指定 6 字节输入和 4 字节数出。如果连接手轮，则分配 SLOT MPG，指定 3 个字节输入，对应 3 个手轮。

2.2.3　I/O 模块的连接

(1) 总体连接

操作面板 I/O 模块和电柜用 I/O 模块的总体连接如图 2-16 所示。操作面板 I/O 模块最多可以连接 3 个手轮；电柜用 I/O 模块不能连接手轮。如果 CNC 使用了多个带 MPG 接口的 I/O 模块，只是连接上最靠近 CNC 的 MPG 接口有效。图 2-16 中 CP1D（IN）插头用来给该 I/O 模块和 DI 工作提供所需要的电源。为了方便，插头 CP1D（OUT）用于引出从 CP1D（IN）输入的电源，能够引出的最大电流为 1A。

DI分配图

Xm	输入信号	SLOT1
Xm+1	输入信号	SLOT1
Xm+2	输入信号	SLOT1
Xm+3	输入信号	SLOT1
Xm+4	输入信号	SLOT1
Xm+5	输入信号	SLOT1
Xmmpg	第1手轮	SLOT MPG
Xmmpg+1	第2手轮	SLOT MPG
Xmmpg+2	第3手轮	SLOT MPG

DO分配图

Yn	输出信号	SLOT1
Yn+1	输出信号	SLOT1
Yn+2	输出信号	SLOT1
Yn+3	输出信号	SLOT1

图 2-15　操作面板用 I/O 模块 I/O LINK i 地址分配

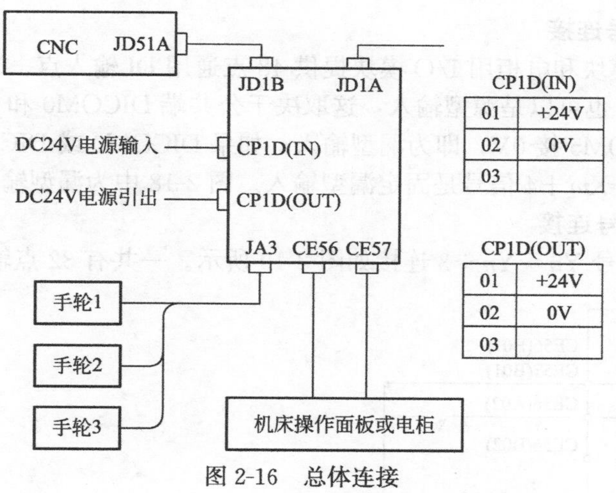

图 2-16　总体连接

(2) CE56/CE57 引脚分配

CE56/CE57 引脚分配如图 2-17 所示。CE56(B01) 和 CE57(B01) 引脚用于 DI 输入信号，为内部电源。千万不要将外部+24V 电源连接到这些引脚。

CE56

引脚号	A	B
01	0V	+24V
02	Xm+0.0	Xm+0.1
03	Xm+0.2	Xm+0.3
04	Xm+0.4	Xm+0.5
05	Xm+0.6	Xm+0.7
06	Xm+1.0	Xm+1.1
07	Xm+1.2	Xm+1.3
08	Xm+1.4	Xm+1.5
09	Xm+1.6	Xm+1.7
10	Xm+2.0	Xm+2.1
11	Xm+2.2	Xm+2.3
12	Xm+2.4	Xm+2.5
13	Xm+2.6	Xm+2.7
14	DICOM0	
15		
16	Yn+0.0	Yn+0.1
17	Yn+0.2	Yn+0.3
18	Yn+0.4	Yn+0.5
19	Yn+0.6	Yn+0.7
20	Yn+1.0	Yn+1.1
21	Yn+1.2	Yn+1.3
22	Yn+1.4	Yn+1.5
23	Yn+1.6	Yn+1.7
24	DOCOM	DOCOM
25	DOCOM	DOCOM

CE57

引脚号	A	B
01	0V	+24V
02	Xm+3.0	Xm+3.1
03	Xm+3.2	Xm+3.3
04	Xm+3.4	Xm+3.5
05	Xm+3.6	Xm+3.7
06	Xm+4.0	Xm+4.1
07	Xm+4.2	Xm+4.3
08	Xm+4.4	Xm+4.5
09	Xm+4.6	Xm+4.7
10	Xm+5.0	Xm+5.1
11	Xm+5.2	Xm+5.3
12	Xm+5.4	Xm+5.5
13	Xm+5.6	Xm+5.7
14		DICOM5
15		
16	Yn+2.0	Yn+2.1
17	Yn+2.2	Yn+2.3
18	Yn+2.4	Yn+2.5
19	Yn+2.6	Yn+2.7
20	Yn+3.0	Yn+3.1
21	Yn+3.2	Yn+3.3
22	Yn+3.4	Yn+3.5
23	Yn+3.6	Yn+3.7
24	DOCOM	DOCOM
25	DOCOM	DOCOM

图 2-17　CE56/CE57 引脚分配

(3) DI 输入信号连接

操作面板 I/O 模块和电柜用 I/O 模块提供 48 点通用 DI 输入点。X*m* 字节和 X*m*＋5 字节可以是漏型输入，也可以是源型输入，这取决于公共端 DICOM0 和 DICOM5 的连接。如果 DICOM0 或 DICOM5 接 0V，即为漏型输入；如果 DICOM0 或 DICOM5 接＋24V，则为源型输入。X*m*＋1～X*m*＋4 信号是固定漏型输入。图 2-18 中为漏型输入接法。

(4) DO 输出信号连接

DO 通用输出信号 Y*n*～Y*n*＋3 连接如图 2-19 所示。一共有 32 点输出信号。

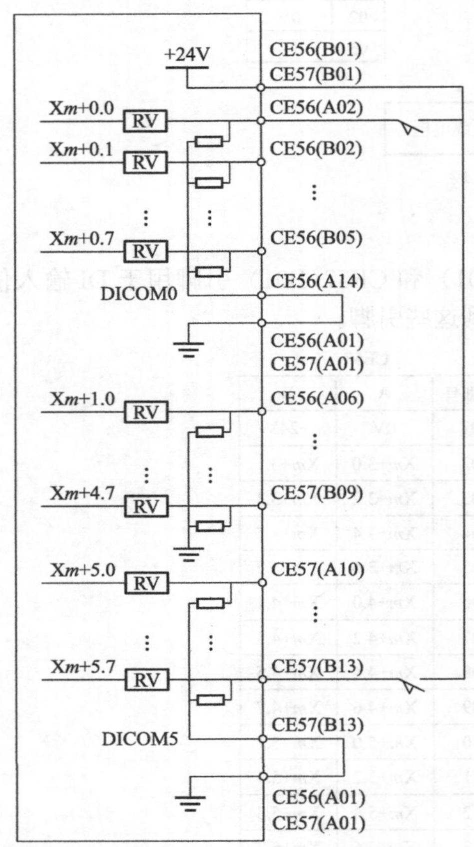

图 2-18　操作面板 I/O 模块和电柜用 I/O 模块输入信号连接

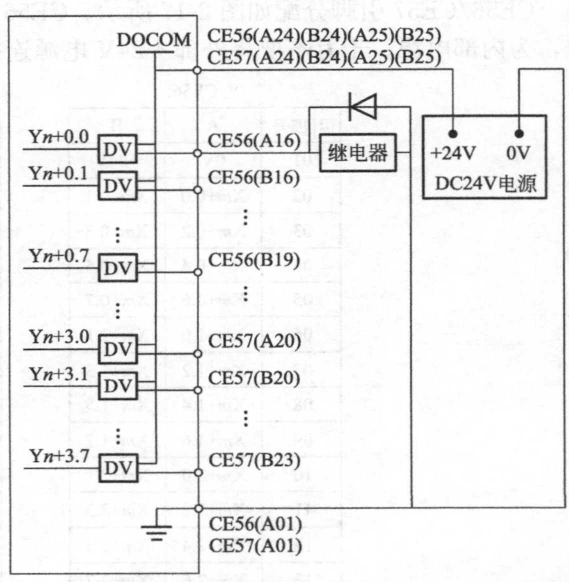

图 2-19　操作面板 I/O 模块和电柜用 I/O 模块输出信号连接

(5) 手轮连接

操作面板 I/O 模块手轮接口 JA3 与分线盘 I/O 模块完全一样，不再重述。

2.3　I/O LINK 连接单元

2.3.1　I/O LINK 连接单元规格

I/O LINK 连接单元用于两个独立的 I/O LINK 主站的通信，如两 CNC 系统之间的通信，如图 2-20 所示。数据交换多达 256 点输入/256 点输出。I/O LINK 连接单元订货规格为 A02B-0333-C250。

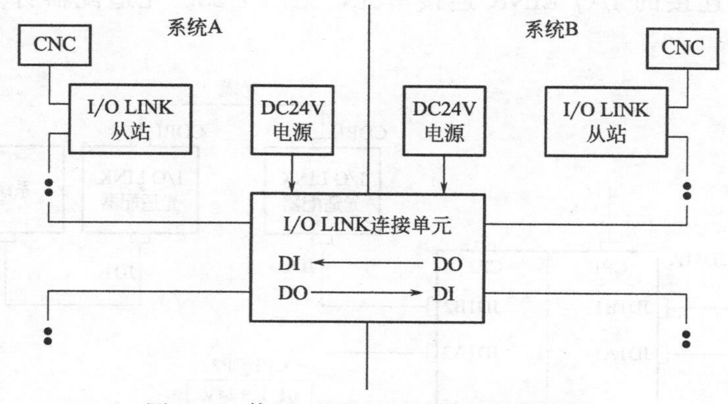

图 2-20　使用 I/O LINK 连接单元的系统

2.3.2　I/O LINK 连接单元地址分配

I/O LINK 连接单元地址分配如图 2-21 所示。I/O LINK 连接单元将分别占用系统 A 和系统 B 的 DI/DO 地址，*m*、*n* 分别是 I/O LINK 连接单元在系统 A 中输入/输出首字节地址；*p*、*q* 分别是 I/O LINK 连接单元在系统 B 中输入/输出首字节地址。系统 A 中的 X*m* 信号等同于系统 B 中的 Y*q*，系统 A 中的 Y*n* 信号等同于系统 B 中的 X*p*，依次类推，两系统之间 512 点信号一一对应，实现数据通信。

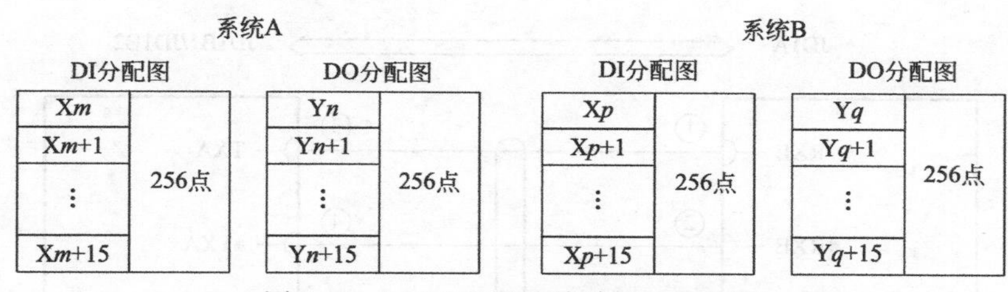

图 2-21　I/O LINK 连接单元地址分配

2.3.3　I/O LINK 连接单元的连接

(1) I/O LINK 连接单元总体连接

① 使用电缆连接的 I/O LINK 连接单元，见图 2-22。

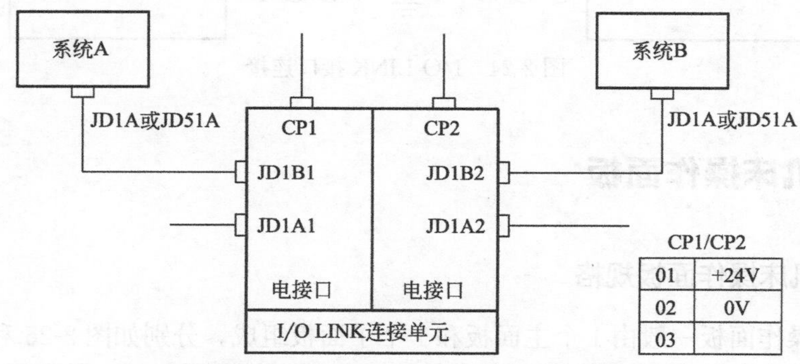

图 2-22　使用电缆连接的 I/O LINK 连接单元

② 使用光缆连接的 I/O LINK 连接单元，见图 2-23。光适配器订货规格为 A13B-0154-B101。

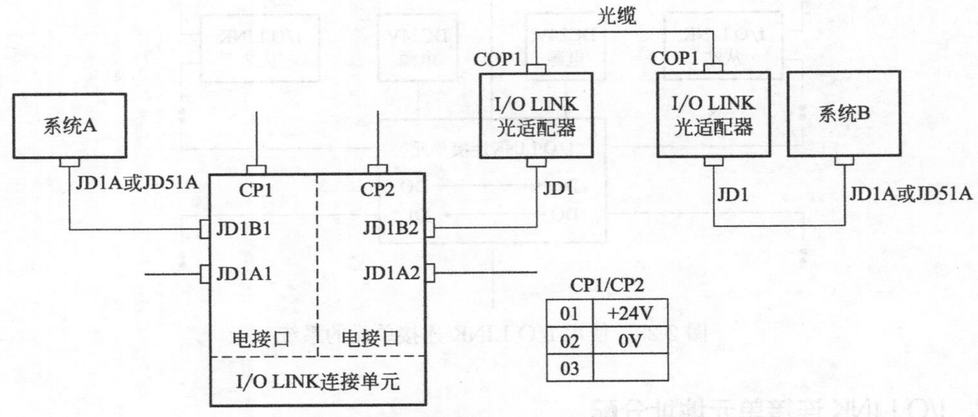

图 2-23　使用光缆连接的 I/O LINK 连接单元

(2) I/O LINK 接口

I/O LINK 接口连接如图 2-24 所示。JD1A1/JD1A2 和 JD1B1/JD1B2 接口的 9、18、20 脚并不提供＋5V 电源。

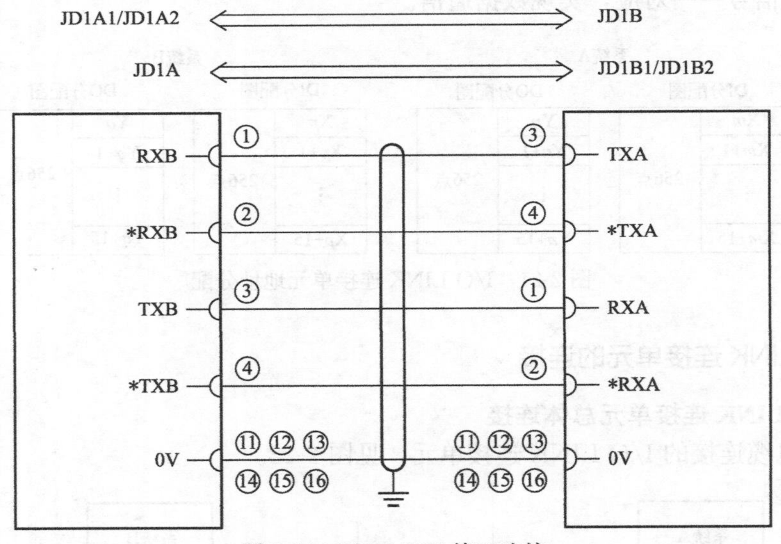

图 2-24　I/O LINK 接口连接

2.4 标准机床操作面板

2.4.1 标准机床操作面板规格

标准机床操作面板一般由 1 个主面板和 1 个子面板组成，分别如图 2-25 和图 2-26 所示。标准机床操作面板按键标识一般用符号或英文，具体说明见表 2-8。它可以直接接入系统 I/O LINK 总线。0i-F 常用标准机床操作面板规格如表 2-9 所示。

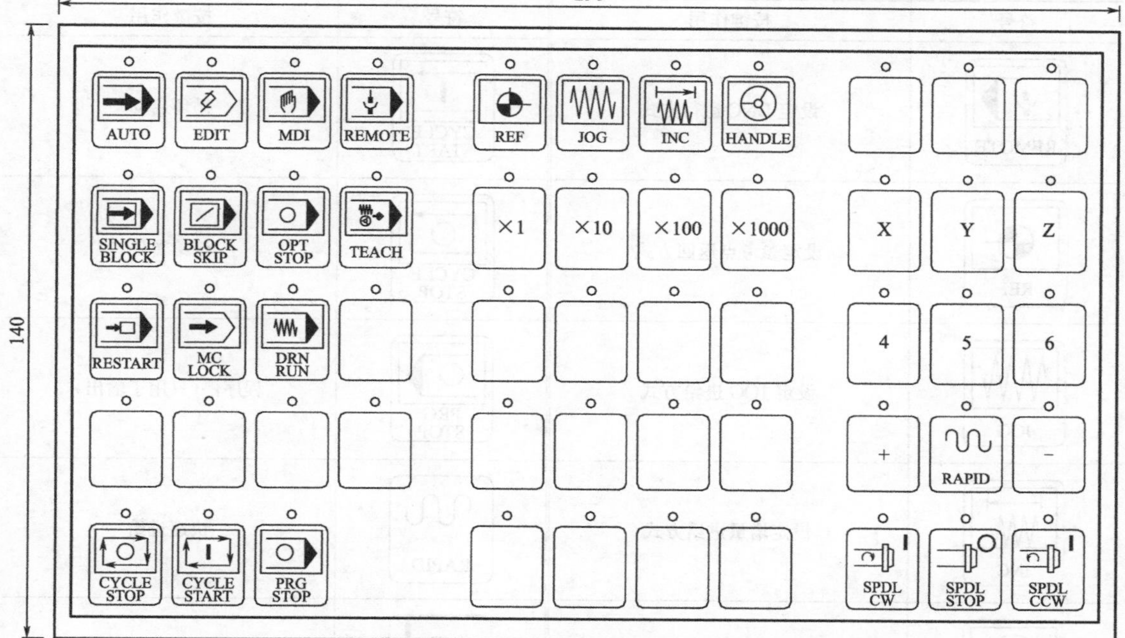

图 2-25　标准机床操作主面板

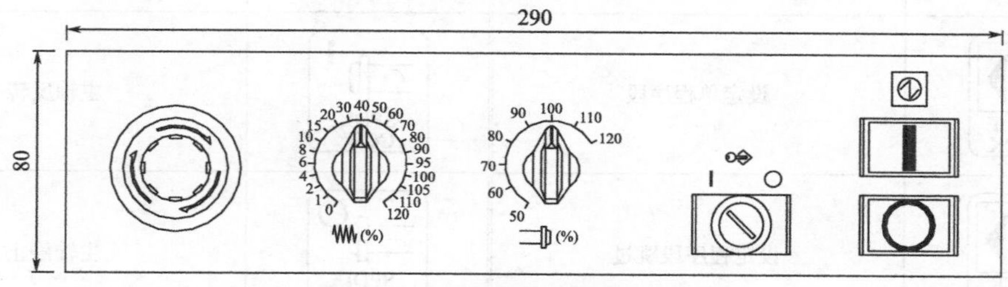

图 2-26　标准机床操作子面板

表 2-8　按键标识符号与英文

符号	按键作用	符号	按键作用
AUTO	设定自动运行方式	RESTART	程序再启动
EDIT	设定程序编辑方式	MC LOCK	设定机床锁住
MDI	设定 MDI 方式	DRN RUN	设定空运行

续表

符号	按键作用	符号	按键作用
REMOTE	设定DNC运行方式	CYCLE START	循环启动
REF	设定参考点返回方式	CYCLE STOP	进给暂停
JOG	设定JOG进给方式	PRG STOP	程序停(只用于输出)
INC	设定增量进给方式	RAPID	快速进给
HANDLE	设定手轮进给方式	SPDL CW	主轴正转
SINGLE BLOCK	设定单程序段	SPDL CCW	主轴反转
BLOCK SKIP	设定程序段跳过	SPDL STOP	主轴停止
OPT STOP	设定选择停	×1　×10 ×100　×1000	增量进给倍率
TEACH	设定手动示教(手轮示教)方式	X　Y　Z 4　5　6	手动进给轴选择
		＋　－	手动进给轴方向

表2-9　0i-F常用标准机床操作面板规格

名称	规格	尺寸(宽×高)
主面板	A02B-0323-C231	290mm×140mm
子面板AA	A02B-0236-C237	290mm×80mm

① 主面板规格见表2-10。

② 子面板规格见表 2-11。

表 2-10 主面板规格

内容	规格	说明
通用 DI	32 点	DC24V
通用 DO	8 点	DC24V
面板按键	55 个	矩阵 DI
LED	绿色	矩阵 DO
手轮接口	3 个	

表 2-11 子面板规格

内容	规格	说明
倍率波段开关	2 个	5 位格雷码输出(带 1 位奇偶校验位)
急停开关	1 个	触点数:4(2NC+2NO)
程序保护开关	1 个	
ON/OFF 开关	1 个	

2.4.2 标准机床操作面板地址分配

(1) 标准机床操作面板 I/O LINK 地址分配

标准机床操作面板 I/O LINK 地址分配如图 2-27 所示。

(2) 标准机床操作面板 I/O LINK i 地址分配

标准机床操作面板 I/O LINK i 地址分配如图 2-28 所示。

DI分配图

X*m*	通用DI
X*m*+1	
X*m*+2	
X*m*+3	
X*m*+4	主面板按键输入信号
X*m*+5	
X*m*+6	
X*m*+7	
X*m*+8	
X*m*+9	
X*m*+10	
X*m*+11	
X*m*+12	第1手轮
X*m*+13	第2手轮
X*m*+14	第3手轮
X*m*+15	保留

DO分配图

Y*n*	主面板LED包括通用DO
Y*n*+1	
Y*n*+2	
Y*n*+3	
Y*n*+4	
Y*n*+5	
Y*n*+6	
Y*n*+7	

图 2-27 标准机床操作面板 I/O LINK 地址分配

DI分配图

地址	说明	槽
X*m*	通用DI	SLOT 1
X*m*+1		
X*m*+2		
X*m*+3		
X*m*+4	主面板按键输入信号	
X*m*+5		
X*m*+6		
X*m*+7		
X*m*+8		
X*m*+9		
X*m*+10		
X*m*+11		
X*m*mpg	第1手轮	SLOT MPG
X*m*mpg+1	第2手轮	
X*m*mpg+2	第3手轮	

DO分配图

地址	说明	槽
Y*n*	主面板LED包括通用DO	SLOT 1
Y*n*+1		
Y*n*+2		
Y*n*+3		
Y*n*+4		
Y*n*+5		
Y*n*+6		
Y*n*+7		

图 2-28 标准机床操作面板 I/O LINK i 地址分配

(3) 主面板 I/O 地址

主面板按键及 LED 的 I/O 地址如图 2-29 所示。

(4) 倍率信号

① 进给倍率波段开关见表 2-12。其中 X*m*+0.5 是奇偶校验位。

表 2-12 进给倍率波段开关 (SA1)

倍率/%	0	1	2	4	6	8	10	15	20	30	40	50	60	70	80	90	95	100	105	110	120
X*m*+0.0	0	1	1	0	0	1	1	0	0	1	1	0	0	1	1	0	0	1	1	0	0
X*m*+0.1	0	0	1	1	1	1	0	0	0	0	1	1	1	1	0	0	0	0	1	1	1

续表

倍率/%	0	1	2	4	6	8	10	15	20	30	40	50	60	70	80	90	95	100	105	110	120
X*m*＋0.2	0	0	0	0	1	1	1	1	1	1	1	1	0	0	0	0	0	0	0	0	1
X*m*＋0.3	0	0	0	0	0	0	0	0	1	1	1	1	1	1	1	1	1	1	1	1	1
X*m*＋0.4	0	0	0	0	0	0	0	0	0	0	0	0	0	0	0	0	1	1	1	1	1
X*m*＋0.5	0	1	0	1	0	1	0	1	0	1	0	1	0	1	0	1	0	1	0	1	0

键/LED \ 位	7	6	5	4	3	2	1	0
X*m*+4/Y*n*+0	B4	B3	B2	B1	A4	A3	A2	A1
X*m*+5/Y*n*+1	D4	D3	D2	D1	C4	C3	C2	C1
X*m*+6/Y*n*+2	A8	A7	A6	A5	E4	E3	E2	E1
X*m*+7/Y*n*+3	C8	C7	C6	C5	B8	B7	B6	B5
X*m*+8/Y*n*+4	E8	E7	E6	E5	D8	D7	D6	D5
X*m*+9/Y*n*+5		B11	B10	B9		A11	A10	A9
X*m*+10/Y*n*+6		D11	D10	D9		C11	C10	C9
X*m*+11/Y*n*+7						E11	E10	E9

图 2-29　主面板按键及 LED 的 I/O 地址

② 主轴倍率波段开关见表 2-13。其中 X*m*＋1.2 是奇偶校验位。

表 2-13　主轴倍率波段开关（SA2）

倍率/%	50	60	70	80	90	100	110	120
X*m*＋0.6	0	1	1	0	0	1	1	0
X*m*＋0.7	0	0	1	1	1	1	0	0
X*m*＋1.0	0	0	0	0	1	1	1	1
X*m*＋1.1	0	0	0	0	0	0	0	0
X*m*＋1.2	0	1	0	1	0	1	0	1
X*m*＋1.3	0	0	0	0	0	0	0	0

2.4.3　标准机床操作面板的连接

（1）总体连接

标准机床操作面板的总体连接如图 2-30 所示。

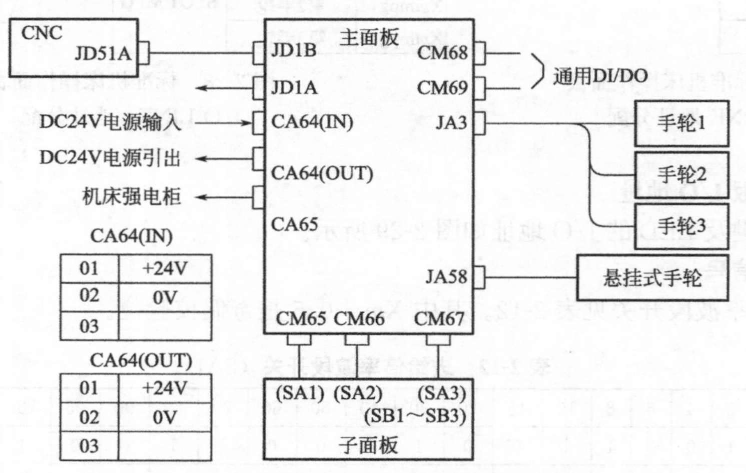

图 2-30　标准机床操作面板的总体连接

SA1：子面板进给倍率开关。

SA2：子面板主轴倍率开关。

SA3：子面板程序保护开关。

SB1：子面板急停按钮。

SB2：子面板电源 ON 开关。

SB3：子面板电源 OFF 开关。

（2）插头引脚分配

① CM65/CM66/CM67 引脚分配见图 2-31。CM67 中 TR1、TR2 作为中继端子使用，与 CA65 同名的 TR1、TR2 相连。

CM65

	A	B
01		
02		Xm+0.5
03	Xm+0.1	Xm+0.3
04	+24V	Xm+0.4
05	Xm+0.2	Xm+0.0

CM66

	A	B
01		
02		Xm+1.3
03	Xm+0.7	Xm+1.1
04	+24V	Xm+1.2
05	Xm+1.0	Xm+0.6

CM67

	A	B
01	EON	EOFF
02	COM1	COM2
03	Xm+1.4	KEYCOM
04	*ESP	ESPCM1
05	TR1	TR2

图 2-31　CM65/CM66/CM67 引脚分配

② CA65/CM68/CM69 引脚分配见图 2-32。CM68 和 CM69 中 TR3～TR8 作为中继端子使用，与 CA65 同名的 TR3～TR8 相连。

CA65

	A	B
01	EON	EOFF
02	COM1	COM2
03	*ESP	ESPCM1
04	TR1	TR2
05	TR3	TR4
06	TR5	TR6
07	TR7	TR8
08		
09		
10		

CM68

	A	B
01	+24V	Xm+1.5
02	Xm+1.6	Xm+1.7
03	Xm+2.0	Xm+2.1
04	Xm+2.2	Xm+2.3
05	Xm+2.4	Xm+2.5
06	TR3	TR4
07	TR5	TR6
08	Yn+5.3	Yn+5.7
09	Yn+6.3	Yn+6.7
10	DOCOM	0V

CM69

	A	B
01	+24V	Xm+2.6
02	Xm+2.7	Xm+3.0
03	Xm+3.1	Xm+3.2
04	Xm+3.3	Xm+3.4
05	Xm+3.5	Xm+3.6
06	Xm+3.7	DICOM
07	TR7	TR8
08	Yn+7.3	Yn+7.4
09	Yn+7.5	Yn+7.6
10	DOCOM	0V

图 2-32　CA65/CM68/CM69 引脚分配

③ JA3/JA58 引脚分配见图 2-33。

JA3

01	HA1	11	
02	HB1	12	0V
03	HA2	13	
04	HB2	14	0V
05	HA3	15	
06	HB3	16	0V
07		17	
08		18	+5V
09	+5V	19	
10		20	+5V

JA58

01	HA1	11	Xm+1.5
02	HB1	12	0V
03	Xm+2.2	13	Xm+1.6
04	Xm+2.3	14	0V
05	Xm+2.4	15	Xm+1.5
06	Xm+2.5	16	0V
07	Xm+5.3	17	Xm+2.0
08	Xm+2.1	18	+5V
09	+5V	19	+24V
10	+24V	20	+5V

图 2-33　JA3/JA58 引脚分配

(3) 急停信号的连接

机床操作面板上急停开关产生的急停信号不送至 I/O LINK，需要送入强电柜，如图 2-34 所示。当使用子面板 B1 时，子面板内包括急停开关的接线。

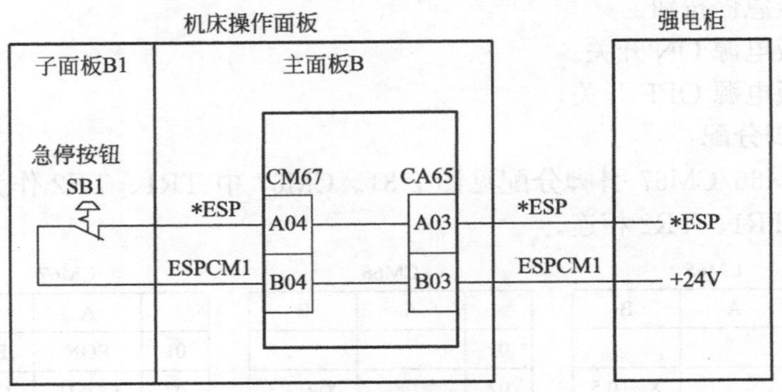

图 2-34 急停信号的连接

(4) 电源 ON/OFF 信号的连接

机床操作面板上 ON/OFF 开关产生的电源 ON/OFF 信号不送至 I/O LINK，需要送入强电柜，如图 2-35 所示。当使用子面板 B1 时，无此信号。

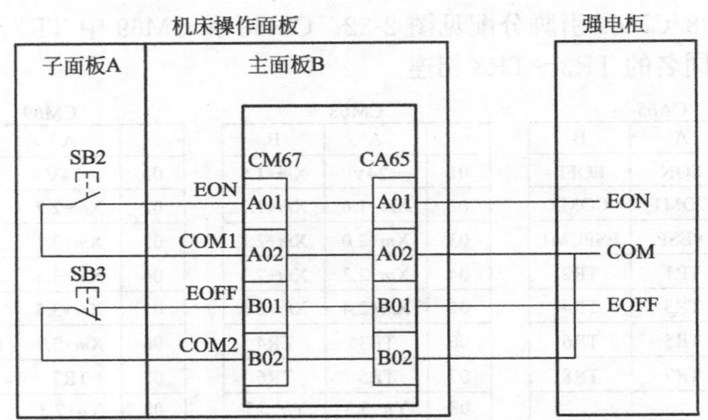

图 2-35 电源 ON/OFF 信号的连接

(5) 通用 DI 信号的连接

子面板进给倍率 SA1 波段开关信号接入通用 DI 信号 X*m*＋0.0～X*m*＋0.5，主轴倍率 SA2 波段开关信号接入通用 DI 信号 X*m*＋0.6～X*m*＋1.3，程序保护开关 SA3 信号接入通用 DI 信号 X*m*＋1.4。如果不使用悬挂手轮，其余通用 DI 信号可自由定义；如果使用悬挂手轮，剩余通用 DI 信号 X*m*＋1.5～X*m*＋2.5 将用作手轮的轴选、手轮倍率信号。标准机床操作面板通用 DI 信号的连接如图 2-36 所示。

DICOM 是 X*m*＋3.0～X*m*＋3.7 的公共端，因此 X*m*＋3 字节的 8 个输入点可以自由选择是漏型输入还是源型输入。

(6) 通用 DO 信号的连接

一共有 8 个点的通用 DO 信号。如果使用悬挂手轮，Y*n*＋5.3 将用作手轮指示灯信号，则只有 7 个点的通用 DO 信号。标准机床操作面板通用 DO 信号的连接如图 2-37 所示。

(7) 手轮的连接

标准机床操作面板 JA3 手轮连接与分线盘 I/O 模块 JA3 手轮连接完全一样，这里不再

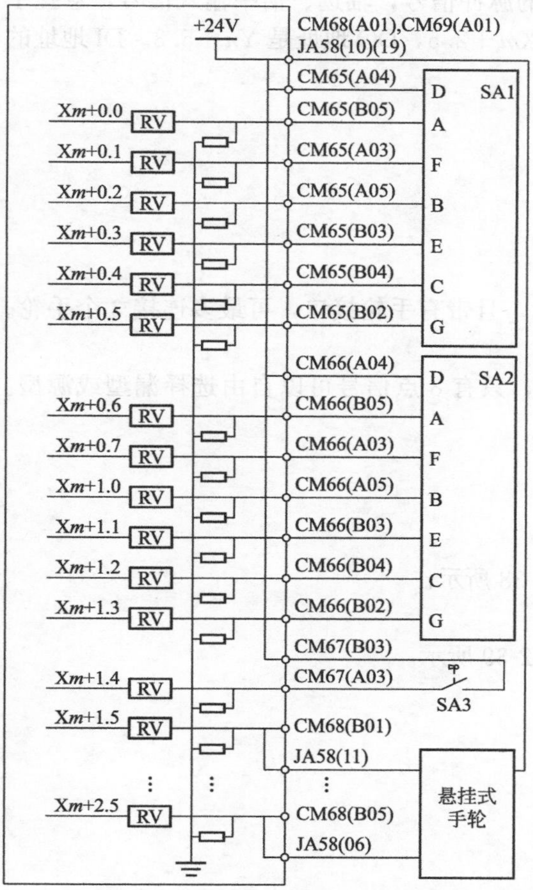

+24V
CM68(A01),CM69(A01)
JA58(10)(19)
CM65(A04)
D SA1
Xm+0.0 RV CM65(B05) A
Xm+0.1 RV CM65(A03) F
Xm+0.2 RV CM65(A05) B
Xm+0.3 RV CM65(B03) E
Xm+0.4 RV CM65(B04) C
Xm+0.5 RV CM65(B02) G
CM66(A04)
D SA2
Xm+0.6 RV CM66(B05) A
Xm+0.7 RV CM66(A03) F
Xm+1.0 RV CM66(A05) B
Xm+1.1 RV CM66(B03) E
Xm+1.2 RV CM66(B04) C
Xm+1.3 RV CM66(B02) G
CM67(B03)
Xm+1.4 RV CM67(A03)
SA3
Xm+1.5 RV CM68(B01)
JA58(11)
悬挂式
手轮
Xm+2.5 RV CM68(B05)
JA58(06)

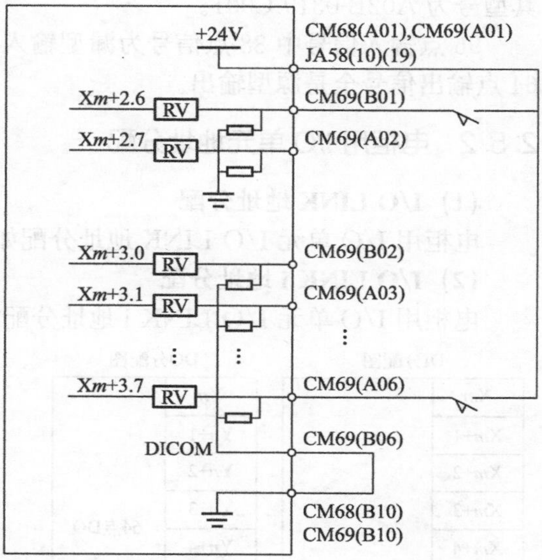

+24V
CM68(A01),CM69(A01)
JA58(10)(19)
Xm+2.6 RV CM69(B01)
Xm+2.7 RV CM69(A02)
Xm+3.0 RV CM69(B02)
Xm+3.1 RV CM69(A03)
Xm+3.7 RV CM69(A06)
DICOM
CM69(B06)
CM68(B10)
CM69(B10)

图 2-36 标准机床操作面板通用 DI 信号的连接

DOCOM
CM68(A10)
CM69(A10)
JA58(07)
Yn+5.3 DV CM68(A08)
继电器
+24V 0V
DC24V电源
Yn+5.7 DV CM68(B08)
Yn+6.3 DV CM68(A09)
Yn+6.7 DV CM68(B09)
Yn+7.3 DV CM69(A08)
Yn+7.4 DV CM69(B08)
Yn+7.5 DV CM69(A09)
Yn+7.6 DV CM69(B09)
CM68(B10)
CM69(B10)

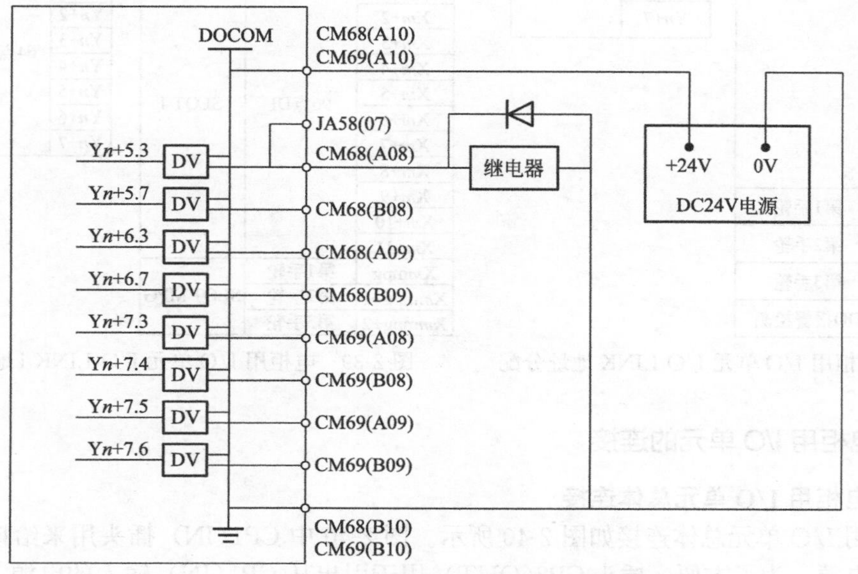

图 2-37 标准机床操作面板通用 DO 信号的连接

重述。机床操作面板 JA58 接口可以接悬挂手轮的脉冲信号，轴选、倍率输入信号，悬挂手轮指示灯信号。其使用的 DI 地址是 Xm＋1．5～Xm＋2．5，DO 地址是 Yn＋5．3。DI 地址的分配可以按需要自行定义。

2.5 电柜用 I/O 单元

2.5.1 电柜用 I/O 单元规格

电柜用 I/O 单元提供 96 点输入和 64 点输出，且带有手轮接口，可最多连接 3 个手轮。其型号为 A02B-0319-C001。

96 点输入信号中 88 点信号为漏型输入信号，只有 8 点信号可以自由选择漏型或源型。64 点输出信号全是源型输出。

2.5.2 电柜用 I/O 单元地址分配

（1）I/O LINK 地址分配

电柜用 I/O 单元 I/O LINK 地址分配如图 2-38 所示。

（2）I/O LINK i 地址分配

电柜用 I/O 单元 I/O LINK i 地址分配如图 2-39 所示。

DI分配图

地址	
Xm	96点DI
Xm+1	
Xm+2	
Xm+3	
Xm+4	
Xm+5	
Xm+6	
Xm+7	
Xm+8	
Xm+9	
Xm+10	
Xm+11	
Xm+12	第1手轮
Xm+13	第2手轮
Xm+14	第3手轮
Xm+15	DO报警检测

DO分配图

Yn	64点DO
Yn+1	
Yn+2	
Yn+3	
Yn+4	
Yn+5	
Yn+6	
Yn+7	

图 2-38　电柜用 I/O 单元 I/O LINK 地址分配

DI分配图

地址		
Xm	96点DI	SLOT 1
Xm+1		
Xm+2		
Xm+3		
Xm+4		
Xm+5		
Xm+6		
Xm+7		
Xm+8		
Xm+9		
Xm+10		
Xm+11		
Xmmpg	第1手轮	SLOT MPG
Xmmpg+1	第2手轮	
Xmmpg+2	第3手轮	

DO分配图

Yn	64点DO	SLOT 1
Yn+1		
Yn+2		
Yn+3		
Yn+4		
Yn+5		
Yn+6		
Yn+7		

图 2-39　电柜用 I/O 单元 I/O LINK i 地址分配

2.5.3 电柜用 I/O 单元的连接

（1）电柜用 I/O 单元总体连接

电柜用 I/O 单元总体连接如图 2-40 所示。图 2-40 中 CP1（IN）插头用来给该 I/O 单元提供工作电源。为了方便，插头 CP2（OUT）用于引出从 CP1（IN）输入的电源，能够引出的最大电流为 1A。

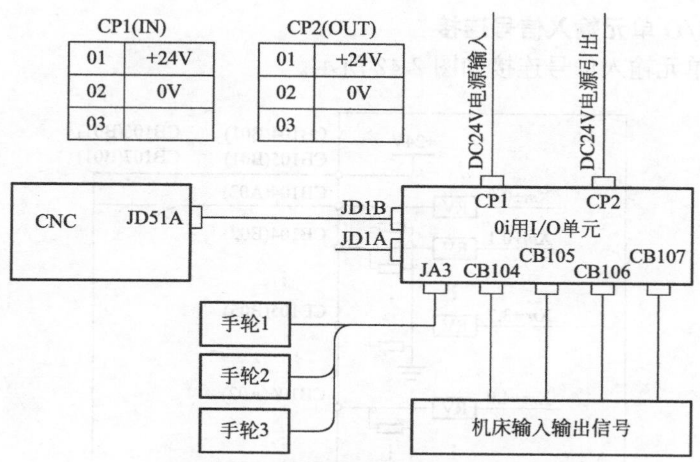

图 2-40 电柜用 I/O 单元总体连接

(2) CB104/CB105/CB106/CB107 引脚分配

CB104/CB105/CB106/CB107 引脚分配如图 2-41 所示。

CB104

引脚号	A	B
01	0V	+24V
02	Xm+0.0	Xm+0.1
03	Xm+0.2	Xm+0.3
04	Xm+0.4	Xm+0.5
05	Xm+0.6	Xm+0.7
06	Xm+1.0	Xm+1.1
07	Xm+1.2	Xm+1.3
08	Xm+1.4	Xm+1.5
09	Xm+1.6	Xm+1.7
10	Xm+2.0	Xm+2.1
11	Xm+2.2	Xm+2.3
12	Xm+2.4	Xm+2.5
13	Xm+2.6	Xm+2.7
14		
15		
16	Yn+0.0	Yn+0.1
17	Yn+0.2	Yn+0.3
18	Yn+0.4	Yn+0.5
19	Yn+0.6	Yn+0.7
20	Yn+1.0	Yn+1.1
21	Yn+1.2	Yn+1.3
22	Yn+1.4	Yn+1.5
23	Yn+1.6	Yn+1.7
24	DOCOM	DOCOM
25	DOCOM	DOCOM

CB105

引脚号	A	B
01	0V	+24V
02	Xm+3.0	Xm+3.1
03	Xm+3.2	Xm+3.3
04	Xm+3.4	Xm+3.5
05	Xm+3.6	Xm+3.7
06	Xm+8.0	Xm+8.1
07	Xm+8.2	Xm+8.3
08	Xm+8.4	Xm+8.5
09	Xm+8.6	Xm+8.7
10	Xm+9.0	Xm+9.1
11	Xm+9.2	Xm+9.3
12	Xm+9.4	Xm+9.5
13	Xm+9.6	Xm+9.7
14		
15		
16	Yn+2.0	Yn+2.1
17	Yn+2.2	Yn+2.3
18	Yn+2.4	Yn+2.5
19	Yn+2.6	Yn+2.7
20	Yn+3.0	Yn+3.1
21	Yn+3.2	Yn+3.3
22	Yn+3.4	Yn+3.5
23	Yn+3.6	Yn+3.7
24	DOCOM	DOCOM
25	DOCOM	DOCOM

CB106

引脚号	A	B
01	0V	+24V
02	Xm+4.0	Xm+4.1
03	Xm+4.2	Xm+4.3
04	Xm+4.4	Xm+4.5
05	Xm+4.6	Xm+4.7
06	Xm+5.0	Xm+5.1
07	Xm+5.2	Xm+5.3
08	Xm+5.4	Xm+5.5
09	Xm+5.6	Xm+5.7
10	Xm+6.0	Xm+6.1
11	Xm+6.2	Xm+6.3
12	Xm+6.4	Xm+6.5
13	Xm+6.6	Xm+6.7
14	COM4	
15		
16	Yn+4.0	Yn+4.1
17	Yn+4.2	Yn+4.3
18	Yn+4.4	Yn+4.5
19	Yn+4.6	Yn+4.7
20	Yn+5.0	Yn+5.1
21	Yn+5.2	Yn+5.3
22	Yn+5.4	Yn+5.5
23	Yn+5.6	Yn+5.7
24	DOCOM	DOCOM
25	DOCOM	DOCOM

CB107

引脚号	A	B
01	0V	+24V
02	Xm+7.0	Xm+7.1
03	Xm+7.2	Xm+7.3
04	Xm+7.4	Xm+7.5
05	Xm+7.6	Xm+7.7
06	Xm+10.0	Xm+10.1
07	Xm+10.2	Xm+10.3
08	Xm+10.4	Xm+10.5
09	Xm+10.6	Xm+10.7
10	Xm+11.0	Xm+11.1
11	Xm+11.2	Xm+11.3
12	Xm+11.4	Xm+11.5
13	Xm+11.6	Xm+11.7
14		
15		
16	Yn+6.0	Yn+6.1
17	Yn+6.2	Yn+6.3
18	Yn+6.4	Yn+6.5
19	Yn+6.6	Yn+6.7
20	Yn+7.0	Yn+7.1
21	Yn+7.2	Yn+7.3
22	Yn+7.4	Yn+7.5
23	Yn+7.6	Yn+7.7
24	DOCOM	DOCOM
25	DOCOM	DOCOM

图 2-41 CB104/CB105/CB106/CB107 引脚分配

(3) 电柜用 I/O 单元输入信号连接

电柜用 I/O 单元输入信号连接如图 2-42 所示。

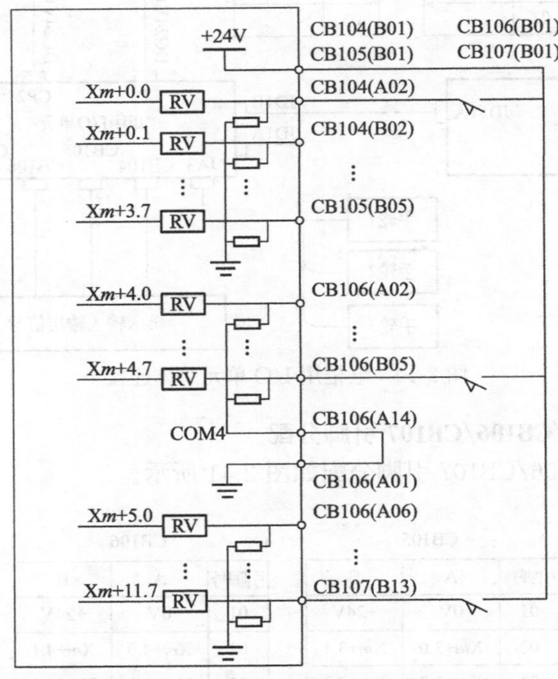

图 2-42 电柜用 I/O 单元输入信号连接

(4) 电柜用 I/O 单元输出信号连接

电柜用 I/O 单元输出信号连接如图 2-43 所示。

(5) 电柜用 I/O 单元手轮连接

电柜用 I/O 单元手轮接口 JA3 的连接与分线盘 I/O 模块完全一样，不再重述。

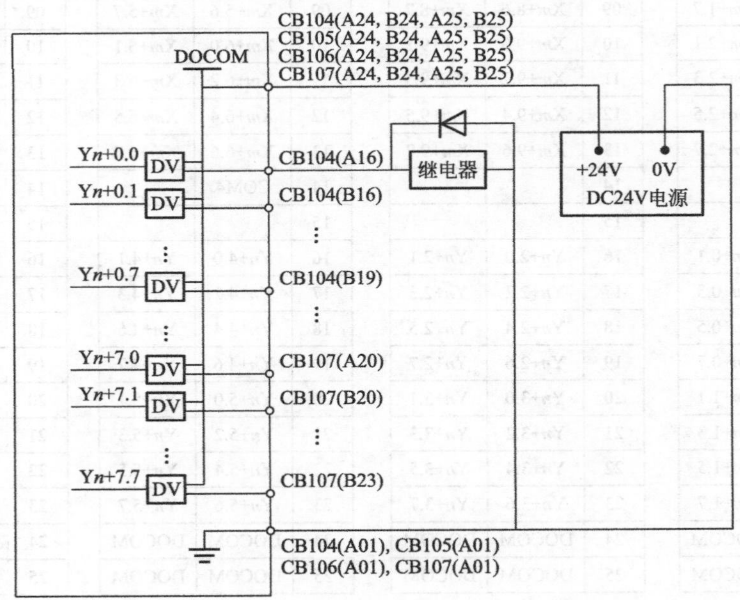

图 2-43 电柜用 I/O 单元输出信号连接

2.6 βi 系列 I/O LINK 伺服放大器

2.6.1 βi 系列 I/O LINK 伺服放大器规格

支持 I/O LINK 的 FANUC 伺服放大器是一个运动控制伺服单元，通过 FANUC I/O LINK 可以方便地与 CNC 控制单元进行连接。常用 βi 系列 I/O LINK 伺服放大器规格如表 2-14 所示。

表 2-14 常用 βi 系列 I/O LINK 伺服放大器规格

模块型号	规格	最大电流	适配电机
βSVM1-4i	A06B-6132-H001	4A	β0.2/5000is；β0.3/5000is
βSVM1-20i	A06B-6132-H002	20A	β0.4/5000is；β0.5/5000is；β1/5000is；β2/4000is；β4/4000is；β8/3000is
βSVM1-40i	A06B-6132-H003	40A	β12/3000is；β22/2000is
βSVM1-80i	A06B-6132-H004	80A	β22/3000is；β30/2000is；β40/2000is

每个 I/O LINK 控制轴占用 I/O LINK 的 128 输入点和 128 输出点。βi 系列 I/O LINK 伺服放大器通过这 128 输入点、128 输出点连接到主系统，即 CNC。主系统中的梯形图通过 I/O LINK 接口来给 βi 系列 I/O LINK 伺服放大器传送运动指令并监测其运行状态，如图 2-44 所示。

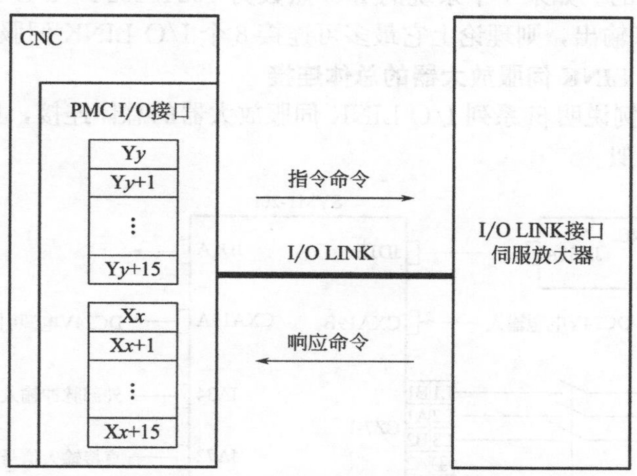

图 2-44 I/O LINK 轴控制

I/O LINK 伺服放大器在 I/O LINK 中的连接位置指定只需要组号，其基座号固定为 0，插槽号固定为 1。地址分配时模块名称设为 PM16I（输入）和 PM16O（输出）。

图 2-44 中 x、y 表示 I/O 模块设定时的首地址。这里的 Y 地址表示 CNC→AMP，控制 AMP 执行指定的动作，作用相当于基本轴控制所用的 G 地址信号。这里的 X 地址表示 AMP→CNC，即 AMP 反馈给 CNC 的信息，目前 AMP 处在何种状态，作用相当于平时所用的 F 地址信号。

通过 FANUC I/O LINK 进行数据收发的接口区，分为处理复位信号、报警信号的“信号区”和为了发出移动指令和进行状态监视而处理指令代码的“指令代码区”。

“信号区”中的信号，可以由主机装置直接读写，同时可以进行模式选择、发出运转的启动停止等指令以及进行报警状态的监视等。

在“指令代码区”中，可以通过功能代码和指令数据的组合向伺服放大器发出各种指令。例如，可以发送绝对/增量移动指令和参考点返回等移动指令的程序段，或者接收当前位置的数据等。

βi 系列 I/O LINK 轴控制方式可分为两种，并且由信号 DRC 的“0”“1”状态决定。当 DRC=0 时，I/O LINK 轴处于外围设备控制方式；当 DRC=1 时，I/O LINK 轴处于直接命令控制方式。

外围设备控制接口是基本上与 Power Mate-E 的外围设备控制功能具有兼容性的接口。备有适用于控制机床外围设备的指令，即用一个指令可以使其进行包括轴的夹紧、松开在内的一系列定位动作。

直接命令控制方式不像控制外围设备那样，用 1 个命令进行多个动作，而基本上 1 个指令执行 1 个定位动作。但是，除定位指令以外，还备有等候指令、参数的读写、诊断数据的读入等各种指令，可以进行多种类型的操作。

“外围设备控制接口”和“直接命令接口”，中途可以进行切换，但信号的含义将发生变化，梯形图变得繁杂，所以通常固定其中一个接口来控制伺服放大器。

2.6.2 βi 系列 I/O LINK 伺服放大器的连接

CNC 可以连接支持 βi 系列 I/O LINK 伺服放大器的最大数目是由 CNC 控制单元提供的输入输出点数来决定的。如果 1 个系统的 I/O 点数为 1024/1024，I/O LINK 伺服放大器占用 128 点输入/128 点输出，则理论上它最多可连接 8 个 I/O LINK 伺服放大器。

（1）βi 系列 I/O LINK 伺服放大器的总体连接

以 SVM1-20i 为例说明 βi 系列 I/O LINK 伺服放大器的总体连接，见图 2-45。其他放大器的总体连接与之相似。

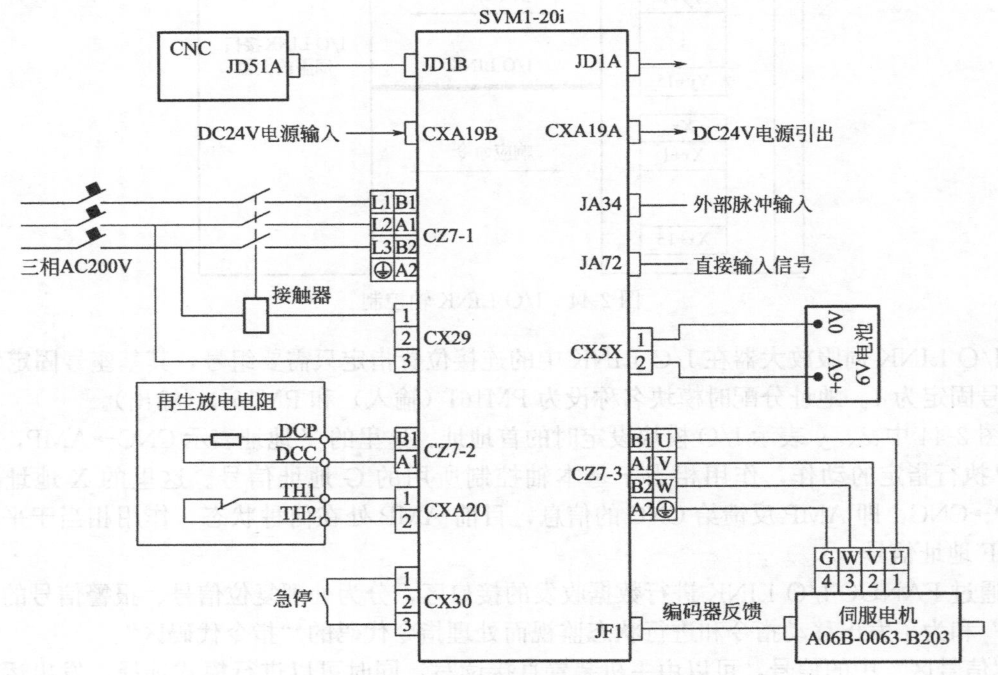

图 2-45　SVM1-20i 放大器的总体连接

(2) CXA19B/CXA19A 的连接

CXA19B/CXA19A 的连接如图 2-46 所示。伺服放大器的 DC24V 电源从 CXA19B 输入。从 CXA19A 引出的 DC24V 电源可以给后续的放大器提供电源。从 CXA19A 到 CXA19B 的连接线中除 DC24V 电源线外，还包括急停信号线 ESP 和 6V 电池线 BAT，因此绝对编码器用 DC6V 电源可以从最末端放大器 CXA19A 输入。此时各个模块的 CX5X 就不要再接 6V 电池了。

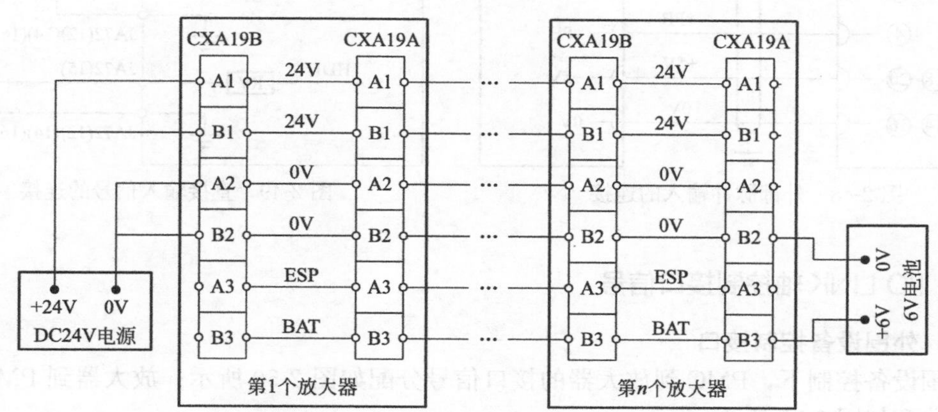

图 2-46 CXA19B/CXA19A 的连接

(3) 编码器反馈的连接

β0.4/5000is 到 β22/2000is 电机的编码器，全部都是串行接口的绝对位置编码器，其连接完全一样，现以 β4/4000is 电机编码器为例说明电机反馈的连接，见图 2-47。

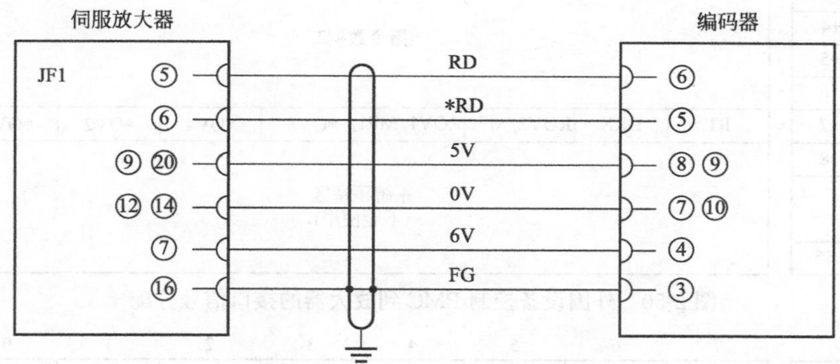

图 2-47 β4/4000is 电机编码器的连接

(4) 外部脉冲输入的连接

外部脉冲输入接口 JA34 连接 A/B 相差分输出型的手摇脉冲发生器，连接如图 2-48 所示。

(5) 直接输入信号的连接

伺服放大器直接输入信号包括急停＊ESP、超程＊－OT/＊＋OT、互锁＊RILK、参考点返回减速＊DEC、跳转 HDI 等信号。其中＊ESP 信号固定漏型接法，从 CX30 接口输入，见图 2-45；其他信号则从 JA72 接口输入，可以接漏型，也可以接源型，如图 2-49 所示。需要特别说明的是＊RILK 和＊DEC 共用 1 个接口，具体使用哪个信号由参数决定。

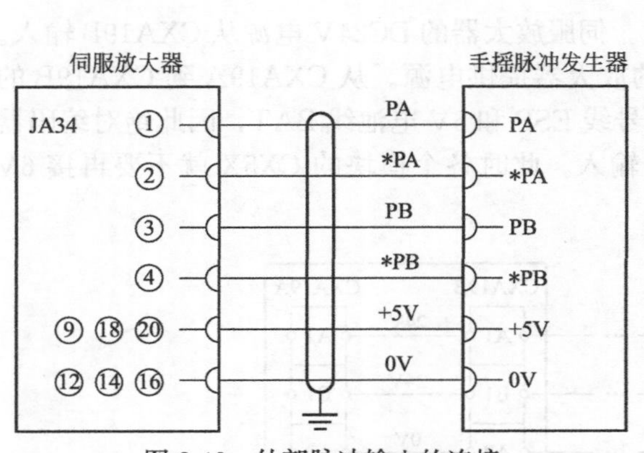

图 2-48 外部脉冲输入的连接

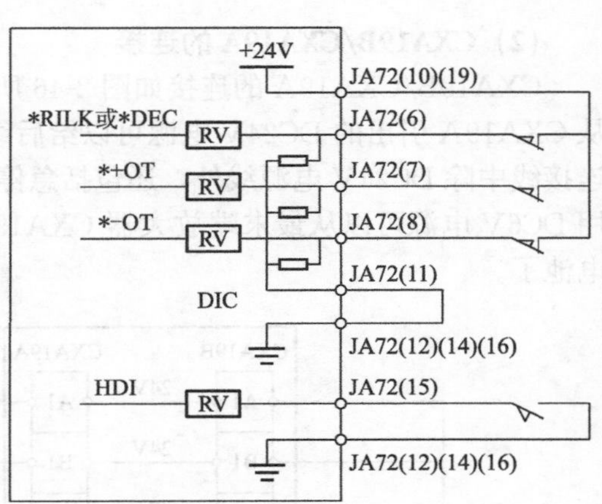

图 2-49 直接输入信号的连接

2.6.3 I/O LINK 轴控制接口信号

(1) 外围设备控制接口

外围设备控制下，PMC 到放大器的接口信号分配如图 2-50 所示；放大器到 PMC 的接口信号分配如图 2-51 所示。

	7	6	5	4	3	2	1	0
Yy	ST	UCPS2	−X	+X	DSAL	MD4	MD2	MD1
Yy+1			DRC	ABSRD	*ILK	SVFX	*ESP	ERS
Yy+2	功能代码				指令数据1			
Yy+3	指令数据2							
Yy+4								
Yy+5								
Yy+6								
Yy+7	RT	DRN	ROV2/MP2	ROV1/MP1	*OV8	*OV4	*OV2	*OV1
Yy+8	系统预留区 (不能使用)							
⋮								
Yy+15								

图 2-50 外围设备控制 PMC 到放大器的接口信号分配

	7	6	5	4	3	2	1	0
Xx	OPC4	OPC3	OPC2	OPC1	INPX	SUPX	IPLX	DEN2
Xx+1	OP	SA	STL	UCPC2	OPTENB	ZRFX	DRCO	ABSWT
Xx+2	MA	AL	DSP2	DSP1	DSALO	TRQM	RST	ZPX
Xx+3	响应数据							
Xx+4								
Xx+5								
Xx+6								
Xx+7		SVERX		PSG2	PSG1	MVX	APBAL	MVDX
Xx+8	POWER MATE CNC管理器用响应区 (不能使用)							
⋮								
Xx+15								

图 2-51 外围设备控制放大器到 PMC 的接口信号分配

“信号区”的分配情况为：DO 用信号为 Yy+0、Yy+1、Yy+7；DI 用信号为 Xx+0、Xx+1、Xx+2、Xx+7。可以通过直接接通/切断或读入这些信号，控制伺服放大器模件。

“指令命令区”的分配情况为：对 Yy+2 分配功能代码/指令数据 1，对 Yy+3～Yy+6 分配指令数据 2，可以据此向伺服放大器发送指令。另外，对 Xx+3～Xx+6 分配响应命令，接收对指令命令的响应数据。

（2）直接命令接口

直接命令控制下，PMC 到放大器的接口信号分配如图 2-52 所示；放大器到 PMC 的接口信号分配如图 2-53 所示。

	7	6	5	4	3	2	1	0
Yy	ST		–X	+X		MD4	MD2	MD1
Yy+1			DRC	WFN	*ILK	SVFX	*ESP	ERS
Yy+2	RT	DRN	ROV2	ROV1	*OV8	*OV4	*OV2	*OV1
Yy+3	INPF							
Yy+4	EBUF	EORFND						ECNT
Yy+5	直接命令功能代码							
Yy+6	直接命令指令数据1							
Yy+7	直接命令指令数据2							
Yy+8	直接命令指令数据3							
⋮	⋮							
Yy+15	直接命令指令数据10							

图 2-52　直接命令控制 PMC 到放大器的接口信号分配

	7	6	5	4	3	2	1	0
Xx					INPX	SUPX	IPLX	DEN2
Xx+1	OP	SA	STL		OPTENB	ZRFX	DRCO	WAT
Xx+2	MA	AL				TRQM	RST	ZPX
Xx+3	INPFO	SVERX		PSG2	PSG1	MVX	APBAL	MVDX
Xx+4	EBSY	EOSTB	ECF		USR1	EOPC	DAL	ECONT
Xx+5	直接命令功能代码							
Xx+6	预备				执行结果			
Xx+7								
Xx+8	直接命令响应数据1							
⋮	⋮							
Xx+15	直接命令响应数据9							

图 2-53　直接命令控制放大器到 PMC 的接口信号分配

信号区：DO 用信号分配了 Yy+0～Yy+3，DI 用信号分配了 Xx+0～Xx+3，可以通过直接接通/切断或读入这些信号，控制伺服放大器。

指令命令区：在 Yy+4～Yy+15 中分配了直接命令的指令命令，由此而向伺服放大器发送指令。另外，在 Xx+4～Xx+15 中分配了直接命令的响应命令，接收对指令命令的响应命令。

(3) 接口信号一览表

I/O LINK 轴接口信号一览表如表2-15所示。

表 2-15 I/O LINK 轴接口信号一览表

组	信号名称	符号	地址	
			外围设备控制	直接命令控制
1	准备结束信号	MA	Xx+2.7	Xx+2.7
	伺服准备就绪信号	SA	Xx+1.6	Xx+1.6
2	急停信号	*ESP	Yy+1.6	Yy+1.6
	外部复位信号	ERS	Yy+1.0	Yy+1.0
	复位中信号	RST	Xx+2.1	Xx+2.1
3	报警信号	AL	Xx+2.6	Xx+2.6
	绝对编码器电池报警信号	APBAL	Xx+7.1	Xx+3.1
4	方式选择信号	MD1,MD2,MD4	Yy+0.0～Yy+0.2	Yy+0.0～Yy+0.2
5	进给轴方向选择信号	+X,-X	Yy+0.4,Yy+0.5	Yy+0.4,Yy+0.5
6	剩余移动量范围内信号	DEN2	Xx+0.0	Xx+0.0
	分配脉冲信号	IPLX	Xx+0.1	Xx+0.1
	加/减速脉冲信号	SUPX	Xx+0.2	Xx+0.2
	到位信号	INPX	Xx+0.3	Xx+0.3
	伺服位置偏差监视信号	SVERX	Xx+7.6	Xx+3.6
	轴移动中信号	MVX	Xx+7.2	Xx+3.2
	移动方向信号	MVDX	Xx+7.0	Xx+3.0
	区信号	PSG1,PSG2	Xx+7.3,Xx+7.4	Xx+3.3,Xx+3.4
	速度控制模式中信号	TRQM	Xx+2.2	Xx+2.2
	功能有效信号	OPTENB	Xx+1.3	Xx+1.3
7	进给速度倍率信号	*OV1～*OV8	Yy+7.0～Yy+7.3	Yy+2.0～Yy+2.3
	手动快速移动选择信号	RT	Yy+7.7	Yy+2.7
	快速移动倍率信号	ROV1,ROV2	Yy+7.4,Yy+7.5	Yy+2.4,Yy+2.5
	增量倍率信号	MP1,MP2	Yy+7.4,Yy+7.5	—
8	互锁信号	*ILK	Yy+1.3	Yy+1.3
9	参考点返回结束信号	ZPX	Xx+2.0	Xx+2.0
	参考点建立信号	ZRFX	Xx+1.2	Xx+1.2
10	自动运转启动信号	ST	Yy+0.7	Yy+0.7
	自动运转启动中信号	STL	Xx+1.5	Xx+1.5
	自动运转中信号	OP	Xx+1.7	Xx+1.7
	空运行信号	DRN	Yy+7.6	Yy+2.6
11	松开指令信号	UCPC2	Xx+1.4	—
	夹紧/松开状态输出信号	UCPS2	Yy+0.6	—
12	伺服断开信号	SVFX	Yy+1.2	Yy+1.2

续表

组	信号名称	符号	地址	
			外围设备控制	直接命令控制
13	动作结束信号	OPC1～OPC4	Xx＋0.4～Xx＋0.7	
	功能代码	CMD CODEP	Yy＋2.4～Yy＋2.7	—
	指令数据1	CMD DATA1	Yy＋2.0～Yy＋2.3	—
	指令数据2	CMD DATA2	Yy＋3～Yy＋6	—
	响应数据	ANS DATAP	Xx＋3～Xx＋6	—
	响应数据内容确认信号	DSP1,DSP2	Xx＋2.4,Xx＋2.5	—
	响应数据写入结束信号	ABSWT	Xx＋1.0	—
	响应数据读入结束信号	ABSRD	Yy＋1.4	—
	报警输出指令信号	DSAL	Yy＋0.3	—
	报警输出状态确认信号	DSALO	Xx＋2.3	—
14	功能代码指令选通信号	EBUF	—	Yy＋4.7
	功能代码指令读取结束信号	EBSY	—	Xx＋4.7
	功能代码	CMD CODE	—	Yy＋5
	指令数据	CMD DATA	—	Yy＋6～Yy＋15
	响应数据	ANS DATA	—	Xx＋7～Xx＋15
	经常输出数据输出中信号	EOPC	—	Xx＋4.2
	响应数据可读取信号	EOSTB	—	Xx＋4.6
	响应数据读取结束信号	EOREND	—	Yy＋4.6
	指令命令继续通知信号	ECNT	—	Yy＋4.0
	PMM数据信号	USR1	—	Xx＋4.3
	响应数据继续通知信号	ECONT	—	Xx＋4.0
	功能代码指令通知结束信号	ECF	—	Xx＋4.5
	报警信号	DAL	—	Xx＋4.1
	等候信号	WAT	—	Xx＋1.0
	等候结束信号	WFN	—	Yy＋1.4
	存储器登录信号	INPF	—	Yy＋3.7
	存储器登录中信号	INPFO	—	Xx＋3.7
	接口切换信号	DRC	—	Yy＋1.5
	接口状态通知信号	DRCO	—	Xx＋1.1
15	急停信号	＊ESP	直接输入	
	超程信号	＊－OT,＊＋OT		
	高速互锁信号	＊RILK		
	参考点返回减速信号	＊DEC		
	跳转信号	HDI		

(4) 外围设备控制与直接命令通用信号

① 准备结束

a. 准备结束信号 MA(Xx+2.7)：当伺服放大器电源接通后，自诊断正常结束时，MA变为1，表示伺服放大器处于能够进行正常动作的状态；当伺服放大器电源被切断，或检测出 CPU 异常、存储器异常等错误时，MA 变为 0。

b. 伺服准备就绪信号 SA(Xx+1.6)：当伺服放大器电源接通后，诊断正常结束时，或发生伺服报警后通过复位被解除时，或解除急停时，SA 变为 1，表示伺服放大器处于能够进行正常动作的状态。当伺服放大器电源被切断时，或检测出伺服报警时，或发生急停时，SA 变为 0。

② 复位和急停

a. 急停信号 *ESP(Yy+1.6)：用于放大器紧急停止。*ESP 变为 0 时，轴移动中急停，轴停止后，进行复位。*ESP 为 0 时，伺服放大器不动作。因此伺服准备就绪信号 SA 将变为 0。*ESP 为 0 时，不能执行 JOG 进给和功能代码指令。

b. 外部复位信号 ERS(Yy+1.0)：用于使伺服放大器复位。当 ERS 变为 1 时，移动中的轴紧急减速停止；停止后，进行复位。在 ERS 为 1 时，不能执行 JOG 进给和功能代码指令。

c. 复位中信号 RST(Xx+2.1)：通知处于复位中。ERS 为 1 或 *ESP 为 0 时，RST 置 1。

③ 报警

a. 报警信号 AL(Xx+2.6)：伺服放大器通知处于报警状态。当伺服放大器处于报警状态时，该信号置 1；当伺服放大器进行复位而解除报警时，该信号置 0。

b. 绝对脉冲编码器电池报警信号 APBAL(Xx+7.1 或 Xx+3.1)：通知已经达到绝对脉冲编码器的电池更换时期。当绝对脉冲编码器的电池电压降低时，APBAL 变为 1；更换绝对脉冲编码器的电池，达到规定电压以上时，APBAL 变为 0。通过复位可以取消，但报警的原因本身并未解除时，系统仍然会立即进入报警状态，发送 APBAL。在这种情况下，有时 APBAL 在一瞬间变为 0。

④ 方式选择信号 MD1、MD2、MD4(Yy+0.0～Yy+0.2)　用于选择操作方式。方式选择信号是由 MD1、MD2、MD4 共 3 位构成的代码信号，通过这些信号的组合而可以选择自动运转（AUTO）、手轮进给（HANDLE）、手动连续进给（JOG）等三种方式，具体见表 2-16。

表 2-16　方式选择

MD4	MD2	MD1	方式选择
0	0	1	自动运转(AUTO)
1	0	0	手轮进给(HANDLE)
1	0	1	基于+X、-X 的手动连续进给(JOG)

⑤ 进给轴方向选择信号+X、-X(Yy+0.4，Yy+0.5)　用于选择 JOG 进给的移动方向。当选择了 JOG 方式后，将进给轴方向选择信号+X、-X 从“0”变为“1”，并保持为“1”时，坐标轴以倍率信号 *OV1～*OV8 或手动快速移动选择信号 RT 所决定的速度，向选定的方向移动。

⑥ 状态信号

a. 剩余移动量范围内信号 DEN2(Xx+0.0)：伺服放大器通知轴移动指令的剩余分配脉冲（剩余移动量）处于参数 PRM149 设定值以下。

b. 分配脉冲信号 IPLX(Xx+0.1)：伺服放大器通知有轴移动指令的分配脉冲（剩余移动量）。

c. 加/减速脉冲信号 SUPX(Xx+0.2)：伺服放大器通知轴移动的分配脉冲作为累积脉冲仍残留在加/减速控制中。

d. 到位信号 INPX(Xx＋0.3)：伺服放大器通知控制轴已经处于到位（达到指令值）的状态。即控制轴的加/减速的迟延（累积脉冲）为零，且伺服位置偏差量也在参数设定范围以内时。

e. 伺服位置偏差监视信号 SVERX(Xx＋7.6 或 Xx＋3.6)：伺服放大器通知伺服位置偏差量已超过参数 PRM148 设定值。

f. 轴移动中信号 MVX(Xx＋7.2 或 Xx＋3.2)：伺服放大器通知控制轴正在移动中。

g. 移动方向信号 MVDX(Xx＋7.0 或 Xx＋3.0)：伺服放大器通知控制轴的移动方向。当控制轴开始向负向移动时，MVDX 变为 1；当控制轴向正向开始移动时，MVDX 变为 0。

h. 区信号 PSG1/PSG2(Xx＋7.3/Xx＋7.4 或 Xx＋3.3/Xx＋3.4)：通过 PRM150～PRM152 三个区间点参数将轴行程从负到正分为 4 个区，然后通过 PSG1/PSG2 两点的信号代码通知当前处在哪个区间内，如表 2-17 所示。

表 2-17 区信号 PSG1/PSG2

条件	PSG2	PSG1	条件	PSG2	PSG1
机床坐标＜PRM150	0	0	PRM151≤机床坐标＜PRM152	1	0
PRM150≤机床坐标＜PRM151	0	1	PRM152≤机床坐标	1	1

i. 速度控制模式中信号 TRQM(Xx＋2.2)：伺服放大器通知正处于速度控制模式中。

j. 功能有效信号 OPTENB(Xx＋1.3)：伺服放大器通知异常负载检测功能（软件选项功能）有效。

⑦ 进给速度

a. 进给速度倍率信号 * OV1～ * OV8(Yy＋7.0～Yy＋7.3 或 Yy＋2.0～Yy＋2.3)：对手动连续进给和切削进给速度应用倍率。4 位的二进制代码信号如表 2-18 所示与倍率值相对应。

表 2-18 4 位的二进制代码信号与倍率

* OV8	* OV4	* OV2	* OV1	倍率值/%
1	1	1	1	0
1	1	1	0	10
1	1	0	1	20
1	1	0	0	30
1	0	1	1	40
1	0	1	0	50
1	0	0	1	60
1	0	0	0	70
0	1	1	1	80
0	1	1	0	90
0	1	0	1	100
0	1	0	0	110
0	0	1	1	120
0	0	1	0	130
0	0	0	1	140
0	0	0	0	150

b. 手动快速移动选择信号 RT(Yy+7.7 或 Yy+2.7)：用于在手动连续进给中选择快速移动。

c. 快速移动倍率信号 ROV1、ROV2(Yy+7.4/Yy+7.5 或 Yy+2.4/Yy+2.5)：用于指定快速移动时的倍率，如表 2-19 所示。其中 F0 由参数 PRM61 设定。

表 2-19　快速移动倍率

ROV2	ROV1	倍率值	ROV2	ROV1	倍率值
0	0	100%	1	0	25%
0	1	50%	1	1	F0

⑧ 互锁信号 *ILK(Yy+1.3)　用于停止所有移动指令的进给。当*ILK 为 0 时，将所有移动指令的进给置于 0，停止控制轴的进给。移动中的轴将减速停止。在"0"的期间内，对移动的指定仍继续有效，当信号变为"1"而复原时，立即再次开始移动。移动指令以外的指令不受影响。

⑨ 参考点返回

a. 参考点返回结束信号 ZPX(Xx+2.0)：伺服放大器通知轴正处于参考点上。

b. 参考点建立信号 ZRFX(Xx+1.2)：伺服放大器通知轴参考点已建立。参数 PRM4#2 (ZRNO) 为"1"时有效。

⑩ 自动运转

a. 自动运转启动信号 ST(Yy+0.7)：在外围设备控制中，用于启动 ATC 动作、点定位等功能代码命令。在直接命令控制中，用于启动 32 个程序段缓冲运转。将 ST 信号置于"1"之后再置于"0"时，伺服放大器开始动作。

b. 自动运转启动中信号 STL(Xx+1.5)：这是表示正在启动自动运转的信号。

c. 自动运转中信号 OP(Xx+1.7)：这是表示一系列自动运转继续进行的信号。

d. 空运行信号 DRN(Yy+7.6 或 Yy+2.6)：DRN 置于"1"时，变为空运行状态；置于"0"时，进给速度返回到由自动运转所指定的速度。

⑪ 伺服断开信号 SVFX(Yy+1.2)　SVFX 用于将控制轴进行伺服断开。不进行位置控制，但位置检测仍继续发挥作用，不会失去位置。通常，在控制轴停止期间需要机床夹紧时，夹紧力比伺服电机的力更强时，为了防止夹紧中的伺服电机流过过大的电流而使用该信号。

⑫ 直接输入信号

a. 急停信号 *ESP：信号为 0 时，紧急停止伺服放大器。

b. 超程信号 *-OT/*+OT：信号为 0 时，坐标轴达到了负向或正向行程极限。

c. 高速互锁信号 *RILK：信号为 0 时，停止所有移动指令的进给。

d. 参考点返回减速信号 *DEC：信号从"1"变为"0"时，使参考点返回的进给减速。减速后，以 FL 速度（参数 PRM54）移动。使用本信号时，不能使用高速互锁信号 *RILK。

e. 跳转信号 HDI：用于记录输入本信号时刻的工件坐标值。

在外围设备控制中，执行跳转功能定位（功能代码 8）时，捕捉到本信号的上升沿或下降沿时，立即停止轴的移动，结束命令的执行。同时，记录输入本信号时刻的工件坐标值（跳转测量数据）。所记录下来的数据，通过在参数 PRM20 中设定"5"，可以作为响应数据予以读出。

在直接命令控制中，单独执行跳转功能定位的直接命令（确立绝对定位指令和增量定位指令的 SKIP 位）时，也会立即停止轴的移动，并结束命令的执行。当为 32 个程序段缓冲运转中时，跳过当前执行中的程序段，前进到下一个程序段。执行直接命令时，也记录跳转测量数据。所记录的数据，通过执行“读出跳转测量数据”的直接命令，可以在主站读出。

在进行跳转功能的定位时，必须把参数 PRM17＃0（HENB）设为“1”（使用跳转功能）。

(5) 外围设备控制接口信号

① 增量倍率信号 MP1/MP2(Yy+7.4/Yy+7.5)　MP1/MP2 仅外围设备控制方式下，参数 PRM5＃5(MP)=1 时有效。用于选择伺服放大器的手轮进给倍率，如表 2-20 所示。其中 M 为参数 PRM62 的设定值；N 为参数 PRM63 的设定值。

表 2-20　增量倍率

MP2	MP1	倍率值	MP2	MP1	倍率值
0	0	×1	1	0	×100
0	1	×10	1	1	×(M/N)

② 夹紧/松开

a. 松开指令信号 UCPC2(Xx+1.4)。伺服放大器执行外围设备控制的功能代码命令时输出本信号，向 PMC 请求进行夹紧/松开操作。UCPC2=1，表示向 PMC 请求松开操作；UCPC2=0，表示向 PMC 请求夹紧操作。

伺服放大器开始执行由功能代码指定的移动指令时，将 UCPC2 置于 1；当移动指令结束时，将 UCPC2 置于 0。

b. 夹紧/松开状态输出信号 UCPS2(Yy+0.6)。伺服放大器通过 UCPC2 请求夹紧/松开时，PMC 进行夹紧/松开的操作，操作结束后，将夹紧/松开的状态通知伺服放大器。如为松开状态，UCPS2 置 1；如为夹紧状态，UCPS2 置 0。

③ 动作结束信号 OPC1～OPC4(Xx+0.4～Xx+0.7)　伺服放大器通知各功能代码的结束情况。

OPC1：通知 PMC 已经接收到功能代码。同时输出松开指令。

OPC2：通知 PMC 已经接收到松开状态输出信号。

OPC3：通知 PMC 移动已经结束。同时发出夹紧指令。

OPC4：通知 PMC 已经接收到夹紧状态输出信号，结束了功能代码的执行。这时如有响应数据，将同时被设置。在接收到 OPC4 之前不能设置下一个指令命令。

④ 功能代码（Yy+2.4～Yy+2.7）　PMC 设置伺服放大器外围设备控制的功能代码，如表 2-21 所示。

表 2-21　外围设备控制的功能代码

功能代码	指令数据 1	指令数据 2	运转方式	启动信号	备注
0:JOG 运转			JOG	+X/−X	
2:ATC/转台控制	1:自动运转(快捷) 2:自动运转(正向) 3:自动运转(负向)	转台/料盘号	AUTO	ST	在参数中设定 ATC 每转动一圈的移动量和转台/料盘数
	4:旋转 1 螺距 5:连续分度		JOG	+X/−X	
3:点定位	1～7:进给速度代码 15:快速移动	点号 1～12	AUTO	ST	与各点号相对应的位置,用工件坐标值设定在参数 154～165 中

续表

功能代码	指令数据 1	指令数据 2	运转方式	启动信号	备注
4:参考点返回	1:第 1 参考点 2:第 2 参考点 3:第 3 参考点		JOG	ST	
	15:参考点设定		JOG	+X/−X	
	15:参考点外部设定		JOG	ST	
5:绝对指令定位	1～7:进给速度代码 15:快速移动	工件坐标值	AUTO	ST	进给速度代码 1～7 的速度设定参数 44～50;快移速度设定在参数 40 中
6:增量指令定位	1～7:进给速度代码 15:快速移动	移动量	AUTO	ST	
7:速度控制	0:启动或变速指令 1:停止指令	速度指令值	AUTO	ST	
8:跳转定位	BIT3:0(绝对指定) BIT0～BIT2:速度代码 1～7	工件坐标值	AUTO	ST	
	BIT3:1(增量指定) BIT0～BIT2:速度代码 1～7	移动量	AUTO	ST	
10:坐标系设定	1:设定坐标系 2:设定料盘号 3:设定点号	坐标值 料盘号 点号	AUTO	ST	与编号相对应的坐标处于当前位置
12:参数重写	1:字节型参数 2:字型参数 3:双字型(首字) 4:双字型(次字)	参数号和参数值		ST	
14:点数据外部设定	点号 1～12	点数据	JOG	ST	在与点号相对应的参数中输入数据
15:基于示教的数据设定		点号 1～12	JOG	ST	在与点号相对应的参数中输入坐标值

⑤ 指令数据 1(Yy＋2.0～Yy＋2.3) 用作 PMC 设置外围设备控制的进给速度等，具体见表 2-21。

⑥ 指令数据 2（Yy＋3～Yy＋6） 用作设置外围设备控制的移动距离等，具体见表 2-21。

⑦ 响应数据（Xx＋3～Xx＋6）

a. 伺服放大器输出点/ATC 控制时的当前位置号（点/转台/料盘号）。本响应数据在定位结束时输出。在此之前输出前面的号。

b. 通过设定参数 PRM20，可以实时输出如下数据：机床坐标值；工件坐标值；电机的电流值；跳转测量数据；实际进给速度；实际转速；转矩指令。

c. DSAL 信号为“1”时，伺服放大器输出报警个数和第 1 个报警号。

⑧ 响应数据内容确认信号 DSP1/DSP2(Xx＋2.4/Xx＋2.5) 伺服放大器通知响应数据的内容，具体见表 2-22。

⑨ 响应数据写入结束信号 ABSWT(Xx＋1.0) 伺服放大器在写入响应数据（Xx＋3～Xx＋6）之后，翻转本信号。

⑩ 响应数据读取结束信号 ABSRD(Yy+1.4)　PMC 读取响应数据（Xx+3～Xx+6）之后，翻转本信号而通知伺服放大器。

⑪ 报警输出指令信号 DSAL(Yy+0.3)　PMC 指定输出报警信息到响应数据。DSAL 输出“1”时，响应数据如下：Xx+3 报警个数；Xx+4～Xx+5 报警号。

⑫ 报警输出状态确认信号 DSALO(Xx+2.3)　伺服放大器通知响应数据的内容。DSALO=0，表示响应数据输出转台、料盘、点号、坐标值或电机的电流值。DSALO=1，表示响应数据输出报警个数和第 1 个报警号。

表 2-22　响应数据内容确认

DSP2	DSP1	响应数据内容	DSP2	DSP1	响应数据内容
0	0	未输出	1	0	当前位置号(ATC、点号)
1	1	坐标值或电机电流值或跳转测量数据或转矩指令	0	1	实际进给速度或实际转速

(6) 直接命令控制接口信号

① 功能代码指令选通信号 EBUF(Yy+4.7)　PMC 在设定功能代码(Yy+5)、指令数据(Yy+6～Yy+15) 之后，翻转该信号的逻辑，通知伺服放大器已完成了功能代码指令的准备。

② 功能代码指令读取结束信号 EBSY(Xx+4.7)　将功能代码指令存入伺服放大器内后，伺服放大器翻转 EBSY 信号状态。存入后 EBUF 和 EBSY 的状态相同，可以给出下一个功能代码指令。

③ 功能代码(Yy+5)　如表 2-23 所示。

表 2-23　直接命令控制功能代码

直接命令	功能	功能代码 (Yy+5)	指令数据 (Yy+6～Yy+15)	响应数据 (Xx+7～Xx+15)
信号操作指令	设定和解除转矩极限有效信号	0x0C	Yy+6=0x11:设定 Yy+6=0x10:解除	—
	发出转矩极限值的指令	0x91	Yy+6=0x10 Yy+7～Yy+15:转矩极限值(0～7282)	—
参数	读出参数	0x20	Yy+6～Yy+7:参数号	Xx+7:数据字节长度 Xx+8～Xx+11:参数值
	写入参数	0x21	Yy+6～Yy+7:参数号 Yy+8=0x01 Yy+9:数据字节长度 Yy+10～Yy+13:参数值	—
读出状态	读出绝对位置	0x30	Yy+6=0x01	Xx+7～Xx+10:绝对位置
	读出机床位置	0x31	Yy+6=0x01	Xx+7～Xx+10:机床位置
	读出跳转测定数据	0x32	Yy+6=0x01	Xx+7～Xx+10:跳转测定数据
	读出伺服位置偏差量	0x33	Yy+6=0x01	Xx+7～Xx+10:伺服位置偏差量
	读出加/减速迟延量	0x34	Yy+6=0x01	Xx+7～Xx+10:加/减速迟延量
	读出实际进给速度	0x36	Yy+6=0x01	Xx+7～Xx+10:实际进给速度

续表

直接命令	功能	功能代码（Yy＋5）	指令数据（Yy＋6～Yy＋15）	响应数据（Xx＋7～Xx＋15）
读出状态	读出状态	0x37	—	Xx＋7.0～Xx＋7.3：方式状态 Xx＋7.4～Xx＋7.7：运转状态 Xx＋8.0～Xx＋8.3：动作状态 Xx＋9.0～Xx＋9.3：急停状态 Xx＋9.4～Xx＋9.7：报警状态
	读出报警信息	0x38	Yy＋6：报警号个数×3（最大9）	Xx＋8～Xx＋9：报警号1 Xx＋11～Xx＋12：报警号2 Xx＋13～Xx＋14：报警号3
	读出系统软件的系列和版本	0x3F	—	Xx＋11～Xx＋14：系列 Xx＋15，Xx＋5～Xx＋7：版本
	指定连续数据的读出	0x41	Yy＋6：读出数据的个数（最大4） Yy＋7～Yy＋14：读出数据的指定代码	Xx＋7～：连续读出数据
	读出电机的电流值	0x95	Yy＋6＝0x01	Xx＋7～Xx＋10：电机的电流值
	读出转矩指令	0x96	Yy＋6＝0x01	Xx＋7～Xx＋10：转矩指令
	读出实际转速	0x97	Yy＋6＝0x01	Xx＋7～Xx＋10：实际转速
轴移动命令	参考点返回	0x60		只进行EBSY的翻转
	绝对定位	0x61	Yy＋8～Yy＋9：进给速度 Yy＋10～Yy＋13：绝对位置	只进行EBSY的翻转
	增量定位	0x62	Yy＋8～Yy＋9：进给速度 Yy＋10～Yy＋13：增量移动量	只进行EBSY的翻转
	暂停	0x63	Yy＋8～Yy＋11：暂停时间	只进行EBSY的翻转
	设定坐标系	0x64	Yy＋8～Yy＋11：坐标系设定值	只进行EBSY的翻转
	取得FIN状态	0x66		ECF0＝1：命令结束
	FIN指令	0x67	Yy＋6.0：FIN的指定	
	速度控制	0x6F	Yy＋Yy8：功能选择（1，2，3） Yy＋9～Yy＋10：速度指令值（r/min） Yy＋11～Yy＋12：转矩极限值（0～7282）	只进行EBSY的翻转
	等候指令	0x90	Yy＋7：ID代码（1～255）	Xx＋9：ID代码

④ 指令数据（Yy＋6～Yy＋15） PMC给出功能代码命令的指令数据，参见表2-23。

⑤ 响应数据（Xx+7～Xx+15） 响应数据包括：a. 伺服放大器返回功能代码指令的执行结果；b. 伺服放大器返回由功能代码指令所请求的数据；c. 伺服放大器经常输出由连续读取指令所请求的当前位置等数据。

⑥ 经常输出数据输出中信号 EOPC(Xx＋4.2) 伺服放大器通知把由功能代码指令所请求的经常输出数据输出到响应数据。EOPC＝1，表示正在把经常输出数据输出到响应数据中。EOPC＝0，表示正在把经常输出以外的数据输出到响应数据中。

⑦ 响应数据可读取信号 EOSTB(Xx＋4.6) 伺服放大器通知把由功能代码指令所请求的数据输出到响应数据中并可以进行读取。EOSTB 状态翻转时，表示可以读取响应数据。

⑧ 响应数据读取结束信号 EOREND(Yy＋4.6) PMC 通知伺服放大器已结束响应数据的读取。EOREND 信号状态翻转时，伺服放大器把功能代码指令的执行结果输出到响应数据中。

⑨ 指令命令继续通知信号 ECNT(Yy＋4.0) 当指令命令的数据量多而不能一次送出时，将 ECNT 置 1，伺服放大器接收到缓冲器中的指令数据后，翻转 EBSY，使其与 EBUF 的状态一致，催促发送后续数据；当送出一系列指令命令的最后数据时，将 ECNT 置 0。

⑩ PMM 数据信号 USR1(Xx＋4.3) USR1＝1，表示响应命令的数据为 Power Mate CNC 管理器的数据；USR1＝0，表示响应命令的数据为来自梯形程序的数据。

⑪ 响应数据继续通知信号 ECONT(Xx＋4.0) 响应命令的数据量多而不能一次发送全部数据时，ECONT 将变为 1，所以在读出当前的数据后，主机等待下一个数据。主机在 ECONT 变为 0 之前必须反复读出数据。ECONT＝1，表示仍然残留响应命令的数据；ECONT＝0，表示响应命令均已被读出。

⑫ 功能代码指令通知结束信号 ECF(Xx＋4.5) 将 NMOD 设为 1，设置功能代码指令执行结束通知模式时，伺服放大器将 ECF 置 1，通知该指令的定位已经结束，在 PMC 响应之前，等待下一个命令的执行。PMC 发出“FIN 指令”命令，前进到下一个命令。ECF＝1，表示执行结束通知模式时，基于功能代码的定位结束；ECF＝0 表示正执行“FIN 指令”命令。

⑬ 报警信号 DAL(Xx＋4.1) 在伺服放大器发生报警时，伺服放大器将 DAL 置于 1。主机需要报警的细节时，发出“读出报警信息”的命令。

⑭ 等候信号 WAT(Xx＋1.0) 伺服放大器通知主机已进入等候状态。主机进行必要的处理后，送出等候结束信号 WFN，继续进行运转。在存储器运转下，伺服放大器在连续动作中委托主机处理时使用。WAT＝1，表示存储器运转中伺服放大器正执行等候指令；WAT＝0，表示主机将等候结束信号 WFN 从 0 置于 1。

⑮ 等候结束信号 WFN(Yy＋1.4) 伺服放大器处于等候状态时，伺服放大器将等候信号 WAT 置 1。这时将 WFN 置为 1，伺服放大器将等候信号 WAT 置 0。主机确认等候信号 WAT 为 0 后，将 WFN 置为 0，伺服放大器结束等候，执行下一个指令。

⑯ 存储器登录信号 INPF(Yy＋3.7) 将 INPF 置为 1，发出缓冲型功能代码指令时，该指令将不被执行而登录到存储器中。最多可登录 32 个程序段。一系列登录作业结束时，将 INPF 恢复至“0”。在存储器中存储有数据的状态下，再次将 INPF 置为 1 时，已经登录的数据将被清除，从最初开始登录。

⑰ 存储器登录中信号 INPFO(Xx＋3.7) 该信号通知主机伺服放大器正处于存储器登录模式中。

⑱ 接口切换信号 DRC(Yy＋1.5) DRC 置 0，伺服放大器采用外围设备接口控制；DRC 置 1，伺服放大器采用直接命令接口控制。

⑲ 接口状态通知信号 DRCO(Xx+1.1) DRCO=1，表示伺服放大器处于直接命令接口控制；DRCO=0，表示伺服放大器处于外围设备接口控制。

2.6.4 外围设备控制

外围设备控制下，伺服放大器接收由主机按功能代码指定的各种命令，然后执行一系列动作。外围设备控制指令命令和响应命令的一般形式如图 2-54 所示。

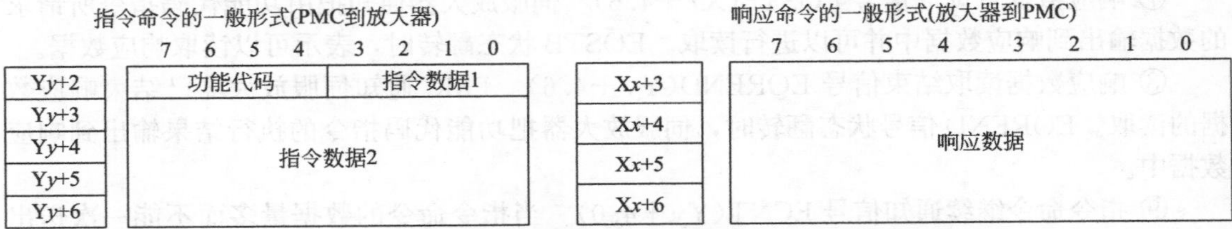

图 2-54 外围设备控制指令命令和响应命令的一般形式

(1) 利用功能代码的指令方法

在外围设备控制中，主机设置功能代码、指令数据 1、指令数据 2 之后，接通/切断接口区的自动运转启动信号 ST，启动指令命令。有时也根据指令命令使用进给轴方向选择信号+X/－X 作为启动信号。

伺服放大器根据执行命令的进度情况返回动作结束信号 OPC1～OPC4，主机进行与此相对应的处理。

现以绝对位置定位为例进行说明，其控制过程如下：

① PMC 设置功能代码(Yy+2.4～Yy+2.7)、指令数据 1(Yy+2.0～Yy+2.3) 和指令数据 2(Yy+3～Yy+6) 后，自动运转启动信号 ST(Yy+0.7) 先置 1 再置 0，启动功能代码代表的命令。绝对位置定位，功能代码指定 5；指令数据 1 指定速度代码，如为 1～7，速度对应参数 PRM44～PRM50 设定的进给速度，如为 15 对应快速移动；指令数据 2 指定定位绝对位置坐标。伺服放大器接收到数据时，向 PMC 返回动作结束信号 OPC1(Xx+0.4)，同时松开指令信号 UCPC2(Xx+1.4) 置 1，表示请求松开动作。

② PMC 执行完成松开动作后，需将夹紧/松开状态信号 UCPS2(Yy+0.6) 置 1，伺服放大器然后开始移动，同时向 PMC 返回动作结束信号 OPC2(Xx+0.5)。

③ 轴定位结束后，向 PMC 返回动作结束信号 OPC3(Xx+0.6)，同时松开指令信号 UCPC2(Xx+1.4) 置 0，表示请求夹紧动作。

④ PMC 执行完成夹紧动作后，需将夹紧/松开状态信号 UCPS2(Yy+0.6) 置 0，伺服放大器然后输出坐标值到响应数据 (Xx+3～Xx+6)，同时输出动作结束信号 OPC4(Xx+0.7)，并变为可启动状态。

⑤ 伺服放大器执行命令时如发生报警，AL 信号 (Xx+2.6) 为 1，PMC 可以用此信号进行报警显示等处理。此外，PMC 将信号 DSAL(Yy+0.3) 置 1，也可以把报警个数和报警号输出到响应数据中。

⑥ 伺服放大器是否检查松开/夹紧状态信号 UCPS2(Yy+0.6)，由参数 PRM3＃2 (IGCP) 进行设定。PRM3＃2=1，不检查时，不输出动作结束信号 OPC2 和 OPC3。

⑦ 从接通伺服后到输出松开指令信号的时间，在参数 PRM167 中进行设定。从输出夹紧指令信号后到断开伺服的时间，在参数 PRM168 中进行设定。

(2) 响应数据的接收方法

PMC 可以根据响应数据读取控制伺服放大器的轴当前位置和报警信息。

PMC 需要读取报警信息时，把报警输出指令信号 DSAL(Yy+0.3) 设置为“1”。当报警输出状态确认信号 DSALO(Xx+2.3) 为“1”时，报警个数和编号输送到响应数据(Xx+3～Xx+6)。

如果将报警输出指令信号 DSAL(Yy+0.3) 置为“0”，则位置信息输送到响应数据(Xx+3～Xx+6) 中。用响应数据内容确认信号 DSP1/DSP2(Xx+2.4/Xx+2.5) 可以确认数据的种类。可以用参数 PRM20 (PHOUT) 选择位置数据，具体设定如下。

0：不予输出。

1：输出 ATC、点号。

2：实时输出机床坐标值。

3：实时输出工件坐标值。

4：输出电机的电流值。电机的最大电流值为 6554，系指放大器的最大电流值。

5：输出跳转信号输入时的测量数据 (工件坐标值)。

6：实时输出实际进给速度。单位：10^N 用户设定单位/min (N：参数 PRM21)。

7：实时输出实际转速。单位：r/min。

8：实时输出转矩指令。转矩指令的最大值为 6554。最低位的位表示转矩限制到达信号。最低位= 0：未到达转矩限制；最低位=1：已到达转矩限制。

2.6.5 直接命令控制

伺服放大器接收由 PMC 决定形式的命令，并予以执行。执行后，伺服放大器向 PMC 返送该结果。该命令称为“直接命令”。指令命令和响应命令的一般形式如图 2-55 所示。

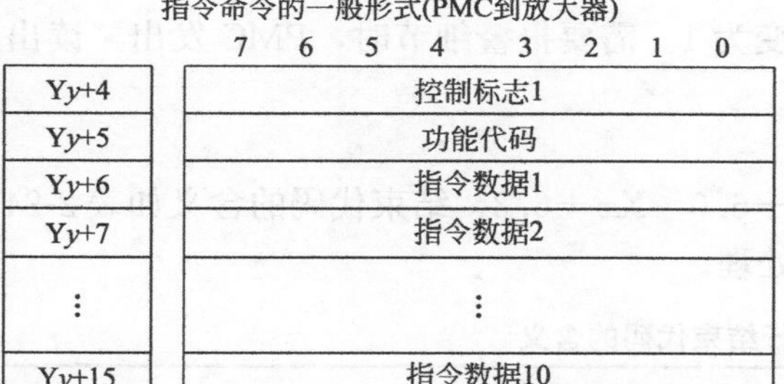

响应命令的一般形式(放大器到PMC)

	7 6 5 4	3 2 1 0
Xx+4	控制标志2	
Xx+5	功能代码(与指令命令相同)	
Xx+6	预备	执行结果
Xx+7	响应数据1	
⋮	⋮	
Xx+15	响应数据9	

图 2-55 直接命令控制指令命令和响应命令的一般形式

在直接命令中包括由 PMC 向伺服放大器发送的指令命令，和由伺服放大器返送的响应命令。为了控制这些命令的处理而有 2 个控制标志，这就是由 PMC 向伺服放大器发送的控制标志 1 和由伺服放大器返送的控制标志 2，如图 2-56 所示。

		7	6	5	4	3	2	1	0
控制标志1	Yy+4	EBUF	EOREND						ECNT
控制标志2	Xx+4	EBSY	EOSTB	ECF		USR1	EOPC	DAL	ECONT

图 2-56 直接命令控制标志

(1) 指令命令的控制

由 PMC 向伺服放大器发送的指令命令，通过 EBUF(Yy+4.7) 和 EBSY(Xx+4.7) 加以控制。EBUF 和 EBSY 的状态相同时，PMC 可以把命令写入接口区。写入命令后，PMC 翻转 EBUF(Yy+4.7) 的状态。EBUF 状态翻转后，EBUF 和 EBSY 的状态不同，伺服放大器视为指令了新的命令。因此，控制标志 1 在写入功能号、指令数据后，必须最后写入。伺服放大器存入命令时，翻转 EBSY(Xx＋4.7）的状态。EBUF 的初始状态为“0”。

由于指令命令的数据区有限，指令命令的数据量较多时，不能一次发送命令。在这种情况下，要分成几次发送指令命令。指令命令继续时，将 ECNT(Yy＋4.0）置为 1，通知还有后续命令。

（2）响应命令的控制

由伺服放大器返回 PMC 的响应命令，通过 EOREND(Yy＋4.6)、EOSTB(Xx＋4.6）和 EOPC(Xx＋4.2）加以控制。

EOPC 表示响应命令为连续读出模式。通过以下的控制步骤进行读出：EOREND 和 EOSTB 状态的不同时，PMC 可以读出响应数据。数据读出后，PMC 翻转 EOREND(Yy＋4.6）的状态，使其与 EOSTB 状态保持一致。通过该翻转，伺服放大器识别出已经结束了数据的读出。

响应命令的数据量较多而不能通过一次处理发送全部数据时，ECONT(Xx＋4.0）将变为 1，此时 PMC 在读出当前的数据后，翻转 EOREND(Yy＋4.6)，使其与 EOSTB（Xx＋4.6）的状态保持一致，等待下一个数据。PMC 在 ECONT 变为 0 之前必须反复读出数据。另外，下一个数据（继续数据）由 Xx＋5（功能代码的地址）输出。

（3）命令结束通知

把指令命令的 NMOD(Yy＋6.3）设为 1，使伺服放大器处于命令结束通知模式。命令执行结束时，伺服放大器把 ECF(Xx＋4.5）置为 1，伺服放大器处于 FIN 等待状态，需要 PMC 解除 FIN 等待状态时，PMC 将“FIN 指令”命令 ECFINO(Yy＋6.0）置 1。

（4）报警

伺服放大器发生报警时，DAL(Xx＋4.1）变为 1。需要报警细节时，PMC 发出“读出报警信息”的命令。

（5）直接命令的执行结果

直接命令的执行结果以结束代码输出到 Xx＋6.0～Xx＋6.3，结束代码的含义如表 2-24 所示。PMC 据此进行报警显示或重试等适当的处理。

表 2-24　直接命令执行结束代码的含义

结束代码	含义	说　明
0	正常结束	
1	执行错误	非程序启动或启动中再次启动
2	数据长度错误	直接命令的指令形式错误
3	数据号错误	直接命令的指令形式错误
4	数据属性错误	直接命令的指令形式错误
7	禁止写入错误	
8	存储器溢出	
9	参数错误	设定了不正确的参数
10	缓冲器控制错误	
12	方式选择错误	
14	正在复位或停止	
15	正在执行	

现仍以绝对位置定位为例，说明直接命令的控制过程。绝对位置定位直接命令的指令形式如图 2-57 所示。现说明如下：

① 绝对位置定位的功能代码为 0x61，在 Yy＋5 中进行指定。

② 进给速度在 Yy＋8、Yy＋9 中指定。单位：10^N 用户设定单位/min（N 利用参数 PRM21 进行设定）。设定值范围为 1～65535。

③ 绝对位置在 Yy＋10～Yy＋13 中指定。－99999999～99999999［用户设定单位］。

④ 如果执行结束通知模式，NMOD＝1。解除结束等待置位 ECFINO(Yy＋6.0)。

⑤ 如果切削进给时进行到位检查，SMZX＝1。如果执行快速移动，RPD＝1。如果使用跳转功能，SKIP＝1。

⑥ 当 EBUF 和 EBSY 的状态相同时，PMC 把上述 Yy＋5～Yy＋13 命令写入接口区。然后 PMC 翻转 EBUF(Yy＋4.7) 的状态。EBUF 状态翻转后，EBUF 和 EBSY 的状态不同，伺服放大器视为指令了新的命令。伺服放大器存入命令后，翻转 EBSY(Xx＋4.7) 的状态。

⑦ MD1(Yy＋0.0)＝1，MD2(Yy＋0.1)＝0，MD4(Yy＋0.2)＝0，选择 AUTO 方式。

⑧ 将自动运转启动信号 ST(Yy＋0.7) 先置“1”，后置“0”。确认已获取信号 ST 的下降沿后启动缓冲运转。也可以通过参数 PRM3＃7 设定，获取 ST 信号上升边而予以启动。

	7	6	5	4	3	2	1	0
Yy+4	EBUF	EOREND						ECNT
Yy+5	0	1	1	0	0	0	0	1
Yy+6	0	0	0	0	NMOD	0	0	1
Yy+7	SKIP	RPD	SMZX	0	0	0	0	1
Yy+8	进给速度							
Yy+9								
Yy+10	绝对位置							
Yy+11								
Yy+12								
Yy+13								

图 2-57　绝对位置定位直接命令的指令形式

在直接命令控制下，PMC 还可以将 32 个程序段登录到伺服放大器内部存储器后，再启动运转。操作步骤如下：

① PMC 将存储器登录信号 INPF(Yy＋3.7) 置“1”。

② 确认存储器登录中信号 INPFO(Xx＋3.7) 已变为“1”之后，PMC 利用 EBUF/EBSY 控制将直接命令登录到伺服放大器中。

③ 登录结束后，PMC 将存储器登录信号 INPF(Yy＋3.7) 置“0”。

④ 选择 AUTO 方式，用自动运转启动信号 ST(Yy＋0.7) 启动缓冲运转。

2.6.6　手轮进给控制

（1）利用外部脉冲输入功能实现手轮进给

利用外部脉冲输入功能实现手轮进给，需将手轮连接到外部脉冲输入接口 JA34。输入波形与位置编码器的波形相同，使用 A 相信号（PA、＊PA）和 B 相信号（PB、＊PB），不需要C相信号。当A相信号比B相信号相位超前90°时，为正向移动；A相信号比B相信号相位迟延90°时，为负向移动。因此A/B相脉冲接线互换可以颠倒轴移动方向。

使用该功能时，需作如下设定：

① 将参数PRM3＃6（EXPLS）置1，使外部脉冲输入功能有效。

② 利用外部脉冲输入功能实现手轮进给时，轴移动的加/减速类型与JOG进给相同，用参数PRM2＃1（JOGE）设定类型。

③ 方式选择手轮进给。从PMC向伺服放大器输出信号（MD1＝0，MD2＝0，MD4＝1）。

④ 当外部脉冲所造成的轴移动速度超过速度指令上限值（参数PRM43）时，通过参数PRM1＃6（EPEXA）、PRM1＃7（EPEXB）选择动作，如表2-25所示。

表2-25 超速处理

PRM1＃7	PRM1＃6	动作
0	0	速度被钳制，超过的脉冲成为累积脉冲。但是，累积脉冲数超过99999999时，舍弃超过的脉冲
0	1	发生291号报警，减速停止
1	0	速度被钳制，舍弃超过的脉冲
1	1	发生291号报警，减速停止

⑤ 利用参数设定与外部脉冲同步移动量的比率。比率为M/N，M＝参数PRM62，N＝参数PRM63。

⑥ 当电机没有处在励磁状态时，本功能无效。因此，使用松开指令信号UCPC2和夹紧/松开状态输出信号UCPS2进行夹紧/松开控制时（即参数PRM3＃1＝1时）无法使用本功能。为此，需利用伺服断开信号SVFX进行夹紧/松开控制。

（2）通过I/O LINK的手轮进给

通过I/O LINK的手轮进给，即使用数控系统JA3接口连接的手轮驱动I/O LINK轴，如图2-58所示。该功能仅可在外围设备控制接口上使用，而且该功能是数控系统的选项功能。

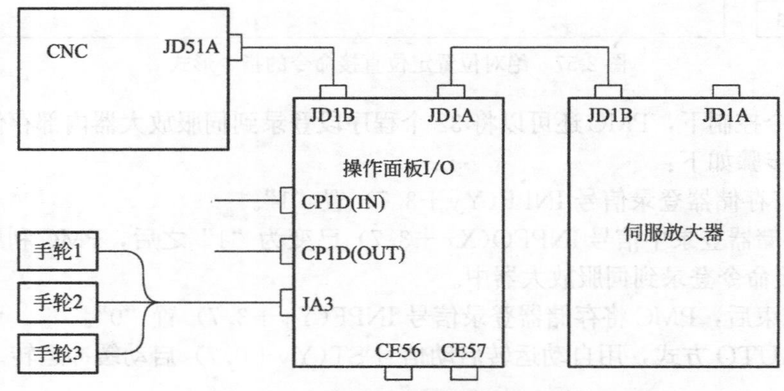

图2-58 通过I/O LINK的手轮进给

其操作过程如下：

① 使用CNC接口信号G199.0(IOLBH2)/G199.1(IOLBH3)选择伺服放大器使用哪一个手轮，具体见表2-26。

表 2-26　伺服放大器手轮选择

G199.1	G199.0	所选择的手轮	G199.1	G199.0	所选择的手轮
0	0	第 1 台	1	0	第 3 台
0	1	第 2 台	1	1	禁止使用

② CNC 系统端参数设定。

PRM7103＃4(IOLBH)＝1：使用 I/O LINK 手摇脉冲发生器的伺服放大器手轮进给有效。

③ 伺服放大器端参数的设定。

PRM5＃4(IOH)＝1：通过 I/O LINK 的手轮进给有效。

PRM3＃6(EXPLS)＝0：松开指令信号 UCPC2 和夹紧/松开状态输出信号 UCPS2 无效。

PRM5＃5(MP)＝1：由 MP1/MP2 信号对输入的手轮的脉冲的 4 级倍率的设定有效。

④ 伺服放大器选择手轮运转方式，MD1＝0、MD2＝0、MD4＝1。

⑤ 设定手摇脉冲发生器的倍率 MP1(Yy＋7＃4)、MP2(Yy＋7＃5)，使手轮计数器发生变化。

⑥ 伺服放大器读取手轮计数器的变化，驱动电机。

2.7 I/O Model -A

2.7.1 I/O Model-A 总体连接

I/O Model-A 是一种带底板的模块式结构 I/O 单元，底板分 5 槽底板和 10 槽底板，然后又分横式和竖式 2 种安装形式，分别如图 2-59 和图 2-60 所示。图中 I/F 表示接口模块，ABU10A 为 10 槽横式底板，ABU05A 为 5 槽横式底板，ABU10B 为 10 槽竖式底板，ABU05B 为 5 槽竖式底板。1～10 代表 I/O 模块。I/O Model-A 中使用的 I/O 模块很丰富，包括各种数字输入/输出模块、模拟输入/输出模块、温度输入模块、高速计数模块等，但不提供带手轮接口的 I/O 模块。

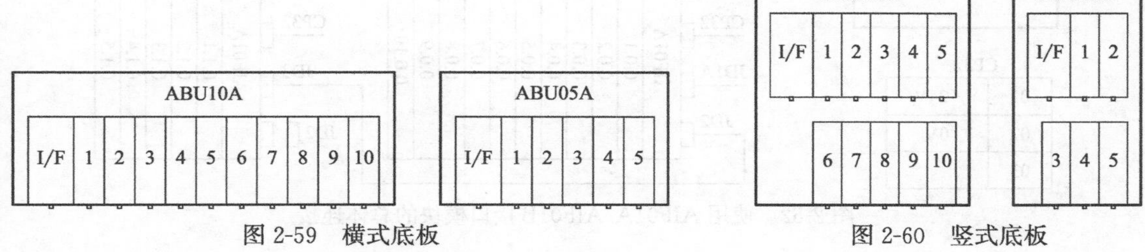

图 2-59　横式底板　　图 2-60　竖式底板

I/O Model-A 中使用的接口模块有 3 种：AIF01A、AIF01B 和 AIF02C。按使用的接口模块不同，I/O-Model-A 的总体连接也不同。

(1) 使用 AIF01A 接口模块的总体连接

只使用 AIF01A 接口模块时，每组 I/O 单元仅 1 个底板，总体连接如图 2-61 所示。DC24V 电源从 CP32 输入。如图 2-61 所示进行连接，各个 I/O 模块的安装位置用［组号.基座号.槽号］表示如下。

10 槽底板中＃1 模块安装位置：0.0.1

10 槽底板中＃2 模块安装位置：0.0.2

……

10 槽底板中＃10 模块安装位置：0.0.10

5 槽底板中＃1 模块安装位置：1.0.1

5 槽底板中＃2 模块安装位置：1.0.2

……

5 槽底板中＃5 模块安装位置：1.0.5

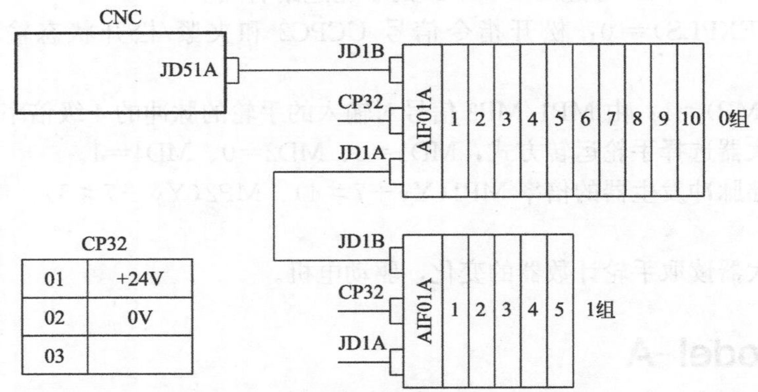

图 2-61　使用 AIF01A 接口模块的总体连接

（2）使用 AIF01A/AIF01B 接口模块的总体连接

使用 AIF01A/AIF01B 接口模块进行连接时，允许基座扩展，如图 2-62 所示，10 槽底板为 0 基座，而扩展的 5 槽底板为 1 基座，而它们同属 0 组。从 JD2 到 JD3 的基座间连接采用 20 芯电缆连接，最长 2m。JD2/JD3 除 10、19、20 脚不连接外，其余 17 脚完全一一对应连接。最末端基座 JD2 需安装终端连接器，具体连接是：4-10 短接，2-19 短接，14-20 短接，其余引脚不连接。

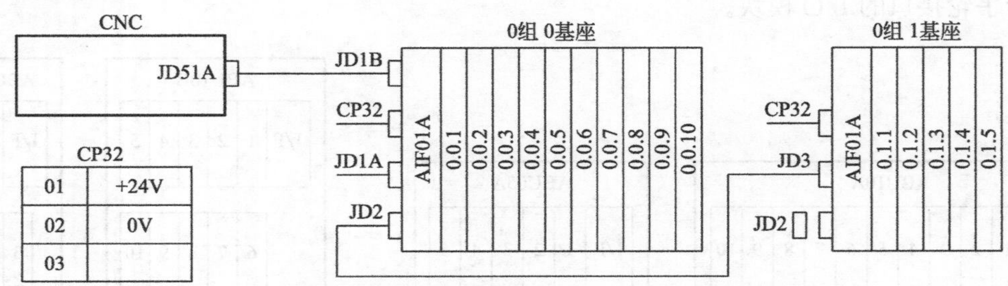

图 2-62　使用 AIF01A/AIF01B 接口模块的总体连接

（3）使用 AIF02C 接口模块的总体连接

接口模块 AIF02C 可以实现 I/O Model-A 和 I/O Model-B 之间的通信，总体连接如图 2-63 所示。即 I/O Model-A 和 I/O Model-B 的模块可以通过 1 个 AIF02C 接口模块接入 I/O LINK，这样连接的好处是可以减少 1 个 I/O Model-B 的接口模块 BIF04A1。I/O Model-B 是一种分布式 I/O。

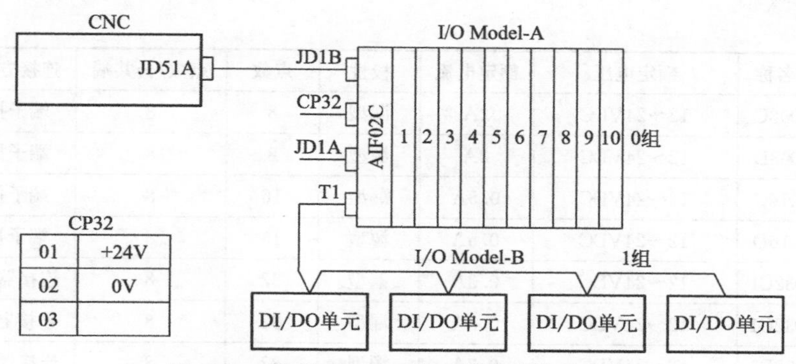

图 2-63 使用 AIF02C 接口模块的总体连接

2.7.2 数字输入/输出模块

（1）数字输入模块规格

数字输入模块主要有 3 种类型：非隔离型 DC 数字输入、隔离型 DC 数字输入、交流数字输入。具体规格如表 2-27 所示。连接器 A 为本田连接器；连接器 B 为扁平电缆连接器。

表 2-27 数字输入模块

类型	模块名称	额定电压	额定电流	极性	响应时间(max)	点数	连接方式	LED
非隔离型DC数字输入	AID32A1	24VDC	7.5mA	漏/源型	20ms	32	连接器 A	无
	AID32B1	24VDC	7.5mA	漏/源型	2ms	32	连接器 A	无
	AID32H1	24VDC	7.5mA	漏/源型	2ms 20ms	8 24	连接器 A	无
隔离型DC数字输入	AID16C	24VDC	7.5mA	源型	20ms	16	端子排	有
	AID16K	24VDC	7.5mA	源型	2ms	16	端子排	有
	AID16D	24VDC	7.5mA	漏型	20ms	16	端子排	有
	AID16L	24VDC	7.5mA	漏型	2ms	16	端子排	有
	AID32E1	24VDC	7.5mA	漏/源型	20ms	32	连接器 A	无
	AID32E2	24VDC	7.5mA	漏/源型	20ms	32	连接器 B	无
	AID32F1	24VDC	7.5mA	漏/源型	2ms	32	连接器 A	无
	AID32F2	24VDC	7.5mA	漏/源型	2ms	32	连接器 B	无
交流数字输入	AIA16G	100～120VAC	10.5mA (120VAC)	—	ON:35ms OFF:45ms	16	端子排	有

（2）数字输出模块规格

数字输出模块主要有 4 种类型：非隔离型 DC 数字输出、隔离型 DC 数字输出、交流数字输出、继电器数字输出。具体规格如表 2-28 所示。

表 2-28 数字输出模块

类型	模块名称	额定电压	额定电流	极性	点数	点数/公共端	连接方式	LED	保险
非隔离型DC数字输出	AOD32A1	5～24VDC	0.3A	漏型	32	8	连接器 A	无	无

续表

类型	模块名称	额定电压	额定电流	极性	点数	点数/公共端	连接方式	LED	保险
隔离型DC数字输出	AOD08C	12～24VDC	2A	漏型	8	8	端子排	有	有
	AOD08D	12～24VDC	2A	源型	8	8	端子排	有	有
	AOD16C	12～24VDC	0.5A	漏型	16	8	端子排	有	无
	AOD16D	12～24VDC	0.5A	源型	16	8	端子排	有	无
	AOD32C1	12～24VDC	0.3A	漏型	32	8	连接器A	无	无
	AOD32C1	12～24VDC	0.3A	漏型	32	8	连接器B	无	无
	AOD32D1	12～24VDC	0.3A	源型	32	8	连接器A	无	无
	AOD32D1	12～24VDC	0.3A	源型	32	8	连接器B	无	无
交流数字输出	AOA05E	100～240VAC	2A	—	5	1	端子排	有	有
	AOA08E	100～240VAC	1A	—	8	4	端子排	有	有
	AOA12F	100～120VAC	0.5A	—	12	6	端子排	有	有
继电器数字输出	AOR08G	max 250VAC/30VDC	4A	—	8	1	端子排	有	无
	AOR16G	max 250VAC/30VDC	2A	—	16	4	端子排	有	无
	AOR16H2	30VDC	2A	—	16	4	连接器B	有	无

2.7.3 模拟输入/输出模块

(1) 模拟输入模块规格

模拟输入模块AAD04A规格如表2-29所示。它提供4个通道的模拟输入，电压或电流输入可选。每个通道A/D转换输出为12位二进制数据，占用2字节输入点。因此该模块一共占用8字节输入点。

表2-29 模拟输入模块AAD04A规格

项目	规格	
输入通道	4个通道	
模拟输入	①DC−10～+10V(输入电阻4.7MΩ) ②DC−20～+20mA(输入电阻250Ω)	
数字输出	12位二进制	
输入/输出对应关系	模拟输入	数字输出
	+10V	+2000
	+5V或+20mA	+1000
	0V或0mA	0
	−5V或−20mA	−1000
	−10V	−2000
分辨率	5mV或20μA	
综合精度	电压输入:±0.5%;电流输入:±1%	
最大输入电压/电流	±15V/±30mA	
输出连接	可拆卸端子排(20个端子)	
占用输入点	64点	

(2) 模拟输出模块规格

① 模拟输出模块 ADA02A 规格　模拟输出模块 ADA02A 是一个 2 通道的 12 位 D/A 转换模块，每个通道 D/A 转换输入为 12 位二进制数据－2000～＋2000，占用 2 字节输出点。因此该模块一共占用 4 字节输出点。其 D/A 转换结果可选 DC－10～＋10V 电压输出，也可选择 DC0～＋20mA 电流输出，具体规格如表 2-30 所示。

表 2-30　模拟输出模块 ADA02A 规格

项目	规　格	
输入通道	2 个通道	
数字输入	12 位二进制	
模拟输出	①DC－10～＋10V(输出电阻 10kΩ 以上) ②DC0～＋20mA(输出电阻 400Ω 以下)	
输入/输出对应关系	数字输入	模拟输出
	＋2000	＋10V
	＋1000	＋5V 或＋20mA
	0	0V 或 0mA
	－1000	－5V
	－2000	－10V
分辨率	5mV 或 20μA	
综合精度	电压输出：±0.5%；电流输出：±1%	
转换时间	1ms 以内	
输出连接	可拆卸端子排(20 个端子)	
占用输出点	32 点	

② 模拟输出模块 ADA02B 规格　模拟输出模块 ADA02B 是一个 2 通道的 14 位 D/A 转换模块，每个通道 D/A 转换输入为 14 位二进制数据－8000～＋8000，占用 2 字节输出点。因此该模块一共占用 4 字节输出点。其 D/A 转换结果可选 DC－10～＋10V 电压输出，也可选择 DC0～＋20mA 电流输出，具体规格如表 2-31 所示。

表 2-31　模拟输出模块 ADA02B 规格

项目	规格	
输入通道	2 个通道	
数字输入	14 位二进制	
模拟输出	①DC－10～＋10V(输出电阻 10kΩ 以上) ②DC0～＋20mA(输出电阻 400Ω 以下)	
输入/输出对应关系	数字输入	模拟输出
	＋8000	＋10V 或＋20mA
	＋4000	＋5V 或＋10mA
	0	0V 或 0mA
	－4000	－5V
	－8000	－10V

续表

项目	规格
分辨率	1.25mV 或 2.5μA
综合精度	电压输出:±0.5%;电流输出:±1%
转换时间	1ms 以内
输出连接	可拆卸端子排(20 个端子)
占用输出点	32 点

2.7.4 温度输入模块

(1) 温度输入模块规格

温度输入模块可以用来测量机床和其他设备的温度，有 2 种类型的温度输入模块，规格如表 2-32 所示。一种是热电阻型温度输入模块 ATI04A；另一种是热电偶型温度输入模块 ATI04B。它们均能检测 4 个通道的温度。热电阻型温度输入模块 ATI04A 的传感器可选 JPt100Ω 或 Pt100Ω 热电阻；热电偶型温度输入模块 ATI04B 的传感器可选 K 型或 J 型热电偶。

表 2-32 温度输入模块规格

温度输入模块	ATI04A	ATI04B
输入信号类型	JPt100Ω、Pt100Ω 热电阻	K、J 型热电偶
输入通道	2 或 4 通道	
温度测量范围	−50～300.0℃	0～600.0℃
分辨率	0.1℃	
综合精度	±1%FS	
采样周期设定	2 个通道方式 0.3s;4 个通道方式 0.5～10s	
PMC 接口	PMC→温度模块:32 点;温度模块→PMC:32 点	
连接方式	连接器	

该温度输入模块有 3 种测量方式，可以通过 PMC 程序进行选择：

① 2 通道测量方式。该方式使用 2 个通道：CH1 和 CH2。每个通道数据刷新时间为 0.3s。

② 4 通道自动测量方式。该方式使用 4 个通道：CH1～CH4。信号输入从 CH1/CH2 到 CH3/CH4 的相互切换自动进行。每个通道数据刷新时间固定间隔，时间为 0.5～10s。

③ 4 通道手动测量方式。该方式使用 4 个通道：CH1～CH4。PMC 按要求的时序读取 CH1～CH4 的测量数据。

(2) PMC 接口

① “PMC→温度模块” 的输出信号 DO00～DO31

a. DO00～DO15：4 通道自动测量方式下通道切换周期。用二进制数据进行设定，设定单位为 0.1s。通道切换周期为 0.5～10s，因此设定数据为 5～100。超范围的设定被认为是 4s。2 通道测量方式不需该设定。

b. DO17：模块类型设定。热电偶型 ATI04B 置 0；热电阻型 ATI04A 置 1。

c. DO18：传感器类型设定。热电阻型 ATI04A，传感器 Pt 型置 0；传感器 JPt 型置 1。

热电偶型 ATI04B，传感器 K 型置 0；传感器 J 型置 1。

d. DO19：保留位。必须置 0。

e. DO24：通道数。2 通道置 0；4 通道置 1。

f. DO25：4 通道自动/手动测量方式。自动方式置 0；手动方式置 1。

g. DO16：NC 准备好。电源上电后，该位接通 1 次，上述 DO 模块设定数据被写入温度模块。因此重写模块设定数据，需要停电，再重新上电。

h. DO22：读请求。4 通道手动测量方式下，NC 准备好（DO16）设为 1，1s 后输入信号 READY 变为 1，接着 DO22 位置 1，请求读温度数据。

i. DO26：通道选择。4 通道手动测量方式下，DO26 置 0，选择 CH1/CH2；DO26 置 1，选择 CH3/CH4。

②“温度模块→PMC”的输入信号 DI00～DI31

a. CH1/CH3 温度数据、异常数据、状态信号。

DI13：异常标志位。当温度输入异常时，DI13 为 1，DI00～DI12 输入报警数据；DI13 置 0 时，DI00～DI12 用来输入温度数据。

DI14：CH1 数据准备好。该位为 1 时，从 DI00～DI12 读 CH1 温度数据。

DI15：CH3 数据准备好。该位为 1 时，从 DI00～DI12 读 CH3 温度数据。

温度数据为二进制数据，10 倍于实际温度值。如：83EDh→1005→100.5℃。对于热电阻型 ATI04A，DI12 是符号位，如：9F9Ch→－10℃。

DI13 为 1 时，DI00～DI12 输入报警数据，具体内容如下。

DI00：通道 CH1 温度超测量范围。

DI01：通道 CH1 输入断线。

DI02：通道 CH3 温度超测量范围。

DI03：通道 CH3 输入断线。

DI04：热电偶冷端异常。

DI05：系统错误——内部电路异常。

DI06：模块安装错误。

b. CH2/CH4 温度数据、异常数据、状态信号。

DI29：异常标志位。当温度输入异常时，DI29 为 1，DI16～DI28 输入报警数据；DI29 置 0 时，DI16～DI28 用来输入温度数据。

DI30：CH2 数据准备好。该位为 1 时，从 DI16～DI28 读 CH2 温度数据。

DI31：CH4 数据准备好。该位为 1 时，从 DI16～DI28 读 CH4 温度数据。

DI29 为 1 时，DI16～DI28 输入报警数据，具体内容如下。

DI16：通道 CH2 温度超测量范围。

DI17：通道 CH2 输入断线。

DI18：通道 CH4 温度超测量范围。

DI19：通道 CH4 输入断线。

DI20：热电偶冷端异常。

DI21：系统错误——内部电路异常。

DI22：模块安装错误。

(3) 模块硬件连接

① ATI04A 模块的连接如图 2-64 所示。

② ATI04B 模块的连接如图 2-65 所示。

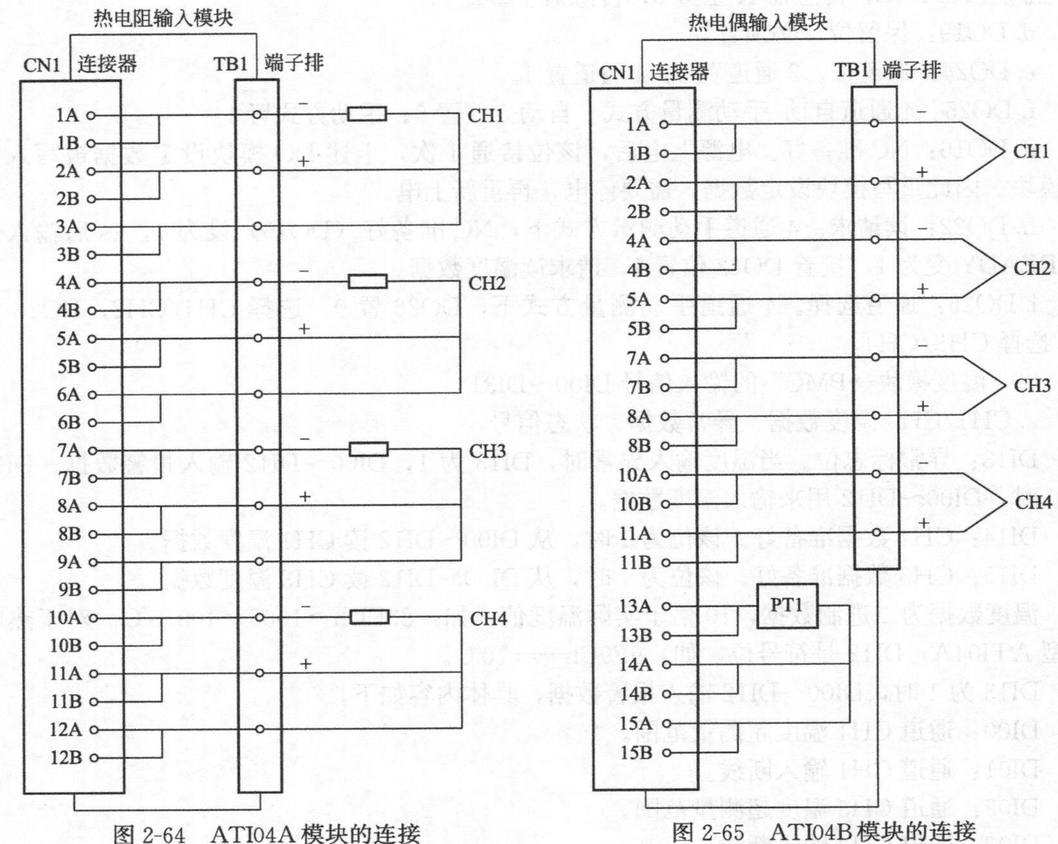

图 2-64 ATI04A 模块的连接　　图 2-65 ATI04B 模块的连接

2.7.5 高速计数模块

(1) 高速计数模块规格

高速计数模块能对来自编码器的脉冲作高速计数，然后与预置比较寄存器相比较，输出比较结果。它有 2 种操作方式：操作方式 A 和操作方式 B。

① 脉冲计数器规格

a. 二进制加/减计数器。

b. 计数器容量为 0～8388607。

c. 可以预置和读取计数器数据。

② 操作方式 A 比较功能

a. 提供 3 个 23 位比较寄存器：比较寄存器 A、B、C。

b. 提供 3 个输出点 CMPA、CMPB、CMPC，输出计数值与比较寄存器 A、B、C 预置值的比较结果。

c. 提供 3 个比较控制寄存器 CMA、CMB、CMC，分别控制比较输出结果 CMPA、CMPB、CMPC 的信号状态，具体见表 2-33。

③ 操作方式 B 比较功能

a. 提供 16 个 23 位比较寄存器，编号为＃0～＃15。编号越大的比较寄存器，其预置值也越大。即＃0 比较寄存器预置值＜＃1 比较寄存器预置值＜…＜＃15 比较寄存器预置值。

b. 提供 8 个输出点 OUT0～OUT7，输出比较结果。16 个比较寄存器预置值按其编号从小到大设定，将计数值 0～8388607 划分为 17 个区段。比较结果用 OUT0～OUT7 表明当前计数值处于哪一个区段。

表 2-33 操作方式 A 的比较输出

比较控制寄存器	计数值≤比较寄存器预置值	计数值＞比较寄存器预置值
CMA=0 CMB=0 CMC=0	CMPA=0 CMPB=0 CMPC=0	CMPA=1 CMPB=1 CMPC=1
CMA=1 CMB=1 CMC=1	CMPA=1 CMPB=1 CMPC=1	CMPA=0 CMPB=0 CMPC=0

④ 脉冲接口　有 3 种脉冲信号可以输入到该高速计数模块。

a. A/B 相脉冲：A 相与 B 相的相位差 90°。

b. +/－脉冲：正方向和负方向脉冲单独输入。+/－脉冲与 A/B 相脉冲只能二选一。

c. 栅格信号：用来预置脉冲计数器的值。

⑤ 外部触点输入信号　该模块提供 2 个 DC24V 的数字输入信号 ME 和 CSP。

a. 栅格使能输入信号 ME：该信号为 1，栅格信号有效。

b. 计数停止输入信号 CSP：该信号为 1，停止计数操作。

⑥ 外部触点输出信号

a. 操作方式 A：比较结果 CMPA、CMPB、CMPC。

b. 操作方式 B：比较结果 OUT0～OUT7。

(2) 高速计数模块 PMC 接口

① 操作方式 A　模块上电，即为操作方式 A。该方式下，从 PMC 输出到高速计数模块的接口信号是 4 个字节，从高速计数模块输入到 PMC 的接口信号同样也是 4 个字节，具体如图 2-66 所示。

PMC→高速计数模块			高速计数模块→PMC		
+0	CTRL	控制字节	+0	CNTS	计数器高7位及状态
+1	DTOH	高8位	+1	CNTM	计数器中8位
+2	DTOM	中8位	+2	CNTL	计数器低8位
+3	DTOL	低8位	+3	STTS	状态

图 2-66 操作方式 A 的 PMC 接口信号

a. 控制字节 CTRL：

	7	6	5	4	3	2	1	0
CTRL	MHR	MS		CE	PRS	SELECT		

MHR：栅格保持复位。当 MHR=1，复位栅格保持信号 MH。

MS：栅格同步。当 MS=1，外部输入信号 ME 闭合时，在第一格栅格信号上升沿进行计数器预置。如果 MS 置为 0，然后置为 1；或 MHR 置为 1，然后置为 0，栅格同步再次有效。

CE：计数使能。当 CE=1 时，外部输入信号 CSP 闭合，计数器不计数，保持其值。当 CE=1 时，外部输入信号 CSP 断开，计数器计数。预置计数器需要保持 CE=0。

PRS：预置。PRS 信号状态翻转，DTOH、DTOM、DTOL 中数据写入 SELECT 选择

的目标寄存器。DTOH、DTOM、DTOL、SELECT、PRS 等信号需维持 2 个扫描周期不变。当 SELECT=1，数据同时写入计数器预置值与当前值。

SELECT：目标寄存器选择，定义见表 2-34。

表 2-34　SELECT 定义（方式 A）

SELECT	定义	SELECT	定义
0	CCTR(比较控制)	3	比较寄存器 B
1	计数器预置数据	4	比较寄存器 C
2	比较寄存器 A	7	切换到操作方式 B

b. DTOH：

	7	6	5	4	3	2	1	0
DTOH						CMC	CMB	CMA

CMA/CMB/CMC：比较控制，参见表 2-33。

c. 状态信号：

	7	6	5	4	3	2	1	0
CNTS	TRA	计数器高7位						
STTS	TRB	ALM	CSP	ME	MH	CMPC	CMPB	CMPA

TRA：传送 A。

TRB：传送 B。当 TRA=TRB 时，计数器数据有效；当 TRA≠TRB 时，计数器数据无效。

ALM：报警。断线或看门狗报警时，ALM=1。

CSP：计数停止。当外部触点输入信号 CSP 闭合时，计数器停止计数。

ME：栅格使能。ME=1，栅格信号有效；ME=0，栅格信号无效。

MH：栅格保持。当栅格使能 ME=1，栅格信号上升沿时，MH 置 1；MHR=1 或 MS=0 时，MH 信号复位。

CMPA/CMPB/CMPC：比较输出 A/B/C，参见表 2-33。

② 操作方式 B　该方式下，从 PMC 输出到高速计数模块的接口信号是 4 个字节，从高速计数模块输入到 PMC 的接口信号同样也是 8 个字节，具体如图 2-67 所示。

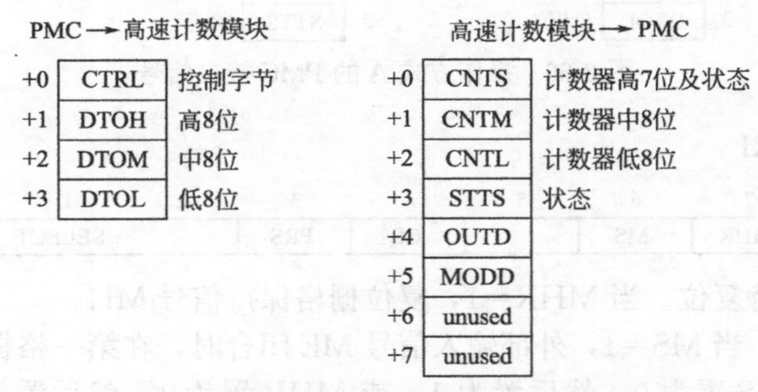

图 2-67　操作方式 B 的 PMC 接口信号

a. 控制字节 CTRL：

	7	6	5	4	3	2	1	0
CTRL	MS	CE	PRS			SELECT		

MS：栅格同步。参见操作方式 A。

CE：计数使能。参见操作方式 A。

PRS：预置。切换到方式 B 后，或上电后 PRS 首次置 1，进行数据预置。其他参见操作方式 A。

SELECT：目标寄存器选择，定义见表 2-35。

表 2-35　SELECT 定义（方式 B）

SELECT	定　义
0～15	比较数据 0～比较数据 15
16	区段＃0～＃2 的输出数据，DTOH：＃0；M：＃1；L：＃2
17	区段＃3～＃5 的输出数据，DTOH：＃3；M：＃4；L：＃5
18	区段＃6～＃8 的输出数据，DTOH：＃6；M：＃7；L：＃8
19	区段＃9～＃11 的输出数据，DTOH：＃9；M：＃10；L：＃11
20	区段＃12～＃14 的输出数据，DTOH：＃12；M：＃13；L：＃14
21	区段＃15～＃16 的输出数据，DTOH：＃15；M：＃16
22	计数器预置数据

b. 状态信号：

	7	6	5	4	3	2	1	0
CNTS	TRA	计数器高7位						
STTS	TRB	ALM	CSP	ME	MH	OUT2	OUT1	OUT0
OUTD	OUT7	OUT6	OUT5	OUT4	OUT3	OUT2	OUT1	OUT0
MODD								MOD0

TRA、TRB、ALM、CSP、ME：参见操作方式 A。

MH：当栅格使能 ME＝1，栅格信号上升沿时，MH 置 1；只有 MS＝0 时，MH 信号复位。

OUT0～OUT7：比较结果输出信号。

MOD0：切换到操作方式 B 后，MOD0＝1。

(3) 高速计数模块的连接

高速计数模块的总体连接如图 2-68 所示。

JA9 引脚信号说明如下。

PAS：A 相脉冲（负向脉冲）输入信号。

＊PAS：A 相脉冲（负向脉冲）输入信号非。

PBS：B 相脉冲（正向脉冲）输入信号。

＊PBS：B 相脉冲（正向脉冲）输入信号非。

MKS：栅格信号。

＊MKS：栅格信号非。

PSEL：脉冲选择信号。使用 A/B 相脉冲时，PSEL 不连接；使用正/负向脉冲时，PSEL 接 0V。

＋5V：从模块输出的 5V。

LGND：0V。

JA9

		10		19		20	+5V
09	+5V	08	PSEL	17		18	+5V
07	LGND	06	*MKS	15		16	LGND
05	MKS	04	*PBS	13		14	LGND
03	PBS	02	*PAS	11		12	LGND
01	PAS						

C49

A01	ME	B01	
A02	CSP	B02	
A03	COM1	B03	
A04		B04	
A05		B05	
A06	OUT0	B06	OUT4
A07	OUT1	B07	OUT5
A08	OUT2	B08	OUT6
A09	OUT3	B09	OUT7
A10	COM2	B10	COM3

图 2-68　高速计数模块的总体连接

C49 引脚信号说明如下。

ME：栅格使能信号。

CSP：计数器停止信号。

OUT0～OUT7：比较结果输出信号。全是固态继电器触点输出。

COM1：ME 和 CSP 信号公共端。

COM2：信号 OUT0～OUT3 的公共端。

COM3：信号 OUT4～OUT7 的公共端。

2.8 安全 I/O 单元

2.8.1 安全 I/O 单元规格

安全 I/O 单元是一种只能在 I/O LINK i 中使用的单元，在使用双校验安全（DCS）功能时，用来连接来自安全电路的重复输入和输出信号。其订货号为 A03B-0821-C002。安全 I/O 单元 DI/DO 输入/输出信号规格如表 2-36 所示。

表 2-36　安全 I/O 单元 DI/DO 输入/输出信号规格

输入信号	信号点数	63 点
	额定输入电压	24VDC(±10%)
	额定输入电流	7.3mA(平均)
	极性	漏型
输出信号	信号点数	19 点
	额定输出电压	24VDC(±10%)
	额定输出电流	200mA(15 点),400mA(4 点)
	极性	源型

2.8.2 安全 I/O 单元地址分配

安全 I/O 单元必须应用在“I/O 安全模式”，在 I/O LINK i 中分配两个连续的连接组。第 1 组分配给 PMC，6 字节 DI 地址和 2 字节 DO 地址；第 2 组分配给 DCS PMC，4 字节 DI 地址和 2 字节 DO 地址。安全 I/O 单元地址分配如图 2-69 所示。其中 X1*m*、Y1*n* 为 PMC 地址；X2*m*、Y1*n* 为 DCS PMC 地址。在“（）”中的输入信号为 DO 信号的监视信号，当 DO 信号为 ON 时，相应监视信号为 ON；当 DO 信号为 OFF 时，相应监视信号为 OFF。

CNA1

引脚号	A	B
01	X1m+0.0	0V
02	X1m+0.1	X2m+0.1
03	Y1n+0.0 (X1m+0.2)	
04	+24V	+24V

CNA2

引脚号	A	B
01		0V
02	X1m+2.0	X2m+2.0
03		+24V

CNA3

引脚号	A	B
01	X1m+2.6	0V
02	X2m+2.6	+24V
03	+24V	+24V

CNA4

引脚号	A	B
01	X1m+0.4	0V
02	X1m+0.5	X2m+0.4
03	Y1n+1.0 (X1m+0.6)	
04	+24V	+24V

CNA5

引脚号	A	B
01		0V
02	X1m+2.1	X2m+2.1
03	+24V	+24V

CNA6

引脚号	A	B
01	X1m+2.7	0V
02	X2m+2.7	+24V
03	+24V	+24V

CNA7

引脚号	A	B
01	X1m+1.0	0V
02	X1m+1.1	X2m+1.0
03	Y1n+0.1 (X1m+1.2)	
04	+24V	+24V

CNA8

引脚号	A	B
01	X1m+2.2	0V
02	X1m+2.3	X2m+2.2
03	X1m+2.4	X2m+2.3
04	Y2n+1.2 (X1m+4.1)	X2m+2.4
05	+24V	+24V
06	+24V	+24V

CNA9

引脚号	A	B
01	X1m+2.5	0V
02	Y1n+0.5 (X1m+4.2)	X2m+2.5
04	+24V	+24V

CNA10

引脚号	A	B
01	X1m+1.4	0V
02	X1m+1.5	X2m+1.4
03	Y1n+1.1 (X1m+1.6)	
04	+24V	+24V

CNB1

引脚号	A	B
01	Y1n+1.4 (X1m+5.0)	0V
02	X1m+3.4	X2m+3.4
03	Y2n+1.4 (X1m+5.1)	+24V

CNB2

引脚号	A	B
01	X1m+3.5	0V
02	Y1n+1.5 (X1m+5.2)	Y2n+1.5 (X1m+5.3)
03	X2m+3.5	+24V

CNB3

引脚号	A	B
01	X1m+3.6	0V
02	Y1n+1.6 (X1m+5.4)	Y2n+1.6 (X1m+5.5)
03	X2m+3.6	+24V

CNB4

引脚号	A	B
01	X1m+3.0	0V
02	X2m+3.0	+24V
03	+24V	+24V

CNB5

引脚号	A	B
01	X1m+3.1	0V
02	X2m+3.1	+24V
03	+24V	+24V

CNB6

引脚号	A	B
01	X1m+3.2	0V
02	X2m+3.2	+24V
03	+24V	+24V

CNB7

引脚号	A	B
01	X1m+1.7	0V
02	Y1n+0.2 (X1m+4.3)	Y2n+0.2 (X1m+5.6)
03	X2m+1.7	+24V

CNB8

引脚号	A	B
01	X1m+3.3	0V
02	Y1n+1.3 (X1m+4.5)	Y2n+1.3 (X1m+5.7)
03	X2m+3.3	+24V

CNB9

引脚号	A	B
01	0V	0V
02	Y2n+0.3 (X1m+4.7)	Y1n+0.3 (X1m+4.4)
03	Y1n+1.2 (X1m+4.6)	0V

图 2-69 安全 I/O 单元地址分配

2.8.3 安全 I/O 单元的连接

安全 I/O 单元的总体连接如图 2-70 所示。模块 DC24V 电源从 CP1 接入。

以 CNA1 接口的输入输出信号为例，给出其参考连接图，如图 2-71 所示。其他接口连

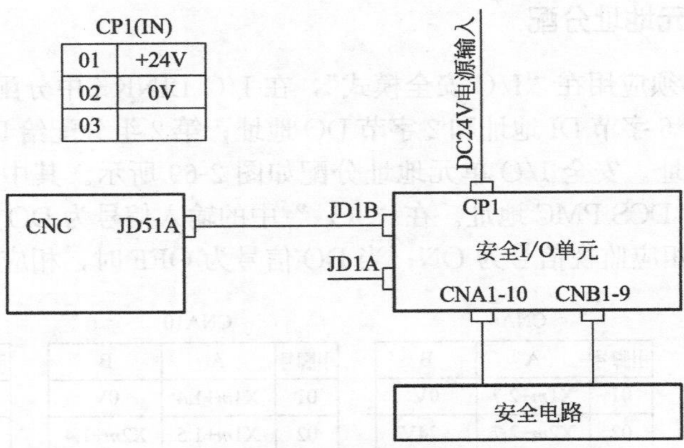

图 2-70　安全 I/O 单元的总体连接

接与其类似。

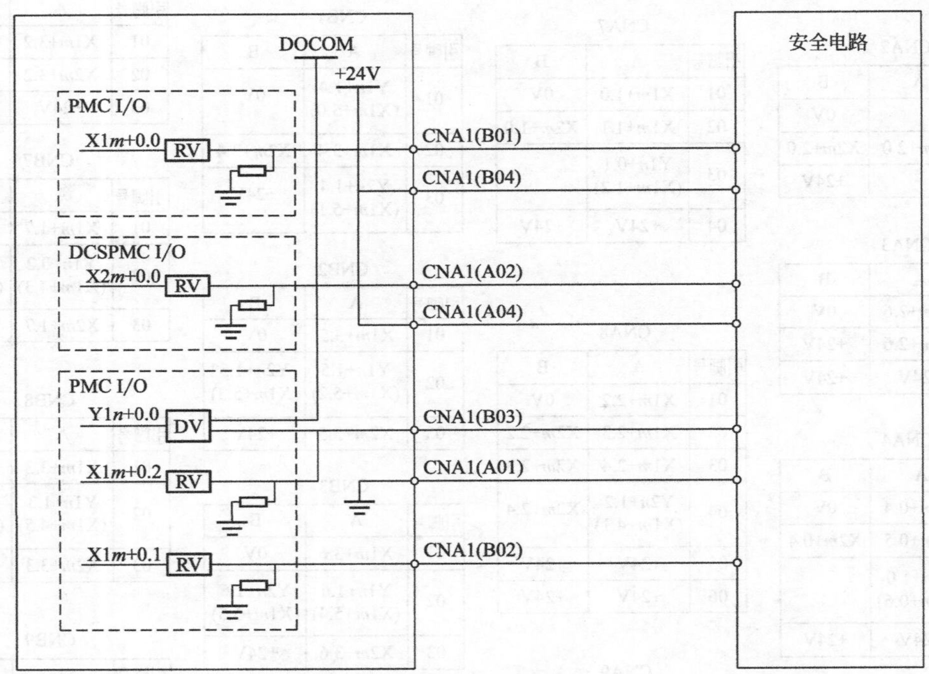

图 2-71　CNA1 的连接

第3章

PMC程序指令

3.1 PMC 基本指令

PMC 指令分为基本指令和功能指令两种类型。

3.1.1 基本指令

基本指令是在设计顺序程序时最常用的指令，它们执行一位运算，例如 AND 或 OR，共有 14 种。基本指令的种类和功能见表 3-1。

表 3-1 基本指令的种类和功能

序号	指令		功能
	格式 1	格式 2	
1	RD	R	读入指定的信号状态并设置在 STO 中
2	RD. NOT	RN	将读入的指定信号取非后设到 STO
3	WRT	W	将运算结果 STO 的状态输出到指定的地址
4	WRT. NOT	WN	将运算结果 STO 的状态取非后输出到指定的地址
5	AND	A	逻辑与
6	AND. NOT	AN	将指定的信号状态取非后逻辑与
7	OR	O	逻辑或
8	OR. NOT	OR	将指定的信号状态取非后逻辑或
9	RD. STK	RS	将寄存器的内容左移 1 位，把指定地址的信号状态设到 STO
10	RD. NOT. STK	RNS	将寄存器的内容左移 1 位，把指定地址的信号状态取非后设到 STO
11	AND. STK	AS	ST0 和 ST1 逻辑与后，堆栈寄存器右移 1 位
12	OR. STK	OS	ST0 和 ST1 逻辑或后，堆栈寄存器右移 1 位
13	SET	SET	ST0 和指定地址中的信号逻辑或后，将结果返回到指定的地址中
14	RST	RST	ST0 的状态取反后和指定地址中的信号逻辑与，将结果返回到指定的地址中

在用基本指令难于编制某些机床动作时，可使用功能指令来简化编程。

在执行顺序程序时，逻辑运算的中间结果存储在一个寄存器中，该寄存器由 9 位组成。当执行指令 RD. STK 暂存运算的中间结果时，如图 3-1 所示，将当前存储的状态向左移动压栈。相反，执行指令 AND. STK 等右移取出压栈信号。最后压入的信号首先被取出。

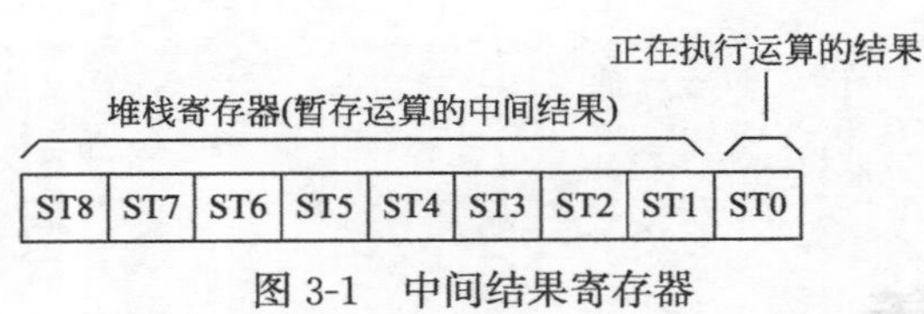

图 3-1　中间结果寄存器

(1) RD

RD 读出指定地址的信号状态并设到 ST0。由 RD 指令读入的信号可以是任意一个作为逻辑条件的触点。RD 指令格式如图 3-2 所示。

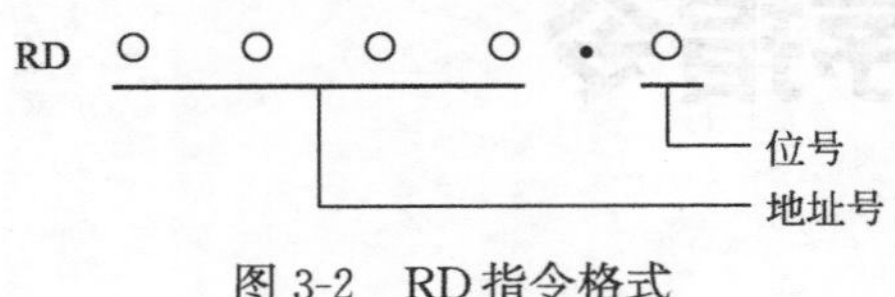

图 3-2　RD 指令格式

(2) RD. NOT

RD. NOT 读出指定地址的信号状态取非后设到 ST0。由 RD. NOT 指令读入的信号可以是任意一个作为逻辑条件的触点。RD. NOT 指令格式如图 3-3 所示。

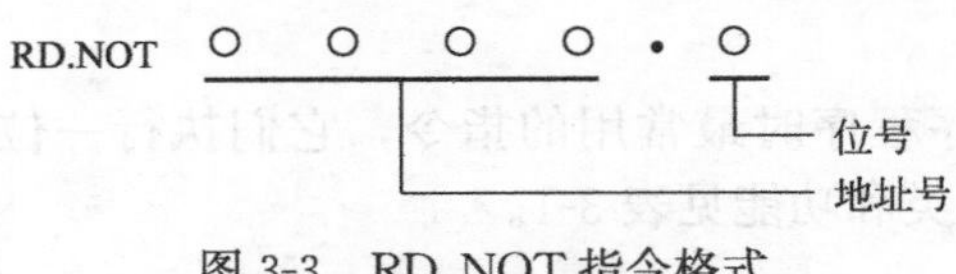

图 3-3　RD. NOT 指令格式

(3) WRT

WRT 将逻辑运算的结果，即 ST0 的状态输出到指定的地址。可以把一个逻辑运算结果输出到两个以上的地址。WRT 指令格式如图 3-4 所示。

图 3-4　WRT 指令格式

(4) WRT. NOT

WRT. NOT 将逻辑运算的结果，即 ST0 的状态取反后输出到指定的地址。可以把一个逻辑运算结果输出到两个以上的地址。WRT. NOT 指令格式如图 3-5 所示。

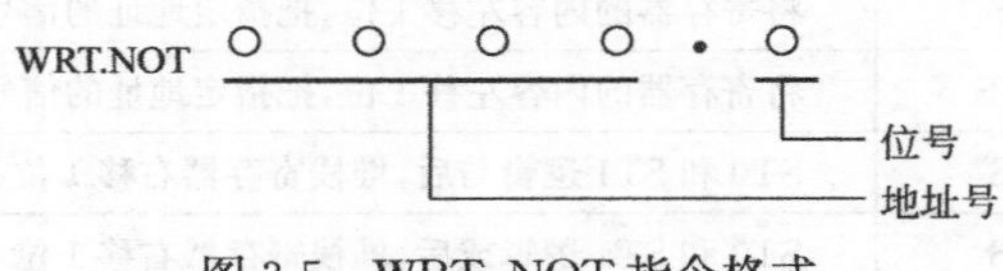

图 3-5　WRT. NOT 指令格式

(5) AND

AND 逻辑与。AND 指令格式如图 3-6 所示。

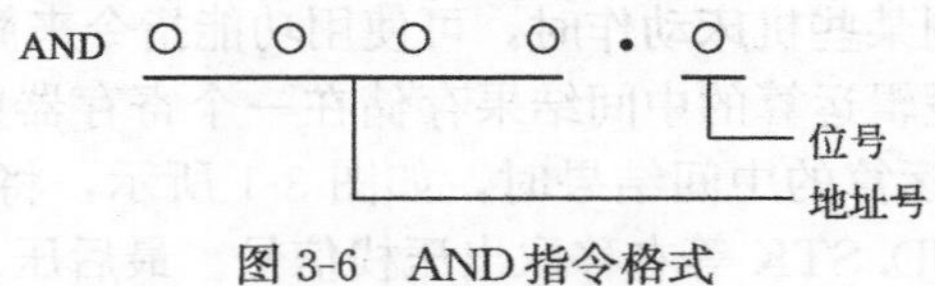

图 3-6　AND 指令格式

（6）AND. NOT

AND. NOT 将指定地址的信号状态取反后进行逻辑与。AND. NOT 指令格式如图 3-7 所示。

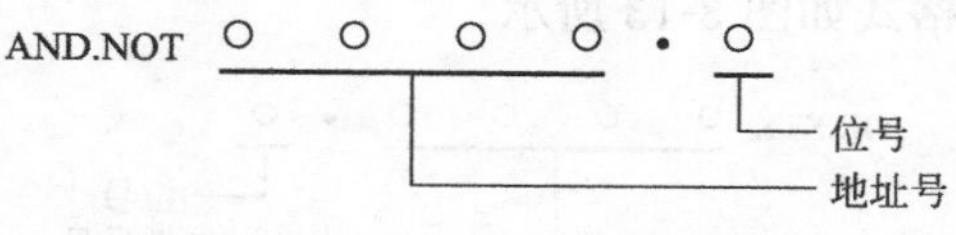

图 3-7　AND. NOT 指令格式

（7）OR

OR 逻辑或。OR 指令格式如图 3-8 所示。

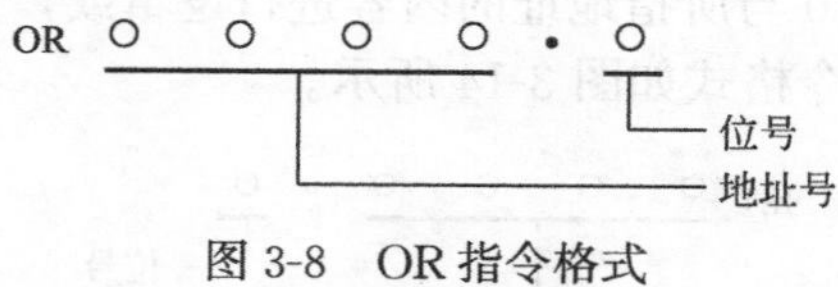

图 3-8　OR 指令格式

（8）OR. NOT

OR. NOT 将指定地址的信号状态取反后进行逻辑或。OR. NOT 指令格式如图 3-9 所示。

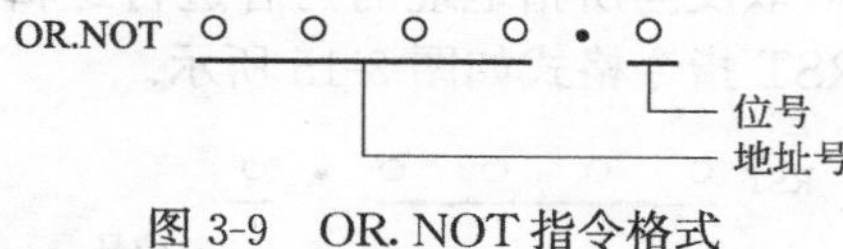

图 3-9　OR. NOT 指令格式

（9）RD. STK

RD. STK 将堆栈寄存器的内容向左移 1 位后，把指定地址的信号状态设置到 ST0。RD. STK 指令格式如图 3-10 所示。

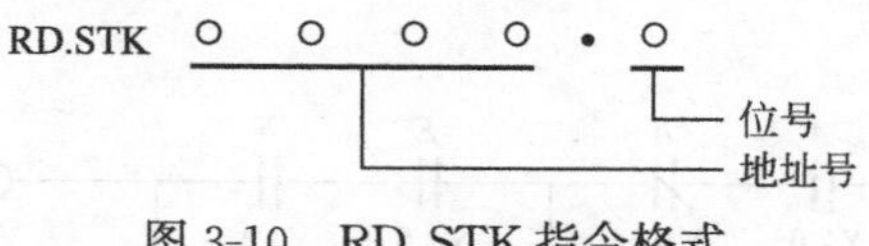

图 3-10　RD. STK 指令格式

（10）RD. NOT. STK

RD. NOT. STK 将堆栈寄存器的内容向左移 1 位后，把指定地址的信号状态取反后设置到 ST0。RD. NOT. STK 指令格式如图 3-11 所示。

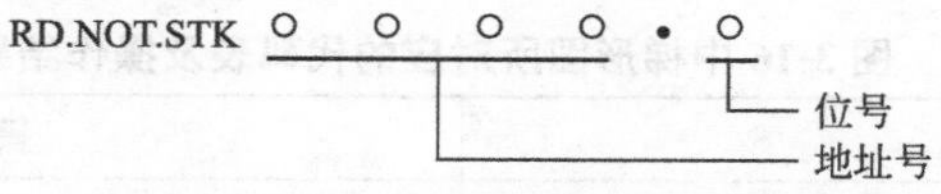

图 3-11　RD. NOT. STK 指令格式

（11）AND. STK

AND. STK 将 ST0 和 ST1 中的操作结果进行逻辑乘运算，结果送至 ST1，将堆栈寄存器右移 1 位。AND. STK 指令格式如图 3-12 所示。

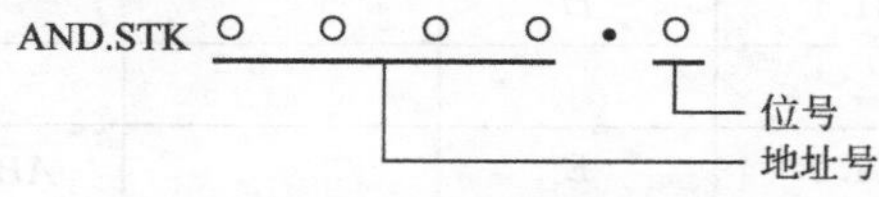

图 3-12　AND. STK 指令格式

（12）OR. STK

OR. STK 将 ST0 和 ST1 中的操作结果进行逻辑或运算，结果送至 ST1，将堆栈寄存器右移 1 位。OR. STK 指令格式如图 3-13 所示。

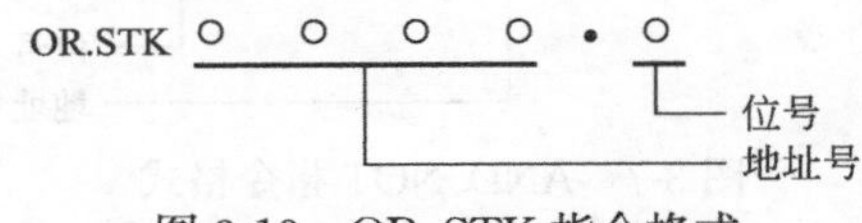

图 3-13　OR. STK 指令格式

（13）SET

SET 将逻辑操作结果 ST0 与所指地址的内容进行逻辑或，并将结果输出至相同的地址。SET 也称置位指令。SET 指令格式如图 3-14 所示。

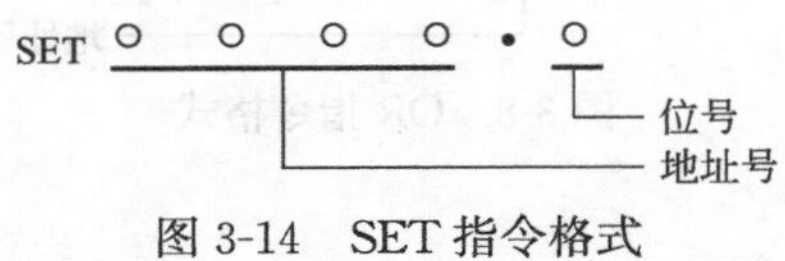

图 3-14　SET 指令格式

（14）RST

RST 将逻辑操作结果 ST0 取反与所指地址的内容进行逻辑与，并将结果输出至相同的地址。RST 也称复位指令。RST 指令格式如图 3-15 所示。

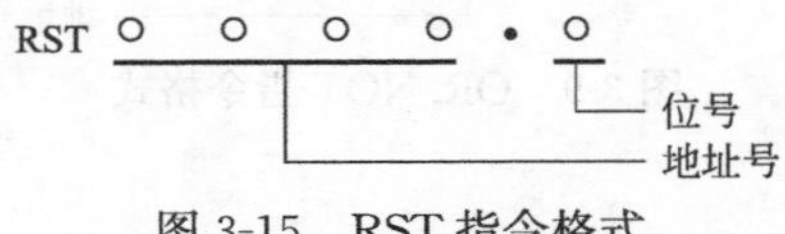

图 3-15　RST 指令格式

下面给出一个例子说明基本指令的使用。图 3-16 中梯形图所对应的代码表和操作结果状态见表 3-2。

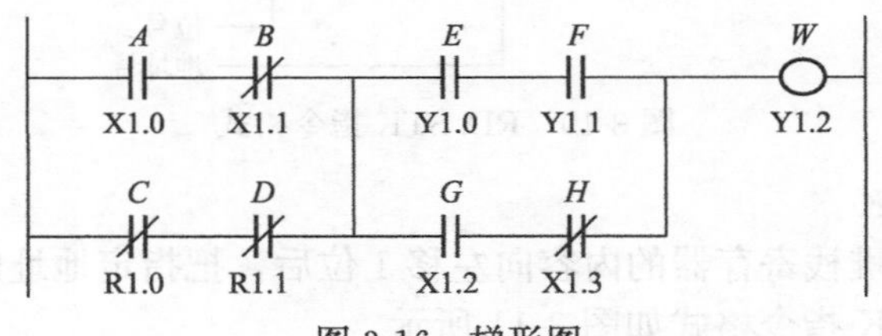

图 3-16　梯形图

表 3-2　图 3-16 中梯形图所对应的代码表及操作结果状态

代码表				操作结果状态		
步号	指令	地址	说明	ST2	ST1	ST0
1	RD	X1. 0	A			A
2	AND. NOT	X1. 1	B			$A\overline{B}$
3	RD. NOT. STK	R1. 0	C		$A\overline{B}$	$\overline{C}$
4	AND. NOT	R1. 1	D		$A\overline{B}$	$\overline{C}\,\overline{D}$
5	OR. STK					$A\overline{B}+\overline{C}\,\overline{D}$
6	RD. STK	Y1. 0	E		$A\overline{B}+\overline{C}\,\overline{D}$	E

续表

代码表				操作结果状态		
步号	指令	地址	说明	ST2	ST1	ST0
7	AND	Y1.1	F		$A\overline{B}+\overline{C}\,\overline{D}$	EF
8	RD.STK	X1.2	G	$A\overline{B}+\overline{C}\,\overline{D}$	EF	G
9	AND.NOT	X1.3	H	$A\overline{B}+\overline{C}\,\overline{D}$	EF	$G\overline{H}$
10	OR.STK				$A\overline{B}+\overline{C}\,\overline{D}$	$EF+G\overline{H}$
11	AND.STK					$(A\overline{B}+\overline{C}\,\overline{D})(EF+G\overline{H})$
12	WRT	Y1.2	W			$(A\overline{B}+\overline{C}\,\overline{D})(EF+G\overline{H})$

3.1.2 扩展基本指令

共有 10 种扩展基本指令，如表 3-3 所示。

表 3-3 扩展基本指令及其功能

序号	指令格式	功能
1	RDPT	当指定信号状态从 0→1 时，ST0 置 1，否则 ST0 置 0
2	ANDPT	当指定信号状态从 0→1 时，ST0 状态不变，否则 ST0 置 0
3	ORPT	当指定信号状态从 0→1 时，ST0 置 1，否则 ST0 状态不变
4	RDPT.STK	当指定信号状态从 0→1 时，将寄存器的内容左移 1 位，然后 ST0 置 1，否则 ST0 置 0
5	RDNT	当指定信号状态从 1→0 时，ST0 置 1，否则 ST0 置 0
6	ANDNT	当指定信号状态从 1→0 时，ST0 状态不变，否则 ST0 置 0
7	ORNT	当指定信号状态从 1→0 时，ST0 置 1，否则 ST0 状态不变
8	RDNT.STK	当指定信号状态从 1→0 时，将寄存器的内容左移 1 位，然后 ST0 置 1，否则 ST0 置 0
9	PUSH	将寄存器的内容左移 1 位，ST0 状态不变
10	POP	将寄存器的内容右移 1 位

(1) RDPT 指令

RDPT 指令用于检测指定信号的上升沿，当指定信号状态从 0→1 时，ST0 置 1，否则 ST0 置 0。RDPT 指令格式如图 3-17 所示。

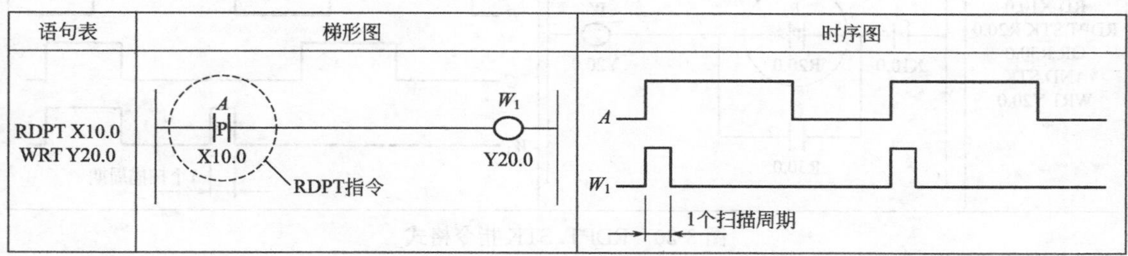

图 3-17 RDPT 指令格式

(2) ANDPT 指令

ANDPT 指令用于检测指定信号的上升沿，当指定信号状态从 0→1 时，ST0 状态不变，否则 ST0 置 0。ANDPT 指令格式如图 3-18 所示。

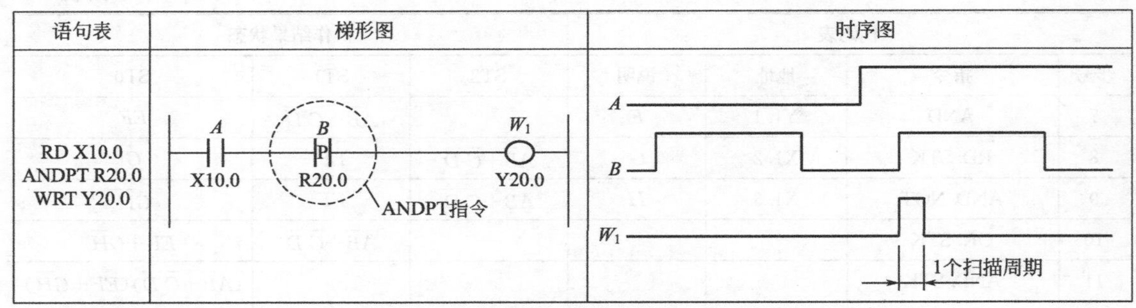

图 3-18　ANDPT 指令格式

(3) ORPT 指令

ORPT 指令用于检测指定信号的上升沿，当指定信号状态从 0→1 时，ST0 置 1，否则 ST0 状态不变。ORPT 指令格式如图 3-19 所示。

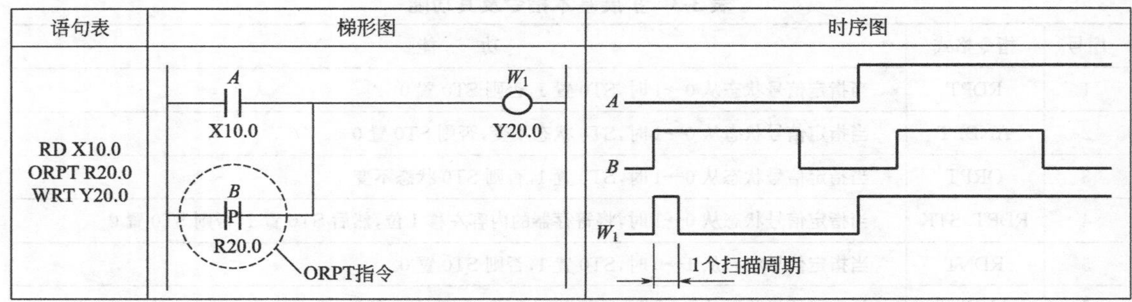

图 3-19　ORPT 指令格式

(4) RDPT. STK 指令

RDPT. STK 指令用于检测指定信号的上升沿，当指定信号状态从 0→1 时，将寄存器的内容左移 1 位，然后 ST0 置 1，否则 ST0 置 0。RDPT. STK 指令格式如图 3-20 所示。

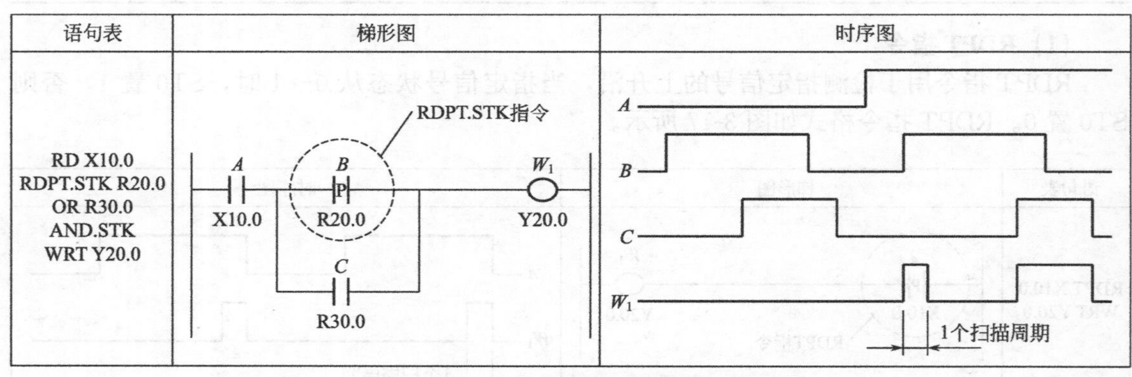

图 3-20　RDPT. STK 指令格式

(5) RDNT 指令

RDNT 指令用于检测指定信号的下降沿，当指定信号状态从 1→0 时，ST0 置 1，否则 ST0 置 0。RDPT 指令格式如图 3-21 所示。

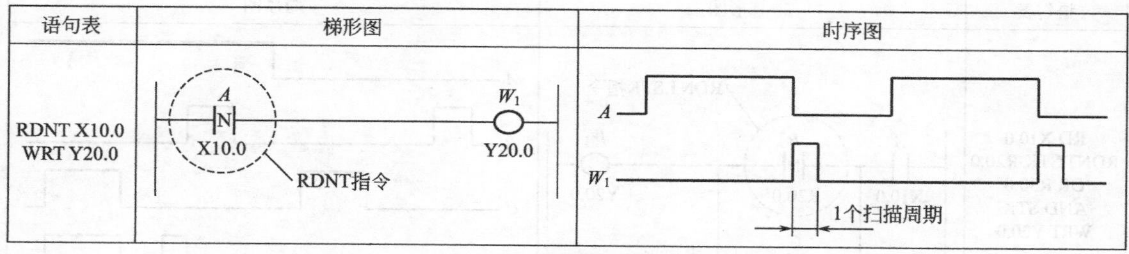

图 3-21 RDNT 指令格式

（6）ANDNT 指令

ANDNT 指令用于检测指定信号的下降沿，当指定信号状态从 1→0 时，ST0 状态不变，否则 ST0 置 0。ANDNT 指令格式如图 3-22 所示。

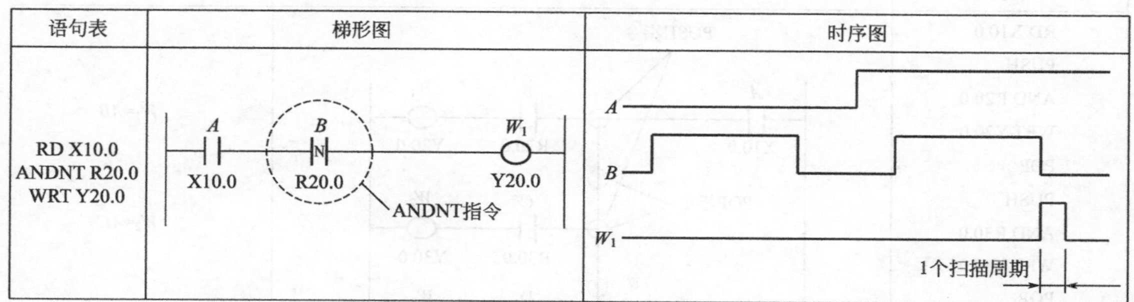

图 3-22 ANDNT 指令格式

（7）ORNT 指令

ORNT 指令用于检测指定信号的下降沿，当指定信号状态从 1→0 时，ST0 置 1，否则 ST0 状态不变。ORNT 指令格式如图 3-23 所示。

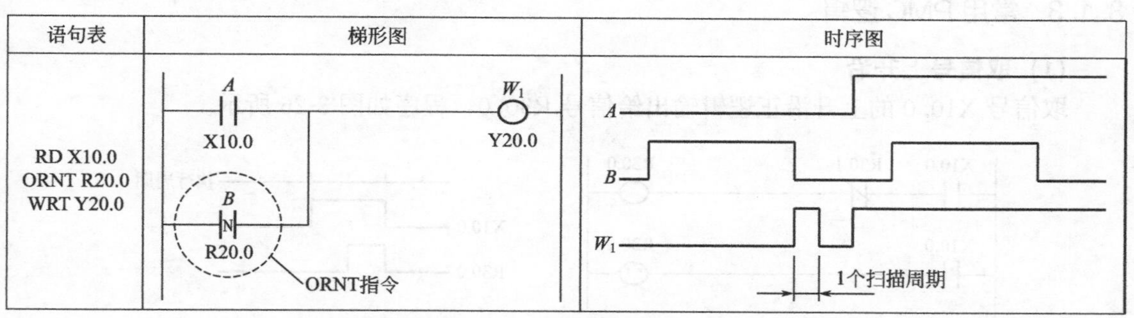

图 3-23 ORNT 指令格式

（8）RDNT. STK 指令

RDNT. STK 指令用于检测指定信号的下降沿，当指定信号状态从 1→0 时，将寄存器的内容左移 1 位，然后 ST0 置 1，否则 ST0 置 0。RDNT. STK 指令格式如图 3-24 所示。

（9）PUSH/POP 指令

PUSH 指令将寄存器的内容左移 1 位，ST0 状态不变。POP 指令将寄存器的内容右移 1 位。PUSH/POP 指令格式如图 3-25 所示。

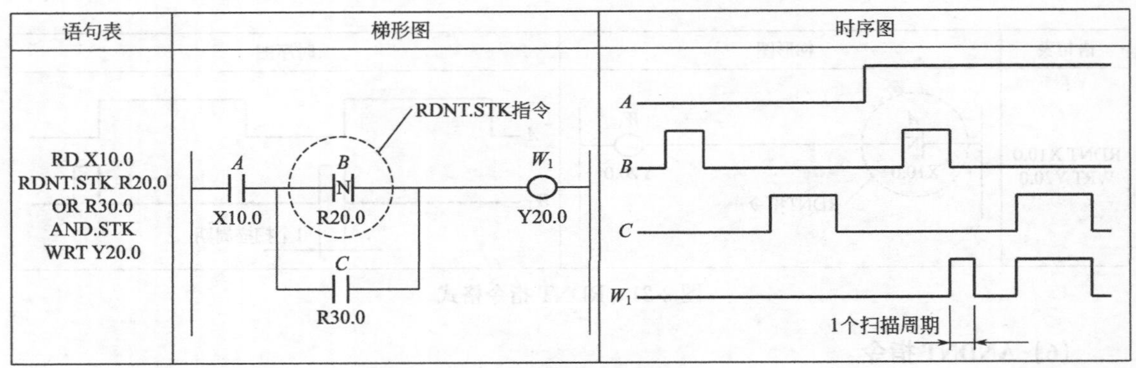

图 3-24 RDNT. STK 指令格式

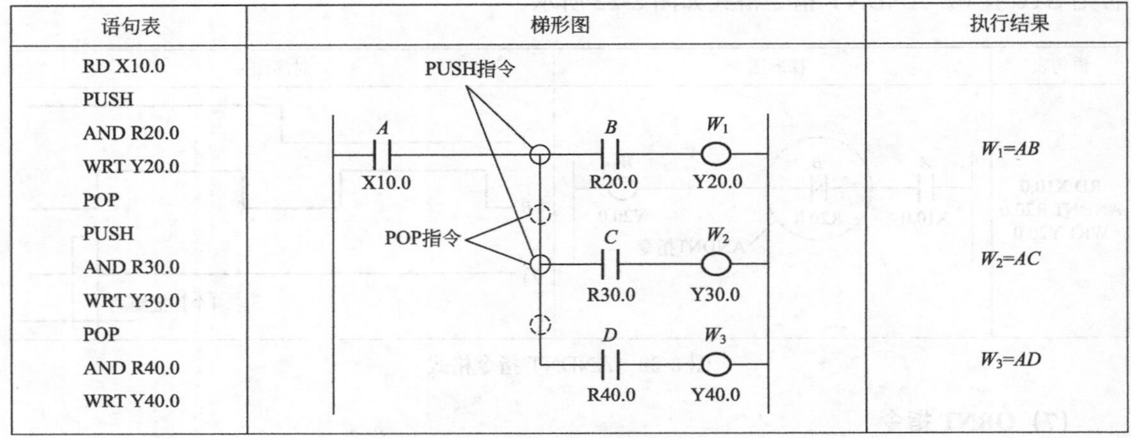

图 3-25 PUSH/POP 指令格式

3.1.3 常用 PMC 逻辑

(1) 取信号上升沿

取信号 X10.0 的上升沿正逻辑输出给信号 R30.0，程序如图 3-26 所示。

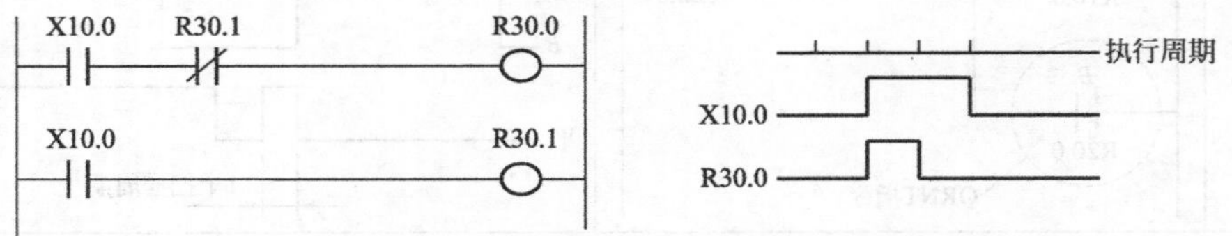

图 3-26 取信号上升沿逻辑程序

(2) 取信号下降沿

取信号 X11.0 的下降沿正逻辑输出给信号 R31.0，程序如图 3-27 所示。

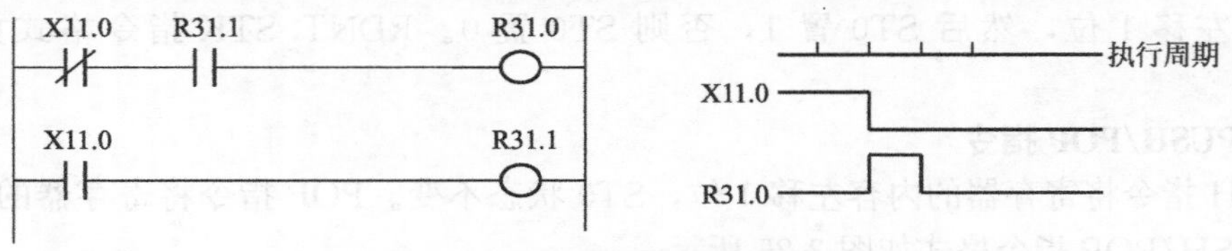

图 3-27 取信号下降沿逻辑程序

（3）信号状态翻转

每次接通信号 X12.0 时，输出 Y12.0 的状态翻转一次，即交替 ON/OFF，程序如图 3-28 所示。

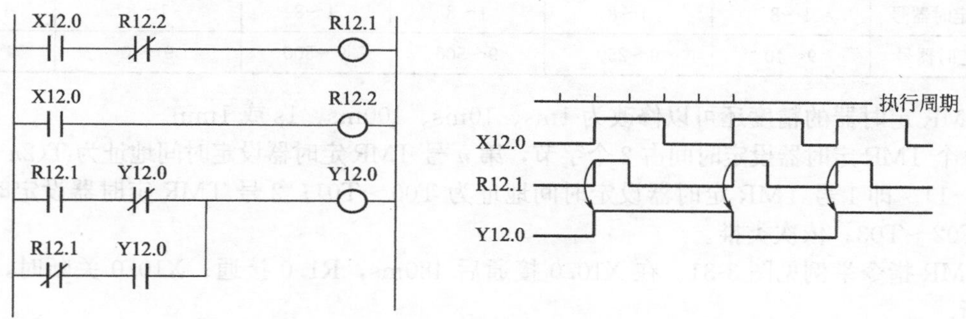

图 3-28　信号状态翻转逻辑程序

（4）逻辑 1 信号

R9091.1 是逻辑 1 信号，也可以自行编程产生逻辑 1 信号，如图 3-29 所示的信号 R500.0。

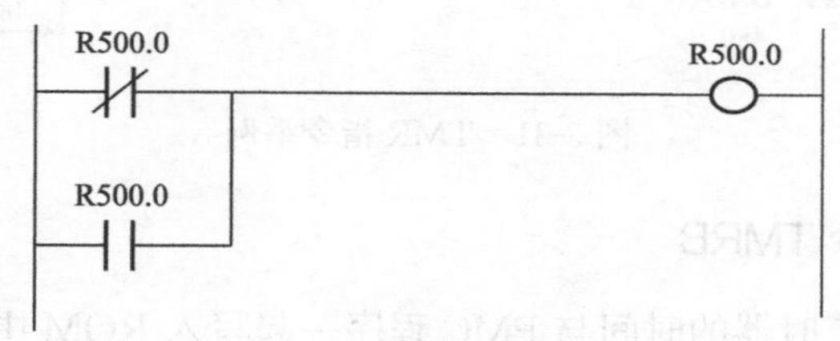

图 3-29　逻辑 1 信号程序

3.2　定时器指令

3.2.1　可变定时器指令 TMR

TMR 是延时接通定时器。当 ACT=1 达到预置的时间时，定时器接通。其梯形图格式见图 3-30。

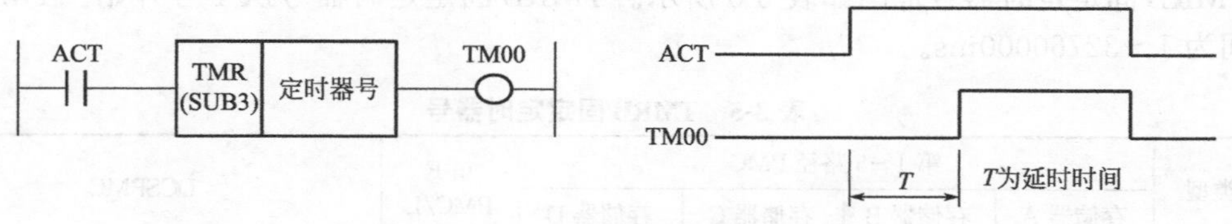

图 3-30　TMR 指令梯形图格式

对于 1～8 号定时器，设定时间的单位为 48ms，对于 9 号以后的定时器，设定时间的单位为 8ms，如表 3-4 所示。48ms 定时器设定时间的范围为 48ms～1572.8s；8ms 定时器设定时间的范围为 8ms～262.1s。

表 3-4　TMR 可变定时器号

数据类型	第 1～5 路径 PMC				0i-F PMC/L	DCSPMC
	存储器 A	存储器 B	存储器 C	存储器 D		
48ms 定时器号	1～8	1～8	1～8	1～8	1～8	1～8
8ms 定时器号	9～40	9～250	9～500	9～500	9～40	9～40

TMR 定时器的精度还可以修改为 1ms、10ms、100ms、1s 或 1min。

每个 TMR 定时器设定时间占 2 个字节，第 n 号 TMR 定时器设定时间地址为 T($2n-2$)～T($2n-1$)。即 1 号 TMR 定时器设定时间地址为 T00～T01；2 号 TMR 定时器设定时间地址为 T02～T03；依次类推。

TMR 指令举例见图 3-31。在 X10.0 接通后 480ms，R1.0 接通；X10.0 关断时，R1.0 也关断。

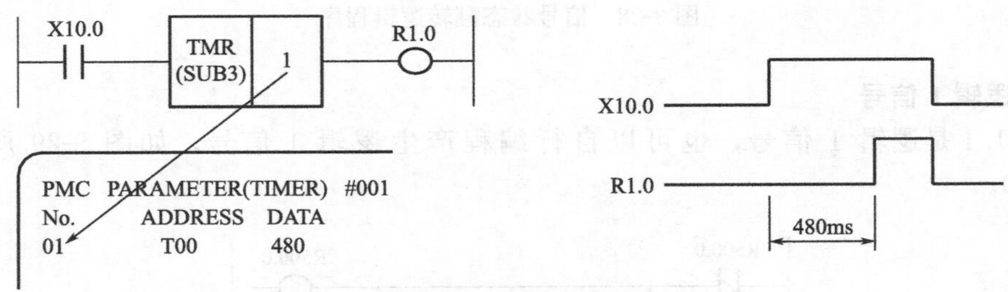

图 3-31　TMR 指令举例

3.2.2　固定定时器指令 TMRB

TMRB 指令的固定定时器的时间与 PMC 程序一起写入 ROM 中。此定时器也是延时接通定时器。TMRB 指令梯形图格式及举例见图 3-32。

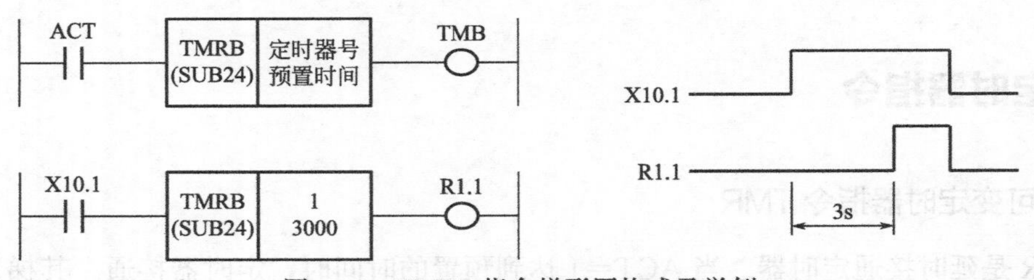

图 3-32　TMRB 指令梯形图格式及举例

TMRB 固定定时器号范围如表 3-5 所示。TMRB 固定定时器号从 1 号开始。TMRB 预置时间为 1～32760000ms。

表 3-5　TMRB 固定定时器号

数据类型	第 1～5 路径 PMC				0i-F PMC/L	DCSPMC
	存储器 A	存储器 B	存储器 C	存储器 D		
定时器号	1～100	1～500	1～1000	1～1500	1～100	1～100

ACT 为 1 后，经过指令中参数预先设定的时间后，定时器置为 ON。

图 3-32 中 TMRB 指令举例说明：在 X10.1 接通后经过 3s，R1.1 接通；X10.1 关断时，R1.1 也关断。

3.3 计数器指令

3.3.1 可变计数器指令 CTR

CTR 计数器有如下功能：

① 预置型计数器：当达到预置值时输出一信号。预置值可通过 CRT/MDI 设置或在 PMC 程序中设置。

② 环形计数器：达到预置值后，通过给出另一计数信号返回初始值。

③ 加/减计数器：计数可以做加或做减。

④ 初始值的选择：可将 0 或 1 选为初始值。

CTR 指令梯形图格式如图 3-33 所示。

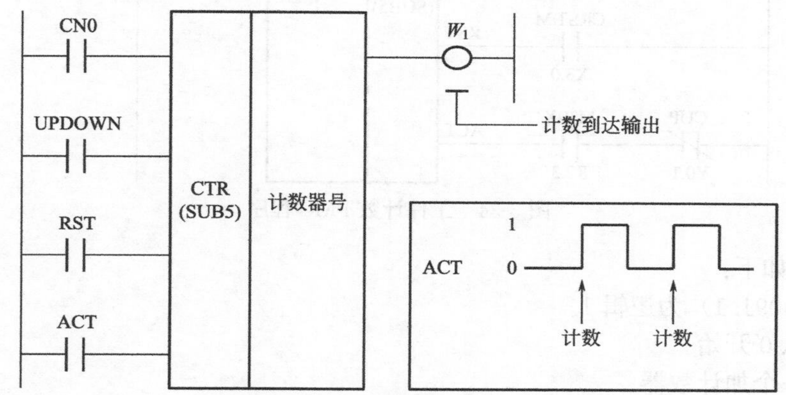

图 3-33 CTR 指令梯形图格式

控制条件说明如下：

① 指定初始值：CN0＝0 计数由 0 开始，0～n 循环；CN0＝1 计数由 1 开始，1～n 循环；n 是计数器预置值。

② 加/减计数：UPDOWN＝0 加计数，初值为 0 或 1，取决于 CN0 的状态；UPDOWN＝1 减计数，初值为预置值。

③ 复位：RST＝0 解除复位；RST＝1 复位。

④ 计数信号 ACT：在 ACT 上升沿进行计数。

计数器号从 1 开始。加计数时，计数值达到预置值时，$W_1=1$；减计数时，取决于 CN0 的设定，计数值达到 0 或 1 时，$W_1=1$。

CTR 计数器号范围如表 3-6 所示。如果是 BCD 码计数器，计数值从 0～9999；如果是二进制计数器，计数值从 0～32767。

表 3-6 CTR 计数器号

数据类型	第 1～5 路径 PMC				0i-F PMC/L	DCSPMC
	存储器 A	存储器 B	存储器 C	存储器 D		
计数器号	1～20	1～100	1～200	1～300	1～20	1～20

每个 CTR 计数器预置值和计数值均占 2 个字节，第 n 号 CTR 计数器预置值地址为

C(4n－4)～C(4n－3)，当前值地址为 C(4n－2)～C(4n－1)。即 1 号 CTR 计数器预置值地址为 C00～C01，1 号 CTR 计数器当前值地址为 C02～C03；2 号 CTR 计数器预置值地址为 C04～C05，2 号 CTR 计数器当前值地址为 C06～C07；依次类推。

例：预置型计数器。对要加工的工件数进行计数，达到预置值时，输出一信号。PMC 程序见图 3-34。如果 1 号计数器预置值设定地址 C00～C01 中置 100，则当 CNC 主程序运行 100 次后，CUP(Y0.1) 输出为 1。

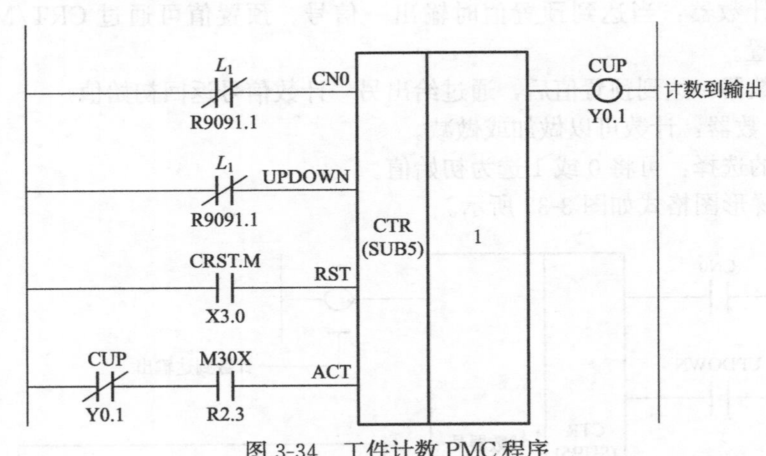

图 3-34 工件计数 PMC 程序

程序说明如下：

① L_1(R9091.1) 为逻辑 1。

② 计数从 0 开始。

③ 这是一个加计数器。

④ 计数器的复位信号使用机床上的输入信号 CRST.M(X3.0)。

⑤ 计数信号为 M30X(R2.3)，这是对 CNC 输出的 M30 代码的译码信号，M30X(R2.3) 加上 CUP(Y0.1) 的非信号是为了防止在计数到达后还未复位的情况下计数超过预置值。

例：使用计数器来存储转台的位置。转台有 12 个工位，PMC 程序见图 3-35。

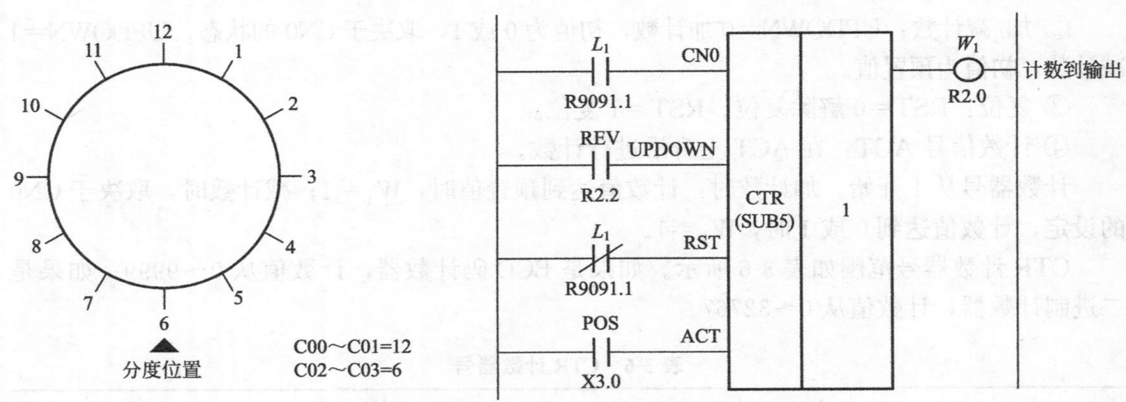

图 3-35 CTR 计数器存储转台位置 PMC 程序

程序说明如下：

① 计数预置值 C00～C01 置 12，计数从 1 开始；当前计数值 C02～C03 置 6。

② 根据旋转方向选择加计数或减计数；反向旋转信号 REV(R2.2) 为 1，进行减计数；

反向旋转信号 REV(R2.2) 为 0，进行加计数。

③ 计数器从不复位。

④ 转台每转一圈，计数信号 POS(X3.0) 通断 12 次。

3.3.2 固定计数器指令 CTRB

CTRB 计数器的功能与 CTR 计数器相同，只不过 CTRB 指令的计数预置值与 PMC 程序一起写入 ROM 中。CTRB 指令梯形图格式如图 3-36 所示。

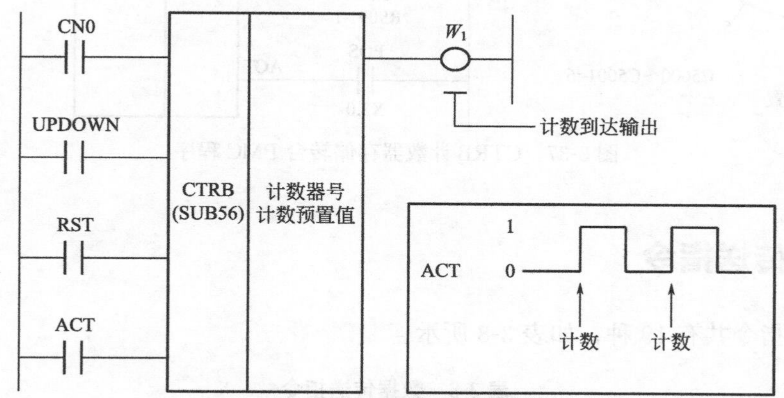

图 3-36 CTRB 指令梯形图格式

控制条件说明如下：

① 指定初始值：CN0=0 计数由 0 开始，0～n 循环；CN0=1 计数由 1 开始，1～n 循环；n 是计数器预置值。

② 加/减计数：UPDOWN=0 加计数，初值为 0 或 1，取决于 CN0 的状态；UPDOWN=1 减计数，初值为预置值。

③ 复位：RST=0 解除复位；RST=1 复位。

④ 计数信号 ACT：在 ACT 上升沿进行计数。

⑤ 计数器号从 1 开始：其预置值最大 32767。加计数时，计数值达到预置值时，$W_1=1$；减计数时，取决于 CN0 的设定，计数值达到 0 或 1 时，$W_1=1$。

CTRB 计数器号范围如表 3-7 所示。CTRB 计数器只可能是二进制计数器，计数值从 0～32767。

表 3-7 CTRB 计数器号

数据类型	第 1～5 路径 PMC				0i-F PMC/L	DCSPMC
	存储器 A	存储器 B	存储器 C	存储器 D		
计数器号	1～20	1～100	1～200	1～300	1～20	1～20

CTRB 计数器预置值在程序中写入，当前计数值存放在 C5000 开始的地址中，每个 CTRB 占 2 个字节，第 n 号 CTRB 计数器当前值地址为 C(5000+2n-2)～C(5000+2n-1)。即 1 号 CTRB 计数器当前值地址为 C5000～C5001；2 号 CTRB 计数器当前值地址为 C5002～C5003；依次类推。

图 3-35 中 CTR 计数器存储转台位置举例，改为使用 CTRB 固定计数器 CTRB 存储转台位置举例，PMC 程序如图 3-37 所示。

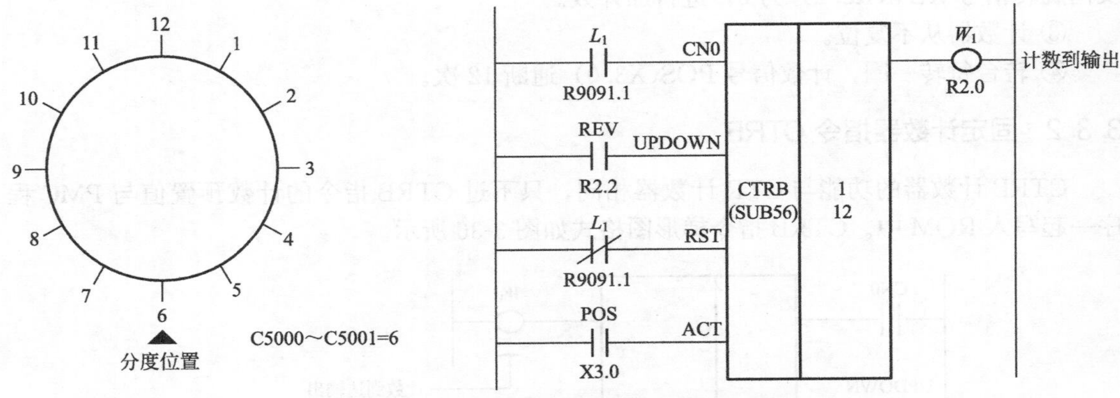

图 3-37　CTRB 计数器存储转台 PMC 程序

3.4 数据传送指令

数据传送指令共有 19 种，如表 3-8 所示。

表 3-8　数据传送指令

序号	指令名称	子程序序号	说　明
1	MOVE	8	逻辑乘后数据传送
2	DSCH	17	BCD 数据检索
3	XMOV	18	BCD 变址数据传送
4	MOVOR	28	逻辑或后数据传送
5	DSCHB	34	二进制数据检索
6	XMOVB	35	二进制变址数据传送
7	MOVB	43	1 个字节的数据传送
8	MOVW	44	2 个字节的数据传送
9	MOVN	45	传送任意数目的字节
10	MOVD	47	4 个字节的数据传送
11	MOVBT	224	位传送
12	SETB	455	1 字节数据设定
13	SETW	456	2 字节数据设定
14	SETD	457	4 字节数据设定
15	SETNB	225	1 字节数据多地址设定
16	SETNW	226	2 字节数据多地址设定
17	SETND	227	4 字节数据多地址设定
18	XCHGB	228	1 字节数据交换
19	XCHGW	229	2 字节数据交换
20	XCHGD	230	4 字节数据交换
21	SWAPW	231	16 位数据高低字节互换
22	SWAPD	232	32 位数据高低字互换

3.4.1 逻辑乘后数据传送 MOVE

该指令的功能是将逻辑乘数与输入数据进行逻辑乘，如图 3-38 所示，然后将结果输出至指定的地址。它可用来从指定地址中排除不需要的位数。

MOVE 指令梯形图格式如图 3-39 所示。

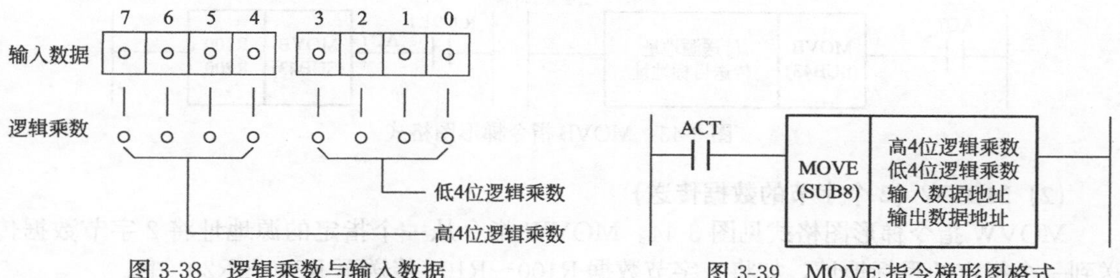

图 3-38 逻辑乘数与输入数据　　图 3-39 MOVE 指令梯形图格式

例：若某一编码信号与另一信号共用地址 X35 由外部输入，用该指令将编码信号从 X35 中分离出来，存于某一地址如 R210。PMC 程序见图 3-40。如 X35＝$(0101\ 0110)_2$，经 MOVE 指令运行后 R210＝$(0001\ 0110)_2$，成功将 5 位编码信号 $(1\ 0110)_2$ 分离出来。

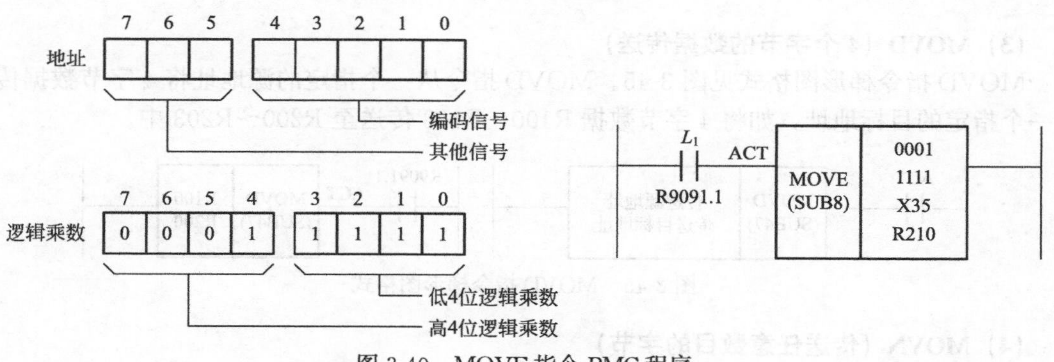

图 3-40 MOVE 指令 PMC 程序

3.4.2 逻辑或后数据传送 MOVOR

该指令将输入数据与逻辑或数据进行逻辑加后，将结果输出到指定地址，如图 3-41 所示。

图 3-41 MOVOR 指令功能

MOVOR 指令梯形图格式如图 3-42 所示。X10.5 为“1”时，执行 MOVOR 指令。如果 R200＝$(01010101)_2$，R201＝$(00001111)_2$，则 R202＝$(01011111)_2$。

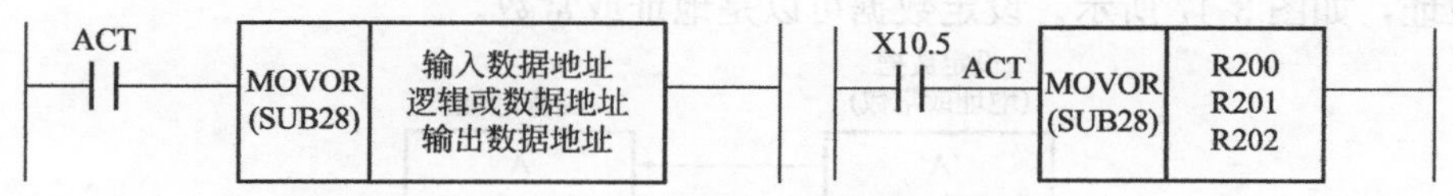

图 3-42 MOVOR 指令梯形图格式及举例

3.4.3 数据传送指令 MOVB/MOVW/MOVD/MOVN

(1) MOVB（1 个字节的数据传送）

MOVB 指令梯形图格式见图 3-43。MOVB 指令从一个指定的源地址将 1 字节数据传送到一个指定的目标地址，如将 1 字节数据 R100 传送至 R200 中。

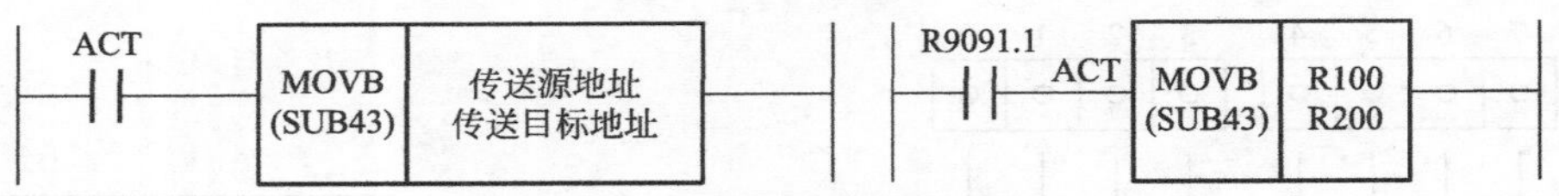

图 3-43 MOVB 指令梯形图格式

(2) MOVW（2 个字节的数据传送）

MOVW 指令梯形图格式见图 3-44。MOVW 指令从一个指定的源地址将 2 字节数据传送到一个指定的目标地址，如将 2 字节数据 R100～R101 传送至 R200～R201 中。

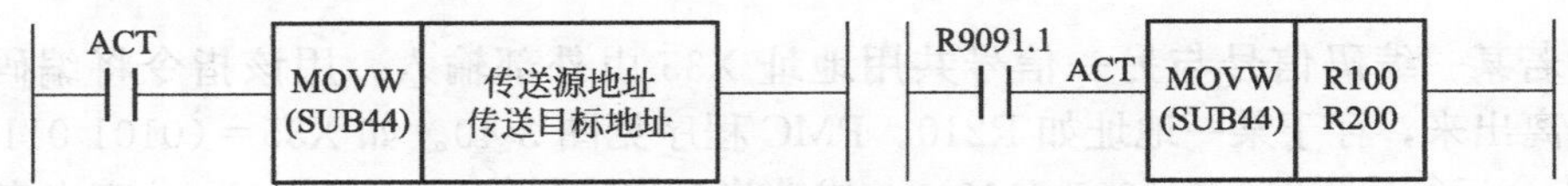

图 3-44 MOVW 指令梯形图格式

(3) MOVD（4 个字节的数据传送）

MOVD 指令梯形图格式见图 3-45。MOVD 指令从一个指定的源地址将 4 字节数据传送到一个指定的目标地址，如将 4 字节数据 R100～R103 传送至 R200～R203 中。

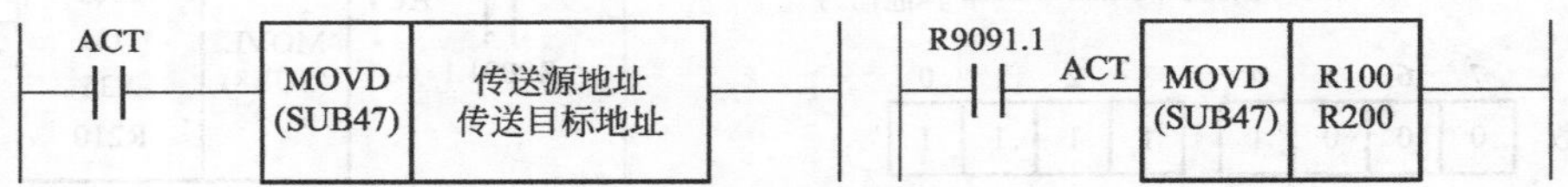

图 3-45 MOVD 指令梯形图格式

(4) MOVN（传送任意数目的字节）

MOVN 指令梯形图格式见图 3-46。MOVN 指令将一由任意数量字节组成的数据由一指定源地址传送至一目标地址。传送的字节数可以指定 1～9999。图 3-46 中 MOVN 程序后，将传送 10 个字节数据，即把数据 R100～R109 传送至 R200～R209 中。

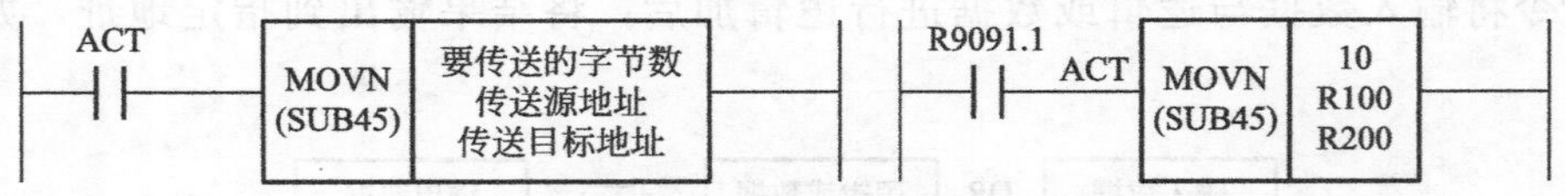

图 3-46 MOVN 指令梯形图格式

3.4.4 数据设定指令 SETB/SETW/SETD

SETB(SUB455)/SETW(SUB456)/SETD(SUB457) 指令分别是将 1/2/4 字节数据设定到目标地址，如图 3-47 所示。设定数据可以是地址或常数。

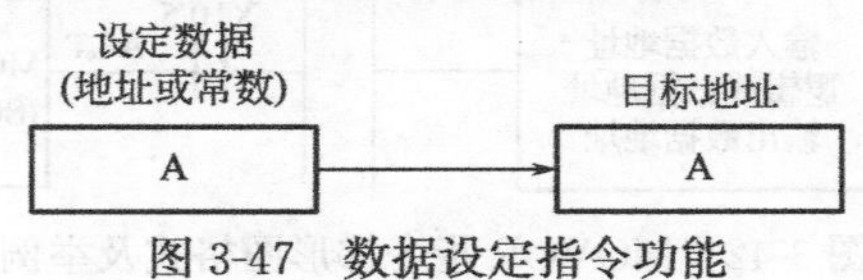

图 3-47 数据设定指令功能

图 3-48 是 SETB 指令梯形图格式。当指令被执行时，$W_1=1$。通常 W_1 与 ACT 状态一致。W_1 可以忽略，也可以用功能指令替代。SETW 和 SETD 指令格式与 SETB 类似。

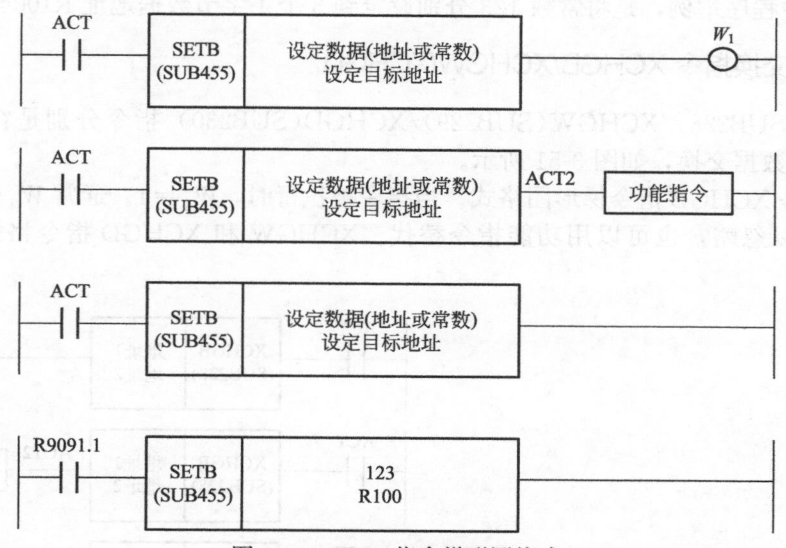

图 3-48　SETB 指令梯形图格式

图 3-48 中程序举例，是将常数 123 设定到 1 字节数据地址 R100 中。

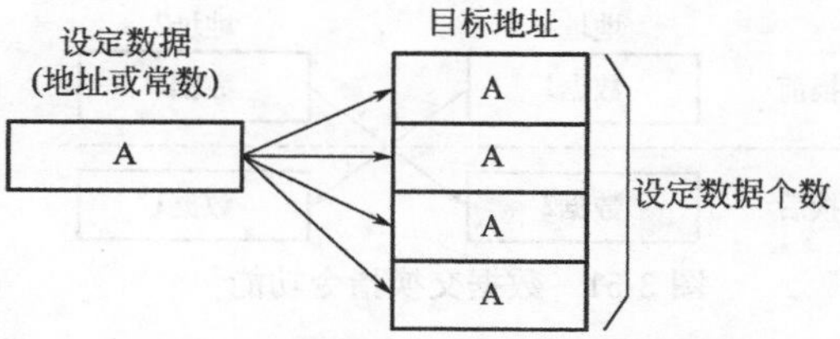

3.4.5　多地址数据设定指令 SETNB/SETNW/SETND

SETNB(SUB225)/SETNW(SUB226)/SETND(SUB227) 指令分别是将 1/2/4 字节数据设定到多个连续的目标地址，如图 3-49 所示。设定数据可以是地址或常数。

图 3-49　多地址数据设定指令功能

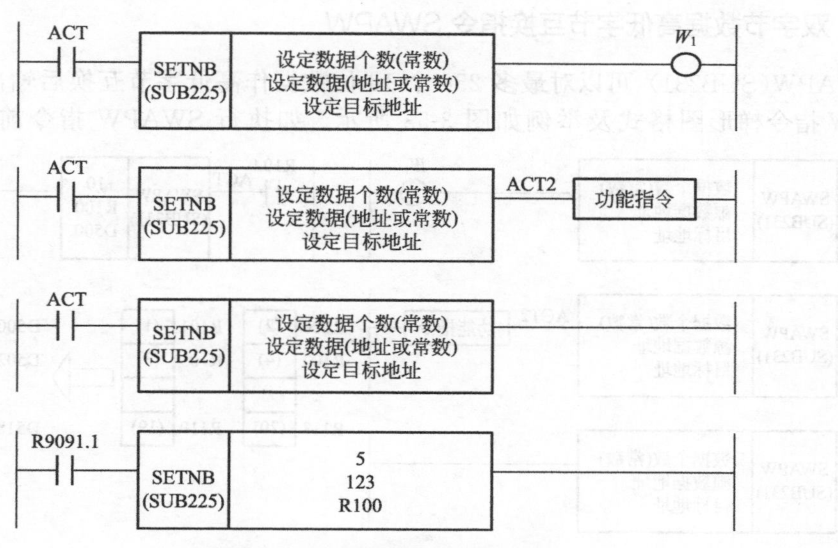

图 3-50　SETNB 指令梯形图格式

图 3-50 是 SETNB 指令梯形图格式。当指令被执行时，$W_1=1$。通常 W_1 与 ACT 状态一致。W_1 可以忽略，也可以用功能指令替代。SETNW 和 SETND 指令格式与 SETNB 类似。

图 3-50 中程序举例，是将常数 123 分别设定到 5 个 1 字节数据地址 R100～R104 中。

3.4.6 数据交换指令 XCHGB/XCHGW/XCHGD

XCHGB(SUB228)/XCHGW(SUB229)/XCHGD(SUB230) 指令分别是在两地址间进行 1/2/4 字节数据交换，如图 3-51 所示。

图 3-52 是 XCHGB 指令梯形图格式。当指令被执行时，$W_1=1$。通常 W_1 与 ACT 状态一致。W_1 可以忽略，也可以用功能指令替代。XCHGW 和 XCHGD 指令格式与 XCHGB 类似。

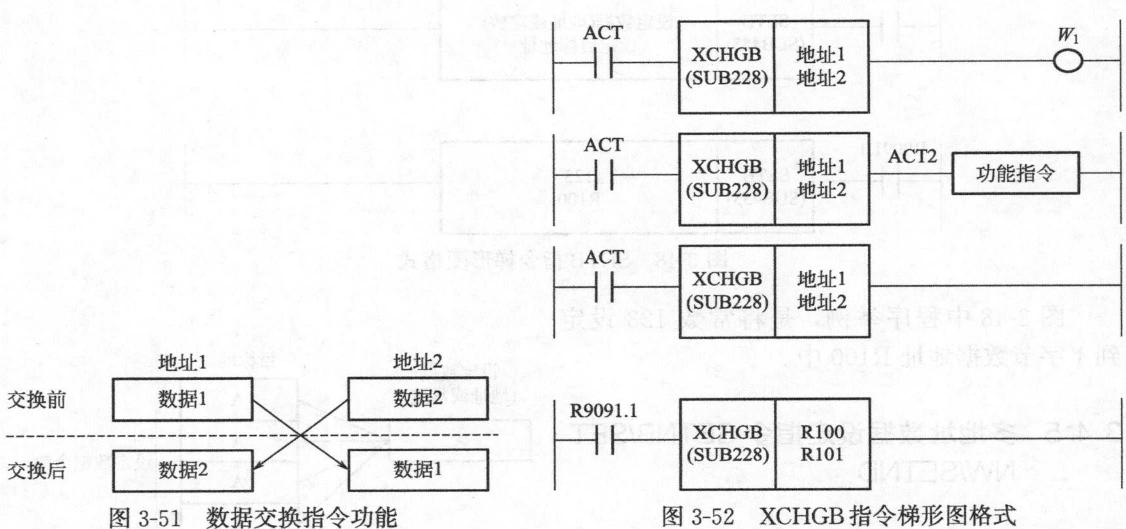

图 3-51 数据交换指令功能

图 3-52 XCHGB 指令梯形图格式

图 3-52 中程序举例，是将 1 字节地址 R100 和 1 字节地址 R101 中的数据互换。执行 XCHGB 指令前，假设 R100=15，R101=25；则执行 XCHGB 指令后，R100=25，R101=15。

3.4.7 双字节数据高低字节互换指令 SWAPW

SWAPW(SUB231) 可以对最多 256 个 16 位数据作高低字节互换后输出到目标地址。SWAPW 指令梯形图格式及举例如图 3-53 所示。如执行 SWAPW 指令前，双字节数据

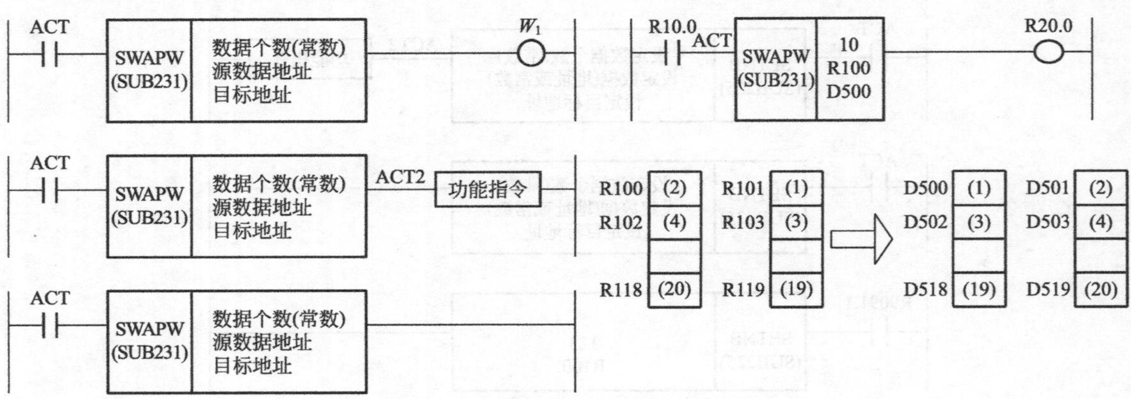

图 3-53 SWAPW 指令梯形图格式及举例

R100＝(1010 0011 0001 1010)$_2$；执行 SWAPW 指令后，双字节数据 R100 高低字节互换，然后送到双字节数据 R500 中，则 R500＝(0001 1010 1010 0011)$_2$。

3.4.8 双字数据高低字互换指令 SWAPD

SWAPD(SUB232) 可以对最多 256 个 32 位数据作高低字互换后输出到目标地址。SWAPD 指令梯形图格式及举例如图 3-54 所示。

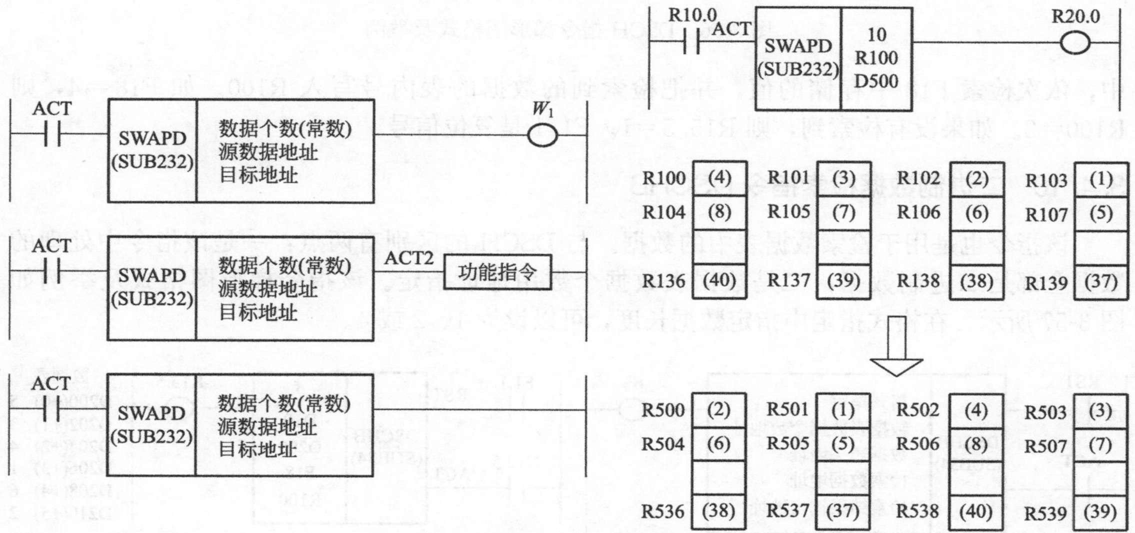

图 3-54 SWAPD 指令梯形图格式及举例

3.4.9 BCD 数据检索指令 DSCH

DSCH 指令仅适用于 PMC 所使用的数据表。DSCH 在数据表中搜索指定的数据，并且输出其表内号，如图 3-55 所示。如果未找到指定的数据，则 W_1＝1。DSCH 指令梯形图格式及举例如图 3-56 所示。

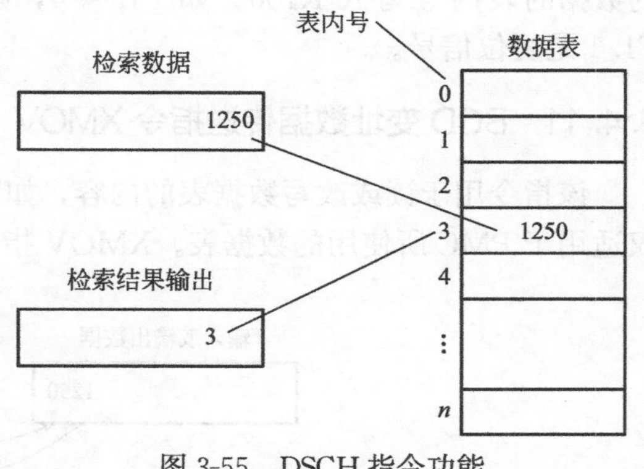

图 3-55 DSCH 指令功能

控制条件及参数说明：

① BYT＝0：数据表中数据为 2 位 BCD 码；BYT＝1：数据表中数据为 4 位 BCD 码。

② 数据表数据个数：指定数据表的大小。如果表头为 0，表尾为 n，则数据表数据数为 $n+1$。

③ 数据表头地址：作为数据表用的地址应是确定的，因而在编制数据表时需事先确定所用的地址，然后在此设定数据表的表头地址。

④ 检索数据地址：设定存放被检索数据的地址。

⑤ 检索结果输出地址：设定存放检索结果数据的地址。检索结果输出地址所需要的存储区域字节数应与 BYT 指定的数据大小吻合。

⑥ 执行 DSCH 指令后，如果找到指定的数据，W_1＝0；如果未找到，W_1＝1。

图 3-56 中 DSCH 指令举例：X15.5 接通时，从 D200 开始在长度为 6 个单元的数据表

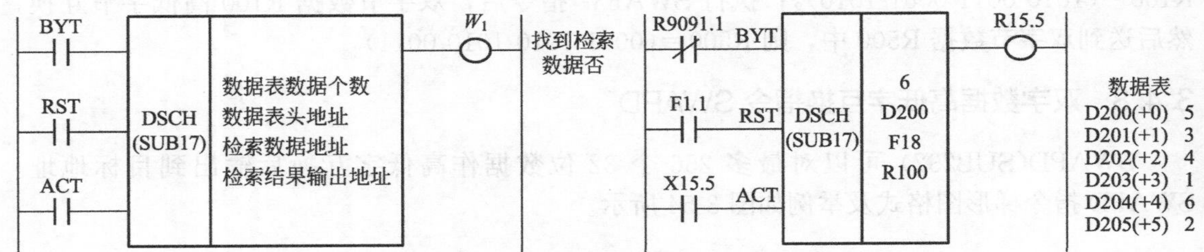

图 3-56　DSCH 指令梯形图格式及举例

中，依次检索 F18 中存储的值，并把检索到的数据的表内号写入 R100。如 F18＝4，则 R100＝2。如果没有检索到，则 R15.5＝1。F1.1 是复位信号。

3.4.10　二进制数据检索指令 DSCHB

该指令也是用于检索数据表中的数据。与 DSCH 的区别有两点：一是该指令中处理的数据全部是二进制数据；二是数据表数据个数用地址指定。该指令梯形图格式及举例如图 3-57 所示。在格式指定中指定数据长度，可以设为 1、2 或 4。

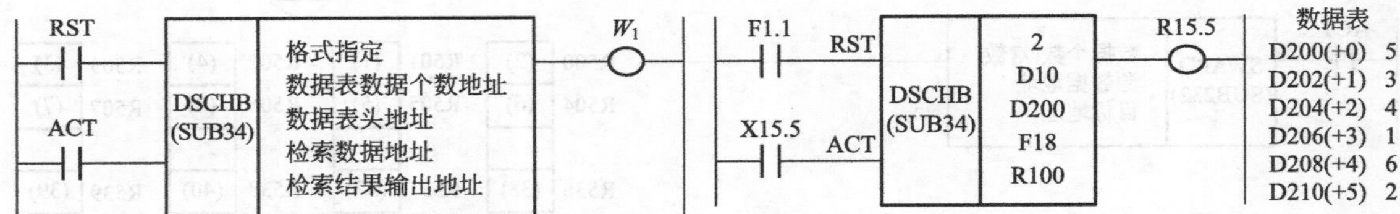

图 3-57　DSCHB 指令梯形图格式及举例

图 3-57 中 DSCHB 指令举例：数据表数据为 6 个 2 字节数据，数据表数据个数地址 D10 设为 6；X15.5 接通时，从 D200 开始的数据表中，依次检索 F18 中存储的值，并把检索到的数据的表内号写入 R100。如 F18＝4，则 R100＝2。如果没有检索到，则 R15.5＝1。F1.1 是复位信号。

3.4.11　BCD 变址数据传送指令 XMOV

该指令用于读或改写数据表的内容，如图 3-58 所示。如同 DSCH 指令一样，XMOV 也仅适用于 PMC 所使用的数据表。XMOV 指令梯形图格式及举例如图 3-59 所示。

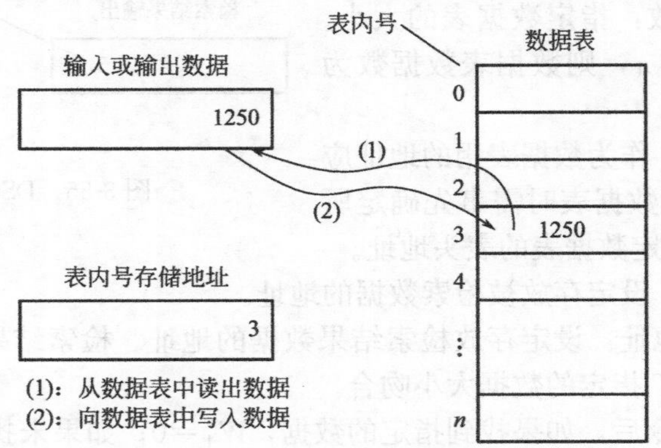

图 3-58　XMOV 指令功能

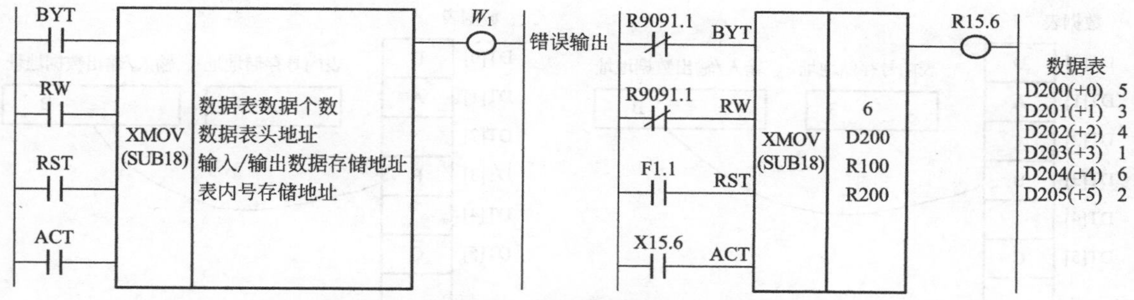

图 3-59　XMOV 指令梯形图格式及举例

控制条件及参数说明：

① BYT=0：数据表中数据为 2 位 BCD 码；BYT=1：数据表中数据为 4 位 BCD 码。

② RW=0：从数据表中读出数据；RW=1：向数据表中写入数据。

图 3-59 中 XMOV 指令举例：当 X15.6 接通时，在以 D200 开始的长度为 6 个数据的数据表中，读取由 R200 指定的表内号的数据，并输出到 R100 中。如 R200=2，则 R100=4。表内号指定不正确时，R15.6 为"1"，表示出错。使出错复位的信号是 F1.1。

3.4.12　二进制变址数据传送指令 XMOVB

该指令也是用于读或改写数据表的内容。与 XMOV 的区别有两点：一是该指令中处理的数据全部是二进制数据；二是数据表数据个数用地址指定。该指令梯形图格式如图 3-60 所示。

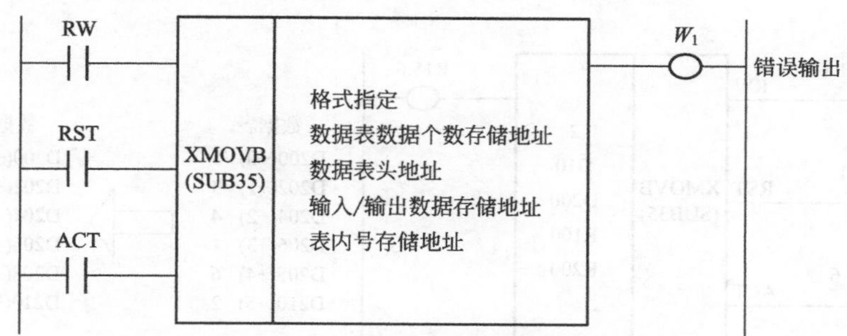

图 3-60　XMOVB 指令梯形图格式

控制条件及参数说明：

① RW：指定读或写操作。RW=0：从数据表中读出数据，见图 3-61。RW=1：向数据表中写入数据，见图 3-62。

② 格式指定：用于设定数据长度。可以设为 1、2 或 4。

从数据表中读出数据举例如图 3-63 所示。D10=6，表示数据表数据为 6 个双字节数据；数据表首地址为 D200；如果 R200=3，表示数据表内号为 3，即对应 D206；读操作表示将 D206 中的数据输出到 R100 中，则 XMOVB 执行后，R100=1。

向数据表中写入数据举例如图 3-64 所示。D10=6，表示数据表数据为 6 个双字节数据；数据表首地址为 D200；如果 R200=3，表示数据表内号为 3，即对应 D206；要写入的数据 R100=7；写操作表示将 R100 中的数据输出到 D206 中，则 XMOVB 执行后，D206=7。

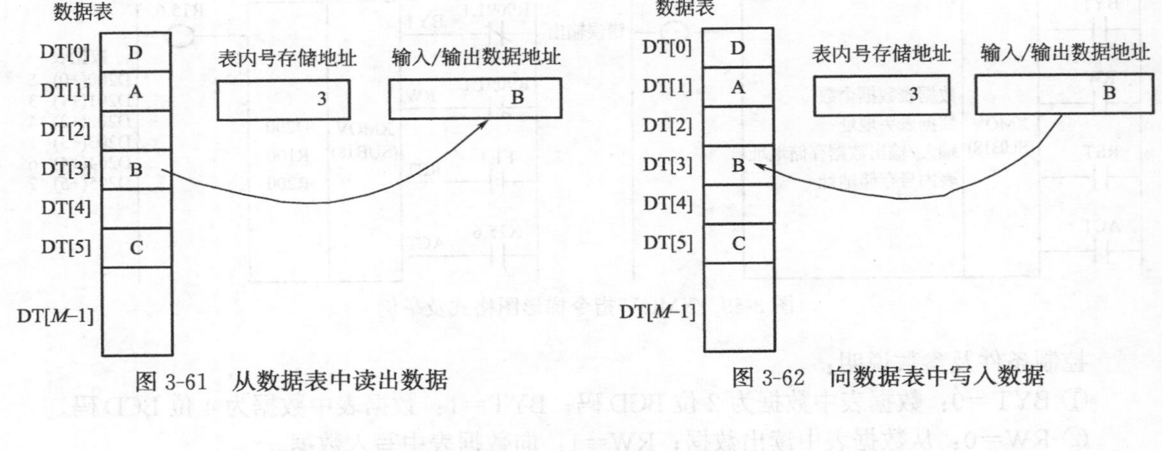

图 3-61　从数据表中读出数据　　图 3-62　向数据表中写入数据

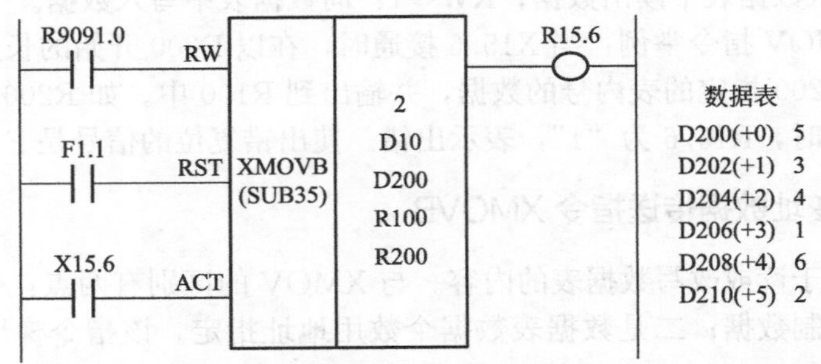

图 3-63　从数据表中读出数据举例

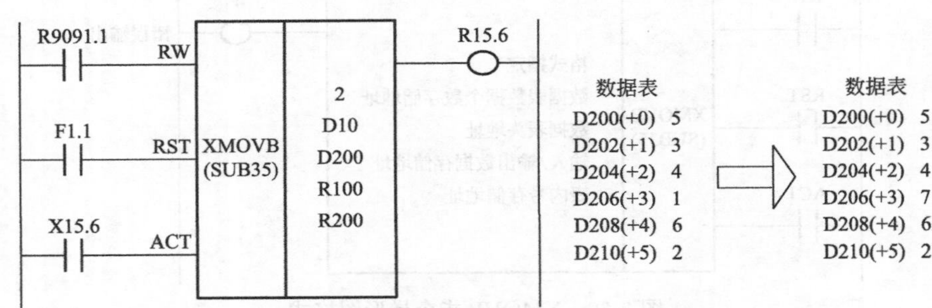

图 3-64　向数据表中写入数据举例

3.4.13　位传送指令 MOVBT

MOVBT 指令将指定位置的连续数据位传送至一目标地址。MOVBT 指令梯形图格式见图 3-65。

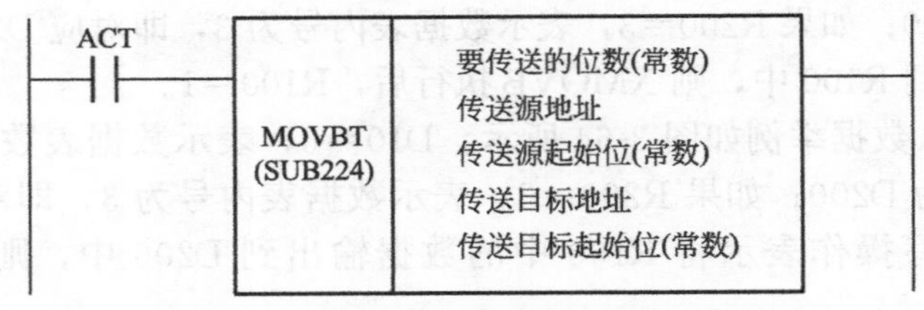

图 3-65　MOVBT 指令梯形图格式

图 3-66 是 MOVBT 指令的一个例子。它将从 R100.6 开始的 4 位信号传送至 R500.3 开始的地址中。

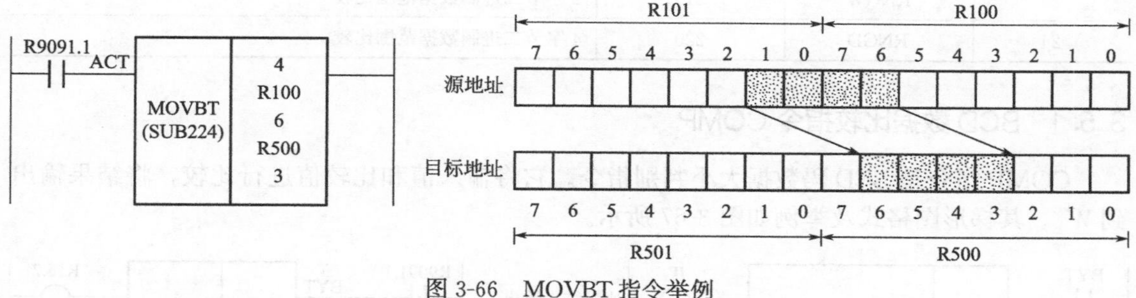

图 3-66 MOVBT 指令举例

3.5 比较指令

比较指令共有 24 种，如表 3-9 所示。

表 3-9 比较指令

序号	指令名称	子程序号	说 明
1	COMP	15	BCD 数据比较
2	COIN	16	BCD 数据一致性检测
3	COMPB	32	二进制数据比较
4	EQB	200	1 字节二进制数据等于比较
5	EQW	201	2 字节二进制数据等于比较
6	EQD	202	4 字节二进制数据等于比较
7	NEB	203	1 字节二进制数据不等于比较
8	NEW	204	2 字节二进制数据不等于比较
9	NED	205	4 字节二进制数据不等于比较
10	GTB	206	1 字节二进制数据大于比较
11	GTW	207	2 字节二进制数据大于比较
12	GTD	208	4 字节二进制数据大于比较
13	LTB	209	1 字节二进制数据小于比较
14	LTW	210	2 字节二进制数据小于比较
15	LTD	211	4 字节二进制数据小于比较
16	GEB	212	1 字节二进制数据大于等于比较
17	GEW	213	2 字节二进制数据大于等于比较
18	GED	214	4 字节二进制数据大于等于比较
19	LEB	215	1 字节二进制数据小于等于比较
20	LEW	216	2 字节二进制数据小于等于比较
21	LED	217	4 字节二进制数据小于等于比较
22	RNGB	218	1 字节二进制数据范围比较

续表

序号	指令名称	子程序号	说　明
23	RNGW	219	2字节二进制数据范围比较
24	RNGD	220	4字节二进制数据范围比较

3.5.1 BCD数据比较指令COMP

COMP指令是BCD码数据大小判别指令。它将输入值和比较值进行比较，将结果输出到W_1。其梯形图格式及举例如图3-67所示。

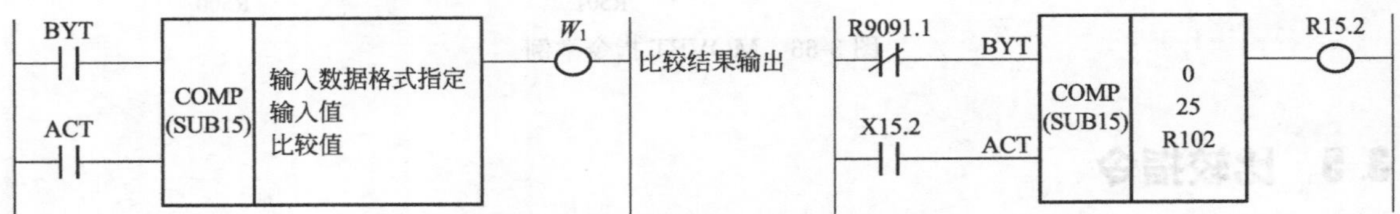

图3-67　COMP指令梯形图格式及举例

控制条件及参数说明：

① BYT=0：处理数据为2位BCD码；BYT=1：处理数据为4位BCD码。

② 输入数据格式：设0表示用常数指定输入数据；设1表示用地址指定输入数据。

③ 比较结果：W_1=0表示输入数据＞比较数据；W_1=1表示输入数据≤比较数据。

图3-67中COMP指令举例：X15.2接通时，比较常数25和R102中的值，如果25≤R102，R15.2为“1”；如果25＞R102，R15.2则为“0”。

3.5.2 BCD数据一致性检测指令COIN

COIN指令检测输入值和比较值是否一致。仅适用于BCD码数据。其梯形图格式及举例如图3-68所示。

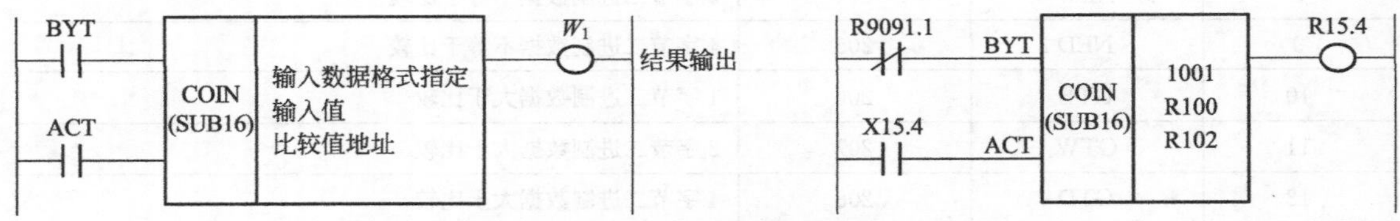

图3-68　COIN指令梯形图格式及举例

控制条件及参数说明：

① BYT=0：处理数据为2位BCD码；BYT=1：处理数据为4位BCD码。

② 输入数据格式：设0表示用常数指定输入数据；设1表示用地址指定输入数据。

③ W_1=0：输入值≠比较值；W_1=1：输入值=比较值。

图3-68中COIN指令举例：X15.4=1时，比较R100和R102的值，当R100=R102时，R15.4=1；当R100≠R102时，R15.4=0。

3.5.3 二进制数据比较指令COMPB

COMPB指令比较1、2或4字节长的二进制数据之间的大小，比较结果存放在R9000中。COMPB指令梯形图格式及举例如图3-69所示。

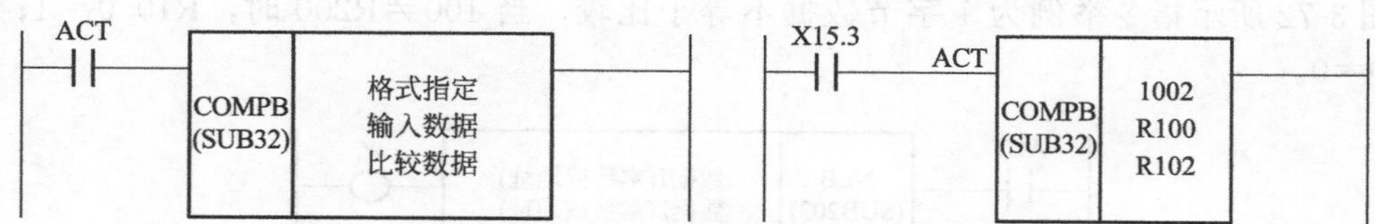

图 3-69　COMPB 指令梯形图格式及举例

COMPB 格式指定及运算结果寄存器说明如图 3-70 所示。

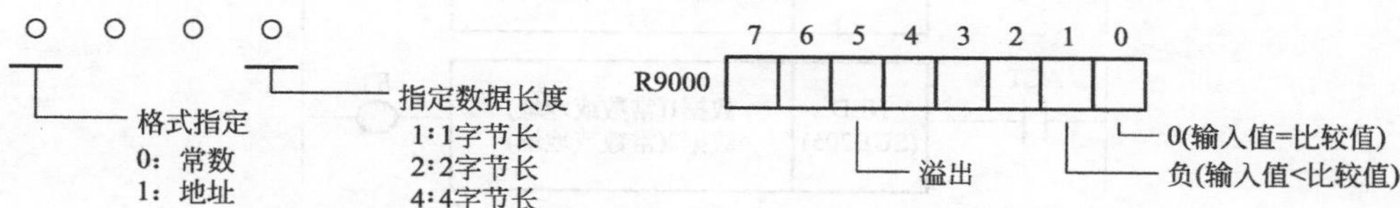

图 3-70　COMPB 格式指定及运算结果寄存器说明

图 3-69 中 COMPB 指令举例：X15.3 接通时，对 R100～R101 和 R102～R103 的 2 字节的数据值进行比较。值相等时，R9000.0＝1；R100～R101＜R102～R103 时，R9000.1＝1。

3.5.4　二进制数据等于比较指令 EQB/EQW/EQD

EQB(SUB200)/EQW(SUB201)/EQD(SUB202) 分别用于 1/2/4 字节有符号二进制数据等于比较。其梯形图格式及举例如图 3-71 所示。比较数据可以为常数或地址。当数据 1＝数据 2 时，W_1＝1；当数据 1≠数据 2 时，W_1＝0。

图 3-71 所示指令举例为 1 字节数据等于比较，当 100＝R200 时，R10.0＝1；否则 R10.0＝0。

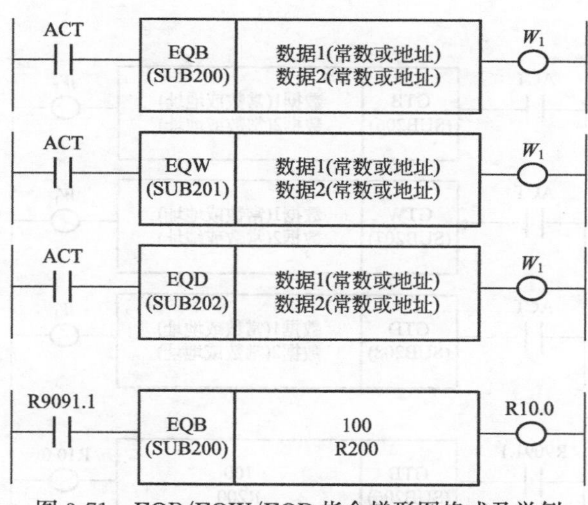

图 3-71　EQB/EQW/EQD 指令梯形图格式及举例

3.5.5　二进制数据不等于比较指令 NEB/NEW/NED

NEB(SUB203)/NEW(SUB204)/NED(SUB205) 分别用于 1/2/4 字节有符号二进制数据不等于比较。其梯形图格式及举例如图 3-72 所示。比较数据可以为常数或地址。当数据 1≠数据 2 时，W_1＝1；当数据 1＝数据 2 时，W_1＝0。

图 3-72 所示指令举例为 1 字节数据不等于比较，当 100≠R200 时，R10.0=1；否则 R10.0=0。

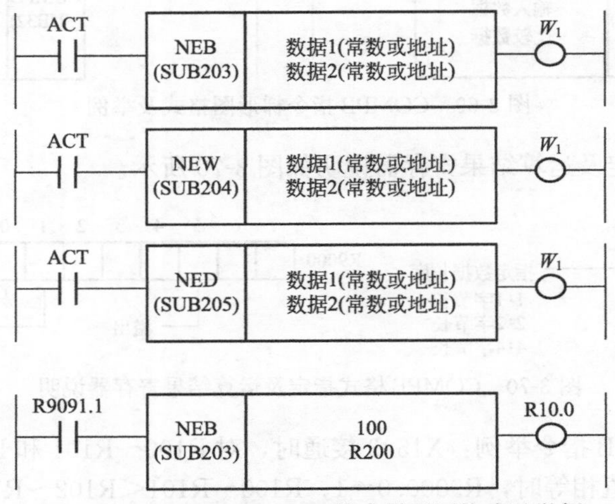

图 3-72　NEB/NEW/NED 指令梯形图格式及举例

3.5.6　二进制数据大于比较指令 GTB/GTW/GTD

GTB(SUB206)/GTW(SUB207)/GTD(SUB208) 分别用于 1/2/4 字节有符号二进制数据大于比较。其梯形图格式及举例如图 3-73 所示。比较数据可以为常数或地址。当数据 1>数据 2 时，$W_1=1$；当数据 1≤数据 2 时，$W_1=0$。

图 3-73 所示指令举例为 1 字节数据大于比较，当 100>R200 时，R10.0=1；否则 R10.0=0。

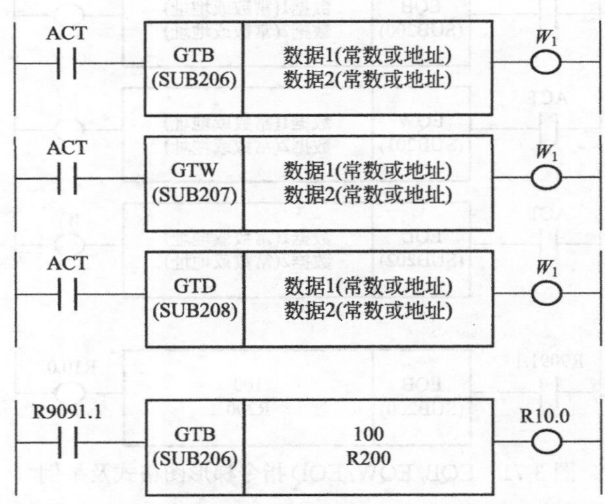

图 3-73　GTB/GTW/GTD 指令梯形图格式及举例

3.5.7　二进制数据小于比较指令 LTB/LTW/LTD

LTB(SUB209)/LTW(SUB210)/LTD(SUB211) 分别用于 1/2/4 字节有符号二进制数据小于比较。其梯形图格式及举例如图 3-74 所示。比较数据可以为常数或地址。当数据 1

<数据 2 时，W_1＝1；当数据 1≥数据 2 时，W_1＝0。

图 3-74 所示指令举例为 1 字节数据小于比较，当 100＜R200 时，R10.0＝1；否则 R10.0＝0。

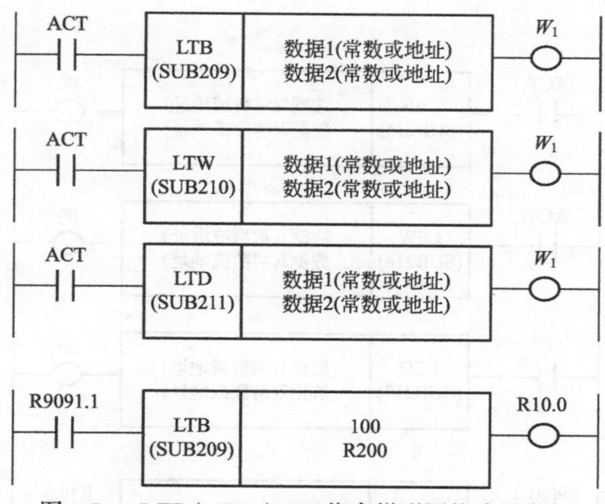

图 3-74　LTB/LTW/LTD 指令梯形图格式及举例

3.5.8　二进制数据大于等于比较指令 GEB/GEW/GED

GEB(SUB212)/GEW(SUB213)/GED(SUB214) 分别用于 1/2/4 字节有符号二进制数据大于等于比较。其梯形图格式及举例如图 3-75 所示。比较数据可以为常数或地址。当数据 1≥数据 2 时，W_1＝1；当数据 1＜数据 2 时，W_1＝0。

图 3-75 所示指令举例为 1 字节数据大于等于比较，当 100≥R200 时，R10.0＝1；否则 R10.0＝0。

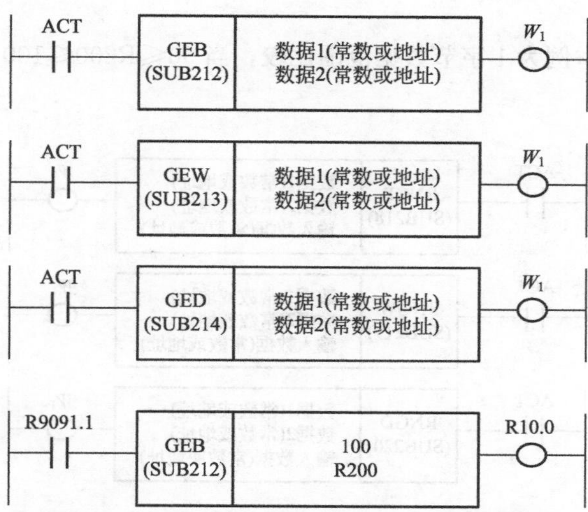

图 3-75　GEB/GEW/GED 指令梯形图格式及举例

3.5.9　二进制数据小于等于比较指令 LEB/LEW/LED

LEB(SUB215)/LEW(SUB216)/LED(SUB217) 分别用于 1/2/4 字节有符号二进制数

据小于等于比较。其梯形图格式及举例如图 3-76 所示。比较数据可以为常数或地址。当数据 1≤数据 2 时，$W_1=1$；当数据 1>数据 2 时，$W_1=0$。

图 3-76 所示指令举例为 1 字节数据小于等于比较，当 100≤R200 时，R10.0=1；否则 R10.0=0。

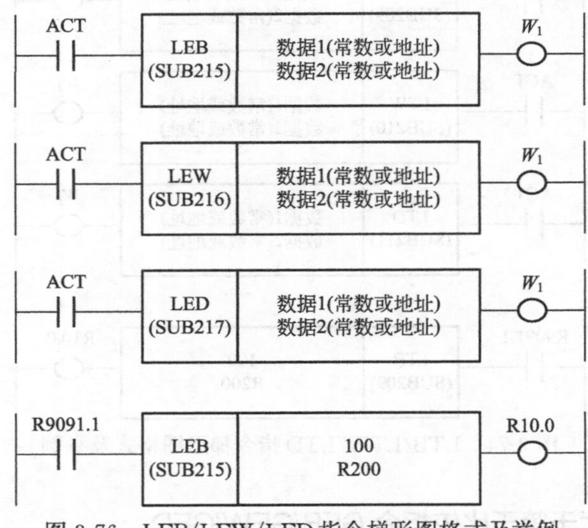

图 3-76　LEB/LEW/LED 指令梯形图格式及举例

3.5.10　二进制数据范围比较指令 RNGB/RNGW/RNGD

RNGB(SUB218)/RNGW(SUB219)/RNGD(SUB220) 分别用于 1/2/4 字节有符号二进制数据范围比较。其梯形图格式及举例如图 3-77 所示。比较数据和输入数据可以为常数或地址。当数据 1≤输入数据≤数据 2，或数据 2≤输入数据≤数据 1 时，$W_1=1$；否则，$W_1=0$。

图 3-77 所示指令举例为 1 字节数据范围比较，当 50≤R200≤100 时，R10.0=1；否则 R10.0=0。

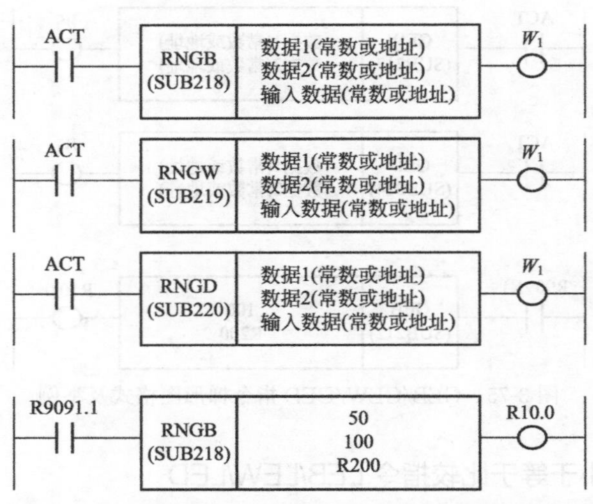

图 3-77　RNGB/RNGW/RNGD 指令梯形图格式及举例

3.6 位操作指令

位操作指令一共有 56 种，见表 3-10。

表 3-10 位操作指令

序号	指令	SUB 号	说明	序号	指令	SUB 号	说明
1	DIFU	57	上升沿检测	29	ROLB	285	1 字节左循环
2	DIFD	58	下降沿检测	30	ROLW	286	2 字节左循环
3	EOR	59	异或	31	ROLD	287	4 字节左循环
4	AND	60	逻辑与	32	ROLN	288	任意字节左循环
5	OR	61	逻辑或	33	RORB	289	1 字节右循环
6	NOT	62	逻辑非	34	RORW	290	2 字节右循环
7	PARI	11	奇偶校验	35	RORD	291	4 字节右循环
8	SFT	33	移位	36	RORN	292	任意字节右循环
9	EORB	265	1 字节异或	37	BSETB	293	1 字节位设定
10	EORW	266	2 字节异或	38	BSETW	294	2 字节位设定
11	EORD	267	4 字节异或	39	BSETD	295	4 字节位设定
12	ANDB	268	1 字节逻辑与	40	BSETN	296	任意字节位设定
13	ANDW	269	2 字节逻辑与	41	BRSTB	297	1 字节位复位
14	ANDD	270	4 字节逻辑与	42	BRSTW	298	2 字节位复位
15	ORB	271	1 字节逻辑或	43	BRSTD	299	4 字节位复位
16	ORW	272	2 字节逻辑或	44	BRSTN	300	任意字节位复位
17	ORD	273	4 字节逻辑或	45	BTSTB	301	1 字节位测试
18	NOTB	274	1 字节逻辑非	46	BTSTW	302	2 字节位测试
19	NOTW	275	2 字节逻辑非	47	BTSTD	303	4 字节位测试
20	NOTD	276	4 字节逻辑非	48	BTSTN	304	任意字节位测试
21	SHLB	277	1 字节左移	49	BPOSB	305	1 字节位检索
22	SHLW	278	2 字节左移	50	BPOSW	306	2 字节位检索
23	SHLD	279	4 字节左移	51	BPOSD	307	4 字节位检索
24	SHLN	280	任意字节左移	52	BPOSN	308	任意字节位检索
25	SHRB	281	1 字节右移	53	BCNTB	309	1 字节位计数
26	SHRW	282	2 字节右移	54	BCNTW	310	2 字节位计数
27	SHRD	283	4 字节右移	55	BCNTD	311	4 字节位计数
28	SHRN	284	任意字节右移	56	BCNTN	312	任意字节位计数

3.6.1 上升沿检测指令 DIFU

DIFU 指令在输入信号上升沿的扫描周期中将输出信号设置为 1。DIFU 指令梯形图格式及举例见图 3-78。上升沿检测号范围见表 3-11。在一个程序中，上升沿检测号不能重复使用。

表 3-11　上升沿检测号范围

数据类型	第 1～5 路径 PMC				0i-F PMC/L	DCSPMC
	存储器 A	存储器 B	存储器 C	存储器 D		
上升沿检测号	1～256	1～1000	1～2000	1～3000	1～256	1～256

图 3-78　DIFU 指令梯形图格式及举例

3.6.2　下降沿检测指令 DIFD

DIFD 指令在输入信号下降沿的扫描周期中将输出信号设置为 1。DIFD 指令梯形图格式及举例见图 3-79。下降沿检测号范围见表 3-12。在一个程序中，下降升沿检测号不能重复使用。

表 3-12　下降沿检测号范围

数据类型	第 1～5 路径 PMC				0i-F PMC/L	DCSPMC
	存储器 A	存储器 B	存储器 C	存储器 D		
下降沿检测号	1～256	1～1000	1～2000	1～3000	1～256	1～256

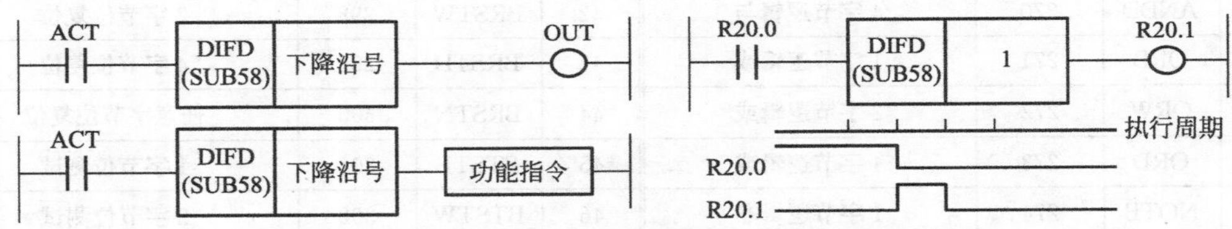

图 3-79　DIFD 指令梯形图格式及举例

3.6.3　异或指令 EOR

EOR 指令将地址 A 中的内容与常数或地址 B 中的内容相异或，并将结果存入 C 地址。EOR 指令梯形图格式及举例见图 3-80。

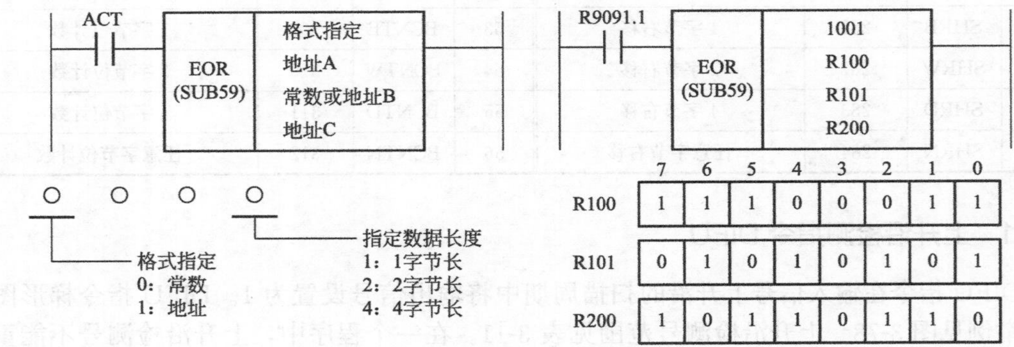

图 3-80　EOR 指令梯形图格式及举例

图 3-80 所示异或指令举例为 1 字节数据异或操作，R100 与 R101 中的数据按位进行异或操作，结果输出到 R200 中。

3.6.4 逻辑与指令 AND

AND 指令将地址 A 中的内容与常数或地址 B 中的内容相与，并将结果存入 C 地址。AND 指令梯形图格式及举例见图 3-81。

图 3-81 所示逻辑与指令举例为 1 字节数据逻辑与操作，R100 与 R101 中的数据按位进行逻辑与操作，结果输出到 R200 中。

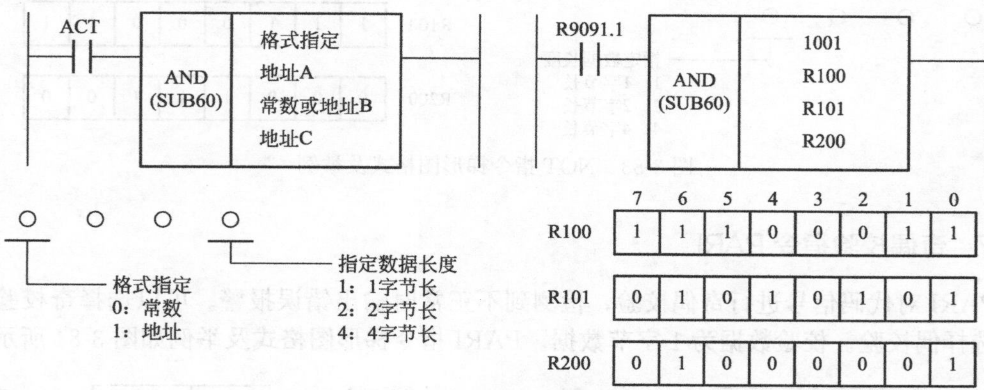

图 3-81 AND 指令梯形图格式及举例

3.6.5 逻辑或指令 OR

OR 指令将地址 A 中的内容与常数或地址 B 中的内容相或，并将结果存入 C 地址。OR 指令梯形图格式及举例见图 3-82。

图 3-82 所示逻辑或指令举例为 1 字节数据逻辑或操作，R100 与 R101 中的数据按位进行逻辑或操作，结果输出到 R200 中。

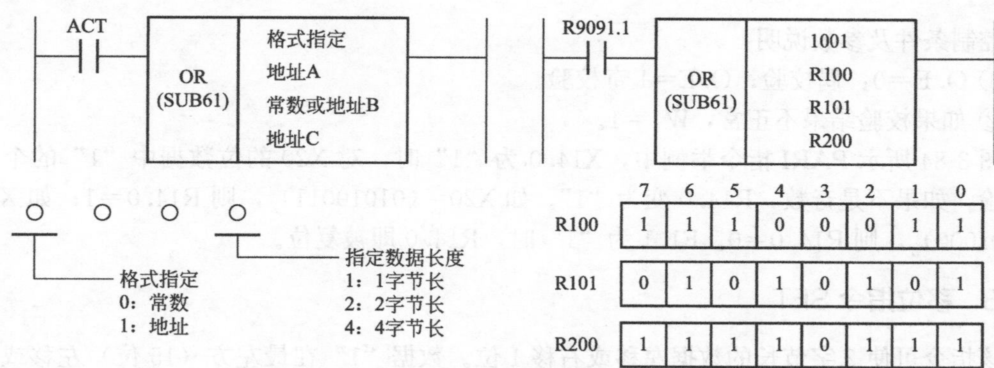

图 3-82 OR 指令梯形图格式及举例

3.6.6 逻辑非指令 NOT

NOT 指令将地址 A 中内容的每一位取反后将结果放入地址 B。NOT 指令梯形图格式及举例见图 3-83。

图 3-83 所示逻辑非指令举例为 1 字节数据逻辑非操作，R100 中的数据按位进行逻辑非操作，结果输出到 R200 中。

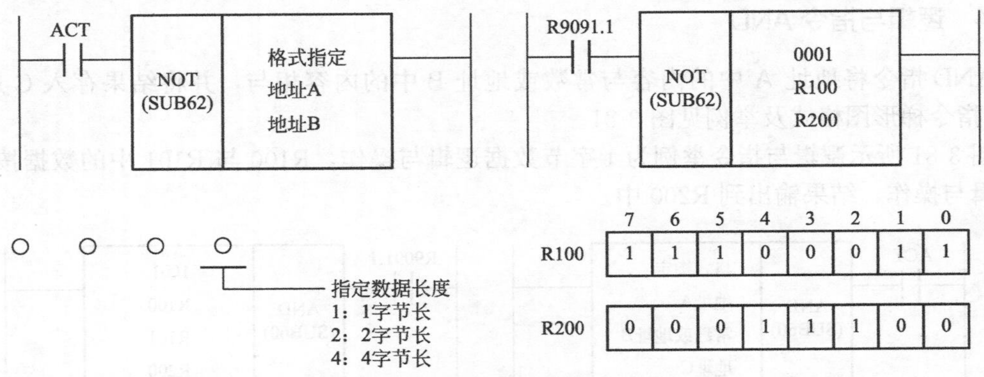

图 3-83 NOT 指令梯形图格式及举例

3.6.7 奇偶校验指令 PARI

PARI 对代码信号进行奇偶校验，检测到不正常时输出错误报警。可以选择奇校验，也可以选择偶校验。校验数据为 1 字节数据。PARI 指令梯形图格式及举例如图 3-84 所示。

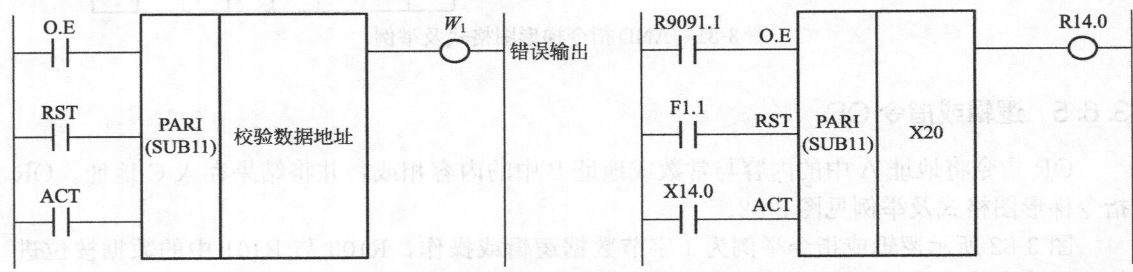

图 3-84 PARI 指令梯形图格式及举例

控制条件及参数说明：

① O. E=0：偶校验；O. E=1 奇校验。

② 如果校验结果不正常，$W_1=1$。

图 3-84 所示 PARI 指令举例中，X14. 0 为“1”时，对 X20 的位数据中“1”的个数作奇校验，如果不是奇数，R14. 0 变为“1”。如 $X20=(01010011)_2$，则 R14. 0=1；如 $X10=(01101000)_2$，则 R14. 0=0。F1. 1 为“1”时，R14. 0 即被复位。

3.6.8 移位指令 SFT

该指令可使 2 字节长的数据左移或右移 1 位。数据“1”在最左方（15 位）左移或在最右方（0 位）右移移出时，$W_1=1$。SFT 指令梯形图格式如图 3-85 所示。

控制条件及参数说明：

① DIR=0：左移；DIR=1：右移。

② 状态指定（CONT）。CONT=0：向指定的方向偏移 1 位。每位的状态都被相邻位的状态所取代。左移后，设定 0 位为“0”；右移后，设定 15 位为“0”。CONT=1：移位操作时，原本为“1”的位，其状态被保留。

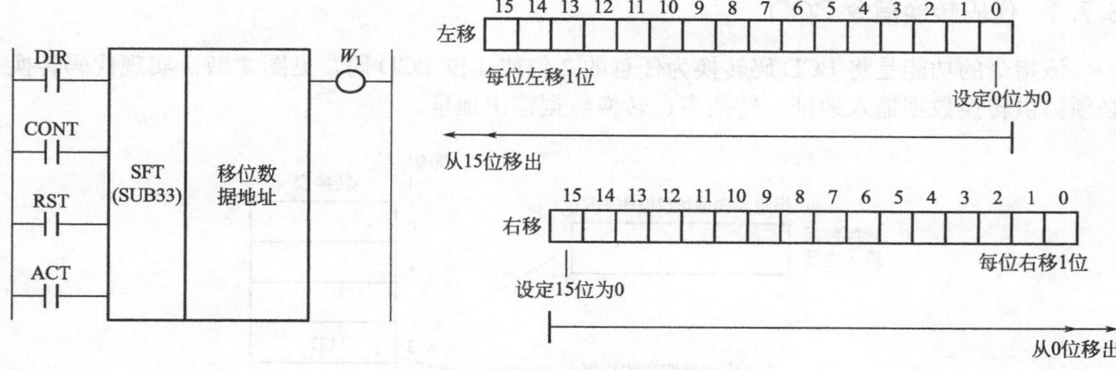

图 3-85 SFT 指令梯形图格式

③ 移位数据地址：指定的地址由连续的 2 个字节的存储区组成。

④ $W_1=0$：移位操作后，没有“1”状态移出；$W_1=1$：移位操作后，有“1”状态移出。

⑤ ACT=1，只执行一次移位操作；ACT 置 0 后，再置 1，才又执行一次移位操作。

图 3-86 所示移位指令举例中，每当 R11.0 从 0 变为 1，双字节数据 R100 中的数据位左移一位，且 R100.0 置 0。

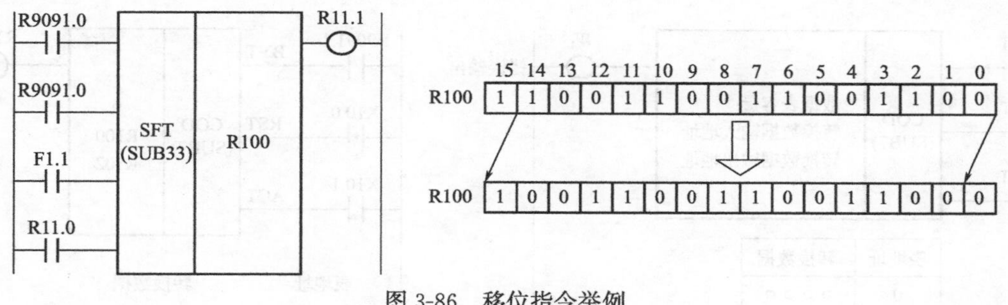

图 3-86 移位指令举例

3.7 代码转换指令

代码转换指令一共有 12 种，见表 3-13。

表 3-13 代码转换指令

序号	指令	SUB 号	说明	序号	指令	SUB 号	说明
1	COD	7	代码转换	7	TBCDB	313	1 字节二进制转 BCD
2	CODB	27	二进制代码转换	8	TBCDW	314	2 字节二进制转 BCD
3	DCNV	14	数据转换	9	TBCDD	315	4 字节二进制转 BCD
4	DCNVB	31	扩展数据转换	10	FBCDB	316	1 字节 BCD 转二进制
5	DEC	4	译码	11	FBCDW	317	2 字节 BCD 转二进制
6	DECB	25	二进制译码	12	FBCDD	318	4 字节 BCD 转二进制

3.7.1 代码转换指令 COD

该指令的功能是将 BCD 码转换为任意的 2 位或 4 位 BCD 码，见图 3-87。实现代码转换必须提供转换数据输入地址、转换表、转换数据输出地址。

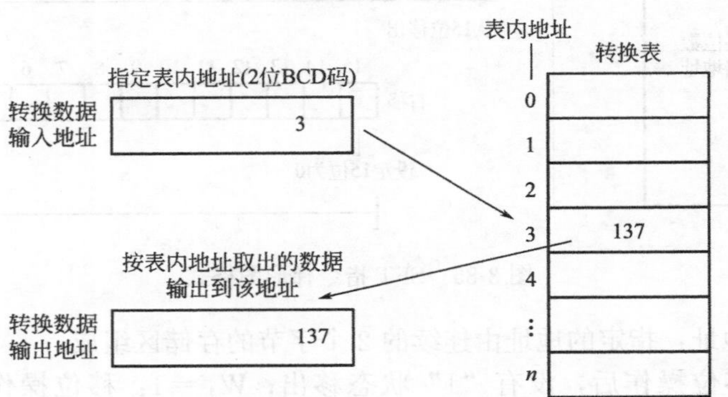

图 3-87 COD 指令功能

在“转换数据输入地址”中以 2 位 BCD 码形式指定一表内地址，根据该地址从转换表中取出转换数据。转换表内的数据可以是 2 位或 4 位 BCD 码。

COD 指令梯形图格式及举例如图 3-88 所示。

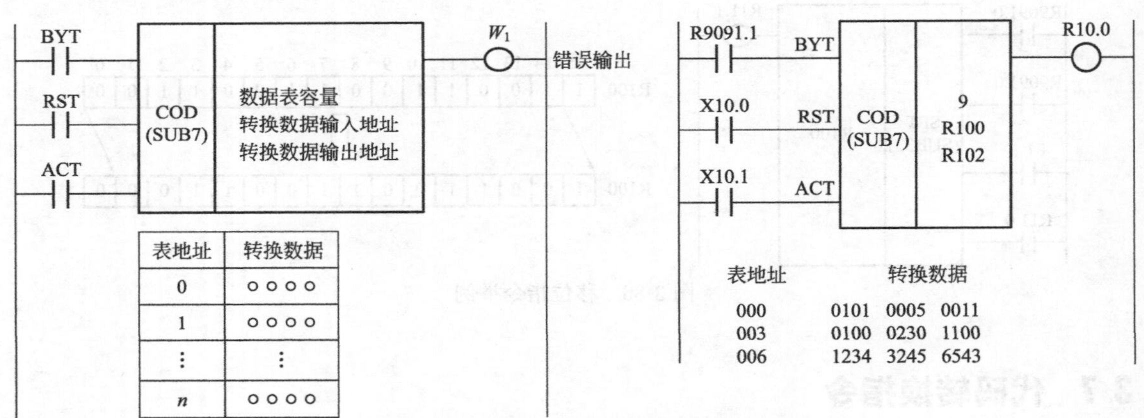

图 3-88 COD 指令梯形图格式及举例

控制条件及参数说明：

① 指定数据形式：BYT＝0 表示转换表中数据为 2 位 BCD 码；BYT＝1 表示 4 位 BCD 码。

② 错误输出复位：RST＝0 取消复位；RST＝1 设置错误输出 W_1 为 0。

③ 执行指令：ACT。

④ 数据表容量：指定转换数据表数据地址的范围为 0～99，数据表的容量为 $n+1$（n 为最后一个表内地址）。

⑤ 转换数据输入地址：内含转换数据的表地址。转换表中的数据通过该地址查到，并输出。

⑥ 转换数据输出地址：2 位 BCD 码的转换数据需要 1 字节存储器；4 位 BCD 码的转换数据需要 2 字节存储器。

⑦ 错误输出：如果转换输入地址出现错误，$W_1=1$。

图 3-88 所示代码转换指令 COD 举例中，当 X10.1 为 1 时，执行代码转换。如果 R100=0，则 R102=101；如果 R100=1，则 R102=5；如果 R100=2，则 R102=11，依此类推。X10.0 是复位信号。

3.7.2 二进制代码转换指令 CODB

此指令为二进制代码转换指令，与 COD 不同的是它可以处理 1 字节、2 字节或 4 字节长度的二进制数据，而且转换表的容量最大可到 256，见图 3-89。

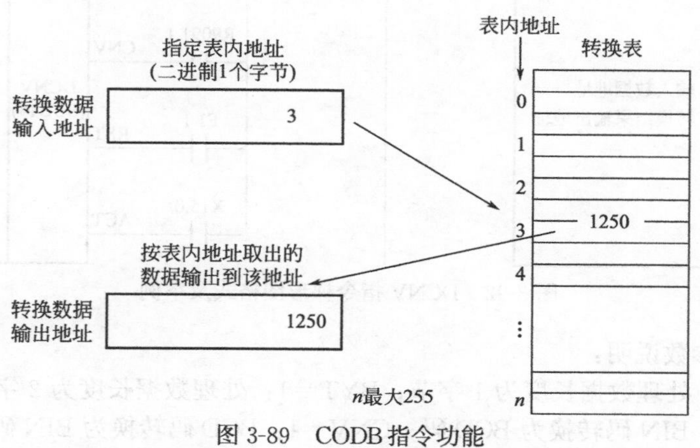

图 3-89 CODB 指令功能

CODB 指令梯形图格式如图 3-90 所示。在格式指定中指定所处理的二进制数据的字节数，可以设为 1、2 或 4。

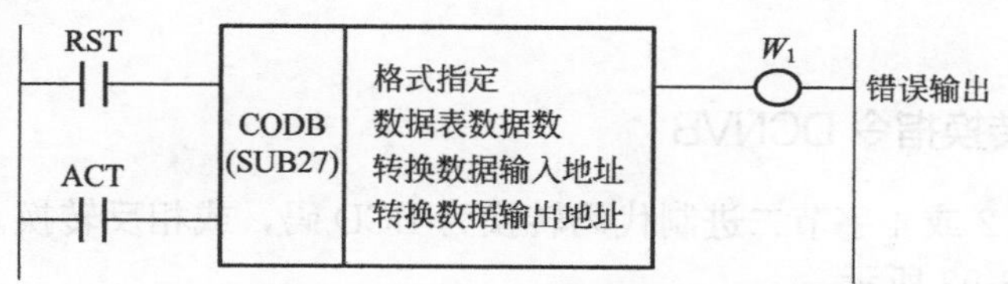

图 3-90 CODB 指令梯形图格式

图 3-91 所示二进制代码转换 CODB 指令举例中，7 段数码管显示 R100 中的数据，R100=1～8。其转换数据表数据为 1 字节二进制，数据个数为 9 个；当执行代码转换时，

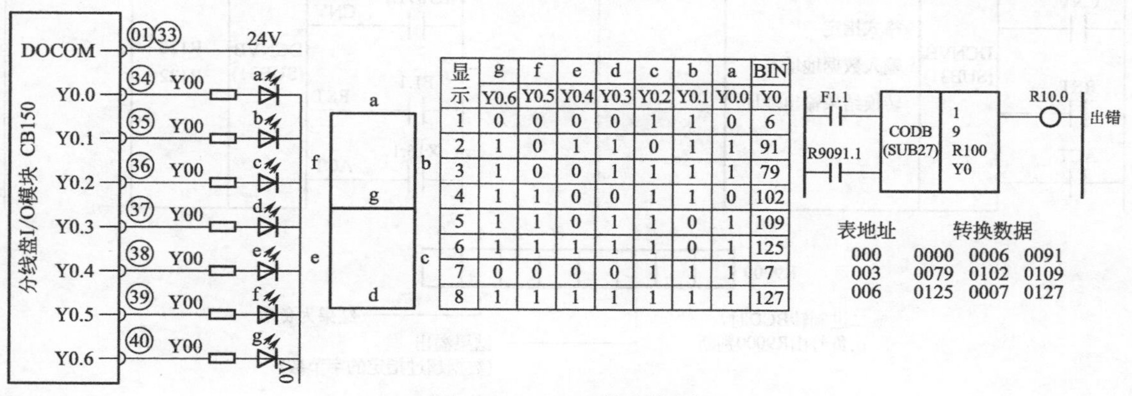

显示	g	f	e	d	c	b	a	BIN
示	Y0.6	Y0.5	Y0.4	Y0.3	Y0.2	Y0.1	Y0.0	Y0
1	0	0	0	0	1	1	0	6
2	1	0	1	1	0	1	1	91
3	1	0	0	1	1	1	1	79
4	1	1	0	0	1	1	0	102
5	1	1	0	1	1	0	1	109
6	1	1	1	1	1	0	1	125
7	0	0	0	0	1	1	1	7
8	1	1	1	1	1	1	1	127

表地址	转换数据		
000	0000	0006	0091
003	0079	0102	0109
006	0125	0007	0127

图 3-91 CODB 指令举例

如果 R100＝1，则 Y0＝6；如果 R100＝2，则 Y0＝91；如果 R100＝3，则 Y0＝79，依此类推。R9091.1 是 CODB 指令的启动信号；F1.1 是复位信号。

3.7.3 数据转换指令 DCNV

该指令可将二进制代码转换为 BCD 码，或将 BCD 码转换为二进制码。DCNV 指令梯形图格式及举例如图 3-92 所示。

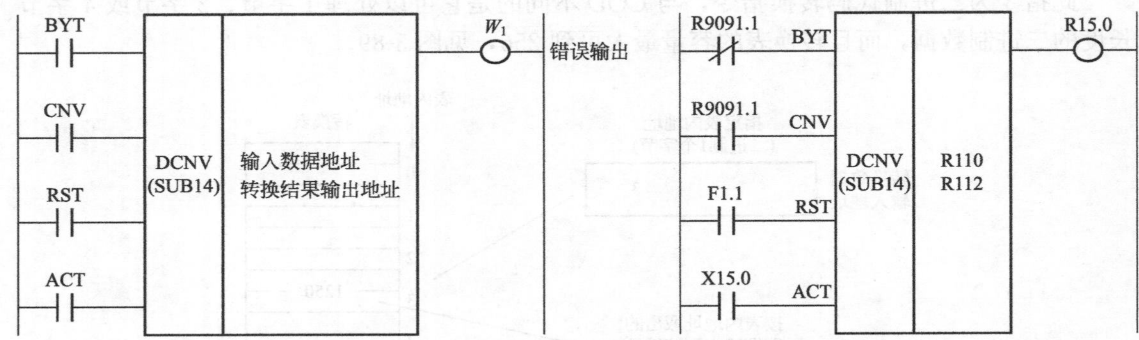

图 3-92 DCNV 指令梯形图格式及举例

控制条件及参数说明：

① BYT＝0：处理数据长度为 1 字节；BYT＝1：处理数据长度为 2 字节。

② CNV＝0：BIN 码转换为 BCD 码；CNV＝1：BCD 码转换为 BIN 码。

③ 转换出错，W_1＝1。

图 3-92 所示数据转换 DCNV 指令举例中，当 X15.0＝1 时，把设定在 R110 中 1 字节的 BCD 码转换成二进制码后存放到 R112 中。如 R110＝$(00110100)_{BCD}$，则 R112＝$(00100010)_2$。

3.7.4 扩展数据转换指令 DCNVB

该指令可将 1、2 或 4 字节二进制代码转换为 BCD 码，或相反转换。DCNVB 指令梯形图格式及举例如图 3-93 所示。

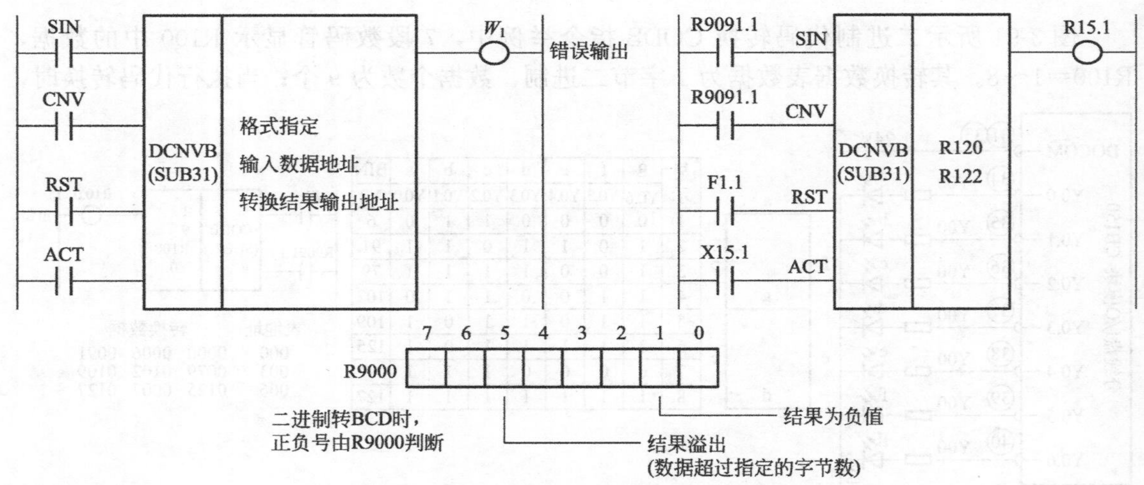

图 3-93 DCNVB 指令梯形图格式及举例

控制条件及参数说明：

① SIN：被转换数据的符号。只在将BCD码转换为BIN码时有意义。SIN=0：BCD码为正；SIN=1：BCD码为负。

② CNV=0：BIN码转换为BCD码；CNV=1：BCD码转换为BIN码。

③ 格式指定：输入1、2或4，分别代表1字节、2字节和4字节长度。

④ 转换出错，$W_1=1$。

⑤ BIN码转换为BCD码时，正负号由R9000判断。

图3-93所示扩展数据转换DCNVB指令举例中，当X15.1=1时，把设定在R120中1字节的BCD码转换成二进制码后存放到R122中。如R120=$(00110100)_{BCD}$，则R122=$(11011110)_2$。

3.7.5 译码指令DEC

当两位BCD码与给定的数值一致时输出为1，不一致时输出为0。主要用于M或T功能译码。DEC指令梯形图格式及举例见图3-94。译码指令包含两部分：译码值和译码位数。

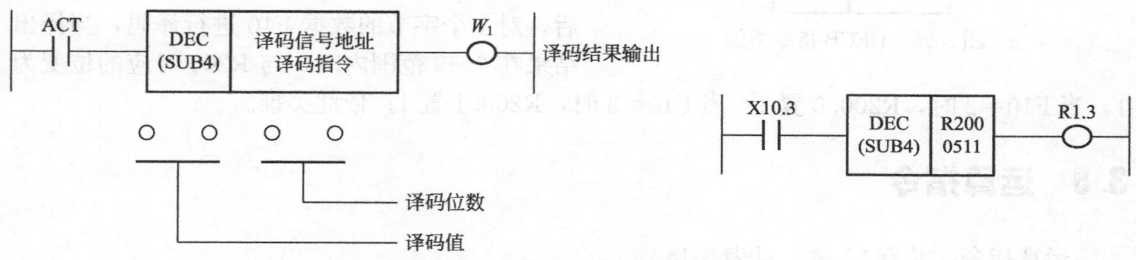

图3-94 DEC指令梯形图格式及举例

译码值指定译出的译码值，要求为2位数。

译码位数的意义如下：

① 01：只译低位数；高位数为0。

② 10：只译高位数；低位数为0。

③ 11：高低位均译。

图3-93所示译码指令DEC举例中，在X10.3=1时，对R200中的数据进行译码。如果R200中的值为5，则R1.3=1；否则R1.3=0。

3.7.6 二进制译码指令DECB

DECB可对1、2、4字节二进制代码数据译码，所指定的8位连续数据之一与代码数据相同时，对应的输出位为1。没有相同的数时，输出数据为0。主要用于M或T功能译码。格式说明如图3-95所示。

ACT=0：将所有输出位复位。

ACT=1：进行数据译码，处理结果设置在输出数据地址。

参数说明如下：

① 格式指定

a. 0001：代码数据为1字节的二进制代码数据。

b. 0002：代码数据为2字节的二进制代码数据。

c. 0004：代码数据为4字节的二进制代码数据。

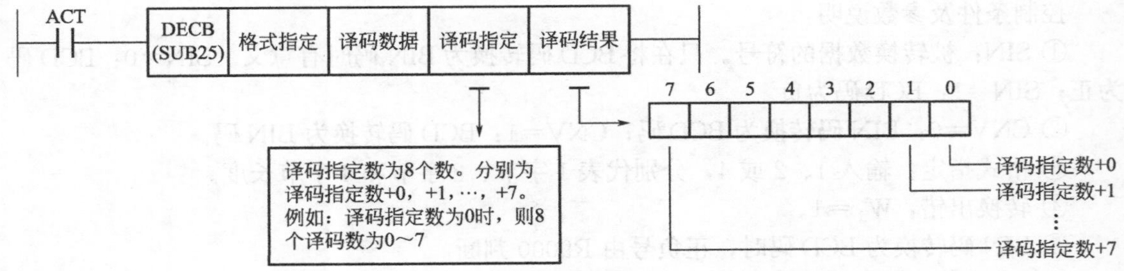

图 3-95　DECB 指令格式

② 译码数据地址：给定一个存储代码数据的地址。

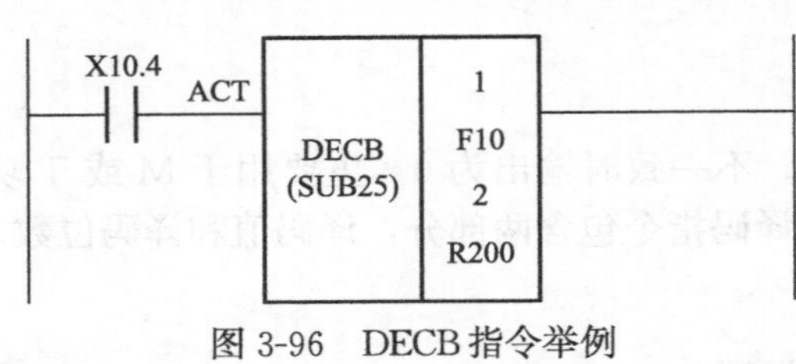

图 3-96　DECB 指令举例

③ 译码指定数：给定要译码的 8 位连续数字的第一位。

④ 译码结果地址：给定一个输出译码结果的地址。存储区必须有一个字节的区域。

DECB 指令举例见图 3-96。在 X10.4 接通后，对 1 个字节的数据 F10 进行译码，当译出结果在 2～9 范围内时，与 R200 对应的位变为 1。当 F10＝2 时，R200.0 置 1；当 F10＝3 时，R200.1 置 1；依此类推。

3.8　运算指令

运算指令一共有 37 种，见表 3-14。

表 3-14　运算指令

序号	指令	SUB 号	说明	序号	指令	SUB 号	说明
1	ADDB	36	二进制加法	20	DIVSB	328	1 字节二进制除法
2	SUBB	37	二进制减法	21	DIVSW	329	2 字节二进制除法
3	MULB	38	二进制乘法	22	DIVSD	330	4 字节二进制除法
4	DIVB	39	二进制除法	23	MODSB	331	1 字节二进制除法余数
5	ADD	19	BCD 加法	24	MODSW	332	2 字节二进制除法余数
6	SUB	20	BCD 减法	25	MODSD	333	4 字节二进制除法余数
7	MUL	21	BCD 乘法	26	INCSB	334	1 字节二进制加 1
8	DIV	22	BCD 除法	27	INCSW	335	2 字节二进制加 1
9	NUMEB	40	二进制常数定义	28	INCSD	336	4 字节二进制加 1
10	NUME	23	BCD 常数定义	29	DECSB	337	1 字节二进制减 1
11	ADDSB	319	1 字节二进制加法	30	DECSW	338	2 字节二进制减 1
12	ADDSW	320	2 字节二进制加法	31	DECSD	339	4 字节二进制减 1
13	ADDSD	321	4 字节二进制加法	32	ABSSB	340	1 字节二进制绝对值
14	SUBSB	322	1 字节二进制减法	33	ABSSW	341	2 字节二进制绝对值
15	SUBSW	323	2 字节二进制减法	34	ABSSD	342	4 字节二进制绝对值
16	SUBSD	324	4 字节二进制减法	35	NEGSB	343	1 字节二进制符号取反
17	MULSB	325	1 字节二进制乘法	36	NEGSW	344	2 字节二进制符号取反
18	MULSW	326	2 字节二进制乘法	37	NEGSD	345	4 字节二进制符号取反
19	MULSD	327	4 字节二进制乘法				

3.8.1 BCD 常数定义指令 NUME

该指令用于常数定义。常数可以是 2 位 BCD 码或 4 位 BCD 码。NUME 指令梯形图格式及举例如图 3-97 所示。BCD 常数定义指令 NUME 举例中，将 2 位 BCD 码 R100 定义为常数 12，即 R100=$(0001\ 0010)_{BCD}$。

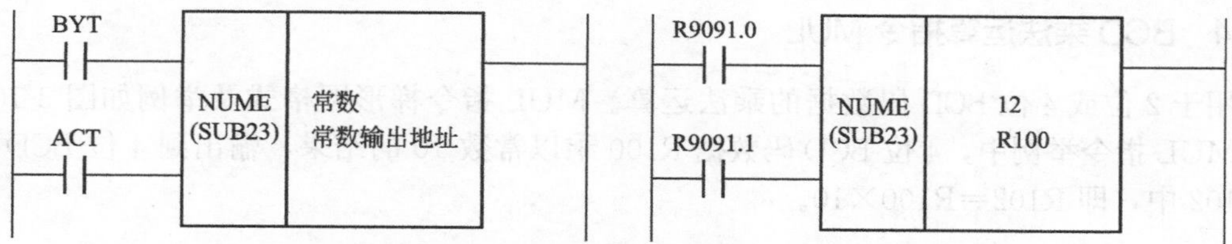

图 3-97 NUME 指令梯形图格式及举例

BYT=0：BCD 两位；BYT=1：BCD 四位。

3.8.2 BCD 加法运算指令 ADD

用于 2 位或 4 位 BCD 码数据相加。ADD 指令梯形图格式及举例如图 3-98 所示。ADD 指令举例中，4 位 BCD 码数据 R100 加常数 123 的结果，输出到 4 位 BCD 码数据 R102 中，即 R102=R100+123。

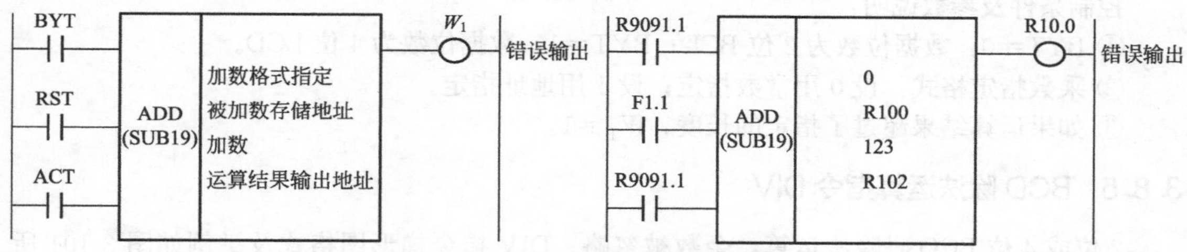

图 3-98 ADD 指令梯形图格式及举例

控制条件及参数说明：

① BYT=0：数据位数为 2 位 BCD；BYT=1：数据位数为 4 位 BCD。

② 加数指定格式：设 0 用常数指定；设 1 用地址指定。

③ 如果运算结果超过了指定的数据长度，$W_1=1$。

3.8.3 BCD 减法运算指令 SUB

用于 2 位或 4 位 BCD 码数据相加。SUB 指令梯形图格式及举例如图 3-99 所示。SUB 指令举例中，4 位 BCD 码数据 R100 减去 4 位 BCD 码数据 R102 的结果，输出到 4 位 BCD

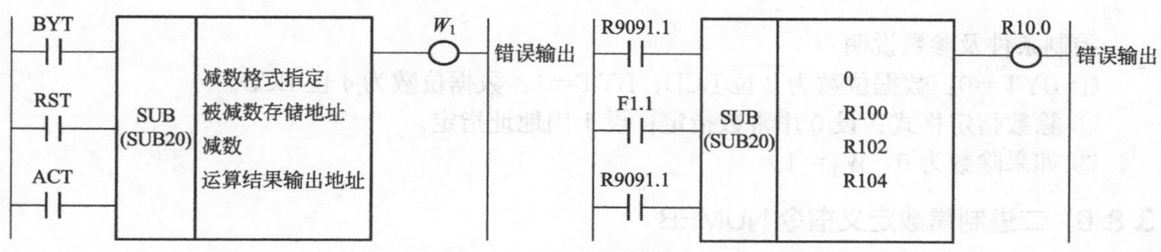

图 3-99 SUB 指令梯形图格式及举例

码数据 R104 中，即 R104＝R100－R102。

控制条件及参数说明：

① BYT＝0：数据位数为 2 位 BCD；BYT＝1：数据位数为 4 位 BCD。

② 减数指定格式：设 0 用常数指定；设 1 用地址指定。

③ 如果运算结果为负，$W_1=1$。

3.8.4 BCD 乘法运算指令 MUL

用于 2 位或 4 位 BCD 码数据的乘法运算。MUL 指令梯形图格式及举例如图 3-100 所示。MUL 指令举例中，4 位 BCD 码数据 R100 乘以常数 10 的结果，输出到 4 位 BCD 码数据 R102 中，即 R102＝R100×10。

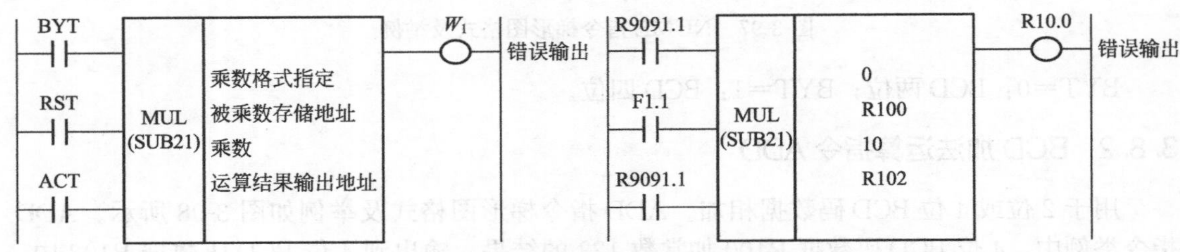

图 3-100 MUL 指令梯形图格式及举例

控制条件及参数说明：

① BYT＝0：数据位数为 2 位 BCD；BYT＝1：数据位数为 4 位 BCD。

② 乘数指定格式：设 0 用常数指定；设 1 用地址指定。

③ 如果运算结果超过了指定的长度，$W_1=1$。

3.8.5 BCD 除法运算指令 DIV

2 位或 4 位 BCD 码除法运算，余数被忽略。DIV 指令梯形图格式及举例如图 3-101 所示。DIV 指令举例中，4 位 BCD 码数据 R100 除以 4 位 BCD 码数据 R102 的结果，输出到 4 位 BCD 码数据 R104 中，即 R104＝R100/R102。

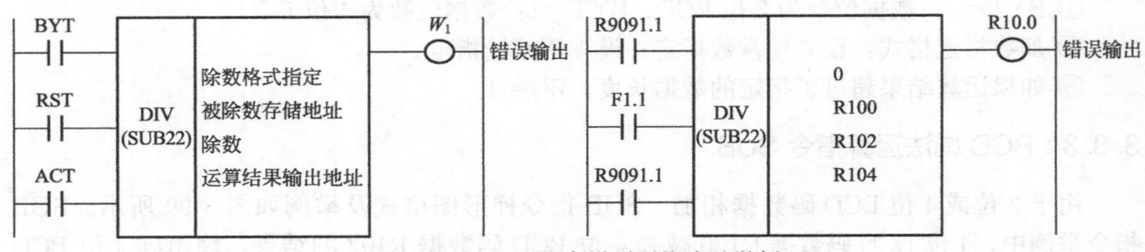

图 3-101 DIV 指令梯形图格式及举例

控制条件及参数说明：

① BYT＝0：数据位数为 2 位 BCD；BYT＝1：数据位数为 4 位 BCD。

② 除数指定格式：设 0 用常数指定；设 1 用地址指定。

③ 如果除数为 0，$W_1=1$。

3.8.6 二进制常数定义指令 NUMEB

该指令用于指定 1、2 或 4 字节长二进制常数。NUMEB 指令梯形图格式及举例如图 3-102 所示。二进制常数定义指令 NUMEB 举例中，将 1 字节二进制数据 R100 定义为常数 12，即 R100=$(0000\ 1100)_2$。

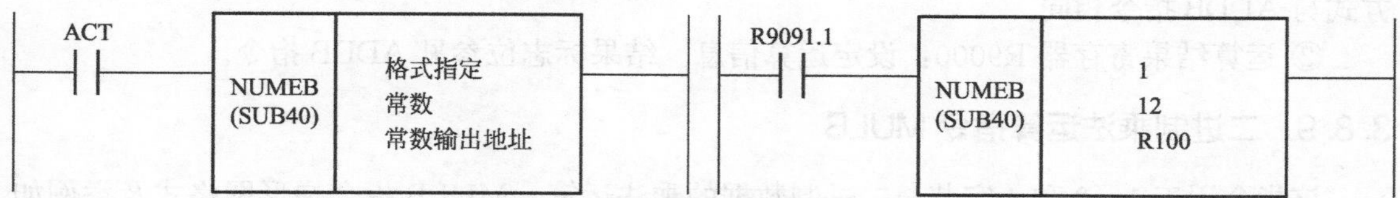

图 3-102 NUMEB 指令梯形图格式及举例

控制条件及参数说明：

① 格式指定：指定数据长度。可设定 1、2 或 4。

② 常数：用十进制形式指定常数。

3.8.7 二进制加法运算指令 ADDB

该指令用于 1、2 和 4 字节长二进制数据的加法运算。ADDB 指令梯形图格式及举例如图 3-103 所示。ADDB 指令举例中，进行 2 字节二进制数据加法运算，其中加数为常数 10，R102=R100+10。

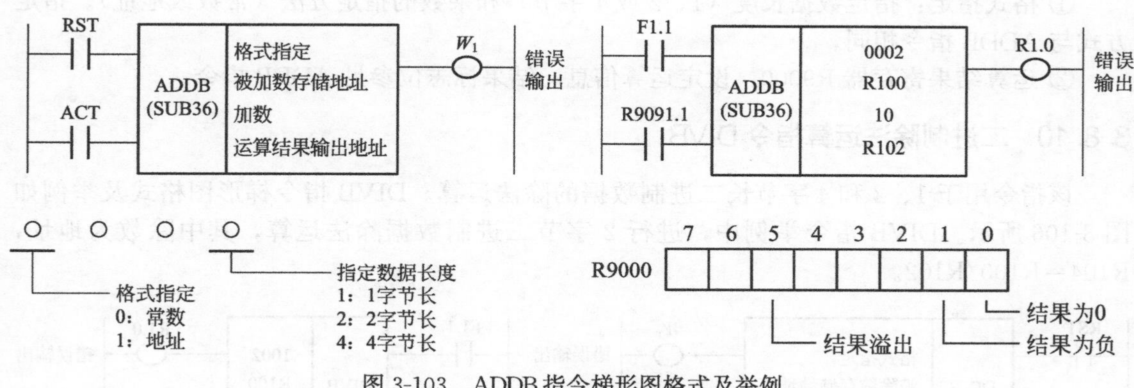

图 3-103 ADDB 指令梯形图格式及举例

控制条件及参数说明：

① 格式指定：指定数据长度（1、2 或 4 字节）和加数的指定方法（常数或地址）。

② 运算结果寄存器 R9000：设定运算信息。

3.8.8 二进制减法运算指令 SUBB

该指令用于 1、2 和 4 字节长二进制数据的加法运算。SUBB 指令梯形图格式及举例如图 3-104 所示。SUBB 指令举例中，进行 2 字节二进制数据减法运算，其中减数为地址，R104=R100−R102。

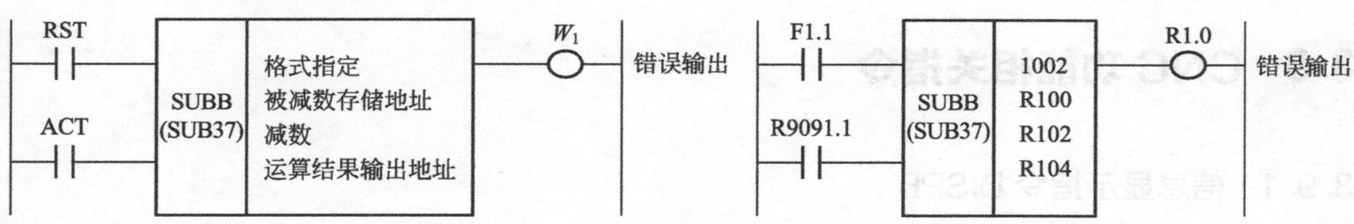

图 3-104 SUBB 指令梯形图格式及举例

控制条件及参数说明：

① 格式指定：指定数据长度（1、2 或 4 字节）和减数的指定方法（常数或地址）。指定方式与 ADDB 指令相同。

② 运算结果寄存器 R9000：设定运算信息。结果标志位参见 ADDB 指令。

3.8.9 二进制乘法运算指令 MULB

该指令用于 1、2 和 4 字节长二进制数据的乘法运算。MULB 指令梯形图格式及举例如图 3-105 所示。MULB 指令举例中，进行 2 字节二进制数据乘法运算，其中乘数为常数 10，R102＝R100×10。

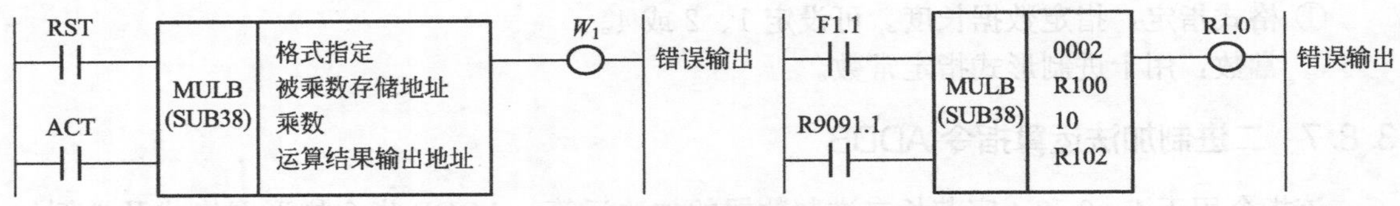

图 3-105　MULB 指令梯形图格式及举例

控制条件及参数说明：

① 格式指定：指定数据长度（1、2 或 4 字节）和乘数的指定方法（常数或地址）。指定方式与 ADDB 指令相同。

② 运算结果寄存器 R9000：设定运算信息。结果标志位参见 ADDB 指令。

3.8.10 二进制除法运算指令 DIVB

该指令用于 1、2 和 4 字节长二进制数据的除法运算。DIVB 指令梯形图格式及举例如图 3-106 所示。DIVB 指令举例中，进行 2 字节二进制数据除法运算，其中除数为地址，R104＝R100/R102。

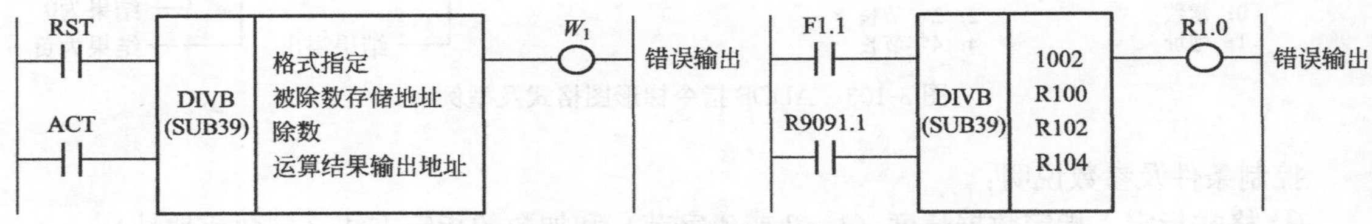

图 3-106　DIVB 指令梯形图格式及举例

控制条件及参数说明：

① 格式指定：指定数据长度（1、2 或 4 字节）和除数的指定方法（常数或地址）。指定方式与 ADDB 指令相同。

② 运算结果寄存器 R9000：设定运算信息。结果标志位参见 ADDB 指令。

③ 余数存储在 R9002～R9005 寄存器中。

3.9 CNC 功能相关指令

3.9.1 信息显示指令 DISPB

DISPB(SUB41) 指令用于在 LCD 上显示外部信息。可以通过指定信息号编制相应的报警。DISPB 指令梯形图格式如图 3-107 所示。

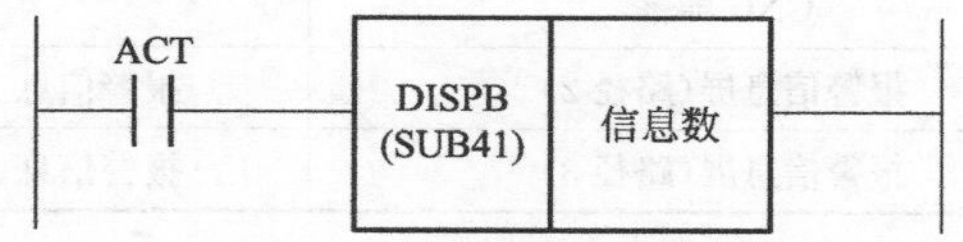

图 3-107 DISPB 指令梯形图格式

控制条件及参数说明：

① 信息显示地址 A 见表 3-15。

表 3-15 信息显示地址 A

数据类型	第 1～5 路径 PMC				0i-F PMC/L	DCSPMC
	存储器 A	存储器 B	存储器 C	存储器 D		
信息显示请求	A0～A249	A0～A249	A0～A499	A0～A749	A0～A249	—
信息显示状态	A9000～A9249	A9000～A9249	A9000～A9499	A9000～A9749	A9000～A9249	—

② 如果 ACT＝0，不显示任何信息；当 ACT＝1 时，依据各信息显示请求位（地址 A0～A749）的状态显示信息数据表中设定的信息，如图 3-108 所示。

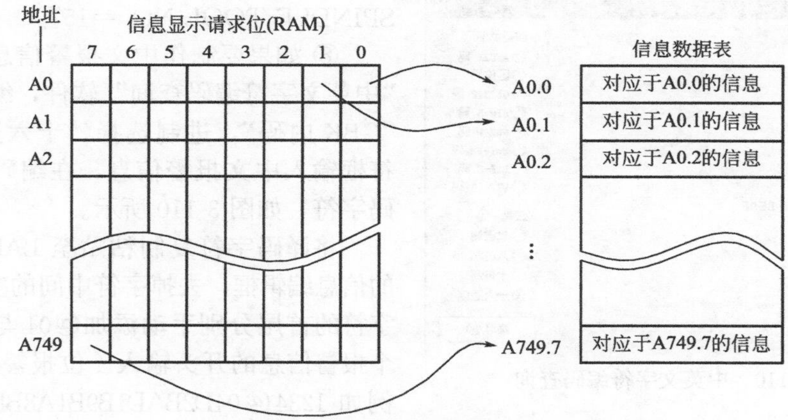

图 3-108 信息显示请求位与信息数据表的对应关系

③ 信息显示请求地址从 A0 到 A749 共 6000 位，对应于 6000 个信息显示请求位。如果要在 LCD 上显示某一条信息，就将对应的信息显示请求位置为“1”。如果置为“0”则清除相应的信息。

④ 信息数据表中存储的信息分别对应于相应的信息显示请求位。每条信息最多 255 个字符。

⑤ 在每条信息数据开始处定义信息号。信息号 1000～1999 产生报警信息，2000～2999 产生操作信息，见表 3-16。

表 3-16 信息号分类

信息号	CNC 屏幕	显示内容
1000～1999	报警信息屏(路径 1)	报警信息。CNC 路径 1 转到报警状态
2000～2099	操作信息屏	操作信息
2100～2999		操作信息(无信息号)

续表

信息号	CNC 屏幕	显示内容
5000～5999	报警信息屏(路径 2)	报警信息。CNC 路径 2 转到报警状态
7000～7999	报警信息屏(路径 3)	报警信息。CNC 路径 3 转到报警状态

⑥ 为了区分数值数据和其他信息数据，将数值数据写在信息中的“［ ］”中，如图 3-109 所示。

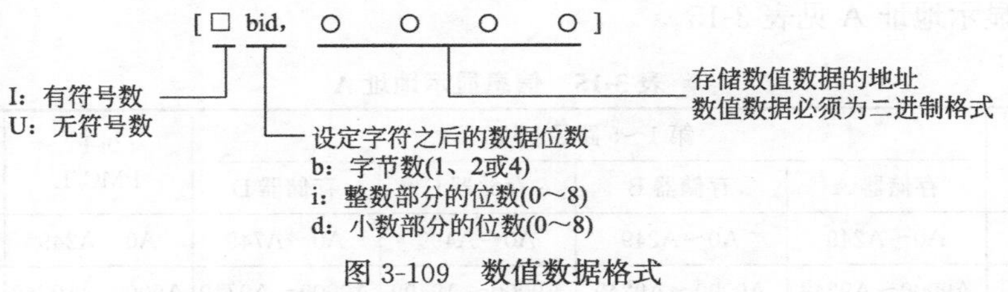

图 3-109　数值数据格式

⑦ CNC 必须有外部数据输入功能或外部信息显示的选项功能才可使用 DISPB。例：A0.0 信息数据“2000 SPINDLE TOOL NO. =［I120，R100］”→信息请求位 A0.0=1，假定 R100=15，屏幕显示“2000 SPINDLE TOOL NO. =15”。

⑧ 如果要制作中文报警信息，可以借助“中英文字符编码查询”软件，编码类型选择“GBK 内码”，进制选择“十六进制”，在字符框输入中文报警信息，在编码框内显示译码字符，如图 3-110 所示。

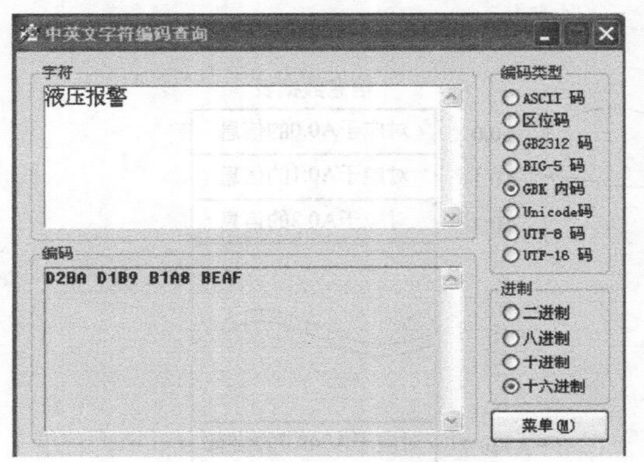

图 3-110　中英文字符编码查询

将译码字符复制粘贴至 LADDER-Ⅲ软件的信息编辑框，去掉字符中间的空格，在译码字符的首尾分别手动添加@04 与 01@，在整个报警信息的开头输入 4 位报警信息号 1234，例如 1234@04D2BAD1B9B1A8BEAF01@，如图 3-111 所示。这样当 A0.0=1 时，CNC 报警画面则显示“AL1234 液压报警”。

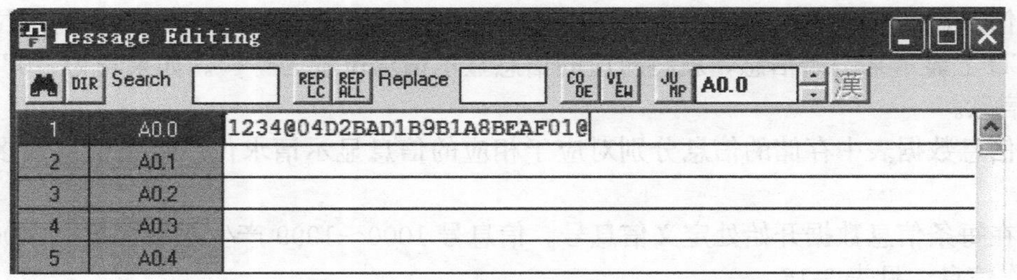

图 3-111　报警信息编辑画面

3.9.2　外部数据输入 EXIN

EXIN（SUB42）是外部数据输入指令，用于外部数据输入。输入数据包括外部刀具补偿、外部程序号检索、外部工件坐标系偏移等。EXIN 指令梯形图格式如图 3-112 所示。

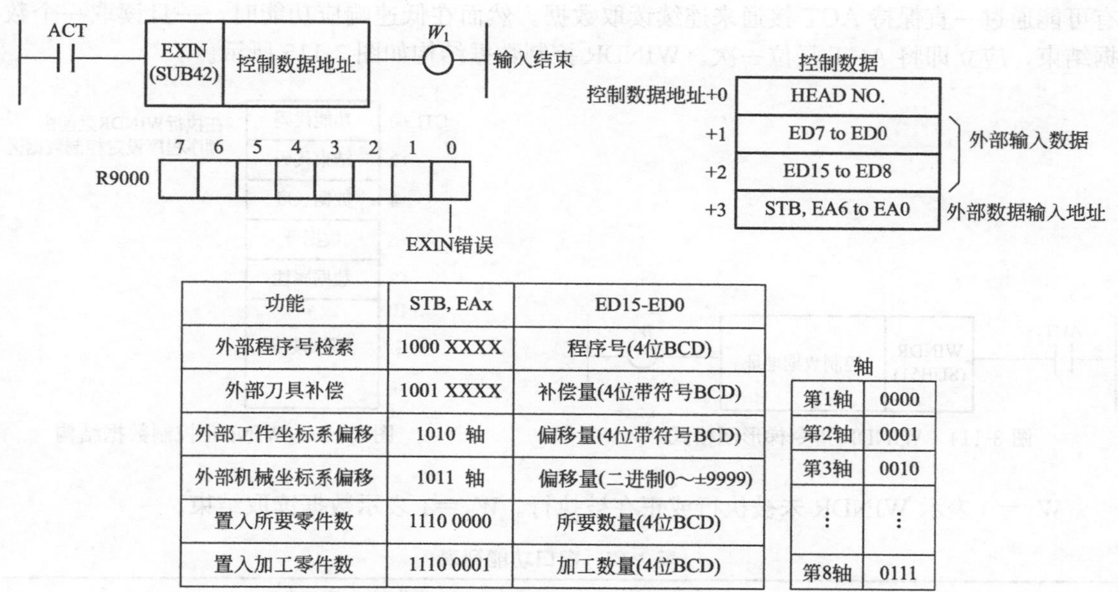

功能	STB, EAx	ED15-ED0
外部程序号检索	1000 XXXX	程序号(4位BCD)
外部刀具补偿	1001 XXXX	补偿量(4位带符号BCD)
外部工件坐标系偏移	1010 轴	偏移量(4位带符号BCD)
外部机械坐标系偏移	1011 轴	偏移量(二进制0～±9999)
置入所要零件数	1110 0000	所要数量(4位BCD)
置入加工零件数	1110 0001	加工数量(4位BCD)

轴	
第1轴	0000
第2轴	0001
第3轴	0010
⋮	⋮
第8轴	0111

图 3-112　EXIN 指令梯形图格式

控制条件及参数说明：

① 控制数据：需要由指定地址开始的连续 4 个字节。对于单路径系统，HEAD NO. ＝0；对于多路径系统，第 1 路径 HEAD NO. ＝0 或 1；第 2 路径 HEAD NO. ＝2；第 3 路径 HEAD NO. ＝3，依次类推。

② ACT＝1，启动执行外部数据输入；当 W_1＝1 时，数据输入结束；此时复位 ACT。

③ 操作输出寄存器 R9000。

图 3-113 所示外部数据输入 EXIN 指令举例中，构建了一个从 R100 开始的 4 字节控制数据块。其中 R100＝1，表示数控路径 1；R101＝1234，表示要读取的程序号为 1234；R103＝80，即 R103＝$(1000\ 0000)_{BCD}$，表示外部数据输入功能为外部程序号检索；因此该程序执行后，数控系统第 1 路径将从存储器中调出 O1234 程序。

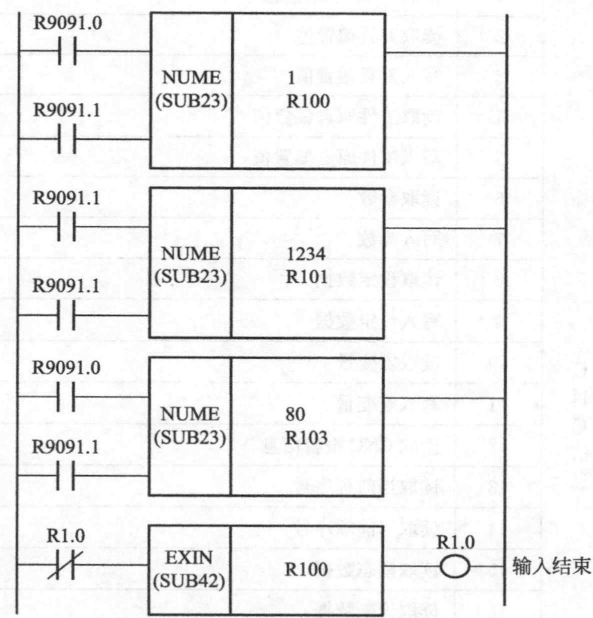

图 3-113　外部数据输入 EXIN 指令举例

3.9.3　读 CNC 窗口数据指令 WINDR

此功能在 PMC 和 CNC 之间经由窗口读取多种数据。窗口功能见表 3-17。WINDR 分为两类。一类在一段扫描时间内完成读取数据，称为高速响应功能。另一类在几段扫描时间内完成读取数据，称为低速响应功能。WINDR 指令梯形图格式见图 3-114。

ACT＝0，不执行 WINDR 功能；ACT＝1，执行 WINDR 功能。使用高速响应功能，有可能通过一直保持 ACT 接通来连续读取数据。然而在低速响应功能时，一旦读取一个数据结束，应立即将 ACT 复位一次。WINDR 控制数据结构如图 3-115 所示。

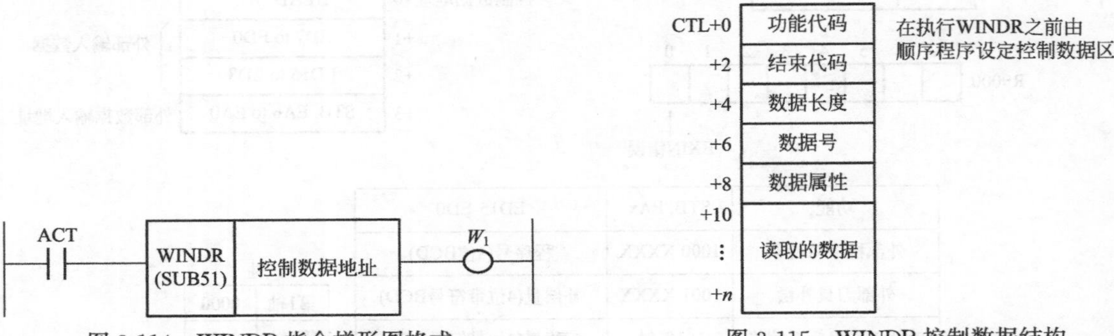

图 3-114　WINDR 指令梯形图格式

图 3-115　WINDR 控制数据结构

$W_1=0$ 表示 WINDR 未被执行或正在被执行。$W_1=1$ 表示数据读取结束。

表 3-17　窗口功能列表

组别	序号	功能	功能代码	R/W	响应
CNC信息	1	读取 CNC 系统信息	0	R	高速
	2	读取刀具偏置值	13	R	高速
	3	写入刀具偏置值	14	W	低速
	4	读取工件原点偏置值	15	R	高速
	5	写入工件原点偏置值	16	W	低速
	6	读取参数	17	R	高速
	7	写入参数	18	W	低速
	8	读取设定数据	19	R	高速
	9	写入设定数据	20	W	低速
	10	读取宏变量	21	R	高速
	11	写入宏变量	22	W	低速
	12	读取 CNC 报警信息	23	R	高速
	13	读取当前程序号	24	R	高速
	14	读取当前顺序号	25	R	高速
	15	读取模态数据	32	R	高速
	16	读取诊断数据	33	R	低速
	17	读取 P 代码宏变量的数值	59	R	高速
	18	改写 P 代码宏变量的数值	60	W	低速
	19	读取 CNC 状态信息	76	R	高速
	20	读取当前程序号	90	R	高速
	21	写入程序检测画面数据	150	W	低速
	22	读取时钟数据(日期和时间)	151	R	高速
轴信息	1	读取各轴的实际速度值	26	R	高速
	2	读取各轴的绝对坐标值	27	R	高速

续表

组别	序号	功能	功能代码	R/W	响应
轴信息	3	读取各轴的机械坐标值	28	R	高速
	4	读取各轴 G31 跳步时的坐标值	29	R	高速
	5	读取伺服延时量	30	R	高速
	6	读取各轴的加/减速延时量	31	R	高速
	7	读取伺服电机负载电流值(A/D变换数据)	34	R	高速
	8	读取主轴实际速度	50	R	高速
	9	读取各轴的相对坐标值	74	R	高速
	10	读取剩余移动量	75	R	高速
	11	读取各轴的实际速度	91	R	高速
	12	读取主轴实际速度	138	R	高速
	13	写入伺服电机转矩限制数据	152	W	低速
	14	读取主轴电机(串行接口)负载信息	153	R	高速
	15	读取预测扰动转矩值	211	R	高速
刀具寿命管理功能	1	读取刀具寿命管理数据(刀具组号)	38	R	高速
	2	读取刀具寿命管理数据(刀具组数)	39	R	高速
	3	读取刀具寿命管理数据(刀具数)	40	R	高速
	4	读取刀具寿命管理数据(可用刀具寿命)	41	R	高速
	5	读取刀具寿命管理数据(刀具使用计数器)	42	R	高速
	6	读取刀具寿命管理数据(刀具长度补偿刀具号)	43	R	高速
	7	读取刀具寿命管理数据(刀具长度补偿刀具序号)	44	R	高速
	8	读取刀具寿命管理数据(刀具半径补偿刀具号)	45	R	高速
	9	读取刀具寿命管理数据(刀具半径补偿刀具序号)	46	R	高速
	10	读取刀具寿命管理数据(刀具信息:刀具号)	47	R	高速
	11	读取刀具寿命管理数据(刀具信息:刀具序号)	48	R	高速
	12	读取刀具寿命管理数据(刀具号)	49	R	高速
	13	读取刀具寿命管理数据(刀具寿命计数类型)	160	R	高速
	14	改写刀具寿命管理数据(刀具组)	163	W	低速
	15	改写刀具寿命管理数据(刀具寿命)	164	W	低速
	16	改写刀具寿命管理数据(刀具寿命计数器)	165	W	低速
	17	改写刀具寿命管理数据(刀具寿命计数类型)	166	W	低速
	18	改写刀具寿命管理数据(刀具长度偏置:刀具号)	167	W	低速
	19	改写刀具寿命管理数据(刀具长度偏置:刀具序号)	168	W	低速
	20	改写刀具寿命管理数据(刀具半径补偿:刀具号)	169	W	低速
	21	改写刀具寿命管理数据(刀具半径补偿:刀具序号)	170	W	低速
	22	改写刀具寿命管理数据(刀具状态:刀具号)	171	W	低速
	23	改写刀具寿命管理数据(刀具状态:刀具序号)	172	W	低速
	24	改写刀具寿命管理数据(刀具数)	173	W	低速

3.9.4 写 CNC 窗口数据指令 WINDW

此功能在 PMC 和 CNC 之间经由窗口写多种数据。WINDW 属低速响应功能。WINDW 指令梯形图格式如图 3-116 所示。

ACT＝0，不执行 WINDW 功能；ACT＝1，执行 WINDW 功能。在写完数据后，应立即将 ACT 复位一次。WINDW 控制数据结构如图 3-117 所示。

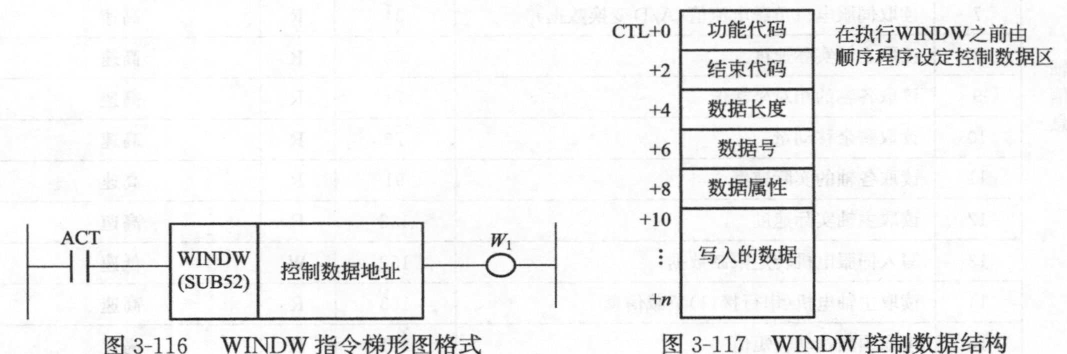

图 3-116　WINDW 指令梯形图格式　　图 3-117　WINDW 控制数据结构

3.9.5 PMC 轴控制指令 AXCTL

AXCTL（SUB53）是 PMC 轴控制指令，用于简化 PMC 轴控制的 DI/DO 握手信号。AXCTL 指令梯形图格式如图 3-118 所示。

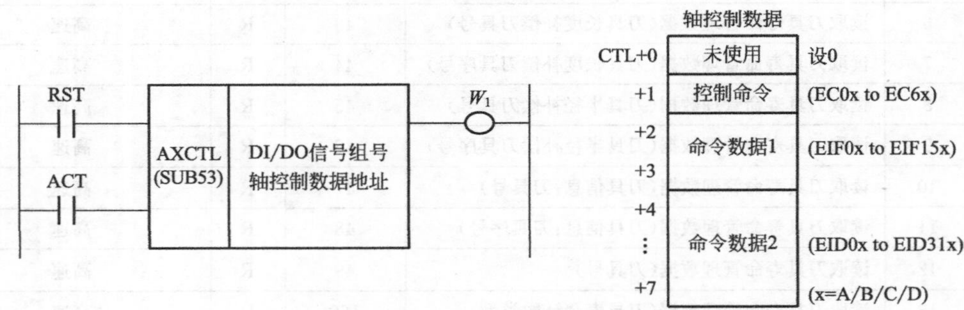

图 3-118　AXCTL 指令梯形图格式

① DI/DO 信号组号见表 3-18。

表 3-18　DI/DO 信号组号

设定值	信号组号	DI 地址	DO 地址
1	1	G142～G149,G150.5	F130～F132,F142
2	2	G154～G161,G162.5	F133～F135,F145
3	3	G166～G173,G174.5	F136～F138,F148
4	4	G178～G185,G186.5	F139～F141,F151
1001	5	G1142～G1149,G1150.5	F1130～F1132,F1142
1002	6	G1154～G1161,G1162.5	F1133～F1135,F1145
1003	7	G1166～G1173,G1174.5	F1136～F1138,F1148

续表

设定值	信号组号	DI 地址	DO 地址
1004	8	G1178～G1185,G1186.5	F1139～F1141,F1151
2001	9	G2142～G2149,G2150.5	F2130～F2132,F2142
2002	10	G2154～G2161,G2162.5	F2133～F2135,F2145
2003	11	G2166～G2173,G2174.5	F2136～F2138,F2148
2004	12	G2178～G2185,G2186.5	F2139～F2141,F2151
…	…	…	…
9001	37	G9142～G9149,G9150.5	F9130～F9132,F9142
9002	38	G9154～G9161,G9162.5	F9133～F9135,F9145
9003	39	G9166～G9173,G9174.5	F9136～F9138,F9148
9004	40	G9178～G9185,G9186.5	F9139～F9141,F9151

② 轴控制数据见表 3-19。

表 3-19　轴控制数据

功能	控制命令	命令数据 1	命令数据 2
快速进给	00H	进给速度	总移动量
切削进给(每分进给)	01H	进给速度	总移动量
切削进给(每转进给)	02H	进给速度	总移动量
SKIP 跳过(每分进给)	03H	进给速度	总移动量
暂停	04H	不使用	暂停时间
回参考点	05H	进给速度	不使用
连续进给	06H	进给速度	进给方向
返回第 1～4 参考点	07H～0AH	进给速度	不使用
外部脉冲同步(位置编码器)	0BH	脉冲权重	不使用
外部脉冲同步(第 1～3 手轮)	0DH～0FH	脉冲权重	不使用
速度控制	10H	进给速度	不使用
转矩控制	11H	最大进给速度	转矩数据
辅助功能 1～3	12H/14H/15H	不使用	辅助功能代码
机床坐标系选择	20H	快进速度	机床坐标位置
切削进给速度(sec/block)	21H	切削进给时间	总移动量
同步启动方式 OFF	40H	不使用	不使用
同步启动方式 ON	41H	同步启动组	

3.9.6　位置信号指令 PSGN2/PSGNL

(1) PSGN2(SUB63)

PSGN2（SUB63）指令梯形图格式及举例如图 3-119 所示。它用于检测当前机床位置是否处于设定的范围。设定数据 a 必须小于 b。位置 a≤机床位置≤位置 b 时，$W_1=1$；否则 $W_1=0$。图 3-119 所示位置信号指令 PSGN2 举例中，−800mm≤当前机床位置≤100mm，

R1. 0=1；否则 R1. 0=0。

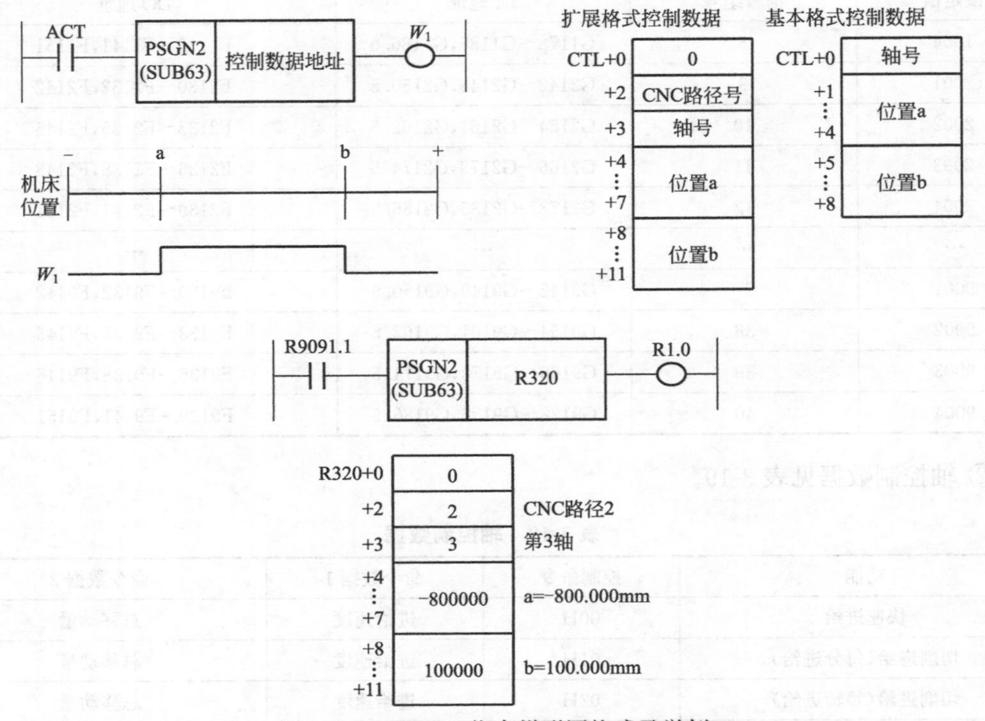

图 3-119　PSGN2 指令梯形图格式及举例

（2）PSGNL（SUB50）

PSGNL（SUB50）指令梯形图格式及举例如图 3-120 所示。它可以设定 8 个位置区间，然后检测当前机床位置处于哪一区间。该指令不能用于多路径 CNC。图 3-120 中 PSGNL 指令举例为第 3 轴机床位置检测。

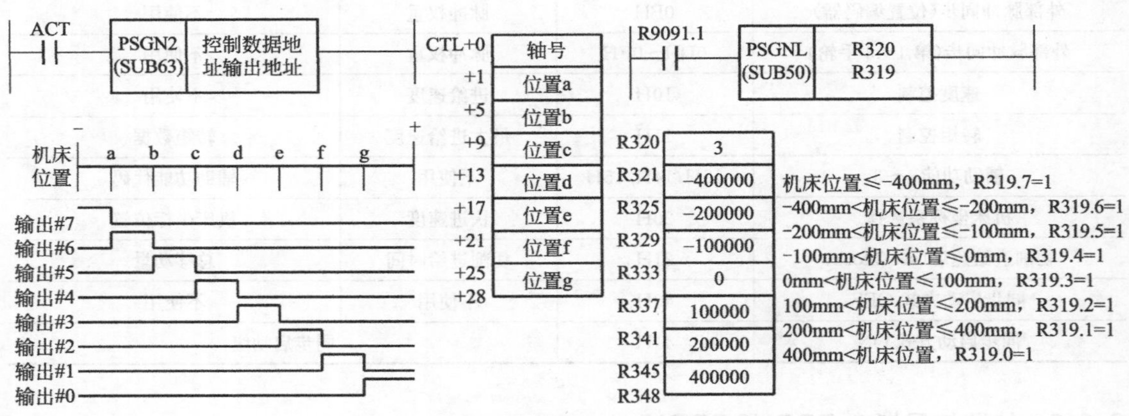

图 3-120　PSGNL 指令梯形图格式及举例

3.10　程序控制指令

程序控制指令一共有 19 种，见表 3-20。

表 3-20　程序控制指令

序号	指令	SUB 号	说明	序号	指令	SUB 号	说明
1	COM	9	公共线控制	11	SPE	72	子程序结束
2	COME	29	公共线控制结束	12	END1	1	第 1 级程序结束
3	JMP	10	跳转	13	END2	2	第 2 级程序结束
4	JMPE	30	跳转结束	14	END3	48	第 3 级程序结束
5	JMPB	68	标号跳转 1	15	END	64	梯形图程序结束
6	JMPC	73	标号跳转 2	16	NOP	70	空操作
7	LBL	69	标号	17	CS	74	事件调用
8	CALL	65	条件调用子程序	18	CM	75	事件子程序调用
9	CALLU	66	无条件调用子程序	19	CE	76	事件调用结束
10	SP	71	子程序定义				

3.10.1　公共线控制指令 COM/COME

COM 指令控制直至公共结束指令 COME 范围内的线圈工作，如图 3-121 所示。在 COM 和 COME 之间不能用 JMP 和 JMPE 实现跳转。

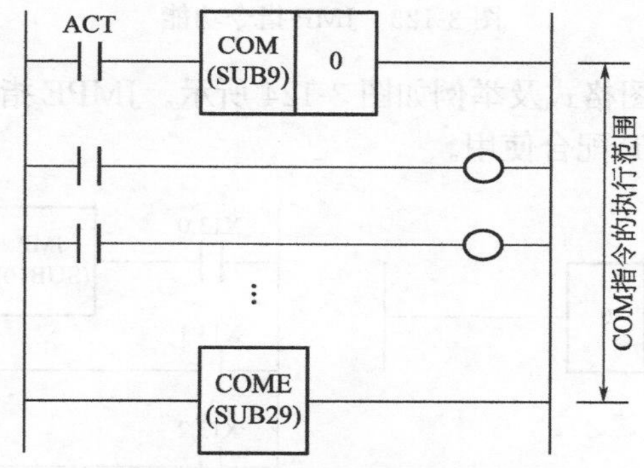

图 3-121　COM 指令功能

COM/COME 指令梯形图格式及举例如图 3-122 所示。COME 指令指定 COM 的控制范围，不能单独使用，必须与 COM 配合使用。

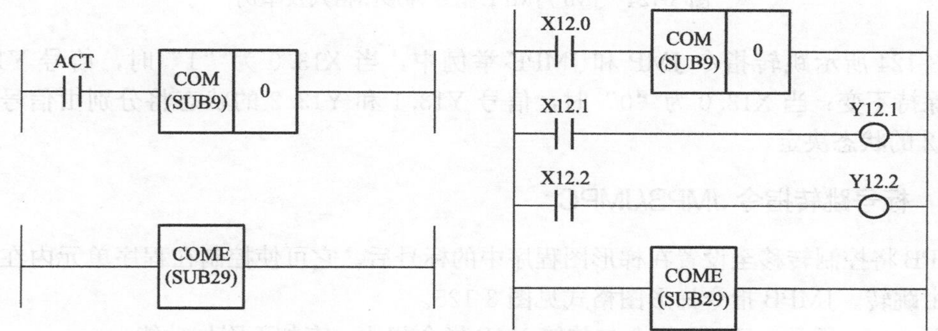

图 3-122　COM/COME 指令梯形图格式及举例

ACT＝0：指定范围内的线圈无条件设为 0。

ACT＝1：与 COM 未执行时操作一样。

图 3-122 所示公共线控制指令 COM/COME 举例中，当 X12.0 为“1”时，信号 Y12.1 和 Y12.2 的状态将分别由信号 X12.1 和 X12.2 的状态决定；当 X12.0 为“0”时，信号 Y12.1 和 Y12.2 将无条件变为 0。

3.10.2 跳转指令 JMP/JMPE

JMP 指令使梯形图程序跳转。当指定 JMP 指令时，执行过程跳至跳转结束指令 JMPE 处，不执行 JMP 与 JMPE 之间的逻辑指令，见图 3-123。

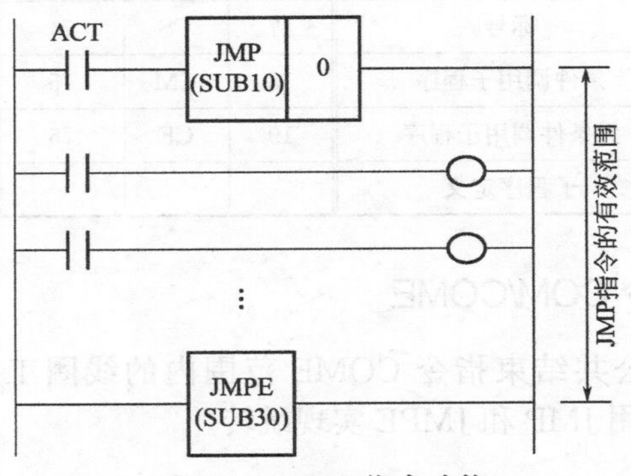

图 3-123　JMP 指令功能

JMP/JMPE 指令梯形图格式及举例如图 3-124 所示。JMPE 指令指定 JMP 的控制范围，不能单独使用，必须与 JMP 配合使用。

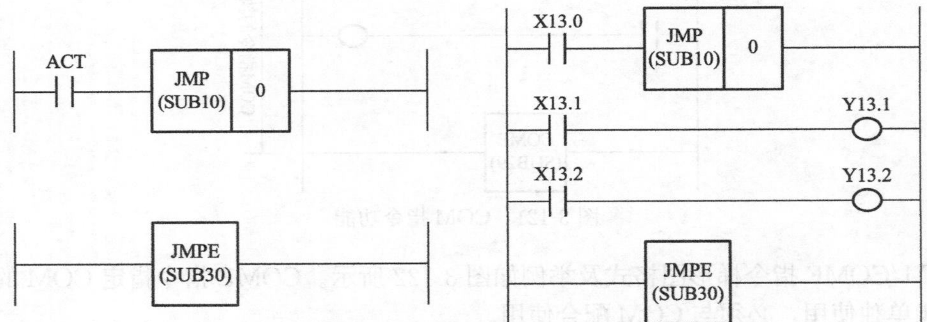

图 3-124　JMP/JMPE 指令梯形图格式及举例

图 3-124 所示跳转指令 JMP 和 JMPE 举例中，当 X13.0 为“1”时，信号 Y13.1 和 Y13.2 保持不变；当 X13.0 为“0”时，信号 Y13.1 和 Y13.2 的状态将分别由信号 X13.1 和 X13.2 的状态决定。

3.10.3 标号跳转指令 JMPB/JMPC

JMPB 将控制转移至设置在梯形图程序中的标号后。它可使控制在程序单元内在该指令前后自由跳转。JMPB 指令梯形图格式见图 3-125。

如图 3-126 所示，JMPB 指令与传统 JMP 指令相比，有如下附加功能：

① 多条跳转指令使用同一标号。

② 跳转指令可以嵌套。

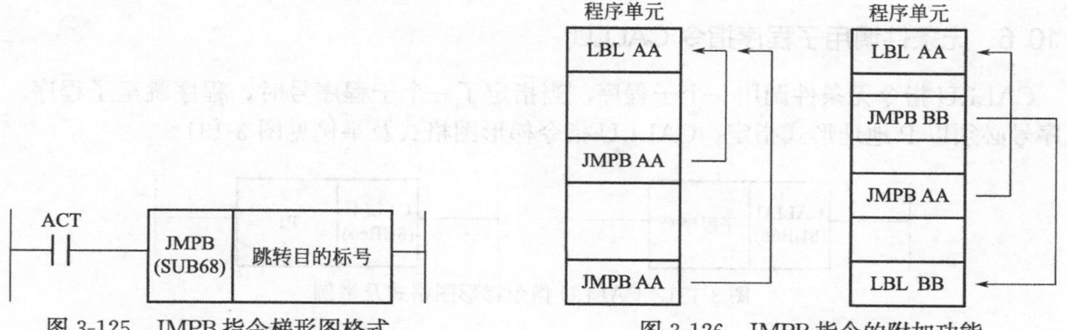

图 3-125 JMPB 指令梯形图格式

图 3-126 JMPB 指令的附加功能

JMPC 指令将控制由子程序交还回主程序，确保在主程序中有目的标号代码，见图 3-127。JMPC 的规格与 JMPB 相同，只是 JMPC 总是将控制返回主程序。

JMPC 指令梯形图格式见图 3-128。

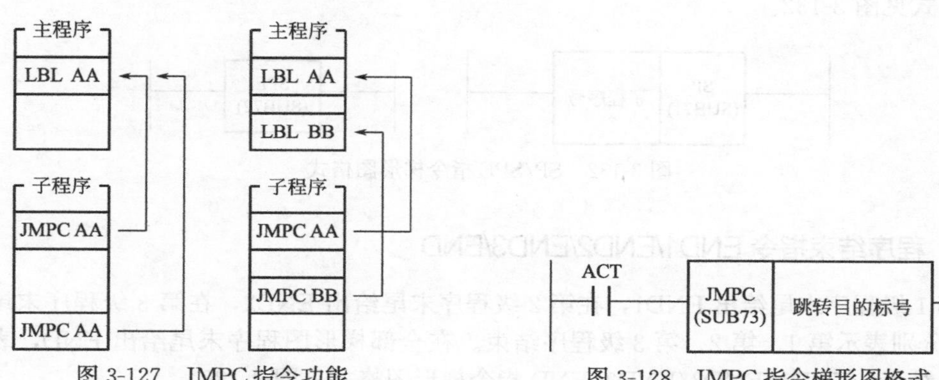

图 3-127 JMPC 指令功能

图 3-128 JMPC 指令梯形图格式

3.10.4 标号指令 LBL

LBL 指令在梯形图中指定一标号。它为 JMPB 和 JMPC 指定跳转目的地。标号必须以地址 L 形式指定。可指定 L1～L9999 中的一个值。同一标号可多次使用，但要在不同程序单元使用。LBL 指令梯形图格式及举例见图 3-129。

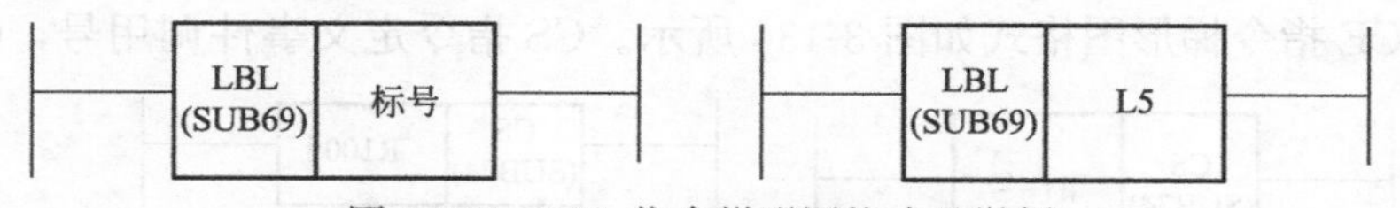

图 3-129 LBL 指令梯形图格式及举例

3.10.5 条件调用子程序指令 CALL

CALL 指令调用子程序。在 CALL 中指定了子程序号，在条件满足的情况下发生跳转。子程序号必须以地址形式指定，从 P1 开始。CALL 指令梯形图格式及举例见图 3-130。

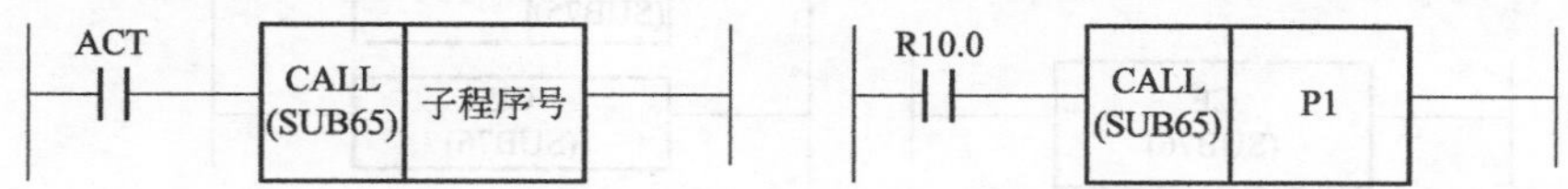

图 3-130 CALL 指令梯形图格式及举例

3.10.6 无条件调用子程序指令 CALLU

CALLU 指令无条件调用一个子程序。当指定了一个子程序号时，程序跳至子程序。子程序号必须以 P 地址形式指定。CALLU 指令梯形图格式及举例见图 3-131。

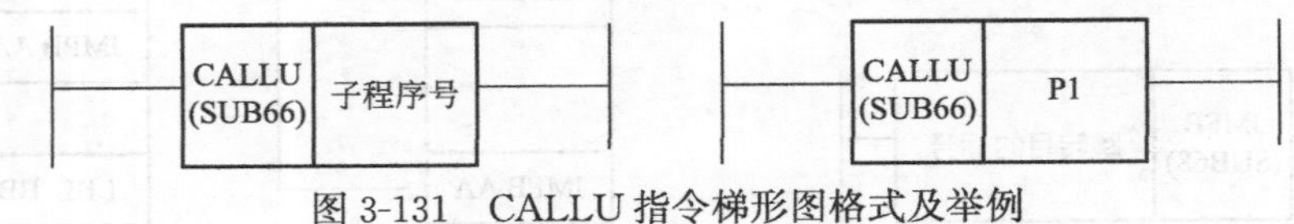

图 3-131 CALLU 指令梯形图格式及举例

3.10.7 子程序指令 SP/SPE

SP 用来生成一个子程序。它和 SPE 一道使用，用来指定子程序的范围。子程序号必须以 P 地址形式指定。SPE 用来指定子程序结束。子程序放在 SP 与 SPE 之间。SP/SPE 指令梯形图格式见图 3-132。

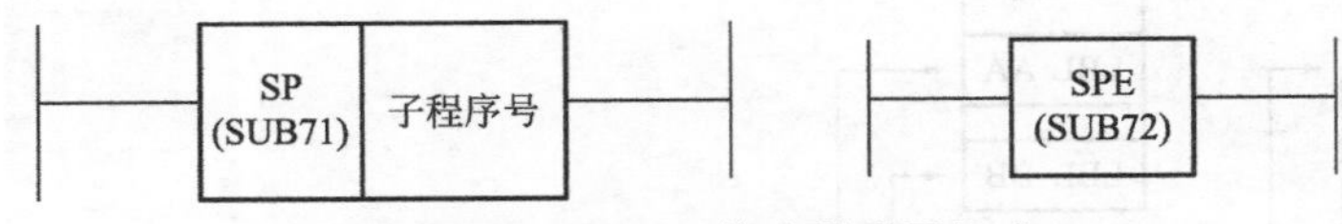

图 3-132 SP/SPE 指令梯形图格式

3.10.8 程序结束指令 END1/END2/END3/END

在第 1 级程序末尾给出 END1，在第 2 级程序末尾给出 END2，在第 3 级程序末尾给出 END3，分别表示第 1、第 2、第 3 级程序结束。在全部梯形图程序末尾给出 END，表示梯形图程序结束。END1/END2/END3/END 指令梯形图格式见图 3-133。

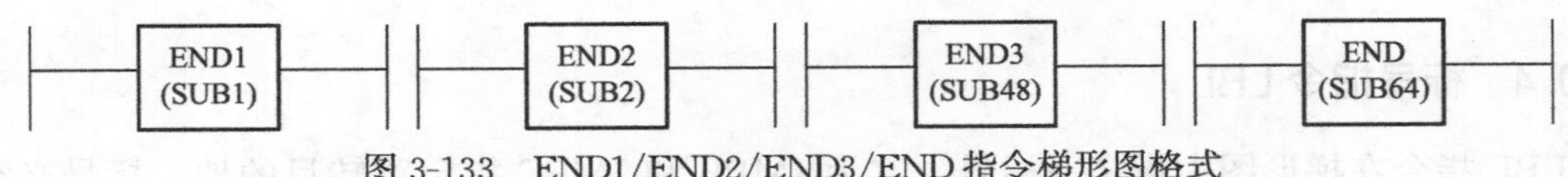

图 3-133 END1/END2/END3/END 指令梯形图格式

3.10.9 事件调用指令 CS/CM/CE

CS/CM/CE 指令梯形图格式如图 3-134 所示。CS 指令定义事件调用号，CM 指令指定

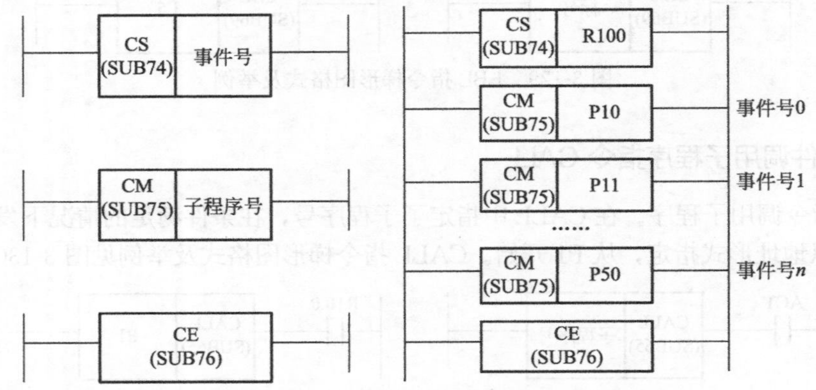

图 3-134 CS/CM/CE 指令梯形图格式

事件调用子程序号，CE 指定事件调用结束。当 R100＝0 时，调用子程序 P10；当 R100＝1 时，调用子程序 P11；当 R100＝n 时，调用子程序 P50，n 最大为 255。

3.11 旋转控制指令

3.11.1 旋转控制指令 ROT

ROT 指令用于回转控制，如刀架、ATC、旋转工作台等，它具有如下功能：

① 选择短路径的回转方向。

② 计算由当前位置到目标位置的步数。

③ 计算目标前一位置的位置或到目标前一位置的步数。

ROT 指令梯形图格式及举例如图 3-135 所示。

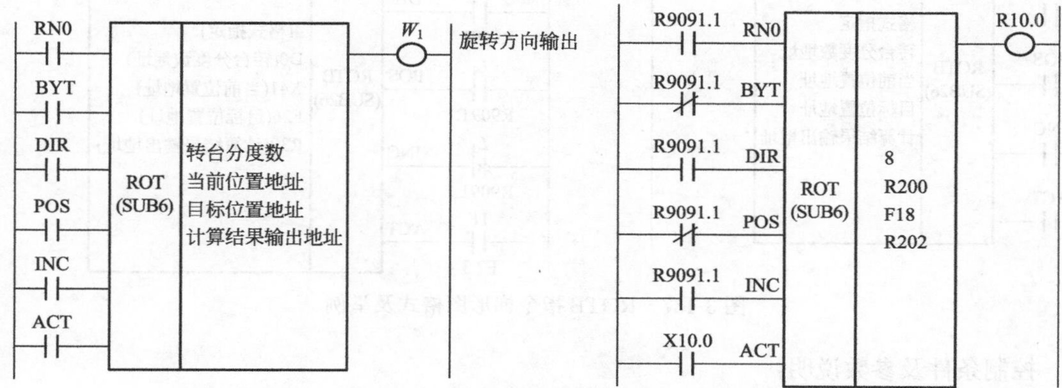

图 3-135 ROT 指令梯形图格式及举例

控制条件及参数说明：

① RN0：转台的起始号。RN0＝0：从 0 开始；RN0＝1：从 1 开始。

② BYT：指定要处理的数据位数。BYT＝0：两位 BCD 码；BYT＝1：四位 BCD 码。

③ DIR：短路径方向选择。DIR＝0：不选择；DIR＝1：选择。

④ POS：操作条件。POS＝0：计算目标位置；POS＝1：计算目标前一位置的位置。

⑤ INC：指定位置号或步数。INC＝0：计算位置号；INC＝1：计算步数。

⑥ ACT：执行指令。ACT＝0：不执行 ROT 指令，W_1 没有改变；ACT＝1：执行。

⑦ 转台分度数：给出转台总的分度位置数。

⑧ 当前位置地址：存储当前位置的地址。

⑨ 目标位置地址：存储目标位置的地址。

⑩ 计算结果输出地址：存储计算出的转台要旋转的步数的地址。

⑪ W_1：旋转方向输出。当 W_1＝0 时方向为正向（FOR）；W_1＝1 时为反向（REV）。转台号增加时为 FOR，减少为 REV，如图 3-136 所示。

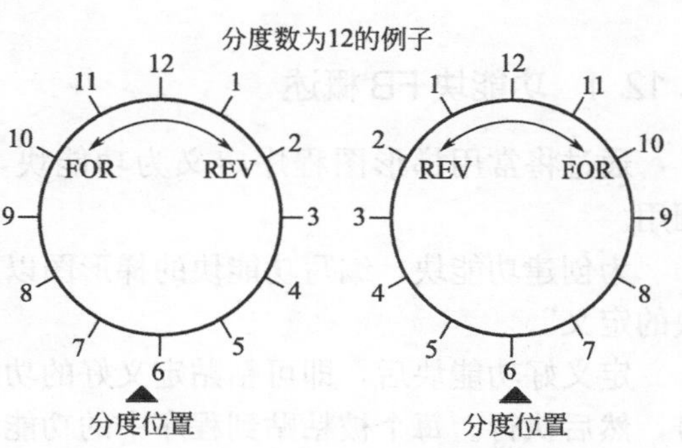

图 3-136 ROT 指令旋转方向输出

图 3-135 所示旋转指令 ROT 举例中，RN0＝1，转台起始号为 1；BYT＝0，两位

BCD码；DIR＝1，选择短路径方向；POS＝0，计算目标位置；INC＝1，计算步数。当X10.0接通时，计算回转数为8的回转体从当前位置R200到达目标位置F18的步数，并把结果写入R202中。此时，回转方向输出到R10.0。

3.11.2 二进制旋转控制指令ROTB

在ROT指令中有一个参数指定转台分度位置数，该值在编程中为固定值，此外ROT处理的是BCD码数据。而在ROTB指令中，转台分度数用地址指定，这表明该值即使在编程后仍允许改变，ROTB所处理的数据均为二进制数据。其他内容，ROTB与ROT相同。

ROTB指令梯形图格式及举例如图3-137所示。

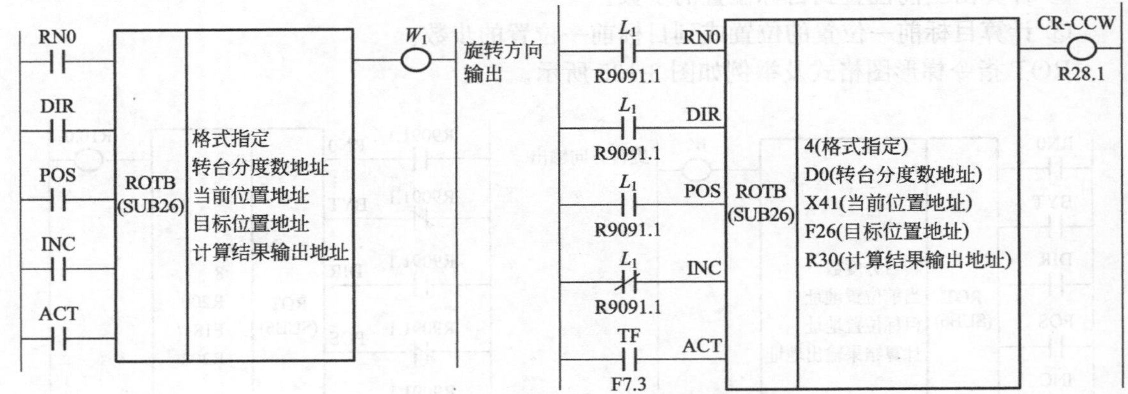

图3-137 ROTB指令梯形图格式及举例

控制条件及参数说明：

① 格式指定：指定数据长度（1、2或4字节）。

② 转台分度数地址：存放旋转部件分度数的地址。

③ 功能和其他参数：与ROT一样。

图3-137所示二进制旋转控制指令ROTB举例中，D0＝12，表示转台分度数为12；RN0＝1，转台起始号为1；DIR＝1，选择短路径方向；POS＝1，计算目标前一位置；INC＝0，计算位置号。当TF接通时，计算从当前位置X41到达目标位置F26前一位置的位置号，并把结果写入R30中。此时，回转方向输出到R28.1。

3.12 功能块FB

3.12.1 功能块FB概述

通过将常用梯形图程序定义为功能块，然后通过功能块实例可以快速完成功能块的调用。

为创建功能块，编写功能块的梯形图以及定义程序的输入输出信号的过程，称为“功能块的定义”。

定义好功能块后，即可粘贴定义好的功能块到实例程序、指定调用功能块的输入输出信号，然后执行。每个被粘贴到程序中的功能块，就称为“功能块实例”，粘贴的过程就称为“功能块实例化”。一个程序中，可以创建一个或多个同一功能块的实例，一个功能块创建多个功能块实例称为“功能块的多实例化”。

定义梯形图时使用的符号变量并未被分配任何地址。当编译一个含有功能块的实例时，需要给程序块内的变量和参数分配特定的地址。不同的地址被分配给各功能块实例，各实例间的地址是相互独立的。因此，我们需要做的就是分配给功能块足够的未使用的地址区间。

功能块实例如图 3-138 所示。

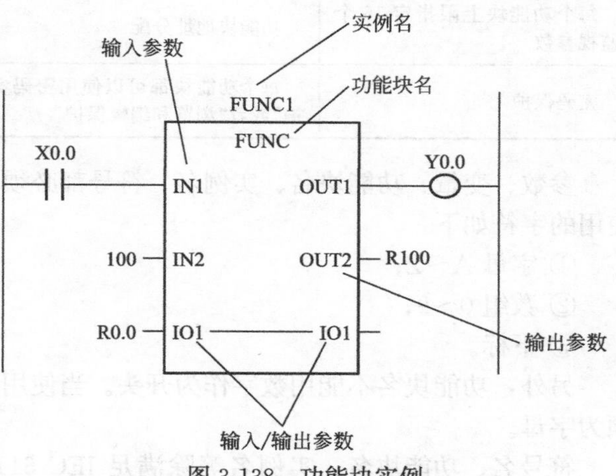

图 3-138 功能块实例

实例名（Instance Name）是用来区分一个功能块的各实例的名称，每个实例的实例名都与其他实例不相同。

功能块名（Function Block Name）是功能块源文件定义的名称。调用同一功能块的实例具有相同的功能块名称。

输入参数（Input Parameter）是接收输入信号到功能块的接口。通过在输入区，给每个输入参数赋予一个地址或常数来指定值。对于位信号，在相应的连接处指定地址。

输出参数（Output Parameter）是从功能块输出信号的接口。在输出区，指定相应的地址来接收功能块的输出结果。对于位信号，在相应的线圈上指定它的地址。

输入/输出参数（Input/Output Parameter）具有功能块的输入和输出的双重作用。输入和输出用相同的参数名，用一根线连接起来表示。

功能块的规格见表 3-21。

表 3-21 功能块的规格

项目	规格	备　注
功能块名	最大 40 个字符	符合 IEC 61131-3 规格命名
功能块程序体	最大步数 8000 步	
注释	最大 255 个字符	
参数类型	输入参数 输入/输出参数 输出参数	特殊输入参数:EN 输入 特殊输出参数:ENO 输出
参数	输入和输出之和最大为 64 个	
输入参数	1～32 个,最大 32 个	
输出参数	1～32 个,最大 32 个	
内部和外部变量	上限 1024 个	
内部变量	1～1000,最大 1000 个	
符号名	上限 40 个字符	符合 IEC 61131-3 命名规则,不可使用 EN 和 ENO
数据类型	BOOL、SINT、USINT、INT、UINT、DINT、UDINT、BYTE、WORD、DWORD	符合 IEC 61131-3 标准
监视器中显示内部和外部变量(FB 实例监视显示)	BOOL、SINT、USING、INT、DINT、UDINT、BYTE、WORD、DWORD	8 位位字符、16 位位字符

续表

项目	规格	备注
每个功能块上限指定 16 个监视参数	功能块地址分配	按顺序连续分配
密码保护	每个功能块都可以使用密码实现"编辑保护"或者"浏览和编辑保护"	

参数、变量、功能块名、实例名、符号都必须满足 IEC 61131-3 命名规则，即命名可以使用的字符如下：

① 字母 A～Z；

② 数组 0～9；

③ 下标。

另外，功能块名不能用数字作为开头。当使用下标作为功能块名开头时，紧接着下标必须为字母。

符号名、功能块名、实例名等除满足 IEC 61131-3 命名规则外，也不能够使用 EN 和 ENO 作为变量名。

3.12.2 功能块 FB 定义

一个功能块的定义由以下信息组成：

- 功能块名；
- 变量信息（包括参数、内部变量、外部变量）；
- 功能块程序体；
- 其他信息。

（1）功能块名

功能块名是用于定义功能块的字符串，该字符串由满足 IEC61131-3 的字符串组成。

（2）变量信息

功能块程序体内用到的变量必须提前声明。功能块程序体内容的变量类型有：

- 参数；
- 内部变量；
- 外部变量。

各变量的定义由以下信息组成：

• 符号。各变量在功能块内用符号表示，符号名的定义需满足 IEC 61131-3 命名规则，且不能使用 EN 和 ENO 作为符号名。一个功能块内的各变量不可使用同一个符号。另外，可以给符号定义任意字符串的注释。

• 数据类型。各变量必须定义满足 IEC 61131-3 标准的数据类型，可供定义的数据类型如表 3-22 所示。另外，可以为各变量定义是否监视，以便调试，相应监控格式也如表 3-22 所示。

表 3-22 变量数据类型

类型名	数据类型	监控格式
BOOL	1 位 BOOL 型	ON/OFF
SINT	8 位带符号整型	带符号浮点数

续表

类型名	数据类型	监控格式
USINT	8 位无符号整型	无符号浮点数
INT	16 位带符号整型	带符号浮点数
UINT	16 位无符号整型	无符号浮点数
DINT	32 位带符号整型	带符号浮点数
UDINT	32 位无符号整型	无符号浮点数
BYTE	8 位字符	16 进制数
WORD	16 位字符	16 进制数
DWORD	32 位字符	16 进制

• 个数限定。输入、输出参数及内部变量根据数据类型占用 1 字节或更多，例如 INT 类型，根据指定该类型的个数分配它们的区域。例如，当指定 3 个 INT 类型的内部变量时，6 个字节的区域被分配给这类变量类型。

① 参数　参数是用于功能块和功能块外部交互的接口，可分为以下 3 类：

a. 输入参数；

b. 输出参数；

c. 输入/输出参数。

除此以外，还有两个特定的参数：

a. EN 输入；

b. ENO 输出。

EN 输入和 ENO 输出是控制功能块执行的特殊的输入参数和输出参数。

输入参数可以用一个地址或常数实现与功能块的交互。输出参数或输入/输出参数只能用地址实现与功能块的交互。

下面解释各类型的参数。

a. EN 输入和 ENO 输出。EN 输入是用来控制功能块执行的输入参数。ENO 输出是当功能块执行完后表明功能块是否正常结束的输出参数。定义功能块时，EN 输入和 ENO 输出可以指定，也可以不指定。以图 3-139 为例说明 EN 输入和 ENO 输出的作用。

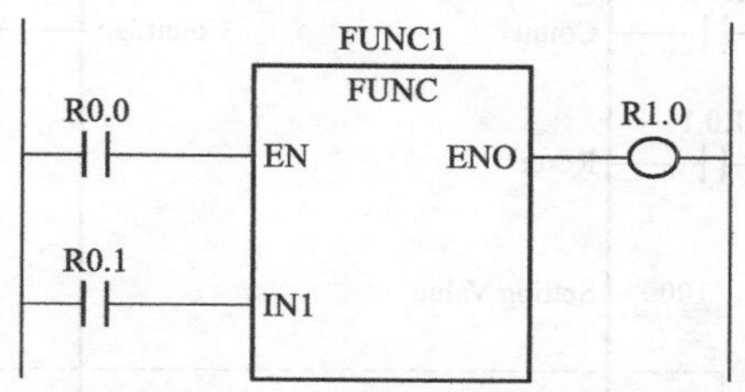

图 3-139　EN 和 ENO 使用举例

EN 输入是控制功能块是否执行的输入参数，其功能如下：当 EN 输入为 ON 时，功能块执行，如果功能块有 ENO 输出，程序执行前 ENO 被设为 ON。当 EN 输入为 OFF 时，功能块程序不执行，如果 FB 有 ENO 输出，ENO 被设置为 OFF。

ENO 输出表明功能块的执行是否正常结束。功能块开始执行前，ENO 输出被置 ON。如果执行功能块时发生错误且输出无效时，ENO 输出应该被设定为 OFF。当 EN 输入为 OFF 或当 COM 指令的 ACT 为 OFF 时，ENO 被自动设定为 OFF。

b. 输入参数。输入参数是功能块接收外部输入的变量，被读入功能块内部执行。EN 输入是一种特殊的输入参数。输入参数显示在功能块实例的左侧，如图 3-140 所示。

c. 输出参数。输出参数是用来接收功能块输出的变量。ENO 输出是一种特殊的输出。如果不需要功能块的输出结果，无须给每个输出参数绑定输出地址，如图 3-141 所示，如

Count Up 输出无用，可以不接 R1.0 线圈。输出参数显示在功能块实例的右侧，如图 3-141 所示。

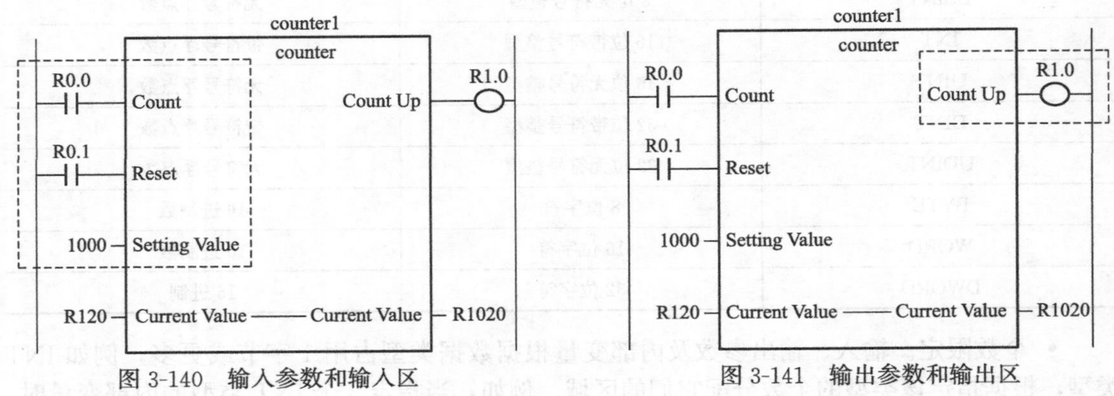

图 3-140　输入参数和输入区　　　　图 3-141　输出参数和输出区

d. 输入/输出参数。输入/输出参数是传递变量地址到功能块，功能块内可以对该变量进行读取，也可以进行修改。它在功能块实例上用一条实线表示，如图 3-142 所示。

例如，当功能块内部需要使用 XMOV 指令对数据表内数据进行操作时，传入功能块的变量只能使用输入/输出参数。

② 内部变量　内部变量只能在功能块内使用。

a. 非易失类型。内部变量有非易失类型时，在功能块地址分配时需分配相应的非易失类型 D 地址。

b. 地址分配。内部变量按照定义的顺序被分配在连续的存储区中。易失和非易失变量被分配在不同的区域。以易失内部变量顺序排列的四个变量为例，假设其数据类型依次为 BOOL、SINT、BOOL、SINT，那么相应的地址分配如图 3-143 所示。

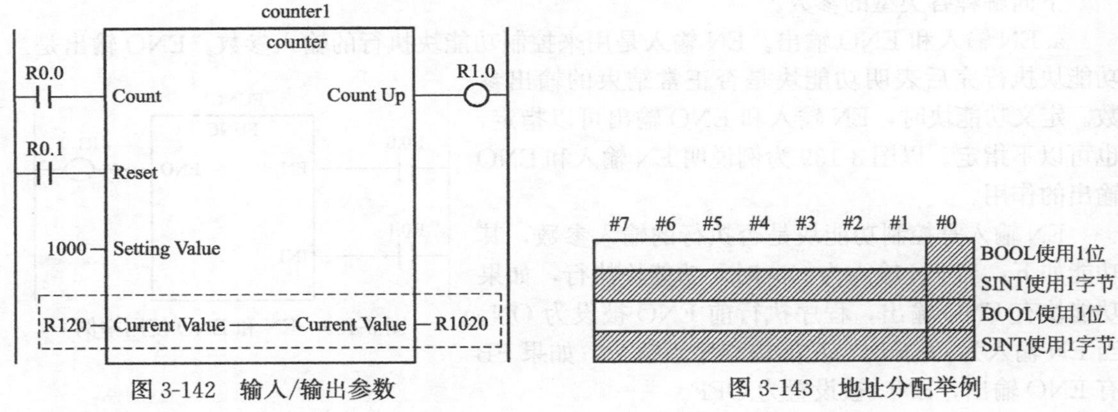

图 3-142　输入/输出参数　　　　图 3-143　地址分配举例

c. 监视显示。如果想要显示或监视功能块内部变量的值时，在定义内部变量时需要指定“monitor display”。

③ 外部变量　外部变量是用来引用功能块外已经定义好的符号，即使不同功能块的同一个外部变量符号成为同一个地址。

如果编译过程中未找到已定义的同名外部变量，编译会出错。

外部变量是不显示在界面上的。如果想要显示或监视功能块外部变量的值时，在定义外部变量时需要指定"monitor display"。

(3) 功能块程序体

功能块程序的定义通过用户符号编写的梯形图定义其要实现的特定功能。程序体内使用到的符号必须提前定义。当然也可以直接使用固定的地址来编写功能块程序体。使用固定地址的功能块在多实例化时，会出现双线圈的问题。

① 嵌套　功能块程序体内能够调用其他的功能块。功能块之间这种嵌套调用的不能超过 4 重嵌套。如果功能块之间的嵌套调用超过 4 重，编译时会报错。

② 限制　功能块程序体不同于一般梯形图，具有以下限制：

a. 功能块程序体内不能使用如下功能指令：END1、END2、END3、END、SP、SPE、CALL、CALLU、JMPC、CS、CM、CE。

b. 功能块程序体使用 TMR、CTR、CTRB 等指令时，功能块的实例数量只能有一个。

c. 功能块程序体使用 TMRB、TMRBF、DIFU、DIFD 等指令时，将定时器号、上升沿和下降沿号设定为 0，Ladder-Ⅲ会自动分配不同的号到不同的功能块实例中。如果上述功能块指令未使用自动分配设定，多实例化时会出现相同功能指令号的问题。

d. 功能块程序体使用 TMRST、TMRSS 等指令时，设定时间必须为整数。

e. 功能块程序体使用 DISPB、EXIN、WINDR（低速响应类型）、WINDW（低速响应类型）、AXCTL 等指令时，注意指令要求 ACT 的接通时间必须满足要求，同时需要注意地址的排列顺序。

③ 其他限制　此外，功能块程序体还有如下限制：

a. JMP 和 JMPE、COM 和 COME 必须成对使用；

d. 功能块程序的上限是 8000 步；

c. JMPB 指令只能跳转到程序体内的 LBL；

d. EN 输入不能用于 DIFU、DIFD、|P|、|N|及计数指令。

(4) 其他信息

功能块的定义也包括以下信息：版本信息、密码保护。

a. 版本信息包括上限 16 字符组成的版本信息、更新日期。

b. 能使用最大 16 个字符的密码设定两级密码保护：编辑密码、浏览和编辑密码。各密码所保护的内容见表 3-23。

表 3-23　密码保护内容

保护类型	浏览	编辑
不保护	○能	○能
编辑保护	○能	×不能
浏览和编辑保护	×不能	×不能

3.12.3　功能块 FB 调用

功能块的调用是将定义好的功能块插入到梯形图中、设定好输入和输出，实现功能块实例化的过程。

(1) 功能块调用位置

可以在 1～3 级梯形图和子程序中调用功能块。在 COM 和 COME 之间调用功能块时，当 COM 为 OFF 时，与 EN 输入为 OFF 的效果相同，功能块不执行。

(2) 调用功能块

① 功能块实例名　功能块实例名的命名必须满足 IEC 61131-3 命名规则。

② 输入区和输出区设定数据　在输入区和输出区的相应参数处，指定相应的地址或常数。

对于非 BOOL 型参数，需要在参数处指定相应的地址。对于输入参数，除了地址也可指定常数，如图 3-144 所示。

对于 BOOL 型参数，指定地址或线圈在相应的参数位置，如图 3-145 所示。

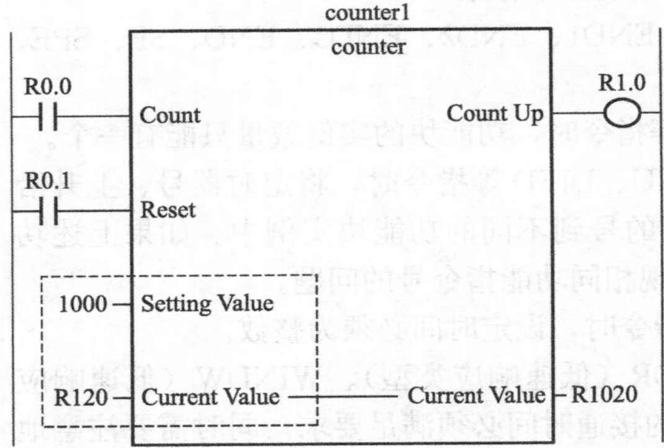

图 3-144　指定地址和指定常数给输入参数

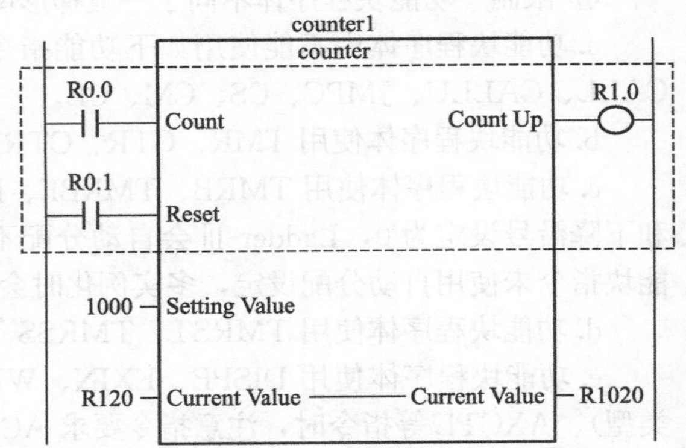

图 3-145　指定地址或线圈在相应参数位置

对于输入/输出参数，必须指定地址给相应的参数。对于输出参数和输入/输出参数的输出区，如果不需要该输出，可以忽略不设定该地址。

③ 地址分配　对于使用功能块实例的梯形图，需要分配足够的地址给功能块，以便于功能块内部变量等变量地址的自动分配。其地址分配过程如下：

a. System parameter。进入程序列表页面，点击 System parameter 列表，如图 3-146 所示，进入系统参数分配页面，如图 3-147 所示。

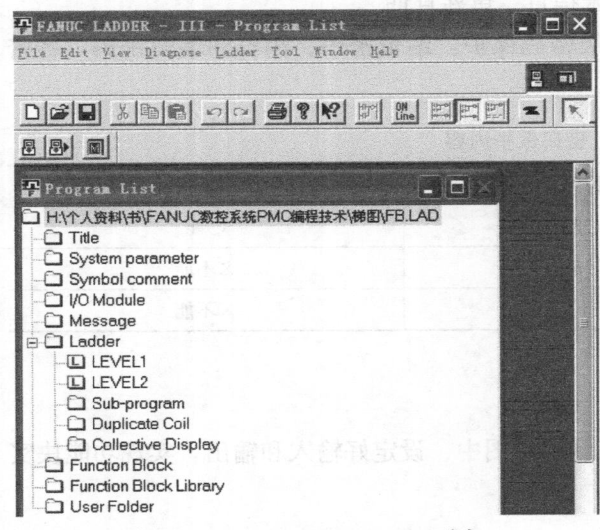

图 3-146　System parameter 列表

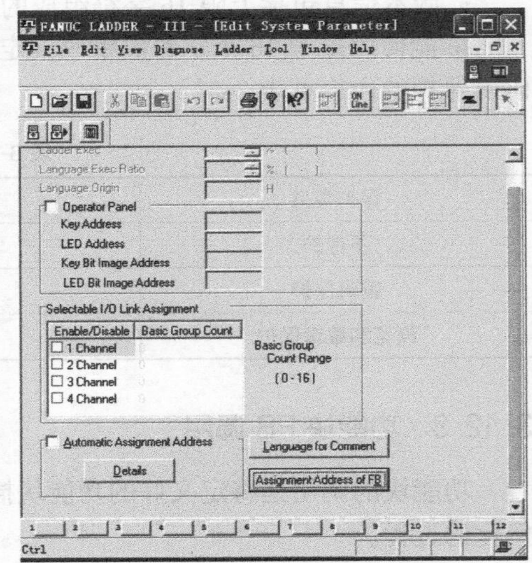

图 3-147　系统参数分配页面

b. FB 地址分配对话框。在图 3-147 系统参数分配页面，点击“Assignment Address of

FB”进入FB地址分配对话框，如图3-148所示，完成FB地址分配。FB地址分配可分为FB易失型变量地址区分配、FB保持型变量地址分配，根据功能块定义和实例使用情况给两者分配足够的使用空间。另外，可以将FB地址分为两个区间，但不建议如此分配，避免因必须连续地址原因，产生难以查找的问题。

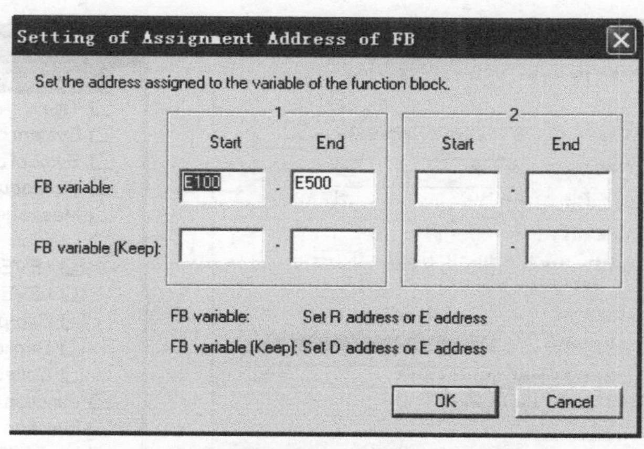

图3-148 FB地址分配对话框

3.12.4 功能块FB举例

在操作面板上，通常用按钮实现单段、空运行、选择停、跳段等功能。例如单段功能按钮，输入地址X10.0，其实现功能的梯形图逻辑如图3-149所示，该逻辑首先利用按钮产生上升沿，然后通过异或逻辑，对信号G46.1的状态进行翻转。同样的逻辑处理方法也适用于机械锁住、空运行、选择停等很多功能按钮。使用普通梯形图编写方法，编写时需要反复复制、粘贴、修改地址，非常麻烦。但使用FB功能块，则可以非常简单地实现该逻辑的重用，且无须修改地址。

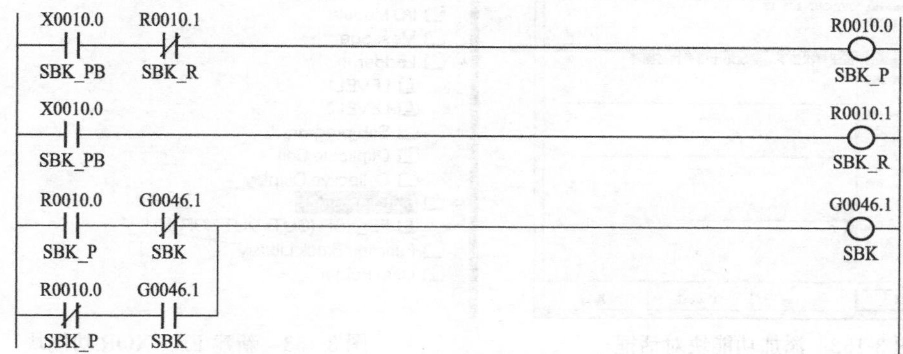

图3-149 单段功能梯形图逻辑

(1) 功能块定义

① 添加FB功能块　要使用FB编程在新建梯图时，它的类型与普通梯形图的类型有所差异，体现在指令（Insturciton）、符号和注释（Symbol&Comment）的选择上。图3-150为新建具有FB功能块功能的梯形图类型。

按照图3-150选择新建具有FB功能块功能的梯形图类型后，打开梯形图列表页面，如图3-151所示，会增加一个列表Function Block，FB功能块的定义就是在列表Function Block中完成的。

在图3-151所示列表Function Block位置单击鼠标右键弹出快捷菜单，点击“Add FB”弹出添加功能块对话框，依次完成功能块名称、注释及版本，完成后如图3-152所示。

点击图3-152中添加功能块对话框的“Add”按键，添加功能块FB_XOR，如图3-153所示，列表Functon Block下面就增加了FB功能块名为“FB_XOR”的功能块。

双击FB_XOR即可进入FB功能块定义页面，如图3-154所示，该界面由以下四部分组成。

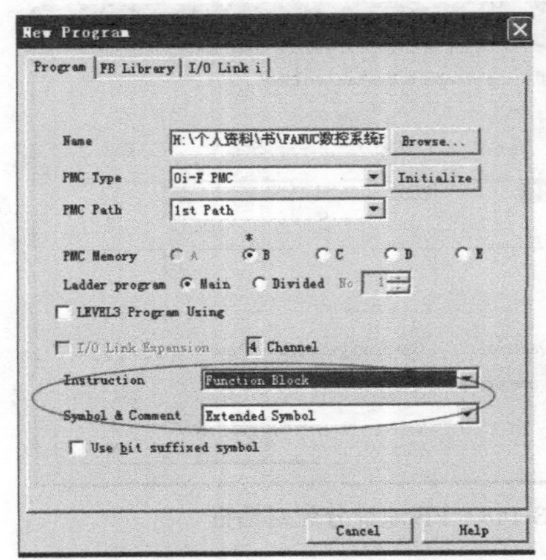

图 3-150 具有 FB 功能块功能的梯形图类型

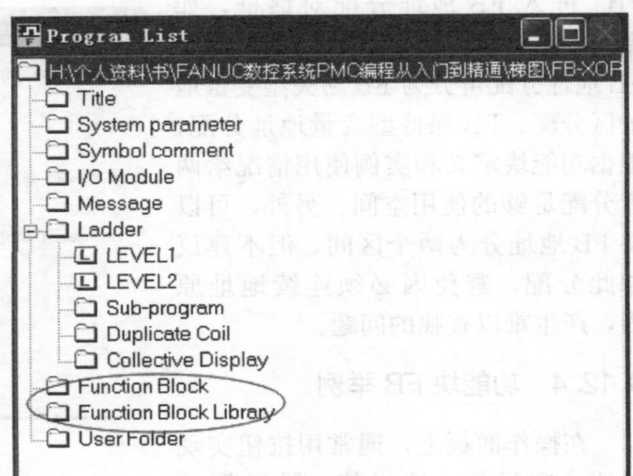

图 3-151 列表 Function Block

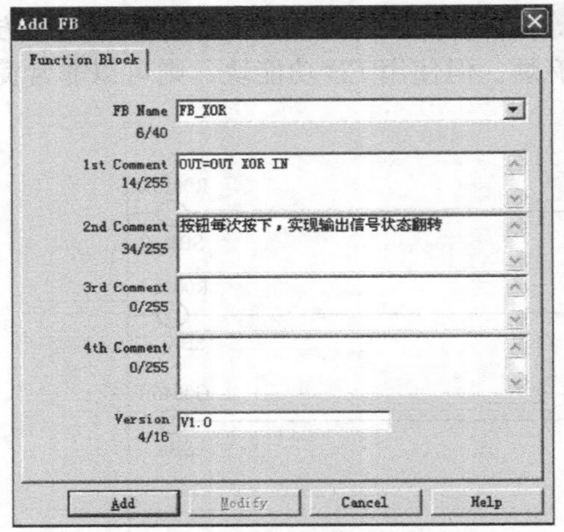

图 3-152 添加功能块对话框

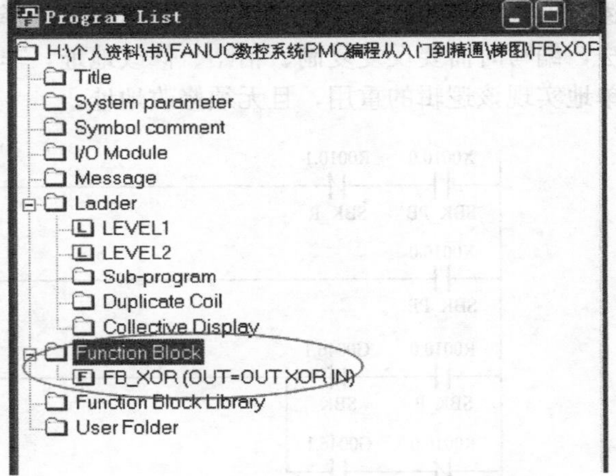

图 3-153 新建 FB _ XOR 功能块

第 1 部分为注册变量列表页面，由输入参数（Input parameter）、输入/输出参数（Input/Output parameter）、输出参数（Output parameter）、内部变量（Internal variable）、外部变量（External variable）、标签（Label）等部分组成，主要完成对已注册列表参数的分类。

第 2 部分为已注册变量详细区，该区域根据注册变量列表页面的选择，针对某一变量详细显示该变量的定义及注册等信息，在这一区域主要通过双击完成已注册变量的修改和删除等工作。

第 3 部分为 FB 功能块逻辑编辑区，可以完成梯形图逻辑的编写工作，也可以在这一区域输入未定义的新变量，然后在新变量对话框中完成新变量的定义。

第 4 部分为菜单部分，主要用于完成第 3 部分的编写；当注册变量列表选中“注册变量列表（Registered variable list）”时，第 4 部分菜单所示菜单键可用，点击“FB Graphical from”菜单会显示当前功能块的图形形式。

② 新建变量　在图 3-154 的第 2 部分内右击，弹出快捷菜单，点击“New Data”或 F9

可以进入新建变量对话框，根据功能块定义，完成输入参数 IN（BOOL 类型）、输出参数 OUT（BOOL 类型）、内部变量 IN _ P 和 IN _ R（BOOL 类型）的定义。图 3-155 是输入参数 IN 的定义。

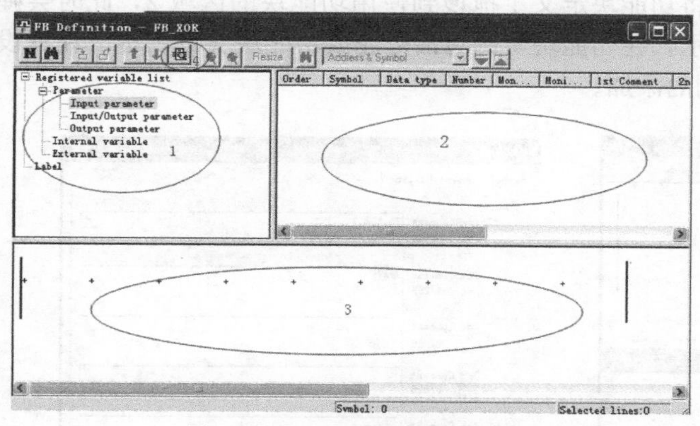

图 3-154　FB 功能块定义页面

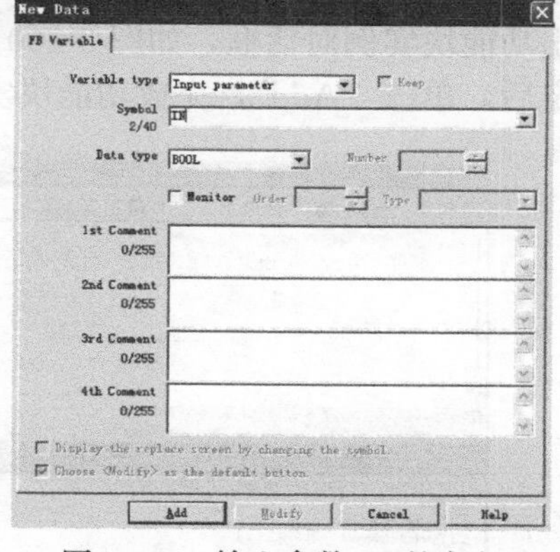

图 3-155　输入参数 IN 的定义

③ 功能块逻辑编写　根据要实现的功能，在图 3-154 中的第 3 部分 FB 功能块逻辑编辑区编写异或逻辑实现功能块的程序体，如图 3-156 所示。

图 3-156　FB 功能块逻辑编写

④ 确定功能块图形格式　点击变量列表或变量详细，然后按下 FB 图形格式菜单，即图 3-154 中的第 4 部分，弹出如图 3-157 所示对话框，完成异或逻辑功能块的定义。

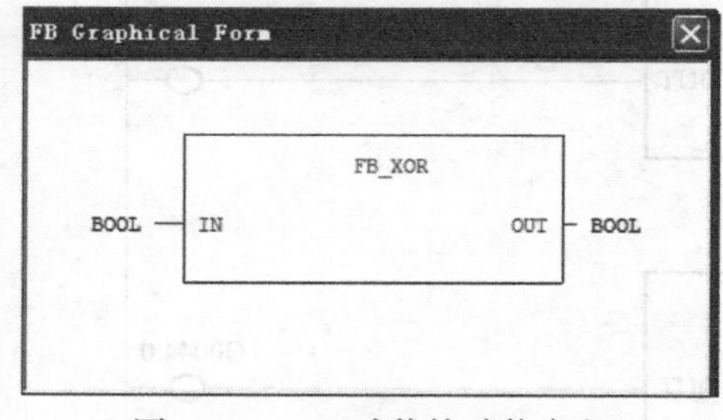

图 3-157　FB 功能块功能定义

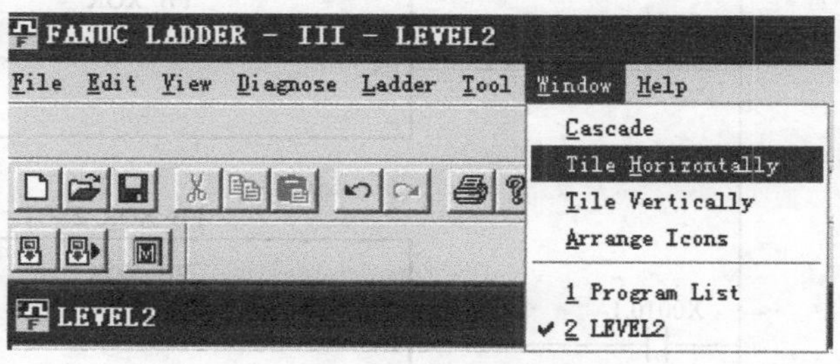

图 3-158　窗口水平排列菜单

(2) 功能块调用

首先进入程序列表页面，双击要使用功能块的 1 级程序、2 级程序或子程序，使其最大化；然后打开 Windows 菜单如图 3-158 所示的 Tile Horizontally（或 Tile Vertically），使两个窗口水平排列，如图 3-159 所示，将功能块定义 1 拖拽到使用功能块的区域 2，此时会弹出功能块实例对话框，如图 3-160 所示，在功能块实例对话框完成功能块实例名称、注释设定后，单击“Add”，完成功能块实例的添加。

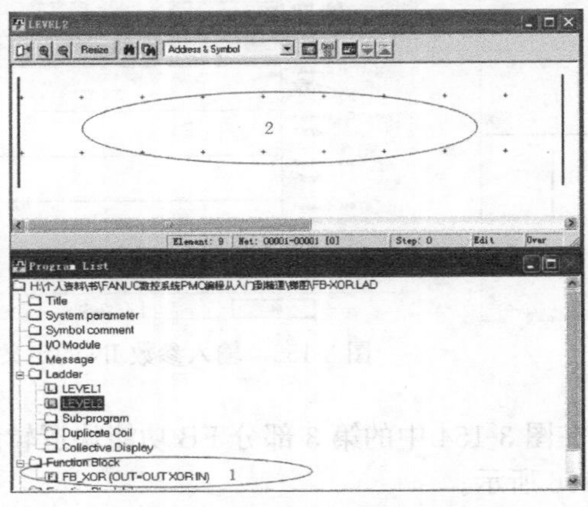

图 3-159　窗口水平排列

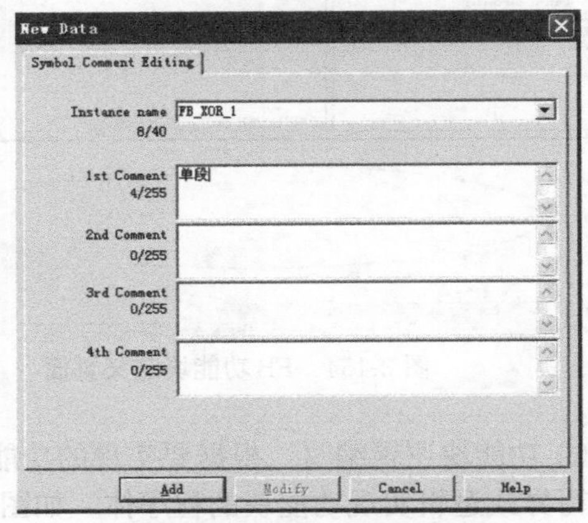

图 3-160　新建功能块实例对话框

完成功能块实例添加后，将功能块的输入设定为单程序段按键 X10.0 接入 IN、将 G46.1 接 OUT，即完成单程序段功能的实现，如图 3-161 所示。

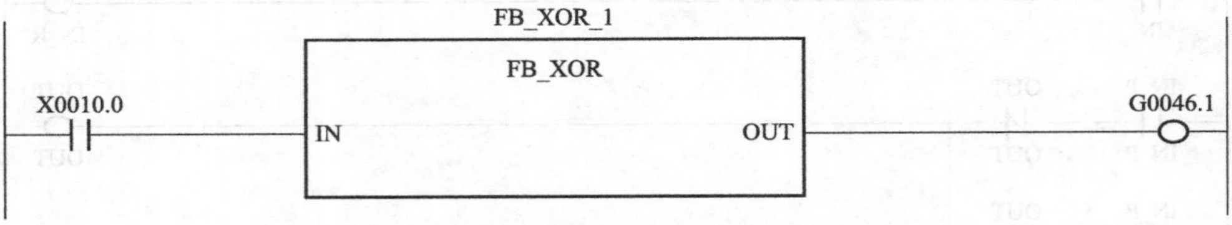

图 3-161　功能块实现单程序段功能

同样通过拖拽或者复制，也可以完成选择停、跳段、机械锁住等所有的异或逻辑处理，唯一需要注意的就是功能块实例名称不能相同。图 3-162 为功能块实现单段和跳段功能的程序。

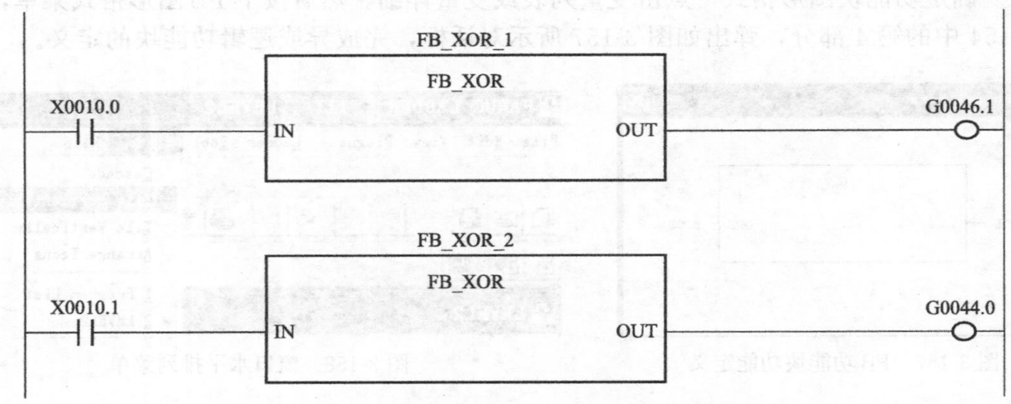

图 3-162　功能块实现单段和跳段功能的程序

第4章

FANUC数控系统PMC程序设计

4.1 I/O 地址设定

4.1.1 I/O LINK 地址设定

I/O LINK 是一个串行接口，将 CNC、单元控制器、分布式 I/O、机床操作面板或 Power Mate 连接起来，并在各设备间高速传送 I/O 信号（位数据）。FANUC I/O LINK 将一个 CNC 作为主站，其他设备作为从站。从站的输入信号每隔一定周期送到主站，主站的输出信号也每隔一定周期送至从站。

I/O LINK 连接框图见图 4-1。一个 I/O LINK 最多可连接 16 组子单元，以组号表示其所在的位置，离主站最近的从站组号为 0，然后依连接顺序组号可以为 0～15；每组 I/O 点最多为 256/256，一个 I/O LINK 的 I/O 点不超过 1024/1024。在 1 组从站中最多可连接 2 个基本单元，基座号表示其所在的位置，依连接顺序基座号为 0 和 1；在每个基本单元中最多可安装 10 个 I/O 模块，以插槽号 1～10 表示其所在的位置；再配合模块的名称，最后确定这个 I/O 模块在整个 I/O 中的地址，也就确定了 I/O 模块中各个 I/O 点的

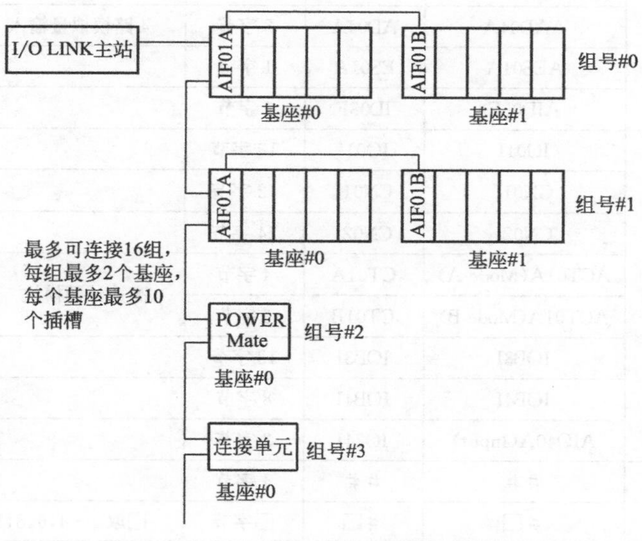

图 4-1　I/O LINK 连接框图

唯一地址。

I/O LINK 从站连接的模块包括 FANUC 标准操作面板、分布式 I/O 模块以及带有 FANUC I/O LINK 接口的 βi 系列伺服单元等。每个模块可以用组号、基座号、插槽号来定义，模块名称表示其唯一的位置。

各模块的安装位置由组号、基座号、插槽号和模块名称表示，因此可由这些数据和输入/输出地址明确各模块的地址。各模块所占用的 DI/DO 点数（字节数）存储在编程器中，因此仅需指定各模块的首字节地址，其余字节的地址由编程器自动指定。

按照安装位置表达方式不同，所有 I/O 单元可以分为 3 类：

① 需要用组号、基座号和插槽号确定安装位置的 I/O 单元。如 I/O Unit-MODEL A 等，其各项数据设定范围为：组号＝0～15；基座号＝0～1；插槽号＝1～10。

② 需要用组号和插槽号确定安装位置的 I/O 单元。如 I/O Unit-MODEL B、手持操作单元 HMOP 等，其基座号总为 0；组号＝0～15；插槽号＝0～30。

③ 仅需要组号就可确定安装位置的 I/O 单元。如分线盘 I/O、机床操作面板、I/O LINK 连接单元等，其基座号总为 0，插槽号总为 1，组号 0～15。

输入/输出设定 I/O 模块名称及占用地址分别见表 4-1 和表 4-2。

表 4-1　输入设定 I/O 模块名称及占用地址

序号	类别	实际模块名称	设定模块名称	占用输入地址	备注
1	Model A Input	AID32A1	ID32A	4 字节	32 点非隔离型直流漏或源型(连接器)
		AID32B1	ID32B	4 字节	32 点非隔离型直流漏或源型(连接器)
		AID16C	ID16C	2 字节	16 点隔离型直流源型(端子)
		AID16D	ID16D	2 字节	16 点隔离型直流漏型(端子)
		AID32E1 AID32E2	ID32E	4 字节	32 点隔离型直流漏或源型(连接器)
		AID32F1 AID32F2	ID32F	4 字节	32 点隔离型直流漏或源型(连接器)
		AIA16G	IA16G	2 字节	16 点交流输入(端子)
		AAD04A	AD04A	8 字节	4 路模拟量输入
		AES01A	ES01A	1 字节	
		AID08F	ID08F	1 字节	
2	Model A Except	IO01I	IO01I	13 字节	
		CN01I	CN01I	12 字节	
		CN02I	CN02I	24 字节	
		ACT01A(Mode A)	CT01A	4 字节	高速计数模块
		ACT01A(Mode B)	CT01B	6 字节	
		IOB3I	IOB3I	13 字节	
		IOB4I	IOB4I	8 字节	
		AIO40A(Input)	IO24I	3 字节	
3	Model B	＃＃	＃＃	4 字节	
		＃□	＃□	□字节	□取 1～4,6,8,10

续表

序号	类别	实际 模块名称	设定 模块名称	占用 输入地址	备注
4	Connection Unit	CNC/Power Mate	FS04A	4字节	0-C Power Mate MODEL A/B/C/D/E/F
			FS08A	8字节	Power Mate i-MODEL D/H
		CNC/Power Mate 操作面板接口模块 连接模块A~C	OC02I	16字节	
		CNC/Power Mate 操作面板接口模块 连接模块A~C	OC03I	32字节	
		操作面板接口模块	OC01I	12字节	
		分线盘I/O模块	CM03I	3字节	只用基本模块
			CM06I	6字节	基本+扩展1
			CM09I	9字节	基本+扩展1&2
			CM12I	12字节	基本+扩展1&2&3
			CM13I	13字节	连接1个手轮
			CM14I	14字节	连接2个手轮
			CM15I	15字节	连接3个手轮
			CM16I	16字节	DO报警检测
5	Except	连接模块A~C	/□	□字节	□取1~3,5~7,16,20,24,28,32
		连接模块A~C 操作面板接口模块	/□	□字节	□取4,8,12

表4-2　输出设定I/O模块名称及占用地址

序号	类别	实际 模块名称	设定 模块名称	占用 输出地址	备注
1	Model A Input	AOD32A1	OD32A	4字节	32点非隔离型直流漏型(连接器)
		AOD08C	OD08C	1字节	8点隔离型直流漏型(端子)
		AOD08D	OD08D	1字节	8点隔离型直流源型(端子)
		AOD16C	OD16C	2字节	16点隔离型直流漏型(端子)
		AOD16D AOD16D2	OD16D	2字节	16点隔离型直流源型(端子)
		AOD32C1 AOD32C2	OD32C	4字节	32点隔离型直流漏型(连接器)
		AOD32D1 AOD32D2	OD32D	4字节	32点隔离型直流源型(连接器)
		AOA05E	OA05E	1字节	5点2A交流输出(端子)
		AOA08E	OA08E	1字节	8点1A交流输出(端子)
		AOA12F	OA12F	2字节	12点0.5A交流输出(端子)
		AOR08G	OR08G	1字节	8点4A继电器输出(端子)

续表

序号	类别	实际 模块名称	设定 模块名称	占用 输出地址	备注
1	Model A Input	AOR16G	OR16G	2字节	16点2A继电器输出(端子)
		ADA02A	DA02A	4字节	2路模拟量输出
		ABK01A	BK01A	1字节	
		AOA08K	OA08K	1字节	
		AOD08L	OD08L	1字节	
		AOR08I3	OR08I	1字节	
		AOR08J3	OR08J	1字节	
2	Model A Except	IO01O	IO01O	9字节	
		CN01O	CN01O	8字节	
		CN02O	CN02O	16字节	
		ACT01A(Mode A)	CT01A	4字节	高速计数模块
		ACT01A(Mode B)	CT01B	6字节	
		IOB3O	IOB3O	9字节	
		IOB4O	IOB4O	4字节	
		AIO40A(Output)	IO16O	2字节	
3	Model B	#□	#□	□字节	□取1～4,6,8,10
4	Connection Unit	CNC/Power Mate	FS04A	4字节	
			FS08A	8字节	
		CNC/Power Mate 操作面板接口模块 连接模块A～C	OC02O	16字节	
		CNC/Power Mate 操作面板接口模块 连接模块A～C	OC03O	32字节	
		操作面板接口模块	OC01O	8字节	
		分线盘I/O模块	CM02O	2字节	只用基本模块
			CM04O	4字节	基本+扩展1
			CM06O	6字节	基本+扩展1&2
			CM08O	8字节	基本+扩展1&2&3
5	Except	连接模块A～C	/□	□字节	□取1～3,5～7,16,20,24,28,32
		连接模块A～C 操作面板接口模块	/□	□字节	□取4,8,12

例：FANUC-0i系统连接了4组I/O LINK子单元，如图4-2所示。

① 组0模块：带手轮接口的操作面板用I/O板，型号规格为A03B-0824-K202。其CE56和CE57接口上共有48DI/32DO。I/O LINK地址分配16字节输入/4字节输出。

② 组1模块：电柜用I/O板，型号规格为A03B-0824-K203。其CE56和CE57接口上共有48DI/32DO。I/O LINK地址分配16字节输入/4字节输出。

③ 组 2 模块：分线盘 I/O 模块，1 个基本模块＋3 个扩展模块。基本模块型号规格为 A03B-0824-C001；扩展模块 1～3 的型号规格均为 A03B-0824-C003。该组模块包含 4 个模块，占 1 个槽，I/O LINK 地址分配 16 字节输入/8 字节输出。

④ 组 3 模块：I/O Unit-MODEL A，一个 5 槽底板上连接了 2 个 32 点 DI 输入模块和 3 个 16 点 DO 输出模块。32 点 DI 输入模块规格为 AID32E1；16 点 DO 输出模块规格为 AOD16D。该组模块占 5 个槽，I/O LINK 地址分配 8 字节输入/6 字节输出。

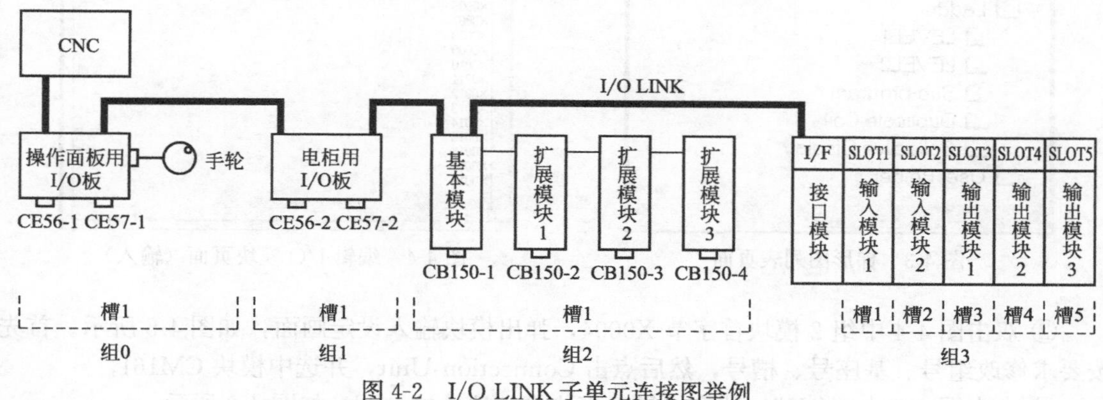

图 4-2 I/O LINK 子单元连接图举例

参数 No. 11933＃0＝0，按 I/O LINK 设定模块地址。各组模块 I/O LINK 地址具体设定分别见表 4-3 和表 4-4。

表 4-3 各模块 I/O LINK 输入地址具体设定

组号. 基座号. 槽号	实际模块名称	设定模块名称	输入首字节	字节长度	备注
0. 0. 1	操作面板用 I/O 板	OC02I	X20	16 字节	0. 0. 1. OC02I
1. 0. 1	电柜用 I/O 板	OC02I	X36	16 字节	1. 0. 1. OC02I
2. 0. 1	分线盘 I/O	CM16I	X4	16 字节	2. 0. 1. CM16I
3. 0. 1	AID32E1	ID32E	X52	4 字节	3. 0. 1. ID32E
3. 0. 2	AID32E1	ID32E	X56	4 字节	3. 0. 2. ID32E

表 4-4 各模块 I/O LINK 输出地址具体设定

组号. 基座号. 槽号	实际模块名称	设定模块名称	输入首字节	字节长度	备注
0. 0. 1	操作面板用 I/O 板	/4	Y20	4 字节	0. 0. 1. /4
1. 0. 1	电柜用 I/O 板	/4	Y24	4 字节	1. 0. 1. /4
2. 0. 1	分线盘 I/O	CM08O	Y0	8 字节	2. 0. 1. CM08O
3. 0. 3	AOD16D	OD16D	Y52	2 字节	3. 0. 3. OD16D
3. 0. 4	AOD16D	OD16D	Y54	2 字节	3. 0. 4. OD16D
3. 0. 5	AOD16D	OD16D	Y56	2 字节	3. 0. 5. OD16D

在 LADDER-Ⅲ中的设定步骤如下：

① 打开梯形图列表页面，如图 4-3 所示，双击 I/O Module，弹出编辑 I/O 模块页面，如图 4-4 所示。

图 4-3 梯形图列表页面

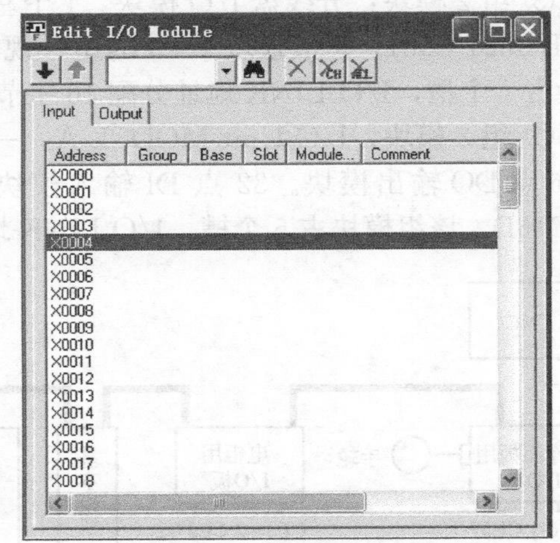

图 4-4 编辑 I/O 模块页面（输入）

② 双击图 4-4 中组 2 模块首字节 X0004，弹出模块输入设定画面，如图 4-5 所示。首先按要求修改组号、基座号、槽号，然后点击 Connection Unit，并选中模块 CM16I。

③ 点击图 4-5 中“OK”，即完成组 2 模块输入地址的分配，如图 4-6 所示。

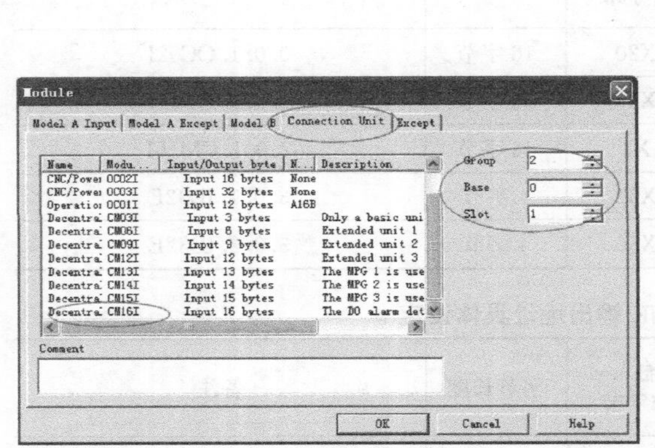

图 4-5 输入设定页面

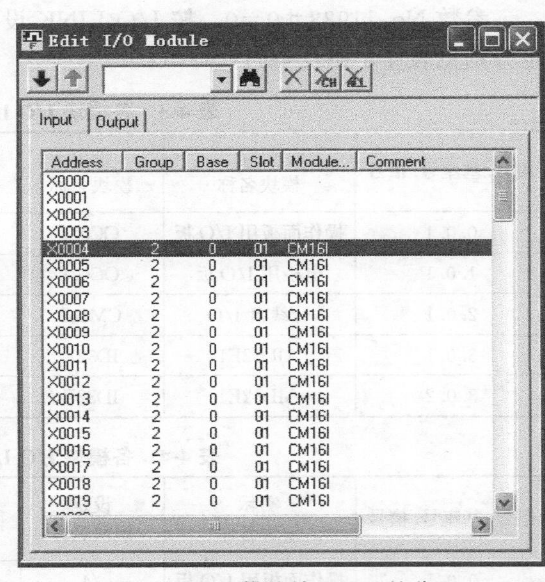

图 4-6 组 2 模块输入地址的分配

④ 依次按照表 4-3，设定“0. 0. 1”“1. 0. 1”“3. 0. 1”和“3. 0. 2”模块输入地址分配，方法相同，不再赘述。

⑤ 输入设定完毕，即可开始输出设定。此时需点击图 4-4 中的 Output，切换到输出设定页面，如图 4-7 所示。

⑥ 双击图 4-7 中组 3 槽 5 模块首字节 Y0056，弹出模块输出设定页面，如图 4-8 所示。首先按要求修改组号、基座号、插槽号，然后点击 Model A Output，并选中模块 OD16D。

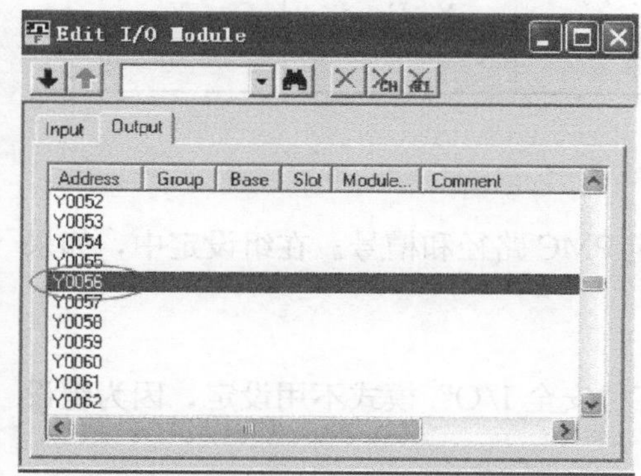

图 4-7　编辑 I/O 模块页面（输出）

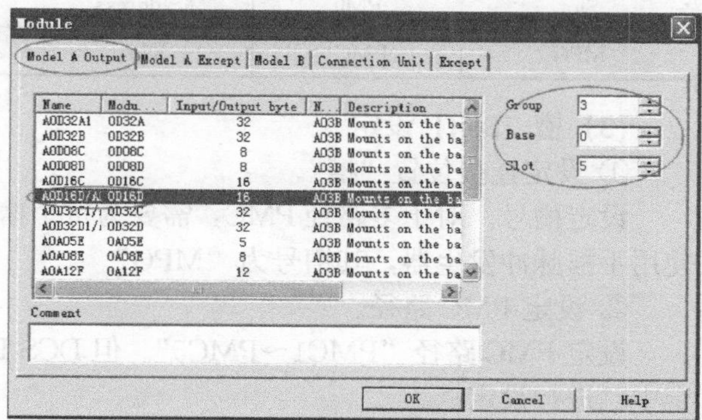

图 4-8　模块输出设定页面

⑦ 点击图 4-8 中“OK”，即完成组 3 槽 5 模块输出地址的分配，如图 4-9 所示。

⑧ 依次按照表 4-4，设定“0.0.1”“1.0.1”“2.0.1”“3.0.3”和“3.0.4”模块输出地址分配，方法相同，不再赘述。

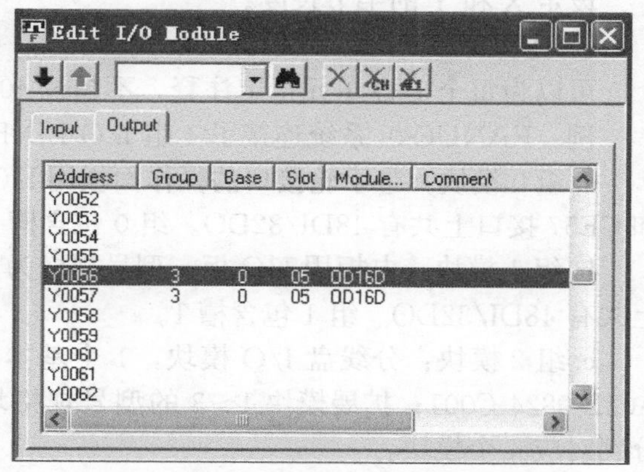

图 4-9　组 3 槽 5 模块输出地址的分配

4.1.2　I/O LINK i 地址设定

I/O LINK i 可以挂接的子单元可达 24 组，1 组 I/O 子单元最大的 I/O 点数是 512 输入/512 输出点。一个 I/O LINK i 通道最多可以有 2048 输入/2048 输出。

在 I/O LINK i 中，通信更可靠的安全 I/O（Safety I/O）可以被指定。最大的安全 I/O 点数为 224 点输入/224 点输出。在使用双检安全功能的系统中必须指定安全 I/O。

（1）I/O LINK i 功能设定

① 设定 I/O LINK i 功能是否有效。

② 设定基本组号。

（2）组（Group）设定

① 设定连接位置“组”。

② 设定每组的刷新周期是高速模式还是标准模式。

Space：标准模式 2s（缺省）。

*：高速模式 0.5s。

③ 设定“安全 I/O”。

Space：标准 I/O（缺省）。

DCSPMC：安全 I/O 用于 DCS PMC。

PMC：安全 I/O 用于 PMC1～PMC5。

④ 设定手摇脉冲发生器 MPG。

Space：不使用手摇脉冲发生器（缺省）。

*：使用手摇脉冲发生器。

例：手摇脉冲发生器 MPG 的首地址 X14，占用 3 字节，设定如下。

Slot	PMC	X address	X size	Y address	Y size
MPG	PMC1	X14	3		

(3) 槽（Slot）设定

① 设定连接位置“槽”。

设定槽号。对于多路径PMC，需要为每个槽指定PMC路径和槽号。在组设定中，如果使用手摇脉冲发生器，其槽号为“MPG”。

② 设定PMC路径。

设定PMC路径“PMC1～PMC5”。但DCS PMC“安全I/O”模式不用设定，因为组设定中已进行设定。

③ 设定X首地址/Y首地址。

设定范围X/Y0～127，X/Y200～327，X/Y400～527，X/Y600～627。

④ 设定数据长度。

设定X和Y的字节长度。

⑤ 注释。

可以为每个I/O单元指定注释，不超过40个字符。

例：FANUC-0i系统连接了4组I/O LINK i子单元，如图4-10所示。

a. 组0模块：带手轮接口的操作面板用I/O板，型号规格为A03B-0824-K202。其CE56和CE57接口上共有48DI/32DO。组0包含槽1和槽MPG。

b. 组1模块：电柜用I/O板，型号规格为A03B-0824-K203。其CE56-2和CE57-2接口上共有48DI/32DO。组1包含槽1。

c. 组2模块：分线盘I/O模块，1个基本模块＋3个扩展模块。基本模块型号规格为A03B-0824-C001；扩展模块1～3的型号规格均为A03B-0824-C003。组1包含槽1～槽4，分别对应4个模块。

d. 组3模块：I/O Unit-MODEL A，一个5槽底板上连接了2个32点DI输入模块和3个16点DO输出模块。32点DI输入模块规格为AID32E1；16点DO输出模块规格为AOD16D。组1包含槽1～槽5，分别对应5个输入或输出模块。

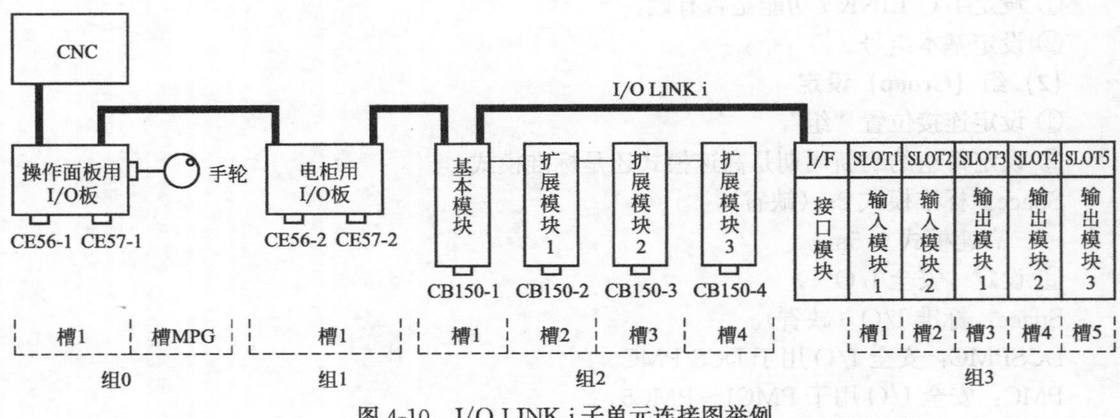

图4-10 I/O LINK i子单元连接图举例

参数No. 11933＃0＝1，按I/O LINK i设定模块地址。各组模块I/O LINK i地址具体设定见表4-5。

表 4-5　各模块 I/O LINK i 地址具体设定

Group	Slot	PMC	X address	X size	Y address	Y size
0	1	PMC1	X20	6	Y20	4
0	MPG	PMC1	X26	3	—	—
1	1	PMC1	X36	6	Y24	4
2	1	PMC1	X4	3	Y0	2
2	2	PMC1	X7	3	Y2	2
2	3	PMC1	X10	3	Y4	2
2	4	PMC1	X13	3	Y6	2
3	1	PMC1	X52	4	—	—
3	2	PMC1	X56	4	—	—
3	3	PMC1	—	—	Y52	2
3	4	PMC1	—	—	Y54	2
3	5	PMC1	—	—	Y56	2

I/O LINK i 地址分配可以直接在 NC 系统上进行分配，也可以用 Ladder-Ⅲ软件生成文件并编译后在 BOOT 画面导入系统。

使用 Ladder-Ⅲ软件的步骤如下：

① 打开 Ladder-Ⅲ软件，点击 File→New Program，弹出文件名输入对话框，如图 4-11 所示，然后选择“I/O Link i”。

② 在图 4-11 中键入“I/O Link i”文件名后，点击“OK”。随即弹出程序列表框，如图 4-12 所示。

③ 双击图 4-12 中的“I/O Link i”，展开程序列表框，如图 4-13 所示。

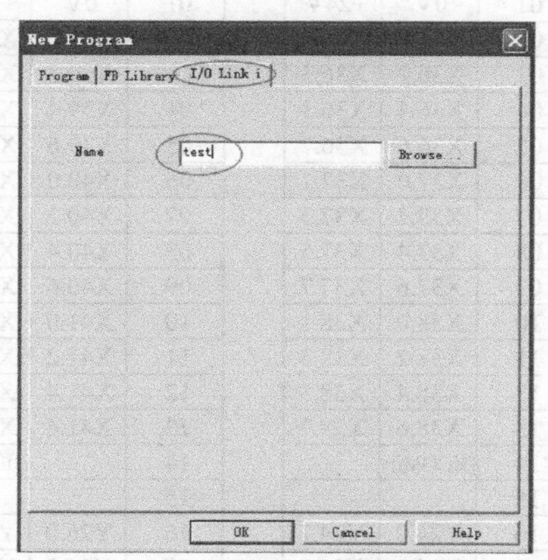

图 4-11　“I/O Link i”文件名输入对话框

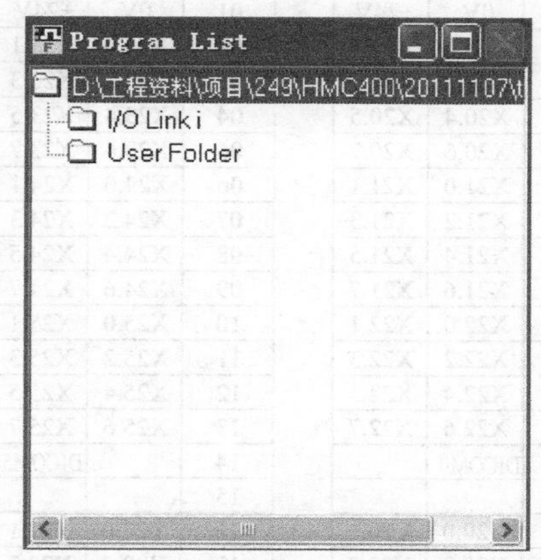

图 4-12　“I/O Link i”程序列表框

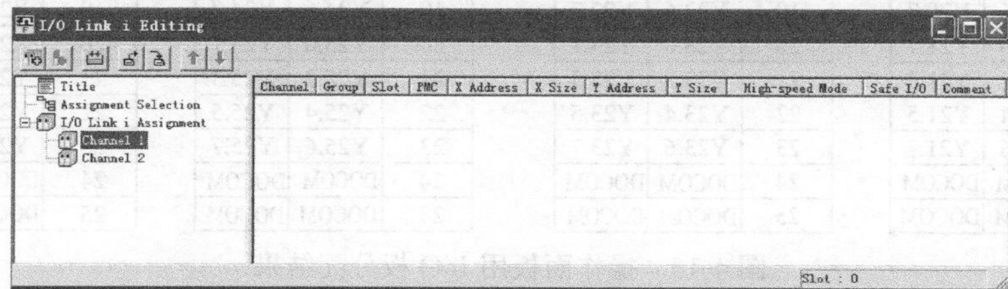

图 4-13　“I/O Link i”程序列表框展开

④ 在图 4-13 中，选择 Channel 1，进行 I/O LINK i 地址分配。在 Channel 1 上右键点击可添加 Group，在生成的 Group 上右键点击可添加 Slot，在生成的 Slot 上双击，可对该槽分配相应的输入输出首字节及字节长度。组 0 槽 1 的 I/O Link i 槽编辑画面如图 4-14 所示。

⑤ 点击图 4-14 中“Modify”，即完成对组 0 槽 1 的地址分配，如图 4-15 所示。

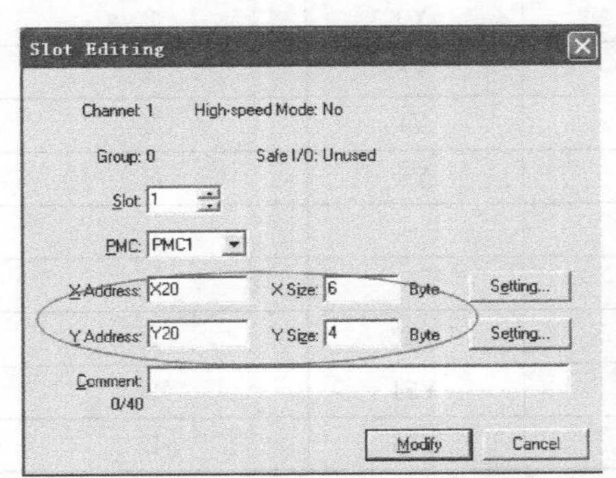

图 4-14 组 0 槽 1 的 I/O Link i 槽编辑画面

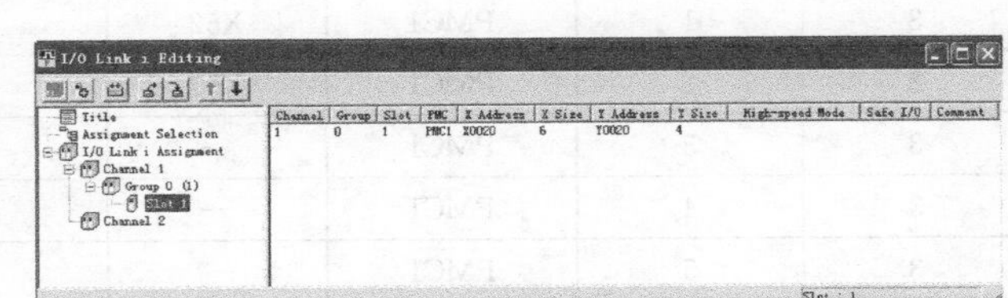

图 4-15 I/O Link i 组 0 槽 1 的地址分配结果

⑥ 按相同的方法，依次完成表 4-5 中所有模块的设定。最终分配完成后，需要进行编译，在 Ladder-Ⅲ软件中点击 Tool→Compile 进行编译，将生成的文件在 BOOT 画面导入系统。

⑦ 操作面板用 I/O 板 CE56-1 和 CE57-1 接口与电柜用 I/O 板 CE56-2 和 CE57-2 接口各引脚的地址分配结果如图 4-16 所示。

CE56-1

引脚号	A	B
01	0V	+24V
02	X20.0	X20.1
03	X20.2	X20.3
04	X20.4	X20.5
05	X20.6	X20.7
06	X21.0	X21.1
07	X21.2	X21.3
08	X21.4	X21.5
09	X21.6	X21.7
10	X22.0	X22.1
11	X22.2	X22.3
12	X22.4	X22.5
13	X22.6	X22.7
14	DICOM0	
15		
16	Y20.0	Y20.1
17	Y20.2	Y20.3
18	Y20.4	Y20.5
19	Y20.6	Y20.7
20	Y21.0	Y21.1
21	Y21.2	Y21.3
22	Y21.4	Y21.5
23	Y21.6	Y21.7
24	DOCOM	DOCOM
25	DOCOM	DOCOM

CE57-1

引脚号	A	B
01	0V	+24V
02	X23.0	X23.1
03	X23.2	X23.3
04	X23.4	X23.5
05	X23.6	X23.7
06	X24.0	X24.1
07	X24.2	X24.3
08	X24.4	X24.5
09	X24.6	X24.7
10	X25.0	X25.1
11	X25.2	X25.3
12	X25.4	X25.5
13	X25.6	X25.7
14		DICOM5
15		
16	Y22.0	Y22.1
17	Y22.2	Y22.3
18	Y22.4	Y22.5
19	Y22.6	Y22.7
20	Y23.0	Y23.1
21	Y23.2	Y23.3
22	Y23.4	Y23.5
23	Y23.6	Y23.7
24	DOCOM	DOCOM
25	DOCOM	DOCOM

CE56-2

引脚号	A	B
01	0V	+24V
02	X36.0	X36.1
03	X36.2	X36.3
04	X36.4	X36.5
05	X36.6	X36.7
06	X37.0	X37.1
07	X37.2	X37.3
08	X37.4	X37.5
09	X37.6	X37.7
10	X38.0	X38.1
11	X38.2	X38.3
12	X38.4	X38.5
13	X38.6	X38.7
14	DICOM0	
15		
16	Y24.0	Y24.1
17	Y24.2	Y24.3
18	Y24.4	Y24.5
19	Y24.6	Y24.7
20	Y25.0	Y25.1
21	Y25.2	Y25.3
22	Y25.4	Y25.5
23	Y25.6	Y25.7
24	DOCOM	DOCOM
25	DOCOM	DOCOM

CE57-2

引脚号	A	B
01	0V	+24V
02	X39.0	X39.1
03	X39.2	X39.3
04	X39.4	X39.5
05	X39.6	X39.7
06	X40.0	X40.1
07	X40.2	X40.3
08	X40.4	X40.5
09	X40.6	X40.7
10	X41.0	X41.1
11	X41.2	X41.3
12	X41.4	X41.5
13	X41.6	X41.7
14		DICOM5
15		
16	Y26.0	Y26.1
17	Y26.2	Y26.3
18	Y26.4	Y26.5
19	Y26.6	Y26.7
20	Y27.0	Y27.1
21	Y27.2	Y27.3
22	Y27.4	Y27.5
23	Y27.6	Y27.7
24	DOCOM	DOCOM
25	DOCOM	DOCOM

图 4-16 操作面板用 I/O 板分配结果

⑧ 分线盘 I/O 模块 CB150-1～CB150-4 接口各引脚的地址分配结果如图 4-17 所示。

CB150-1					
33	DOCOM			01	DOCOM
34	Y0.0	19	0V	02	Y1.0
35	Y0.1	20	0V	03	Y1.1
36	Y0.2	21	0V	04	Y1.2
37	Y0.3	22	0V	05	Y1.3
38	Y0.4	23	0V	06	Y1.4
39	Y0.5	24	DICOM0	07	Y1.5
40	Y0.6	25	X5.0	08	Y1.6
41	Y0.7	26	X5.1	09	Y1.7
42	X4.0	27	X5.2	10	X6.0
43	X4.1	28	X5.3	11	X6.1
44	X4.2	29	X5.4	12	X6.2
45	X4.3	30	X5.5	13	X6.3
46	X4.4	31	X5.6	14	X6.4
47	X4.5	32	X5.7	15	X6.5
48	X4.6			16	X6.6
49	X4.7			17	X6.7
50	+24V			18	+24V

CB150-2					
33	DOCOM			01	DOCOM
34	Y2.0	19	0V	02	Y3.0
35	Y2.1	20	0V	03	Y3.1
36	Y2.2	21	0V	04	Y3.2
37	Y2.3	22	0V	05	Y3.3
38	Y2.4	23	0V	06	Y3.4
39	Y2.5	24	DICOM0	07	Y3.5
40	Y2.6	25	X8.0	08	Y3.6
41	Y2.7	26	X8.1	09	Y3.7
42	X7.0	27	X8.2	10	X9.0
43	X7.1	28	X8.3	11	X9.1
44	X7.2	29	X8.4	12	X9.2
45	X7.3	30	X8.5	13	X9.3
46	X7.4	31	X8.6	14	X9.4
47	X7.5	32	X8.7	15	X9.5
48	X7.6			16	X9.6
49	X7.7			17	X9.7
50	+24V			18	+24V

CB150-3					
33	DOCOM			01	DOCOM
34	Y4.0	19	0V	02	Y5.0
35	Y4.1	20	0V	03	Y5.1
36	Y4.2	21	0V	04	Y5.2
37	Y4.3	22	0V	05	Y5.3
38	Y4.4	23	0V	06	Y5.4
39	Y4.5	24	DICOM0	07	Y5.5
40	Y4.6	25	X11.0	08	Y5.6
41	Y4.7	26	X11.1	09	Y5.7
42	X10.0	27	X11.2	10	X12.0
43	X10.1	28	X11.3	11	X12.1
44	X10.2	29	X11.4	12	X12.2
45	X10.3	30	X11.5	13	X12.3
46	X10.4	31	X11.6	14	X12.4
47	X10.5	32	X11.7	15	X12.5
48	X10.6			16	X12.6
49	X10.7			17	X12.7
50	+24V			18	+24V

CB150-4					
33	DOCOM			01	DOCOM
34	Y6.0	19	0V	02	Y7.0
35	Y6.1	20	0V	03	Y7.1
36	Y6.2	21	0V	04	Y7.2
37	Y6.3	22	0V	05	Y7.3
38	Y6.4	23	0V	06	Y7.4
39	Y6.5	24	DICOM0	07	Y7.5
40	Y6.6	25	X14.0	08	Y7.6
41	Y6.7	26	X14.1	09	Y7.7
42	X13.0	27	X14.2	10	X15.0
43	X13.1	28	X14.3	11	X15.1
44	X13.2	29	X14.4	12	X15.2
45	X13.3	30	X14.5	13	X15.3
46	X13.4	31	X14.6	14	X15.4
47	X13.5	32	X14.7	15	X15.5
48	X13.6			16	X15.6
49	X13.7			17	X15.7
50	+24V			18	+24V

图 4-17　分线盘 I/O 模块分配结果

4.1.3　固定地址分配

在进行 I/O 模块地址分配时，必须注意有一部分输入信号为固定 X 地址。它们是一部分高速处理信号，如急停＊ESP、跳跃 SKIP、减速＊DEC、测量等直接进入 CNC 装置，由 CNC 直接处理相关功能。固定 X 地址如表 4-6 所示。表中 T 代表车床系统；M 代表加工中心系统。＃1～＃3 分别代表 CNC 路径 1～3。

表 4-6　固定 X 地址

地址	＃7	＃6	＃5	＃4	＃3	＃2	＃1	＃0	备注
X4	SKIP$^{\#1}$	ESKIP$^{\#1}$ SKIP6$^{\#1}$	－MIT2$^{\#1}$ SKIP5$^{\#1}$	＋MIT2$^{\#1}$ SKIP4$^{\#1}$	－MIT1$^{\#1}$ SKIP3$^{\#1}$	＋MIT1$^{\#1}$ SKIP2$^{\#1}$	ZAE$^{\#1}$ SKIP8$^{\#1}$	XAE$^{\#1}$ SKIP7$^{\#1}$	T
X4	SKIP$^{\#1}$	ESKIP$^{\#1}$ SKIP6$^{\#1}$	SKIP5$^{\#1}$	SKIP4$^{\#1}$	SKIP3$^{\#1}$	ZAE$^{\#1}$ SKIP2$^{\#1}$	YAE$^{\#1}$ SKIP8$^{\#1}$	XAE$^{\#1}$ SKIP7$^{\#1}$	M
X7	＊DEC8$^{\#2}$	＊DEC7$^{\#2}$	＊DEC6$^{\#2}$	＊DEC5$^{\#2}$	＊DEC4$^{\#2}$	＊DEC3$^{\#2}$	＊DEC2$^{\#2}$	＊DEC1$^{\#2}$	
X8				＊ESP			(＊ESP)	(＊ESP)	
X9	＊DEC8$^{\#1}$	＊DEC7$^{\#1}$	＊DEC6$^{\#1}$	＊DEC5$^{\#1}$	＊DEC4$^{\#1}$	＊DEC3$^{\#1}$	＊DEC2$^{\#1}$	＊DEC1$^{\#1}$	
X10	＊DEC8$^{\#3}$	＊DEC7$^{\#3}$	＊DEC6$^{\#3}$	＊DEC5$^{\#3}$	＊DEC4$^{\#3}$	＊DEC3$^{\#3}$	＊DEC2$^{\#3}$	＊DEC1$^{\#3}$	
X11	SKIP$^{\#3}$	ESKIP$^{\#3}$ SKIP6$^{\#3}$	－MIT2$^{\#3}$ SKIP5$^{\#3}$	＋MIT2$^{\#3}$ SKIP4$^{\#3}$	－MIT1$^{\#3}$ SKIP3$^{\#3}$	＋MIT1$^{\#3}$ SKIP2$^{\#3}$	ZAE$^{\#3}$ SKIP8$^{\#3}$	XAE$^{\#3}$ SKIP7$^{\#3}$	T
X11	SKIP$^{\#3}$	ESKIP$^{\#3}$ SKIP6$^{\#3}$	SKIP5$^{\#3}$	SKIP4$^{\#3}$	SKIP3$^{\#3}$	ZAE$^{\#3}$ SKIP2$^{\#3}$	YAE$^{\#3}$ SKIP8$^{\#3}$	XAE$^{\#3}$ SKIP7$^{\#3}$	M
X13	SKIP$^{\#2}$	ESKIP$^{\#2}$ SKIP6$^{\#2}$	－MIT2$^{\#2}$ SKIP5$^{\#2}$	＋MIT2$^{\#2}$ SKIP4$^{\#2}$	－MIT1$^{\#2}$ SKIP3$^{\#2}$	＋MIT1$^{\#2}$ SKIP2$^{\#2}$	ZAE$^{\#2}$ SKIP8$^{\#2}$	XAE$^{\#2}$ SKIP7$^{\#2}$	T
X13	SKIP$^{\#2}$	ESKIP$^{\#2}$ SKIP6$^{\#2}$	SKIP5$^{\#2}$	SKIP4$^{\#2}$	SKIP3$^{\#2}$	ZAE$^{\#2}$ SKIP2$^{\#2}$	YAE$^{\#2}$ SKIP8$^{\#2}$	XAE$^{\#2}$ SKIP7$^{\#2}$	M

4.2　运行准备

4.2.1　急停与复位

(1) 接口信号

① ＊ESP（X8.4，X8.0，X8.1 或 G8.4）：急停信号，有硬件信号（X8.4，X8.0，

X8.1）和软件信号（G8.4）两种。X8.4、X8.0、X8.1 分别是第 1～3 机械组的硬件急停信号。

硬件急停信号和软件急停信号之一为“0”时，系统立即进入急停状态。

进入急停时，伺服回路主接触器 MCC 将断开，并且伺服电机动态制动（将伺服电机动力线进行相间短路，利用电机旋转产生的反电动势产生制动）。对于移动中的轴瞬时停止（CNC 不进行加减速处理），CNC 进入复位状态。

② ERS（G8.7）：外部复位信号。该信号为“1”时，NC 变为复位状态，并输出复位中信号 RST。

③ RRW（G8.6）：复位反绕信号。该信号为“1”时，NC 变为复位状态，并且在存储器运转和存储器编辑方式下，将光标退回到程序的开头位置。

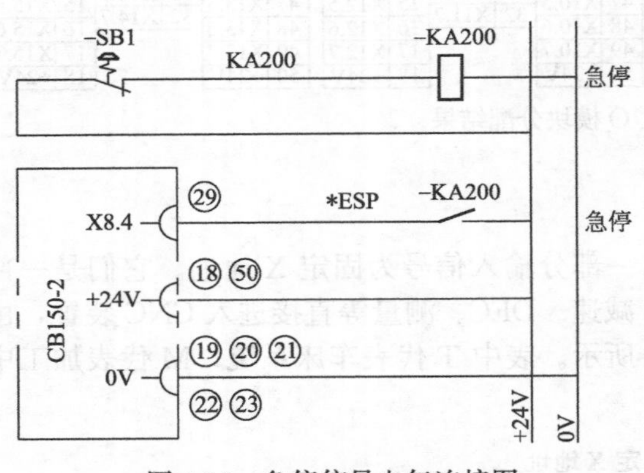

图 4-18　急停信号电气连接图

④ RST（F1.1）：复位中信号。该信号为 1，表示系统正在复位中。

（2）PMC 梯形图举例

急停信号的电气连接如图 4-18 所示。急停输入信号是固定地址 X8.4，按 4.1 节模块地址设定，该信号需接入分线盘 I/O 模块 CB150-2 接口第 29 脚。当按下急停按钮 SB1 时，继电器 KA200 线圈断电，X8.4 为低电平，产生急停。急停按钮要求带自锁，按下后需手动旋转复位。此时，继电器 KA200 重新得电，X8.4 恢复为高电平，系统急停解除。

急停与复位 PMC 程序如图 4-19 所示。

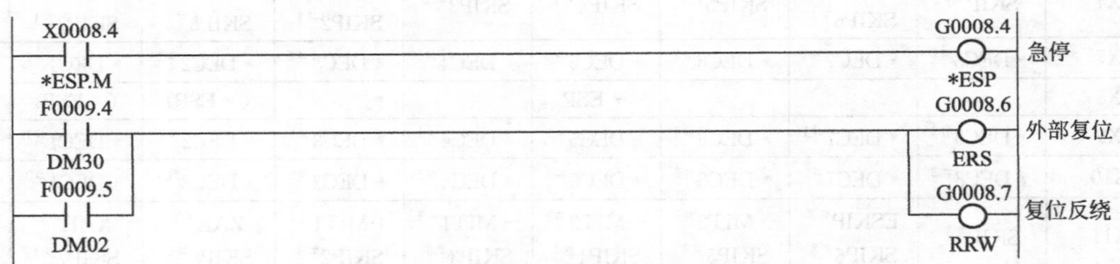

图 4-19　急停与复位 PMC 程序

DM30（F9.4）和 DM02（F9.5）是 DM30 和 DM02 代码的译码信号。以此信号让系统复位，而且光标退回到程序的开头位置。

4.2.2　CNC 就绪

（1）接口信号

① MA（F1.7）：控制装置准备就绪信号。通电后，CNC 控制装置进入可运转状态，即准备完成状态，MA 信号变为“1”。

② SA（F0.6）：伺服准备就绪信号。所有轴的伺服系统处于正常运转状态时，该信号变为“1”。一般用此信号解除伺服电机抱闸。

（2）PMC 梯形图举例

假设伺服电机抱闸解除的输出信号为 Y0.0。按 4.1 节模块地址设定，该信号需接入分线盘 I/O 模块 CB150-1 接口第 34 脚，如图 4-20 所示。

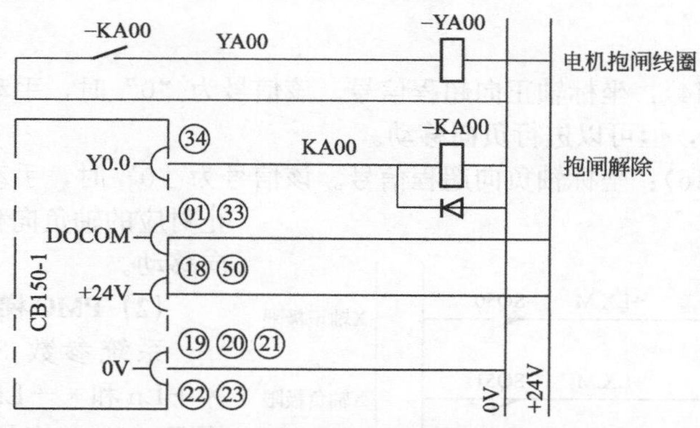

图 4-20 伺服电机抱闸解除输出信号电气连接图

伺服电机抱闸解除 PMC 程序如图 4-21 所示。

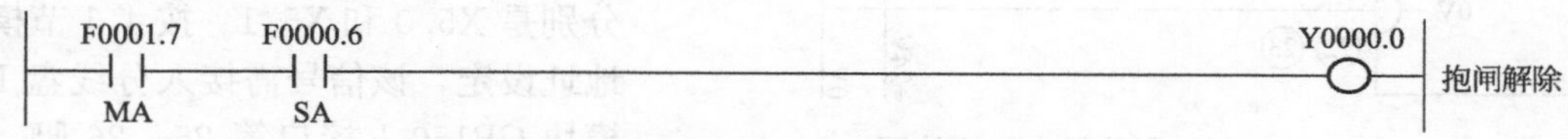

图 4-21 伺服电机抱闸解除 PMC 程序

当 NC 与伺服准备完成，即 MA 与 SA 均为“1”时，Y0.0 输出为“1”。此时继电器 KA00 得电，继而伺服电机抱闸线圈 YA00 也得电，抱闸得以解除。

4.2.3 互锁

(1) 接口信号

① *IT（G8.0）：互锁信号。该信号为“0”时，手动运转、自动运转所有轴禁止移动。正在移动的轴减速停止。信号变为“1”后，立即重新启动中断的轴进行移动。系统参数 3003#0 置 1 可使 *IT 信号无效。

② *ITn（G130）：各轴互锁信号。该信号为“0”时，手动运转、自动运转禁止对应的轴移动。系统参数 3003#2 置 1 可使 *ITn 信号无效。

(2) PMC 梯形图举例

互锁信号 *IT（G8.0）置 0 将禁止所有轴移动。如果只是禁止某一坐标轴移动，则将该坐标轴对应的互锁信号 *ITn（G130）置 0。如果不使用互锁信号，可以用参数使之无效；也可以用 PMC 程序使之无效，程序如图 4-22 所示。

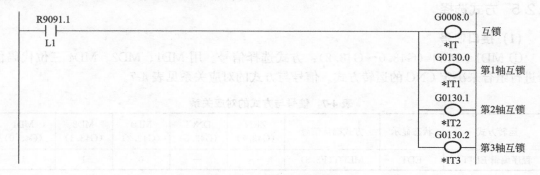

图 4-22 互锁 PMC 程序

4.2.4 超程

(1) 接口信号

① ＊＋Ln (G114)：坐标轴正向超程信号。该信号为“0”时，手动运转、自动运转禁止对应的轴正向移动，但可以进行负向移动。

② ＊－Ln (G116)：坐标轴负向超程信号。该信号为“0”时，手动运转、自动运转禁止对应的轴负向移动，但可以进行正向移动。

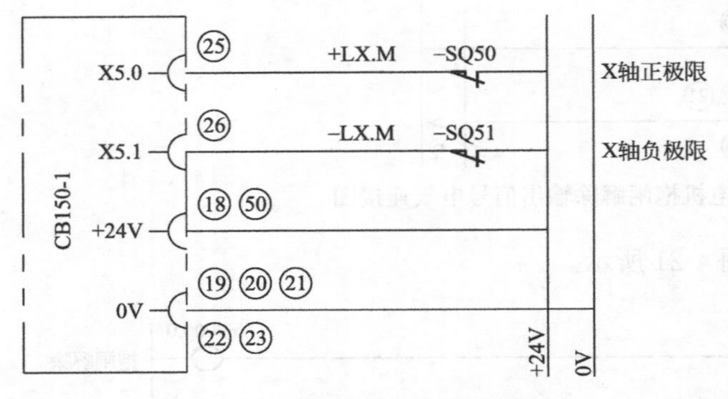

图 4-23 硬极限信号电气连接图

(2) PMC 梯形图举例

系统参数 3004＃5 置 1 可使＊＋Ln 和＊－Ln 信号无效。也可以用 R9091.1 信号来屏蔽超程信号。某机器 X 轴使用硬件超程信号，其正向和负向硬极限开关输入信号地址分别是 X5.0 和 X5.1。按 4.1 节模块地址设定，该信号需接入分线盘 I/O 模块 CB150-1 接口第 25、26 脚，开关接常闭触点，如图 4-23 所示。

硬件超程 PMC 程序如图 4-24 所示。

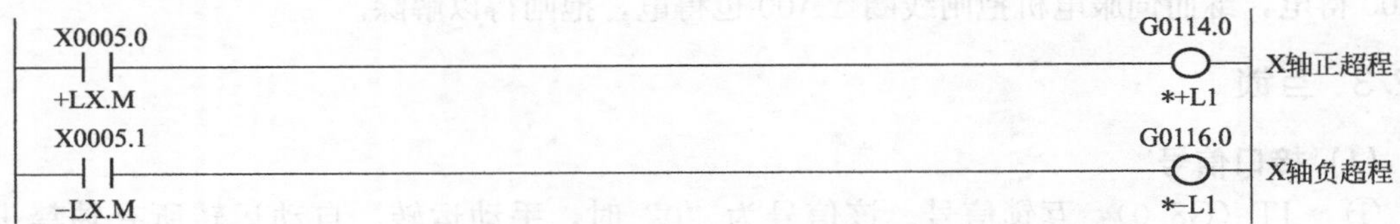

图 4-24 硬件超程 PMC 程序

当轴未出现硬件超程时，SQ50 和 SQ51 开关均不动作，由于开关接常闭触点，X5.0 和 X5.1 均为高电平，因此 G114.0 和 G116.0 也为高电平，轴可以正负向正常移动。

当轴出现正向硬件超程时，SQ50 开关动作，SQ51 开关不动作，X5.0 为低电平，X5.1 为高电平，因此 G114.0 为低电平，G116.0 为高电平，轴禁止正向移动，但可以负向正常移动。

当轴出现负向硬件超程时，SQ50 开关不动作，SQ51 开关动作，X5.0 为高电平，X5.1 为低电平，因此 G114.0 为高电平，G116.0 为低电平，轴禁止负向移动，但可以正向正常移动。

4.2.5 方式选择

(1) 接口信号

① MD1～MD4 (G43.0～G43.2)：方式选择信号。用 MD1、MD2、MD4 三位代码信号进行组合来决定 CNC 的运转方式。信号与方式的对应关系见表 4-7。

表 4-7 信号与方式的对应关系

运转方式	状态显示	方式确认信号	ZRN (G43.7)	DNCI (G43.5)	MD4 (G43.2)	MD2 (G43.1)	MD1 (G43.0)
程序编辑 EDIT	EDT	MEDT(F3.6)	—	—	0	1	1

续表

运转方式	状态显示	方式确认信号	ZRN (G43.7)	DNCI (G43.5)	MD4 (G43.2)	MD2 (G43.1)	MD1 (G43.0)
存储器运转 MEM	MEM	MMEM(F3.5)	—	0	0	0	1
远程运转 RMT	RMT	MRMT(F3.4)	—	1	0	0	1
手动数据输入 MDI	MDI	MMDI(F3.3)	—	—	0	0	0
手轮进给 增量进给	HND INC	MH(F3.1) MINC(F3.0)	—	—	1	0	0
手动连续进给 JOG	JOG	MJ(F3.2)	0	—	1	0	1
回参考点 REF	REF	MREF(F4.6)	1	0	1	0	1
JOG 示教	TJOG	MTCHIN(F3.7) MJ(F3.2)	0	—	1	1	0
手轮示教	THND	MTCHIN(F3.7) MH(F3.1)	0	—	1	1	1

② ZRN（G43.7）：回参考点方式。

③ DNCI（G43.5）：远程（DNC）运转信号。

各方式的操作说明如下：

EDT：进行加工程序的编辑和数据的输入输出。

MEM：执行存储于存储器的加工程序。

RMT：一边从串行口（RS232C）读取加工程序，一边进行加工。

MDI：用 MDI 键输入程序直接进行运转或进行参数的设定与调整。

HND：转动手轮使轴移动。

INC：按手动进给按钮（＋X，－X 等）时，轴移动一步。

JOG：按手动进给按钮（＋X，－X 等）时，轴便移动。

REF：用手动操作使轴回到机床参考点。

TJOG/THND：示教方式，是合成手动进给和程序编辑的方式。用手动进给移动机床到目标位置，并用简单的操作把机床位置插入加工程序。

④ KEY1～KEY4（G46.3～G46.6）：存储器保护信号。信号置 0 时，存储器为受保护状态，不允许输入数据；信号置 1 时，存储器保护解除，允许输入数据。参数 KEY（No.3290＃7）的设定不同，存储器保护的内容不同。

参数 KEY（No.3290＃7）为“0”的情形：

KEY1（G46.3）：允许刀具偏置量、工件原点偏置量、工件坐标系偏移量的输入。

KEY2（G46.4）：允许设定数据、宏变量、刀具寿命管理数据的输入。

KEY3（G46.5）：允许程序的登录和编辑。

KEY4（G46.6）：允许 PMC 参数（计数器、数据表）的输入。

参数 KEY（No.3290＃7）为“1”的情形：

KEY1（G46.3）：允许程序的登录、编辑、PMC 参数的输入。

KEY2～KEY4（G46.4～G46.6）：不使用。

(2) PMC 梯形图举例

例 1：各方式选择信号通过按钮信号 X20.0～X20.5 进行选择，通过 Y20.0～Y20.5 指示灯表明已经生效的运行方式。按 4.1 节模块地址设定，该信号需接入操作面板用 I/O 板

CE56-1 接口，输入信号漏型接法，输入公共端 DICOM0 接 0V；输出信号源型接法，输出公共端 DOCOM 接＋24V，具体电气原理图如图 4-25 所示。

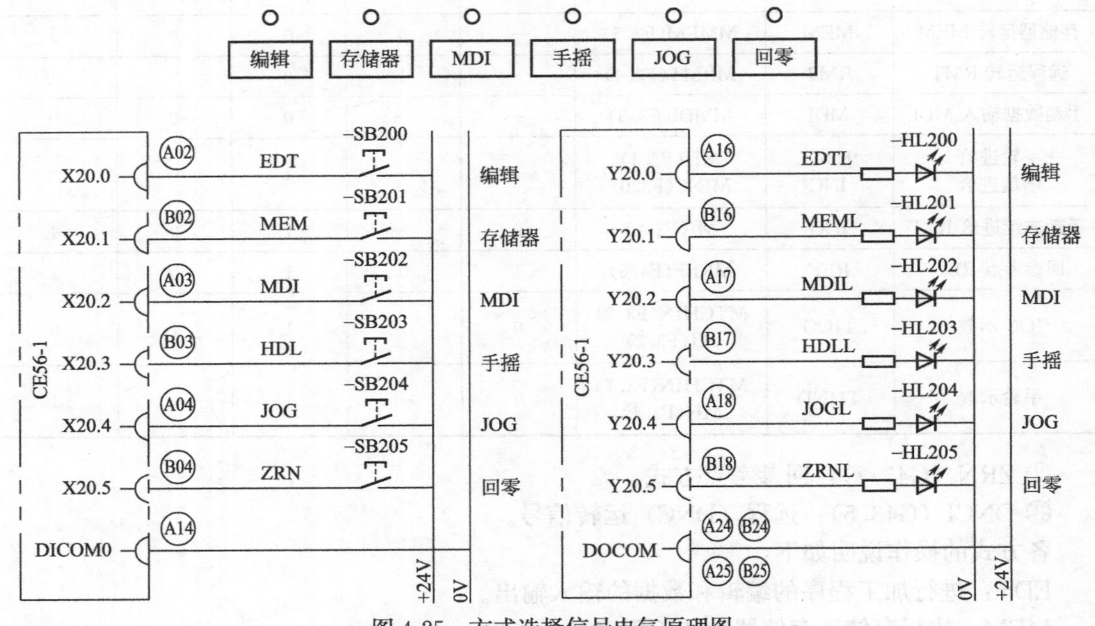

图 4-25 方式选择信号电气原理图

例 1 方式选择 PMC 程序如图 4-26～图 4-33 所示。

① 检测有无方式开关被按下。当有方式选择按钮被按下时，R10.0（MDOR）置 1（图 4-26）。

图 4-26 例 1 方式选择 PMC 程序（1）

② 检测 R10.0（MDOR）信号上升沿（图 4-27）。

③ 方式信号 MD1 记忆。从表 4-7 中可知：编辑、存储器、JOG、回零方式下，MD1 信

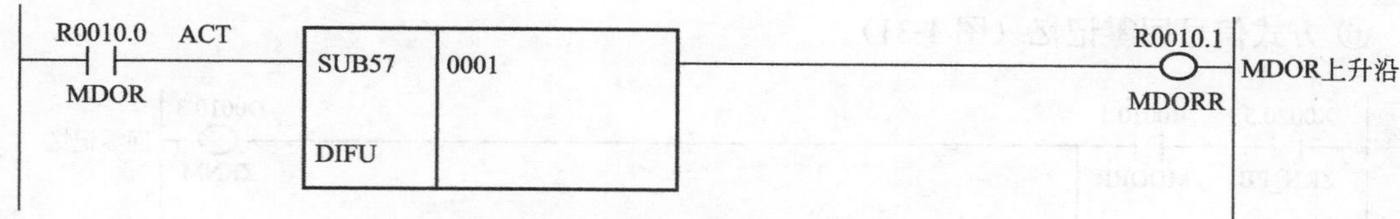

图 4-27　例 1 方式选择 PMC 程序（2）

号置 1（图 4-28）。

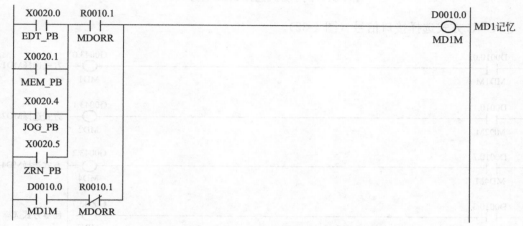

图 4-28　例 1 方式选择 PMC 程序（3）

④ 方式信号 MD2 记忆。从表 4-7 中可知：编辑方式下，MD2 信号置 1（图 4-29）。

图 4-29　例 1 方式选择 PMC 程序（4）

⑤ 方式信号 MD4 记忆。从表 4-7 中可知：手摇、JOG、回零方式下，MD4 信号置 1（图 4-30）。

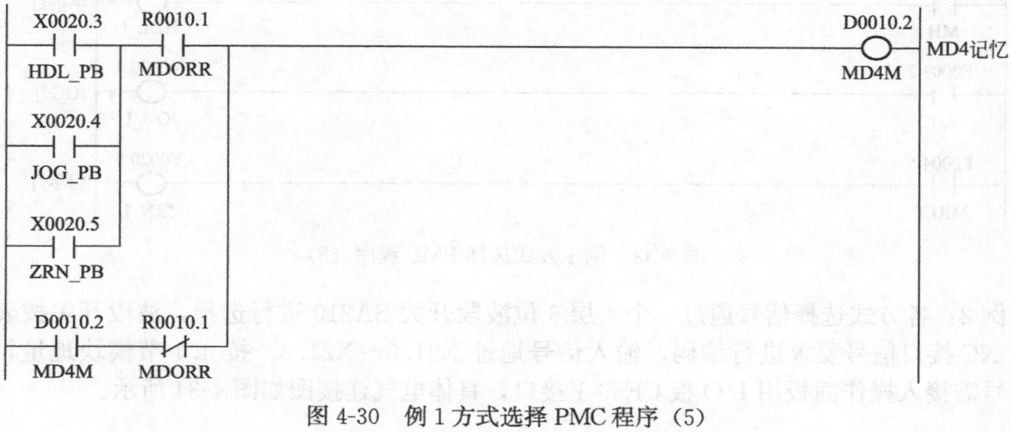

图 4-30　例 1 方式选择 PMC 程序（5）

⑥ 方式信号回零记忆（图 4-31）。

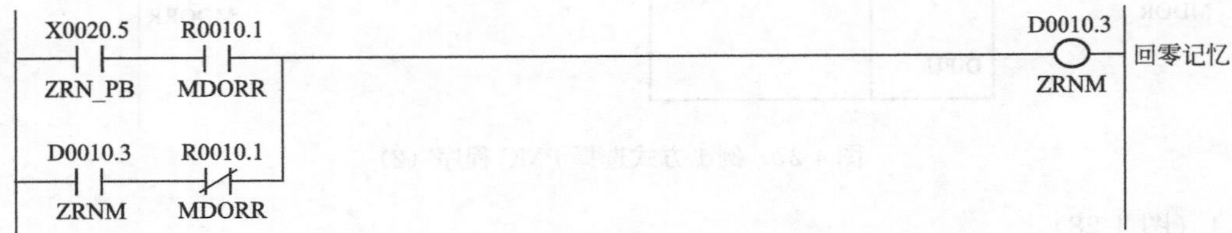

图 4-31　例 1 方式选择 PMC 程序（6）

⑦ CNC 方式选择接口信号（图 4-32）。

D0010.0 MD1M — G0043.0 MD1 方式选择MD1
D0010.1 MD2M — G0043.1 MD2 方式选择MD2
D0010.2 MD4M — G0043.2 MD4 方式选择MD4
D0010.3 ZRNM — G0043.7 ZRN 回零方式选择

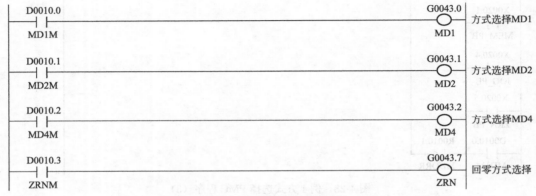

图 4-32　例 1 方式选择 PMC 程序（7）

⑧ 方式选择指示灯（图 4-33）。

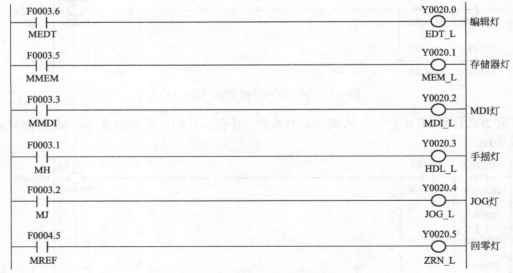

图 4-33　例 1 方式选择 PMC 程序（8）

例 2：各方式选择信号通过一个 4 层 6 位波段开关 SA210 进行选择，波段开关按表 4-7 所示 NC 接口信号要求进行编码，输入信号地址 X21.0～X21.3。按 4.1 节模块地址设定，该信号需接入操作面板用 I/O 板 CE56-1 接口，具体电气连接图如图 4-34 所示。

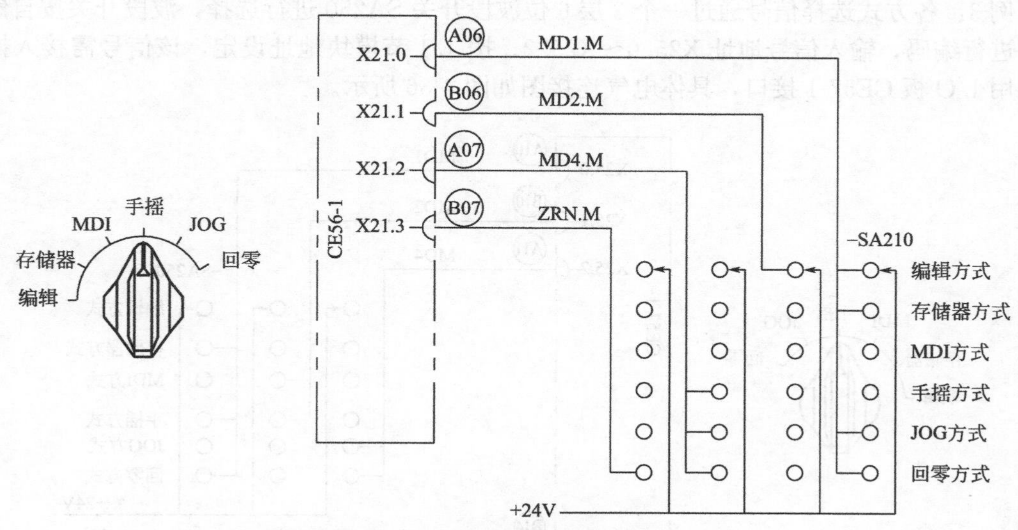

图 4-34　方式选择波段开关 SA210 电气连接图

从图 4-34 中可以看出波段开关 SA210 的信号编码，具体见表 4-8。对照表 4-7 所示，二者基本一致，即 X21.0 对应 G43.0；X21.1 对应 G43.1；X21.2 对应 G43.2；X21.3 对应 G43.7。

表 4-8　波段开关 SA210 信号编码

方式	ZRN.M (X21.3)	MD4.M (X21.2)	MD2.M (X21.1)	MD1.M (X21.0)
编辑	0	0	1	1
存储器	0	0	0	1
MDI	0	0	0	0
手摇	0	1	0	0
JOG	0	1	0	1
回零	1	1	0	1

例 2 方式选择 PMC 程序如图 4-35 所示。

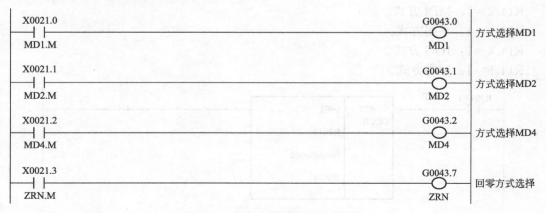

图 4-35　例 2 方式选择 PMC 程序

例 3：各方式选择信号通过一个 3 层 6 位波段开关 SA250 进行选择，波段开关按自然二进制进行编码，输入信号地址 X25.0～X25.2。按 4.1 节模块地址设定，该信号需接入操作面板用 I/O 板 CE57-1 接口，具体电气连接图如图 4-36 所示。

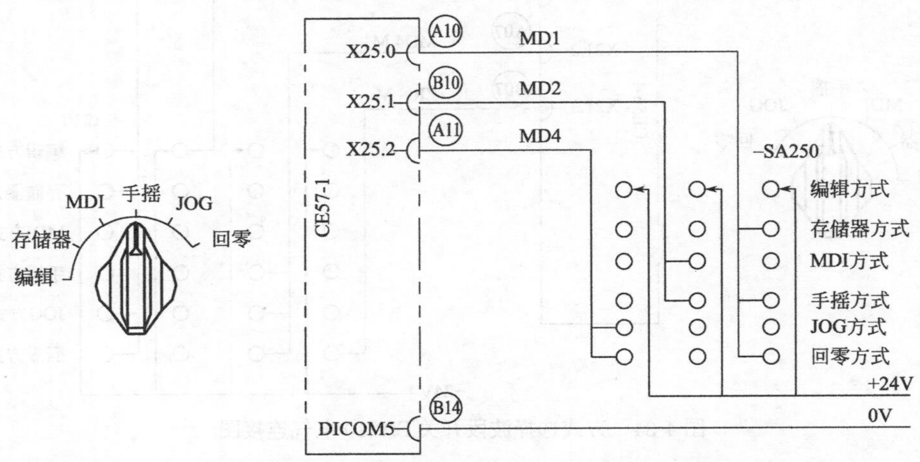

图 4-36　方式选择波段开关 SA250 电气连接图

例 3 方式选择 PMC 程序如图 4-37～图 4-42 所法。

① 屏蔽 X25 字节中的高 5 位，输出到 R13（图 4-37）。

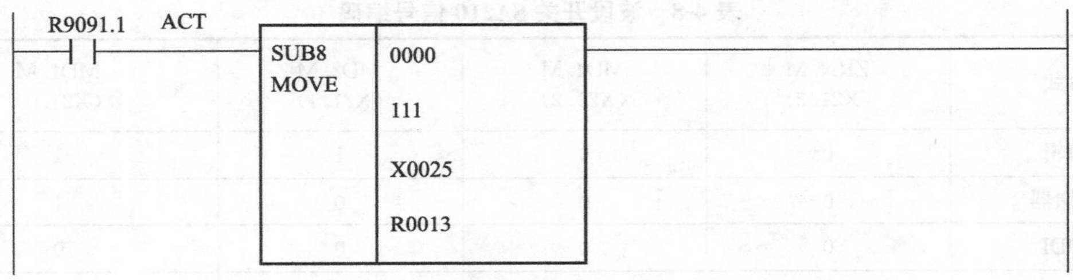

图 4-37　例 3 方式选择 PMC 程序（1）

② 对 R13 中的数据进行从 0 开始的二进制译码，译码结果输出到 R14（图 4-38）。

R14.0=1：编辑方式。

R14.1=1：存储器方式。

R14.2=1：MDI 方式。

R14.3=1：手摇方式。

R14.4=1：JOG 方式。

R14.5=1：回零方式。

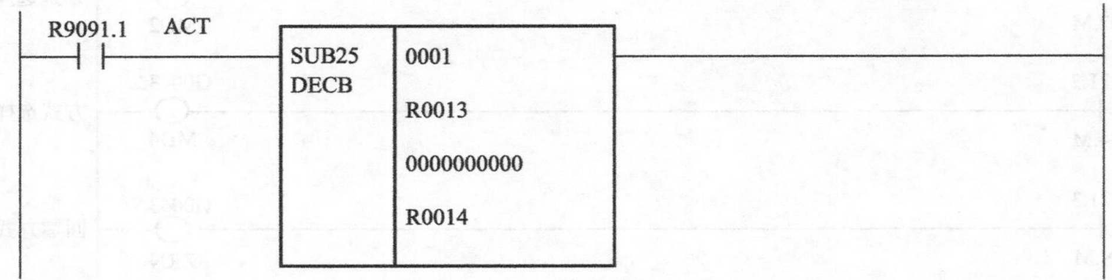

图 4-38　例 3 方式选择 PMC 程序（2）

③ 按表 4-7 中的编码要求，编辑、存储器、JOG、回零方式下，G43.0 置 1（图 4-39）。

图 4-39　例 3 方式选择 PMC 程序（3）

④ 按表 4-7 中 NC 接口信号编码要求，仅编辑方式下，G43.1 置 1（图 4-40）。

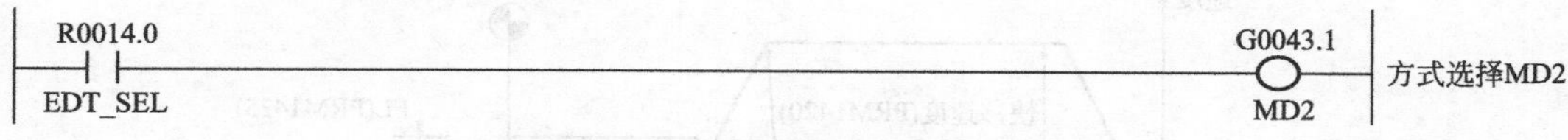

图 4-40　例 3 方式选择 PMC 程序（4）

⑤ 按表 4-7 中 NC 接口信号编码要求，手摇、JOG、回零方式下，G43.2 置 1（图 4-41）。

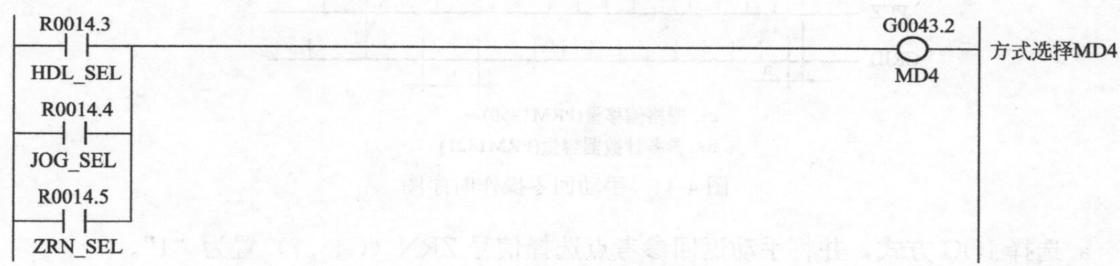

图 4-41　例 3 方式选择 PMC 程序（5）

⑥ 按表 4-7 中 NC 接口信号编码要求，回零方式下，G43.7 置 1（图 4-42）。

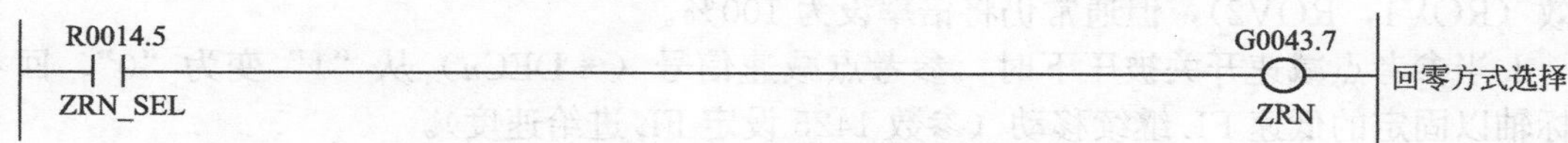

图 4-42　例 3 方式选择 PMC 程序（6）

4.3　手动操作

4.3.1　JOG 进给/手动回零

（1）接口信号

① JOG 进给

	#7	#6	#5	#4	#3	#2	#1	#0
G100	+J8	+J7	+J6	+J5	+J4	+J3	+J2	+J1
G102	–J8	–J7	–J6	–J5	–J4	–J3	–J2	–J1

图 4-43　轴进给方向信号

a. ＋J*n* 或－J*n*：轴进给方向信号。信号名中的信号（＋或－）指明进给方向。J 后所跟数字表明控制轴号，见图 4-43。

在 JOG 方式下，将进给轴的方向选择信号置为“1”，所选坐标轴沿着所选的方向连续移动。一般，手动 JOG 进给，在同一时刻，仅允许一个轴移动，但通过设定参数 JAX(1002＃0) 也可选择 3 个轴同时移动。JOG 进给速度由参数 1423 来定义。使用 JOG 进给速度倍率开关可调整 JOG 进给速度。快速进给被选择后，机床以快速进给速度移动，此时与 JOG 进给速度倍率开关信号无关。

b. RT(G19.7)：手动快速进给选择信号。在 JOG 进给或增量进给方式下用此信号选择快速进给速度。

② 手动回零　手动回零操作的时序图如图 4-44 所示。手动返回参考位置的步骤如下：

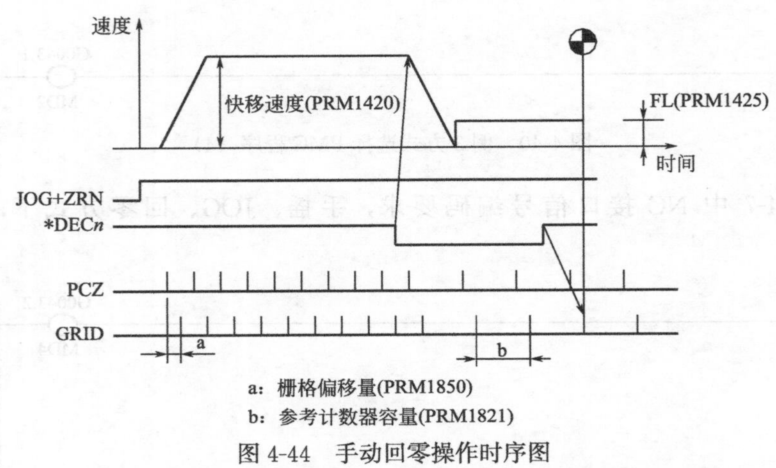

图 4-44　手动回零操作时序图

a. 选择 JOG 方式，并将手动返回参考点选择信号 ZRN（G43.7）置为“1”。

b. 将要回参考点坐标轴的方向选择信号（＋J*n* 或－J*n*）置为“1”，使该轴向参考点减速开关方向高速移动。

c. 进给轴和方向选择信号为“1”时，该轴会以快速进给移动。虽然快速倍率信号此时有效（ROV1，ROV2），但通常仍将倍率设为 100％。

d. 当参考点减速开关被压下时，参考点减速信号（＊DEC*n*）从“1”变为“0”，回零坐标轴以固定的低速 FL 继续移动（参数 1425 设定 FL 进给速度）。

e. 当参考点减速开关脱开后，减速信号再次变为“1”，回零坐标轴以 FL 速度，沿着参数 ZMI（1006＃5）所设定的方向移动，直到到达参考点减速开关脱开后的第 1 个栅格点停止。如果参数 ZMI 设定的方向与轴方向选择信号设定的方向不一致，第一次脱开减速开关后，轴反方向移动，直到到达第二次脱开减速开关后的第 1 个栅格点停止。

f. 当确定坐标位置在到位宽度范围内后，参考点返回结束信号（ZP*n*）和参考点建立信号（ZRF*n*）输出为“1”。

步骤 b 及其后的步骤是各轴分别进行的，即：同时控制轴数通常是一个轴。但可以通过参数 JAX（1002＃0）设定为三个轴同时运动。

在步骤 b～e 操作之间，如果进给方向选择信号（＋J*n* 或－J*n*）变为“0”，则机床运动会立即停止，且返回参考点操作被取消。如该信号再变为“1”，操作会从步骤 c 重新开始（快速进给）。

与手动返回参考点有关的信号见表 4-9。

表 4-9 与手动返回参考点有关的信号

方式选择	MD1,MD2,MD4	方式选择	MD1,MD2,MD4
参考点返回选择	ZRN,MREF	参考点返回减速信号	*DEC1,*DEC2,*DEC3,…
移动轴选择	+J1,−J1,+J2,−J2,…	参考点返回结束信号	ZP1,ZP2,ZP3,…
移动速度选择	ROV1,ROV2	参考点确立信号	ZRF1,ZRF2,ZRF3,…

回零相关接口信号如下：

a. ZRN(G43.7)：手动返回参考点选择信号。该信号用来选择手动参考点返回状态。手动参考点回零实际上是工作在 JOG 方式，换句话说，要选择手动参考点返回方式，首先要选择 JOG 进给方式，其次将手动返回参考点选择信号置为“1”。

b. MREF(F4.5)：手动返回参考点选择检测信号。该信号指示手动返回参考点方式中。

c. *DEC*n*(X9)：参考点返回减速信号。这些信号在手动参考点返回操作中，使移动速度减速到 FL 速度，每个坐标轴对应一个减速信号。减速信号后的数字代表坐标轴号。

d. ZP*n*(F94)：参考点返回结束信号。该信号通知机床已经处于该轴的参考点上。每个坐标轴对应一个信号。信号名称的数字代表控制轴号。

e. ZRF*n*(F120)：参考点建立信号。指示系统已经建立了参考点。各坐标轴都有自己的参考点建立信号，信号名后边的数字代表控制轴号。

(2) PMC 程序举例

某系统 X 坐标轴 JOG 和回零操作控制要求：①只允许 X 轴手动正向回零；②系统上电后，X 轴未回零，X 轴零点指示灯闪烁，按一下 X 轴正向按钮，X 轴自动返回零点，回零结束后，X 轴零点指示灯常亮；③系统上电后，如果已经正常回零完成，即 X 轴零点指示灯常亮，仍需手动回到零点，则需要一直按住 X 轴正向按钮，直至回零结束。

X 轴正向按钮输入地址 X20.6；X 轴负向按钮输入地址 X20.7；X 轴零点指示灯输出地址 Y20.6。按 4.1 节模块地址设定，该信号需接入操作面板用 I/O 板 CE56-1 接口，具体电气连接图如图 4-45 所示。

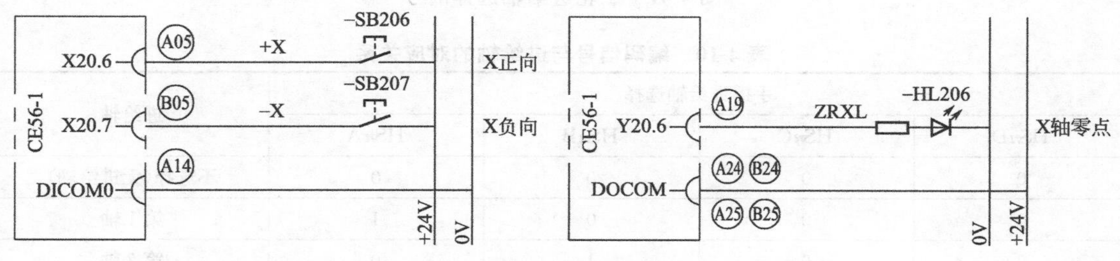

图 4-45 手动操作电气连接图

PMC 程序如图 4-46 所示。

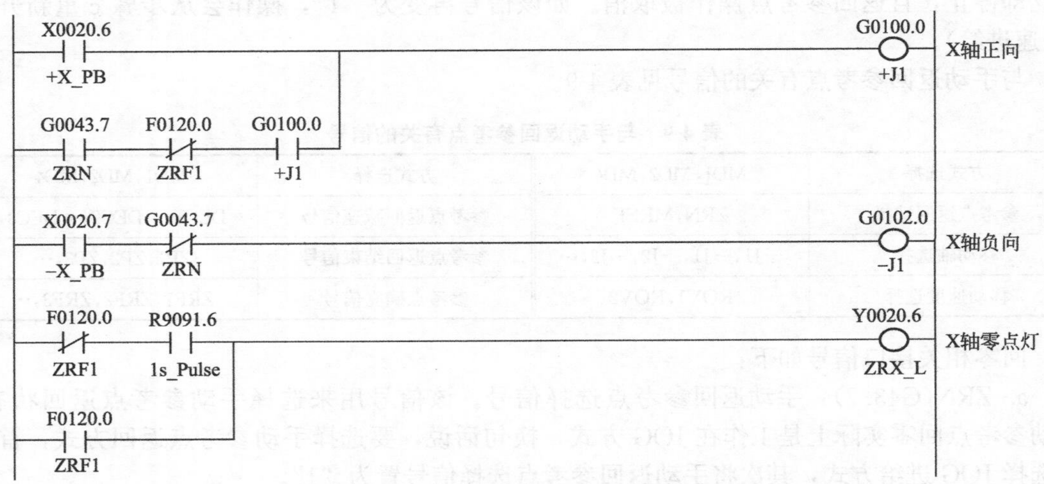

图 4-46 JOG 进给/手动回零 PMC 程序

4.3.2 手轮进给

(1) 接口信号

手轮进给方式下，通过手轮进给轴选择信号选定移动坐标轴后，旋转手摇脉冲发生器，可以进行微量移动。手摇脉冲发生器旋转一个刻度（一格），轴移动量等于最小输入增量。另外，每旋转一个刻度，轴移动量也可以选择 10 倍或其他倍数（由参数 7113 和 7114 所定义的倍数）的最小输入增量。

用参数 JHD(7100＃0) 可选择在 JOG 方式下手轮进给是否有效。

参数 HNGX(7102＃0) 可以改变旋转手轮时坐标轴的移动方向，从而使手轮旋转方向与轴移动方向相对应。

HS*n*A～HS*n*D：手轮进给轴选择信号。这些信号选择手轮进给作用于哪一坐标轴，见图 4-47。每一个手摇脉冲发生器（最多 3 台）与一组信号相对应，每组信号包括 4 个，分别是 A、B、C、D，信号名中的数字表明所用的手摇脉冲发生器的编号。编码信号 A、B、C、D 与进给轴的对应关系如表 4-10 所示。

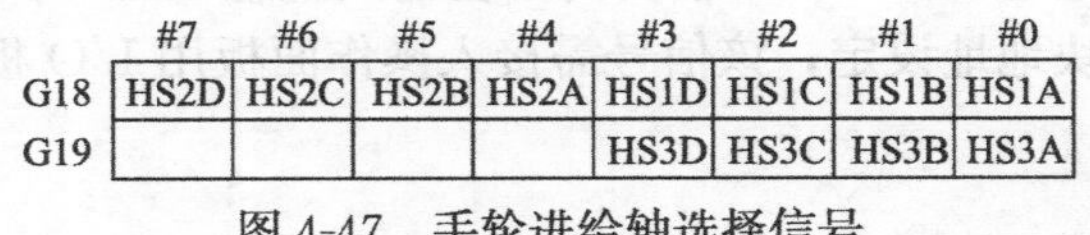

	#7	#6	#5	#4	#3	#2	#1	#0
G18	HS2D	HS2C	HS2B	HS2A	HS1D	HS1C	HS1B	HS1A
G19					HS3D	HS3C	HS3B	HS3A

图 4-47 手轮进给轴选择信号

表 4-10 编码信号与进给轴的对应关系

手摇进给轴选择				进给轴
HS*n*D	HS*n*C	HS*n*B	HS*n*A	
0	0	0	0	不选择(无进给轴)
0	0	0	1	第 1 轴
0	0	1	0	第 2 轴
0	0	1	1	第 3 轴
0	1	0	0	第 4 轴

（2）PMC 程序举例

某系统共有 4 个坐标轴，第 1～4 轴分别是 X 轴、Z 轴、A 轴、B 轴。采用 1 个 4 位置选择开关 SA214 进行手摇轴选择。X～B 轴手轮轴选信号定义为 X21.4～X21.7，按 4.1 节模块地址设定，该信号需接入操作面板用 I/O 板 CE56-1 接口，具体电气连接图如图 4-48 所示。

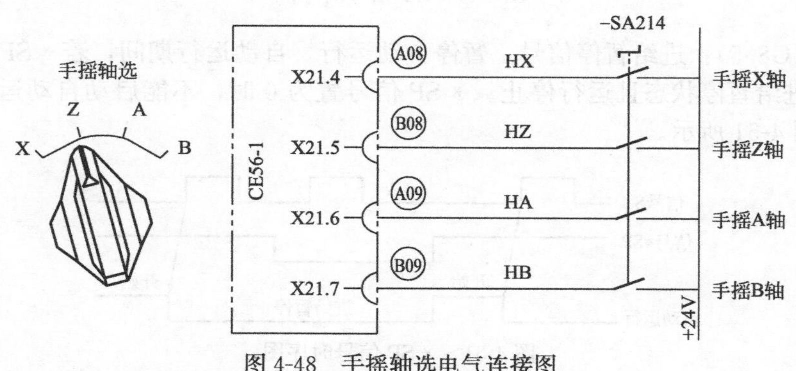

图 4-48　手摇轴选电气连接图

手轮轴选 PMC 程序如图 4-49 所示。

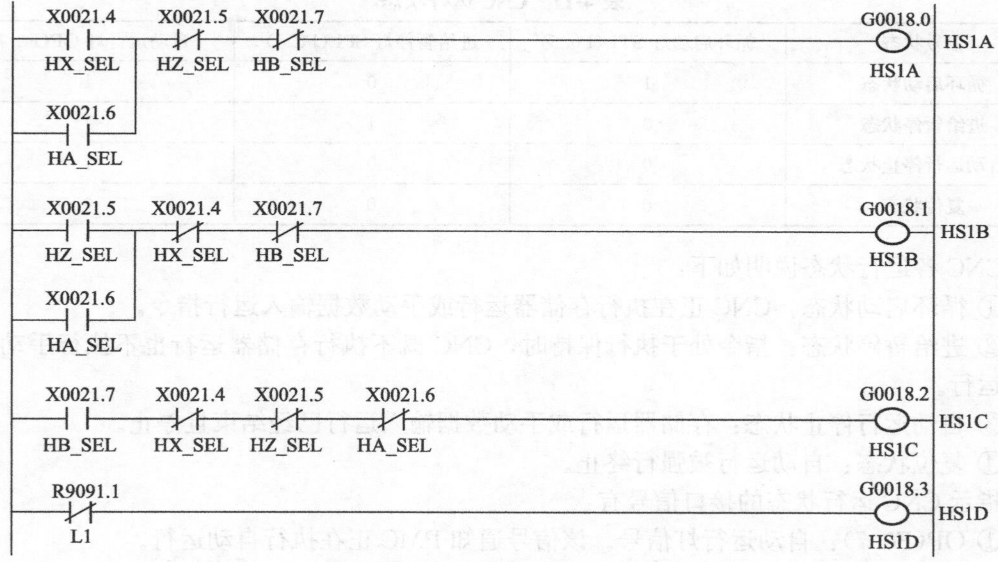

图 4-49　手轮轴选 PMC 程序

4.4 自动运行

4.4.1 循环启动/进给暂停

（1）接口信号

① ST(G7.2)：循环启动信号。启动自动运行。在存储器方式（MEM）、DNC 运行方式（RMT）或手动数据输入方式（MDI）中，信号 ST 置 1，然后置为 0 时，CNC 进入循

环启动状态并开始运行。ST 信号时序图如图 4-50 所示。

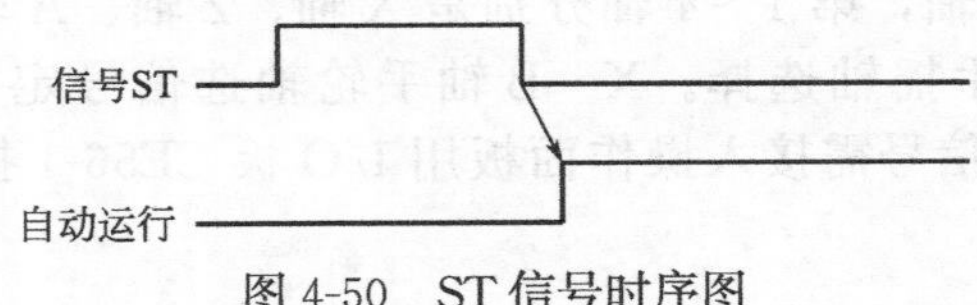

图 4-50　ST 信号时序图

② ＊SP(G8.5)：进给暂停信号。暂停自动运行。自动运行期间，若＊SP 信号置为 0，CNC 将进入进给暂停状态且运行停止。＊SP 信号置为 0 时，不能启动自动运行。＊SP 信号时序图如图 4-51 所示。

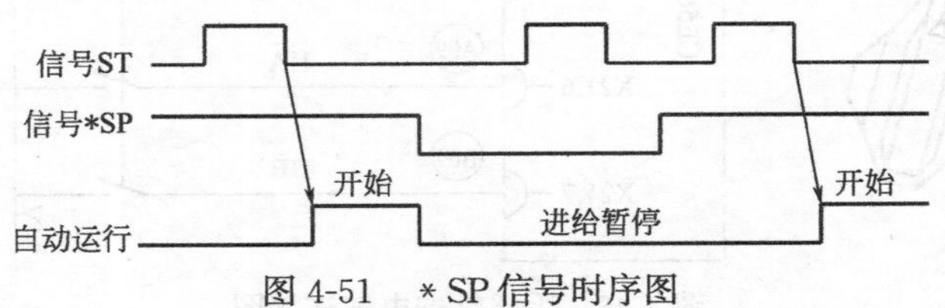

图 4-51　＊SP 信号时序图

CNC 运行状态见表 4-11。

表 4-11　CNC 运行状态

信号状态	循环启动灯 STL(F0.5)	进给暂停灯 SPL(F0.4)	自动运行灯 OP(F0.7)
循环启动状态	1	0	1
进给暂停状态	0	1	1
自动运行停止状态	0	0	1
复位状态	0	0	0

CNC 各运行状态说明如下：

① 循环启动状态：CNC 正在执行存储器运行或手动数据输入运行指令。

② 进给暂停状态：指令处于执行保持时，CNC 既不执行存储器运行也不执行手动数据输入运行。

③ 自动运行停止状态：存储器运行或手动数据输入运行已经结束且停止。

④ 复位状态：自动运行被强行终止。

指示 CNC 运行状态的接口信号有：

① OP(F0.7)：自动运行灯信号。该信号通知 PMC 正在执行自动运行。

② STL(F0.5)：循环启动灯信号。该信号通知 PMC 已经启动了自动运行。

③ SPL(F0.4)：进给暂停灯信号。该信号通知 PMC 已经进入进给暂停状态。

(2) PMC 程序举例

某系统有 2 个进给坐标轴，分别是 X 轴和 Z 轴，要求所有进给轴均已建立参考点后才允许存储器方式下，启动程序运行；MDI 方式下不受此限制。

循环启动按钮（接常开触点）输入地址为 X22.0；进给暂停按钮（接常闭触点）输入地址为 X22.1。循环启动灯输出地址为 Y21.0；进给暂停输出灯地址为 Y21.1。按 4.1 节模块地址设定，该信号需接入操作面板用 I/O 板 CE56-1 接口，具体电气连接图如图 4-52 所示。

PMC 程序如图 4-53 所示。

循环启动
进给暂停
CE56-1
X22.0
X22.1
A10
B10
ST
*SP
-SB220
-SB221
循环启动
进给暂停
+24V
CE56-1
Y21.0
Y21.1
DOCOM
A20
B20
A24
B24
A25
B25
STL
SPL
-HL210
-HL211
循环启动
进给暂停
0V
+24V

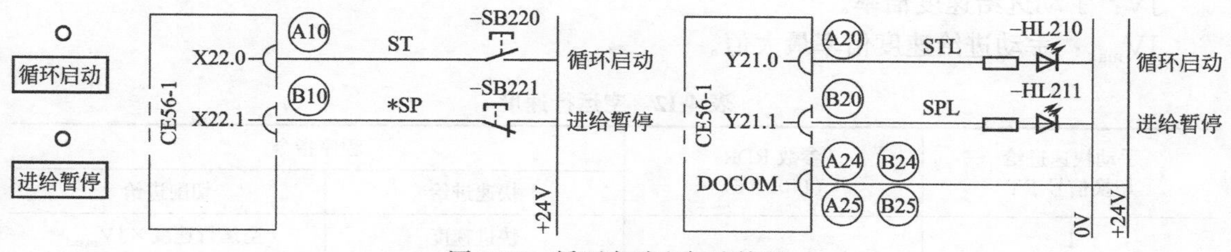

图 4-52　循环启动电气连接图

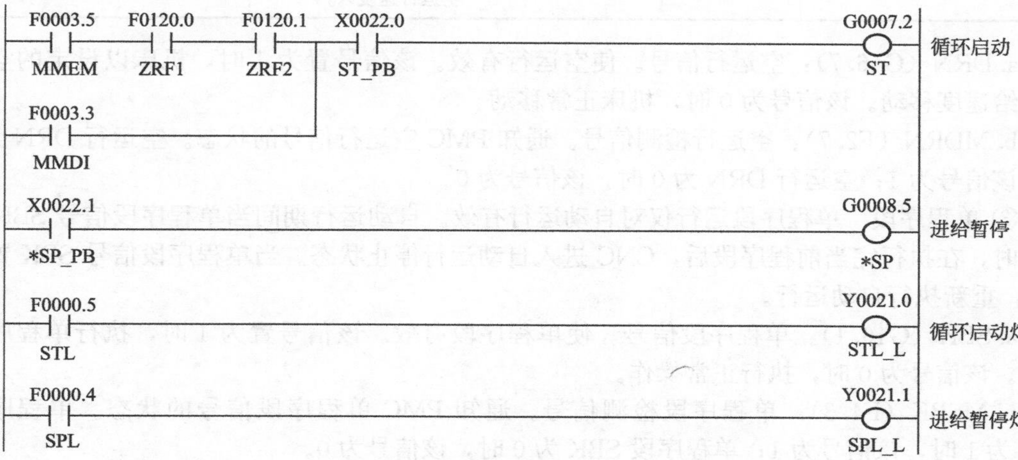

F0003.5
MMEM
F0120.0
ZRF1
F0120.1
ZRF2
X0022.0
ST_PB
G0007.2
ST
循环启动
F0003.3
MMDI
X0022.1
*SP_PB
G0008.5
*SP
进给暂停
F0000.5
STL
Y0021.0
STL_L
循环启动灯
F0000.4
SPL
Y0021.1
SPL_L
进给暂停灯

图 4-53　循环启动/进给暂停 PMC 程序

4.4.2　程序测试

(1) 接口信号

① 机床锁住　可以在不移动机床的情况下监测位置显示的变化。所有轴机床锁住信号 MLK 或各轴机床锁住信号 MLKn 置为 1 时，在手动运行或自动运行中，停止向伺服电机输出脉冲（移动指令），但依然在进行指令分配，绝对坐标和相对坐标也得到更新，所以操作者可以通过观察位置的变化来检查指令编制是否正确。

a. MLK(G44.1)：所有轴机床锁住信号。将所有控制轴置于机床锁住状态。在手动运行或自动运行时，若该信号置 1，则不向所有控制轴的伺服电机输出脉冲（移动指令），机床工作台不移动。

b. MLKn(G108)：各轴机床锁住信号。将相应的轴置于机床锁住状态。该信号用于各控制轴，信号后的数字与各控制轴号相对应。

c. MMLK(F4＃1)：所有轴机床锁住检测信号。通知 PMC 所有轴机床锁住信号的状态。

② 空运行　该功能用来在机床不装工件的情况下检查机床的运动。空运行仅对自动运行有效。机床以恒定进给速度运动而不执行程序中所指定的进给速度。这一进给速度取决于参数 RDR(1401＃6) 设定值、手动快速进给切换信号 RT、手动进给速度倍率信号 * JV0～* JV15 和程序指令是否指定了快速进给或切削进给，如表 4-12 所示。其中：

由参数 1422 设定最大切削进给速度，它限制切削进给程序指令的空运行速度。

由参数 1420 设定快速进给速度。

由参数 1410 设定空运行进给速度。

JV：手动进给速度倍率。

JV_{max}：手动进给速度倍率最大值。

表 4-12　空运行速度

<table>
<tr><th rowspan="2">手动快速进给
切换信号 RT</th><th rowspan="2">参数 RDR
（1401#6）</th><th colspan="2">程序指令</th></tr>
<tr><th>快速进给</th><th>切削进给</th></tr>
<tr><td>1</td><td>—</td><td>快进速度</td><td>空运行速度×JV_{max}</td></tr>
<tr><td rowspan="2">0</td><td>0</td><td>快进速度</td><td rowspan="2">空运行速度×JV</td></tr>
<tr><td>1</td><td>空运行速度×JV</td></tr>
</table>

a. DRN（G46.7）：空运行信号。使空运行有效。该信号置为 1 时，机床以设定的空运行进给速度移动。该信号为 0 时，机床正常移动。

b. MDRN（F2.7）：空运行检测信号。通知 PMC 空运行信号的状态。空运行 DRN 为 1 时，该信号为 1；空运行 DRN 为 0 时，该信号为 0。

③ 单程序段　单程序段运行仅对自动运行有效。自动运行期间当单程序段信号 SBK 置为 1 时，在执行完当前程序段后，CNC 进入自动运行停止状态。当单程序段信号 SBK 置为 0 时，重新执行自动运行。

a. SBK（G46.1）：单程序段信号。使单程序段有效。该信号置为 1 时，执行单程序段操作。该信号为 0 时，执行正常操作。

b. MSBK（F4.3）：单程序段检测信号。通知 PMC 单程序段信号的状态。单程序段 SBK 为 1 时，该信号为 1；单程序段 SBK 为 0 时，该信号为 0。

④ 跳程序段　自动运行中，当在程序段的开头指定了一个斜杠和数字（/*n*，*n*=1～9），且跳过任选程序段信号 BDT1～BDT9 设定为 1 时，与 BDT_n 信号相对应的标有“/*n*”的程序段被忽略。

例如：/2 N123 X100 Y200；

a. BDT1～BDT9（G44.0，G45）：跳过任选程序段信号。选择包含“/*n*”的程序段是被执行还是被忽略。在自动运行期间，当相应的跳过任选程序段信号为 1 时，包含“/*n*”的程序段被忽略。当信号为 0 时，程序段正常执行。

b. MBDT1～MBDT9（F4.0，F5）：跳过任选程序段检测信号。通知 PMC 跳过任选程序段信号 BDT1～BDT9 的状态，有 9 个信号与 9 个跳过任选程序段信号相对应。MBDT*n* 信号与 BDT*n* 信号相对应。当跳过任选程序段信号 BDT*n* 设定为 1 时，相对应的 MBDT*n* 信号设定为 1；当跳过任选程序段信号 BDT*n* 设定为 0 时，相对应的 MBDT*n* 信号设定为 0。

（2）PMC 程序举例

某系统“机床锁住”“空运行”“单程序段”“跳程序段”按钮信号输入地址为 X22.2～X22.5，按钮为瞬态方式，按一下，功能有效；再按一下，功能无效。功能生效时点亮输出地址 Y21.2～Y21.5 指示灯，按 4.1 节模块地址设定，该信号需接入操作面板用 I/O 板 CE56-1 接口，具体电气连接图如图 4-54 所示。

①“机床锁住”功能 PMC 程序如图 4-55 所示。

②“空运行”功能 PMC 程序如图 4-56 所示。

③“单程序段”功能 PMC 程序如图 4-57 所示。

④“跳程序段”功能 PMC 程序如图 4-58 所示。

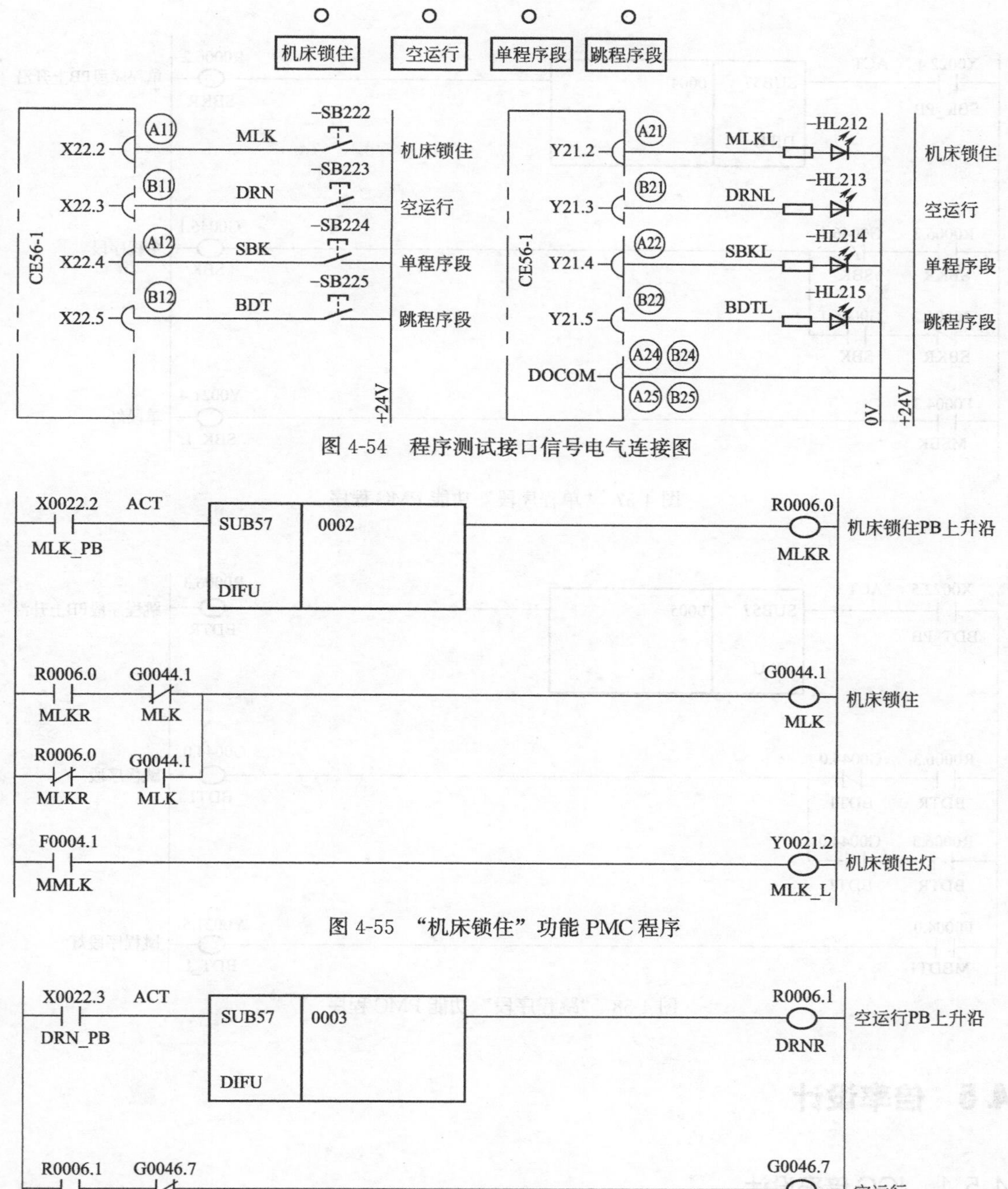

图 4-54　程序测试接口信号电气连接图

图 4-55　“机床锁住”功能 PMC 程序

图 4-56　“空运行”功能 PMC 程序

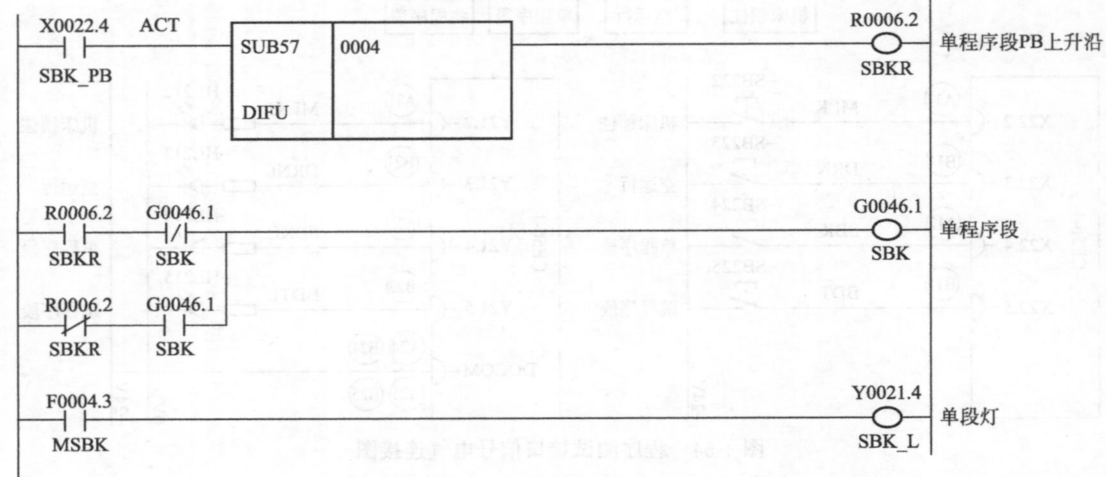

图 4-57 “单程序段”功能 PMC 程序

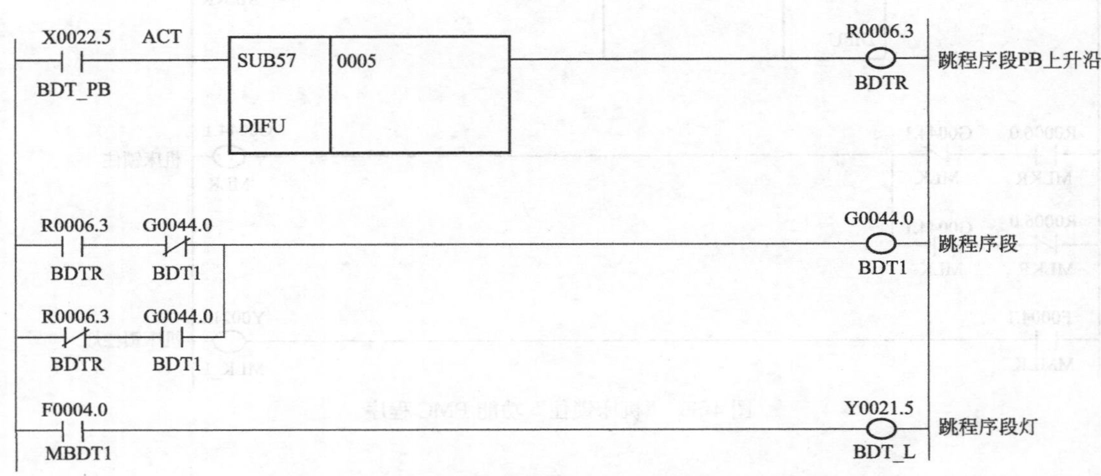

图 4-58 “跳程序段”功能 PMC 程序

4.5 倍率设计

4.5.1 JOG 倍率设计

(1) 接口信号

*JV0～*JV15（G10～G11）：手动进给速度倍率信号。该信号用来选择 JOG 进给或增量进给方式的速率。这些信号是 16 位的二进制编码信号，它对应的倍率如下所示：

$$\text{倍率值}(\%)=0.01\% \times \sum_{i=0}^{15}\left|2^{i} V_{i}\right|$$

此处，当 *JVi 为“1”时，$V_i=0$；当 *JVi 为“0”时，$V_i=1$。

当所有的信号（*JV0～*JV15）全部为“1”或“0”时，倍率值为 0，在这种情况下，进给停止。倍率可以 0.01％的单位在 0％ ～655.34％的范围内定义。

JOG 倍率信号与倍率值的关系见表 4-13。

表 4-13　JOG 倍率信号与倍率值的关系

＊JV15～＊JV0				倍率值 /％
＃15～＃12	＃11～＃8	＃7～＃4	＃3～＃0	
1111	1111	1111	1111	0
1111	1111	1111	1110	0.01
1111	1111	1111	0101	0.10
1111	1111	1001	1011	1.00
1111	1100	0001	0111	10.00
1101	1000	1110	1111	100.00
0110	0011	1011	1111	400.00
0000	0000	0000	0001	655.34
0000	0000	0000	0000	0

（2）PMC 程序举例

JOG 倍率开关为 4 层 16 位波段开关 SA230，信号输入地址为 X23.0～X23.3，按 4.1 节模块地址设定，该信号需接入操作面板用 I/O 板 CE57-1 接口，具体电气连接图如图 4-59 所示。

JOG倍率

位号	1	2	3	4	5	6	7	8	9	10	11	12	13	14	15	16
倍率	0%	10%	20%	30%	40%	50%	60%	70%	80%	90%	100%	110%	120%	130%	140%	150%
JV1	0	1	1	0	0	1	1	0	0	1	1	0	0	1	1	0
JV2	0	0	1	1	1	1	0	0	0	0	1	1	1	1	0	0
JV4	0	0	0	0	1	1	1	1	1	1	1	1	0	0	0	0
JV8	0	0	0	0	0	0	0	0	1	1	1	1	1	1	1	1

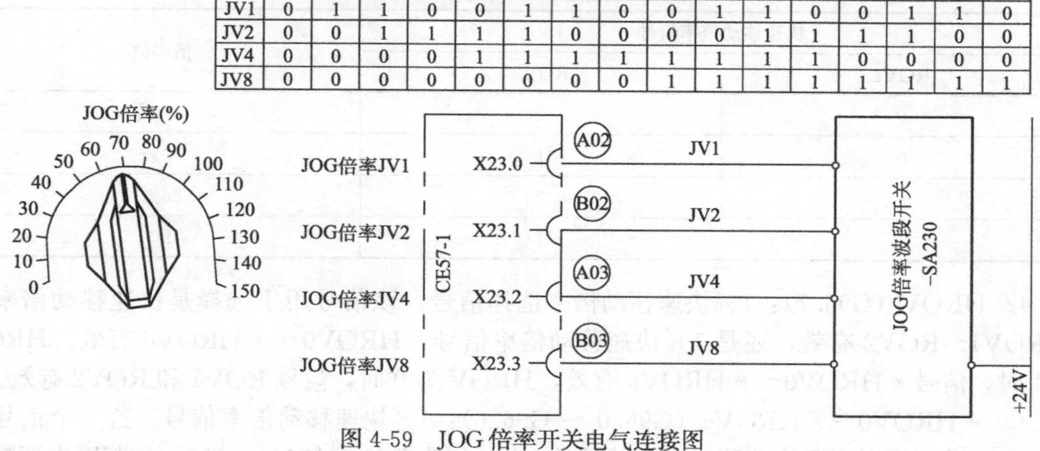

图 4-59　JOG 倍率开关电气连接图

JOG 倍率 PMC 程序如图 4-60、图 4-61 所示。

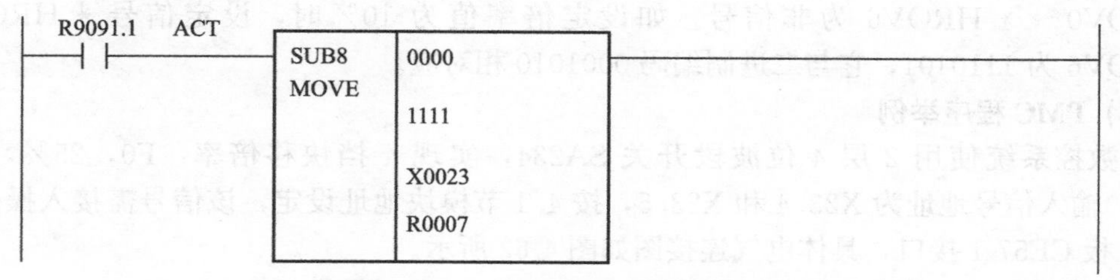

图 4-60　JOG 倍率 PMC 程序（1）

① 屏蔽 X23 字节中的高 4 位，输出到 R7（图 4-60）。

② 代码转换输出到接口信号 G10～G11（图 4-61）。

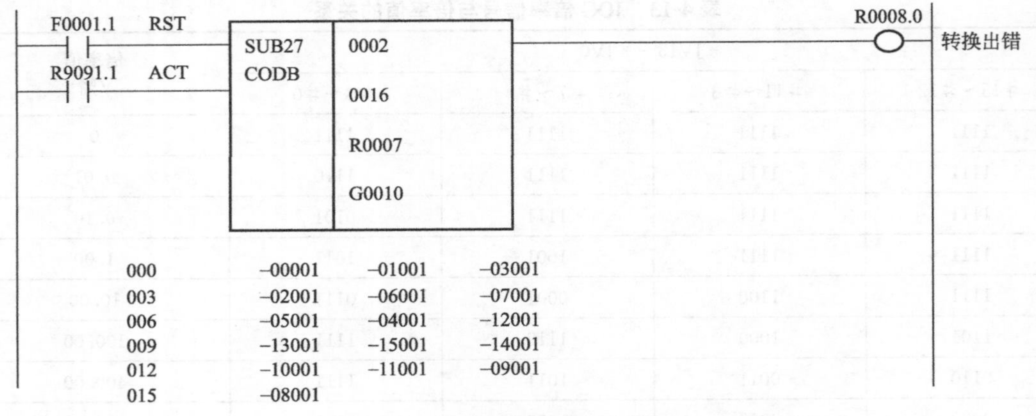

图 4-61　JOG 倍率 PMC 程序（2）

4.5.2　快移倍率设计

（1）接口信号

① ROV1，ROV2（G14.0，G14.1）：快速移动倍率信号。编码信号与快移倍率的对应关系见表 4-14。F0 由参数（1421）设定。

表 4-14　编码信号与快移倍率对应关系

快速移动倍率信号		倍率值
ROV1	ROV2	
0	0	100%
0	1	50%
1	0	25%
1	1	F0

② HROV（G96.7）：1%快速移动倍率选择信号。该信号用于选择是快速移动倍率信号 ROV1～ROV2 有效，还是 1%快速移动倍率信号 * HROV0～ * HROV6 有效。HROV 为 1 时，信号 * HROV0～ * HROV6 有效，HROV 为 0 时，信号 ROV1 和 ROV2 有效。

③ * HROV0～ * HROV6（G96.0 ～ G96.6）：1%快速移动倍率信号。这 7 个信号给出一个二进制码对应于快速移动速度的倍率。以 1%为单位，在 0%～100%的范围内调整快速移动速度。当指定的二进制编码为 101%～127%的倍率值时，倍率被钳制在 100%。信号 * HROV0～ * HROV6 为非信号。如设定倍率值为 10%时，设定信号 * HROV0～ * HROV6 为 1110101，它与二进制编码 0001010 相对应。

（2）PMC 程序举例

某数控系统使用 2 层 4 位波段开关 SA234，实现 4 挡快移倍率：F0，25%，50%，100%。输入信号地址为 X23.4 和 X23.5，按 4.1 节模块地址设定，该信号需接入操作面板用 I/O 板 CE57-1 接口，具体电气连接图如图 4-62 所示。

快移倍率 PMC 程序如图 4-63 所示。

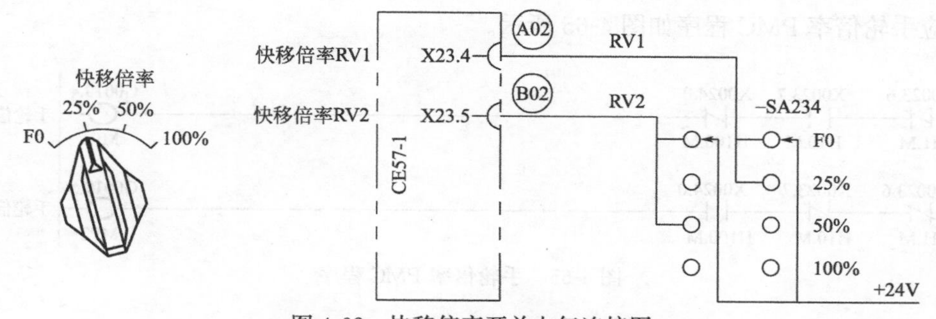

图 4-62　快移倍率开关电气连接图

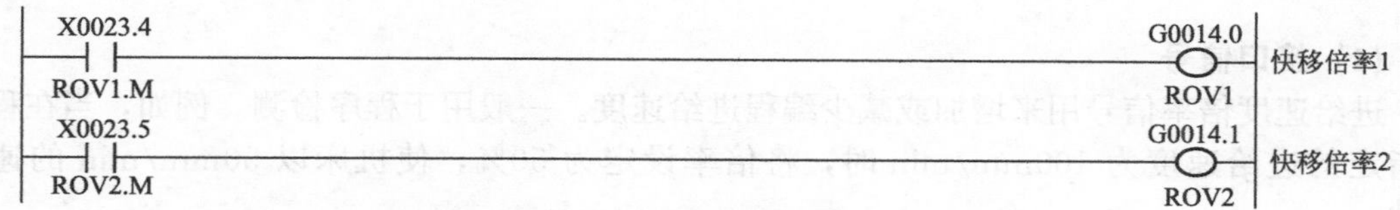

图 4-63　快移倍率 PMC 程序

4.5.3　手轮倍率设计

(1) 接口信号

MP1，MP2(G19.4，G19.5)：手轮进给倍率选择信号。也称增量进给信号。该信号选择手轮进给或手轮进给中断期间，手摇脉冲发生器所产生的每个脉冲的移动距离。也可选择增量进给的每步的移动距离。该倍率信号和位移量的对应关系见表 4-15。比例系数 m、n 由参数 7113 和 7114 设定。

表 4-15　增量倍率信号和位移量的对应关系

增量倍率信号		移动距离		
MP2	MP1	手轮进给	手轮中断	增量进给
0	0	最小输入增量×1	最小指令增量×1	最小输入增量×1
0	1	最小输入增量×10	最小指令增量×10	最小输入增量×10
1	0	最小输入增量×m	最小指令增量×m	最小输入增量 100
1	1	最小输入增量×n	最小指令增量×n	最小输入增量×1000

(2) PMC 程序举例

某数控系统使用 3 位选择开关 SA236，实现 3 挡手轮倍率：×1，×10，×100。输入信号地址为 X23.6～X24.0，按 4.1 节模块地址设定，该信号需接入操作面板用 I/O 板 CE57-1 接口，具体电气连接图如图 4-64 所示。参数 7113 中置 100。

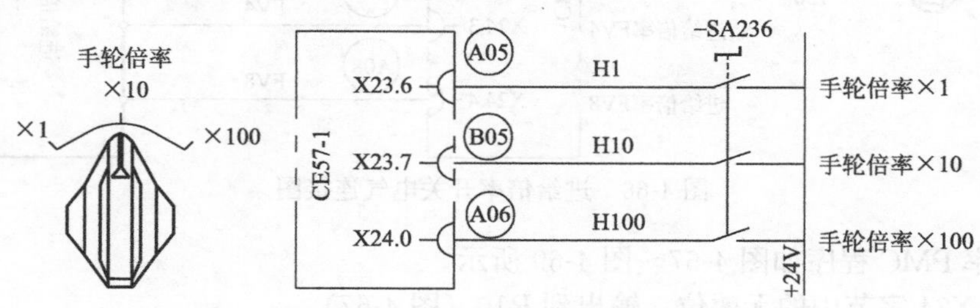

图 4-64　手轮倍率开关电气连接图

相应手轮倍率 PMC 程序如图 4-65 所示。

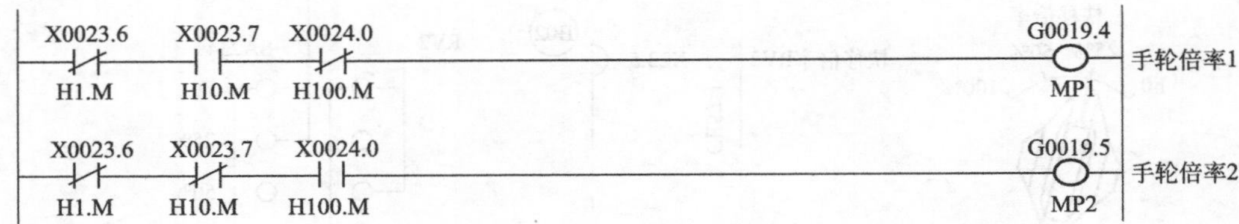

图 4-65　手轮倍率 PMC 程序

4.5.4　进给倍率设计

(1) 接口信号

进给速度倍率信号用来增加或减少编程进给速度。一般用于程序检测。例如，当在程序中指定的进给速度为 100mm/min 时，将倍率设定为 50%，使机床以 50mm/min 的速度移动。

＊FV0～ ＊FV7：进给速度倍率信号（G12）。切削进给速度倍率信号共有 8 个二进制编码信号，倍率值计算公式为：

$$倍率值=\sum_{i=0}^{7}(2^i V_i)\%$$

当＊FVi 为 1 时，$V_i=0$；当＊FVi 为 0 时，$V_i=1$。所有的信号都为“0”和所有的信号都为“1”时，倍率都被认为是 0%。因此，倍率可在 0%～254%的范围内以 1%为单位进行选择。

(2) PMC 程序举例

某数控系统进给倍率开关为 4 层 16 位波段开关 SA241，输入信号为 X24.1～X24.4，按 4.1 节模块地址设定，该信号需接入操作面板用 I/O 板 CE57-1 接口，具体电气连接图如图 4-66 所示。

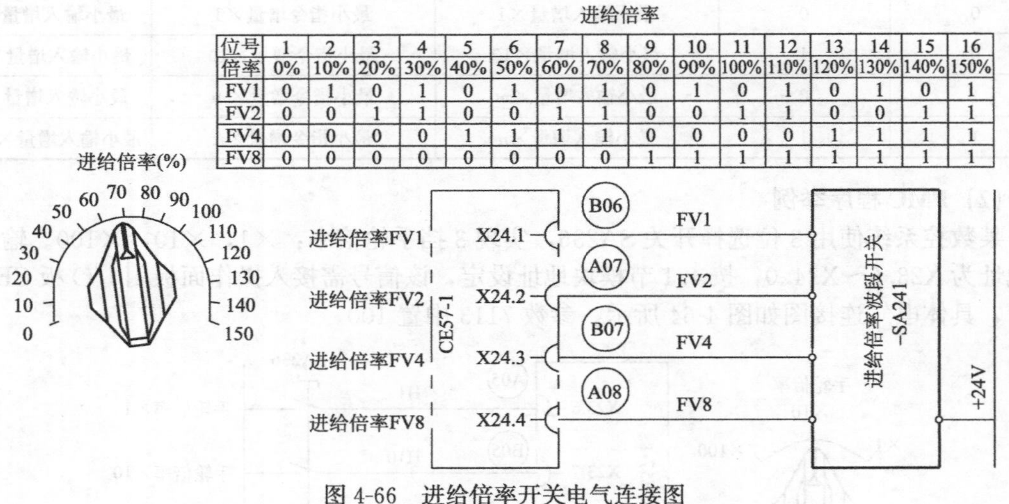

进给倍率

位号	1	2	3	4	5	6	7	8	9	10	11	12	13	14	15	16
倍率	0%	10%	20%	30%	40%	50%	60%	70%	80%	90%	100%	110%	120%	130%	140%	150%
FV1	0	1	0	1	0	1	0	1	0	1	0	1	0	1	0	1
FV2	0	0	1	1	0	0	1	1	0	0	1	1	0	0	1	1
FV4	0	0	0	0	1	1	1	1	0	0	0	0	1	1	1	1
FV8	0	0	0	0	0	0	0	0	1	1	1	1	1	1	1	1

图 4-66　进给倍率开关电气连接图

进给倍率 PMC 程序如图 4-67～图 4-69 所示。

① 屏蔽 X24 字节中的无效位，输出到 R10（图 4-67）。

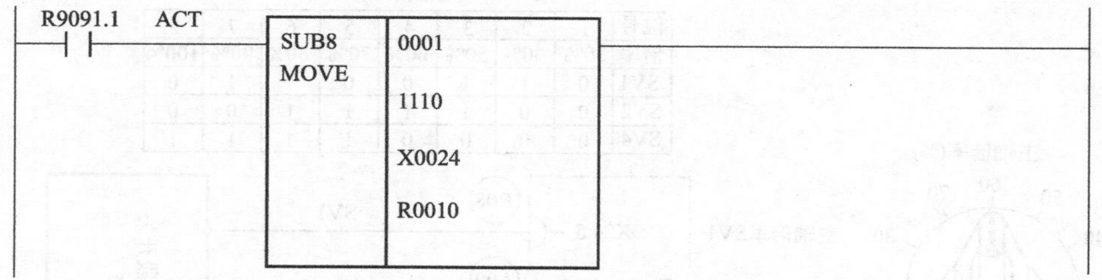

图 4-67 进给倍率 PMC 程序（1）

② 将 R10 中数据位右移 1 位，输出到 R12（图 4-68）。

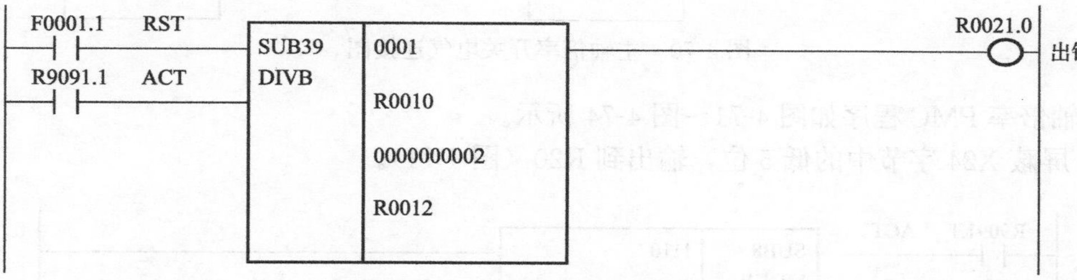

F0001.1 RST
R9091.1 ACT
SUB39
DIVB
0001
R0010
0000000002
R0012
R0021.0
出错

图 4-68 进给倍率 PMC 程序（2）

③ 代码转换输出到接口信号 G12（图 4-69）。

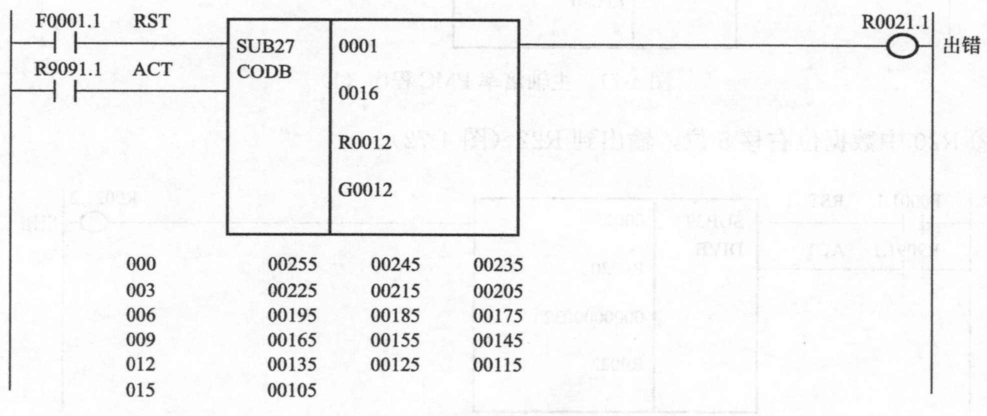

图 4-69 进给倍率 PMC 程序（3）

4.5.5 主轴倍率设计

（1）接口信号

SOV0～SOV7（G30）：主轴速度倍率信号。主轴速度倍率信号使指令的主轴速度 *S* 值乘以 0%～254%的倍率。倍率单位为 1%。倍率值为 8 位二进制信号，从 SOV7 到 SOV0。

当不使用该功能时，倍率应指定为 100%；否则倍率为 0%，禁止主轴旋转。

（2）PMC 程序举例

某数控系统主轴倍率开关为 3 层 8 位波段开关 SA245，主轴倍率范围为 30%～100%。输入信号地址为 X24.5～X24.7，按 4.1 节模块地址设定，该信号需接入操作面板用 I/O 板 CE57-1 接口，具体电气连接图如图 4-70 所示。

主轴倍率

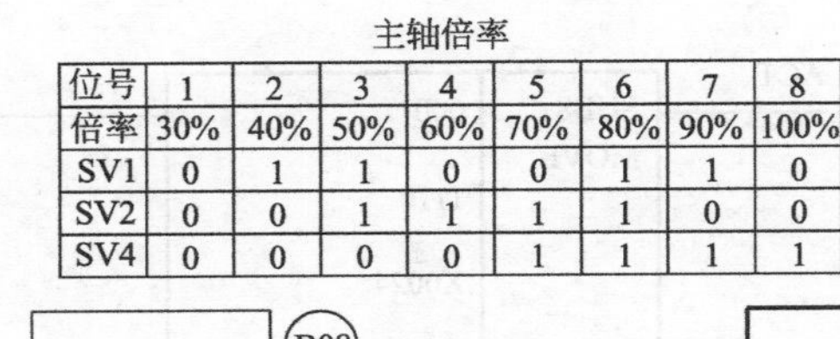

位号	1	2	3	4	5	6	7	8
倍率	30%	40%	50%	60%	70%	80%	90%	100%
SV1	0	1	1	0	0	1	1	0
SV2	0	0	1	1	1	1	0	0
SV4	0	0	0	0	1	1	1	1

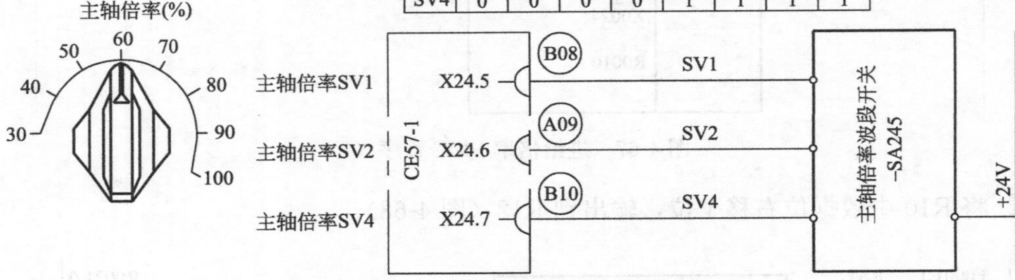

图 4-70　主轴倍率开关电气连接图

主轴倍率 PMC 程序如图 4-71～图 4-74 所示。

① 屏蔽 X24 字节中的低 5 位，输出到 R20（图 4-71）。

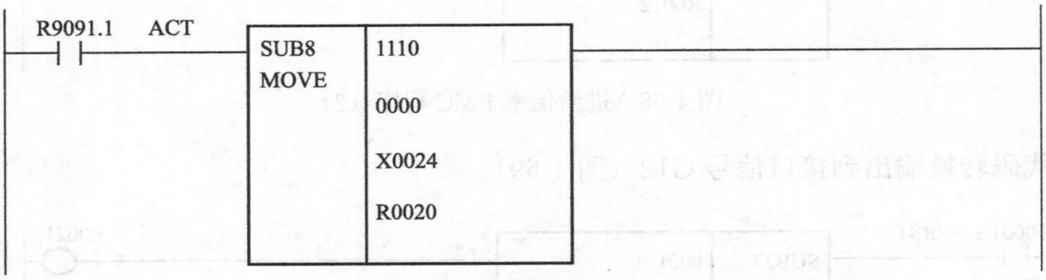

R9091.1　ACT

SUB8 MOVE

1110
0000
X0024
R0020

图 4-71　主轴倍率 PMC 程序（1）

② R20 中数据位右移 5 位，输出到 R22（图 4-72）。

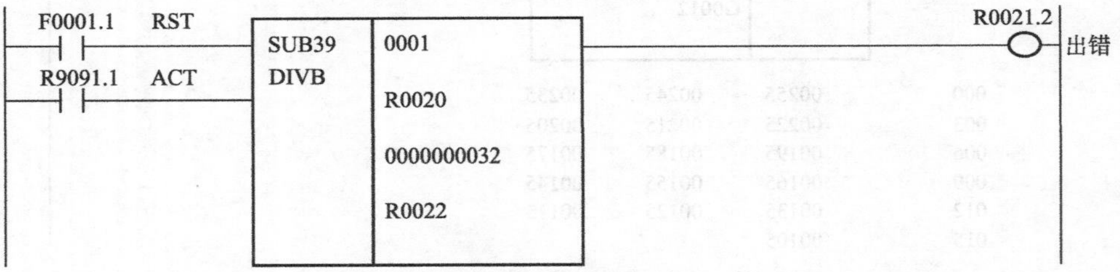

F0001.1　RST
R9091.1　ACT

SUB39 DIVB

0001
R0020
0000000032
R0022

R0021.2 出错

图 4-72　主轴倍率 PMC 程序（2）

③ 代码转换输出到接口信号 G30（图 4-73）。

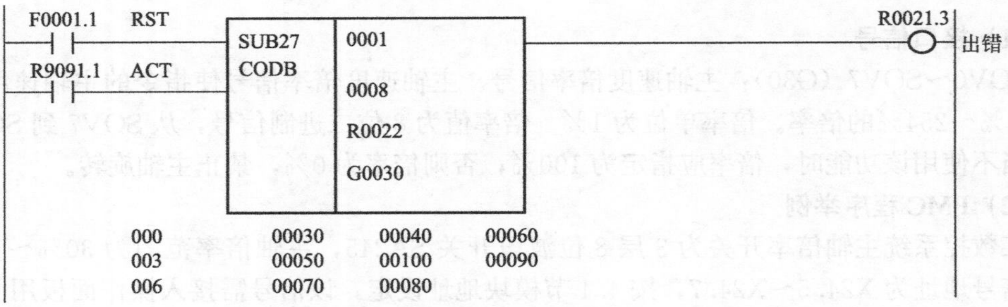

F0001.1　RST
R9091.1　ACT

SUB27 CODB

0001
0008
R0022
G0030

R0021.3 出错

000	00030	00040	00060
003	00050	00100	00090
006	00070	00080	

图 4-73　主轴倍率 PMC 程序（3）

如果不使用主轴倍率修调，可以将主轴倍率固定为100%（图4-74）。

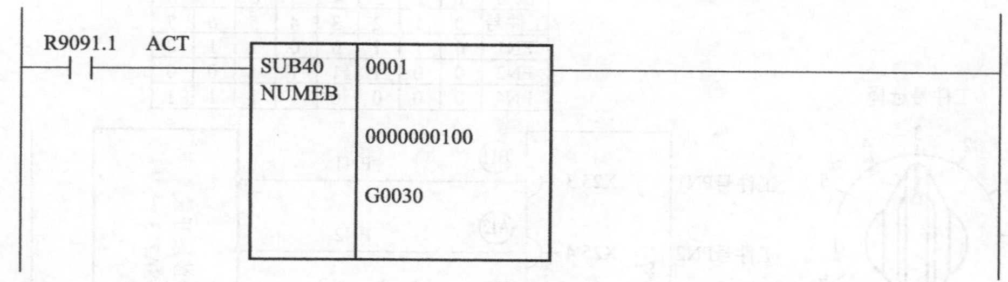

图4-74 主轴倍率PMC程序（4）

4.6 程序自动调出

4.6.1 外部工件号检索

（1）接口信号

PN1，PN2，PN4，PN8，PN16（G9.0～G9.4）：外部工件号检索信号。预先在程序存储器中存储的NC加工程序，可以用该信号启动。在复位状态下，以存储器运行方式启动自动运行时，从所指定的工件号起检索程序，并从开头执行程序。这5个二进制代码信号，与工件号，即程序号对应，如表4-16所示。

表4-16 工件号（程序号）与接口信号的对应关系

工件号	PN16 (G9.4)	PN8 (G9.3)	PN4 (G9.2)	PN2 (G9.1)	PN1 (G9.0)
0	0	0	0	0	0
1	0	0	0	0	1
2	0	0	0	1	0
3	0	0	0	1	1
中间忽略					
30	1	1	1	1	0
31	1	1	1	1	1

这些信号全为0，不进行自动检索，此时可以手动调出程序。可以进行自动工件号检索的范围是O1～O31。

（2）PMC程序举例

某数控系统使用3层8位波段开关SA253，进行工件号O1～O7自动检索。输入信号地址为X25.3～X25.5，按4.1节模块地址设定，该信号需接入操作面板用I/O板CE57-1接口，具体电气连接图如图4-75所示。

外部工件号检索PMC程序如图4-76所示。

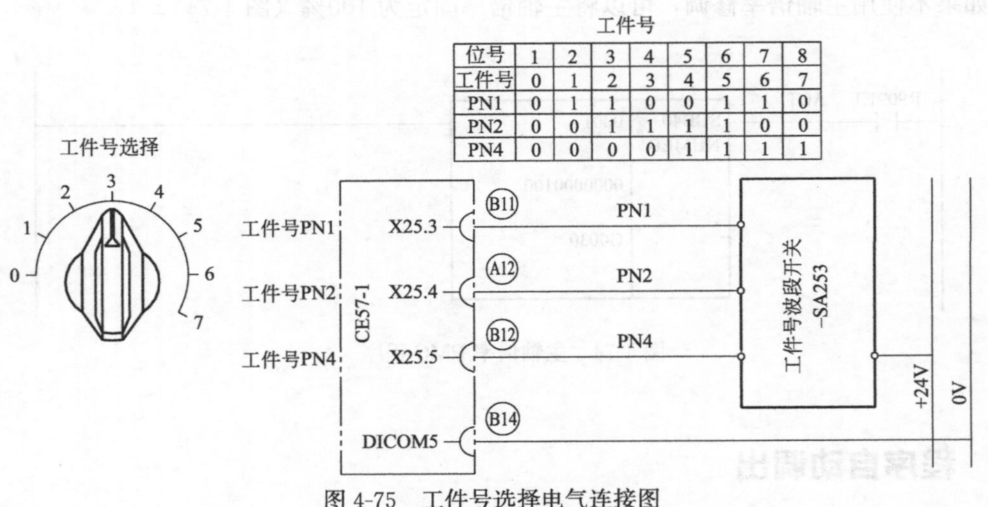

位号	1	2	3	4	5	6	7	8
工件号	0	1	2	3	4	5	6	7
PN1	0	1	1	0	0	1	1	0
PN2	0	0	1	1	1	1	0	0
PN4	0	0	0	0	1	1	1	1

图 4-75 工件号选择电气连接图

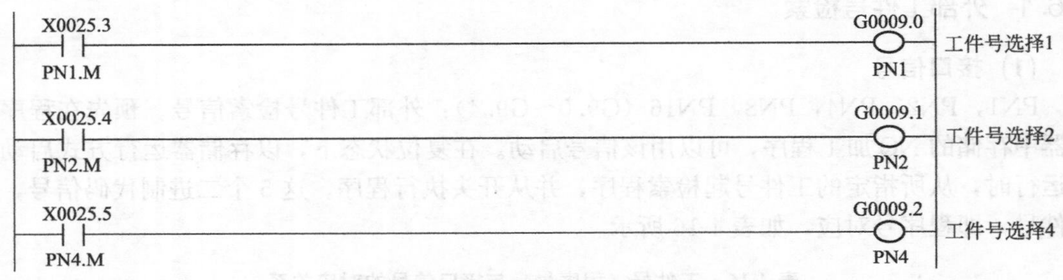

图 4-76 外部工件号检索 PMC 程序

4.6.2 外部程序号检索

外部数据输入功能是从外部向 CNC 发送数据并执行规定动作的一种功能。外部数据输入功能有：

① 外部刀具补偿。

② 外部程序号检索。

③ 外部工件坐标系偏移。

④ 外部机械原点偏移。

⑤ 外部报警信息。

⑥ 外部操作信息。

⑦ 加工件计数、要求工件数代入。

(1) 接口信号

EA0～EA6(G2.0～G2.6)：外部数据输入用地址信号，表示输入的外部数据的数据种类。进行外部程序号检索时，G2.0～G2.6 全为 0。

ED0～ED15(G0，G1，G210，G211)：外部数据输入用数据信号，表示输入的外部数据的数据本身。进行外部程序号检索时，仅 G0～G1 有效，存放不带符号的 4 位 BCD 数，从 1 到 9999。

ESTB(G2.7)：外部数据输入用读取信号，此信号表示外部数据输入的地址、数据已准备好。CNC 在该信号成为 1 的时刻，开始读取外部数据输入的地址、数据。

EREND(F60.0)：外部数据输入用读取完成信号，此信号表示CNC已经读取完外部数据输入。

ESEND(F60.1)：外部数据输入用检索完成信号，此信号表示外部数据输入已经完成。

外部程序号检索时序图如图4-77所示。基本过程如下：

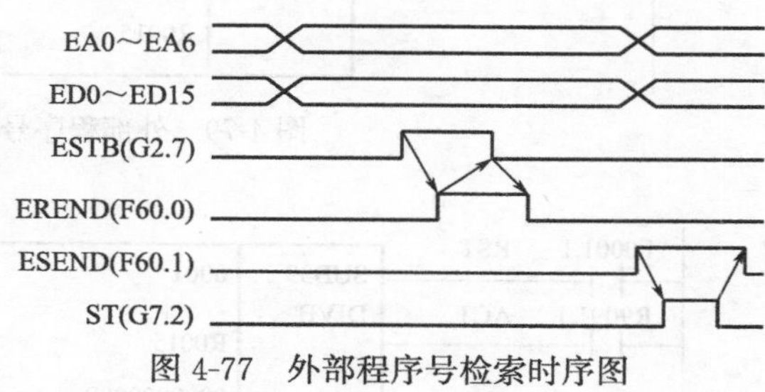

图4-77　外部程序号检索时序图

① PMC侧设定表示数据种类的地址EA0～EA6(G2.0～G2.6)全为0；在地址ED0～ED15(G0～G1)中设定不带符号的4位BCD数表示程序号。

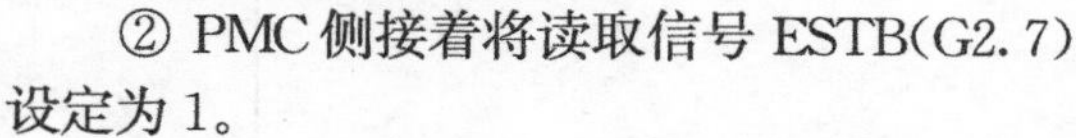

② PMC侧接着将读取信号ESTB(G2.7)设定为1。

③ 当ESTB(G2.7)成为1时，CNC读取地址、数据。

④ 读取完成时，CNC将读取完成信号EREND(F60.0)设定为1。

⑤ 当EREND(F60.0)成为1时，PMC侧将ESTB（G2.7）设定为0。

⑥ 当ESTB(G2.7)成为0时，CNC将EREND（F60.0）设定为0。

⑦ 当ESEND(F60.1)为1时，表示外部程序号检索结束。此时可以启动程序运行。

⑧ ST(G7.2)从1变为0时，检索出的程序开始运行，此时CNC自动将ESEND(F60.1)变为0。

其他说明如下：

① 外部程序号检索，在参数ESR（No.6300#4）为1时有效。

② 不管方式如何都受理外部程序号检索的数据，而检索动作的执行，只有在MEM方式下处于复位状态时执行。复位状态就是在自动运行中指示灯熄灭的状态，即OP(F0.7)为0的状态。

③ 与所设定的程序号对应的程序尚未被存储在存储器中时，会发出报警（DS1128）。

④ 将程序号设定为0的程序检索，会发出报警（DS0059）。

(2) PMC程序举例

对图4-75所示工件号选择电气连接图中的工件号O1～O7，实施外部程序号检索。并使用图4-52所示循环启动电气连接图中循环启动按钮（接常开触点），输入地址为X22.0，启动检索程序的运行。

外部程序号检索PMC程序如图4-78～图4-83所示。

① 表示数据种类的地址EA0～EA6(G2.0～G2.6)全置为0（图4-78）。

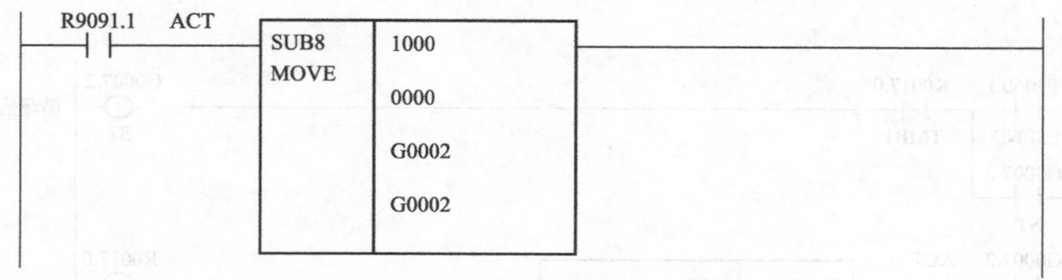

图4-78　外部程序号检索PMC程序（1）

② 屏蔽X25字节中的无效位，输出到R15（图4-79）。

③ 将R15中的数据右移3位，输出到R16（图4-80）。

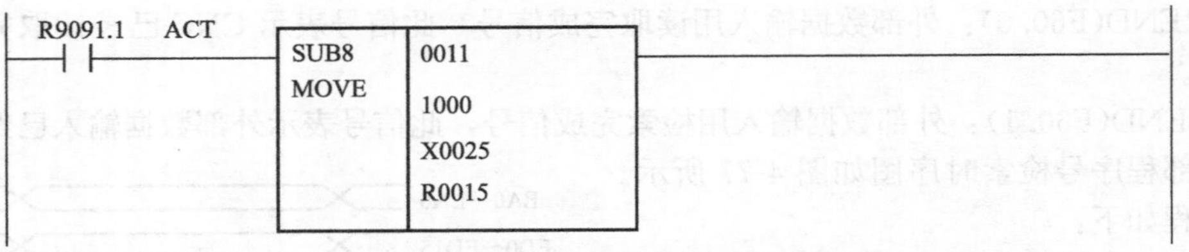

R9091.1 ACT — SUB8 MOVE | 0011 | 1000 | X0025 | R0015

图 4-79 外部程序号检索 PMC 程序（2）

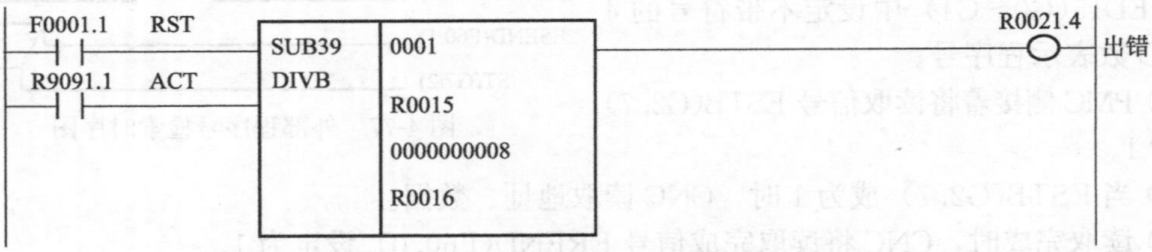

F0001.1 RST / R9091.1 ACT — SUB39 DIVB | 0001 | R0015 | 0000000008 | R0016 — R0021.4 出错

图 4-80 外部程序号检索 PMC 程序（3）

④ R16 中数据即为程序号，只可能为 1～7，这样 BCD 码与二进制没区别。因此该数据可以直接送 G0（图 4-81）。

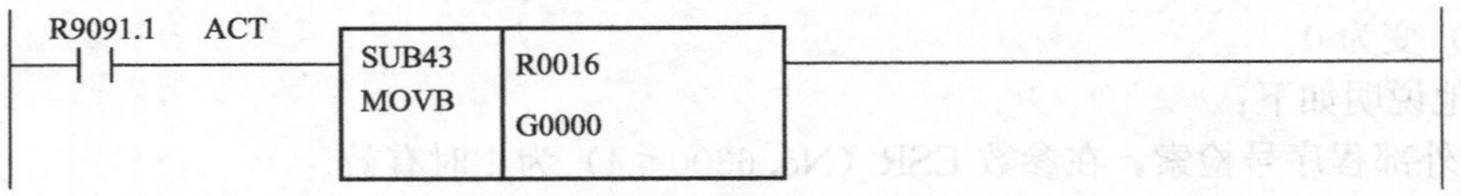

R9091.1 ACT — SUB43 MOVB | R0016 | G0000

图 4-81 外部程序号检索 PMC 程序（4）

⑤ 使用循环启动按钮信号启动外部数据读命令（图 4-82）。

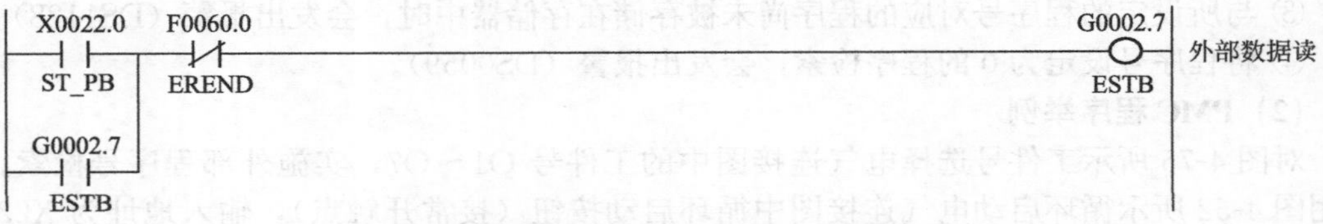

X0022.0 ST_PB, F0060.0 EREND, G0002.7 ESTB — G0002.7 ESTB 外部数据读

图 4-82 外部程序号检索 PMC 程序（5）

⑥ 用检索完毕 ESEND(F60.1) 信号产生循环启动 ST(G7.2) 信号。ST(G7.2) 为 1 后延时 100ms 关断，此时所检索的程序开始运行（图 4-83）。

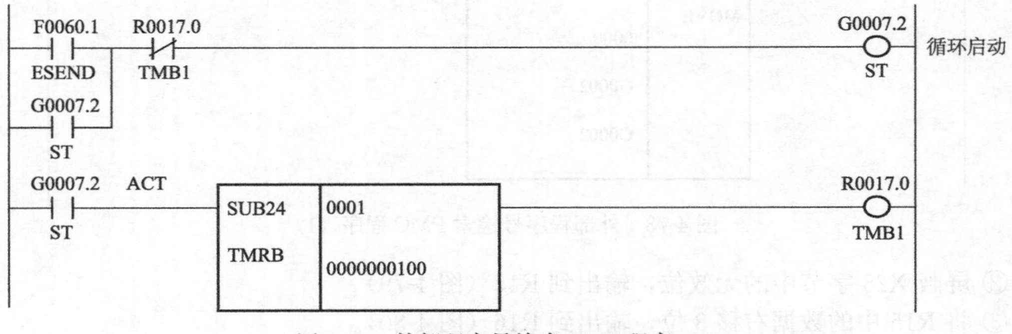

F0060.1 ESEND, R0017.0 TMB1, G0007.2 ST — G0007.2 ST 循环启动

G0007.2 ST ACT — SUB24 TMRB | 0001 | 0000000100 — R0017.0 TMB1

图 4-83 外部程序号检索 PMC 程序（6）

4.7 M 功能设计

4.7.1 常规 M 功能设计

(1) 接口信号

当指定了 M 代码地址时，代码信号和选通信号被送给机床。机床用这些信号启动或关断有关功能。通常，在 1 个程序段中只能指定 1 个 M 代码。但是，在某些情况下，对某些类型的机床最多可指定 3 个 M 代码。参数 3030 指定 M 代码数字的最大位数，如果指定的值超出了最大位数，就会发生报警。

M 指令的处理时序见图 4-84。其基本处理过程如下：

① 假定在程序中指定 M××。对于“××”，各功能可指定的位数分别用参数 3030～3033 设定，如果指定的位数超过了设定值，就发生报警。

② 送出代码信号 M00～M31（F10～F13）后，经过参数 3010 设定的时间 TMF（标准值为 16ms），选通信号 MF(F7.0) 置为 1。代码信号是用二进制表达的程序指令值“××”。如果移动、暂停、主轴速度或其他功能与辅助功能在同一程序段被执行，当送出辅助功能的代码信号时，开始执行其他功能。

③ 当选通信号 MF(F7.0) 置 1 时，PMC 读取代码信号并执行相应的操作。

④ 在一个程序段中指定的移动、暂停或其他功能结束后，需等待分配结束信号 DEN（F1.3）置 1，才能执行另一个操作。

⑤ 操作结束后，PMC 将结束信号 FIN(G4.3) 设定为 1。结束信号用于辅助功能、主轴速度功能、刀具功能、第 2 辅助功能的结束。如果同时执行这些功能，必须等到所有功能都结束后，结束信号才能设定为 1。

⑥ 如果结束信号 FIN(G4.3) 为 1 的持续时间超过了参数 3011 所设定的时间周期 TFIN（标准值为 16ms），CNC 将选通信号 MF（F7.0）置为 0，并通知已收到了结束信号。

⑦ 当选通信号 MF(F7.0) 为 0 时，在 PMC 中将结束信号 FIN(G4.3) 置为 0。

⑧ 当结束信号 FIN(G4.3) 为 0 时，CNC 将所有代码信号置为 0，并结束辅助功能的全部顺序操作。

⑨ 一旦同一程序段中的其他指令操作都已完成，CNC 就执行下一个程序段。

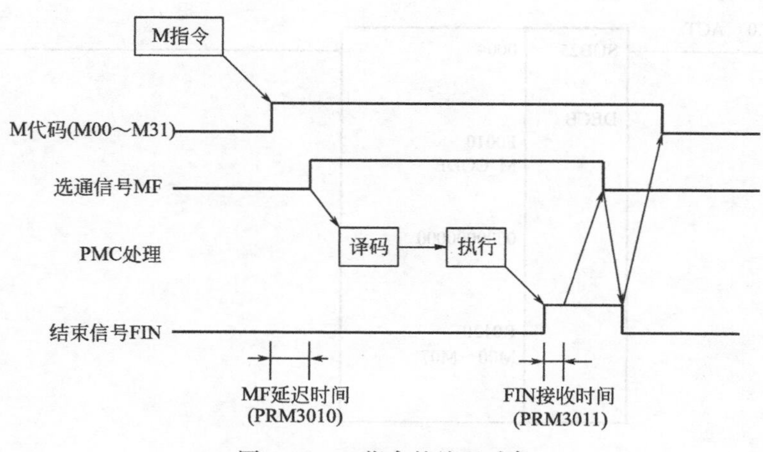

图 4-84 M 指令的处理时序

（2）PMC程序举例

要求设计M00、M01、M08、M09等4个M代码功能。M00和M01属于程序控制类M代码；M08、M09属于动作控制类代码。M00程序停止；M01选择停，需要选择停按钮配合实现其功能，假设输入地址为X25.6，相应指示灯为Y21.6；按4.1节模块地址设定，该信号需接入操作面板用I/O板CE57-1和CE56-1接口，具体电气连接图如图4-85所示。

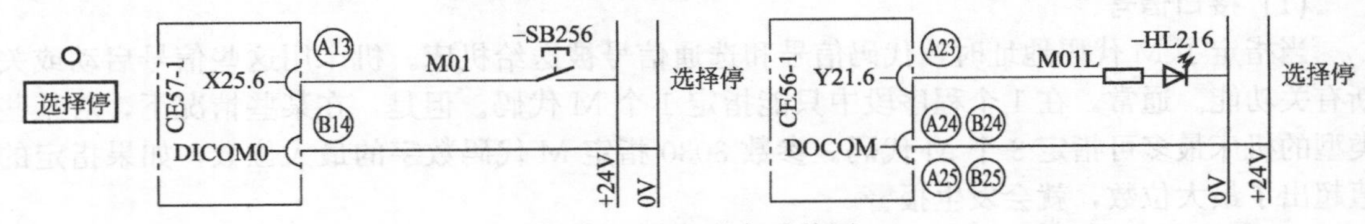

图4-85 M01电气连接图

冷却启动输出地址为Y0.1，用接触器KM1的辅助触点判断冷却是否已启动，信号输入地址为X6.0，按4.1节模块地址设定，该信号需接入分线盘I/O模块CB150-1接口，具体电气连接图如图4-86所示。

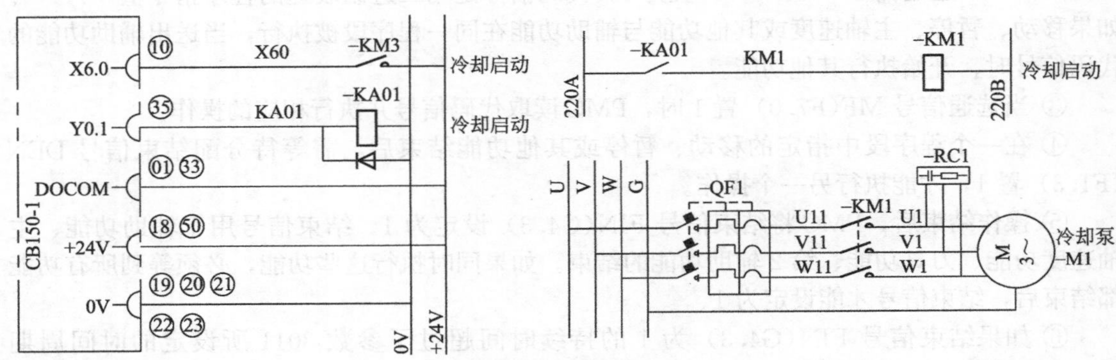

图4-86 冷却启动电气连接图

常规M功能设计PMC程序如图4-87～图4-92所示。

① 在加工程序中指令M功能时，M代码用4字节二进制数输出到PMC侧。如指令主轴正转M08，则F10＝$(0000\ 1000)_2$，F11＝$(0000\ 0000)_2$，F12＝$(0000\ 0000)_2$，F13＝$(0000\ 0000)_2$。

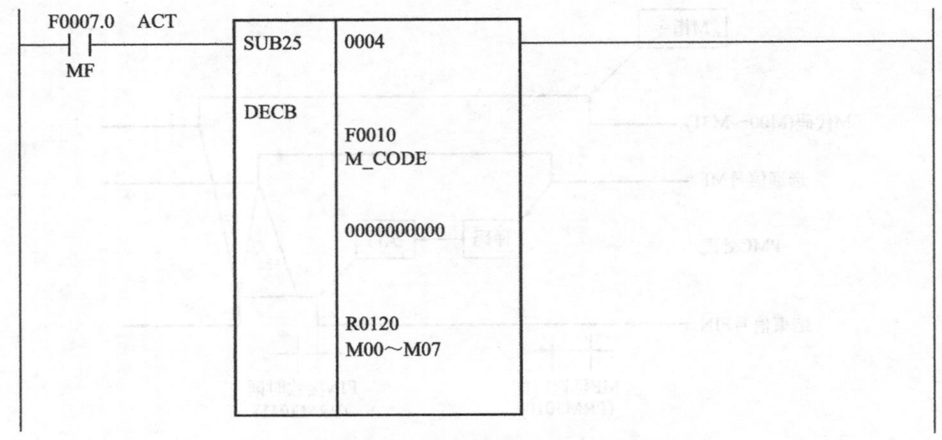

图4-87 常规M功能设计PMC程序（1）

② M代码输出后，延迟TMF时间（由参数3010决定）后，输出M代码选通信号MF。如果使用外部PLC，考虑CNC侧驱动回路和另一侧接收回路时间上的差异，必须确定一个合适的延迟时间TMF。如果使用PMC，可以设定TMF=0。

③ 使用DECB指令进行M代码译码，一次可连续译出8个M代码。R120.0～R120.7分别是M00～M07的译码输出。如程序中指令M00，则R120.0(M00)=1；如指令M01，则R120.1(M01)=1（图4-87）。

④ 再次使用DECB指令进行M代码译码，译出M08～M15代码，译码结果输出到R121。R121.0～R121.7分别是M08～M15的译码输出（图4-88）。

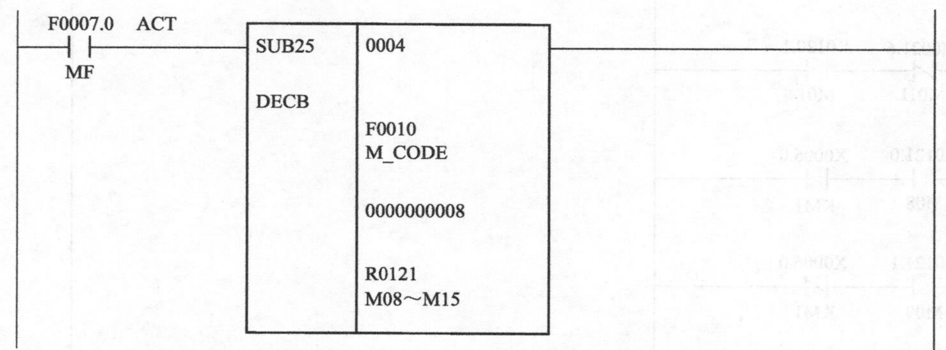

图4-88 常规M功能设计PMC程序（2）

⑤ 用PMC执行M功能。如果需要在轴移动结束后才执行M功能。对于指令G00 X150 M08，先执行G00 X150，然后才执行M08（图4-89）。

图4-89 常规M功能设计PMC程序（3）

⑥ 用选择停按钮X25.6，去翻转选择停灯Y21.6的状态。Y21.6=1，M01有效；Y21.6=0，M01无效（图4-90）。

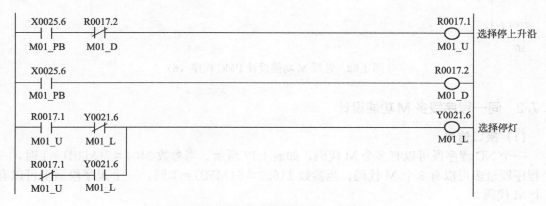

图4-90 常规M功能设计PMC程序（4）

⑦ M 功能执行结束，把辅助功能结束信号 FIN 送至 CNC。由于 M/S/T/B 功能均以 FIN 信号作为结束信号，因此程序设计时一般针对 M/S/T/B 功能，先分别设计完成信号 M_FIN、S_FIN、T_FIN 和 B_FIN，然后再设计 FIN 结束信号（图 4-91）。

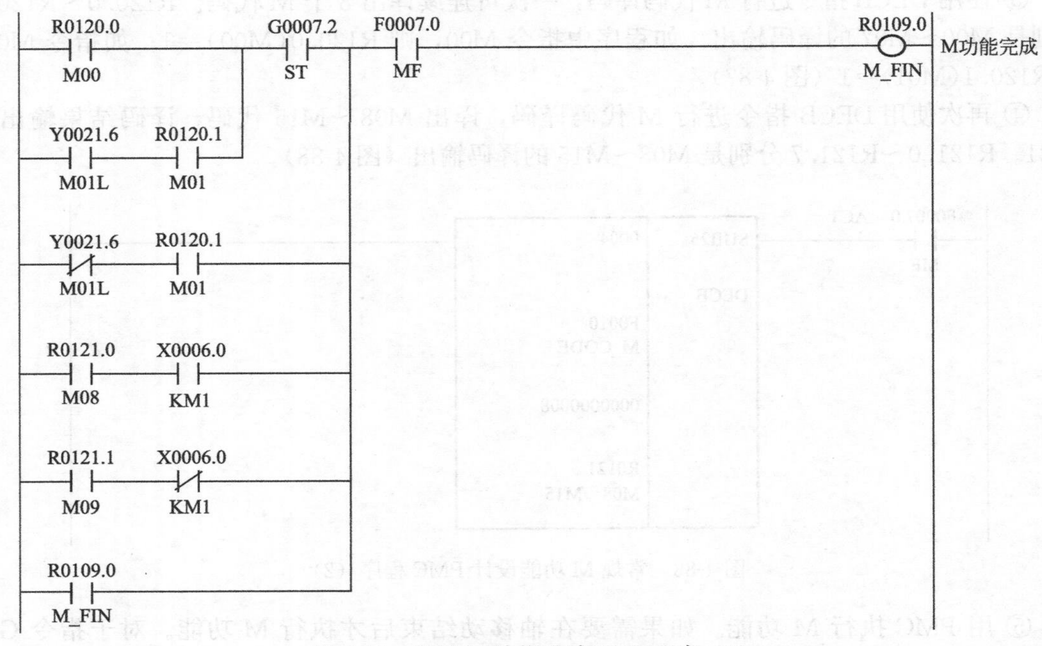

图 4-91　常规 M 功能设计 PMC 程序（5）

⑧ FIN（G4.3）结束信号处理（图 4-92）。

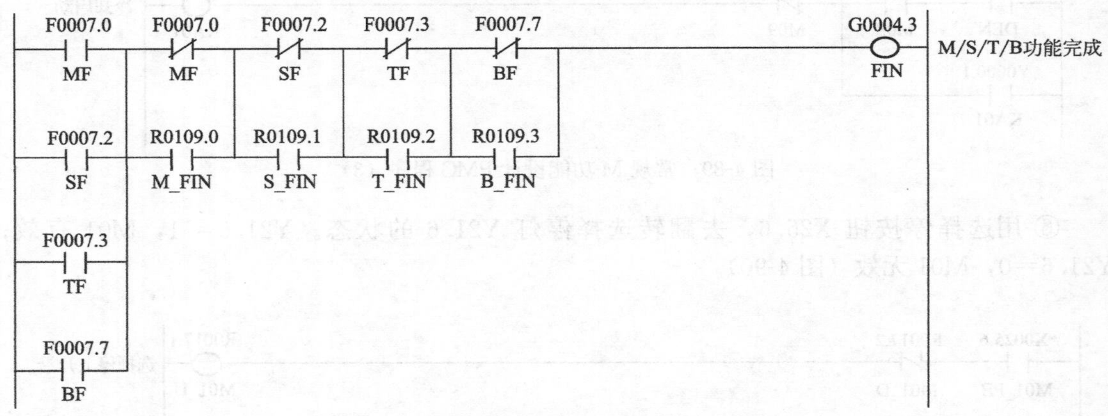

图 4-92　常规 M 功能设计 PMC 程序（6）

4.7.2 同一程序段多 M 功能设计

(1) 接口信号

一个 NC 程序段可以有多个 M 代码，如表 4-17 所示。当参数 3404＃7(M3B)＝1 时，一个程序段最多可以有 3 个 M 代码；当参数 11630＃5(M5B)＝1 时，一个程序段最多可以有 5 个 M 代码。

表 4-17　一个程序段多个 M 代码

一个程序段 1 个 M 代码	一个程序段多个 M 代码
M40； M50； M60； M70； M80； G28 G91 X0 Y0 Z0；	M40 M50 M60 M70 M80； G28 G91 X0 Y0 Z0；

对于一个程序段有 3 个 M 代码的处理时序见图 4-93。其基本处理过程如下：

① 假定程序指令为“Maa Mbb Mcc”。

② 第 1 个 M 代码（Maa）与通常一个程序段仅有一个 M 代码时的相同，送出代码信号 M00～M31(F10～F13)。经过由参数 3010 设定的 TMF 时间（标准设定 16ms）之后，选通信号 MF(F7.0) 置为“1”。第 2 个 M 代码（Mbb）送出代码信号 M200～M215(F14～F15)，第 3 个 M 代码（Mcc）送出代码信号 M300～M315(F16～F17)，并且它们各自的选通信号 MF2(F8.4) 和 MF3(F8.5) 置为“1”。这 3 个代码信号被同时送出。选通信号 MF、MF2 和 MF3 在同一时间置为“1”。代码信号 aa，bb 和 cc 是二进制的程序指令。

③ 在 PMC 侧，当选通信号置为“1”，读取各自选通信号相应的代码信号，并执行相应的操作。

④ 在 PMC 侧当所有 M 指令的操作结束时，结束信号 FIN(G4.3) 置为“1”。

⑤ 若结束信号 FIN(G4.3) 在由参数 3011 设定的时间（标准为 16ms）内始终保持为“1”，则所有选通信号（MF，MF2 和 MF3）同时置为“0”，并通知收到结束信号。

⑥ 在 PMC 侧，当 MF、MF2 和 MF3 为“0”时，结束信号 FIN(G4.3) 置“0”。

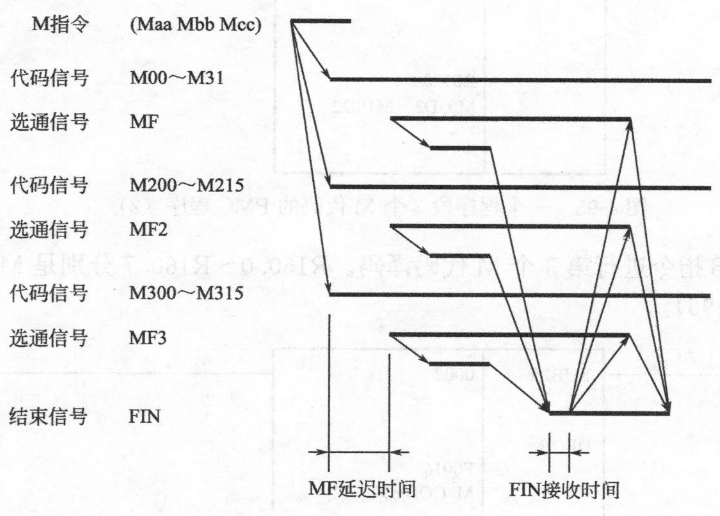

图 4-93　同一程序段 3 个 M 代码的处理时序

(2) PMC 程序举例

以冷却控制 M08 和 M09 代码为例，说明一个程序段 3 个 M 代码的 PMC 程序设计。

① 使用 DECB 指令进行第 1 个 M 代码译码，一次可连续译出 8 个 M 代码。R140.0～R140.7 分别是 M03D1～M10D1 的译码输出（图 4-94）。

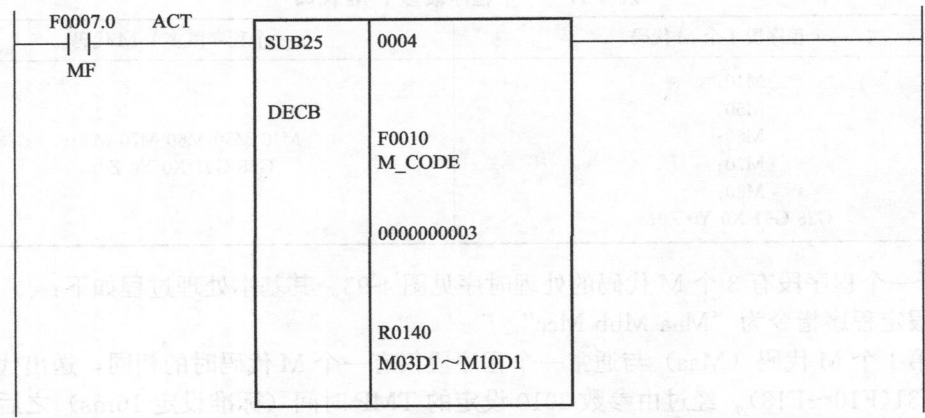

图 4-94　一个程序段 3 个 M 代码的 PMC 程序（1）

② 使用 DECB 指令进行第 2 个 M 代码译码。R150.0～R150.7 分别是 M03D2～M10D2 的译码输出（图 4-95）。

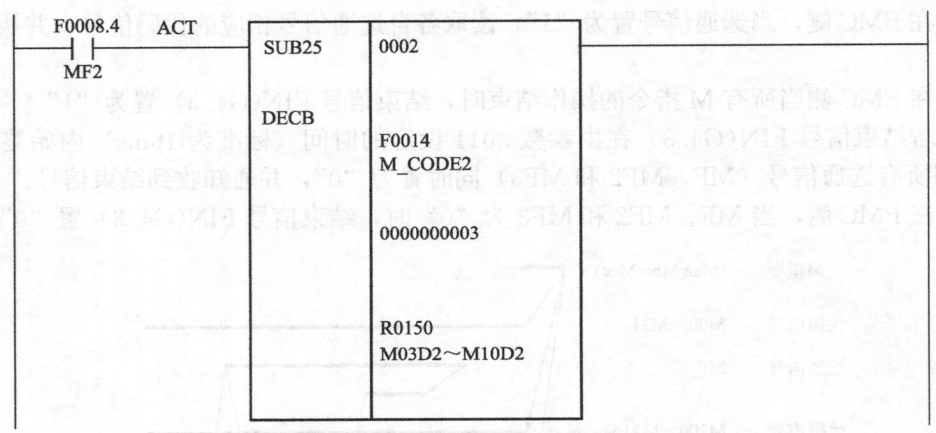

图 4-95　一个程序段 3 个 M 代码的 PMC 程序（2）

③ 使用 DECB 指令进行第 3 个 M 代码译码。R160.0～R160.7 分别是 M03D3～M10D3 的译码输出（图 4-96）。

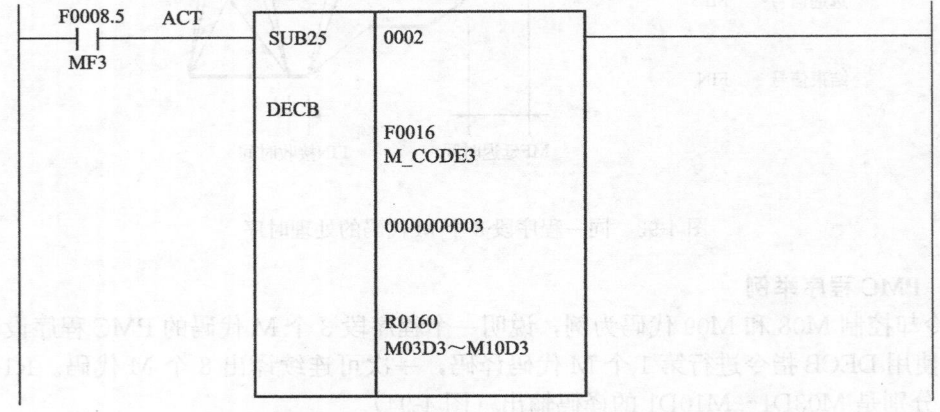

图 4-96　一个程序段 3 个 M 代码的 PMC 程序（3）

④ 执行 M 功能，启动或关闭冷却（图 4-97）。

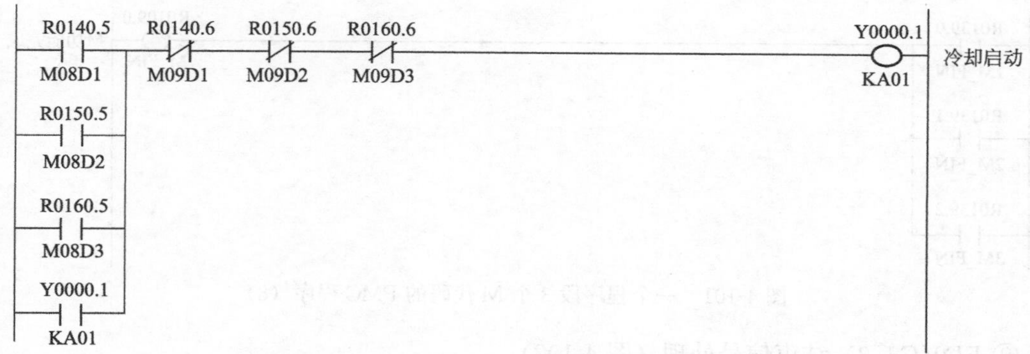

图 4-97　一个程序段 3 个 M 代码的 PMC 程序（4）

⑤ 冷却启动或停止第 1 个 M 代码完成信号 1M _ FIN(R139. 0)（图 4-98)。

图 4-98　一个程序段 3 个 M 代码的 PMC 程序（5）

⑥ 冷却启动或停止第 2 个 M 代码完成信号 2M _ FIN(R139. 1)（图 4-99)。

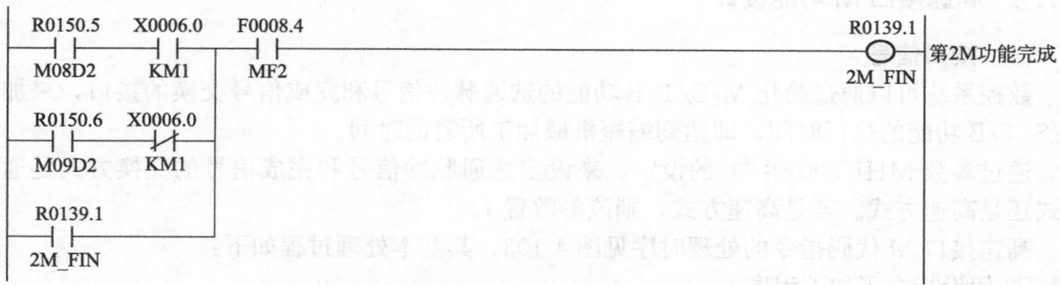

图 4-99　一个程序段 3 个 M 代码的 PMC 程序（6）

⑦ 冷却启动或停止第 3 个 M 代码完成信号 3M _ FIN(R139. 2)（图 4-100)。

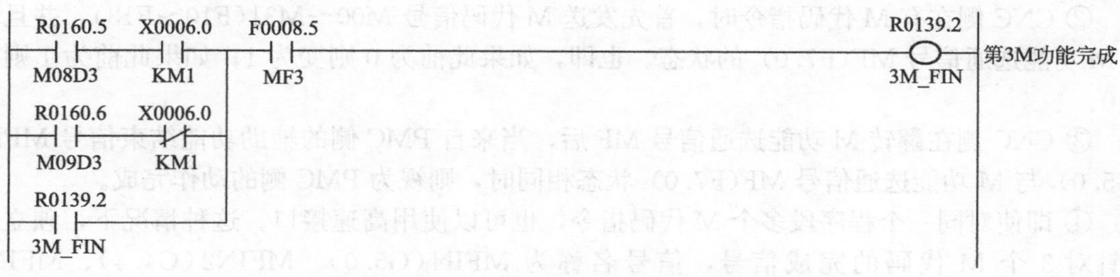

图 4-100　一个程序段 3 个 M 代码的 PMC 程序（7）

⑧ 冷却启动或停止 M 代码完成信号 M _ FIN(R109.0)（图 4-101）。

图 4-101　一个程序段 3 个 M 代码的 PMC 程序（8）

⑨ FIN(G4.3) 结束信号处理（图 4-102）。

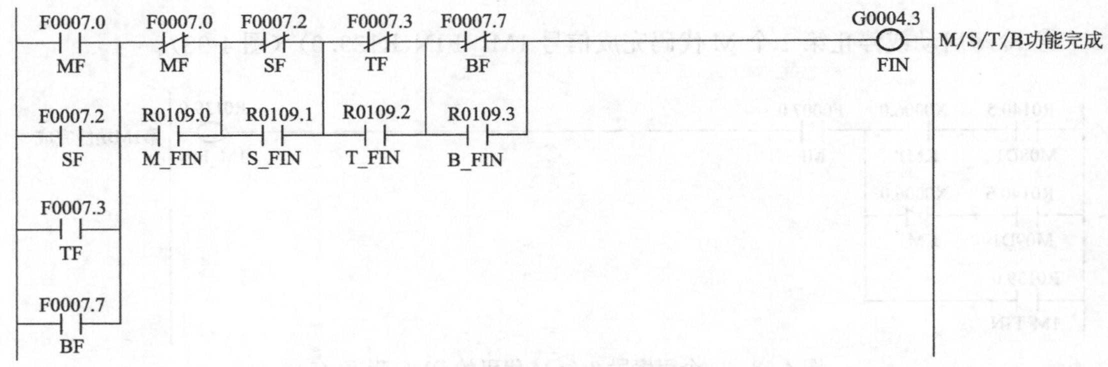

图 4-102　一个程序段 3 个 M 代码的 PMC 程序（9）

4.7.3　高速接口 M 功能设计

(1) 接口信号

数控系统可以通过简化 M/S/T/B 功能的选通脉冲信号和完成信号交换的接口，来加快 M/S/T/B 功能的执行时间，即达到缩短机械加工所需的时间。

通过参数 MHI(3001＃7) 的设定，来设定选通脉冲信号和完成信号的交换方式是通常方式还是高速方式。若是高速方式，则该参数置 1。

高速接口 M 代码指令的处理时序见图 4-103。其基本处理过程如下：

① 假设指令了如下程序。

```
Mxx;
Myy;
```

② CNC 侧在有 M 代码指令时，首先发送 M 代码信号 M00～M31(F10～F13)，并且翻转 M 功能选通信号 MF(F7.0) 的状态。也即，如果此前为 0 则变为 1；如果此前为 1 则变为 0。

③ CNC 侧在翻转 M 功能选通信号 MF 后，当来自 PMC 侧的辅助功能结束信号 MFIN (G5.0) 与 M 功能选通信号 MF(F7.0) 状态相同时，则视为 PMC 侧的动作完成。

④ 即使对同一个程序段多个 M 代码指令，也可以使用高速接口。这种情况下，独立提供针对 3 个 M 代码的完成信号，信号名称为 MFIN(G5.0)、MFIN2(G4.4)、MFIN3 (G4.5)。

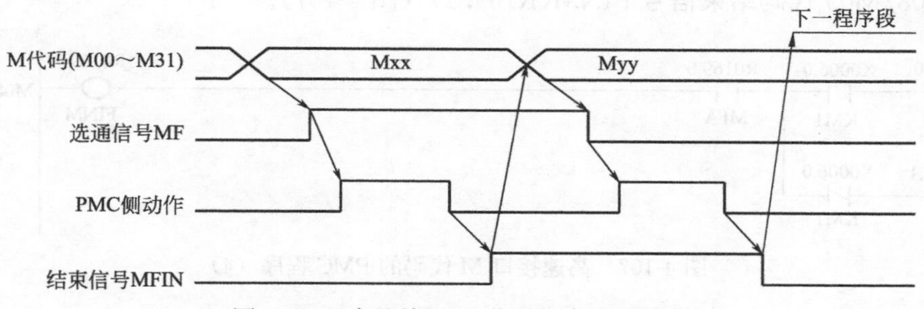

图 4-103　高速接口 M 代码指令处理时序

（2）PMC 程序举例

以冷却控制 M08 和 M09 代码为例，说明高速接口 M 代码的 PMC 程序设计。

① M 代码选通信号 MF 与 M 代码结束信号 MFIN 状态不一致时，允许启动译码，并执行相应 M 代码功能（图 4-104）。

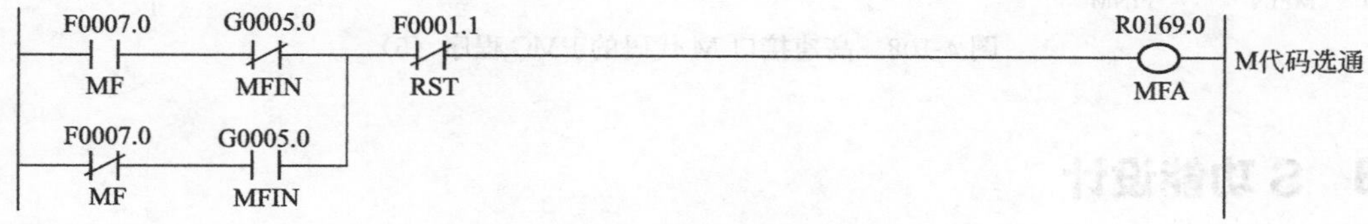

图 4-104　高速接口 M 代码的 PMC 程序（1）

② 使用 DECB 指令对 M 代码译码。M08～M15 代码的译码结果输出到 R121（图 4-105）。

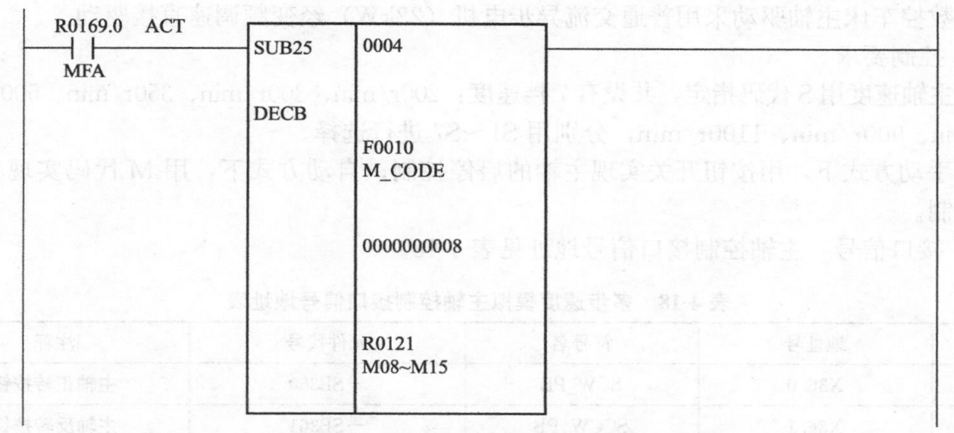

图 4-105　高速接口 M 代码的 PMC 程序（2）

③ 执行 M 代码功能（图 4-106）。

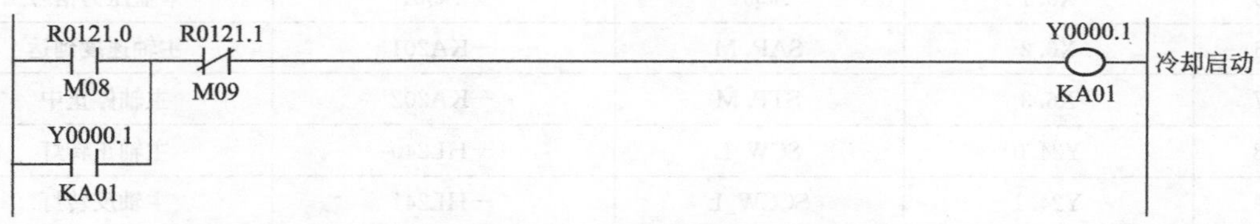

图 4-106　高速接口 M 代码的 PMC 程序（3）

④ M08/M09 代码结束信号 FINM(R169.1)（图 4-107）。

图 4-107　高速接口 M 代码的 PMC 程序（4）

⑤ M 功能结束信号 MFIN(G5.0) 处理（图 4-108）。

图 4-108　高速接口 M 代码的 PMC 程序（5）

4.8　S 功能设计

4.8.1　模拟主轴速度控制

(1) 数控车床多步速度模拟主轴控制

某数控车床主轴驱动采用普通交流异步电机（22kW）经变频调速直接驱动。

① 控制要求

a. 主轴速度用 S 代码指定，共设有 7 挡速度：200r/min、300r/min、350r/min、500r/min、600r/min、900r/min、1100r/min，分别用 S1～S7 进行选择。

b. 手动方式下，用按钮开关实现主轴的启停控制；自动方式下，用 M 代码实现主轴的启停控制。

② 接口信号　主轴控制接口信号地址见表 4-18。

表 4-18　多步速度模拟主轴控制接口信号地址表

序号	地址号	符号名	元件代号	注释
1	X36.0	SCW_PB	—SB360	主轴正转按钮
2	X36.1	SCCW_PB	—SB361	主轴反转按钮
3	X36.2	SSTP_PB	—SB362	主轴停止按钮
4	X36.3	SJOG_PB	—SB363	主轴点动按钮
5	X6.1	SQ61	—SQ61	卡盘压力信号
6	X6.2	SAR.M	—KA201	主轴速度到达
7	X6.3	STP.M	—KA202	主轴停止中
8	Y24.0	SCW_L	—HL240	主轴正转灯
9	Y24.1	SCCW_L	—HL241	主轴反转灯
10	Y0.2	KA4	—KA02	主轴正转

续表

序号	地址号	符号名	元件代号	注释
11	Y0.3	KA5	—KA03	主轴反转
12	Y0.4	KA6	—KA04	主轴复位
13	Y0.5	KA7	—KA05	多步速度 X1
14	Y0.6	KA8	—KA06	多步速度 X2
15	Y0.7	KA9	—KA07	多步速度 X3
16	F7.2	SF		S代码选通
17	F22～F25	S00～S31		S代码
18	G4.3	FIN		M/S/T/B结束信号

③ 电气连接图

a. 交流变频器采用富士 G11 系列，其电气连接见图 4-109。主轴速度采用多步速度指定。一共有 7 个主轴速度预置在变频器中，通过多步速度接口信号 X1、X2、X3 进行选择。这样处理可以有效避免交流变频器对 CNC 主轴模拟电压的干扰。在 CNC 侧使用 S 代码选择速度。

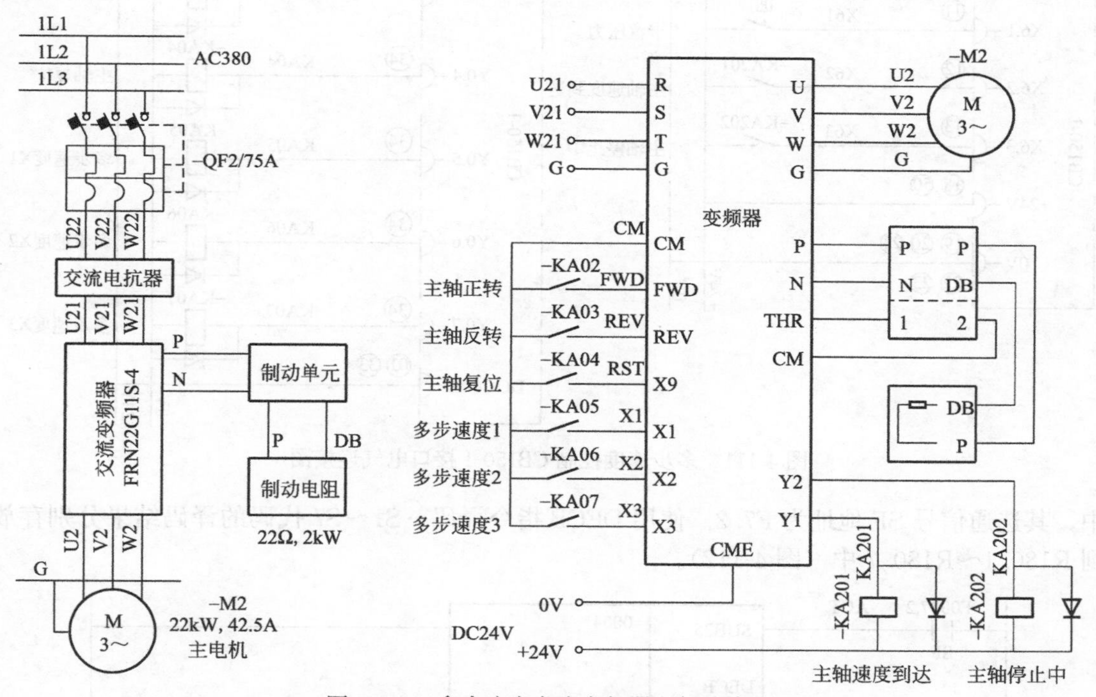

图 4-109　多步速度交流变频器电气连接图

b. 按 4.1 节模块地址设定，操作按钮及指示灯信号需接入电柜用 I/O 板 CE56-2 接口，具体电气连接图如图 4-110 所示。

c. 变频器侧输入输出信号需接入分线盘 I/O 模块 CB150-1 接口，具体电气连接图如图 4-111 所示。

④ PMC 程序设计

a. S1～S7 代码译码。当程序指令 S 代码时，S 代码值以二进制格式输出到 F22～F25

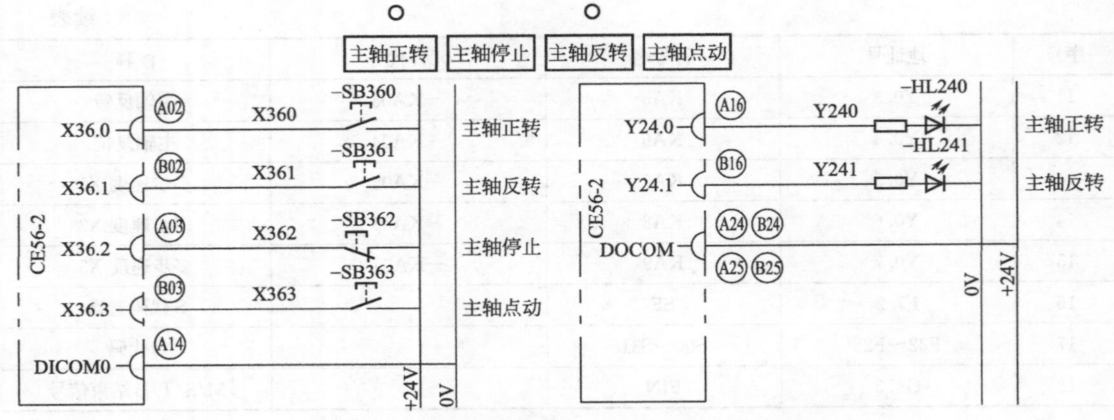

图 4-110　多步速度控制 CE56-2 接口电气连接图

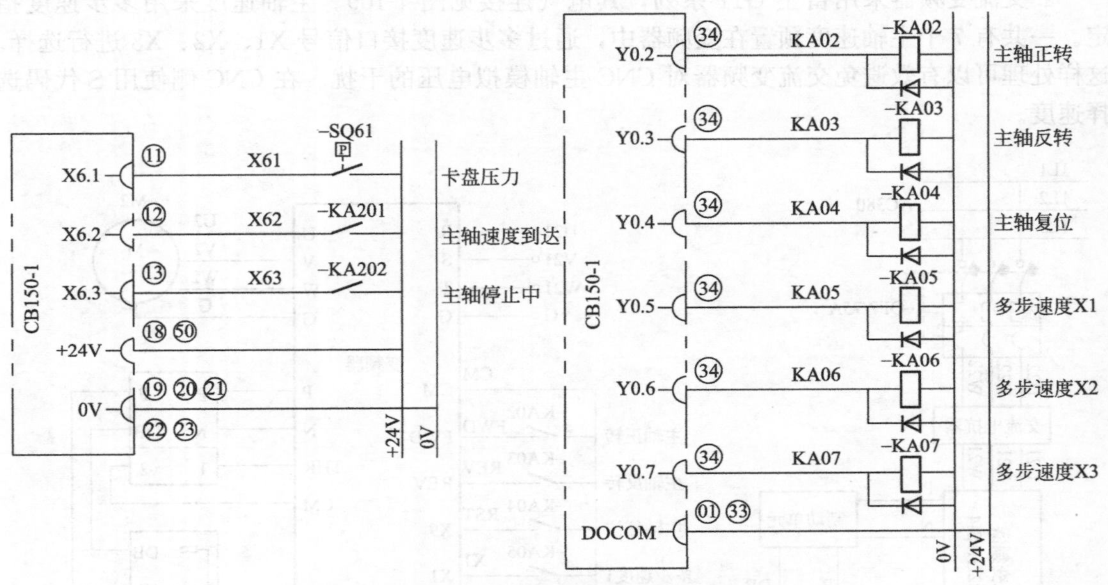

图 4-111　多步速度控制 CB150-1 接口电气连接图

中，其选通信号 SF 地址为 F7.2。使用 DECB 指令译码，S1～S7 代码的译码结果分别存放到 R180.1～R180.7 中（图 4-112）。

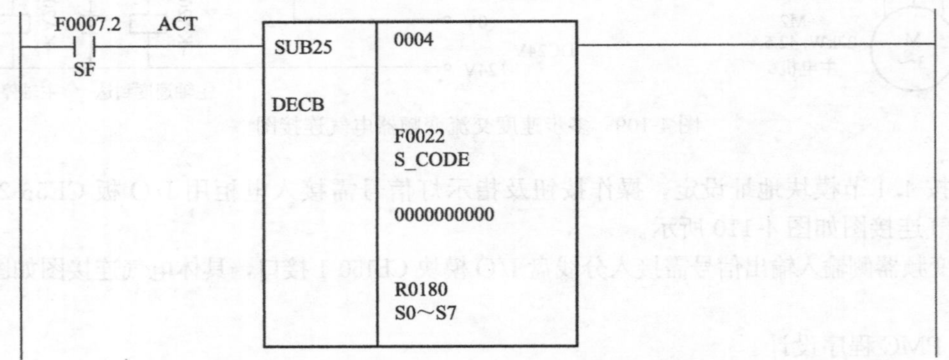

图 4-112　数控车床多步速度模拟主轴控制 PMC 程序（1）

b. 通过 S1～S7 一共 7 个 S 代码来选择速度，它们与多步速度接口信号 X1、X2、X3 的对应关系见表 4-19。

表 4-19　多步速度接口信号与 S 代码对应关系

接口信号	X3	X2	X1
S1	0	0	1
S2	0	1	0
S3	0	1	1
S4	1	0	0
S5	1	0	1
S6	1	1	0
S7	1	1	1

当指令 S1、S3、S5、S7 四个 S 代码时，多步速度接口信号 X1 置 1，即中间继电器 KA05 得电。为了能使系统选择的速度挡位具有停电保持功能，该选择信号通过停电保持型 D 区信号 D200.0 记忆（图 4-113）。

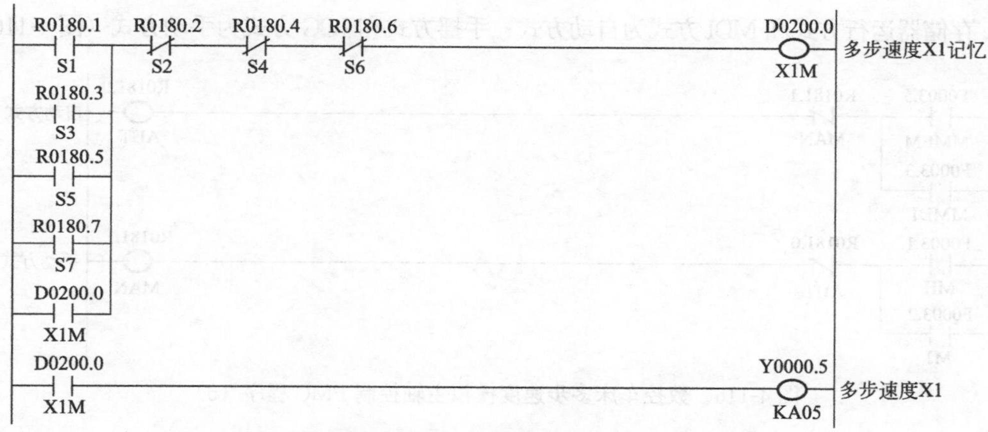

图 4-113　数控车床多步速度模拟主轴控制 PMC 程序（2）

当指令 S2、S3、S6、S7 四个 S 代码时，多步速度接口信号 X2 置 1，即中间继电器 KA06 得电（图 4-114）。

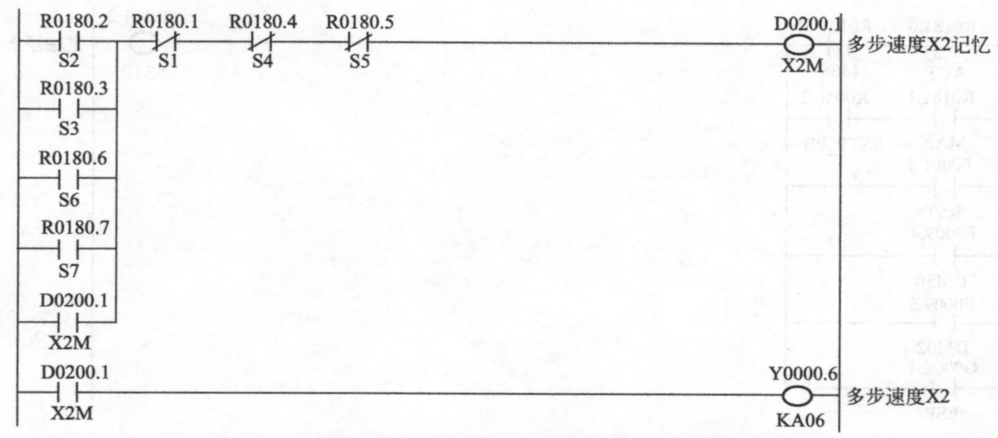

图 4-114　数控车床多步速度模拟主轴控制 PMC 程序（3）

当指令 S4、S5、S6、S7 四个 S 代码时，多步速度接口信号 X3 置 1，即中间继电器 KA07 得电（图 4-115）。

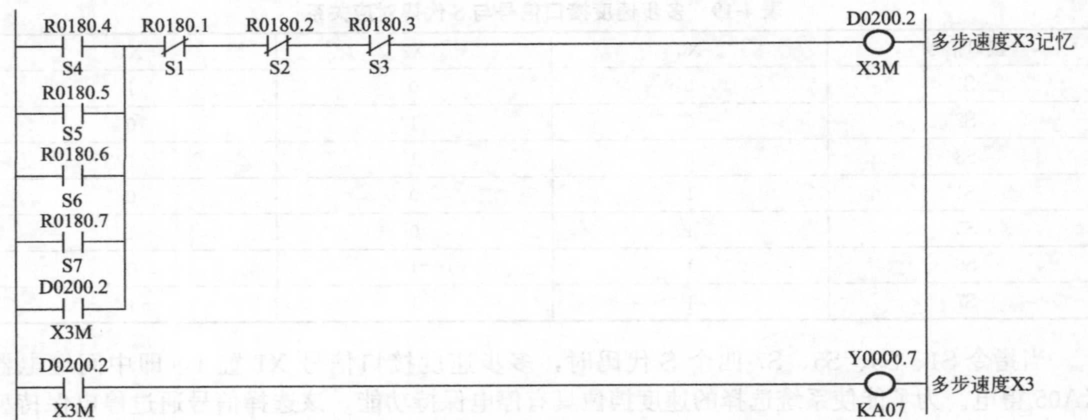

图 4-115 数控车床多步速度模拟主轴控制 PMC 程序（4）

c. 存储器运行方式和 MDI 方式为自动方式；手摇方式和 JOG 方式为手动方式（图 4-116）。

图 4-116 数控车床多步速度模拟主轴控制 PMC 程序（5）

d. 自动方式下，通过 M05 指令停止主轴；手动方式下，通过开关按钮（SSTP _ PB）停止主轴。此外急停 * ESP(G8.4)、复位 RST(F1.1)、DM02、DM30 也使主轴停止运转（图 4-117）。

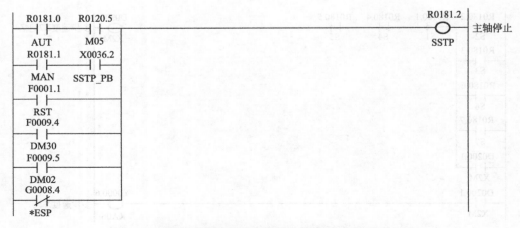

图 4-117 数控车床多步速度模拟主轴控制 PMC 程序（6）

e. 自动方式下，通过 M03 指令启动主轴正转；手动方式下，通过开关按钮（SCW_PB）启动主轴正转。主轴启动的前提条件是卡盘压力信号 SQ61(X6.1) 必须为 1。主轴点动时，启动主轴正转（图 4-118）。

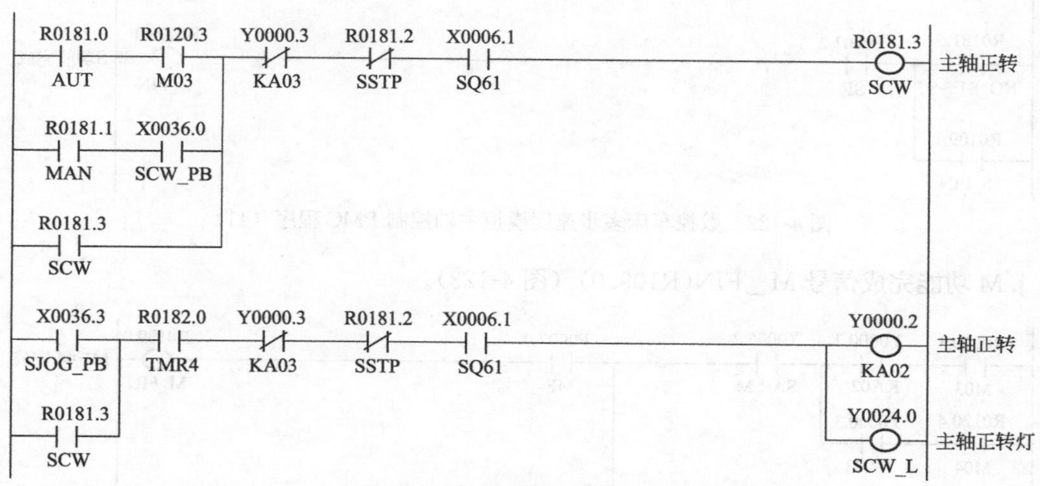

图 4-118 数控车床多步速度模拟主轴控制 PMC 程序（7）

f. 自动方式下，通过 M04 指令启动主轴反转；手动方式下，通过开关按钮（SCCW_PB）启动主轴反转。主轴启动的前提条件是卡盘压力 SQ14 信号必须为 1（图 4-119）。

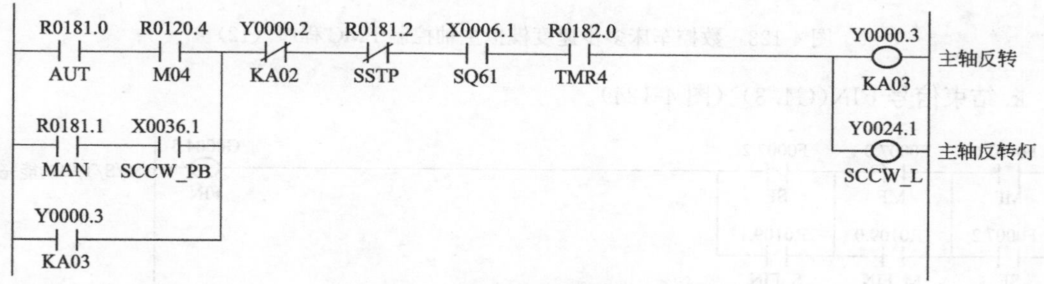

图 4-119 数控车床多步速度模拟主轴控制 PMC 程序（8）

g. 主轴旋转方向的改变需要一定的延时，故此设计个定时器 TMR4（图 4-120）。

图 4-120 数控车床多步速度模拟主轴控制 PMC 程序（9）

h. 系统复位时，也对变频器进行复位操作（图 4-121）。

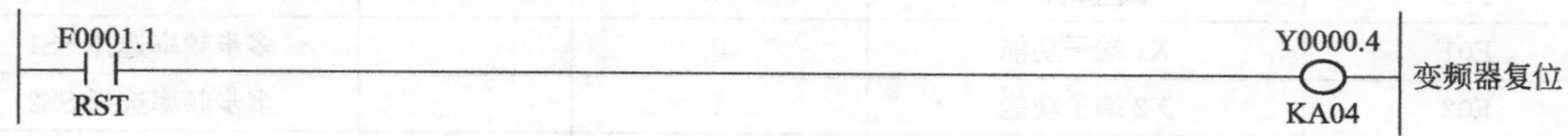

图 4-121 数控车床多步速度模拟主轴控制 PMC 程序（10）

i. S 功能完成信号 S _ FIN(R109.1)(图 4-122)。

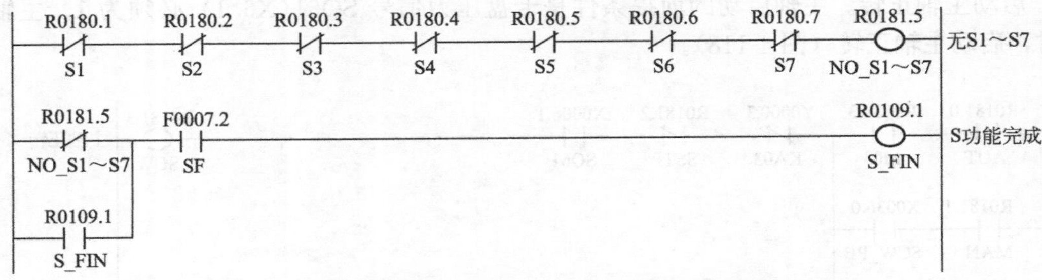

图 4-122 数控车床多步速度模拟主轴控制 PMC 程序(11)

j. M 功能完成信号 M _ FIN(R109.0)(图 4-123)。

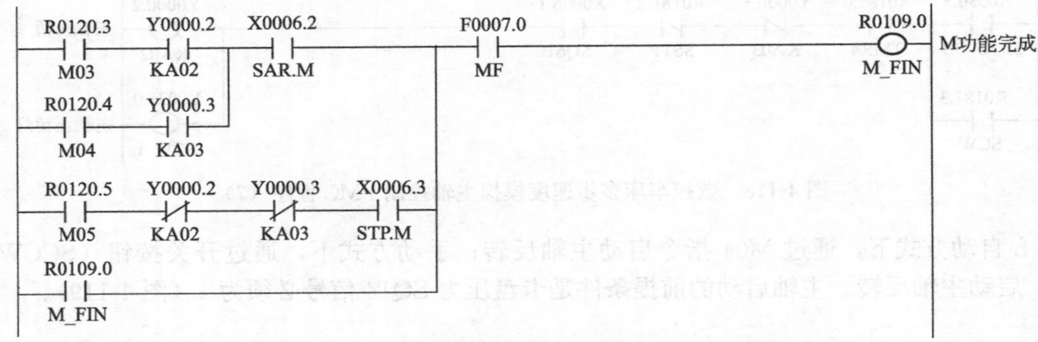

图 4-123 数控车床多步速度模拟主轴控制 PMC 程序(12)

k. 结束信号 FIN(G4.3)(图 4-124)。

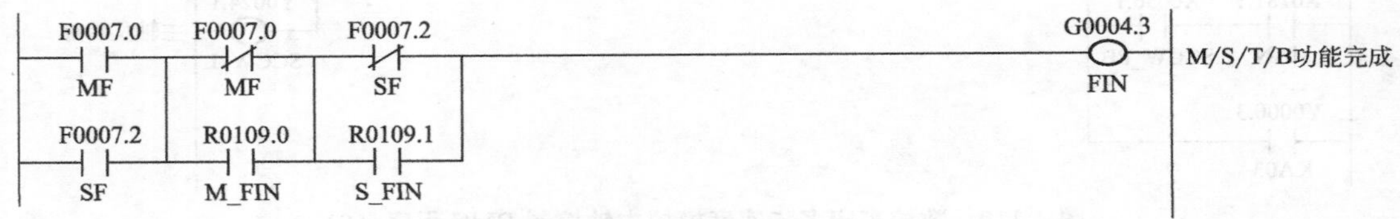

图 4-124 数控车床多步速度模拟主轴控制 PMC 程序(13)

⑤ 参数整定 富士 G11 型变频器参数的设定见表 4-20。

表 4-20 富士 G11 型变频器参数设定

功能代码	名称	设定值	单位	备注
F03	最高频率	50	Hz	
F04	基本频率	50	Hz	
F05	额定电压	380	V	
F07	加速时间	3	s	
F08	减速时间	3	s	
E01	X1 端子功能	0		多步频率选择 SS1
E02	X2 端子功能	1		多步频率选择 SS2
E03	X2 端子功能	2		多步频率选择 SS4
E20	Y1 端子功能	1		频率到达 FAR

续表

功能代码	名称	设定值	单位	备注
E21	Y2 端子功能	9		停止中 STP
C05	多步频率 1	6.8	Hz	200r/min
C06	多步频率 2	10.2	Hz	300r/min
C07	多步频率 3	11.9	Hz	350r/min
C08	多步频率 4	17	Hz	500r/min
C09	多步频率 5	20.4	Hz	600r/min
C10	多步频率 6	30.6	Hz	900r/min
C11	多步频率 7	37.4	Hz	1100r/min

X1～X3 端子与多步频率之间的关系见表 4-21。

表 4-21　X1～X3 端子与多步频率之间的关系

SS4	SS2	SS1	选择的频率
OFF	OFF	ON	C05 多步频率 1
OFF	ON	OFF	C06 多步频率 2
OFF	ON	ON	C07 多步频率 3
ON	OFF	OFF	C08 多步频率 4
ON	OFF	ON	C09 多步频率 5
ON	ON	OFF	C10 多步频率 6
ON	ON	ON	C11 多步频率 7

(2) 数控车床 10V 模拟主轴控制

某数控车床主轴采用普通交流异步电机（11kW）经变频调速驱动。主电机经主轴变速箱驱动主轴。主轴挡位有：高挡、低挡、空挡。高挡减速比为 1∶1；低挡减速比为 2∶1。

① 控制要求

a. 自动方式用 M 代码实现主轴换挡控制；手动方式用按钮实现主轴换挡控制。

b. 自动方式用 M 代码实现主轴的启停控制；手动方式用按钮实现主轴的启停控制。

c. 主轴点动为正转方向，且系统固定输出 1V 电压。

d. 用数控系统 10V 模拟量口直接控制富士变频器，实现主轴速度的无级调速。

② 接口信号　10V 模拟主轴控制接口信号地址见表 4-22。

表 4-22　10V 模拟主轴控制接口信号地址表

序号	地址号	符号名	元件代号	注　释
1	X36.0	SCW_PB	－SB360	主轴正转
2	X36.1	SCCW_PB	－SB361	主轴反转
3	X36.2	SSTP_PB	－SB362	主轴停止
4	X36.3	SJOG_PB	－SB363	主轴点动
5	X36.4	GST_PB	－SB364	主轴换挡启动
6	X36.5	GRH_SEL	－SA365	主轴高挡选择
7	X36.6	GRS_SEL	－SA365	主轴空挡选择
8	X36.7	GRL_SEL	－SA365	主轴低挡选择
9	Y24.0	SCW_L	－HL240	主轴正转灯

续表

序号	地址号	符号名	元件代号	注　释
10	Y24.1	SCCW_L	—HL241	主轴反转灯
11	Y24.2	GRH_L	—HL242	高挡灯
12	Y24.3	GRL_L	—HL243	低挡灯
13	Y24.4	GRS_L	—HL244	空挡灯
14	X6.1	SQ61	—SQ61	卡盘压力信号
15	X6.2	SAR.M	—KA201	主轴速度到达
16	X6.3	STP.M	—KA202	主轴停止中
17	X6.4	GRH.M	—SQ64	主轴高挡符合
18	X6.5	GRS.M	—SQ65	主轴空挡符合
19	X6.6	GRL.M	—SQ66	主轴低挡符合
20	Y0.2	KA02	—KA02	主轴正转
21	Y0.3	KA03	—KA03	主轴反转
22	Y0.4	KA04	—KA04	主轴复位
23	Y1.0	KA10	—KA10	换挡电磁阀 YV1
24	Y1.1	KA11	—KA11	换挡电磁阀 YV2
25	Y1.2	KA12	—KA12	换挡电磁阀 YV3
26	G29.6	*SSTP		主轴停止
27	G30	SOV0～SOV7		主轴倍率
28	G28.1	GR1		T 型换挡 GR1
29	G28.2	GR2		T 型换挡 GR2
30	G32.0～G33.3	R01I～R12I		主轴电机速度指令
31	G33.7	SIND		主轴电机速度指令选择

③ 电气连接图

a. 交流变频器采用富士 G11 系列，其电气连接见图 4-125。主轴速度采用 10V 模拟量指定。

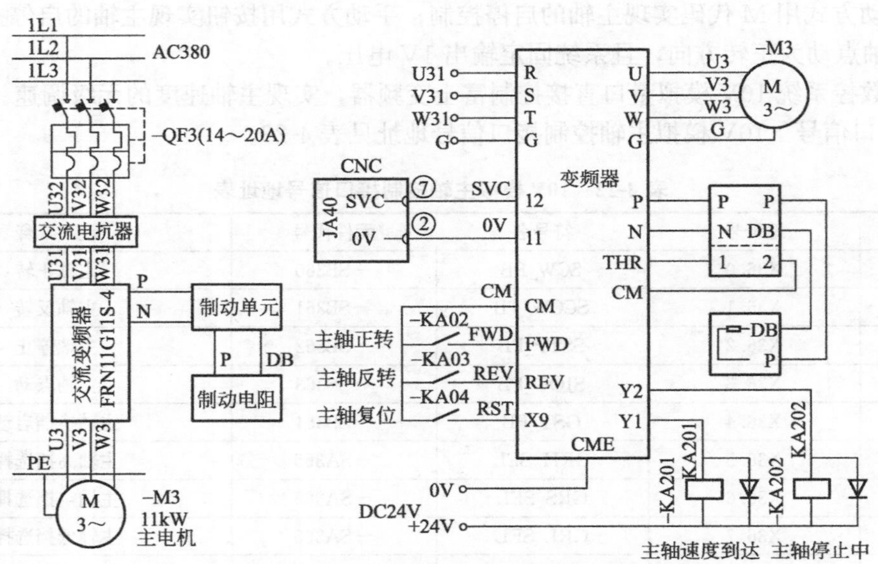

图 4-125　10V 模拟口交流变频器电气连接图

b. 按 4.1 节模块地址设定，操作按钮及指示灯信号需接入电柜用 I/O 板 CE56-2 接口，具体电气连接图如图 4-126 所示。

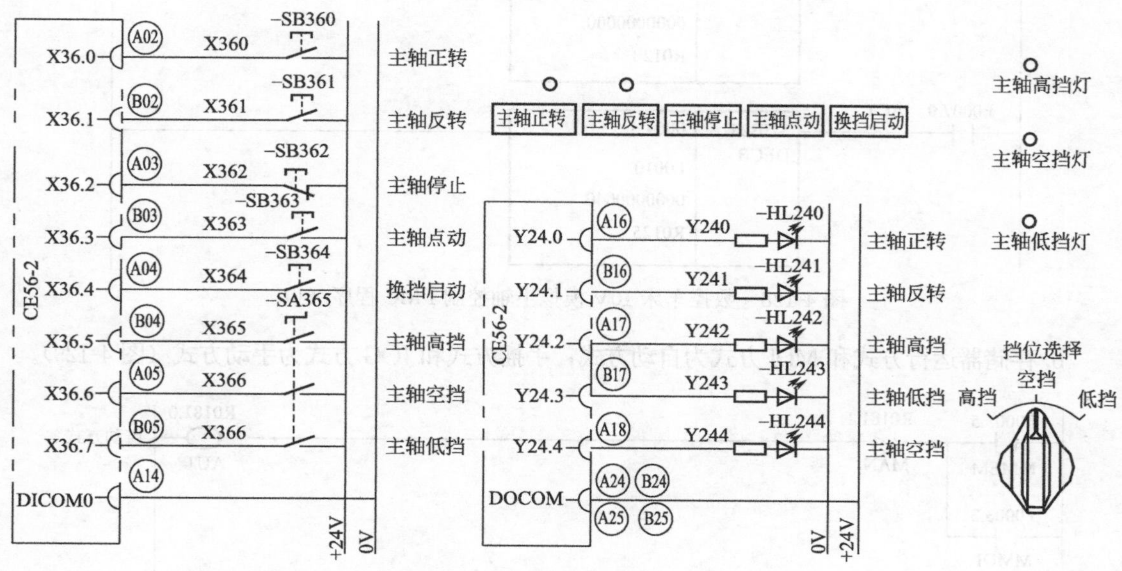

图 4-126　10V 模拟控制 CE56-2 接口电气连接图

c. 按 4.1 节模块地址设定，变频器侧输入输出信号需接入分线盘 I/O 模块 CB150-1 接口，具体电气连接图如图 4-127 所示。

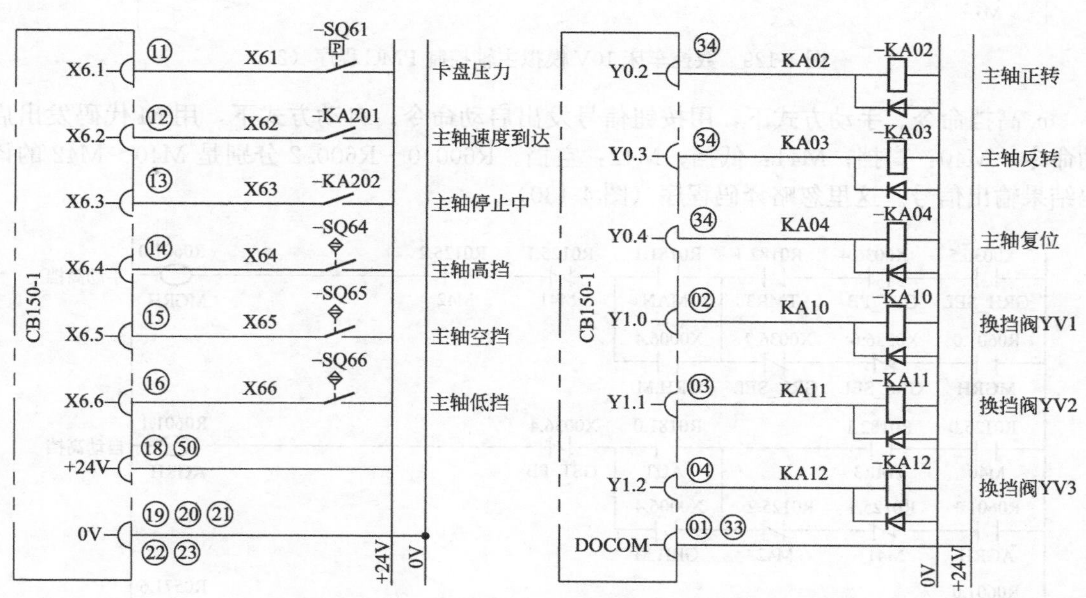

图 4-127　10V 模拟控制 CB150-1 接口电气连接图

④ PMC 程序设计

a. M 代码译码。M00～M07 译码输出至 R120；M40～M47 译码输出至 R125（图 4-128）。

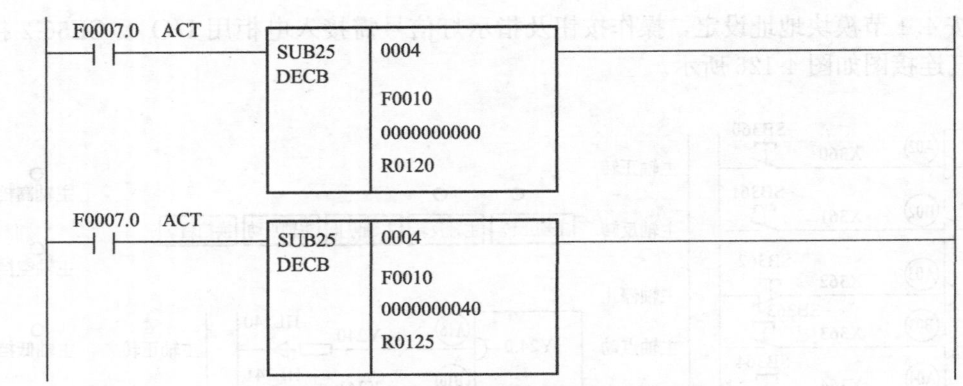

F0007.0 ACT
SUB25 DECB
0004
F0010
0000000000
R0120
F0007.0 ACT
SUB25 DECB
0004
F0010
0000000040
R0125
图 4-128　数控车床 10V 模拟主轴控制 PMC 程序（1）

b. 存储器运行方式和 MDI 方式为自动方式；手摇方式和 JOG 方式为手动方式（图 4-129）。

F0003.5
MMEM
R0181.1
MAN
R0181.0
AUT
自动方式
F0003.3
MMDI
F0003.1
MH
R0181.0
AUT
R0181.1
MAN
手动方式
F0003.2
MJ
图 4-129　数控车床 10V 模拟主轴控制 PMC 程序（2）

c. 高挡命令。手动方式下，用按钮信号发出启动命令；自动方式下，用 M 代码发出启动命令。M40：高挡；M41：低挡；M42：空挡。R600.0～R600.2 分别是 M40～M42 的译码结果输出信号。这里忽略译码程序（图 4-130）。

X0036.5
GRH_SEL
X0036.4
GST_PB
R0182.1
TMR3
R0181.1
MAN
R0125.1
M41
R0125.2
M42
R0601.0
MGRH
手动高挡
R0601.0
MGRH
X0036.6
GRS_SEL
X0036.7
GRL_SEL
X0006.4
GRH.M
R0125.0
M40
R0182.1
TMR3
R0181.0
AUT
X0036.4
GST_PB
R0601.1
AGRH
自动高挡
R0601.1
AGRH
R0125.1
M41
R0125.2
M42
X0006.4
GRH.M
R0601.0
MGRH
R0571.6
GRH_Comm
高挡命令
R0601.1
AGRH
图 4-130　数控车床 10V 模拟主轴控制 PMC 程序（3）

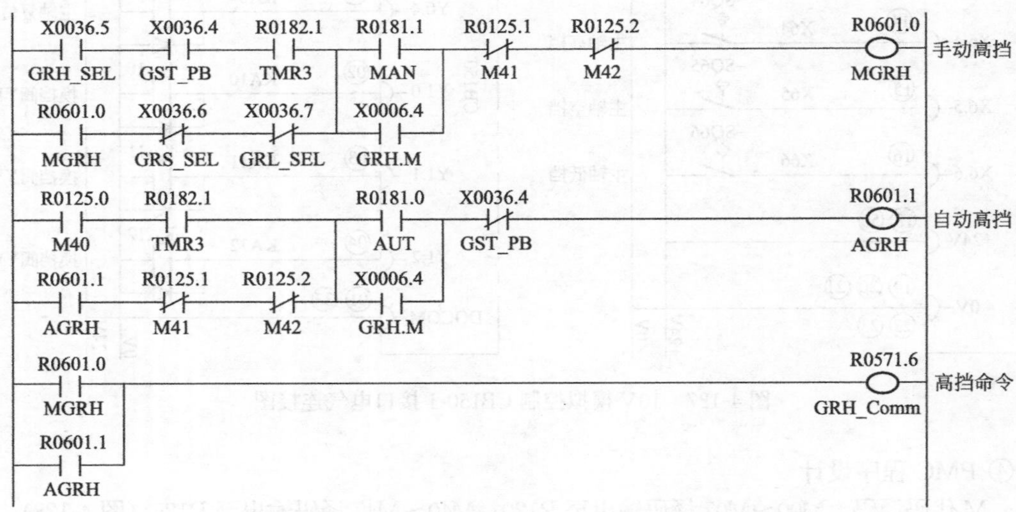

d. 低挡命令（图 4-131）。

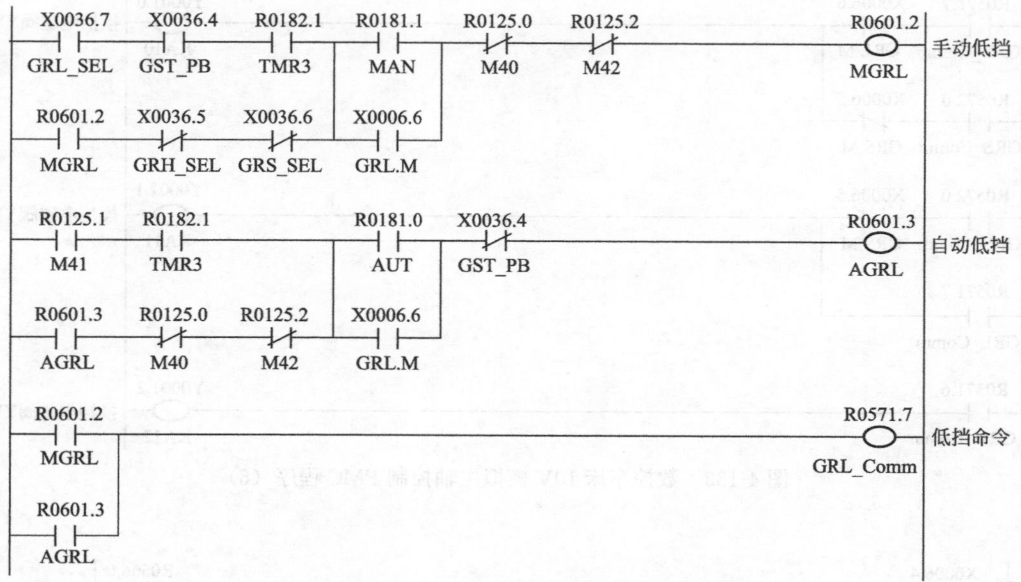

图 4-131 数控车床 10V 模拟主轴控制 PMC 程序（4）

e. 空挡命令（图 4-132）。

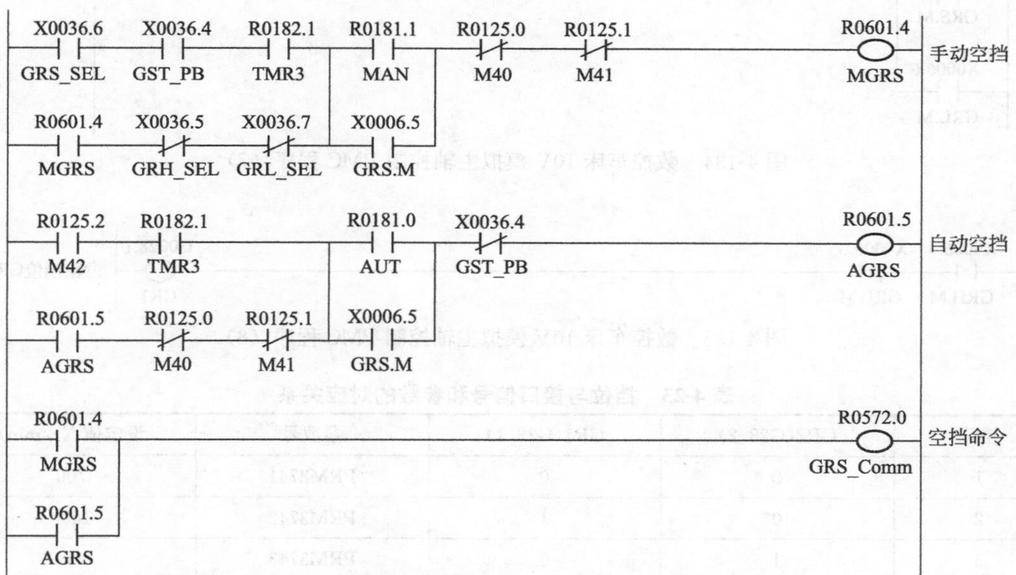

图 4-132 数控车床 10V 模拟主轴控制 PMC 程序（5）

f. 换挡电磁阀。主轴换高挡，YV3 得电；主轴换低挡，先 YV1＋YV2 得电，到位后仅 YV2 得电；主轴换空挡，YV1＋YV2 得电，到位后 YV1＋YV2 失电（图 4-133）。

g. 挡位到位（图 4-134）。

h. 齿轮挡位选择接口信号 GR1(G28.1)（图 4-135)。通过对接口信号 GR1 和 GR2 编码得到 4 个挡位，其每个挡位的速度值在 PRM3741～PRM3744 中进行设定。挡位与接口信号和参数的对应关系如表 4-23 所示。

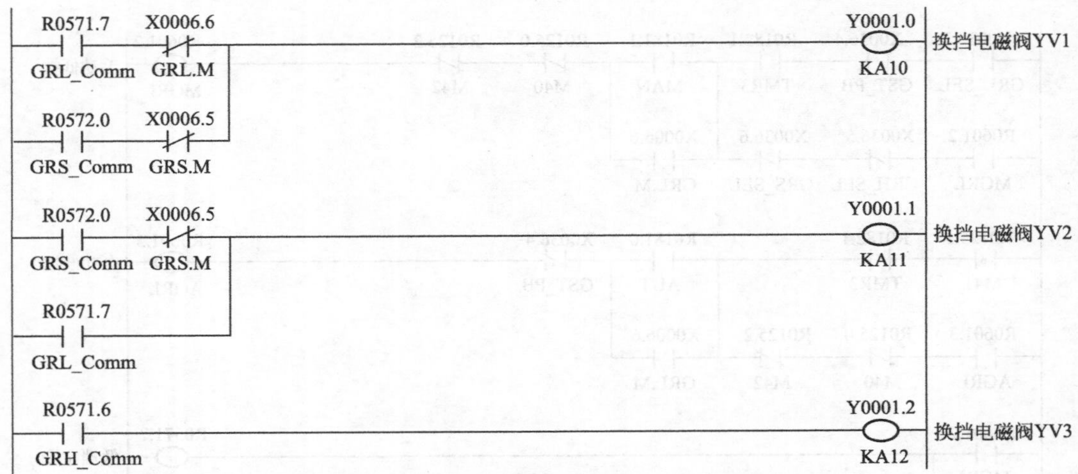

图 4-133　数控车床 10V 模拟主轴控制 PMC 程序（6）

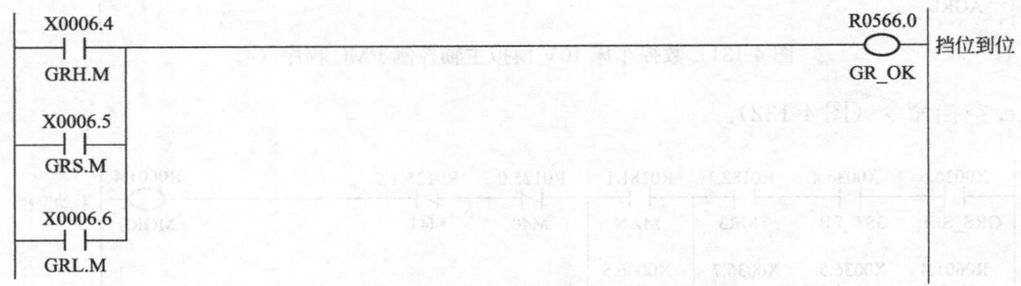

图 4-134　数控车床 10V 模拟主轴控制 PMC 程序（7）

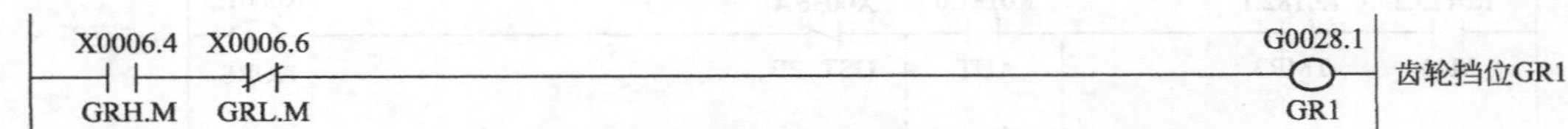

图 4-135　数控车床 10V 模拟主轴控制 PMC 程序（8）

表 4-23　挡位与接口信号和参数的对应关系

挡位	GR2(G28.2)	GR1(G28.1)	参数号	设定值/(r/min)
1	0	0	PRM3741	700
2	0	1	PRM3742	1400
3	1	0	PRM3743	
4	1	1	PRM3744	—

i. 挡位指示灯（图 4-136）。

j. 自动方式下，通过 M05 指令停止主轴；手动方式下，通过开关按钮（SSTP _ PB）停止主轴。此外急停 ＊ESP（G8.4）、复位 RST（F1.1）、DM02、DM30 也使主轴停止运转（图 4-137）。

k. 自动方式下，通过 M03 指令启动主轴正转；手动方式下，通过开关按钮（SCW _ PB）启动主轴正转。主轴启动的前提条件是卡盘压力 SQ61 信号（X6.1）必须为 1（图 4-138）。

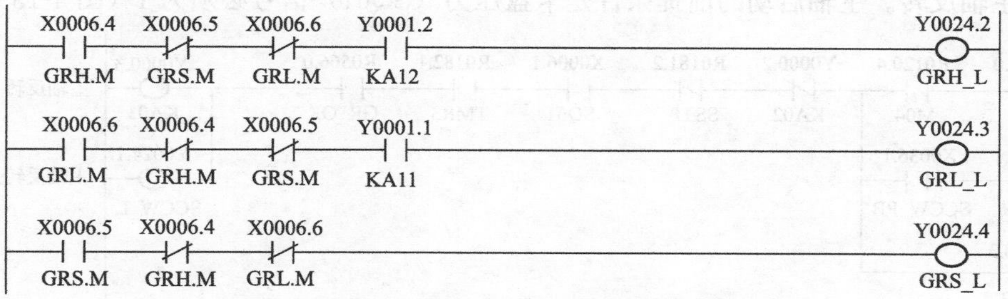

X0006.4
X0006.5
X0006.6
Y0001.2
Y0024.2
高挡灯
GRH.M
GRS.M
GRL.M
KA12
GRH_L
X0006.6
X0006.4
X0006.5
Y0001.1
Y0024.3
低挡灯
GRL.M
GRH.M
GRS.M
KA11
GRL_L
X0006.5
X0006.4
X0006.6
Y0024.4
空挡灯
GRS.M
GRH.M
GRL.M
GRS_L

图 4-136　数控车床 10V 模拟主轴控制 PMC 程序（9）

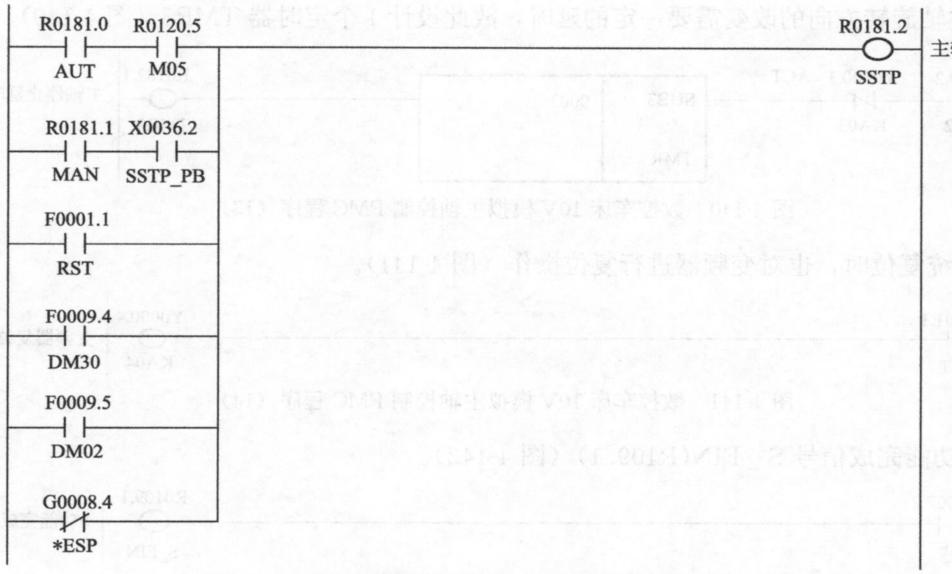

R0181.0
R0120.5
R0181.2
主轴停止
AUT
M05
SSTP
R0181.1
X0036.2
MAN
SSTP_PB
F0001.1
RST
F0009.4
DM30
F0009.5
DM02
G0008.4
*ESP

图 4-137　数控车床 10V 模拟主轴控制 PMC 程序（10）

R0181.0
R0120.3
Y0000.3
R0181.2
X0006.1
R0182.1
R0566.0
R0181.3
主轴正转
AUT
M03
KA03
SSTP
SQ61
TMR3
GR_OK
SCW
R0181.1
X0036.0
MAN
SCW_PB
R0181.3
SCW
X0036.3
R0182.1
Y0000.3
R0181.2
X0006.1
R0566.0
Y0000.2
主轴正转
SJOG_PB
TMR3
KA03
SSTP
SQ61
GR_OK
KA02
R0181.3
Y0024.0
SCW
主轴正转灯
SCW_L

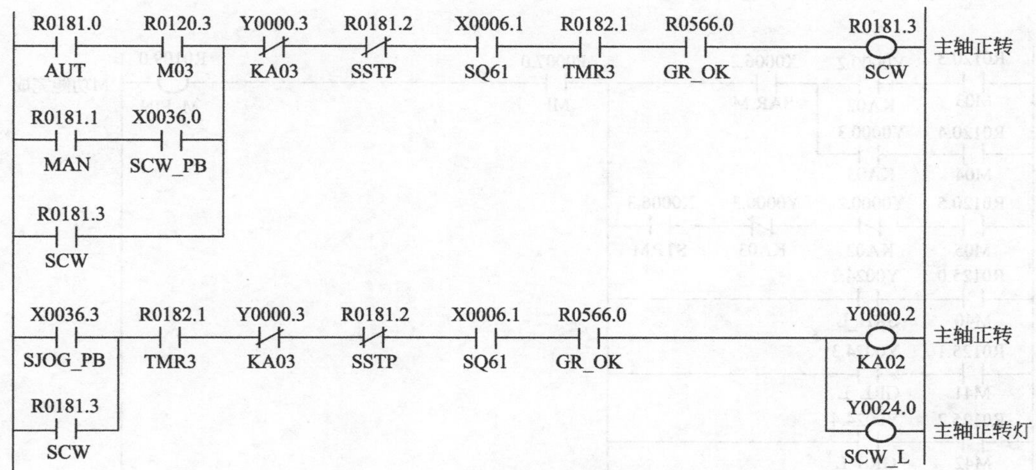

图 4-138　数控车床 10V 模拟主轴控制 PMC 程序（11）

l. 自动方式下，通过 M04 指令启动主轴反转；手动方式下，通过开关按钮（SCCW _

PB）启动主轴反转。主轴启动的前提条件是卡盘压力（SQ61）信号必须为 1（图 4-139）。

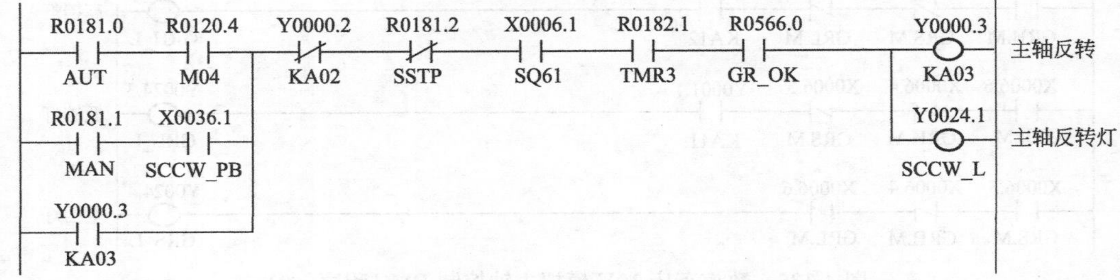

图 4-139　数控车床 10V 模拟主轴控制 PMC 程序（12）

m. 主轴旋转方向的改变需要一定的延时，故此设计 1 个定时器 TMR3（图 4-140）。

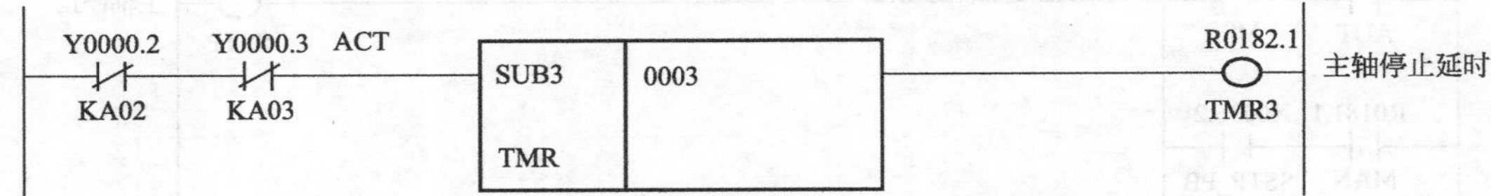

图 4-140　数控车床 10V 模拟主轴控制 PMC 程序（13）

n. 系统复位时，也对变频器进行复位操作（图 4-141）。

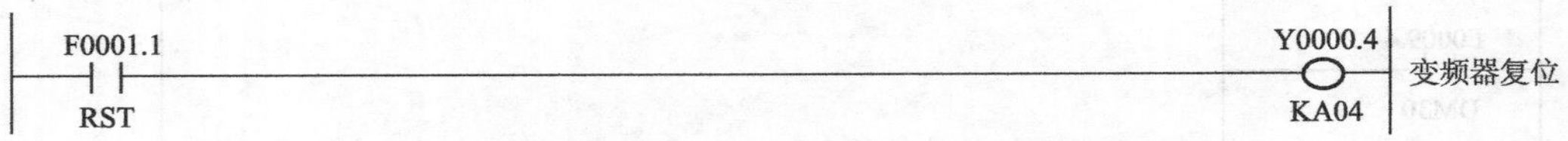

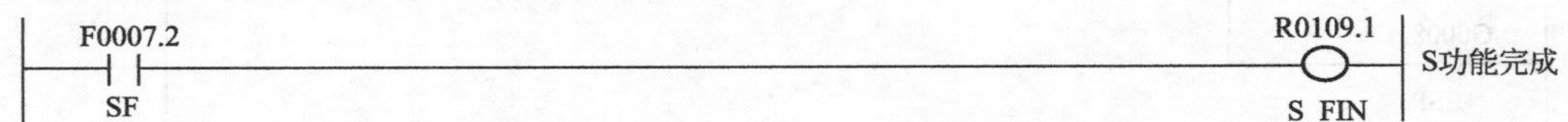

图 4-141　数控车床 10V 模拟主轴控制 PMC 程序（14）

o. S 功能完成信号 S _ FIN(R109. 1)（图 4-142）。

图 4-142　数控车床 10V 模拟主轴控制 PMC 程序（15）

p. M 功能完成信号 M _ FIN(R109. 0)（图 4-143）。

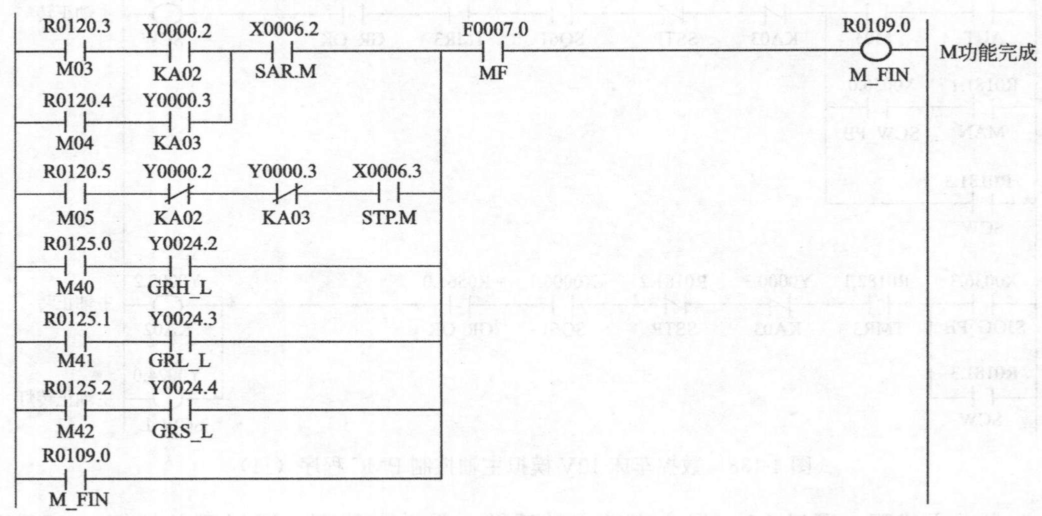

图 4-143　数控车床 10V 模拟主轴控制 PMC 程序（16）

q. 结束信号 FIN(G4.3)（图 4-144）。

F0007.0
MF
F0007.0
MF
F0007.2
SF
F0007.2
SF
R0109.0
M_FIN
R0109.1
S_FIN
G0004.3
FIN
M/S/T/B功能完成

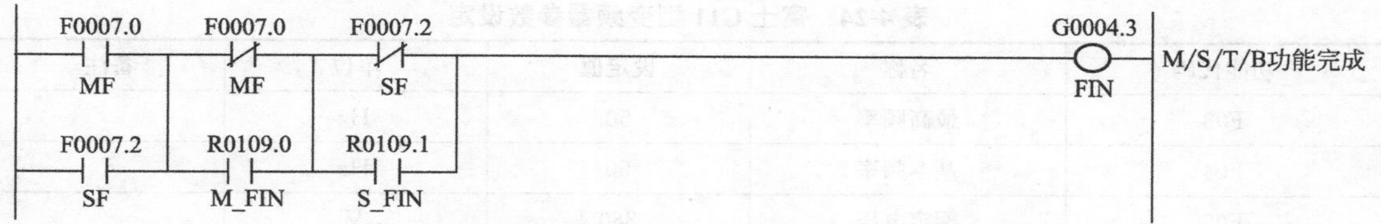

图 4-144 数控车床 10V 模拟主轴控制 PMC 程序（17）

r. 主轴启动时，置主轴停止信号 * SSTP(G29.6) 为 1，CNC 执行主轴速度控制。当 * SSTP=1 时，主轴 10V 模拟指令输出；当 * SSTP=0 时，主轴 10V 模拟指令禁止输出（图 4-145）。

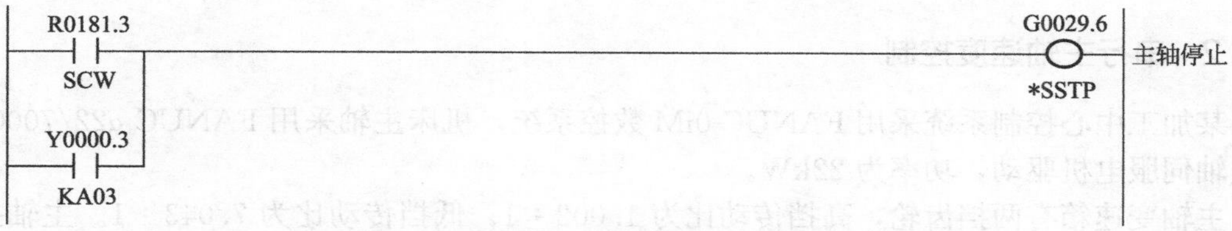

R0181.3
SCW
Y0000.3
KA03
G0029.6
*SSTP
主轴停止

图 4-145 数控车床 10V 模拟主轴控制 PMC 程序（18）

s. 不使用主轴倍率开关，将主轴倍率固定为 100%（图 4-146）。

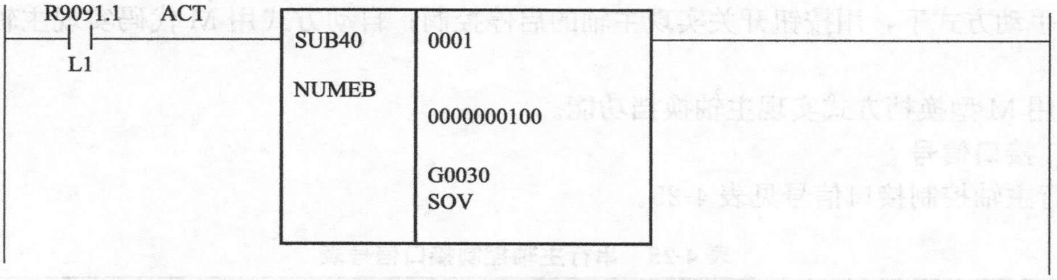

R9091.1
L1
ACT
SUB40
NUMEB
0001
0000000100
G0030
SOV

图 4-146 数控车床 10V 模拟主轴控制 PMC 程序（19）

t. 主轴点动时，系统输出 1V 电压。G32.0～G33.3=4095，CNC 输出 10V 电压，因此要输出 1V，G32.0～G33.3 应该置 410。而该 12 位二进制指令有效的前提是 G33.7 为 1（图 4-147）。

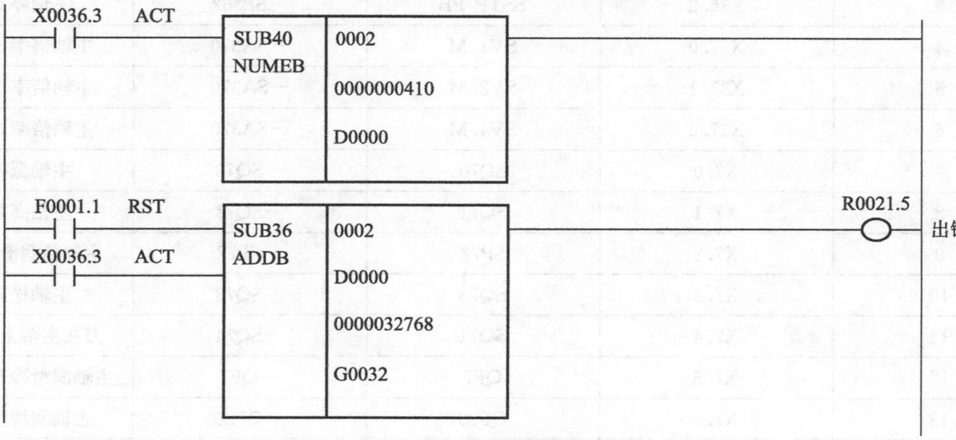

X0036.3
ACT
SUB40
NUMEB
0002
0000000410
D0000
F0001.1
RST
X0036.3
ACT
SUB36
ADDB
0002
D0000
0000032768
G0032
R0021.5
出错

图 4-147 数控车床 10V 模拟主轴控制 PMC 程序（20）

⑤ 参数整定　富士 G11 型变频器参数的设定见表 4-24。

表 4-24　富士 G11 型变频器参数设定

功能代码	名称	设定值	单位	备注
F03	最高频率	50	Hz	
F04	基本频率	50	Hz	
F05	额定电压	380	V	
F07	加速时间	3	s	
F08	减速时间	3	s	
E20	Y1 端子功能	1		频率到达 FAR
E21	Y2 端子功能	9		停止中 STP

4.8.2 串行主轴速度控制

某加工中心控制系统采用 FANUC-0iM 数控系统，机床主轴采用 FANUC α22/7000i 交流主轴伺服电机驱动，功率为 22kW。

主轴变速箱有两挡齿轮，高挡传动比为 1.002∶1；低挡传动比为 7.043∶1。主轴挡位由 S 指令值直接确定。0～638r/min 为低挡；639r/min 以上（含 639r/min）4500r/min 以下为高挡。

(1) 控制要求

① 手动方式下，用按钮开关实现主轴的启停控制；自动方式用 M 代码实现主轴的启停控制。

② 用 M 型换挡方式实现主轴换挡功能。

(2) 接口信号

串行主轴控制接口信号见表 4-25。

表 4-25　串行主轴控制接口信号表

序号	地址	符号名	元件号	说明
1	X36.0	SCW_PB	—SB360	主轴正转
2	X36.1	SCCW_PB	—SB361	主轴反转
3	X36.2	SSTP_PB	—SB362	主轴停止
4	X37.0	SV1.M	—SA370	主轴倍率 SV1
5	X37.1	SV2.M	—SA370	主轴倍率 SV2
6	X37.2	SV4.M	—SA370	主轴倍率 SV4
7	X7.0	SQ70	—SQ70	主轴低挡
8	X7.1	SQ71	—SQ71	主轴高挡
9	X7.2	SP72	—SP72	主轴箱润滑压力
10	X7.3	SQ73	—SQ73	主轴松开
11	X7.4	SQ74	—SQ74	刀在主轴上夹紧
12	X7.5	QF7	—QF7	主轴润滑冷却空开
13	X7.6	QF30	—QF30	主轴润滑空开
14	Y1.3	KA13	—KA13	主轴至低挡 YV34

续表

序号	地址	符号名	元件号	说明
15	Y1.4	KA14	－KA14	主轴至高挡 YV35
16	Y24.2	GRH_L	－HL242	主轴高挡灯
17	Y24.3	GRL_L	－HL243	主轴低挡灯
18	G29.4	SAR		主轴速度到达
19	G29.5	SOR		主轴换挡中
20	G70.7	MRDYA		机床准备完毕
21	G70.5	SFRA		主轴正转
22	G70.4	SRVA		主轴反转
23	G71.1	* ESPA		主轴急停
24	G71.0	ARSTA		主轴报警复位
25	F45.3	SARA		主轴速度到达
26	F45.1	SSTA		主轴零速
27	F45.0	ALMA		主轴报警中
28	F7.2	SF		S选通信号
29	F1.1	RST		复位
30	F3.2	MJ		JOG 方式
31	F3.1	MH		手摇方式
32	F4.5	MREF		回零方式
33	F3.5	MMEM		存储器方式
34	F3.3	MMDI		MDI 方式
35	F34.0	GR1O		齿轮低挡
36	F34.1	GR2O		齿轮高挡

(3) 电气连接图

① 串行主轴连接图见图 4-148。

② 按 4.1 节模块地址设定，操作按钮、波段开关及指示灯信号需接入电柜用 I/O 板

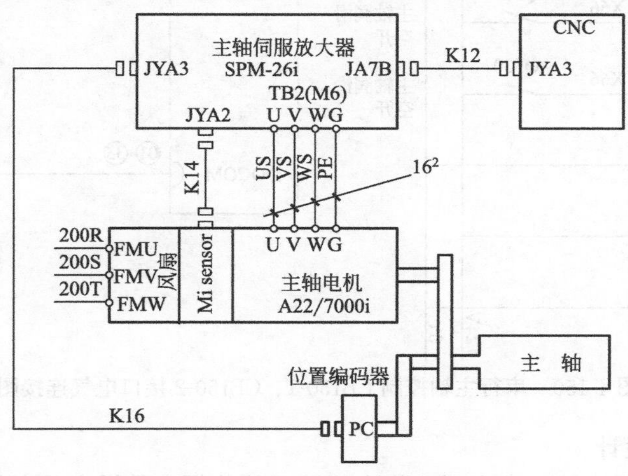

图 4-148 串行主轴连接图

CE56-2 接口，X36.0～X36.2、Y24.2～Y24.3 电气连接图参考图 4-126，这里只给出主轴倍率电气连接图，如图 4-149 所示。

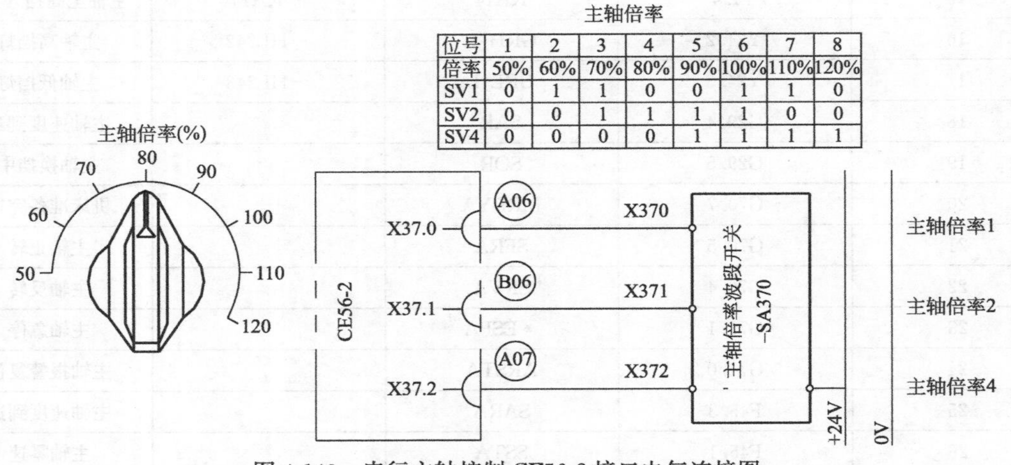

主轴倍率

位号	1	2	3	4	5	6	7	8
倍率	50%	60%	70%	80%	90%	100%	110%	120%
SV1	0	1	1	0	0	1	1	0
SV2	0	0	1	1	1	1	0	0
SV4	0	0	0	0	1	1	1	1

图 4-149　串行主轴控制 CE56-2 接口电气连接图

③ 按 4.1 节模块地址分配，机床行程开关、空气开关、压力开关等输入信号需接入分线盘 I/O 模块 CB150-2，继电器等输出信号需接入分线盘 I/O 模块 CB150-1 接口，具体电气连接图如图 4-150 所示。

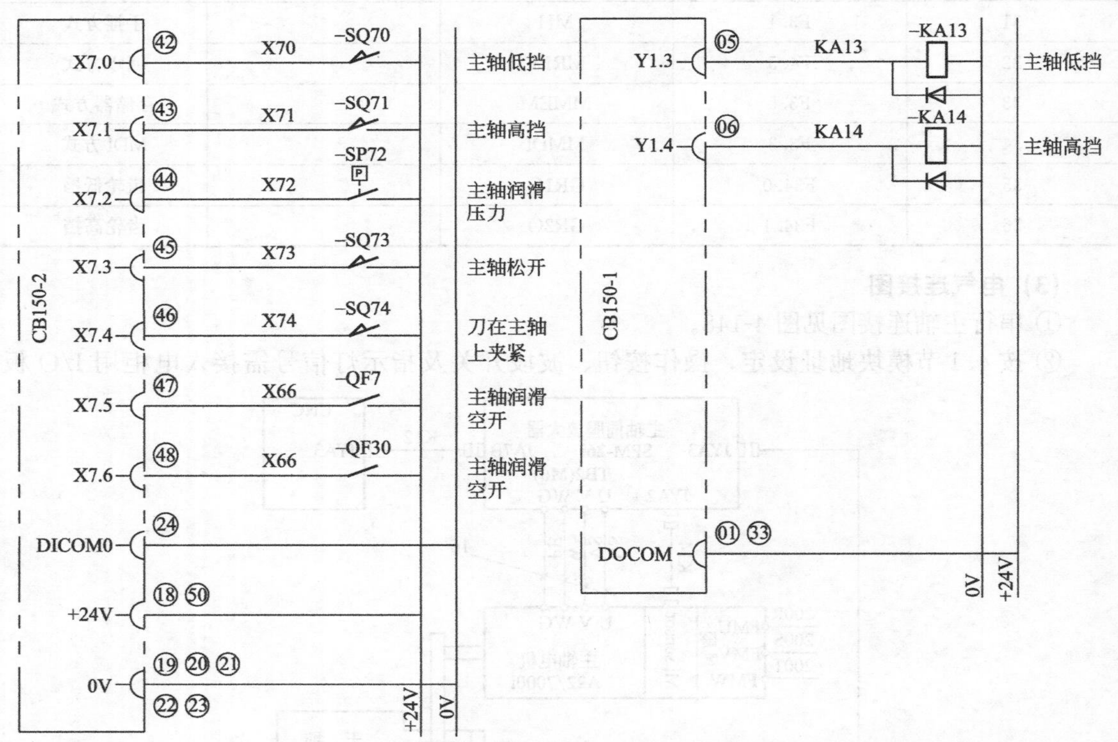

图 4-150　串行主轴控制 CB150-1、CB150-2 接口电气连接图

(4) PMC 程序设计

① 系统采用 M 型换挡，当出现 S 指令时，系统依据参数设定的各挡位速度范围自动计

算与 S 指令相对应的齿轮挡位。CNC 侧送出相应的挡位信号，低挡 GR1O(F34.0) 和高挡 GR2O(F34.1)。在 PMC 中依据此信号形成主轴换挡指令。齿轮换挡中，要求主轴作低速旋转。该旋转速度由系统参数 3732 设定。低速旋转的激活由换挡中信号 SOR(G29.5) 完成（图 4-151）。

F0034.1
X0007.1
F0007.2
G0029.5
换挡中
GR2O
SQ71
SF
SOR
F0034.0
X0007.0
GR1O
SQ70
F0034.1
G0029.5
F0045.2
G0029.6
Y0001.4
主轴高挡
GR2O
SOR
SDTA
*SSTP
KA14
F0034.0
G0029.5
F0045.2
G0029.6
Y0001.3
主轴低挡
GR1O
SOR
SDTA
*SSTP
KA13

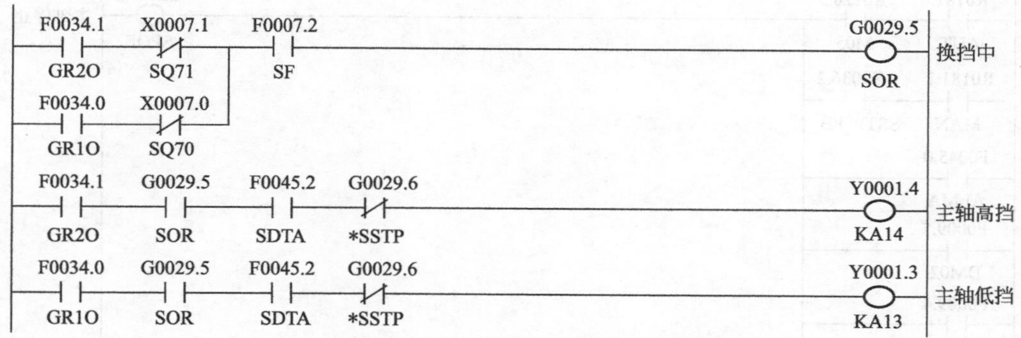

图 4-151　串行主轴速度控制 PMC 程序（1）

② 主轴的操作分两种方式：手动和自动。这里以数控方式信号来生成手动和自动方式信号。JOG、手摇、回零三种方式为手动，存储器方式和 MDI 方式为自动方式（图 4-152）。

F0003.2
R0181.0
R0181.1
手动方式
MJ
AUT
MAN
F0003.1
MH
F0004.5
MREF
F0003.5
R0181.1
R0181.0
自动方式
MMEM
MAN
AUT
F0003.3
MMDI

图 4-152　串行主轴速度控制 PMC 程序（2）

③ M 代码译码。M00～M07 译码输出至 R120；M16～M23 译码输出至 R122（图 4-153）。

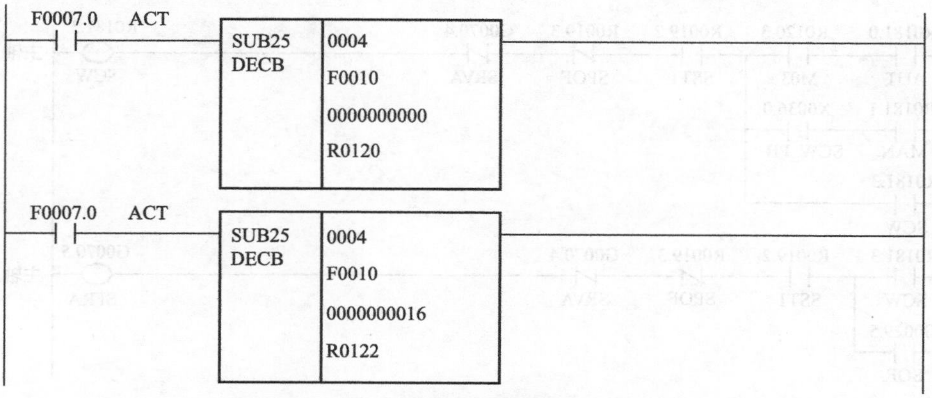

F0007.0
ACT
SUB25
DECB
0004
F0010
0000000000
R0120
F0007.0
ACT
SUB25
DECB
0004
F0010
0000000016
R0122

图 4-153　串行主轴速度控制 PMC 程序（3）

④ 自动方式（AUT）下，通过 M05 指令停止主轴；手动方式（MAN）下，通过开关按钮（SSTP. PB）停止主轴。此外主轴报警（ALMA）、急停（＊ESP）、复位（RST）、换挡启动（SOR）、DM02、DM30 也使主轴停止运转（图 4-154）。

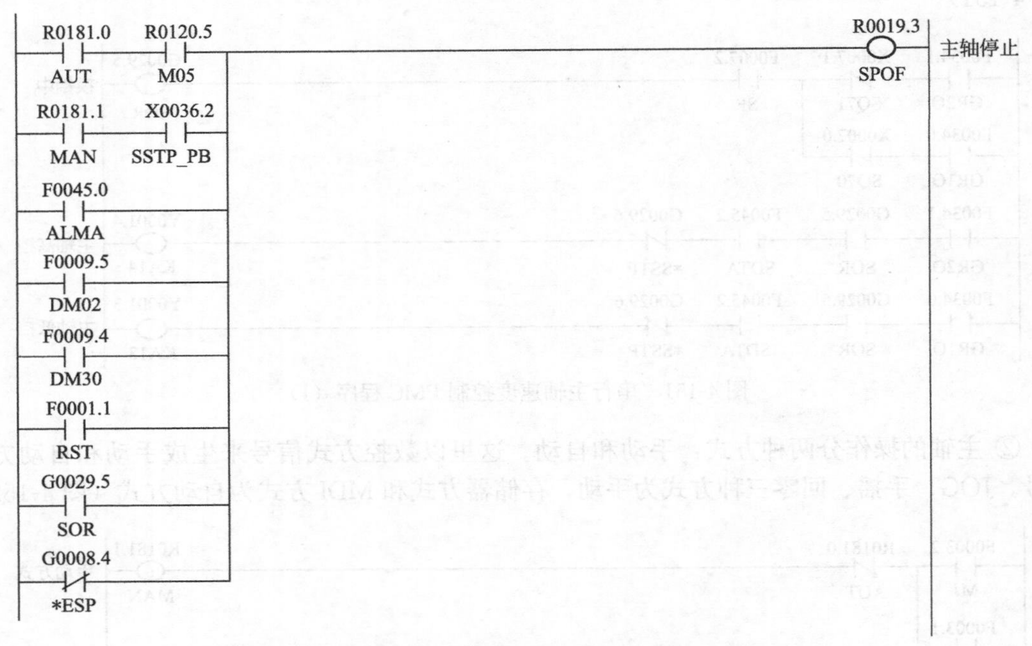

图 4-154　串行主轴速度控制 PMC 程序（4）

⑤ 主轴启动条件包括：刀在主轴上夹紧（SQ74）、主轴润滑冷却空开（QF7）、主轴松开（SQ73）、主轴润滑空开（QF30）、主轴箱润滑压力（SP72）（图 4-155）。

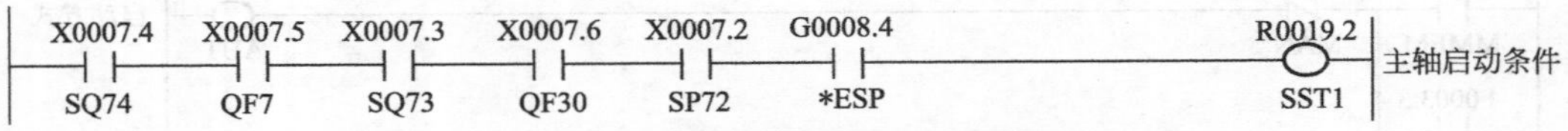

图 4-155　串行主轴速度控制 PMC 程序（5）

⑥ 自动方式（AUT）下，通过 M03 指令启动主轴正转；手动方式（MAN）下，通过主轴启动按钮（SCW _ PB）启动主轴正转。此外换挡时主轴低速选择也是选择正转（图 4-156）。

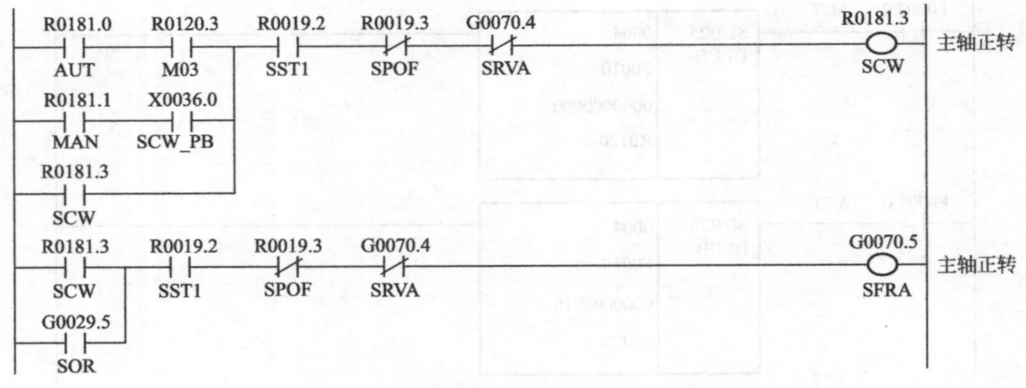

图 4-156　串行主轴速度控制 PMC 程序（6）

⑦ 主轴反转只能通过自动方式下指令 M04 代码。启动和停止条件与正转时一样（图 4-157）。

R0181.0
AUT
R0120.4
M04
R0019.2
SST1
R0019.3
SPOF
R0181.3
SCW
G0070.4
SRVA
主轴反转
R0181.1
MAN
X0036.1
SCCW_PB
G0070.4
SRVA

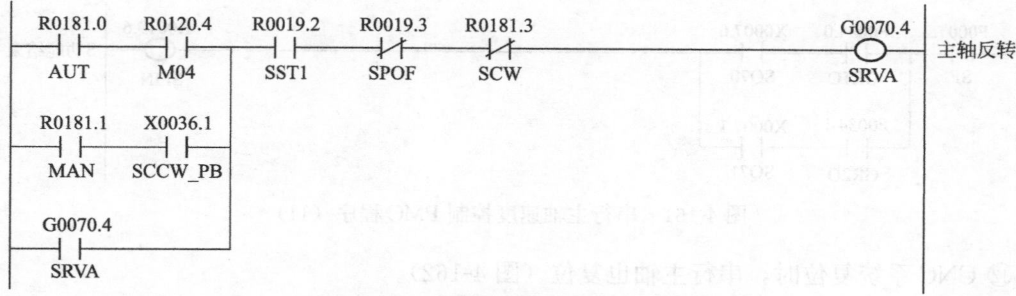

图 4-157　串行主轴速度控制 PMC 程序（7）

⑧ 有主轴正转指令 SFRA 或反转指令 SRVA 时，输出 S 速度指令，即 * SSTP＝1。但换挡（SOR）时，不输出 S 速度指令（图 4-158）。

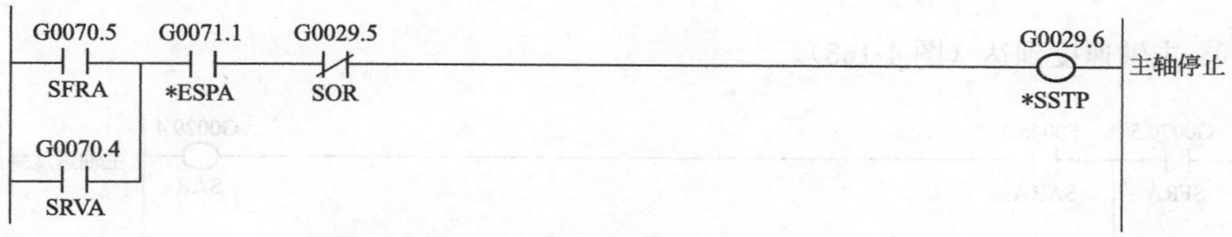

G0070.5
SFRA
G0071.1
*ESPA
G0029.5
SOR
G0029.6
*SSTP
主轴停止
G0070.4
SRVA

图 4-158　串行主轴速度控制 PMC 程序（8）

⑨ 屏蔽主轴倍率输入字节 X37 高 5 位无效位，输出到 R23（图 4-159）。

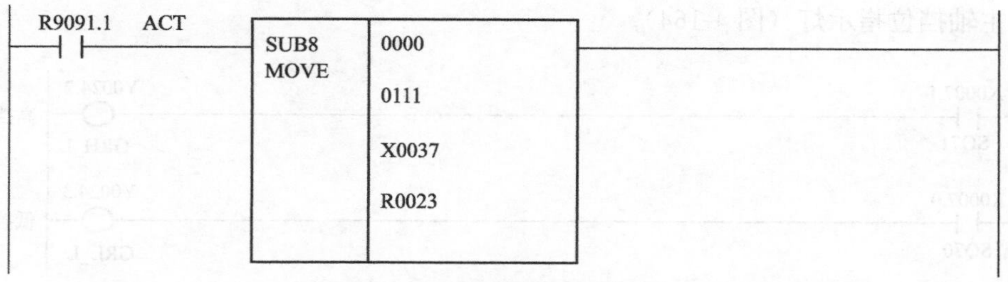

R9091.1
ACT
SUB8
MOVE
0000
0111
X0037
R0023

图 4-159　串行主轴速度控制 PMC 程序（9）

⑩ 主轴倍率数据转换处理（图 4-160）。

F0001.1
RST
R9091.1
ACT
SUB27
CODB
0001
0008
R0023
G0030
R0021.7
出错
000
003
006
00050
00070
00090
00060
00120
00100
00080
00110

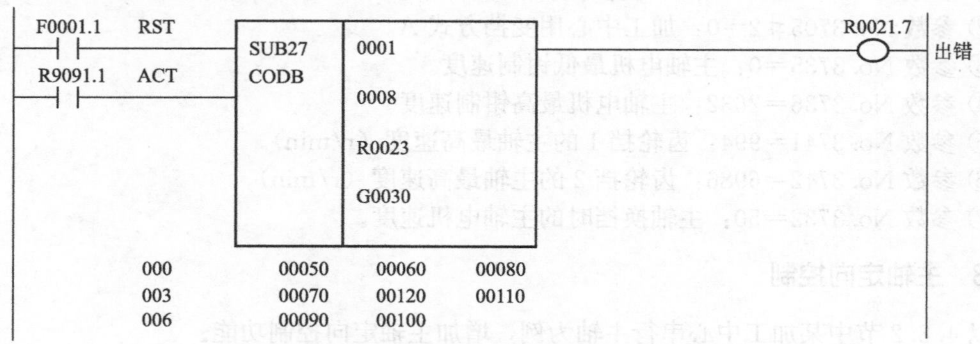

图 4-160　串行主轴速度控制 PMC 程序（10）

⑪ 齿轮换挡结束，即为 S 功能结束（图 4-161）。

F0007.2
SF
F0034.0
GR1O
X0007.0
SQ70
F0034.1
GR2O
X0007.1
SQ71
R0019.6
SFIN
S功能结束

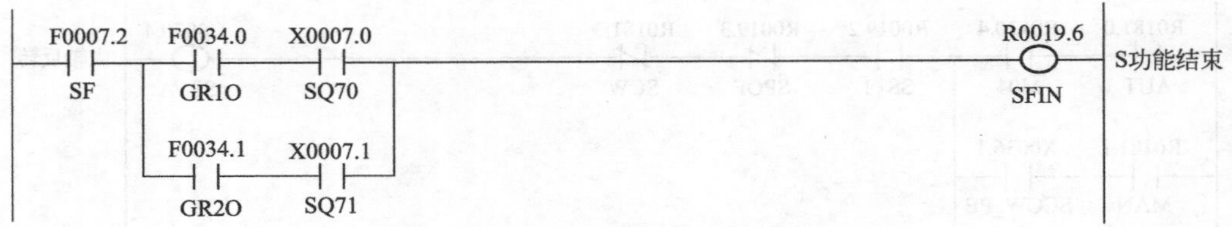

图 4-161　串行主轴速度控制 PMC 程序（11）

⑫ CNC 系统复位时，串行主轴也复位（图 4-162）。

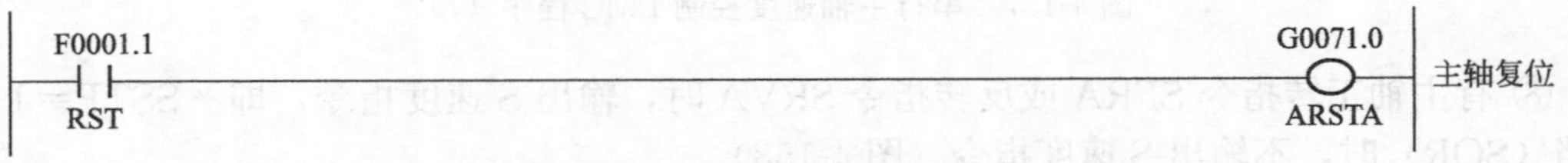

F0001.1
RST
G0071.0
ARSTA
主轴复位

图 4-162　串行主轴速度控制 PMC 程序（12）

⑬ 主轴速度到达（图 4-163）。

G0070.5
SFRA
F0045.3
SARA
G0070.4
SRVA
G0029.4
SAR
主轴速度到达

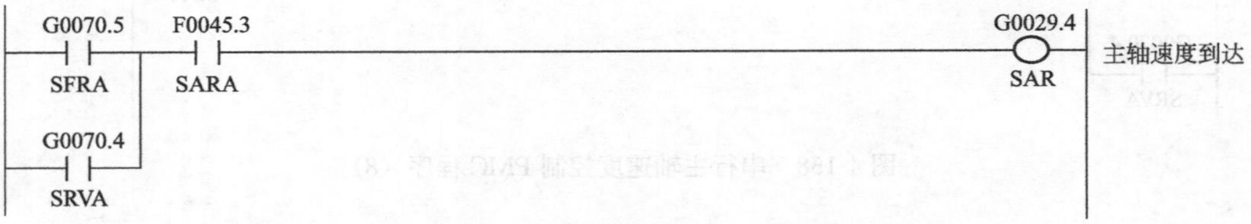

图 4-163　串行主轴速度控制 PMC 程序（13）

⑭ 主轴挡位指示灯（图 4-164）。

X0007.1
SQ71
Y0024.2
GRH_L
高挡灯
X0007.0
SQ70
Y0024.3
GRL_L
低挡灯

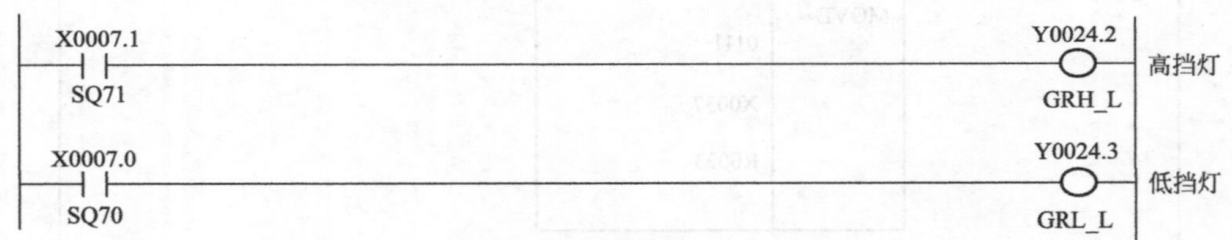

图 4-164　串行主轴速度控制 PMC 程序（14）

（5）参数整定

① 参数 No. 3706＃4＝0：M 型换挡。

② 参数 No. 3705＃2＝0：加工中心用变挡方式 A。

③ 参数 No. 3735＝0：主轴电机最低钳制速度。

④ 参数 No. 3736＝2632：主轴电机最高钳制速度。

⑤ 参数 No. 3741＝994：齿轮挡 1 的主轴最高速度（r/min）。

⑥ 参数 No. 3742＝6986：齿轮挡 2 的主轴最高速度（r/min）。

⑦ 参数 No. 3732＝50：主轴换挡时的主轴电机速度。

4.8.3　主轴定向控制

以 4.8.2 节中某加工中心串行主轴为例，增加主轴定向控制功能。

主轴定向又称主轴准停，即当主轴停止时，能够准确地停在某一固定角度位置，并具有保持力矩。在加工中心上，每次装卸刀具，都必须使刀柄上的键槽对准主轴的端面键。因此加工中心必须具备主轴定向功能。

实现主轴定向的位置检测传感器常用的有如下几种：

① 位置编码器；

② 外部接近开关；

③ 电机或内装主轴的内置传感器（MZi、BZi、CZi）。

主轴定向的时序图如图 4-165 所示。

① PMC 向串行主轴发送主轴定向命令 ORCMA（G70.6），同时主轴正转信号 SFRA（G70.5）和反转信号 SRVA（G70.4）为 0。

② 如果主轴原来处于旋转状态，则立即按参数 4003＃2、4003＃3 规定的定位方向减速到参数 4038 设定的定向速度，定位到参数 4031 设定的位置。

③ 如果主轴原来处于停止状态，则立即按参数 4003＃2、4003＃3 规定的定位方向加速到参数 4038 设定的定向速度，定位到参数 4031 设定的位置。

④ 到达定向位置后，主轴驱动器向 PMC 发送定向结束信号 ORARA（F45.7），并保持位置闭环状态。系统复位取消该状态。

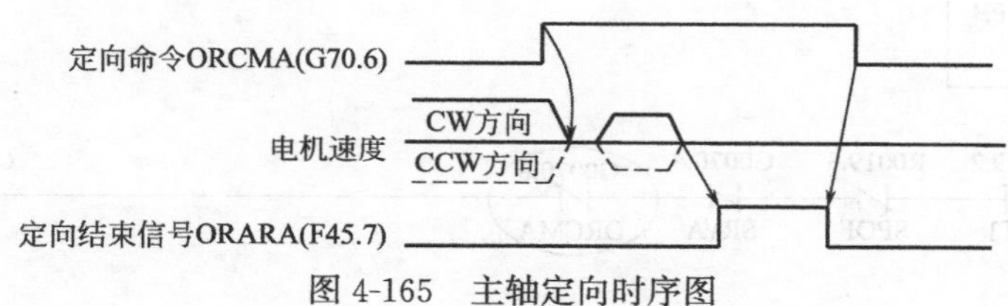

图 4-165　主轴定向时序图

（1）控制要求

① 手动方式下，用按钮开关实现主轴定向启动；自动方式 M19 或 M06 实现主轴定向启动。

② 主轴定向采用位置编码器法实现定向。

（2）接口信号

主轴定向控制接口信号见表 4-26。

表 4-26　主轴定向控制接口信号表

序号	地址	符号名	元件号	说明
1	X37.4	SOR_PB	－SB374	主轴定向
2	Y24.5	SOR_L	－HL245	主轴定向灯
3	G70.6	ORCMA		主轴定向
4	G70.5	SFRA		主轴正转
5	G70.4	SRVA		主轴反转
6	G29.6	*SSTP		主轴停止
7	F45.7	ORARA		主轴定向完毕

（3）电气连接图

按 4.1 节模块地址分配，主轴定向按钮、指示灯信号需接入电柜用 I/O 板 CE56-2 接口，其电气连接图如图 4-166 所示。其他信号电气连接图参考 4.8.1 节和 4.8.2 节。

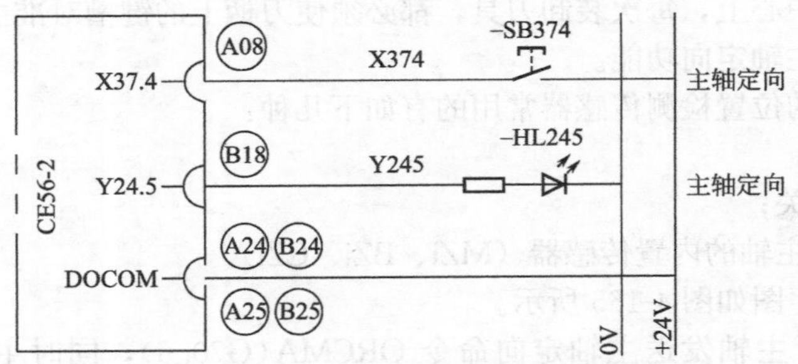

图 4-166　主轴定向电气连接图

(4) PMC 程序设计

① 主轴定向指令 ORCMA(G70.6) 停止主轴正转 (图 4-167)。

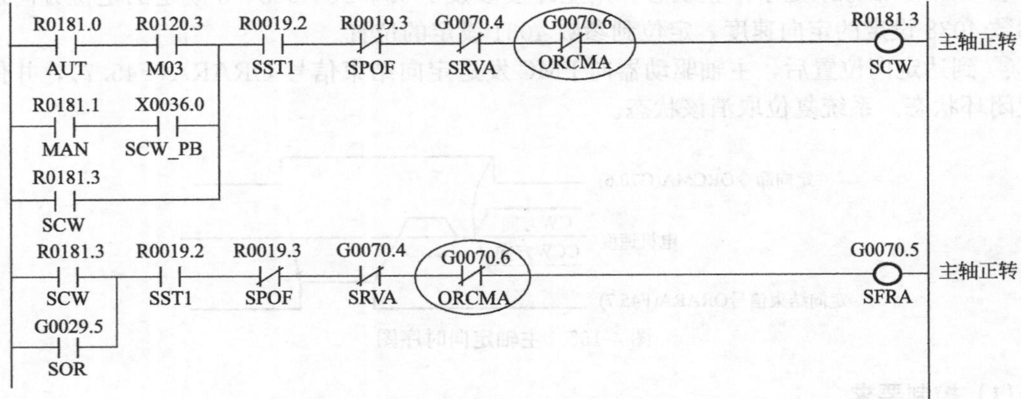

图 4-167　主轴定向控制 PMC 程序 (1)

② 主轴定向指令 ORCMA(G70.6) 停止主轴反转 (图 4-168)。

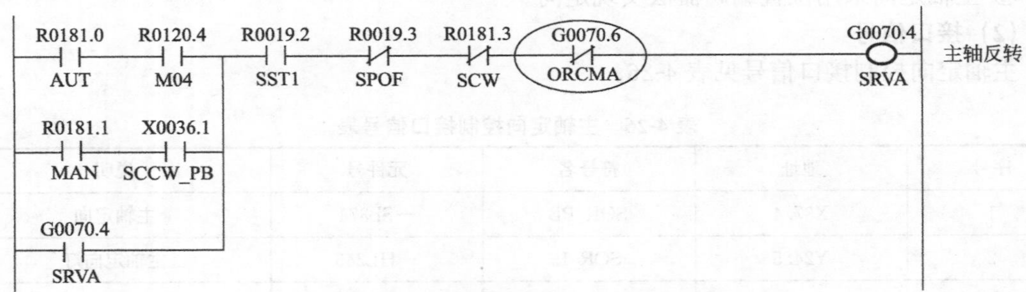

图 4-168　主轴定向控制 PMC 程序 (2)

③ 主轴定向指令 ORCMA(G70.6) 复位主轴停止信号 * SSTP(G29.6) (图 4-169)。

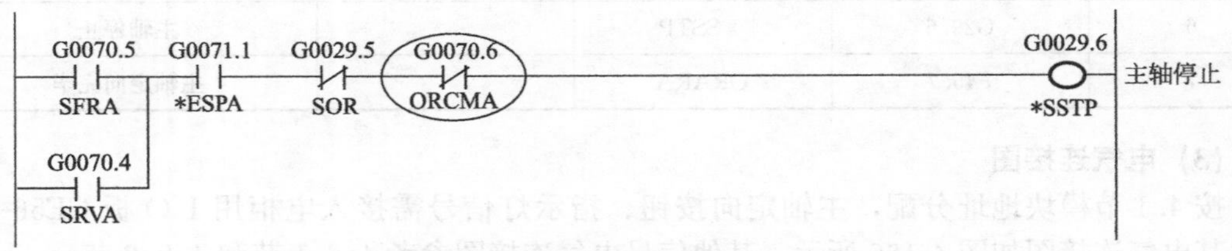

图 4-169　主轴定向控制 PMC 程序 (3)

④ 自动方式（AUT）下，通过 M19 指令或 M06 启动主轴定向；手动方式（MAN）下，通过主轴定向按钮 SORI _ PB(X37.4）启动主轴定向。复位 RST(F1.1)、M03、M04 和换挡 SOR(G29.5）均可取消主轴定向（图 4-170）。

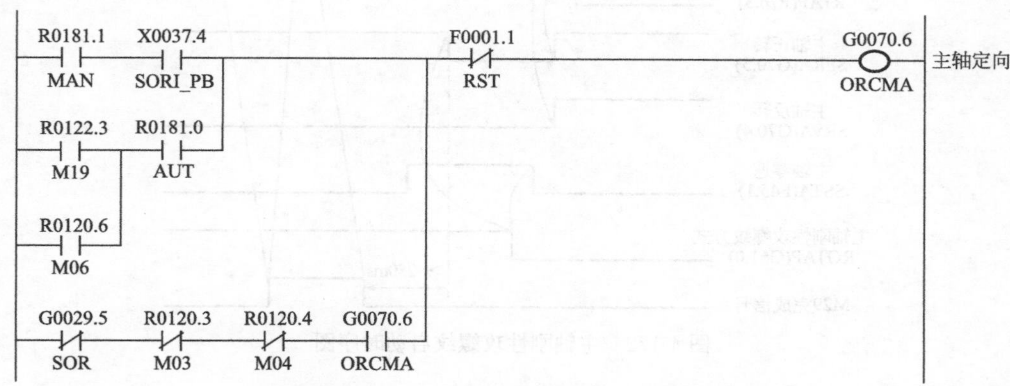

图 4-170　主轴定向控制 PMC 程序（4）

⑤ 主轴定向完成指示灯（图 4-171)。

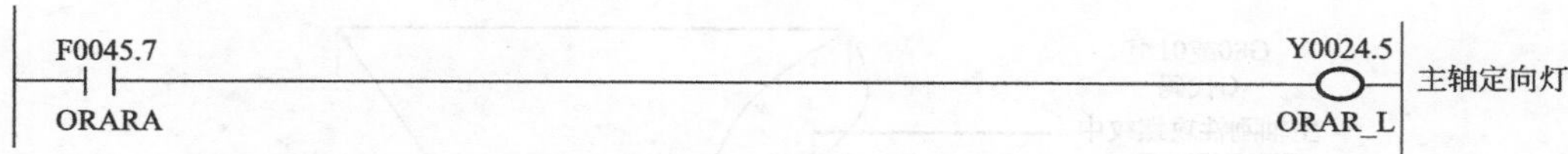

图 4-171　主轴定向控制 PMC 程序（5）

（5）参数整定

① 参数 No.4003＃2，No.4003＃3＝00：主轴定向旋转方向与先前旋转一致（一上电为 CCW 方向)。

② 参数 No.4038＝200：主轴定向速度（r/min）。

③ 参数 No.4031＝1440：主轴定向停止位置。4096 代表 360°。

4.8.4　主轴刚性攻螺纹控制

刚性攻螺纹是一种攻螺纹进给轴（通常是 Z 轴）与主轴转角保持同步的进给控制方式。攻螺纹过程中严格保证主轴旋转 1 周，进给轴进给 1 个螺纹导程。因此，刚性攻螺纹时，主轴不仅要实现速度控制，而且要实现位置控制。一般情况下，主轴需加装位置编码器。

刚性攻螺纹方式一般用 M29 指定。也可以通过参数 5210 指定其他 M 代码。

主轴刚性攻螺纹启动时序图如图 4-172 所示。启动过程如下：

① 如果主轴正在旋转，则立即通过复位主轴正转信号 SFRA(G70.5）和主轴反转信号 SRVA(G70.4)，使主轴停止旋转。

② 主轴完全停止后，将刚性攻螺纹方式信号 RGTAP(G61.0）置 1，使 CNC 进入刚性攻螺纹方式。

③ 重新将主轴正转信号 SFRA(G70.5）置 1，启动主轴正转。

④ 延时 250ms 以后，返回 M29 代码完成信号，即完成刚性攻螺纹的启动。

主轴刚性攻螺纹取消时序图如图 4-173 所示。可以通过 G80 或 01 组 G 代码取消刚性攻螺纹。取消过程如下：

① CNC 执行 G80 或 01 组 G 代码时，刚性攻螺纹中信号 RTAP（F76.3）输出 0。

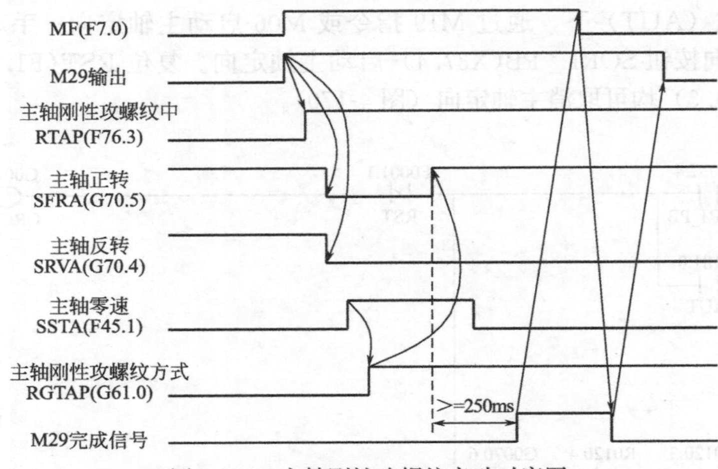

图 4-172　主轴刚性攻螺纹启动时序图

② 主轴使能信号 ENB(F1.4) 为 0，取消主轴转速输出。

③ 在 PMC 中将主轴正转信号 SFRA(G70.5) 置 0，停止主轴旋转。

④ 取消刚性攻螺纹方式信号 RGTAP(G61.0)，取消刚性攻螺纹方式。

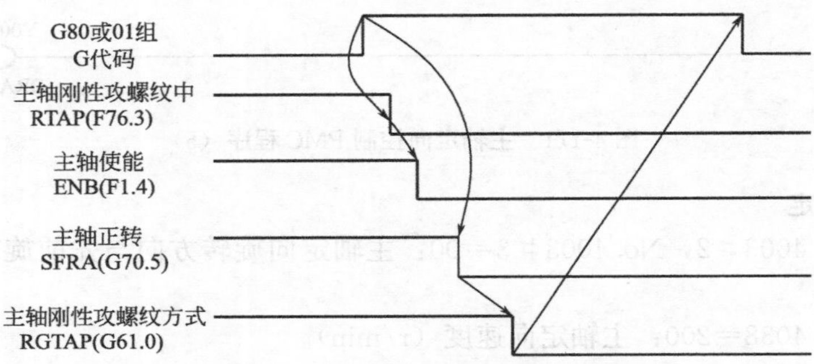

图 4-173　主轴刚性攻螺纹取消时序图

主轴刚性攻螺纹控制 PMC 程序如图 4-174～图 4-182 所示。

① M 代码译码。M00～M07 译码输出至 R120；M24～M31 译码输出至 R123（图 4-174）。

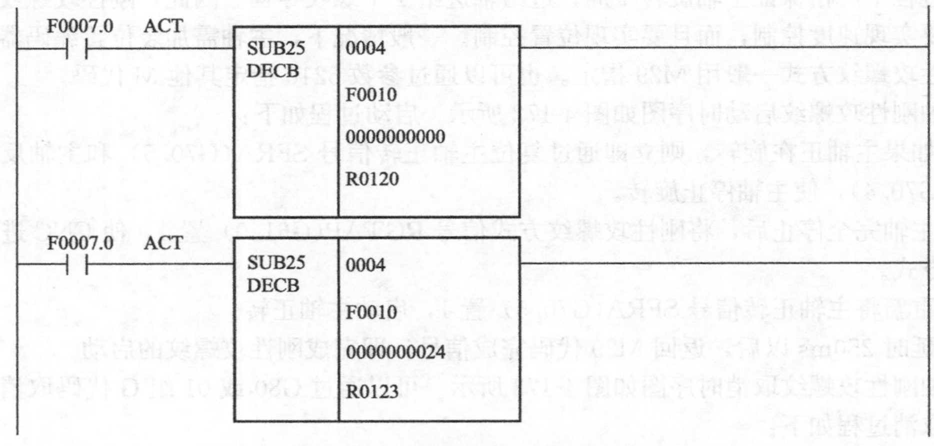

图 4-174　主轴刚性攻螺纹控制 PMC 程序（1）

② 用 M29 代码停止主轴正转（图 4-175）。

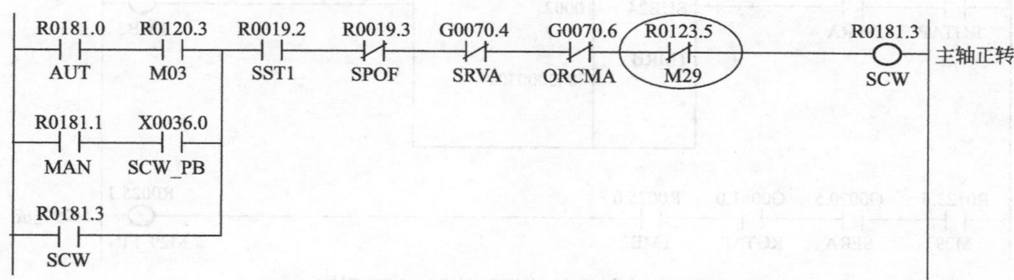

图 4-175　主轴刚性攻螺纹控制 PMC 程序（2）

③ 用 M29 代码停止主轴反转（图 4-176）。

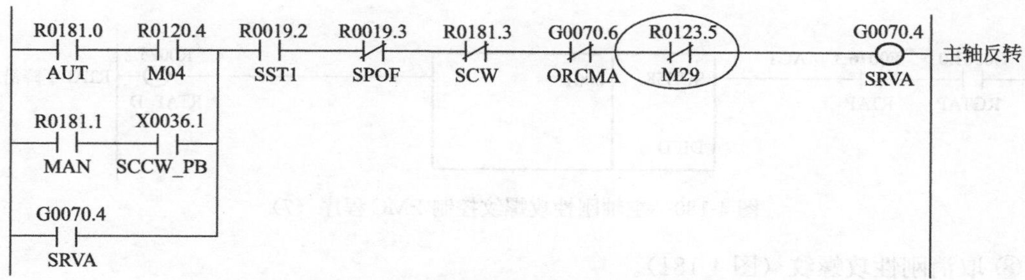

图 4-176　主轴刚性攻螺纹控制 PMC 程序（3）

④ 待主轴停止后，即主轴零速信号 SSTA(F45.1) 为 1 后，置位刚性攻螺纹方式信号 RGTAP(G61.0)（图 4-177）。

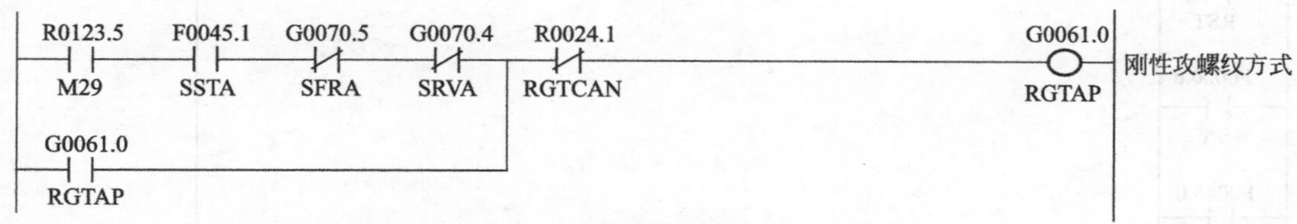

图 4-177　主轴刚性攻螺纹控制 PMC 程序（4）

⑤ 重新启动主轴正转（图 4-178）。

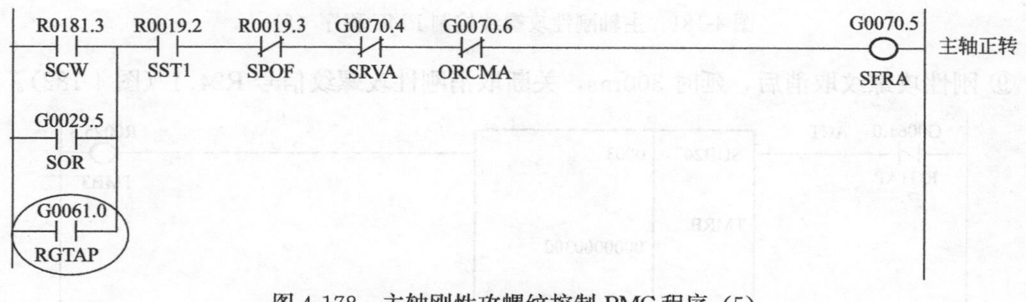

图 4-178　主轴刚性攻螺纹控制 PMC 程序（5）

⑥ 延时 300ms，返回 M29 代码完成信号（图 4-179）。

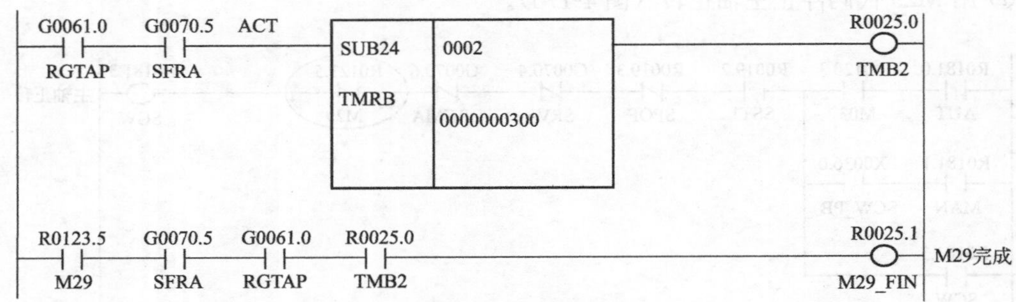

图 4-179　主轴刚性攻螺纹控制 PMC 程序（6）

⑦ 当 CNC 执行 G80 或 01 组 G 代码时，CNC 输出信号 F76.3 由 1 变为 0，取该下降沿脉冲信号（图 4-180）。

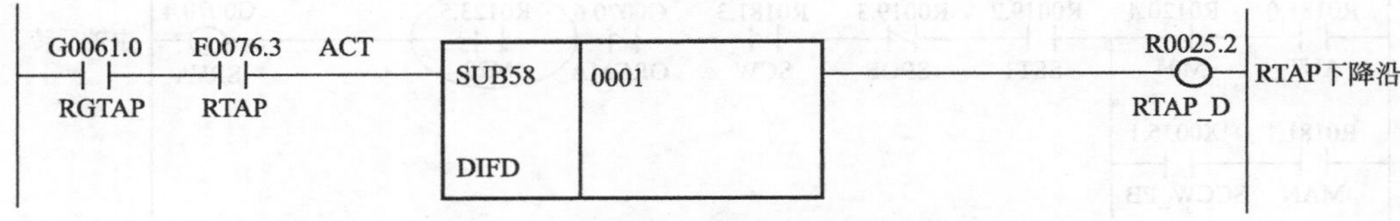

图 4-180　主轴刚性攻螺纹控制 PMC 程序（7）

⑧ 取消刚性攻螺纹（图 4-181）。

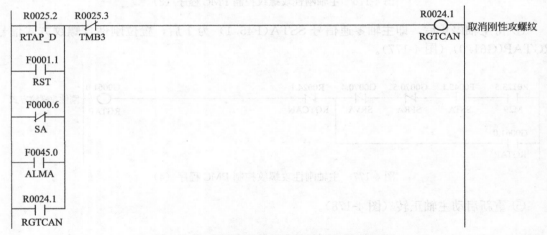

图 4-181　主轴刚性攻螺纹控制 PMC 程序（8）

⑨ 刚性攻螺纹取消后，延时 300ms，关断取消刚性攻螺纹信号 R24.1（图 4-182）。

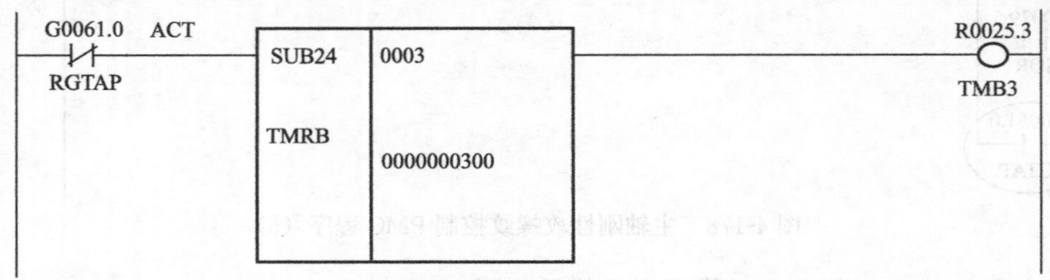

图 4-182　主轴刚性攻螺纹控制 PMC 程序（9）

4.8.5 缸体拉刀刃磨伺服电机主轴速度控制

某发动机有限公司缸体拉刀刃磨数控机床一共有 6 个轴。除砂轮主轴 S 外，还有 5 个进给坐标轴，其中 X、Y、Z 为直线坐标轴，C、B 轴为旋转坐标轴。机床数控系统采用 FANUC31i-MB，其硬件配置框图见图 4-183。FSSB 伺服总线配 3 个驱动器，带 6 个伺服电机。6 个坐标轴配置绝对编码器，构成半闭环控制的伺服轴。主电机与磨头的机械传动为 1∶2.56 增速。机床 I/O 使用 I/O LINK i，而 HMOP 手持操作单元使用 I/O LINK。

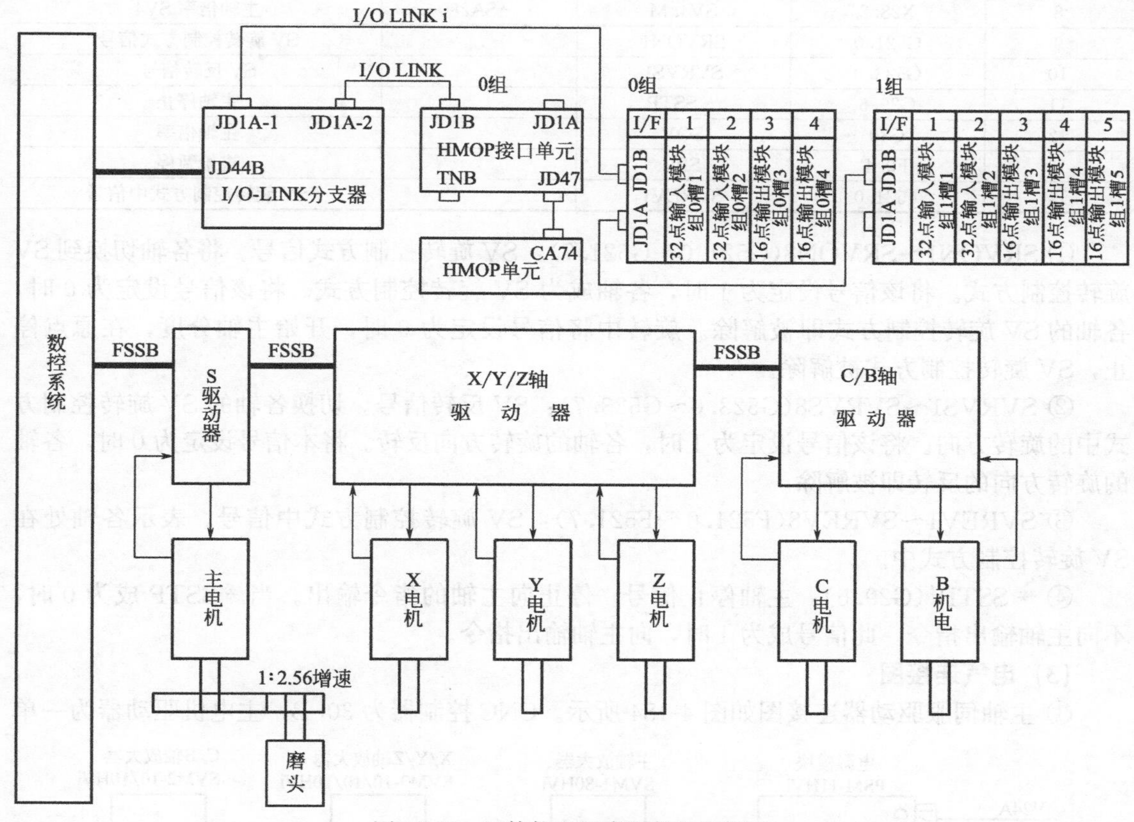

图 4-183 缸体拉刀刃磨硬件配置框图

(1) 控制要求

① 自动或 MDI 方式下，砂轮主轴速度指令格式为：

```
G96.4 P1;SV 旋转控制方式开始
M03(M04)S_ P1;旋转指令
```

其中，S 为主轴转速（转/分）。

② 手动方式下，先在 MDI 方式下，输入如下指令并运行：

```
G96.4 P1;SV 旋转控制方式开始
S_ P1;速度指令
```

然后，在 JOG 或手摇方式下，通过“正转”按钮或“反转”按钮启动砂轮的旋转。

(2) 接口信号

伺服电机主轴速度控制接口信号见表 4-27。

表 4-27　伺服电机主轴速度控制接口信号表

序号	地址	符号名	元件号	说明
1	X7.4	SQ74	—SQ74	主轴自由
2	X27.5	SCW_PB	—SB275	主轴正转
3	Y27.6	SSTP_PB	—SB276	主轴停止
4	X27.7	SCCW_PB	—SB277	主轴反转
5	X207.2	K_SP_START		主轴正转
6	X28.0	SV1.M	—SA280	主轴倍率 SV1
7	X28.1	SV2.M	—SA280	主轴倍率 SV2
8	X28.2	SV4.M	—SA280	主轴倍率 SV4
9	G521.0	SRVON1		SV 旋转控制方式信号
10	G523.0	SVRVS1		SV 反转信号
11	G29.6	*SSTP		主轴停止
12	G30	SOV		主轴倍率
13	F0.4	SPL		进给暂停
14	F521.0	SVREV1		SV 旋转控制方式中信号

① SRVON1～SRVON8(G521.0～G521.7)：SV 旋转控制方式信号。将各轴切换到 SV 旋转控制方式。将该信号设定为 1 时，各轴成为 SV 旋转控制方式。将该信号设定为 0 时，各轴的 SV 旋转控制方式即被解除。旋转中将信号设定为 0 时，开始主轴分度，在原点停止，SV 旋转控制方式被解除。

② SVRVS1～SVRVS8(G523.0～G523.7)：SV 反转信号。切换各轴的 SV 旋转控制方式中的旋转方向。将该信号设定为 1 时，各轴的旋转方向反转。将本信号设定为 0 时，各轴的旋转方向的反转即被解除。

③ SVREV1～SVREV8(F521.0～F521.7)：SV 旋转控制方式中信号。表示各轴处在 SV 旋转控制方式中。

④ *SSTP (G29.6)：主轴停止信号。停止向主轴的指令输出。当 *SSTP 成为 0 时，不向主轴输出指令。此信号成为 1 时，向主轴输出指令。

(3) 电气连接图

① 主轴伺服驱动器连接图如图 4-184 所示。CNC 控制器为 30i-B，主电机驱动器为一单

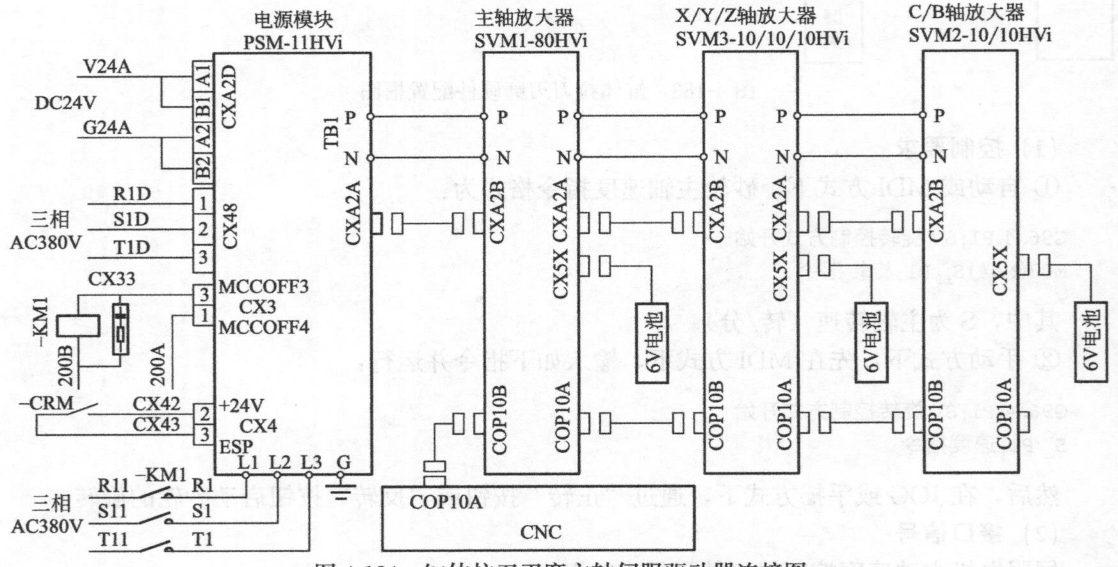

图 4-184　缸体拉刀刃磨主轴伺服驱动器连接图

轴 400V 伺服放大器，型号为 SVM1-80HVi。电源模块 PSM-11HVi 动力电源为三相 400V 交流电源。CRM 为机床急停继电器。

② 主轴电机连接图如图 4-185 所示。主轴电机选用 22N·m/(4000r/min) 进给伺服电机，型号为 α22/4000HVis。

③ PMC 输入输出模块选用 I/O unit-MODEL A 模块，图 4-183 中 32 点输入模块型号规格为 AID32F2，订货号为 A03B-0819-J109。PMC 输入信号 X7.4 接入组 0 槽 1 输入模块；PMC 输入信号 X27.5～X27.7 接入组 1 槽 1 输入模块；PMC 输入信号 X28.0～X28.2 接入组 1 槽 2 输入模块。具体电气连接图如图 4-186 所示。

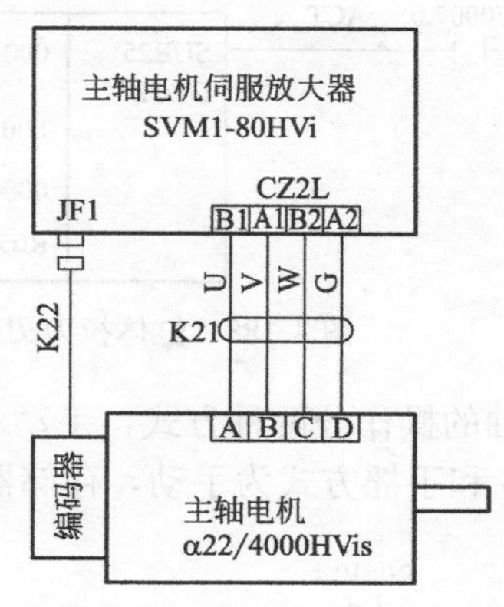

图 4-185　缸体拉刀刃磨主轴电机连接图

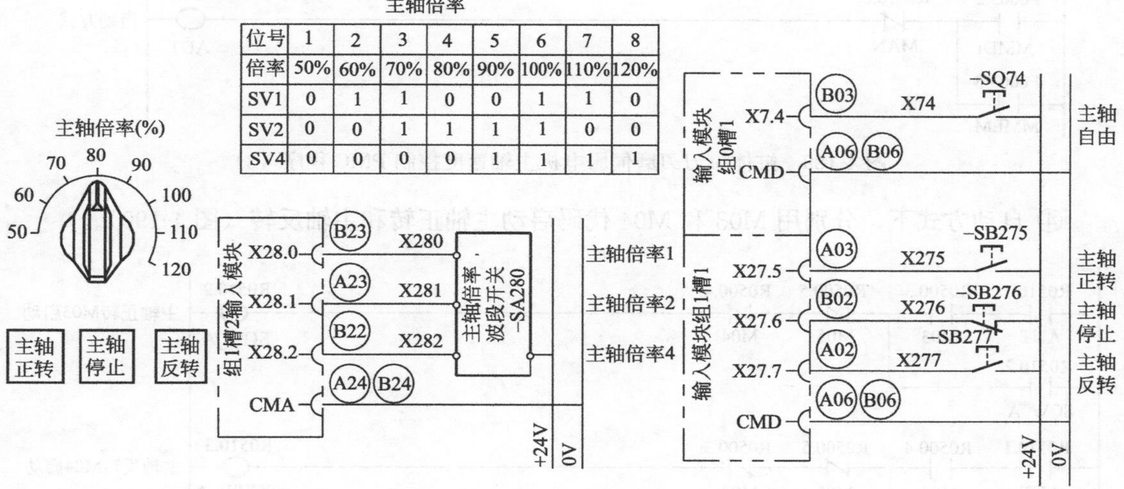

主轴倍率

位号	1	2	3	4	5	6	7	8
倍率	50%	60%	70%	80%	90%	100%	110%	120%
SV1	0	1	1	0	0	1	1	0
SV2	0	0	1	1	1	1	0	0
SV4	0	0	0	0	1	1	1	1

图 4-186　伺服电机主轴控制接口信号电气连接图

(4) PMC 程序设计

取决于伺服电机主轴的连接顺序，PMC 中需要处理的 CNC 接口信号主要有 SV 旋转控制方式信号 SRVON1(G521.0)、SV 反转信号 SVRVS1(G523.0)、主轴停止信号 *SSTP(G29.6)、主轴倍率信号 SOV0～SOV7(G30) 等。

① S 轴始终只作速度控制，因此 SV 旋转控制方式信号 SRVON1(G521.0) 始终置 1 (图 4-187)。

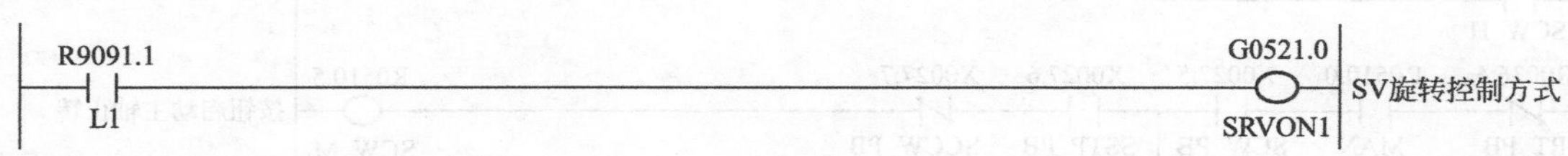

图 4-187　缸体拉刀刃磨伺服电机主轴速度控制 PMC 程序 (1)

② M 代码译码。M00～M07 代码译码输出至 R500 (图 4-188)。

F0007.0
ACT
SUB25
DECB
0004
F0010
0000000000
R0500

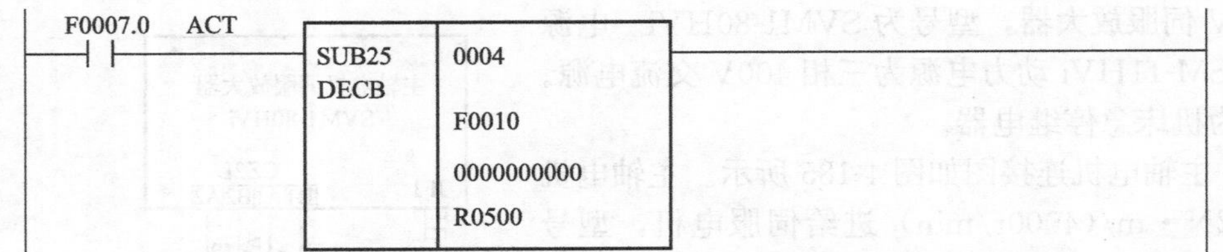

图 4-188 缸体拉刀刃磨伺服电机主轴速度控制 PMC 程序（2）

③ 主轴的操作分两种方式：手动和自动。这里以数控方式信号来生成手动和自动方式信号。JOG 和手摇方式为手动，存储器方式和 MDI 方式为自动方式（图 4-189）。

F0003.2
MJ
R0510.1
AUT
R0510.0
MAN
手动方式
F0003.1
MH
F0003.3
MMDI
R0510.0
MAN
R0510.1
AUT
自动方式
F0003.5
MMEM

图 4-189 缸体拉刀刃磨伺服电机主轴速度控制 PMC 程序（3）

④ 自动方式下，分别用 M03 和 M04 代码启动主轴正转和主轴反转（图 4-190）。

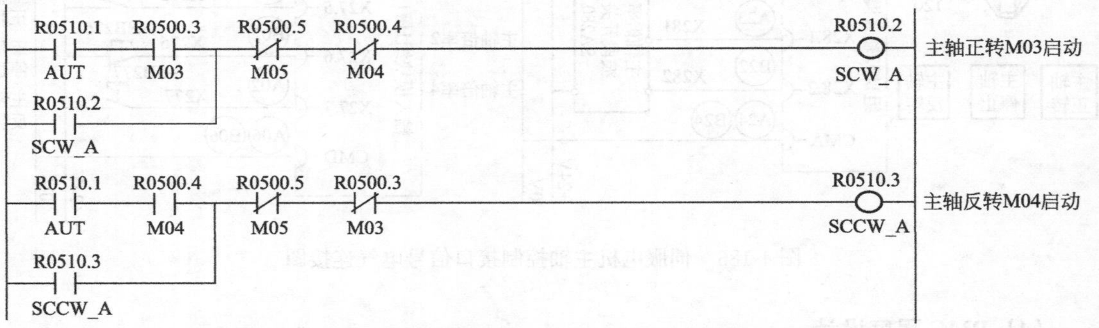

R0510.1
AUT
R0500.3
M03
R0500.5
M05
R0500.4
M04
R0510.2
SCW_A
主轴正转M03启动
R0510.2
SCW_A
R0510.1
AUT
R0500.4
M04
R0500.5
M05
R0500.3
M03
R0510.3
SCCW_A
主轴反转M04启动
R0510.3
SCCW_A

图 4-190 缸体拉刀刃磨伺服电机主轴速度控制 PMC 程序（4）

⑤ 手动方式下，用 HMOP 按键 X207.2 或机床操作面板按钮 X27.5 启动主轴正转（图 4-191）。

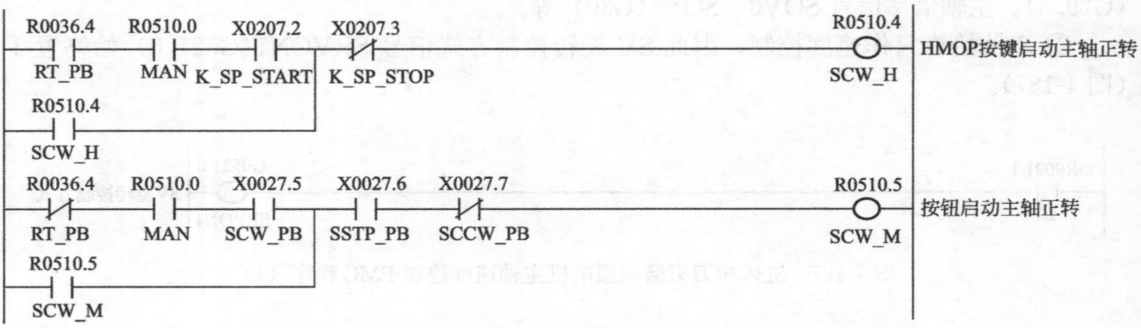

R0036.4
RT_PB
R0510.0
MAN
X0207.2
K_SP_START
X0207.3
K_SP_STOP
R0510.4
SCW_H
HMOP按键启动主轴正转
R0510.4
SCW_H
R0036.4
RT_PB
R0510.0
MAN
X0027.5
SCW_PB
X0027.6
SSTP_PB
X0027.7
SCCW_PB
R0510.5
SCW_M
按钮启动主轴正转
R0510.5
SCW_M

图 4-191 缸体拉刀刃磨伺服电机主轴速度控制 PMC 程序（5）

⑥ 手动方式下，用机床操作面板按钮 X27.7 启动主轴反转（图 4-192）。

R0036.4 RT_PB　R0510.0 MAN　X0027.7 SCCW_PB　X0027.6 SSTP_PB　X0027.5 SCW_PB　R0510.6 SCCW_M 按钮启动主轴反转

R0510.6 SCCW_M

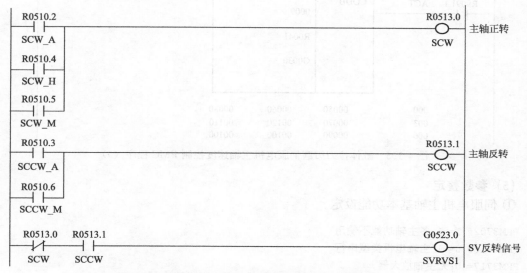

图 4-192　缸体拉刀刃磨伺服电机主轴速度控制 PMC 程序（6）

⑦ 轴的旋转方向通过 SV 反转信号 SVRVS1(G523.0）进行控制，G523.0=0 为正转，G523.0=1 为反转（图 4-193）。

R0510.2 SCW_A　R0513.0 SCW 主轴正转

R0510.4 SCW_H

R0510.5 SCW_M

R0510.3 SCCW_A　R0513.1 SCCW 主轴反转

R0510.6 SCCW_M

R0513.0 SCW　R0513.1 SCCW　G0523.0 SVRVS1 SV反转信号

图 4-193　缸体拉刀刃磨伺服电机主轴速度控制 PMC 程序（7）

⑧ 速度指令的输出与否由主轴停止信号 * SSTP(G29.6）进行控制。G29.6=0，速度指令不输出；G29.6=1，速度指令输出（图 4-194）。

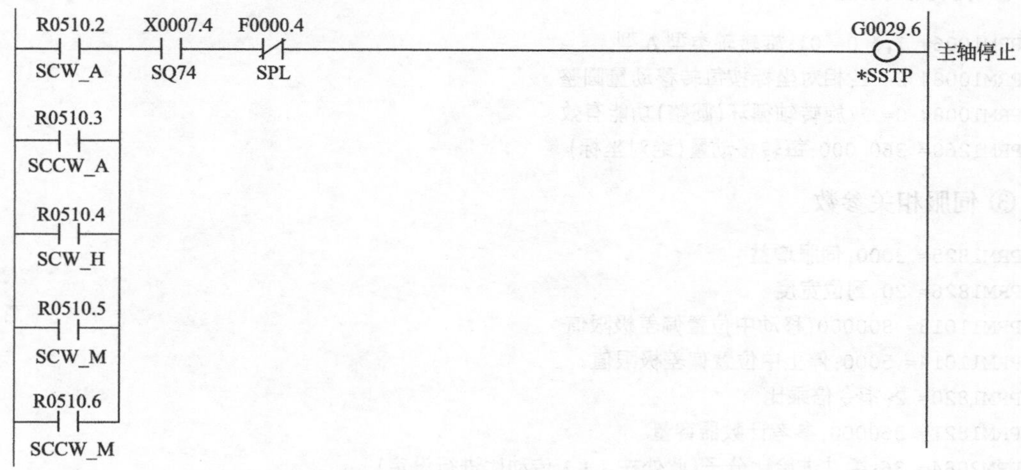

图 4-194　缸体拉刀刃磨伺服电机主轴速度控制 PMC 程序（8）

⑨ 主轴倍率通过接口信号 G30 进行控制，调节范围为 50%～120%（图 4-195）。

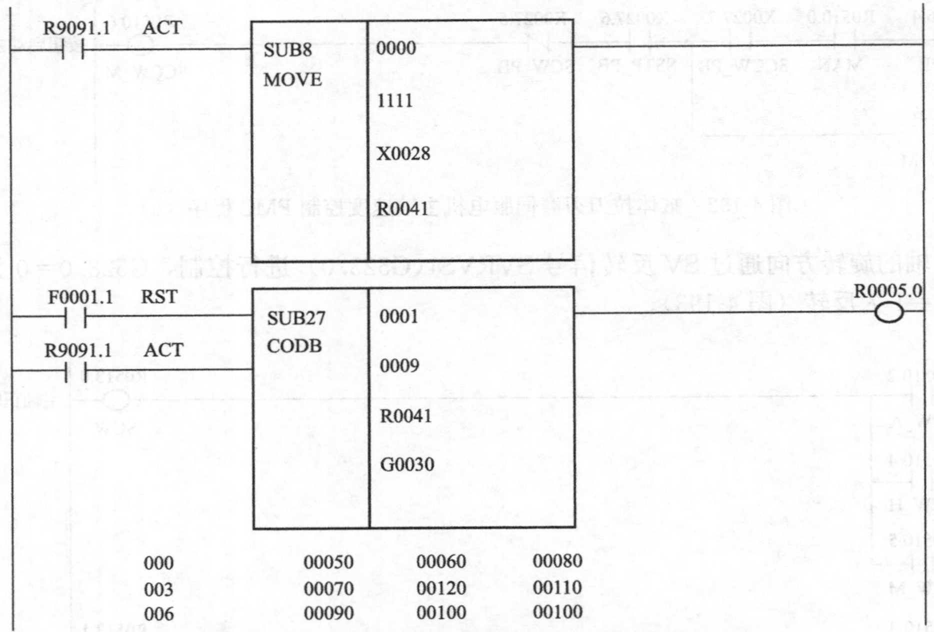

图 4-195　缸体拉刀刃磨伺服电机主轴速度控制 PMC 程序（9）

（5）参数整定

① 伺服电机主轴基本功能设定。

PRM3702# 1= 1;多主轴功能不使用
PRM3716# 0= 1;主轴电机类型串行
PRM3717= 0;无主轴放大器
PRM11000# 7= 1;伺服电机作主轴使用
PRM11010= 1;设定主轴号为 1
PRM11006# 0= 0;伺服电机主轴位置控制无效

② 旋转轴设定。

PRM1006# 1,# 0= 01;旋转轴类型 A 型
PRM1008# 2= 1;相对坐标按每转移动量圆整
PRM1008# 0= 1;旋转轴循环(圆整)功能有效
PRM1260= 360.000;每转移动量(绝对坐标)

③ 伺服相关参数。

PRM1825= 3000;伺服增益
PRM1826= 20;到位宽度
PRM11013= 800000;移动中位置偏差极限值
PRM11014= 5000;停止中位置偏差极限值
PRM1820= 2;指令倍乘比
PRM1821= 360000;参考计数器容量
PRM2084= 36;柔性进给比分子(此处按 1∶1 传动比进行设定)
PRM2085= 100;柔性进给比分母

④ 主轴速度匹配参数。

```
PRM11015= 3000;电机最高速度
PRM3741= 7680;与齿轮 1 对应的最高转速(3000×2.56=7680)
PRM3772= 6000;主轴上限速度
```

(6) 小结

本项目中，S 轴始终设定为 SV 旋转控制方式，即伺服电机主轴指定主轴旋转 S 指令始终有效。要旋转控制伺服电机，在指令 G96.4 开始 SV 旋转控制方式后，进行与通常的 S 速度指令即可。

本机床砂轮线速度要求 25～30m/s，砂轮直径 150mm 左右，因此其 S 主轴速度为 3200～3800r/min。由于砂轮主轴的机械传动比为 1：2.56 增速，因此电机的速度为 1200～1500r/min。此工作速度范围伺服电机完全可以满足要求。表 4-28 给出了转矩和功率相近的伺服电机与主轴电机的比较。以第一串行主轴为例，表 4-29 列出了伺服电机主轴与主轴电机主轴控制设计的比较。

表 4-28　伺服电机与主轴电机的比较

参数	伺服电机	主轴电机
电机型号	αiS22/4000HV	αiI3/10000HV
额定扭矩	22N·m	23.5N·m
额定功率	4.5kW	3.7kW
额定转速	3000r/min	1500r/min
最高转速	4000r/min	10000r/min
冷却方式	自然冷却	强制风冷
价格	较低	较高

表 4-29　伺服电机主轴与主轴电机主轴控制设计的比较

参数	伺服电机主轴	主轴电机主轴
主轴控制接口信号	G521、G523	G70～G73
主轴状态接口信号	F521	F45～F47
主轴速度输出接口信号	G29.6	G29.6
主轴倍率接口信号	G30	G30
主轴控制参数	3700～3999	3700～3999
电机参数	2000～2999	4000～4999
伺服电机主轴控制参数	11000～11099	无
轴控制参数	1000～1099	无

4.8.6　曲轴车拉双主轴电机主轴同步控制

某发动机有限公司曲轴车拉机床，用于曲轴＃2～＃5 主轴颈车拉加工，车拉加工示意图如图 4-196 所示。机床工件旋转采用头尾架双主轴电机同步驱动。加工时，先启动工件旋转，然后 X 直线坐标轴前进到位，接着 C 旋转坐标轴旋转 1 周，完成＃2～＃5 主轴颈车拉加工。整个加工过程中，工件与刀具轴线之间的距离保持不变，刀具的径向切入进给是靠刀具上刀齿的高度各不相同形成阶梯式齿升来实现的。

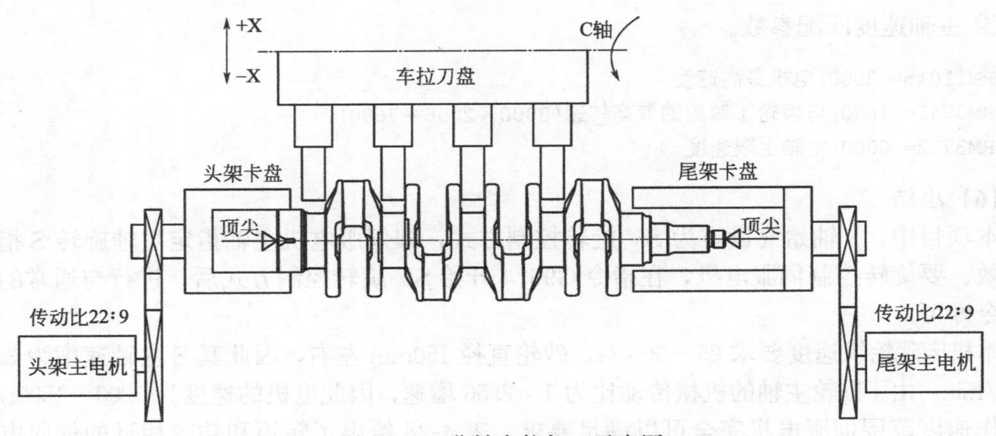

图 4-196 曲轴车拉加工示意图

（1）控制要求

① 自动或 MDI 方式下，M03 和 M04 均启动主轴正转。主轴旋转方向固定，且头架主轴与尾架主轴进入同步控制方式。M19 启动头架主轴定向，头架主轴靠机械同步连接杆带动尾架主轴一起转动，同步实现尾架定向控制。

② 手动方式下，仅设主轴定向按钮，可以实现手动主轴定向操作。

（2）接口信号

双主轴电机同步控制接口信号见表 4-30。

表 4-30 双主轴电机同步控制接口信号表

序号	地址	符号名	元件号	说 明
1	X6.4	SOR_PB	－SB64	主轴定向按钮
2	X21.2	KA4	－KA4	运转准备
3	Y3.6	ORI_L	－HL36	主轴定向完成灯
4	G38.2	SPSYC		主轴同步控制信号
5	G70.6	ORCMA		第 1 主轴定向命令
6	G70.4,G74.4	SRVA,SRVB		第 1、2 主轴正转
7	G71.1,G75.1	*ESPA,*ESPB		第 1、2 主轴急停
8	G71.5,G75.5	INTGA,INTGB		主轴速度积分控制
9	G29.6	*SSTP		主轴停止
10	G27.3,G27.4	*SSTP1,*SSTP2		第 1、2 主轴停止
11	G32.0～G33.3	R01I～R12I		12 位二进制 S 指令
12	G33.5	SGN		S 指令极性
13	G33.7	SIND		主轴电机速度指令选择
14	G30	SOV1～SOV7		主轴倍率
15	F45.1,F49.1	SSTA,SSTB		第 1、2 主轴零速
16	F45.3,F49.3	SARA,SARB		第 1、2 主轴速度到达
17	F45.7	ORARA		第 1 主轴定向完成
18	F44.2	FSPSY		主轴同步速度控制完成
19	F36.0～F37.3	R01O～R12O		主轴 12 位代码信号

① SPSYC(G38.2)：主轴同步控制信号。指令第 1、2 主轴向主轴同步控制方式切换。将该信号设定为 1 时，第 1、2 主轴成为主轴同步控制方式。将该信号设定为 0 时，解除第 1、2 主轴的主轴同步控制方式。

② FSPSY(F44.2)：主轴同步速度控制完成信号。此信号表示主轴同步控制（转速同步）已完成。在主轴同步控制方式中，当 2 个主轴达到相当于主轴同步速度指令的转速，2 个主轴间的转速之差在参数 No.4033 的设定值以下时，该信号置 1。在主轴同步控制方式中，2 个主轴尚未达到相当于主轴同步速度指令的转速，或 2 个主轴间的转速之差大于参数 No.4033 的设定值时，该信号为 0。

③ INTGA(G71.5)，INTGB(G75.5)：主轴速度积分控制信号。该信号为 1，将禁止速度环积分功能，相当于将积分增益设为 0；该信号为 0，速度环积分功能有效。

(3) 电气连接图

① 主轴放大器连接图如图 4-197 所示。CNC 控制器为 0i-F，2 个主轴放大器为 200V 系列放大器，型号为 SPM-26i。电源模块 PSM-55i 动力电源为三相 200V 交流电源，控制电源为 DC24V。图中 KA5 为机床急停继电器。

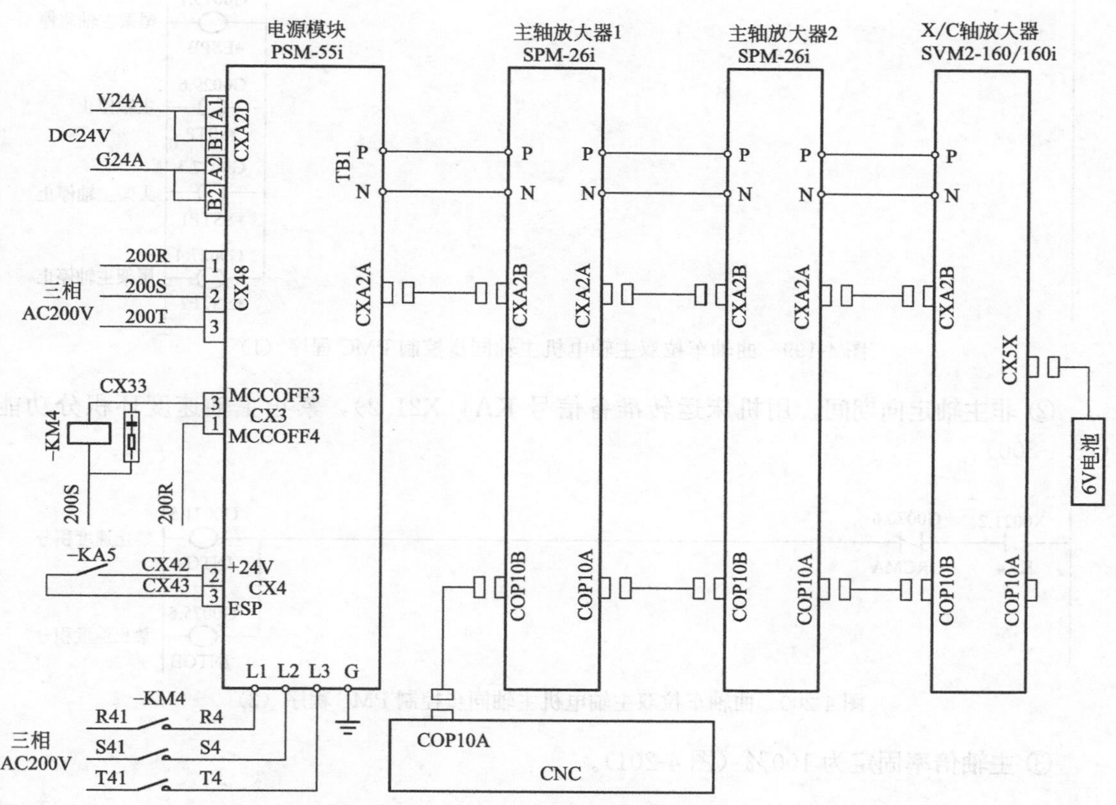

图 4-197　曲轴车拉主轴放大器连接图

② 主轴电机连接图如图 4-198 所示。2 个主轴电机均为 22kW，型号为 α22/7000i。

(4) PMC 程序设计

① 用机床运转准备信号 KA4(X21.2)，产生主轴急停信号 * ESPA、* ESPB 和主轴停止信号 * SSTP、* SSTP1、* SSTP2（图 4-199）。

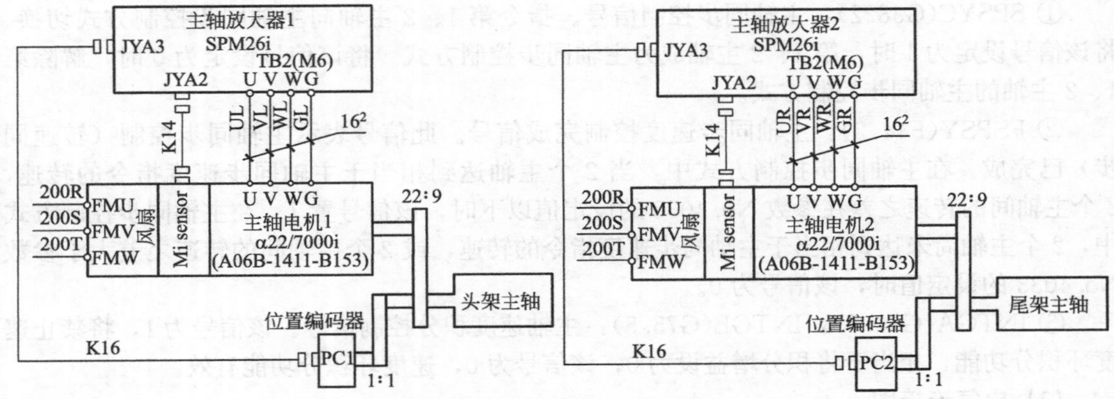

图 4-198　曲轴车拉主轴电机连接图

X0021.2
KA4
G0071.1 *ESPA 头架主轴急停
G0075.1 *ESPB 尾架主轴急停
G0029.6 *SSTP 主轴停止
G0027.3 *SSTP1 头架主轴停止
G0027.4 *SSTP2 尾架主轴停止

图 4-199　曲轴车拉双主轴电机主轴同步控制 PMC 程序（1）

② 非主轴定向期间，用机床运转准备信号 KA4（X21.2），禁止主轴速度环积分功能（图 4-200）。

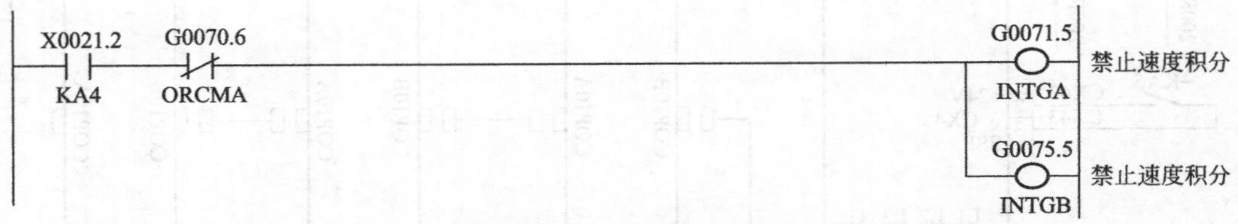

X0021.2 KA4
G0070.6 ORCMA
G0071.5 INTGA 禁止速度积分
G0075.5 INTGB 禁止速度积分

图 4-200　曲轴车拉双主轴电机主轴同步控制 PMC 程序（2）

③ 主轴倍率固定为 100％（图 4-201）。

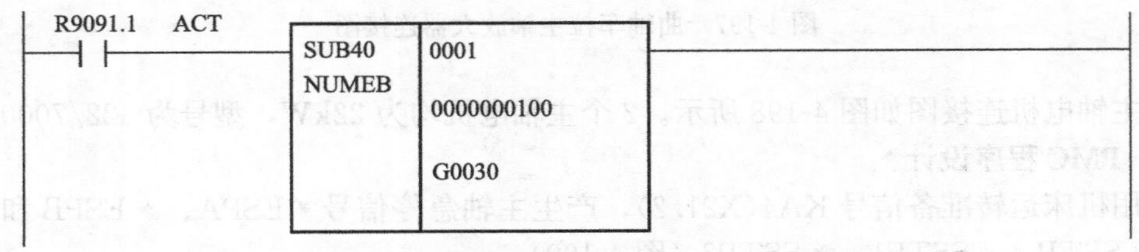

图 4-201　曲轴车拉双主轴电机主轴同步控制 PMC 程序（3）

④ 主轴启动条件（图 4-202）。

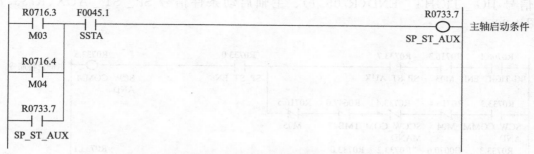

图 4-202　曲轴车拉双主轴电机主轴同步控制 PMC 程序（4）

⑤ 主轴停止命令。M05、M02、M30 代码运行可以停止主轴运转，主轴运转条件信号 SP _ ST _ EN(R733.0) 为 0 也发出主轴停止命令。此处主轴运转条件信号 R733.0 逻辑忽略。R716.2、R716.5、R719.6 分别是 M02、M05、M30 的译码输出信号，译码指令此处忽略（图 4-203）。

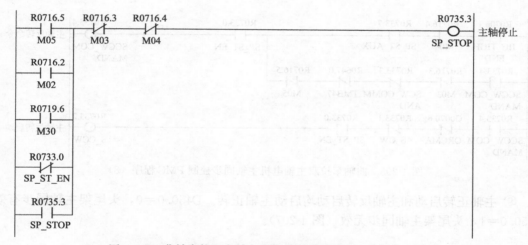

图 4-203　曲轴车拉双主轴电机主轴同步控制 PMC 程序（5）

⑥ 主轴停止确认及延时（图 4-204）。

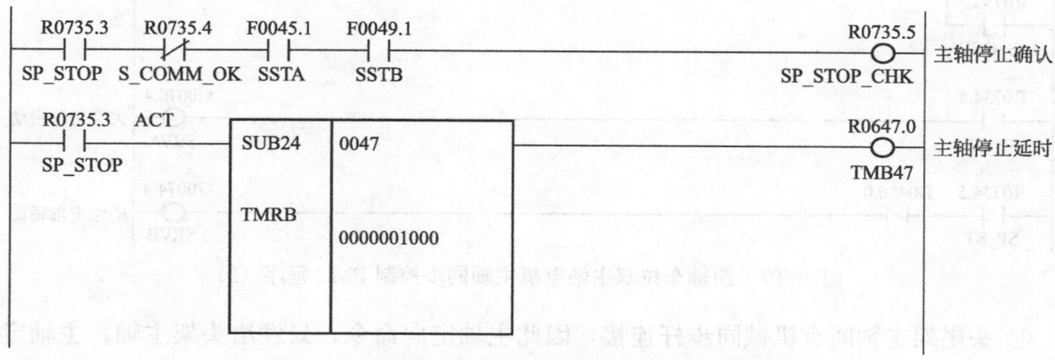

图 4-204　曲轴车拉双主轴电机主轴同步控制 PMC 程序（6）

⑦ M03 代码启动主轴正转，M04 和 M05 代码停止主轴正转。启动条件包括夹具夹紧信号 JIG _ TIGHT _ END(R706. 1)、主轴启动条件信号 SP _ ST _ AUX(R733. 7)(图 4-205)。

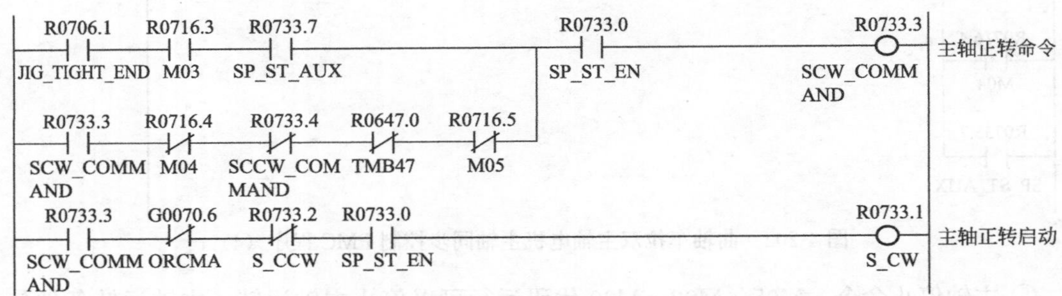

图 4-205　曲轴车拉双主轴电机主轴同步控制 PMC 程序（7）

⑧ M04 代码启动主轴正转，M03 和 M05 代码停止主轴正转。启动条件是夹具夹紧信号 R706. 1、主轴启动条件信号 R733. 7 均为 1（图 4-206)。

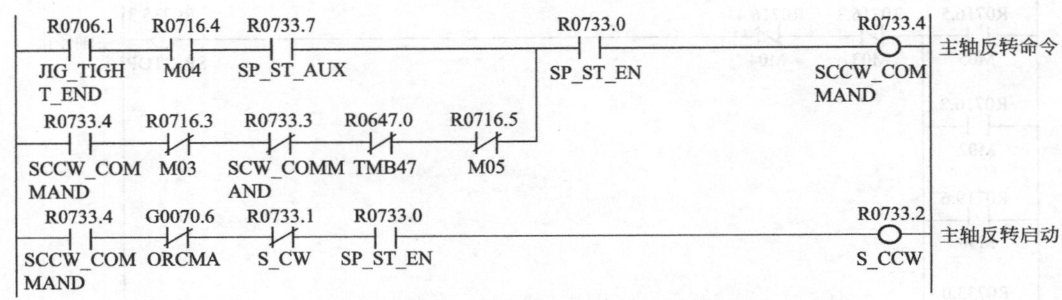

图 4-206　曲轴车拉双主轴电机主轴同步控制 PMC 程序（8）

⑨ 主轴正转启动和主轴反转启动均启动主轴正转。D450. 0＝0，头尾架主轴同步有效；D450. 0＝1，头尾架主轴同步无效（图 4-207)。

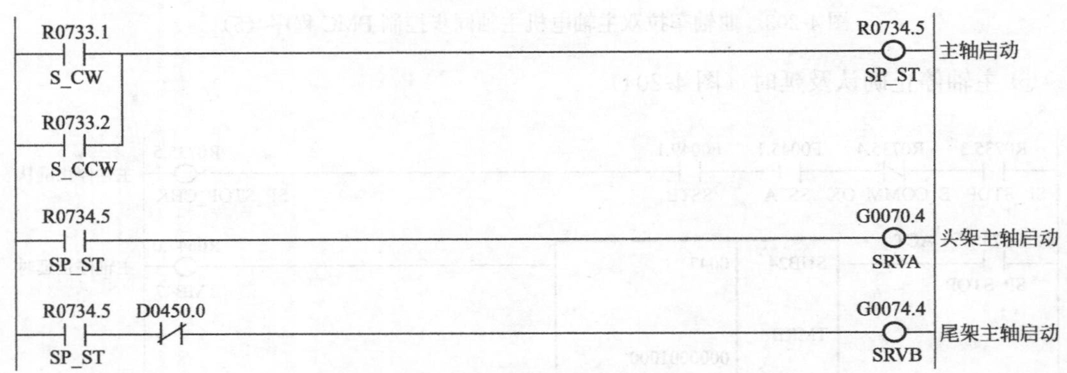

图 4-207　曲轴车拉双主轴电机主轴同步控制 PMC 程序（9）

⑩ 头尾架主轴间有机械同步杆连接，因此主轴定向命令，只发给头架主轴。主轴定向按钮 X6. 4 仅单机方式下有效，R702. 2 为单机运行方式信号；M19 代码单机运行或联机运行均有效；ORI _ EN(R733. 6) 为主轴定向条件信号，其逻辑此处忽略（图 4-208)。

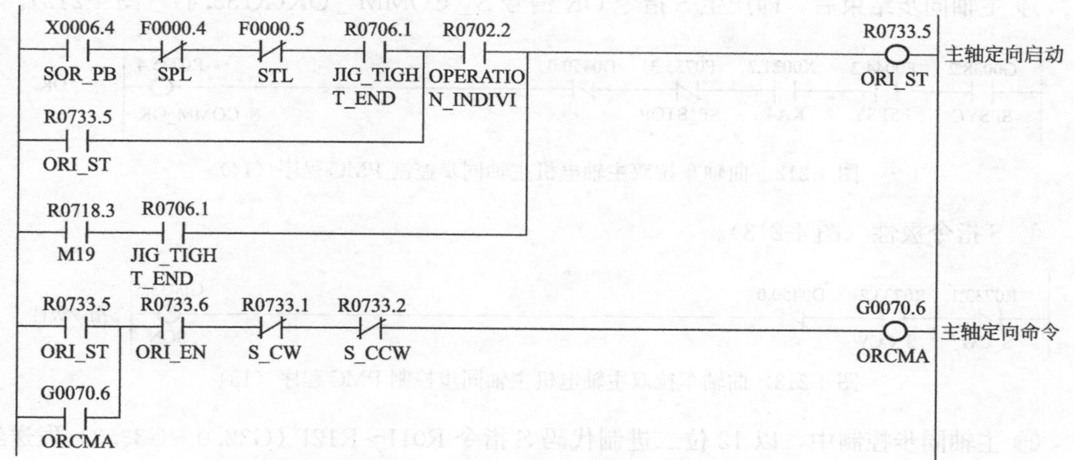

图 4-208　曲轴车拉双主轴电机主轴同步控制 PMC 程序（10）

⑪ 主轴定向完成信号（图 4-209）。

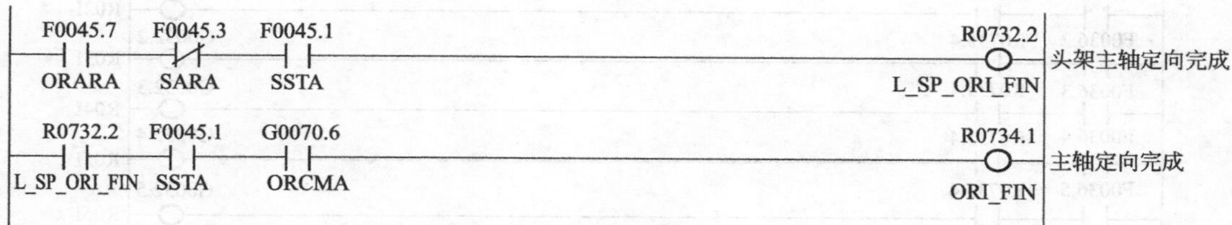

图 4-209　曲轴车拉双主轴电机主轴同步控制 PMC 程序（11）

⑫ 主轴定向指示灯（图 4-210）。

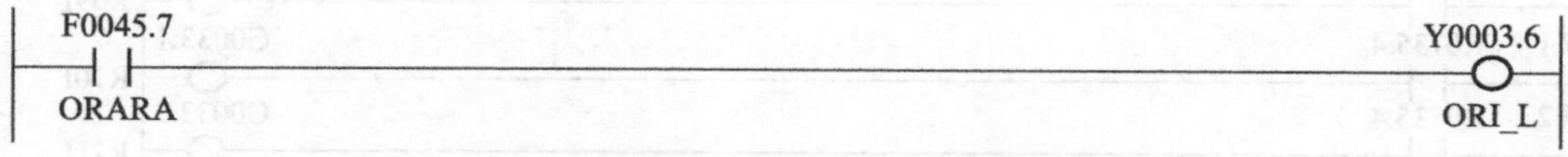

F0045.7 ORARA —— Y0003.6 ORI_L 主轴定向灯

图 4-210　曲轴车拉双主轴电机主轴同步控制 PMC 程序（12）

⑬ 主轴启动命令延时 100ms 后，置位 SPSYC(G38.2)，主轴同步控制方式有效（图 4-211）。

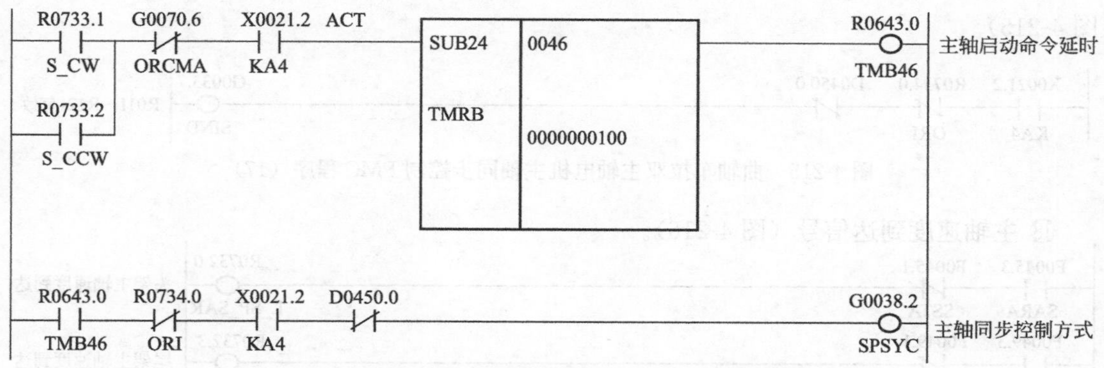

图 4-211　曲轴车拉双主轴电机主轴同步控制 PMC 程序（13）

⑭ 主轴同步结束后，即产生 S 指令 OK 信号 S_COMM_OK(R735.4)（图 4-212)。

图 4-212　曲轴车拉双主轴电机主轴同步控制 PMC 程序（14）

⑮ S 指令极性（图 4-213)。

R0733.1 S_CW　R0733.2 S_CCW　D0450.0　G0033.5 SGN　S指令极性

图 4-213　曲轴车拉双主轴电机主轴同步控制 PMC 程序（15）

⑯ 主轴同步控制中，以 12 位二进制代码 S 指令 R01I～R12I（G32.0～G33.3）发送给头架主轴驱动器（图 4-214)。

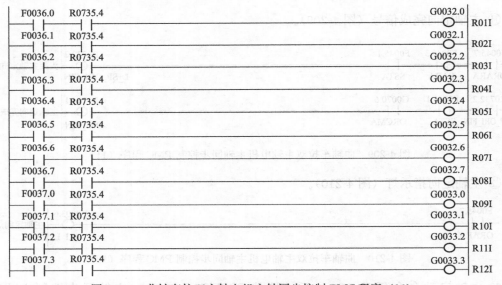

图 4-214　曲轴车拉双主轴电机主轴同步控制 PMC 程序（16）

⑰ SIND(G33.7）置 1，使主轴二进制代码 S 指令 R01I～R12I(G32.0～G33.3）有效（图 4-215)。

X0021.2 KA4　R0734.0 ORI　D0450.0　G0033.7 SIND　R01I～R12I有效

图 4-215　曲轴车拉双主轴电机主轴同步控制 PMC 程序（17）

⑱ 主轴速度到达信号（图 4-216)。

F0045.3 SARA　F0045.1 SSTA　R0732.0 L_SP_SAR　头架主轴速度到达
F0049.3 SARB　F0049.1 SSTB　R0732.3 R_SP_SAR　尾架主轴速度到达

图 4-216　曲轴车拉双主轴电机主轴同步控制 PMC 程序（18）

⑲ S功能完成信号处理（图 4-217）。

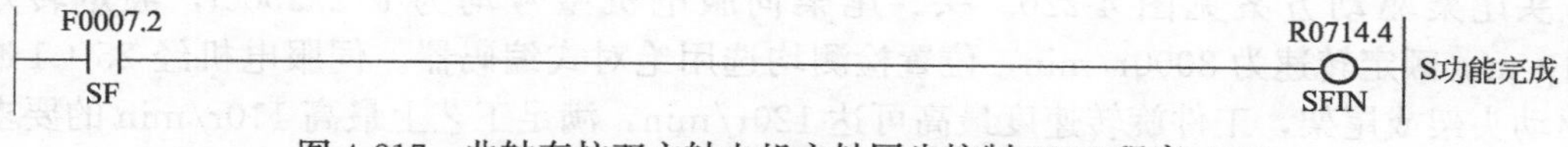

图 4-217　曲轴车拉双主轴电机主轴同步控制 PMC 程序（19）

⑳ M功能完成信号处理（图 4-218）。

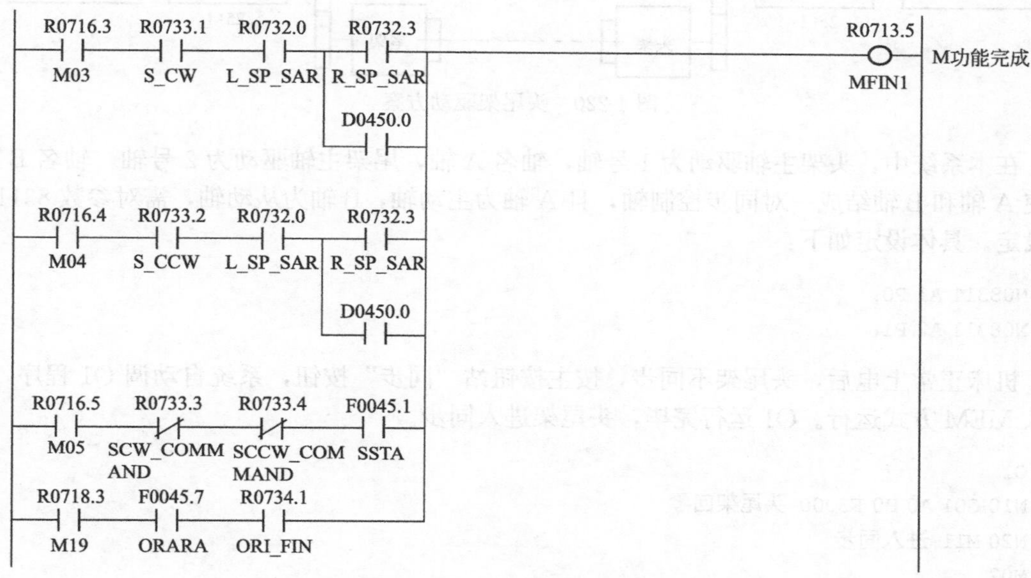

图 4-218　曲轴车拉双主轴电机主轴同步控制 PMC 程序（20）

（5）参数整定

```
N03716Q1S1P00000001S2P00000001;主轴电机为串行主轴
N03717Q1S1P1S2P2;各主轴的主轴放大器号
N03720Q1S1P4096S2P4096;位置编码器脉冲数
N03741Q1S1P2864S2P2864;第 1 挡齿轮对应的主轴最大速度(r/min)
N04032Q1S1P300S2P300;主轴同步控制加速度[r/(min·s)]
N04033Q1S1P600S2P600;主轴速度同步到达水平[r/(min·s)]
```

4.8.7　曲轴磨床双伺服电机主轴同步控制

某发动机有限公司 5RN-CK 曲轴连杆颈磨床，采用双数控系统控制方案，主控制器和从控制器均为 FANUC-0i-TD 数控系统，双系统间数据交换使用 IO-LINK 总线。砂轮架 X1 及工作台 Z1 进给，修整器 X2 和 Z2 轴进给，上、下中心架轴 Y 轴、V 轴，均由 NC1 控制，A 轴、B 轴分别是工件头架主轴和尾架主轴，如图 4-219 所示。

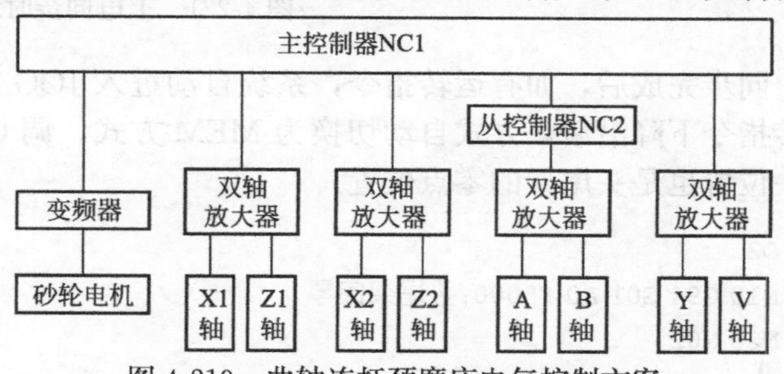

图 4-219　曲轴连杆颈磨床电气控制方案

(1) 头尾架主轴同步速度控制方案

头尾架驱动方案见图 4-220。头、尾架伺服电机型号均为 α12/3000i，额定转矩为 12N·m，额定转速为 3000r/min，位置检测均选用绝对式编码器。伺服电机经 25：1 减速比驱动头架或尾架，工件旋转速度最高可达 120r/min，满足工艺上最高 110r/min 的要求。

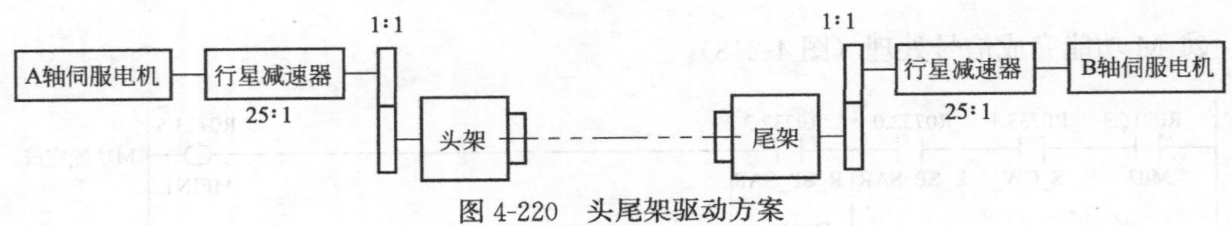

图 4-220　头尾架驱动方案

在本系统中，头架主轴驱动为 1 号轴，轴名 A 轴，尾架主轴驱动为 2 号轴，轴名 B 轴。为使 A 轴和 B 轴结成一对同步控制轴，且 A 轴为主动轴，B 轴为从动轴，需对参数 8311 进行设定。具体设定如下：

```
N08311 A1 P0;
N08311 A2 P1;
```

机床正常上电后，头尾架不同步，按主按钮站“同步”按钮，系统自动调 O1 程序，并进入 MEM 方式运行。O1 运行完毕，头尾架进入同步。

```
O1
N10 G01 A0 B0 F3000;头尾架回零
N20 M11;进入同步
M02
```

O1 程序中 M11 指令即同步指令，PMC 接收到该代码后，使头架伺服与尾架伺服结成一对同步轴。上电同步时序如图 4-221 所示。

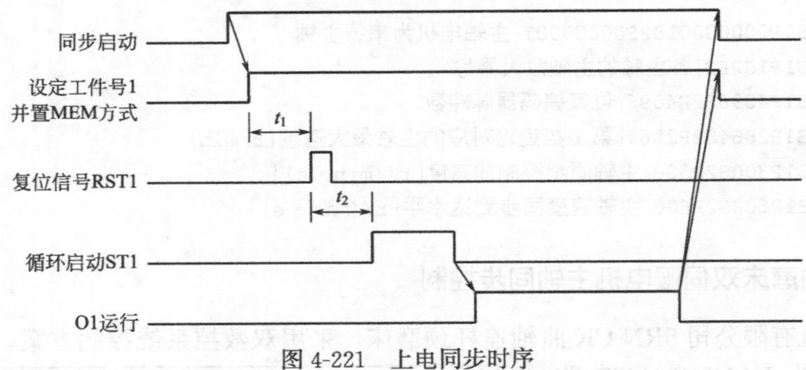

图 4-221　上电同步时序

同步完成后，如有运转指令，系统自动进入 JOG 方式，按指定的速度旋转。当检测到运转指令下降沿后，方式自动切换为 MEM 方式，调 O2 程序运行，头尾架停在准停位置。这一位置也是头尾架的零点位置。

```
O2
N10 G94 G01 A0 F5000;头尾架回零
N20 M02
```

头架运转时序如图 4-222 所示。

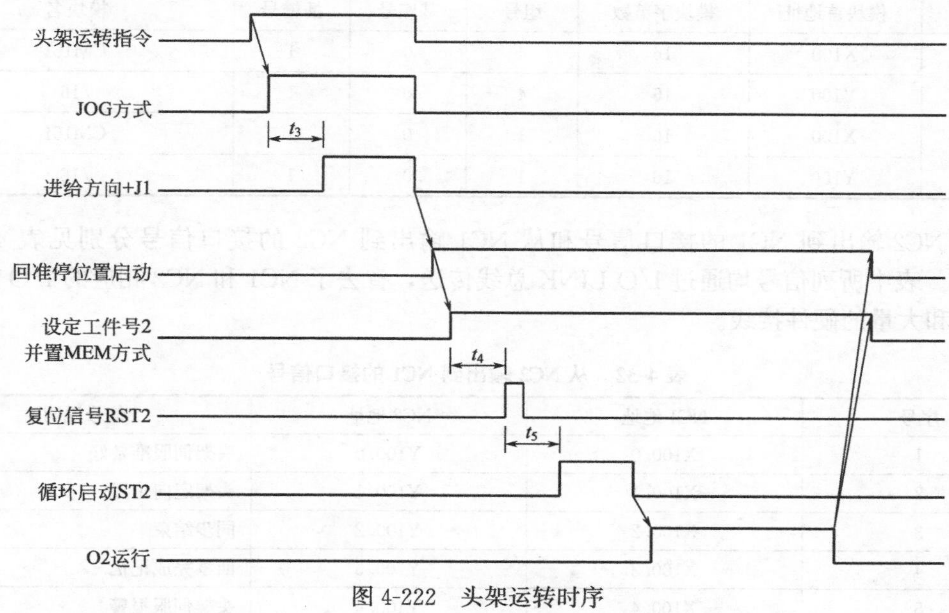

图 4-222　头架运转时序

（2）双系统 I/O LINK 连接方案

双系统 I/O LINK 连接方案见图 4-223。NC1 和 NC2 之间通过“I/O 连接模块”交换信号，该模块既是 NC1 的模块，又是 NC2 的模块。在 NC1 中定义为＃4 组模块，在 NC2 中定义为＃1 组模块，输入 16 个字节，输出 16 个字节。NC1 和 NC2 中“I/O 连接模块”的地址设定如表 4-31 所示。

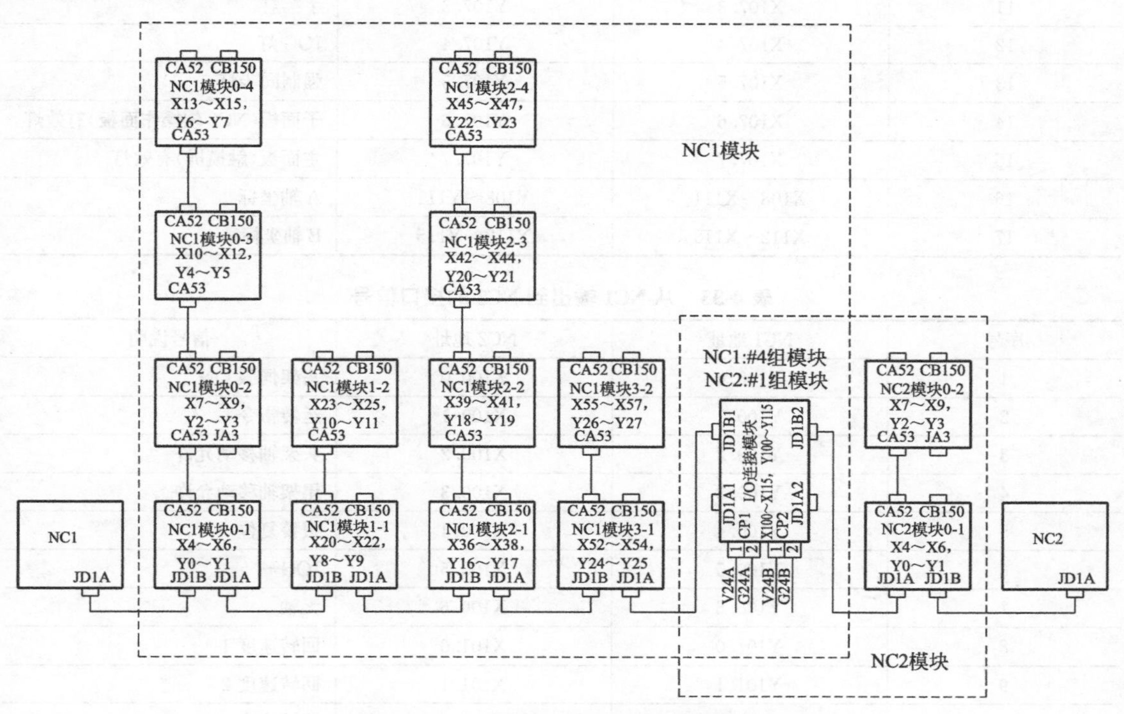

图 4-223　双系统 I/O LINK 连接方案

表 4-31 “I/O 连接模块”的地址设定

系统	模块首地址	模块字节数	组号	基座号	插槽号	模块名
NC1	X100	16	4	0	1	CM16I
	Y100	16	4	0	1	/16
NC2	X100	16	1	0	1	CM16I
	Y100	16	1	0	1	/16

从 NC2 输出到 NC1 的接口信号和从 NC1 输出到 NC2 的接口信号分别见表 4-32 和表 4-33。表中所列信号均通过 I/O LINK 总线传送，省去了 NC1 和 NC2 相应的 I/O 输入输出模块和大量的硬件接线。

表 4-32 从 NC2 输出到 NC1 的接口信号

序号	NC1 地址	NC2 地址	信号说明
1	X100.0	Y100.0	头架伺服准备好
2	X100.1	Y100.1	头架定向位置
3	X100.2	Y100.2	同步结束
4	X100.3	Y100.3	回零完成记忆
5	X100.4	Y100.4	头架伺服报警
6	X100.5	Y100.5	头架轴定位结束
7	X100.6	Y100.6	尾架轴定位结束
8	X107.0	Y107.0	EDT 灯(触摸屏)
9	X107.1	Y107.1	自动灯
10	X107.2	Y107.2	MDI 灯
11	X107.3	Y107.3	手摇灯
12	X107.4	Y107.4	JOG 灯
13	X107.5	Y107.5	强制同步灯
14	X107.6	Y107.6	子面板(NC2 软操作面板)有效灯
15	X107.7	Y107.7	主面板(触摸屏)有效灯
16	X108～X111	Y108～Y111	A 轴坐标
17	X112～X115	Y112～Y115	B 轴坐标

表 4-33 从 NC1 输出到 NC2 的接口信号

序号	NC1 地址	NC2 地址	信号说明
1	Y100.0	X100.0	头架伺服 ON
2	Y100.1	X100.1	运转指令
3	Y100.2	X100.2	头架轴移动允许
4	Y100.3	X100.3	尾架轴移动允许
5	Y100.4	X100.4	报警复位
6	Y100.5	X100.5	JOG＋
7	Y100.6	X100.6	无轴
8	Y101.0	X101.0	回转速度 1
9	Y101.1	X101.1	回转速度 2
10	Y101.2	X101.2	回转速度 4

续表

序号	NC1 地址	NC2 地址	信号说明
11	Y101.3	X101.3	回转速度 8
12	Y101.4	X101.4	回转速度 10
13	Y101.5	X101.5	回转速度 20
14	Y101.6	X101.6	回转速度 40
15	Y101.7	X101.7	回转速度 80
16	Y102.0	X102.0	回转速度 100
17	Y102.1	X102.1	回转速度 200
18	Y103.0	X103.0	头尾架调整方式 ON
19	Y103.1	X103.1	同步启动
20	Y103.2	X103.2	手摇头架
21	Y103.3	X103.3	手摇尾架
22	Y103.4	X103.4	MP1
23	Y103.5	X103.5	MP10
24	Y103.6	X103.6	MP100
25	Y115.0	X115.0	EDT(触摸屏)
26	Y115.1	X115.1	自动(触摸屏)
27	Y115.2	X115.2	MDI(触摸屏)
28	Y115.3	X115.3	手摇(触摸屏)
29	Y115.4	X115.4	JOG(触摸屏)
30	Y115.5	X115.5	强制同步(触摸屏)
31	Y115.6	X115.6	子面板(NC2 软操作面板)有效
32	Y115.7	X115.7	主面板(触摸屏)有效

(3) NC1 头尾架调整触摸屏画面设计

NC1 头尾架调整触摸屏画面如图 4-224 所示，触摸屏上有两个按钮，分别控制主屏操作和子屏操作是否有效。主屏指该 NC1 触摸屏，子屏指 NC2 软操作面板。主屏操作有效时，在触摸屏上设定方式和强制同步等。该触摸屏的操作仅在头尾架调整状态有效。

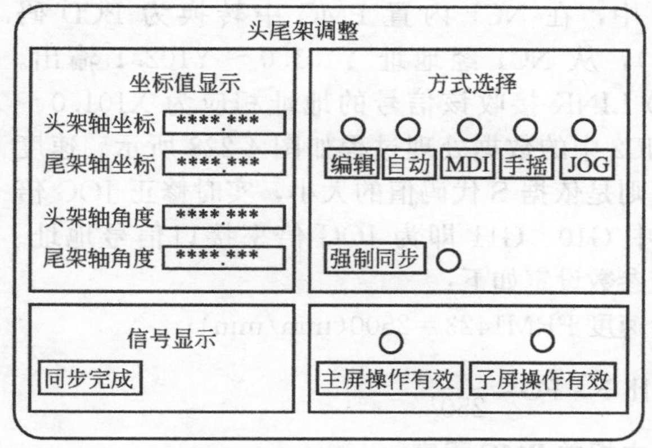

图 4-224 NC1 头尾架调整触摸屏画面

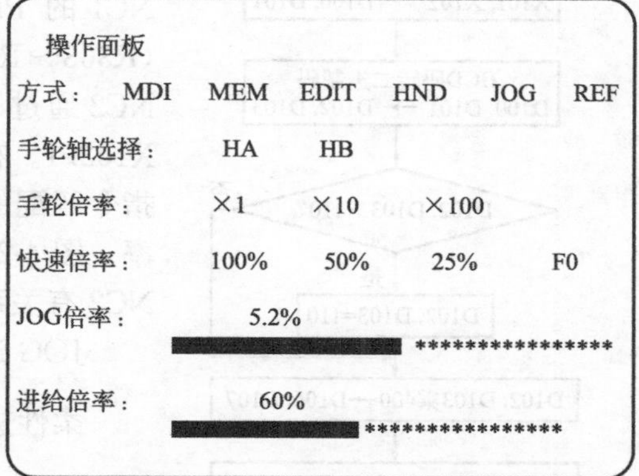

图 4-225 NC2 操作方式与倍率开关软面板

(4) NC2 软操作面板

NC2 软操作面板一共设计了 3 个画面：

① 操作方式与倍率开关软面板如图 4-225 所示。

② 程序试运行软面板如图 4-226 所示。

③ 其他软开关面板如图 4-227 所示。

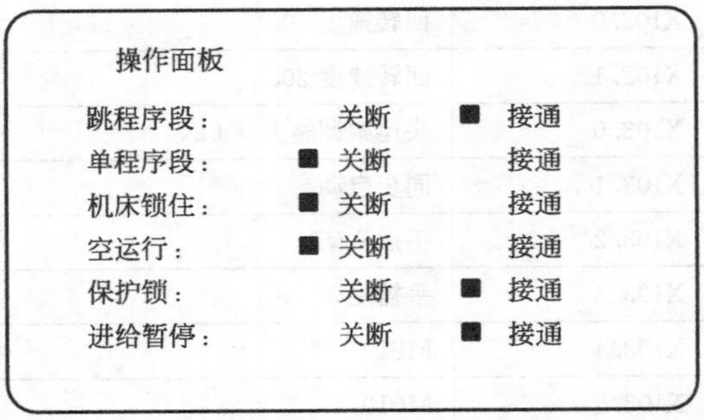

操作面板

跳程序段： 关断 ■ 接通
单程序段： ■ 关断 接通
机床锁住： ■ 关断 接通
空运行： ■ 关断 接通
保护锁： 关断 ■ 接通
进给暂停： 关断 ■ 接通

图 4-226 NC2 程序试运行软面板

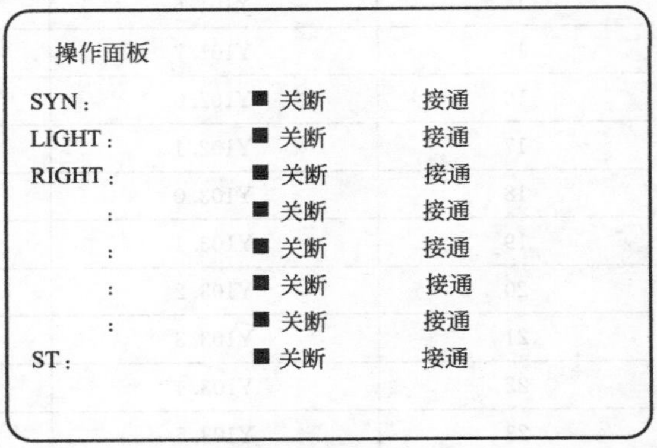

操作面板

SYN： ■ 关断 接通
LIGHT： ■ 关断 接通
RIGHT： ■ 关断 接通
： ■ 关断 接通
： ■ 关断 接通
： ■ 关断 接通
： ■ 关断 接通
ST： ■ 关断 接通

图 4-227 NC2 其他软开关面板

(5) 操作方式

操作方式分两种，即正常模式和调整模式，具体见表 4-34。

表 4-34 操作方式

操作方式	编辑	存储器	MDI	手摇	JOG
调整	○	○	○	○	○
正常		○	○		○

注：“○”表示有效的方式。

调整模式下，方式切换通过 NC2 软操作面板或 NC1 触摸屏进行。正常模式下，方式自动确定。

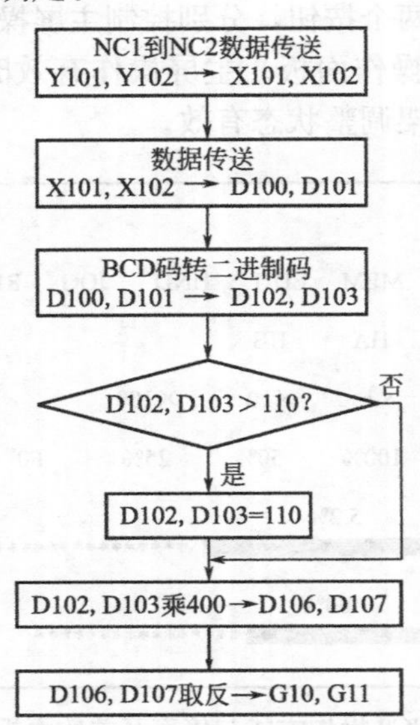

图 4-228 速度指令数据流程图

(6) 速度指令匹配

在 NC1 中，头架旋转速度用 S 代码指定。该 S 代码通过 12 位二进制代码（F22.0～F22.7，F23.0～F23.3）送到 NC1 的 PMC 中，在 NC1 内置 PMC 中转换为 BCD 码（R363～R364），从 NC1 经地址 Y101.0～Y102.1 输出。NC2 通过 I/O LINK 接收该信号的地址相应为 X101.0～X102.1。在 NC2 中的数据处理过程如图 4-228 所示。速度指令匹配的原则是依据 S 代码值的大小，实时修正 JOG 倍率。图 4-228 中 G10、G11 即为 JOG 倍率接口信号地址。NC2 有关系统参数设定如下：

JOG 进给速度 PRM1423＝2500(mm/min)；

柔性进给比 $F \cdot FG = \frac{1}{250}$。

(7) NC1 中相关 PMC 程序

① 工件主轴速度 S 二进制代码 F22、F23 传送至 R728、

R729（图 4-229）。

图 4-229　曲轴磨床双伺服电机主轴同步控制 NC1 中相关 PMC 程序（1）

② 二进制代码 R728、R729 转换为 BCD 码，输出到 R363、R364 中（图 4-230）。

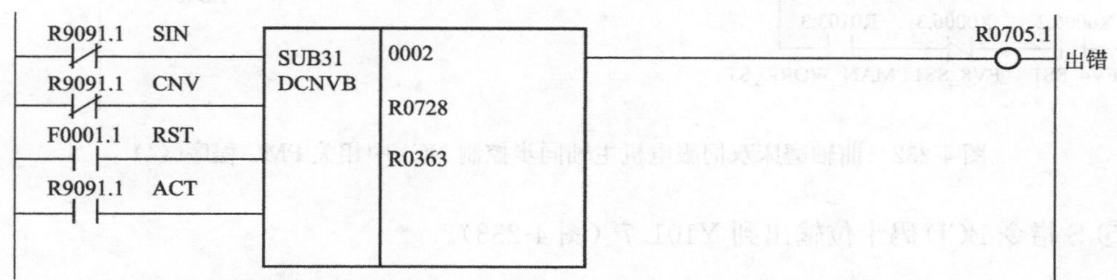

图 4-230　曲轴磨床双伺服电机主轴同步控制 NC1 中相关 PMC 程序（2）

③ S 指令 BCD 码个位输出到 Y101.0～Y101.3。手动方式下速度指令通过进给倍率开关（X6.0～X6.3）给定，该倍率开关采用自然二进制编码。0%和 10%均给定 10r/min；20%～70%分别给定 20～70r/min；80%～150%均给定 80r/min。R103.3 为工件主轴手动启动信号。手动方式下，BCD 码个位无输出（图 4-231）。

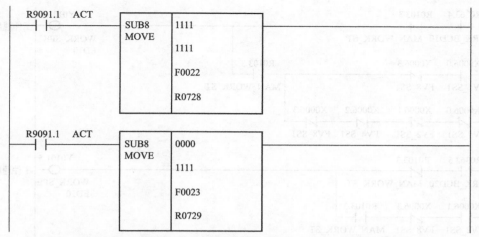

图 4-231　曲轴磨床双伺服电机主轴同步控制 NC1 中相关 PMC 程序（3）

④ S 指令 BCD 码十位输出到 Y101.4～Y101.6。当进给倍率超过 80%以后，Y101.4～

Y101.6 无输出（图 4-232）。

R0363.4
R0103.3
WORK_BCD10
MAN_WORK_ST
Y0101.4
工件速度10
WORK_SPE
ED10
X0006.0
X0006.3
R0103.3
FV1_SS1
FV8_SS1
MAN_WORK_ST
X0006.0
X0006.1
X0006.2
X0006.3
FV1_SS1
FV2_SS1
FV4_SS1
FV8_SS1
R0363.5
R0103.3
WORK_BCD20
MAN_WORK_ST
Y0101.5
工件速度20
WORK_SPE
ED20
X0006.1
X0006.3
R0103.3
FV2_SS1
FV8_SS1
MAN_WORK_ST
R0363.6
R0103.3
WORK_BCD40
MAN_WORK_ST
Y0101.6
工件速度40
WORK_SPE
ED40
X0006.2
X0006.3
R0103.3
FV4_SS1
FV8_SS1
MAN_WORK_ST

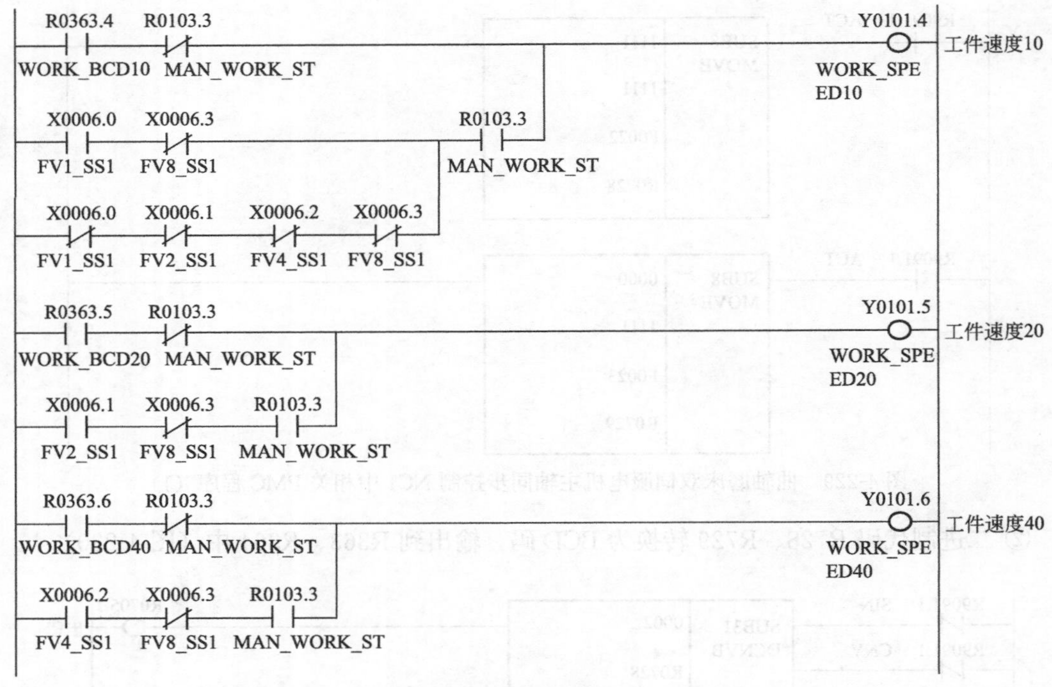

图 4-232　曲轴磨床双伺服电机主轴同步控制 NC1 中相关 PMC 程序（4）

⑤ S 指令 BCD 码十位输出到 Y101.7（图 4-233）。

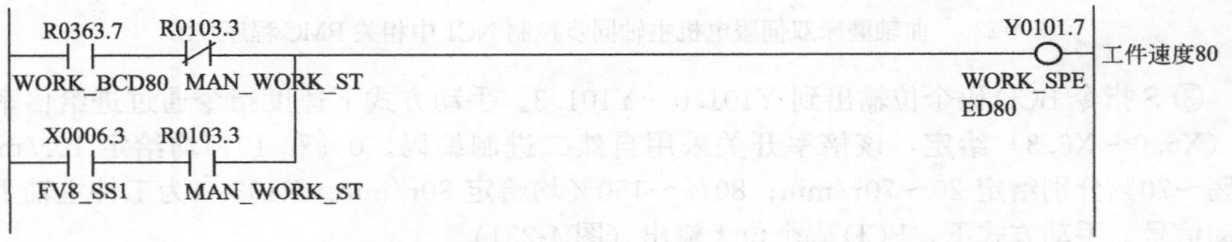

R0363.7
R0103.3
WORK_BCD80
MAN_WORK_ST
Y0101.7
工件速度80
WORK_SPE
ED80
X0006.3
R0103.3
FV8_SS1
MAN_WORK_ST

图 4-233　曲轴磨床双伺服电机主轴同步控制 NC1 中相关 PMC 程序（5）

⑥ S 指令 BCD 码百位输出到 Y102.0、Y102.1。手动方式下，BCD 码百位无输出（图 4-234）。

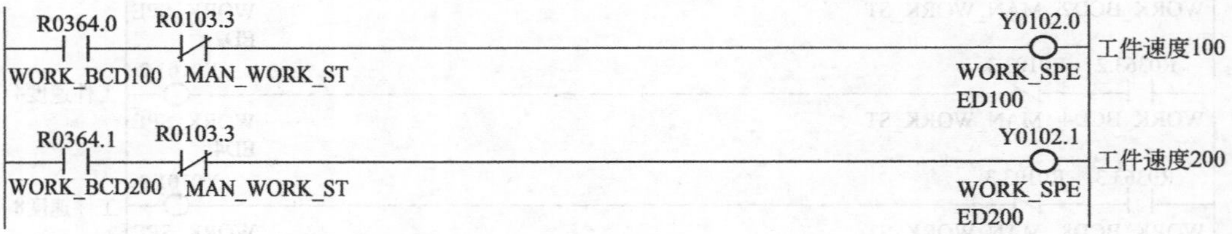

R0364.0
R0103.3
WORK_BCD100
MAN_WORK_ST
Y0102.0
工件速度100
WORK_SPE
ED100
R0364.1
R0103.3
WORK_BCD200
MAN_WORK_ST
Y0102.1
工件速度200
WORK_SPE
ED200

图 4-234　曲轴磨床双伺服电机主轴同步控制 NC1 中相关 PMC 程序（6）

⑦ 主轴倍率固定为 100%（图 4-235）。

R9091.1
ACT
SUB40
NUMEB
0001
0000000100
G0030

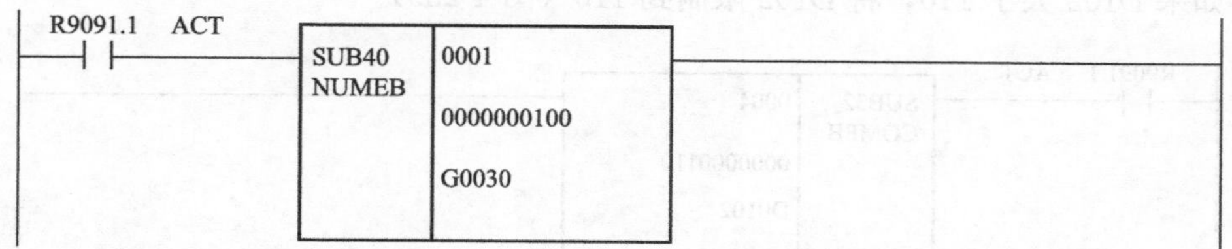

图 4-235　曲轴磨床双伺服电机主轴同步控制 NC1 中相关 PMC 程序（7）

⑧ 主轴停止信号 * SSTP(G29.6) 始终为高电平（图 4-236）。

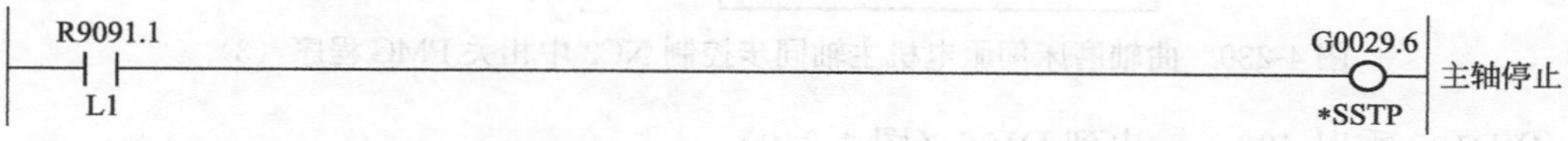

R9091.1
L1
G0029.6
*SSTP
主轴停止

图 4-236　曲轴磨床双伺服电机主轴同步控制 NC1 中相关 PMC 程序（8）

(8) NC2 中相关 PMC 程序

① 从 NC1 送出的速度指令 BCD 码地址为 Y101.0～Y102.2，相应地在 NC2 中接收的地址为 X101.0～X102.2。将该速度指令取出送 D100、D101（图 4-237）。

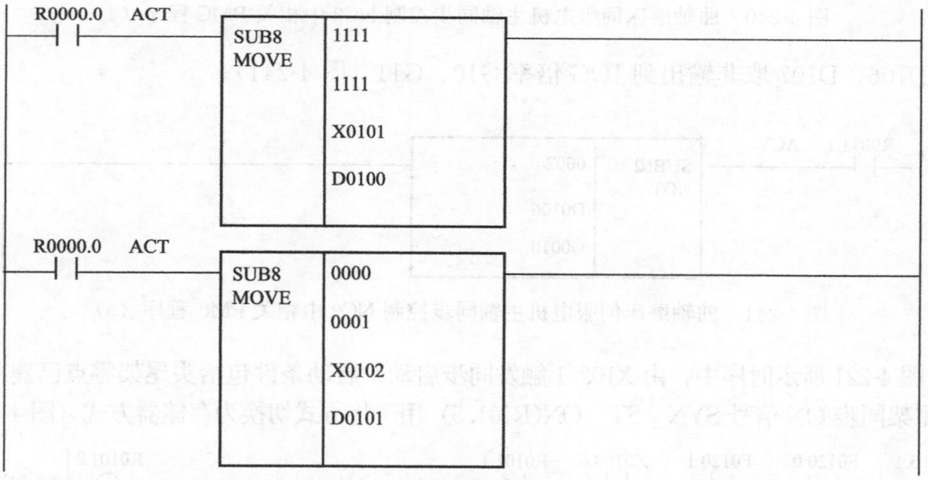

R0000.0
ACT
SUB8
MOVE
1111
1111
X0101
D0100
R0000.0
ACT
SUB8
MOVE
0000
0001
X0102
D0101

图 4-237　曲轴磨床伺服电机主轴同步控制 NC2 中相关 PMC 程序（1）

② 将 BCD 码 D100、D101 转换为二进制输出到 D102、D103（图 4-238）。

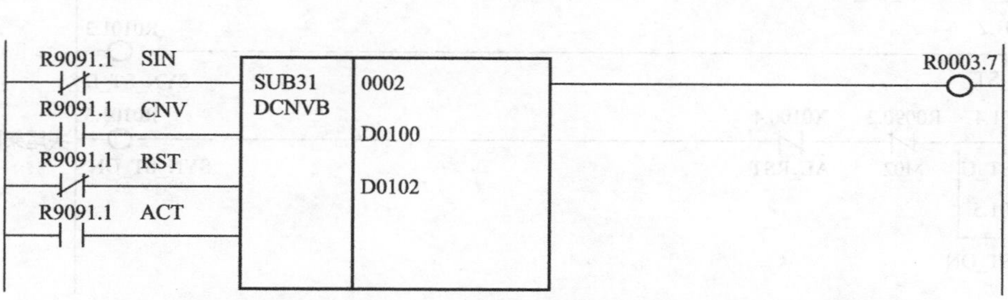

R9091.1
SIN
R9091.1
CNV
R9091.1
RST
R9091.1
ACT
SUB31
DCNVB
0002
D0100
D0102
R0003.7

图 4-238　曲轴磨床伺服电机主轴同步控制 NC2 中相关 PMC 程序（2）

③ 如果 D102 大于 110，将 D102 限制到 110（图 4-239）。

R9091.1
ACT
SUB32
COMPB
0004
0000000110
D0102
R9000.1
ACT
SUB40
NUMEB
0004
0000000110
D0102

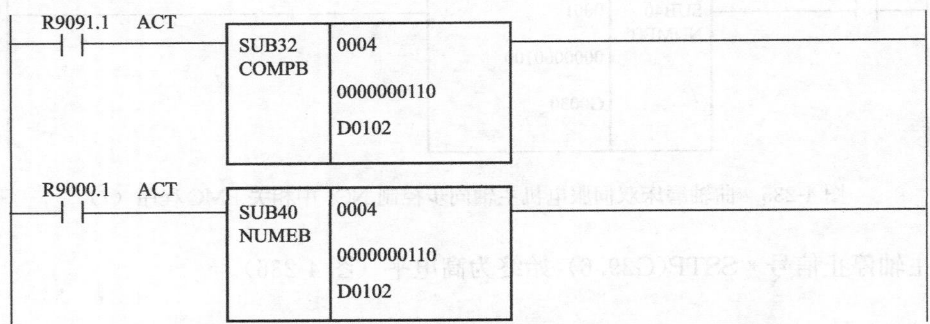

图 4-239　曲轴磨床伺服电机主轴同步控制 NC2 中相关 PMC 程序（3）

④ D102 乘以 400，输出到 D106（图 4-240）。

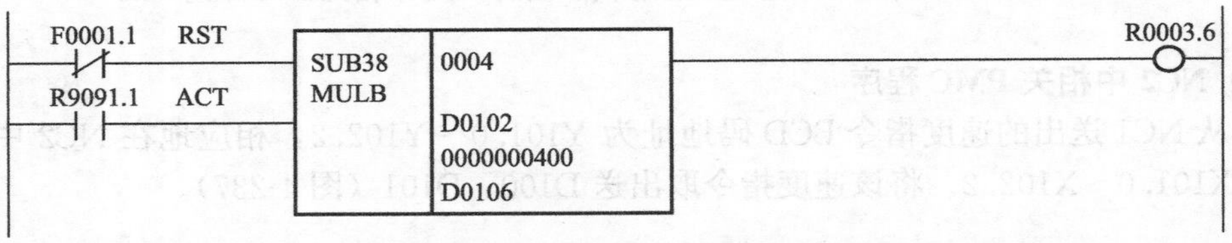

F0001.1
RST
R9091.1
ACT
SUB38
MULB
0004
D0102
0000000400
D0106
R0003.6

图 4-240　曲轴磨床伺服电机主轴同步控制 NC2 中相关 PMC 程序（4）

⑤ D106、D107 取非输出到 JOG 倍率 G10、G11（图 4-241）。

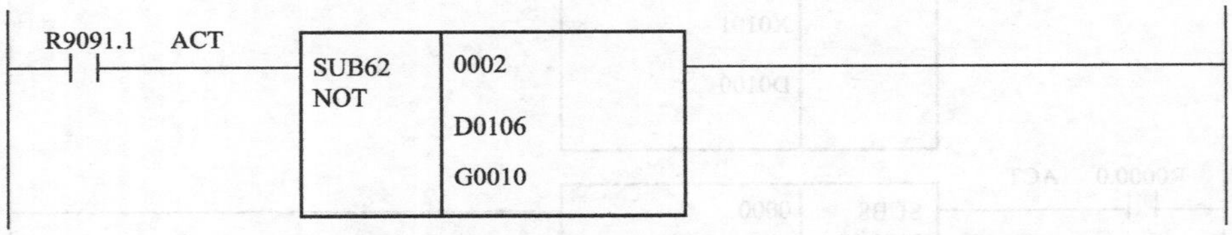

R9091.1
ACT
SUB62
NOT
0002
D0106
G0010

图 4-241　曲轴磨床伺服电机主轴同步控制 NC2 中相关 PMC 程序（5）

⑥ 图 4-221 所示时序中，由 X103.1 触发同步启动。启动条件包括头尾架零点已建立、无工件。头尾架同步 ON 信号 SYN _ ST _ ON(R101.5) 用于将方式切换为存储器方式（图 4-242）。

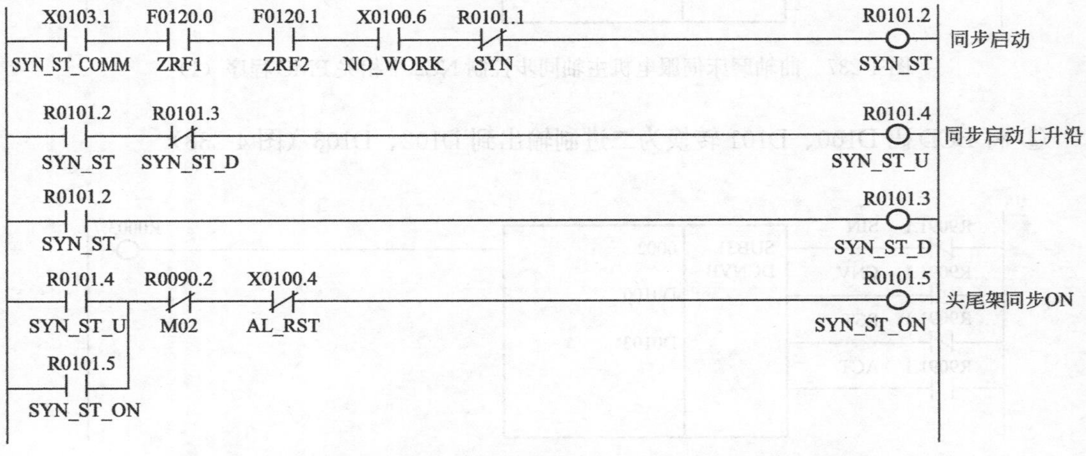

X0103.1
SYN_ST_COMM
F0120.0
ZRF1
F0120.1
ZRF2
X0100.6
NO_WORK
R0101.1
SYN
R0101.2
SYN_ST
同步启动
R0101.2
SYN_ST
R0101.3
SYN_ST_D
R0101.4
SYN_ST_U
同步启动上升沿
R0101.2
SYN_ST
R0101.3
SYN_ST_D
R0101.4
SYN_ST_U
R0090.2
M02
X0100.4
AL_RST
R0101.5
SYN_ST_ON
头尾架同步ON
R0101.5
SYN_ST_ON

图 4-242　曲轴磨床伺服电机主轴同步控制 NC2 中相关 PMC 程序（6）

⑦ 按图 4-221 所示时序，系统切换为存储器方式后延时 t_1，产生复位信号 RST1（R102.0）。该信号用于系统复位，也用于 O1 程序的启动（图 4-243）。

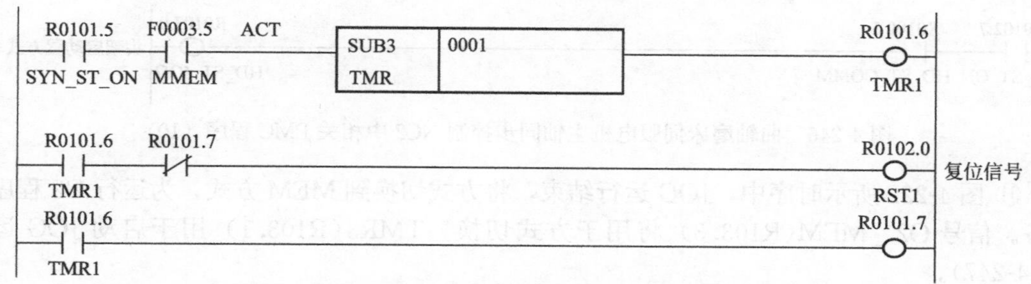

图 4-243　曲轴磨床伺服电机主轴同步控制 NC2 中相关 PMC 程序（7）

⑧ 由复位信号 RST1(R102.0) 产生 O1 循环启动信号 ST1(R102.2)，该信号接通后延时 t_2 关断。ST1(R102.2) 下降沿 O1 程序开始运行（图 4-244）。

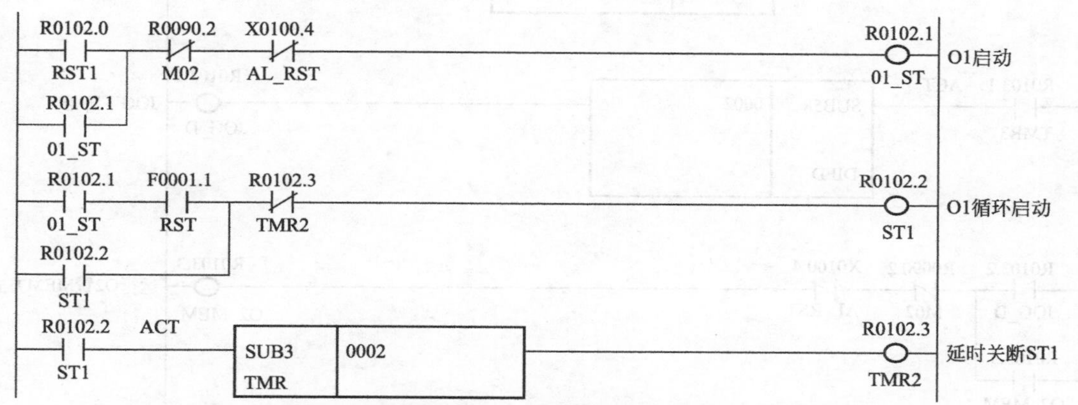

图 4-244　曲轴磨床伺服电机主轴同步控制 NC2 中相关 PMC 程序（8）

⑨ 图 4-222 所示时序中，由 X100.1 触发头架启动。启动条件包括头尾架零点已建议、同步已完成。头尾架启动 ON 信号 HD _ ST _ ON(R102.7) 用于将方式切换为 JOG 方式（图 4-245）。

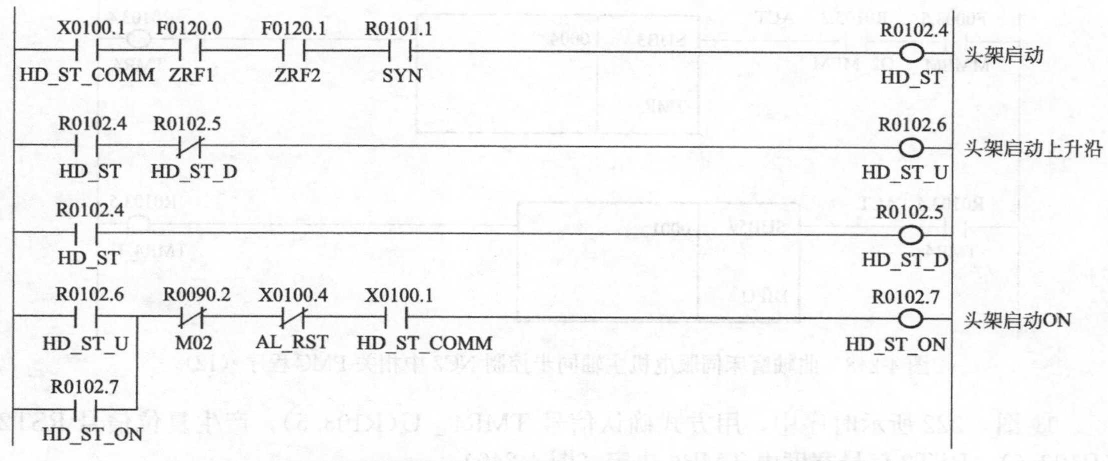

图 4-245　曲轴磨床伺服电机主轴同步控制 NC2 中相关 PMC 程序（9）

⑩ 图 4-222 所示时序中，头架启动置方式 JOG 信号 HD_ST_JOG（R103.0）用于将系统方式切换为 JOG（图 4-246）。

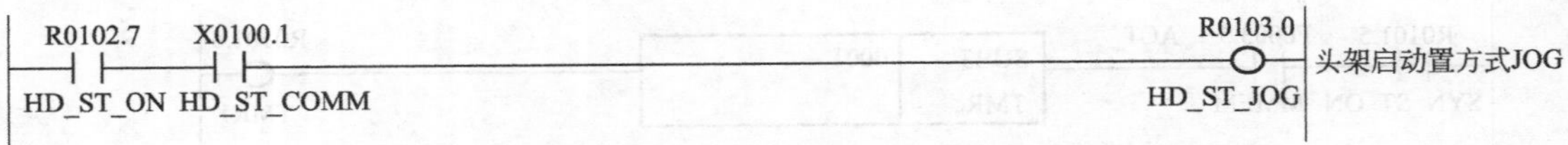

图 4-246 曲轴磨床伺服电机主轴同步控制 NC2 中相关 PMC 程序（10）

⑪ 图 4-222 所示时序中，JOG 运行结束，将方式切换到 MEM 方式，为运行 O2 程序作准备。信号 O2_MEM（R103.3）将用于方式切换。TMR3（R103.1）用于启动 JOG 运行（图 4-247）。

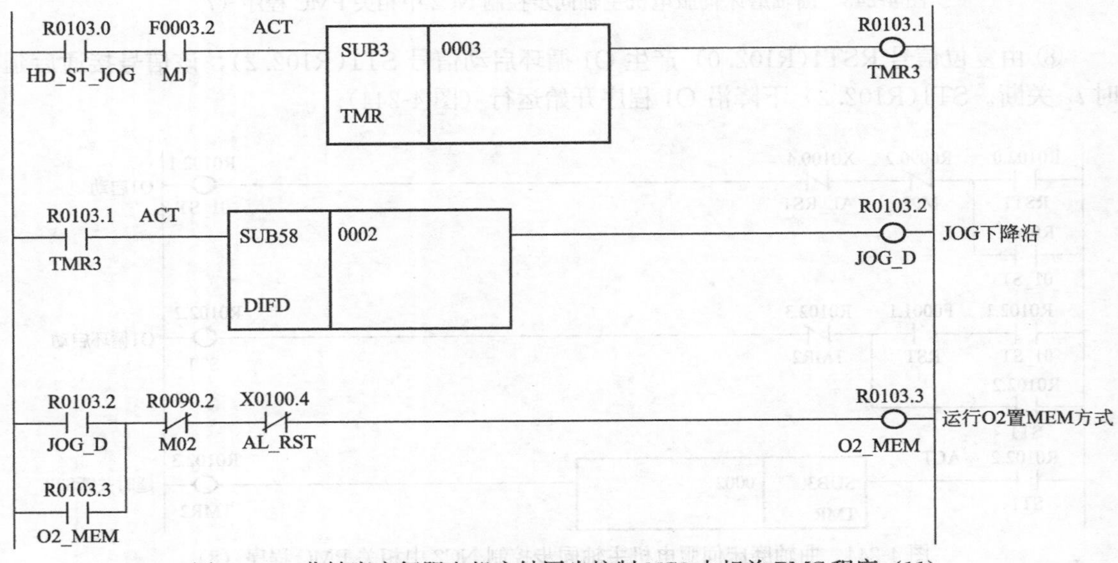

图 4-247 曲轴磨床伺服电机主轴同步控制 NC2 中相关 PMC 程序（11）

⑫ 图 4-222 所示时序中，方式切换为存储器方式后，产生方式确认信号 TMR4_U（R103.5）（图 4-248）。

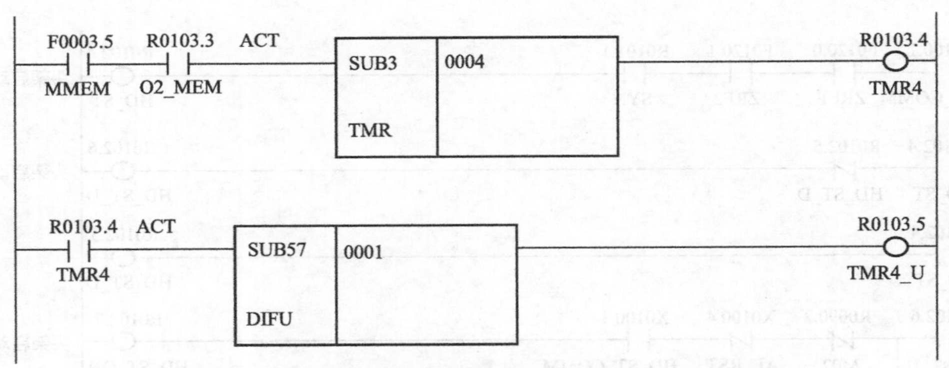

图 4-248 曲轴磨床伺服电机主轴同步控制 NC2 中相关 PMC 程序（12）

⑬ 图 4-222 所示时序中，用方式确认信号 TMR4_U（R103.5），产生复位信号 RST2（R103.6）。RST2 信号宽度由 TMR6 决定（图 4-249）。

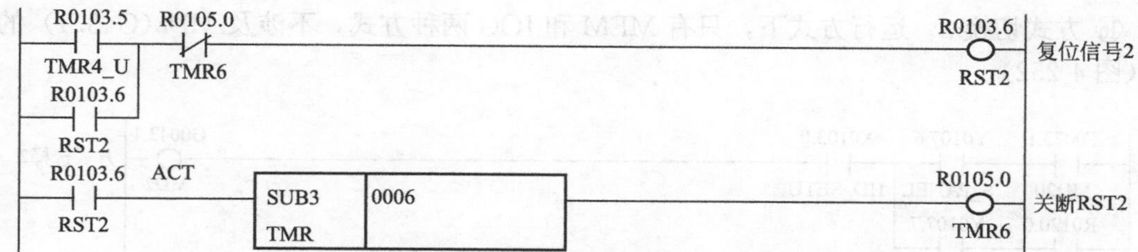

图 4-249　曲轴磨床伺服电机主轴同步控制 NC2 中相关 PMC 程序（13）

⑭ 图 4-222 所示时序中，用复位信号 RST2（R103.6），产生 O2 循环启动信号 ST2（R104.2）。该信号的下降沿开始执行 O2 程序（图 4-250）。

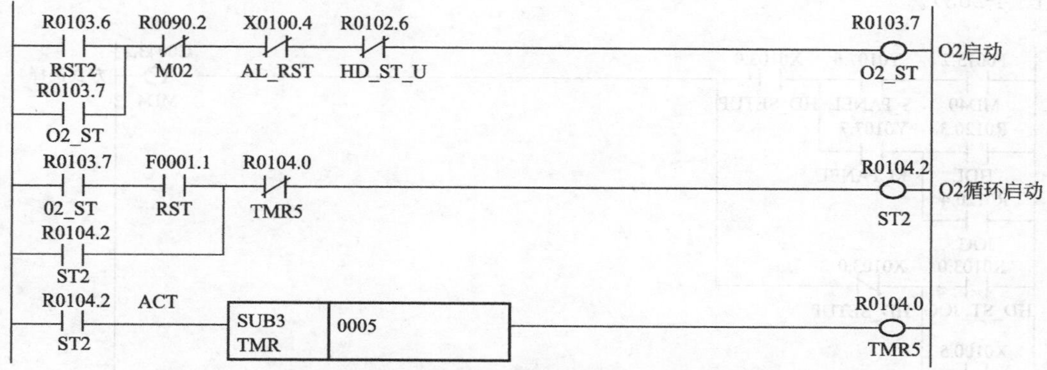

图 4-250　曲轴磨床伺服电机主轴同步控制 NC2 中相关 PMC 程序（14）

⑮ 方式切换 1。调整方式下，即 HD_SETUP（X103.0）为 1 时，主屏有效（Y107.1=1），触摸屏选择方式；子屏有效（Y107.6=1），软操作面板选择方式。运行方式下，O1 和 O2 程序运行 MEM 方式，头架旋转或头架点动 JOG 方式，均需要 MD1（G43.0）置 1（图 4-251）。

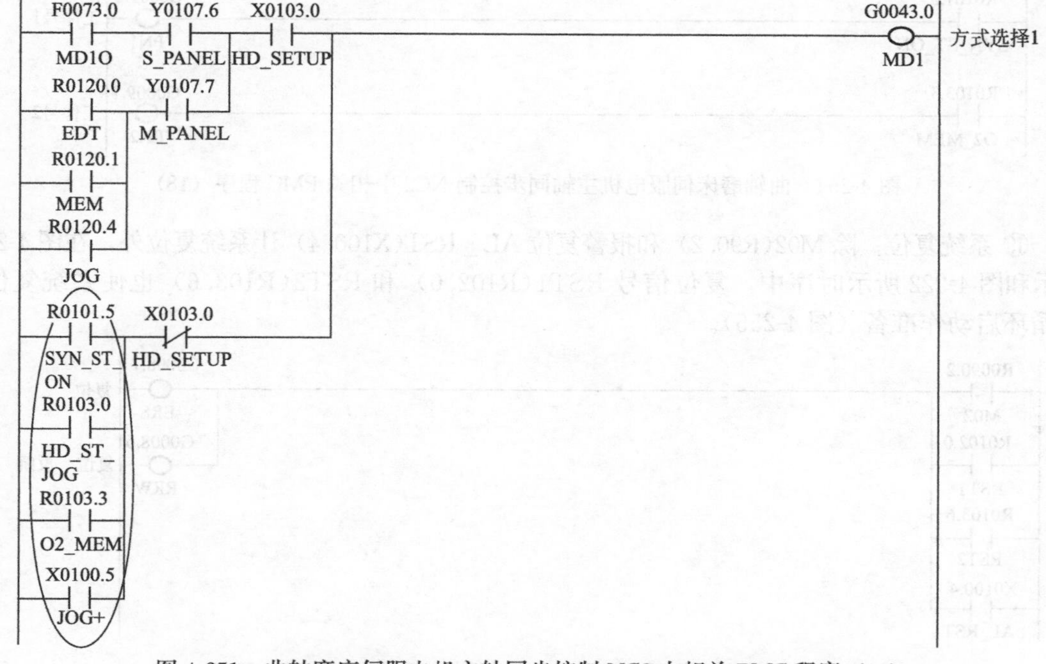

图 4-251　曲轴磨床伺服电机主轴同步控制 NC2 中相关 PMC 程序（15）

⑯ 方式切换 2。运行方式下，只有 MEM 和 JOG 两种方式，不涉及 MD2(G43.1）的切换（图 4-252)。

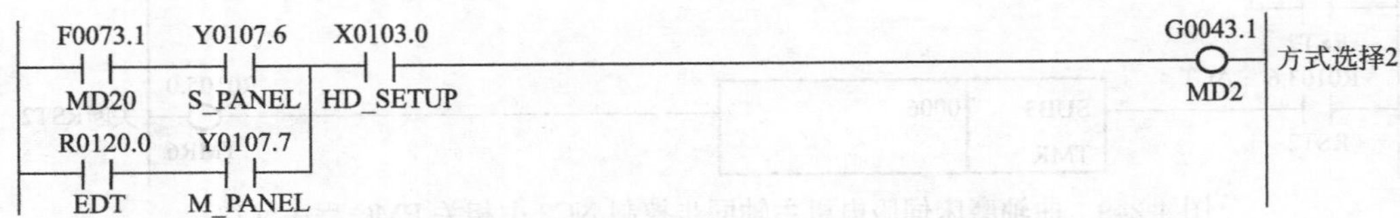

图 4-252 曲轴磨床伺服电机主轴同步控制 NC2 中相关 PMC 程序（16）

⑰ 方式切换 3。运行方式下，头架旋转或头架点动为 JOG 方式，需要 MD4(G43.2）置 1（图 4-253)。

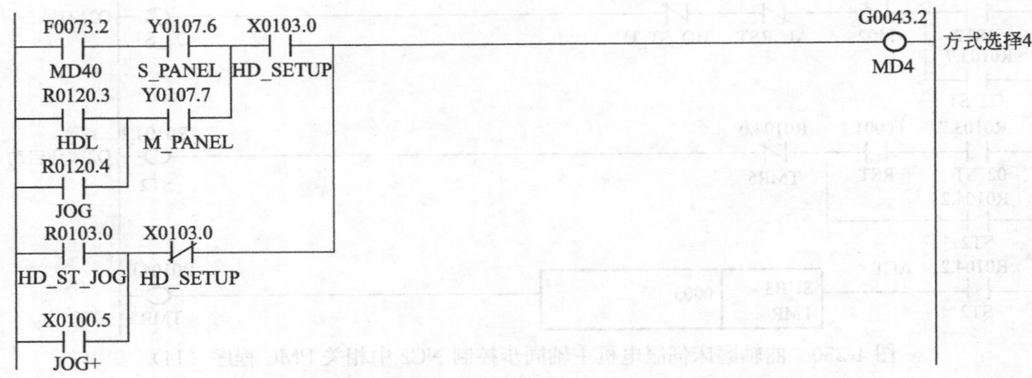

图 4-253 曲轴磨床伺服电机主轴同步控制 NC2 中相关 PMC 程序（17）

⑱ 头尾架同步选择工件号 1，头架旋转准停选择工件号 2（图 4-254)。

R0101.5
SYN_ST_ON
G0009.0
PN1
工件号1
R0103.3
O2_MEM
G0009.1
PN2
工件号2

图 4-254 曲轴磨床伺服电机主轴同步控制 NC2 中相关 PMC 程序（18）

⑲ 系统复位。除 M02(R90.2）和报警复位 AL_RST(X100.4）让系统复位外，在图 4-221 所示和图 4-222 所示时序中，复位信号 RST1(R102.0）和 RST2(R103.6）也使系统复位。为循环启动作准备（图 4-255)。

R0090.2
M02
R0102.0
RST1
R0103.6
RST2
X0100.4
AL_RST
G0008.7
ERS
复位
G0008.6
RRW
复位、反绕

图 4-255 曲轴磨床伺服电机主轴同步控制 NC2 中相关 PMC 程序（19）

⑳ TMR3(R103.1) 用于启动头架JOG运行(图4-256)。

R0103.1
TMR3
F0003.2
MJ
X0100.5
JOG+
G0100.0
+J1
头架旋转

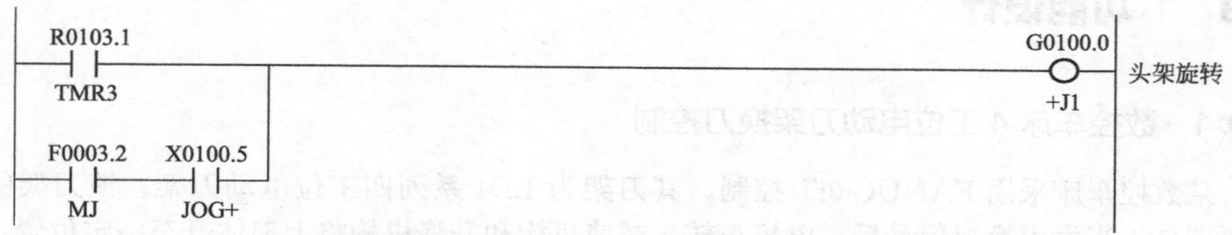

图4-256 曲轴磨床伺服电机主轴同步控制NC2中相关PMC程序(20)

㉑ 图4-221所示和图4-222所示时序中,ST1(R102.2) 和ST2(R104.2) 分别用于O1和O2程序的循环启动(图4-257)。

R0102.2
ST1
R0104.2
ST2
R0072.7
ST0
R0007.2
ST
循环启动

图4-257 曲轴磨床伺服电机主轴同步控制NC2中相关PMC程序(21)

㉒ O1程序运行中,M11代码启动头尾架同步(图4-258)。

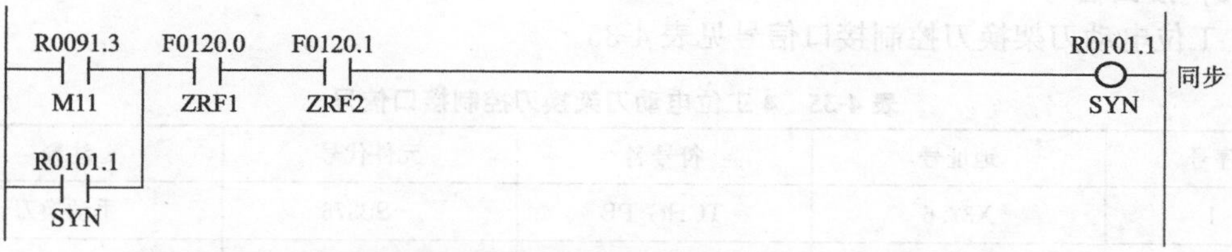

R0091.3
M11
F0120.0
ZRF1
F0120.1
ZRF2
R0101.1
SYN
R0101.1
SYN
同步

图4-258 曲轴磨床伺服电机主轴同步控制NC2中相关PMC程序(22)

㉓ 非调整方式下,SYN(R101.1) 产生尾架轴手动同步SYNJ2(G140.1) 和自动同步SYNC2(G138.1)。调整方式(X103.0=1),可以用主屏或子屏上的按钮进行强制同步(图4-259)。

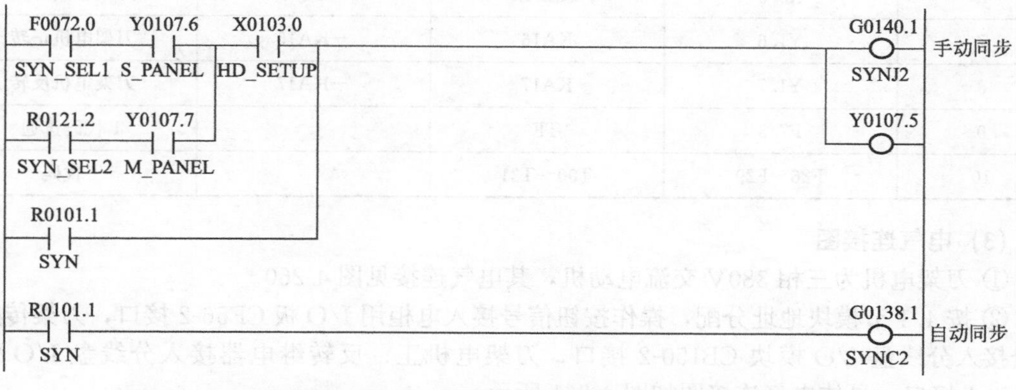

F0072.0
SYN_SEL1
Y0107.6
S_PANEL
X0103.0
HD_SETUP
G0140.1
SYNJ2
手动同步
R0121.2
SYN_SEL2
Y0107.7
M_PANEL
Y0107.5
R0101.1
SYN
R0101.1
SYN
G0138.1
SYNC2
自动同步

图4-259 曲轴磨床伺服电机主轴同步控制NC2中相关PMC程序(23)

4.9 T功能设计

4.9.1 数控车床4工位电动刀架换刀控制

某数控车床采用FANUC-0iT控制。其刀架为LD4系列四工位电动刀架。该刀架的工作原理是：当发出换刀信号后，电机正转，减速机构和升降机构将上刀体升至一定位置，离合转盘起作用，带动上刀体旋转到所选刀位，发讯盘发出刀位信号时，电机反转，上刀体下降，齿牙盘啮合，完成精定位，并通过蜗轮蜗杆、锁紧螺母，使刀架锁紧。

换刀过程包括如下动作：

① 有换刀指令时，刀架电机正转；

② 刀架上牙盘抬起，刀架回转；

③ 目标刀位到位信号发信，刀架电机正转停止；

④ 适当延时后，刀架电机反转；

⑤ 刀架上牙盘落下，刀架锁紧。

(1) 控制要求

① 手动方式下，按一次“手动换刀”按钮，刀架转一个刀位。如果刀架刀位不正确，找1号刀。

② 自动方式下，用T代码选刀。

③ 手动和自动方式下均为单方向选刀。

(2) 接口信号

4工位电动刀架换刀控制接口信号见表4-35。

表4-35 4工位电动刀架换刀控制接口信号

序号	地址号	符号名	元件代号	注释
1	X37.6	TCHG_PB	－SB376	手动换刀
2	X8.0	T1.M	－SQ80	刀位1开关
3	X8.1	T2.M	－SQ81	刀位2开关
4	X8.2	T3.M	－SQ82	刀位3开关
5	X8.3	T4.M	－SQ83	刀位4开关
6	X8.5	TCL.M	－SQ85	刀架锁紧开关
7	Y1.6	KA16	－KA16	刀架电机正转
8	Y1.7	KA17	－KA17	刀架电机反转
9	F7.3	TF		T代码选通
10	F26～F29	T00～T31		T代码

(3) 电气连接图

① 刀架电机为三相380V交流电动机，其电气连接见图4-260。

② 按4.1节模块地址分配，操作按钮信号接入电柜用I/O板CE56-2接口，刀架传感器信号接入分线盘I/O模块CB150-2接口，刀架电机正、反转继电器接入分线盘I/O模块CB150-1接口，具体电气连接图如图4-261所示。

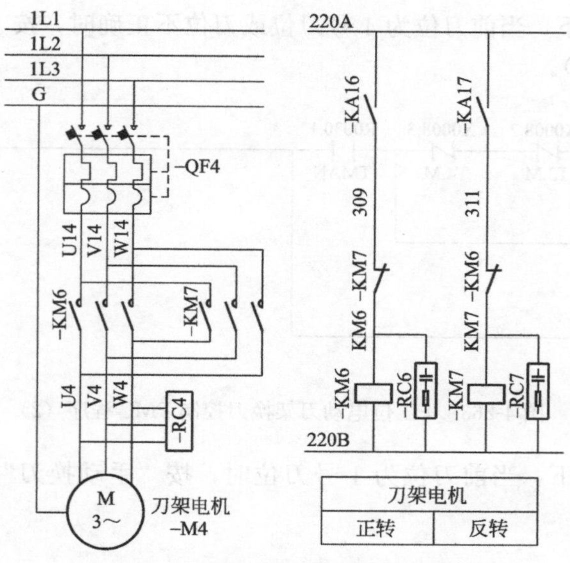

图 4-260　刀架电机电气连接图

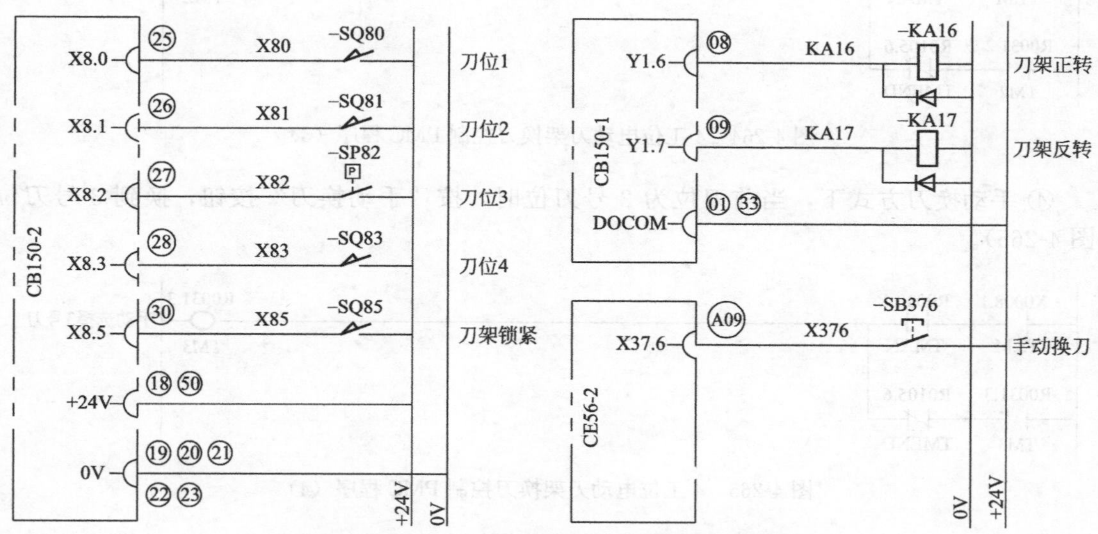

图 4-261　4 工位电动刀架换刀控制电气连接图

(4) PMC 程序设计

① 自动方式（AUT）下，由 TF 启动换刀操作；手动方式（MAN）下，由手动换刀按钮（TCHG _ PB）启动换刀操作，每按一次按钮，刀架转一个刀位。该刀架只能一个方向找刀（图 4-262）。

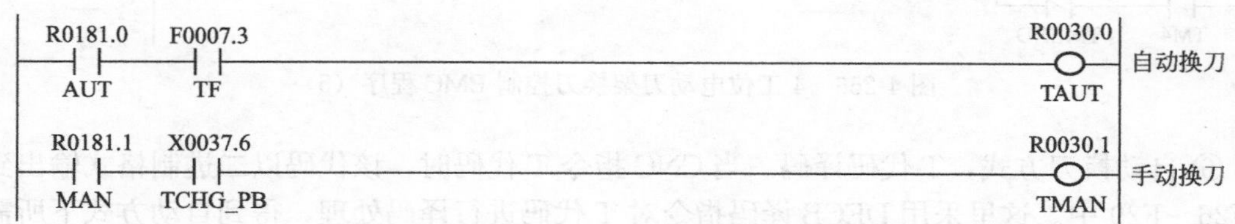

图 4-262　4 工位电动刀架换刀控制 PMC 程序（1）

② 手动换刀方式下，当前刀位为 4 号刀位或刀位不正确时，按“手动换刀”按钮，换到 1 号刀位（图 4-265）。

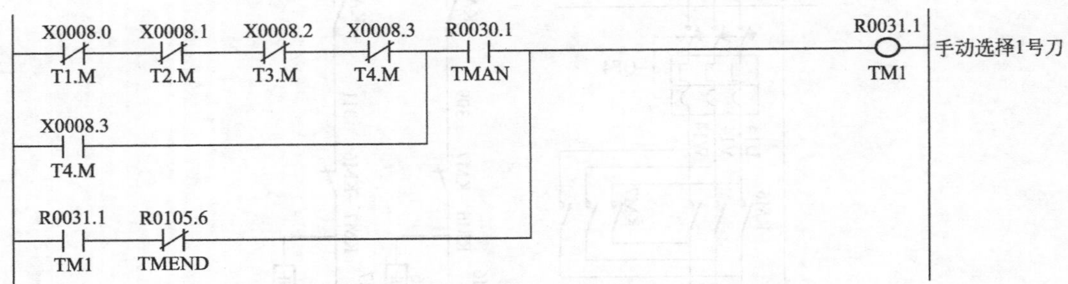

图 4-263　4 工位电动刀架换刀控制 PMC 程序（2）

③ 手动换刀方式下，当前刀位为 1 号刀位时，按“手动换刀”按钮，换到 2 号刀位（图 4-264）。

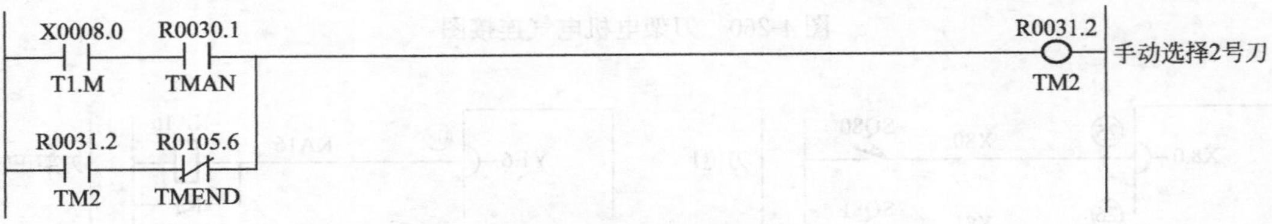

图 4-264　4 工位电动刀架换刀控制 PMC 程序（3）

④ 手动换刀方式下，当前刀位为 2 号刀位时，按“手动换刀”按钮，换到 3 号刀位（图 4-265）。

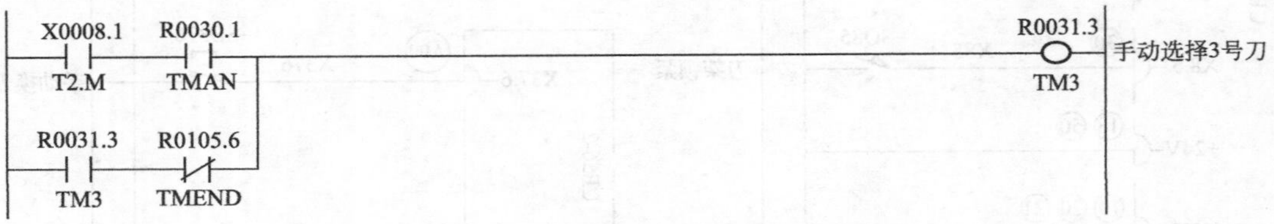

图 4-265　4 工位电动刀架换刀控制 PMC 程序（4）

⑤ 手动换刀方式下，当前刀位为 3 号刀位时，按“手动换刀”按钮，换到 4 号刀位（图 4-266）。

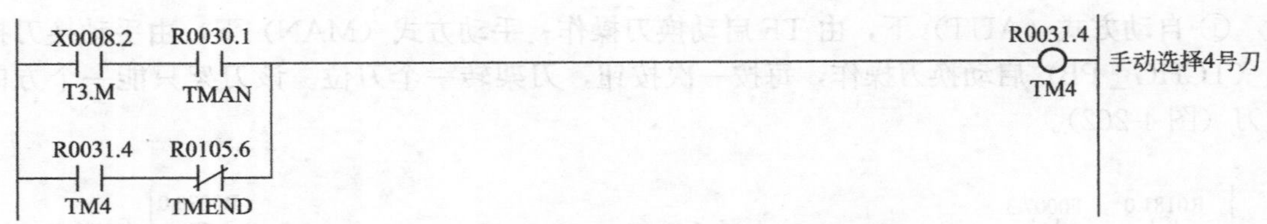

图 4-266　4 工位电动刀架换刀控制 PMC 程序（5）

⑥ 自动换刀方式，T 代码译码。当 CNC 指令 T 代码时，该代码以二进制格式输出到地址 F26～F29 中。这里采用 DECB 译码指令对 T 代码进行译码处理，得到自动方式下所需刀具号。自动选择 1～4 号刀信号为 R32.1～R32.4（图 4-267）。

F0007.3
ACT
SUB25
DECB
0004
F0026
0000000000
R0032

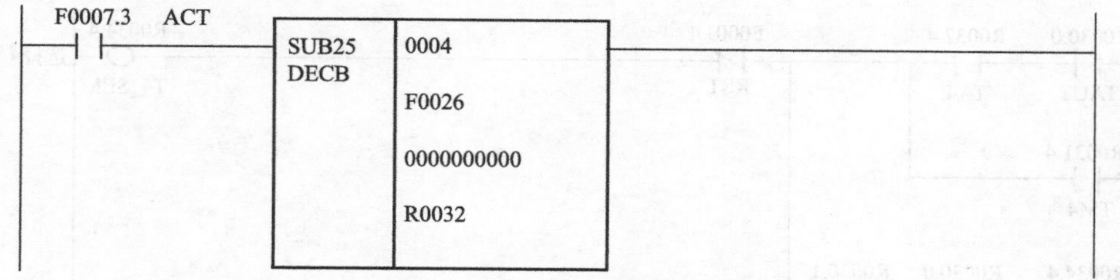

图 4-267　4 工位电动刀架换刀控制 PMC 程序（6）

⑦ 1 号刀选择（图 4-268）。

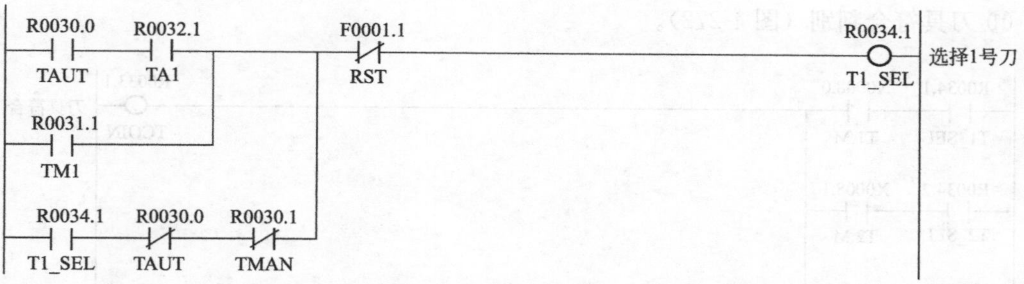

R0030.0
TAUT
R0032.1
TA1
R0031.1
TM1
R0034.1
T1_SEL
R0030.0
TAUT
R0030.1
TMAN
F0001.1
RST
R0034.1
T1_SEL
选择1号刀

图 4-268　4 工位电动刀架换刀控制 PMC 程序（7）

⑧ 2 号刀选择（图 4-269）。

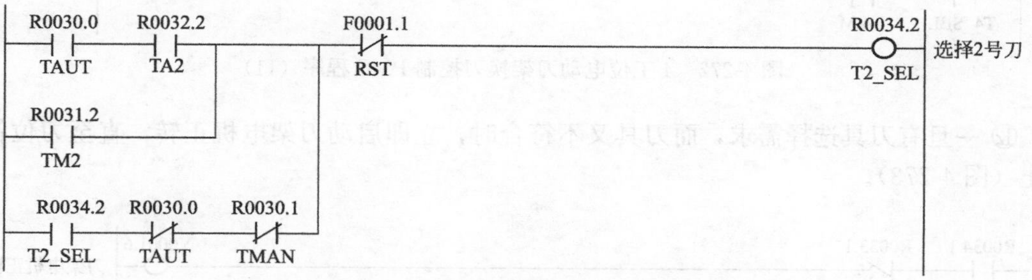

R0030.0
TAUT
R0032.2
TA2
R0031.2
TM2
R0034.2
T2_SEL
R0030.0
TAUT
R0030.1
TMAN
F0001.1
RST
R0034.2
T2_SEL
选择2号刀

图 4-269　4 工位电动刀架换刀控制 PMC 程序（8）

⑨ 3 号刀选择（图 4-270）。

R0030.0
TAUT
R0032.3
TA3
R0031.3
TM3
R0034.3
T3_SEL
R0030.0
TAUT
R0030.1
TMAN
F0001.1
RST
R0034.3
T3_SEL
选择3号刀

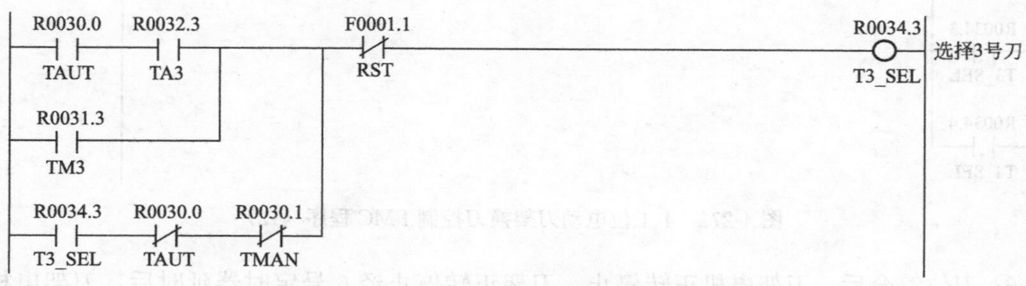

图 4-270　4 工位电动刀架换刀控制 PMC 程序（9）

⑩ 4 号刀选择（图 4-271）。

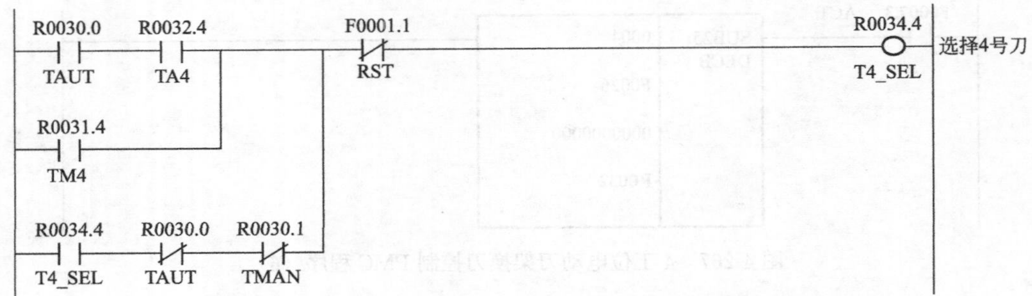

图 4-271　4 工位电动刀架换刀控制 PMC 程序（10）

⑪ 刀具符合判别（图 4-272）。

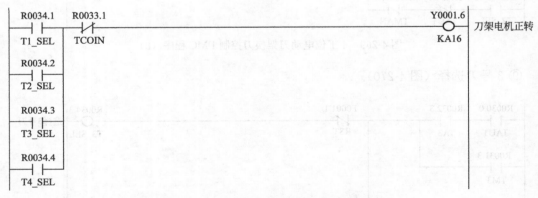

R0034.1 T1_SEL　X0008.0 T1.M　R0033.1 TCOIN 刀具符合

R0034.2 T2_SEL　X0008.1 T2.M

R0034.3 T3_SEL　X0008.2 T3.M

R0034.4 T4_SEL　X0008.3 T4.M

图 4-272　4 工位电动刀架换刀控制 PMC 程序（11）

⑫ 一旦有刀具选择需求，而刀具又不符合时，立即启动刀架电机正转，直至刀位符合为止（图 4-273）。

图 4-273　4 工位电动刀架换刀控制 PMC 程序（12）

⑬ 刀位符合后，刀架电机正转停止，刀架正转停止经 6 号定时器延时后，刀架电机反转。待刀架锁紧信号（TCL. M）发出后，经 7 号定时器延时后停止反转。反转最长时间由 5 号定时器限制（图 4-274）。

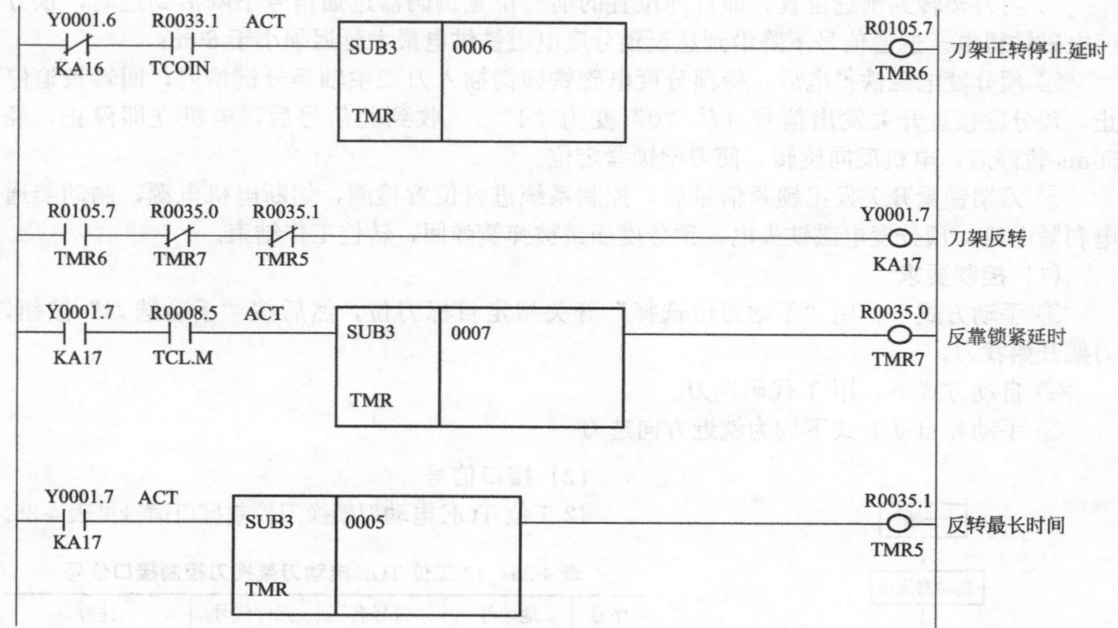

图 4-274　4 工位电动刀架换刀控制 PMC 程序（13）

⑭ 刀架电机反转结束，T 功能完成（图 4-275）。

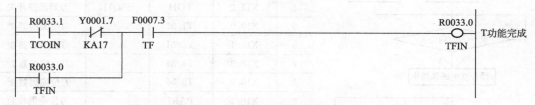

图 4-275　4 工位电动刀架换刀控制 PMC 程序（14）

⑮ 手动换刀结束（图 4-276）。

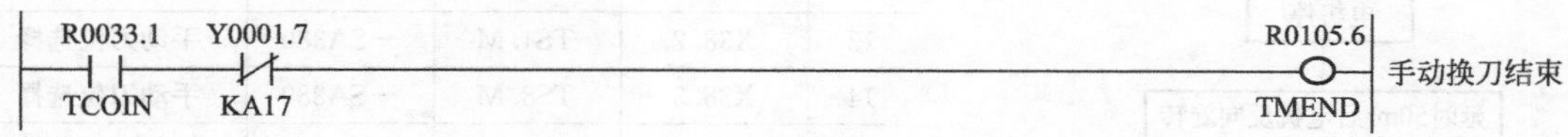

图 4-276　4 工位电动刀架换刀控制 PMC 程序（15）

4.9.2　数控车床 12 工位电动刀架换刀控制

TOE 系列刀架为 12 工位电动刀架。刀架动作流程图见图 4-277。

本刀架采用三联齿盘作为分度定位元件，由电机驱动后，通过一对齿轮和一套行星轮系进行分度传动。其工作过程为：

① 当控制系统发出换刀指令后，刀架上的电机制动器松开，电机开始工作。制动器线圈电压为直流 24V，通电时为刹紧状态，断电时为松开状态。当电机运行时制动器必须断电。电机停机时通电制动。

② 电机通过一对齿轮和一套行星轮系实现刀架转位分度。

③ 当刀架转到预选位置，即目标位置的前一位置编码器选通信号下降沿到达时，预分度电磁铁得电。选通信号下降沿到达至预分度电磁铁供电最大延迟须小于 60ms。

④ 预分度电磁铁得电后，待预分度电磁铁插销插入刀架主轴等分键槽内，回转被迫停止，预分度接近开关发出信号（从“0”变为“1”）。收到此信号后，电机立即停止，经 50ms 暂停后，电机反向旋转，使刀架锁紧定位。

⑤ 刀架锁紧开关发出锁紧信号后，控制系统进行位置检测，切断电机电源，制动器通电刹紧电机，预分度电磁铁失电，预分度插销被弹簧弹回，转位工作结束。

(1) 控制要求

① 手动方式下，用“手动刀位选择”开关指定目标刀位，然后按“手动选刀”按钮，刀架开始找刀。

② 自动方式下，用 T 代码选刀。

③ 手动和自动方式下均为就近方向选刀。

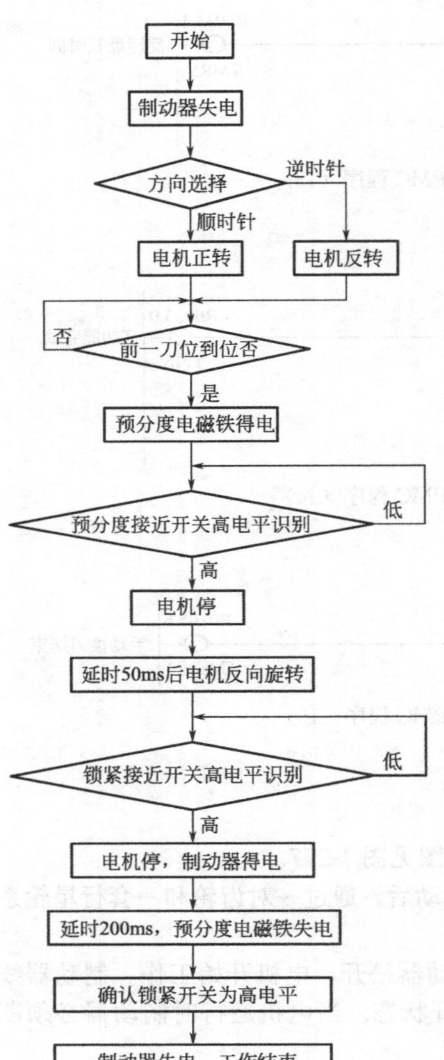

图 4-277　12 工位 TOE 电动刀架动作流程图

(2) 接口信号

12 工位 TOE 电动刀架换刀控制接口信号见表 4-36。

表 4-36　12 工位 TOE 电动刀架换刀控制接口信号

序号	地址号	符号名	元件代号	注释
1	X37.6	TCHG_PB	－SB376	手动选刀
2	X11.0	TCP	－SQ110	刀架锁紧开关
3	X11.1	TPRE	－SQ111	刀架预分度开关
4	X11.2	TOH	－SQ112	刀架温控开关
5	X10.0	T1.M		刀位编码器 2^0
6	X10.1	T2.M		刀位编码器 2^1
7	X10.2	T4.M		刀位编码器 2^2
8	X10.3	T8.M		刀位编码器 2^3
9	X10.4	PARI		刀位奇偶校验
10	X10.5	STB		刀位选通位
11	X38.0	TS1.M	－SA380	手动刀位选择
12	X38.1	TS2.M	－SA380	手动刀位选择
13	X38.2	TS4.M	－SA380	手动刀位选择
14	X38.3	TS8.M	－SA380	手动刀位选择
15	Y2.0	KA20	－KA20	刀架电机正转
16	Y2.1	KA21	－KA21	刀架电机反转
17	Y2.2	KA22	－KA22	刀架制动
18	Y2.3	KA23	－KA23	刀架预分度电磁铁
19	F7.3	TF		T 代码选通
20	F26～F29	T00～T31		T 代码

(3) 电气连接图

① 12 工位 TOE 电动刀架电机电气连接图见图 4-278。按 4.1 节模块地址分配，刀架电机正、反转，刀架制动器、预分度继电器接入分线盘 I/O 模块 CB150-2 接口。

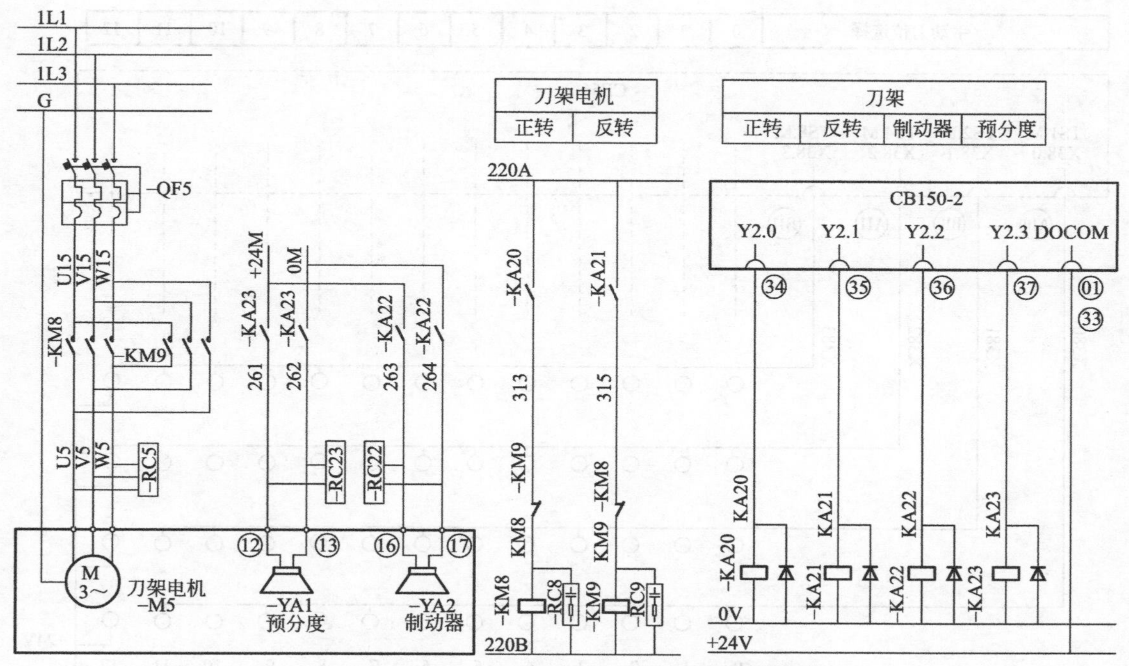

图 4-278　12 工位 TOE 电动刀架电机电气连接图

② 按 4.1 节模块地址分配，刀架传感器信号接入分线盘 I/O 模块 CB150-3 接口，具体电气连接图如图 4-279 所示。

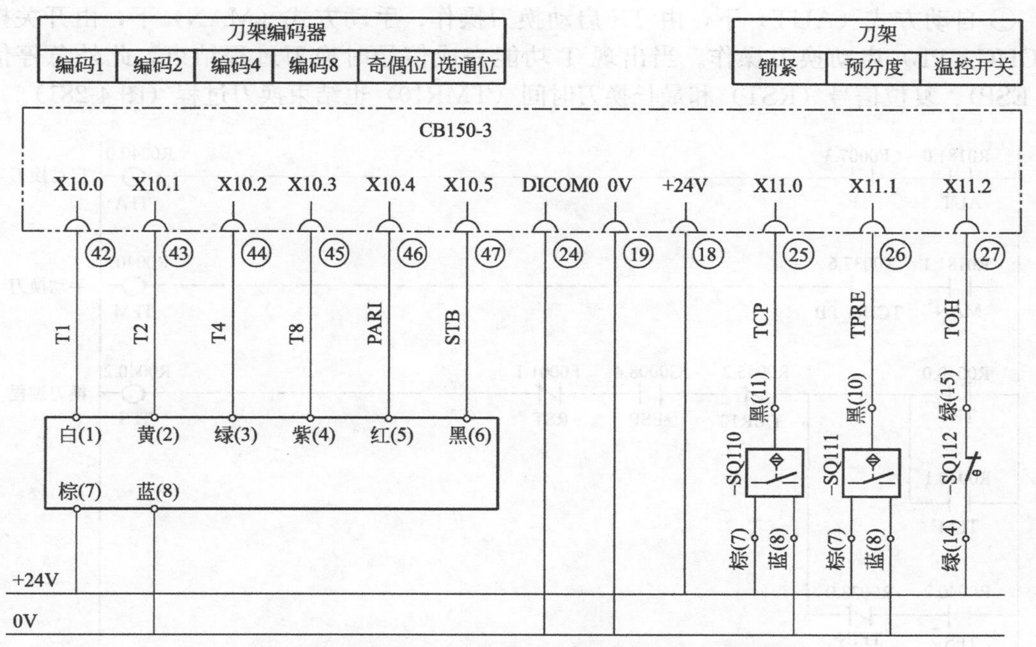

图 4-279　12 工位 TOE 电动刀架传感器电气连接图

③ 按 4.1 节模块地址分配，手动刀位选择信号接入电柜用 I/O 板 CE56-2 接口，具体电气连接图如图 4-280 所示。

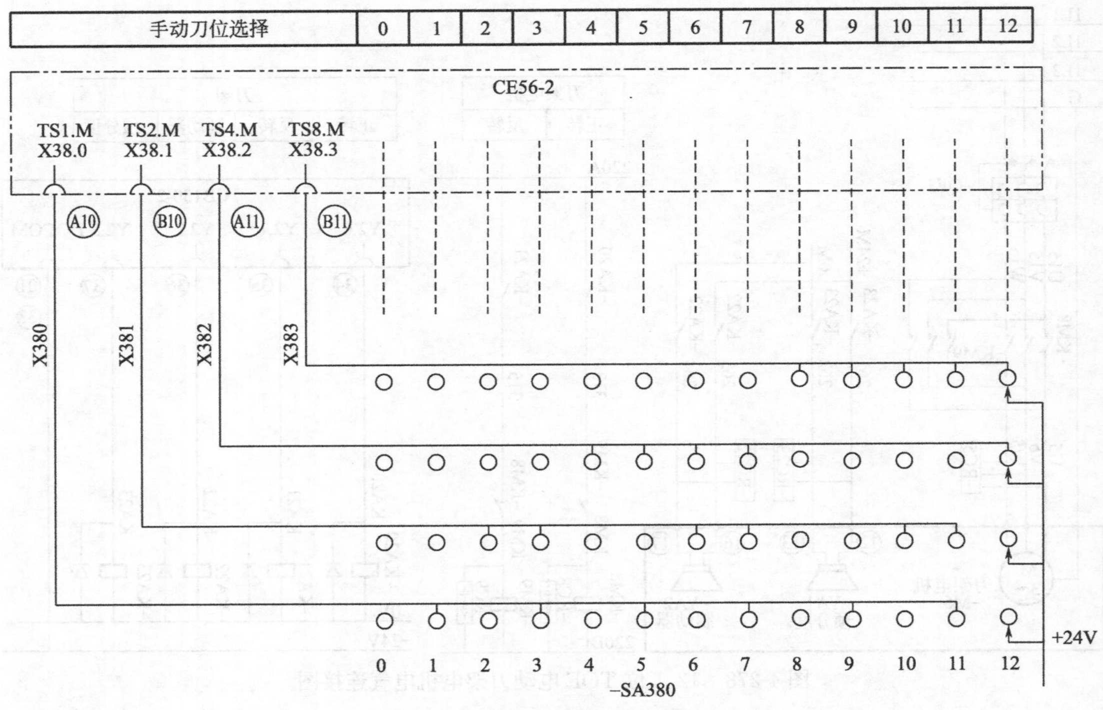

图 4-280　手动选刀电气连接图

(4) PMC 程序设计

① 自动方式（AUT）下，由 TF 启动换刀操作；手动方式（MAN）下，由开关按钮（TCHG_PB）启动换刀操作。当出现 T 功能完成信号时换刀过程结束，此外急停信号（＊ESP）、复位信号（RST）和最长换刀时间（TMR10）也结束换刀过程（图 4-281）。

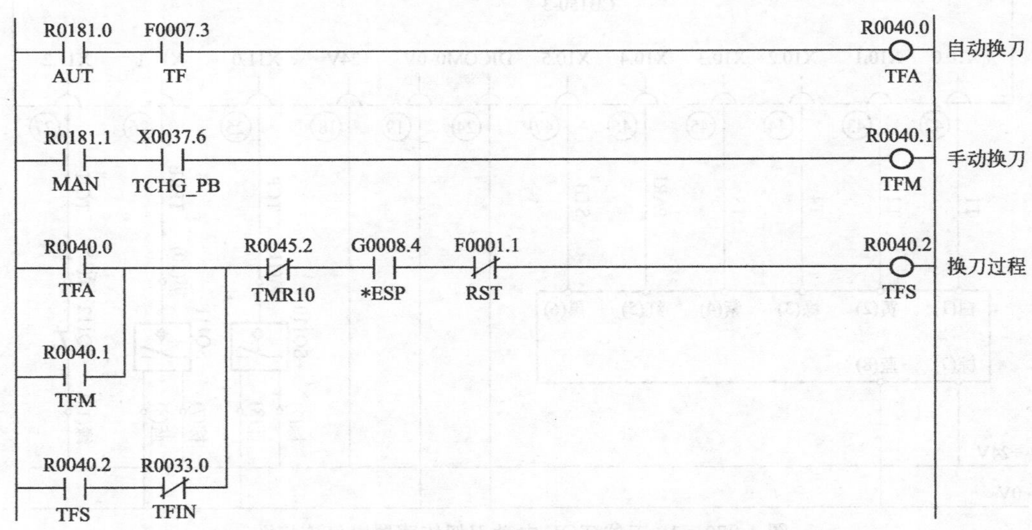

图 4-281　12 工位 TOE 电动刀架换刀控制 PMC 程序（1）

② 手动刀位选择信号通过 X38 字节的低 4 位以二进制格式输入，将其高 4 位屏蔽后存放在目标刀位地址 R525 中（图 4-282）。

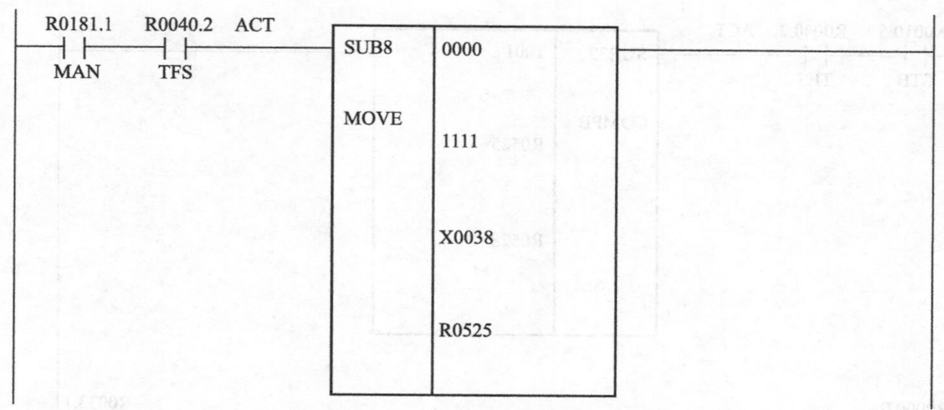

图 4-282　12 工位 TOE 电动刀架换刀控制 PMC 程序（2）

③ 自动选刀时目标刀位由 T 代码（F26）决定，该数据格式为二进制格式，直接存放在目标刀位地址 R525 中（图 4-283）。

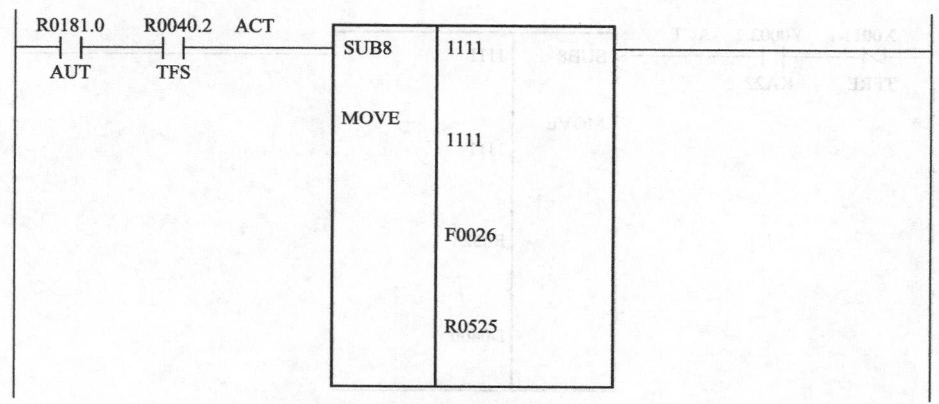

图 4-283　12 工位 TOE 电动刀架换刀控制 PMC 程序（3）

④ 当前刀位信号通过 X10 字节的低 4 位以二进制格式输入，将其高 4 位屏蔽后存放在当前刀位地址 R528 中（图 4-284）。

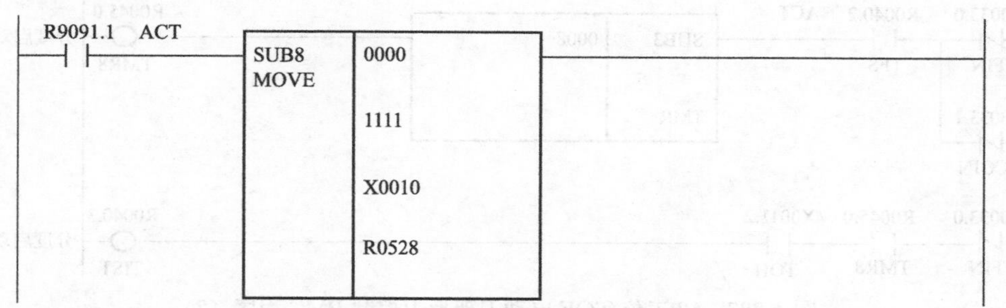

图 4-284　12 工位 TOE 电动刀架换刀控制 PMC 程序（4）

⑤ 目标刀位 R525 与当前刀位 R528 比较，如果符合，TCOIN 置 1，表示刀具位置符合。R9000.0 是 COMPB 比较指令的“相等”标志位（图 4-285）。

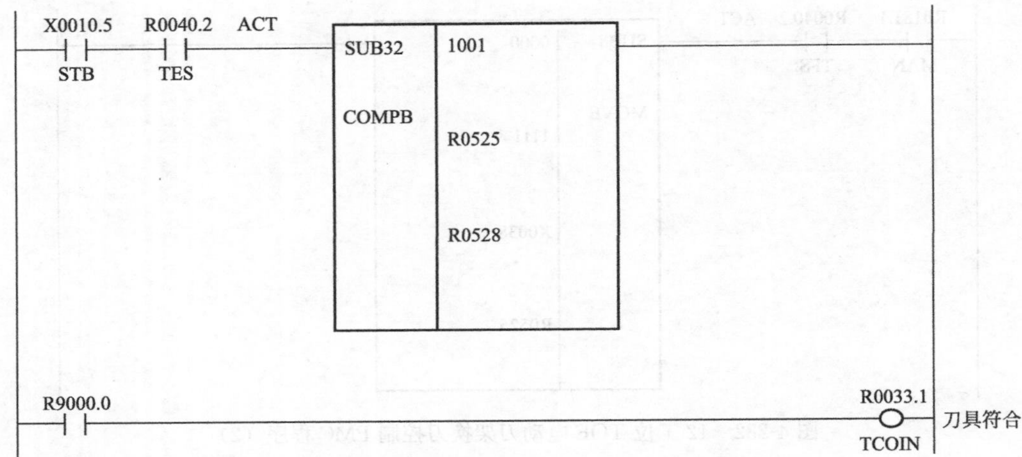

图 4-285　12 工位 TOE 电动刀架换刀控制 PMC 程序（5）

⑥ 当前刀位地址 D400 数据刷新（图 4-286）。

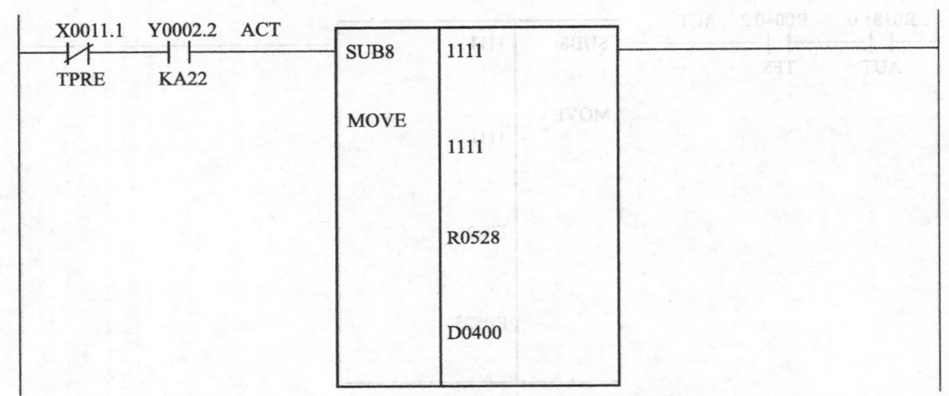

图 4-286　12 工位 TOE 电动刀架换刀控制 PMC 程序（6）

⑦ 分度启动 TIST。T 功能完成信号 TFIN 和刀具位置符合信号 TCOIN 取消分度启动（图 4-287）。

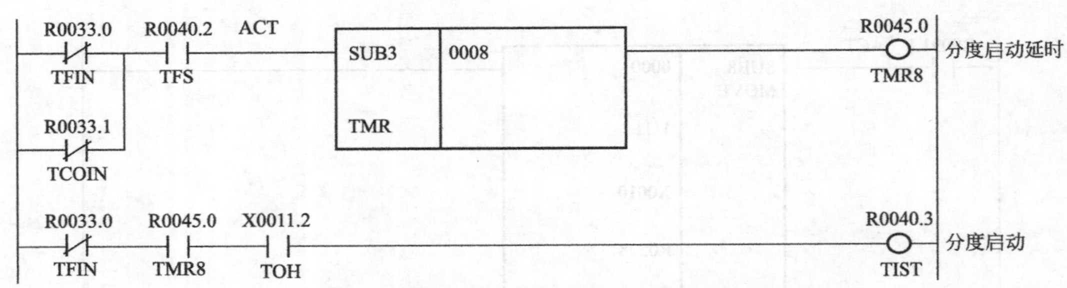

图 4-287　12 工位 TOE 电动刀架换刀控制 PMC 程序（7）

⑧ 依据当前刀位 D400 和目标刀位 R525，计算目标位置的前一位置 R526，并按就近选刀原则计算旋转方向。结果存放在 TCCW 中。逆时针旋转时，TCCW＝1；顺时针旋转时，TCCW＝0（图 4-288）。

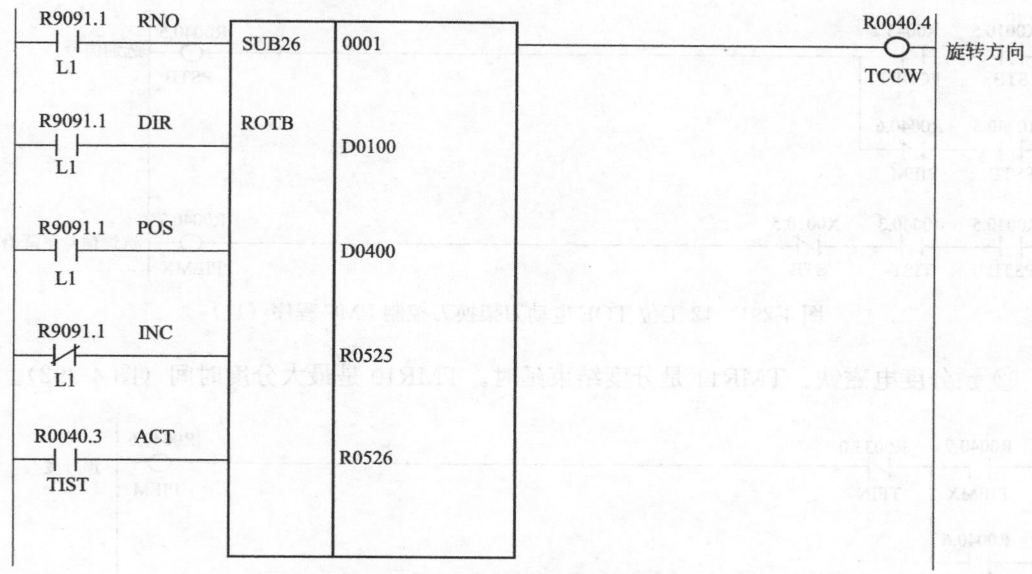

图 4-288　12 工位 TOE 电动刀架换刀控制 PMC 程序（8）

⑨ 刀架制动器。有分度启动信号 TIST，立即使刀架制动器失电（图 4-289）。

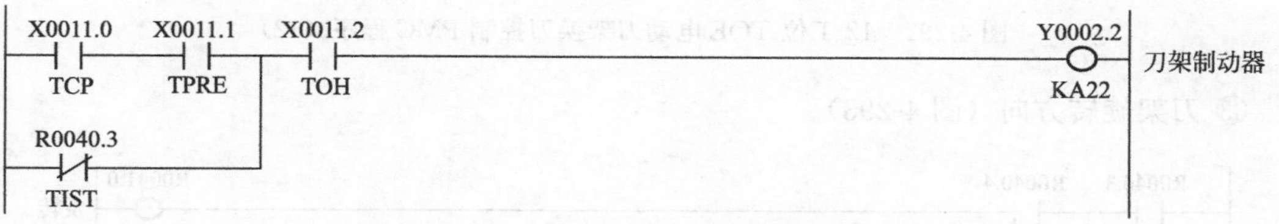

X0011.0　X0011.1　X0011.2　Y0002.2

TCP　TPRE　TOH　KA22　刀架制动器

R0040.3

TIST

图 4-289　12 工位 TOE 电动刀架换刀控制 PMC 程序（9）

⑩ 预分度位置符合判别，即目标位置前一位置符合判别（图 4-290）。

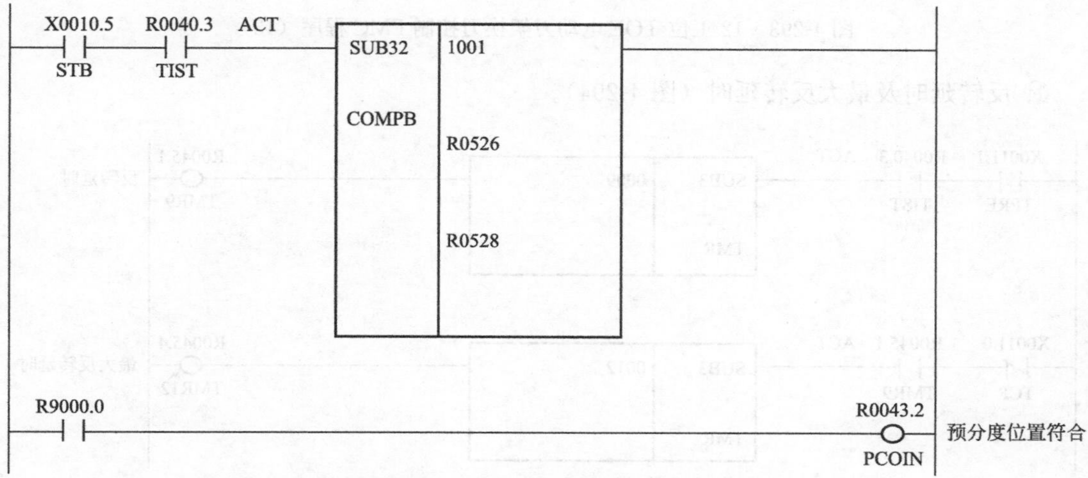

图 4-290　12 工位 TOE 电动刀架换刀控制 PMC 程序（10）

⑪ 预分度位置刀架编码器选通信号下降沿检测（图 4-291）。

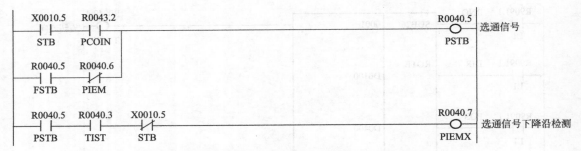

图 4-291　12 工位 TOE 电动刀架换刀控制 PMC 程序（11）

⑫ 预分度电磁铁。TMR11 是分度结束延时。TMR10 是最大分度时间（图 4-292）。

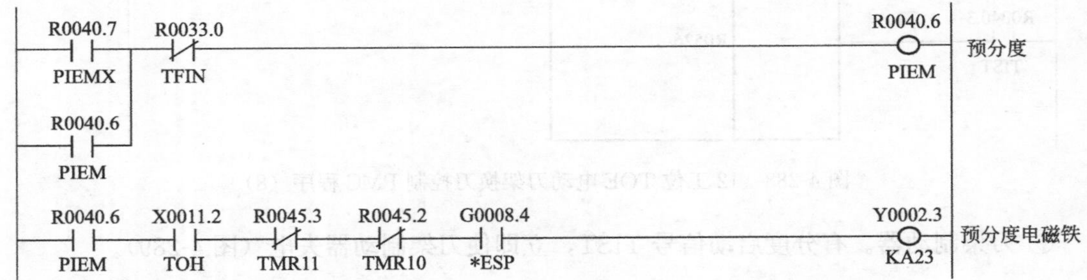

图 4-292　12 工位 TOE 电动刀架换刀控制 PMC 程序（12）

⑬ 刀架旋转方向（图 4-293）。

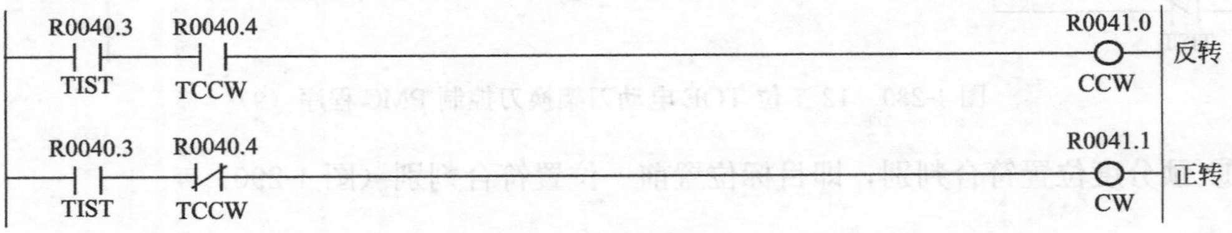

图 4-293　12 工位 TOE 电动刀架换刀控制 PMC 程序（13）

⑭ 反转延时及最大反转延时（图 4-294）。

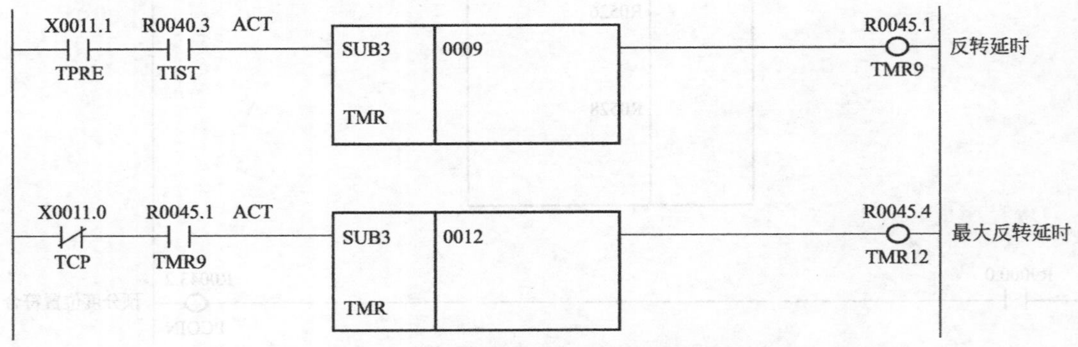

图 4-294　12 工位 TOE 电动刀架换刀控制 PMC 程序（14）

⑮ 刀架正转及反转（图 4-295）。

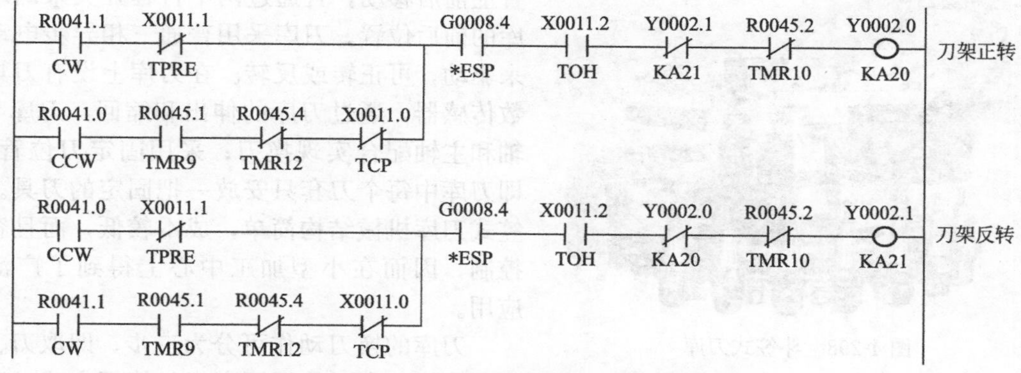

图 4-295　12 工位 TOE 电动刀架换刀控制 PMC 程序（15）

⑯ 最大分度时间及分度结束延时（图 4-296）。

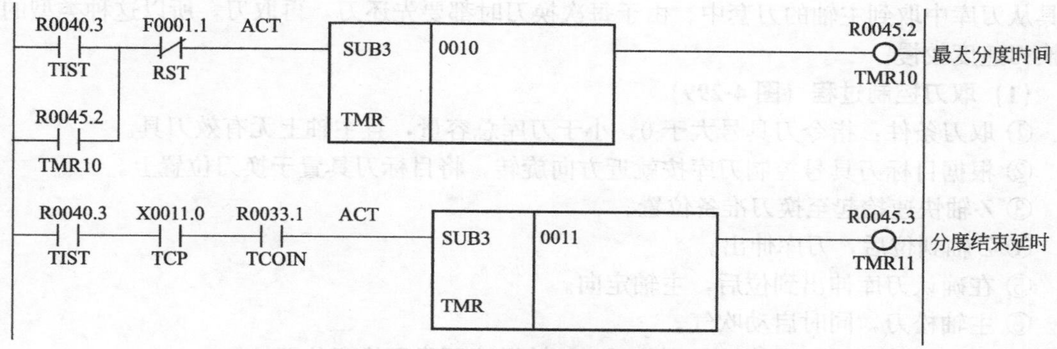

图 4-296　12 工位 TOE 电动刀架换刀控制 PMC 程序（16）

⑰ T 功能完成信号（图 4-297）。

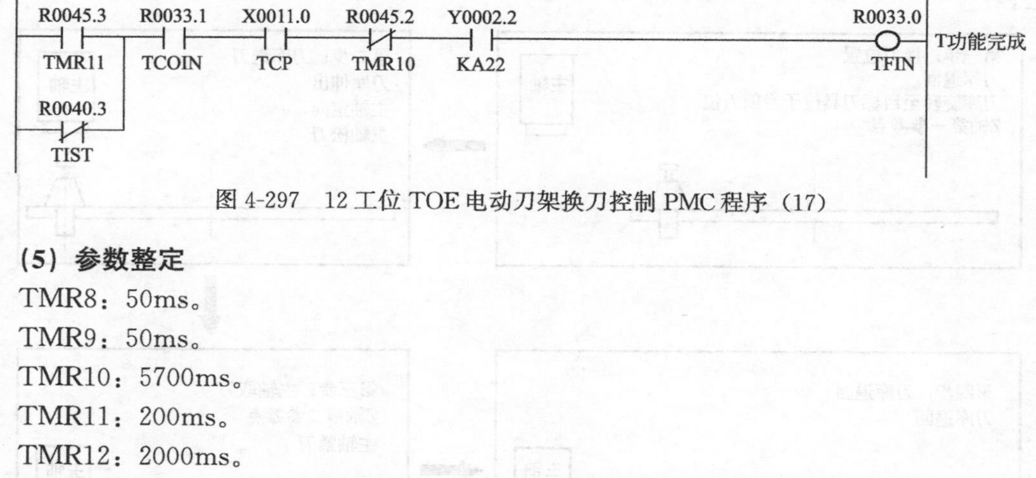

图 4-297　12 工位 TOE 电动刀架换刀控制 PMC 程序（17）

（5）参数整定

TMR8：50ms。

TMR9：50ms。

TMR10：5700ms。

TMR11：200ms。

TMR12：2000ms。

4.9.3　加工中心斗笠式刀库换刀控制

无机械手的盘式刀库，俗称斗笠式刀库，如图 4-298 所示。该刀库具有前后两个位置，前位刀库最外的刀具正好与主轴刀套在同一条轴线上。通过气动或液压装置使刀库在两个位

图 4-298　斗笠式刀库

置上前后移动，且通过两个行程开关来确认刀库的前后位置。刀库采用普通三相异步电动机来驱动，可正转或反转。在刀库上设有刀具计数传感器，通过刀库的伸出和缩回，刀库与 Z 轴和主轴配合实现换刀；采用固定刀位管理，即刀库中每个刀套只安放一把固定的刀具。斗笠式刀库机械结构简单，成本较低，而且容易控制，因而在小型加工中心上得到了广泛的应用。

刀库的换刀动作可分为三步，即取刀、还刀和换刀。由于采用固定刀位管理方式，刀具的交换实际上是取刀和还刀两个动作的合成。因此，刀库的控制只有两个换刀动作，即取刀和还刀。还刀是将主轴上有效刀具还回到刀库中与之对应的刀套中，取刀是将指令中的目标刀具从刀库中取到主轴的刀套中。由于每次换刀时都要先还刀，再取刀，所以这种类型的刀库换刀速度较慢。

(1) 取刀控制过程（图 4-299）

① 取刀条件：指令刀具号大于 0，小于刀库总容量，且主轴上无有效刀具。

② 根据目标刀具号控制刀库按就近方向旋转，将目标刀具置于换刀位置上。

③ Z 轴快速抬起至换刀准备位置。

④ Z 轴到位后，刀库伸出。

⑤ 在确认刀库伸出到位后，主轴定向。

⑥ 主轴松刀，同时启动吹气。

⑦ 在确认主轴抓刀机构放松到位后，Z 轴慢速下降至换刀位置。

⑧ 主轴紧刀，抓住刀库中的目标刀具。

⑨ 在确认紧刀到位后，即主轴抓刀机构已经将目标刀具抓紧后，刀库退回到原始位置上。

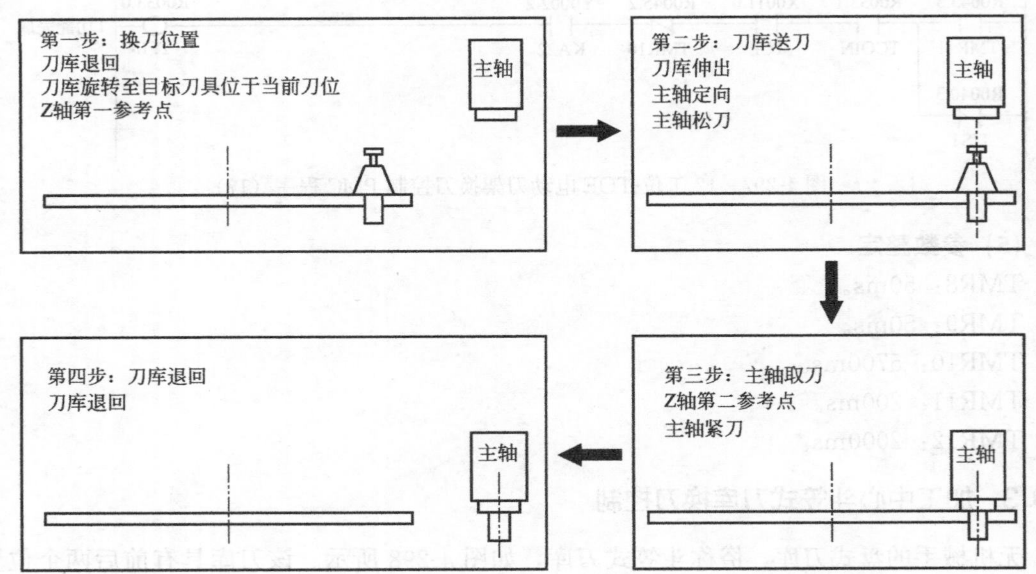

图 4-299　斗笠式刀库取刀控制过程示意图

(2) 还刀控制过程(图 4-300)

① 还刀的条件：指令刀具号等于 0，且主轴上有有效刀具。

② 由 PMC 应用程序根据主轴的有效刀具号，控制刀库按就近方向旋转，将主轴上有效刀具对应的刀位移动至换刀位置上。

③ Z 轴抬起至换刀位置。

④ Z 轴移动过程中，主轴可同时进行主轴定向。

⑤ 在确认主轴到位后，刀库伸出。

⑥ 在确认刀库伸出到位后，主轴松刀，同时启动吹气。

⑦ 在确认松刀到位后，即主轴抓刀机构完全放松后，Z 轴慢速上升至换刀准备位置。

⑧ 主轴紧刀。

⑨ 确认紧刀到位后，且 Z 轴到位后，刀库退回到原始位置上。

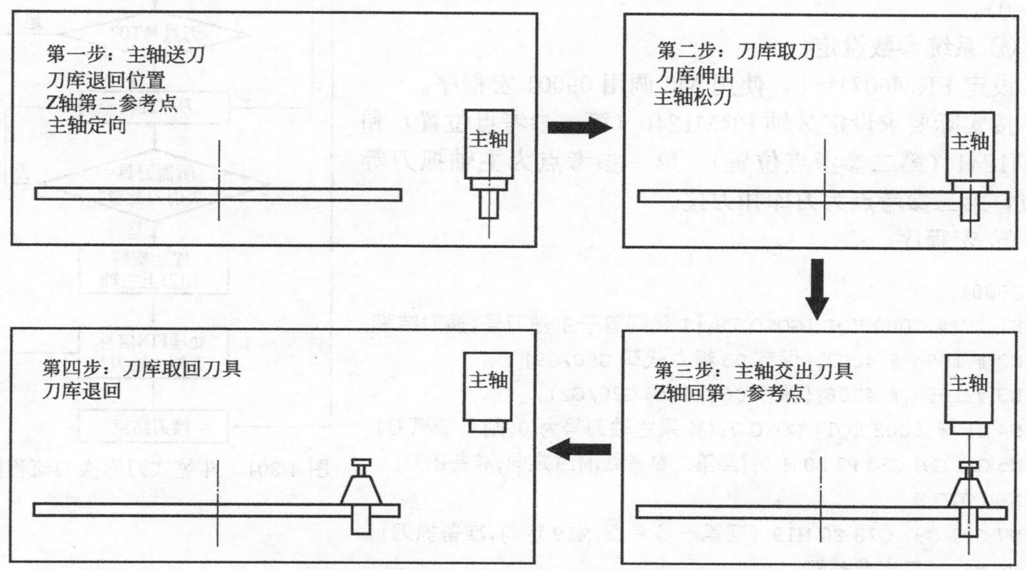

图 4-300　斗笠式刀库还刀控制过程示意图

(3) 斗笠式刀库换刀控制宏程序

斗笠式刀库换刀流程图见图 4-301。

整个换刀过程的控制是由 PMC 程序和数控系统的换刀宏程序相互配合来完成的。刀库的旋转、伸出和退回及主轴的松刀和紧刀都由 PMC 应用程序来控制，而 Z 轴的上下移动是由换刀宏程序来完成的。换刀指令是按照数控编程标准编制的，如 M06T03，其中，T 指令用来确定目标刀具号，辅助指令 M06 用于启动换刀宏程序。通过数控系统的参数，可以设定在加工程序运行到换刀指令 M06 时自动调用一个宏程序。在换刀宏程序中，关于 Z 轴的上下移动指令，与零件程序中的轴运动指令完全相同。对于刀库的各种动作，也是由该换刀宏程序向 PMC 程序发出自定义的辅助功能来实现的，或者可通过数控系统与 PMC 的 G 代码实现信息交换。换刀宏程序启动后，换刀的过程由该程序控制。

① M 代码定义。

M19：主轴定向。

M50：刀库旋转使能。

M51：刀库旋转结束。

M52：刀库伸出（靠近主轴）。

M53：主轴松刀、主轴吹气。

M54：刀库旋转。

M55：主轴紧刀。

M56：刀库退回（远离主轴）。

② 接口信号定义。

＃1000（G54.0）：T代码与主轴刀具号一致。

＃1001（G54.1）：T代码为0。

＃1002（G54.2）：主轴无刀。

③ 数据表定义。

D0：主轴当前刀号（初始状态时默认主轴上无刀，即D0＝0）。

④ 系统参数设定。

设定PRM6071＝6，使用M6调用09001宏程序。

按实际要求设定Z轴PRM1240（第一参考点位置）和PRM1241（第二参考点位置）。第一参考点为主轴抓刀等待位，第二参考点为刀库扣刀位。

⑤ 宏程序。

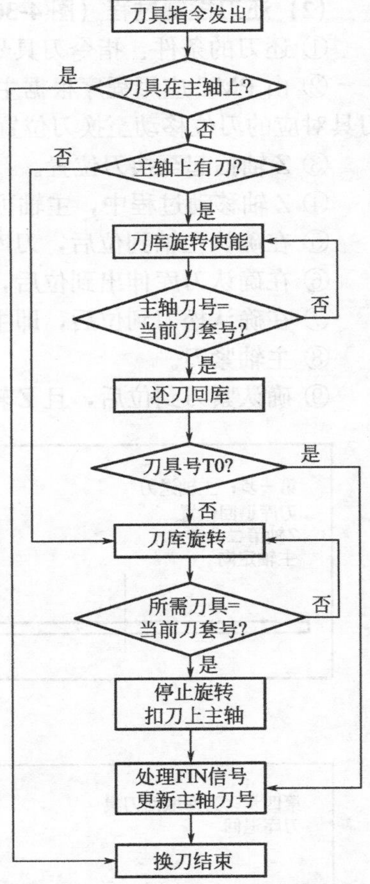

图4-301　斗笠式刀库换刀流程图

```
O9001
N1 IF[# 1000 EQI ]GOTO 19;(T代码等于主轴刀号,换刀结束)
N2 # 199= # 4003;(保存03组G代码G90/G9)
N3 # 198= # 4006;(保存06组代码G20/G21)
N4 IF[# 1002 EQ1] GOTO 7;(如果主轴刀号为0,则直接抓刀)
N5 G21 G91 G30 P2 Z0 M19;(回第二参考点,M19定向,准备还刀)
N6 GOTO 8
N7 G21 G91 G28 Z0 M19;(回第一参考点,M19定向,准备抓刀)
N8 M50;(刀库准备好)
N9 M52;(刀库伸出,靠近主轴)
N10 M53;(主轴松刀、吹气)
N11 G91 G28 Z0;(回第一参考点)
N12 IF [# 1001 EQ1] GOTO 15;(如果指令T= 0,则无须抓刀)
N13 M54;(刀库旋转)
N14 G91 G30 P2 Z0;(回第二参考点)
N15 M55;(主轴紧刀)
N16 M56;(刀库退回,远离主轴)
N17 M51;(刀库旋转结束)
N18 G# 199 G# 198;(恢复模态)
N19 M99;
```

换刀宏程序运行有三种情况：

a. 主轴上无刀，指令T代码。换刀过程为：Z回第一参考点→刀库旋转使能M50→刀库伸出M52→主轴松刀、吹气M53→刀库旋转M54→Z回第二参考点→主轴紧刀M55→刀库退回M56→刀库旋转结束M51。

b. 主轴上有刀，指令T代码为0。换刀过程为：Z回第二参考点→刀库旋转使能M50→

刀库伸出 M52→主轴松刀、吹气 M53→Z 回第一参考点→主轴紧刀 M55→刀库退回 M56→刀库旋转结束 M51。

c. 主轴上有刀，指令 T 代码不为 0。换刀过程为：Z 回第二参考点→刀库旋转使能 M50→刀库伸出 M52→主轴松刀、吹气 M53→Z 回第一参考点→刀库旋转 M54→Z 回第二参考点→主轴紧刀 M55→刀库退回 M56→刀库旋转结束 M51。

（4）接口信号

加工中心斗笠式刀库换刀控制接口信号见表 4-37。

表 4-37 加工中心斗笠式刀库换刀控制接口信号

序号	地址	引脚号	元件号	说明
1	X0.4	CB104A04	—SB14	手动刀库正转
2	X0.5	CB104B04	—SB15	手动刀库反转
3	X0.6	CB104A05	—SB16	主轴吹气
4	X5.7	CB106B09	—SB34	主轴定向
5	X3.6	CB105A05	—SP1	气压检测
6	X8.2	CB105A07	—SQ9	刀库退回到位
7	X8.3	CB105B07	—SQ10	刀库伸出到位
8	X8.5	CB105B08	—SQ8	主轴松刀到位
9	X8.6	CB105A09	—SQ7	主轴紧刀到位
10	X8.7	CB105B09	—SB3	主轴松刀
11	X9.3	CB105B11	—KA21	主轴零速
12	X9.7	CB105B13	—SQ6	刀库计数
13	X10.2	CB107A07	—KA23	主轴速度到达
14	X10.4	CB107A08	—KA24	主轴定向完成
15	Y2.5	CB105B18	—KA5	主轴松刀
16	Y2.6	CB105A19	—KA8	刀库伸出
17	Y2.7	CB105B19	—KA7	刀库退回
18	Y3.0	CB105A20	—KA9	刀库正转
19	Y3.1	CB105B20	—KA10	刀库反转
20	Y7.7	CB107B23	—KA19	主轴定向

（5）电气连接图

① 刀库旋转采用三相交流电机 M3 驱动，刀库伸出/退回、主轴松刀动作为气缸动作。刀库电机、刀库伸出/退回阀、主轴松刀阀的电气连接图如图 4-302 所示。接触器 KM4 和 KM5 线圈电压为 AC110V，电磁阀 YC1～YC3 线圈电压为 DC24V。

② 数控系统接电柜用 I/O 单元，其输出首字节定义为 Y0，模块输出信号占用 8 个字节，因此整个模块的输出地址为 Y0～Y7，模块工作电源从 CP1 接口输入 DC24V，如图 4-303 所示。PMC 输出信号 Y2.5～Y3.1 接 CB105 接口，输出信号 Y7.7 接 CB107 接口。

U
V
W
G
-QF3
U30
V30
W30
-KM5
-KM4
-RC3
U3
V3
W3
M
3～
刀库电机
-M3
-KA9
209
-KM5
208
-KM4
刀库正转
-KA10
211
-KM4
210
-KM5
刀库反转
110V
110N
-KA5
YC1
-YC1
主轴松刀阀
-KA8
YC2
-YC2
刀库伸出阀
-KA7
YC3
-YC3
刀库退回阀
+24V
0V

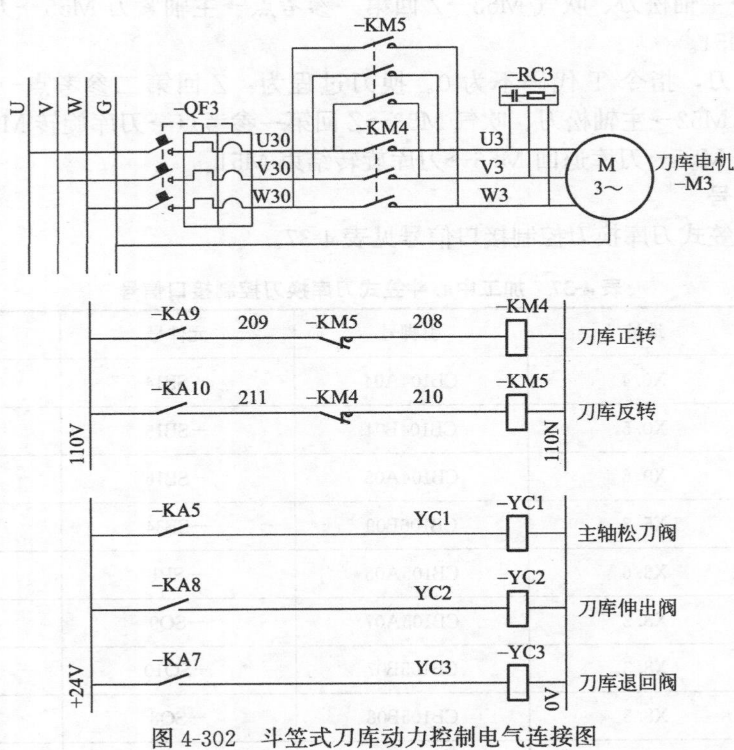

图 4-302　斗笠式刀库动力控制电气连接图

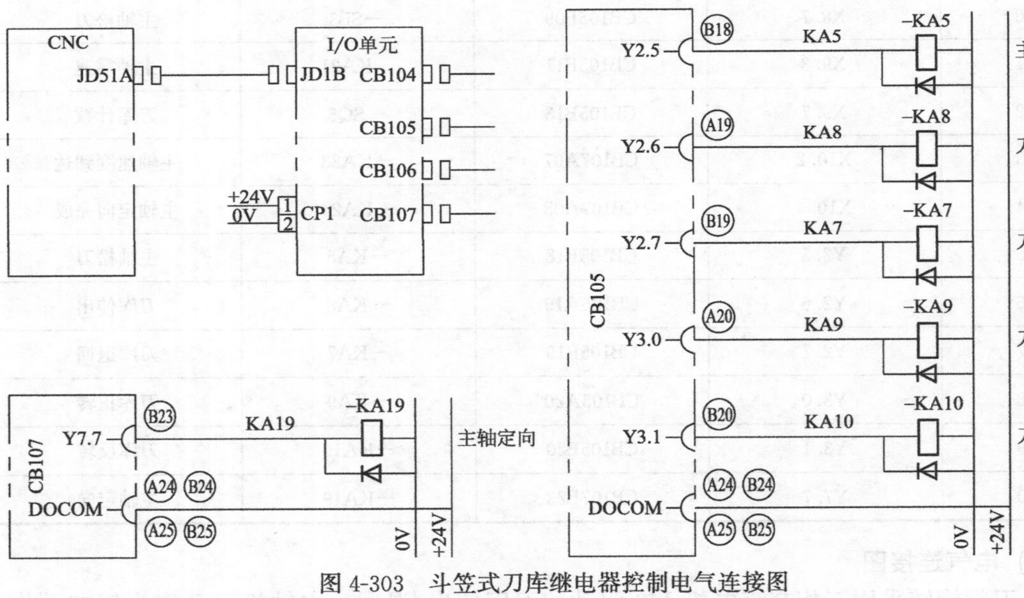

CNC
JD51A
I/O单元
JD1B
CB104
CB105
CB106
CB107
+24V
0V
CP1
1
2
CB107
Y7.7
B23
KA19
-KA19
主轴定向
DOCOM
A24
B24
A25
B25
0V
+24V
CB105
Y2.5
B18
KA5
-KA5
主轴松刀
Y2.6
A19
KA8
-KA8
刀库伸出
Y2.7
B19
KA7
-KA7
刀库退回
Y3.0
A20
KA9
-KA9
刀库正转
Y3.1
B20
KA10
-KA10
刀库反转
DOCOM
A24
B24
A25
B25
0V
+24V

图 4-303　斗笠式刀库继电器控制电气连接图

③ 电柜用 I/O 单元，其输入首字节定义为 X0，模块 DI 输入信号占用 12 个字节，因此整个模块的输出地址为 X0～Y11。斗笠式刀库控制按钮输入信号和外部行程开关等 DI 输入信号电气连接图如图 4-304 所示。

④ 该设备使用模拟主轴，驱动器采用华中数控主轴驱动器 HSV-18S，与换刀控制相关的主轴输入输出信号连接如图 4-305 所示。

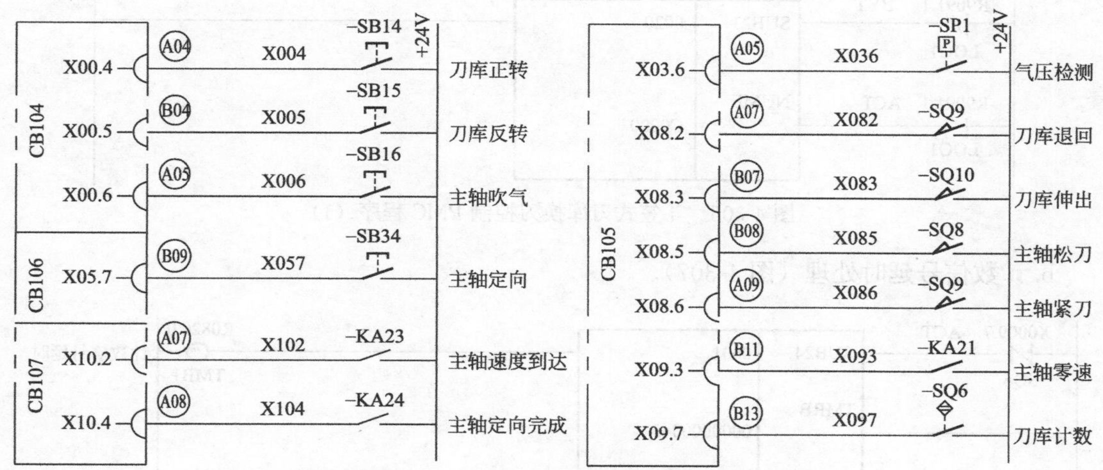

图 4-304　斗笠式刀库 DI 输入信号电气连接图

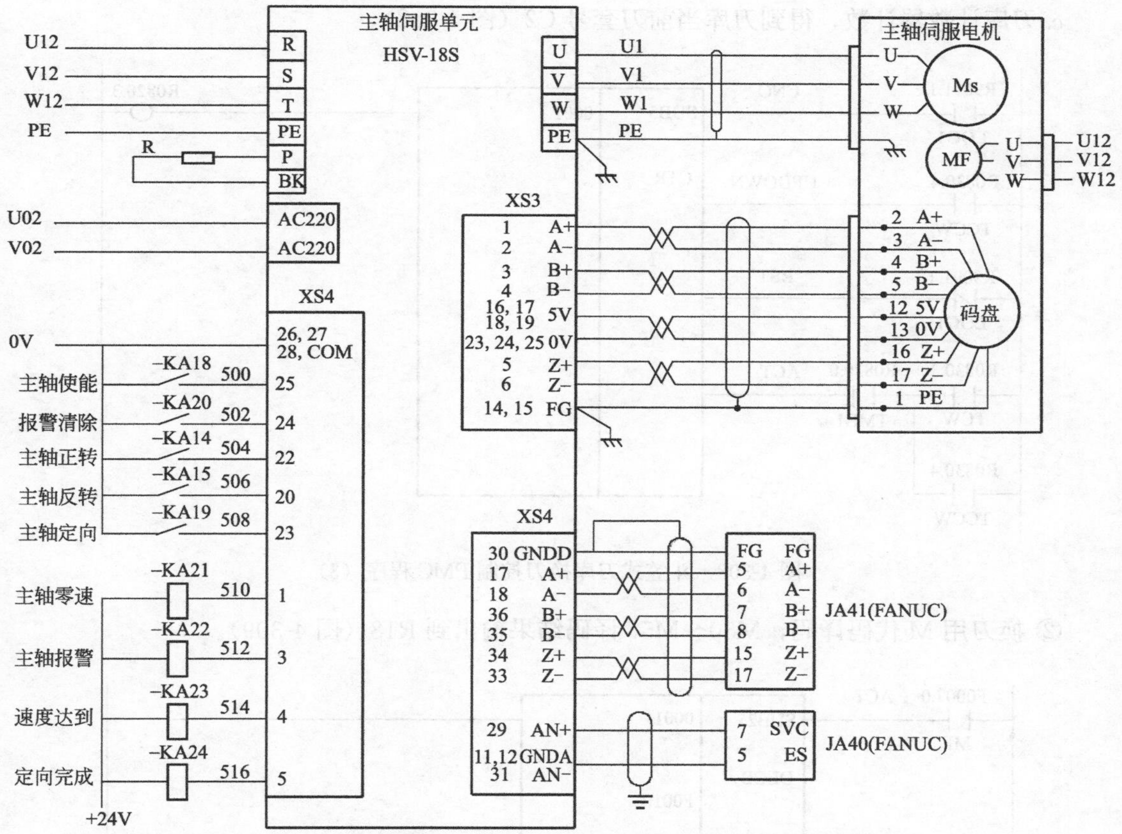

图 4-305　斗笠式刀库主轴输入输出信号连接图

（6）PMC 程序设计

① 刀库计数器。

a. 刀库计数器使用 1 号计数器，刀库容量为 20，因此置 1 号计数器计数预置值 C0＝20（图 4-306）。

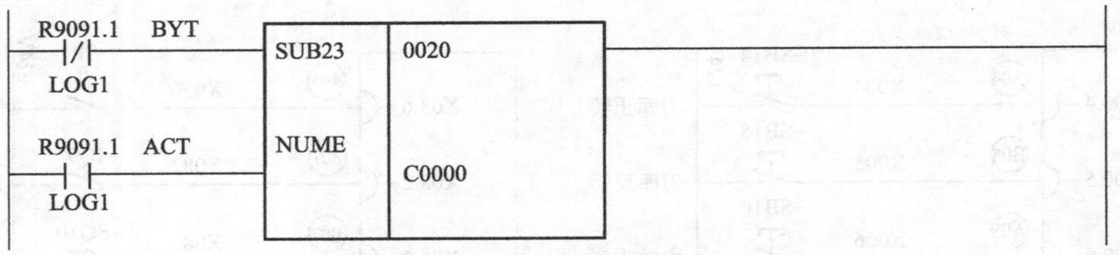

R9091.1
BYT
LOG1
SUB23
0020
R9091.1
ACT
LOG1
NUME
C0000

图 4-306　斗笠式刀库换刀控制 PMC 程序（1）

b. 计数信号延时处理（图 4-307）。

X0009.7
ACT
SQ6
SUB24
0001
TMRB
0000000045
R0820.0
TMB1
计数信号延时

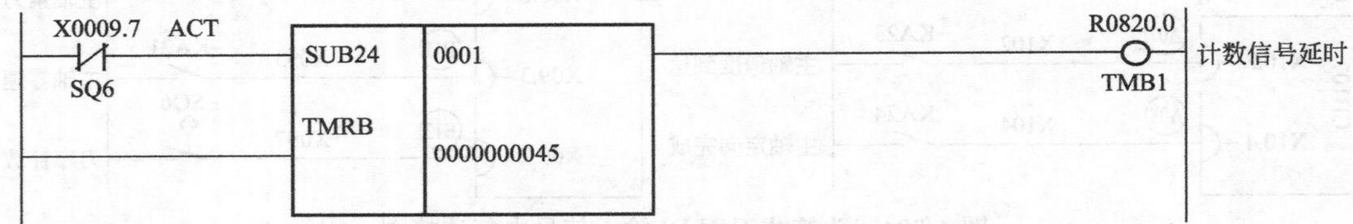

图 4-307　斗笠式刀库换刀控制 PMC 程序（2）

c. 刀库计数器计数，得到刀库当前刀套号 C2（图 4-308）。

R9091.1
LOG1
CNO
SUB5
0001
R0820.3
R0830.4
TCCW
UPDOWN
CTR
R9091.1
LOG1
RST
R0830.3
TCW
R0820.0
TMB1
ACT
R0830.4
TCCW

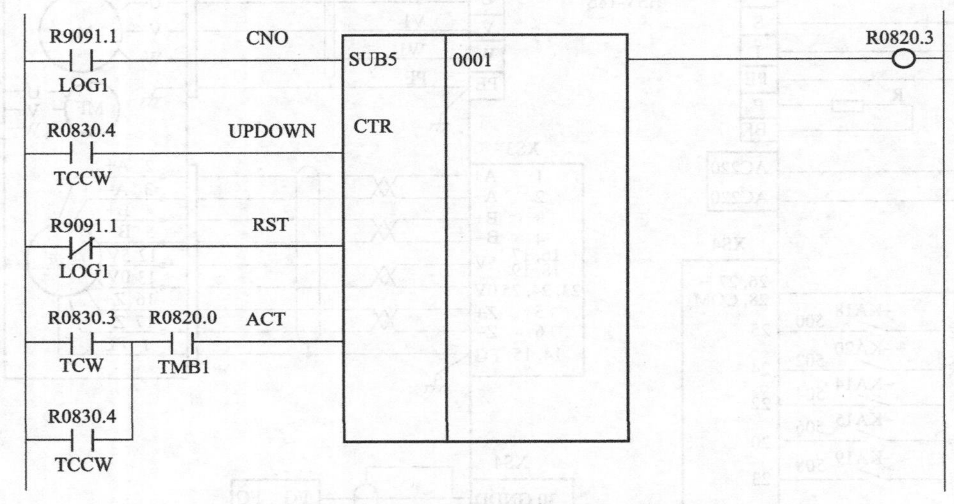

图 4-308　斗笠式刀库换刀控制 PMC 程序（3）

② 换刀用 M 代码译码，M50～M57 译码结果输出到 R18（图 4-309）。

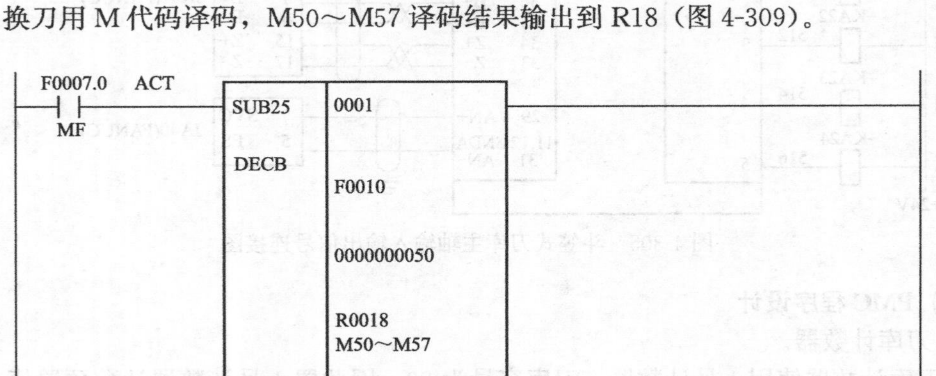

F0007.0
ACT
MF
SUB25
0001
DECB
F0010
0000000050
R0018
M50～M57

图 4-309　斗笠式刀库换刀控制 PMC 程序（4）

③ 有 TF(F7.3）信号，将其转换成内部继电器信号 TFS(R820.4)（图 4-310)。

图 4-310　斗笠式刀库换刀控制 PMC 程序（5)

④ T 代码转换为 BCD 码，输出到 D28（图 4-311)。

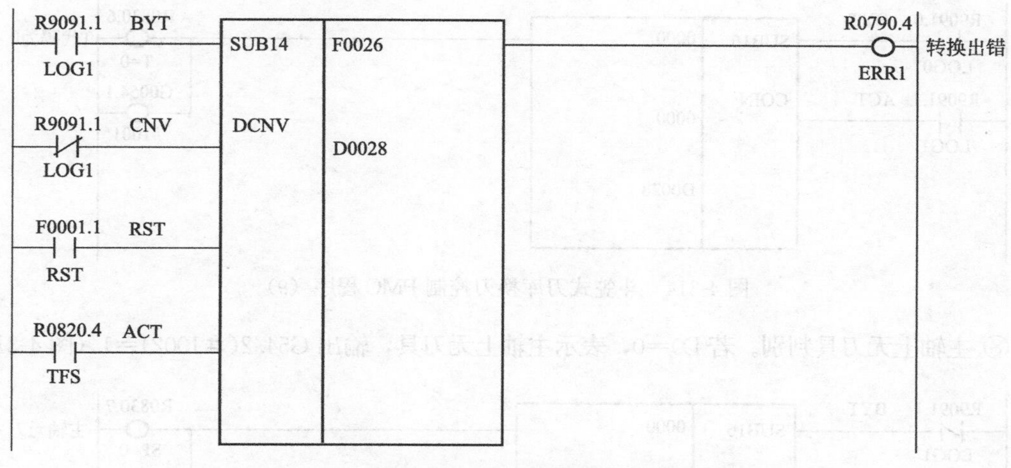

图 4-311　斗笠式刀库换刀控制 PMC 程序（6)

⑤ T 代码小于刀库容量判别。D28 为目标刀具号，C0＝20 为刀库最大容量，也是 1 号刀库计数器的计数预置值（图 4-312)。

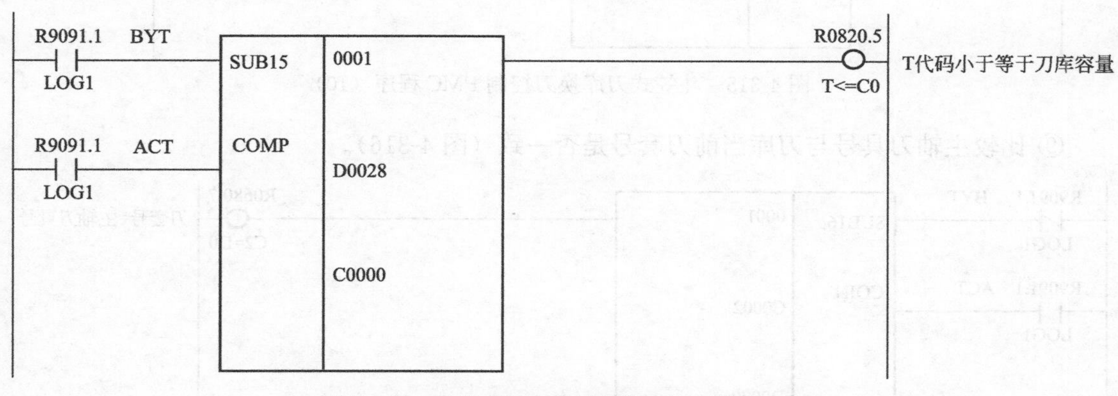

图 4-312　斗笠式刀库换刀控制 PMC 程序（7)

⑥ T 代码与主轴上刀具一致判别。D0 为主轴上刀具号，D28 为目标刀具号。当二者一致时，输出 G54.0(＃1000)＝1（图 4-313)。

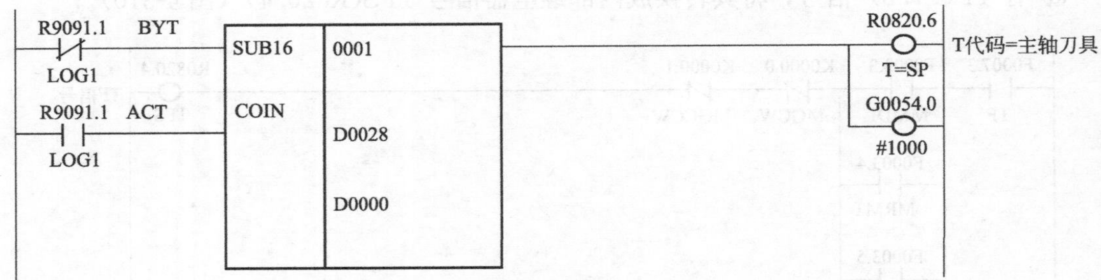

图 4-313 斗笠式刀库换刀控制 PMC 程序（8）

⑦ T 代码为 0 判别。D28 为目标刀具号，当它为 0 时，输出 G54.1（♯1001）＝1（图 4-314）。

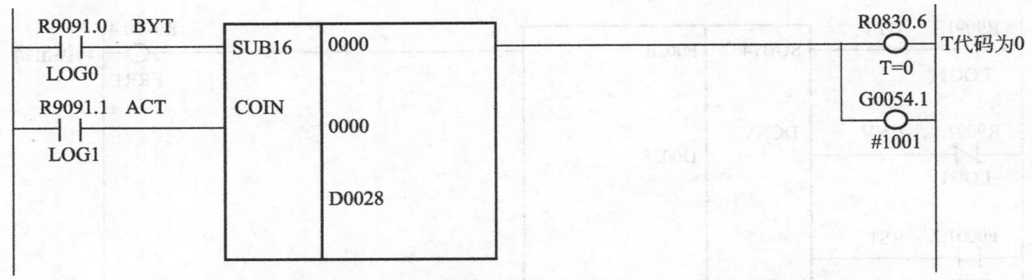

图 4-314 斗笠式刀库换刀控制 PMC 程序（9）

⑧ 主轴上无刀具判别。若 D0＝0，表示主轴上无刀具，输出 G54.2（♯1002）＝1（图 4-315）。

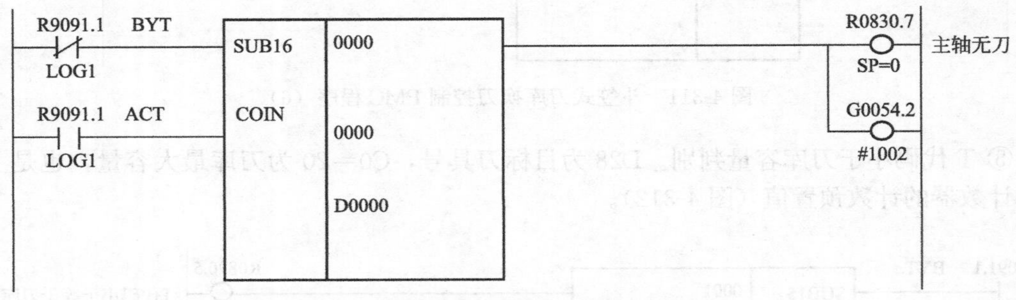

图 4-315 斗笠式刀库换刀控制 PMC 程序（10）

⑨ 比较主轴刀具号与刀库当前刀套号是否一致（图 4-316）。

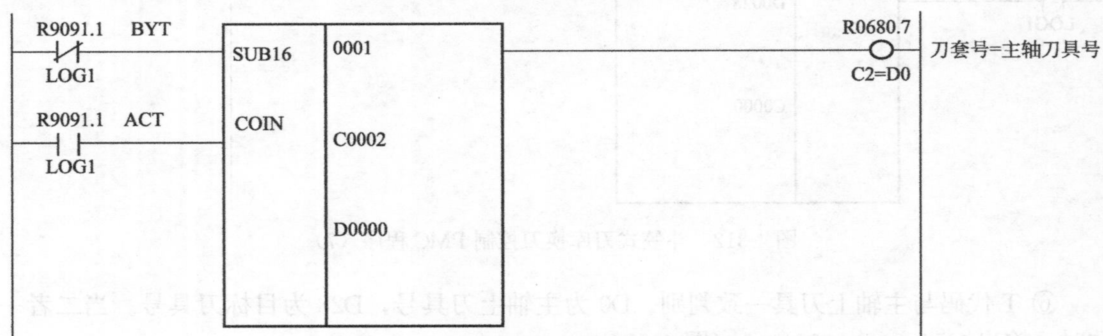

图 4-316 斗笠式刀库换刀控制 PMC 程序（11）

⑩ 刀库旋转使能控制。M50 为刀库旋转使能 M 代码。在执行换刀前，主轴准停完成信号 SOR_FIN(X10.4) 接通，主轴准停完成。同时刀库一定处于以下两种状态：a. R830.7=1，主轴上无刀；b. R680.7=1，主轴上有刀，但等于当前刀套号（图 4-317）。

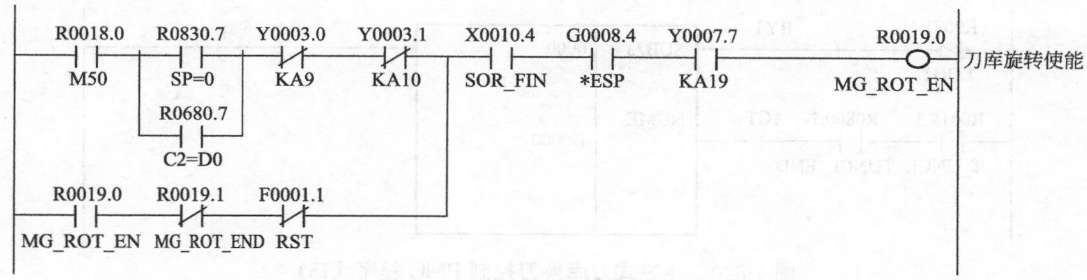

图 4-317　斗笠式刀库换刀控制 PMC 程序（12）

⑪ 还刀控制。

a. 还刀回库条件 ROT1_EN（R830.0）：执行了 T 代码，TFS（R820.4）=1；T 代码小于等于刀库容量，R820.5=1；主轴上有刀，R830.7=0；刀库退回，MG_L_END（R800.2）=1；非急停，非复位（图 4-318）。

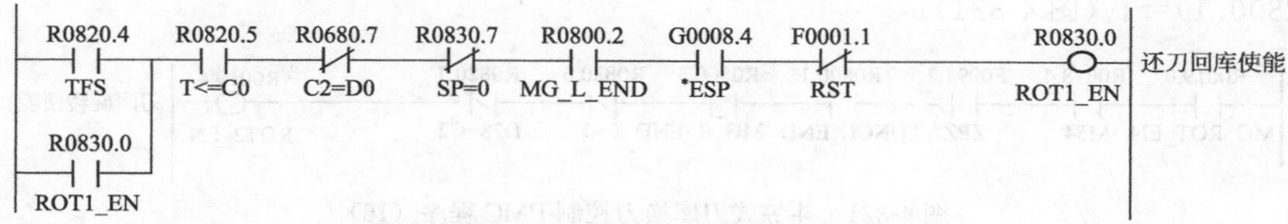

图 4-318　斗笠式刀库换刀控制 PMC 程序（13）

b. 还刀回库刀库旋转控制。C2 为当前刀套号，需要还刀入库的主轴刀具号 D0，刀库旋转选择最短路径。R830.1=1，刀库反转（刀套号减小方向）；R830.1=0，刀库正转（刀套号增大方向）。D34 为从当前位置到目标位置所需的步数，数据无用（图 4-319）。

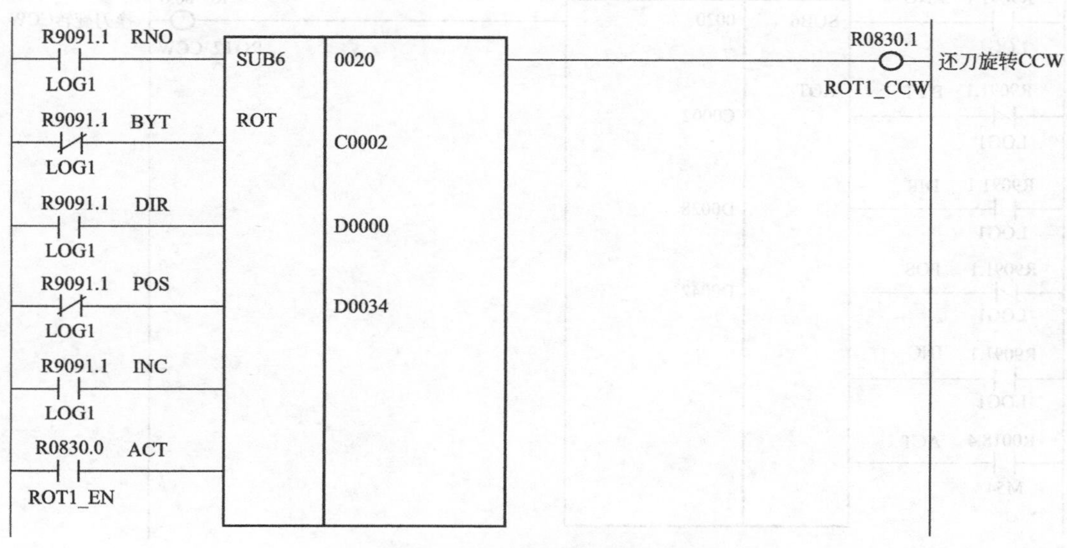

图 4-319　斗笠式刀库换刀控制 PMC 程序（14）

c. T0 执行完成后主轴数据 D0 更新。在完成主轴松刀、吹气 M53 代码之后，如果收到主轴松刀完成信号 TUNCL_END(R800.1)，则认为还刀回库动作完成，此时主轴上无刀，需将 D0 置 0（图 4-320）。

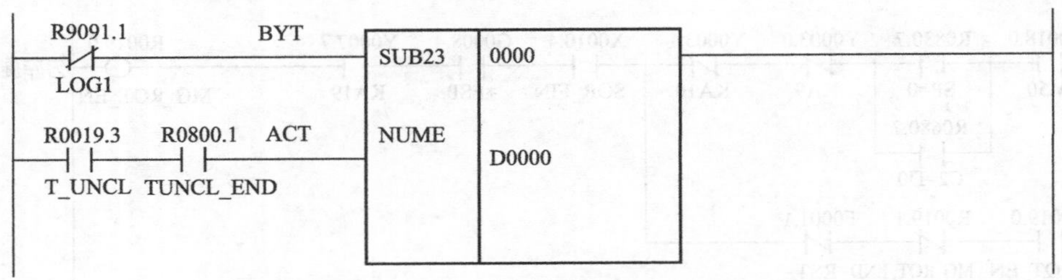

图 4-320　斗笠式刀库换刀控制 PMC 程序（15）

⑫ 取刀控制。

a. 刀库旋转使能控制。M54 是刀库旋转使能的 M 指令，如果需要还刀回库，M54 是在还刀回库完成后的刀库旋转指令。执行 M54 的条件：Z 轴在第一参考点，ZPZ (F94.2)＝1；刀库伸出，即刀库在右，MG_R_END(R800.3)＝1；目标刀具号不等于当前刀套号，R820.7＝0；非 T0 指令，R830.6＝0；主轴松刀完成，TUNCL_END (R800.1)＝1（图 4-321）。

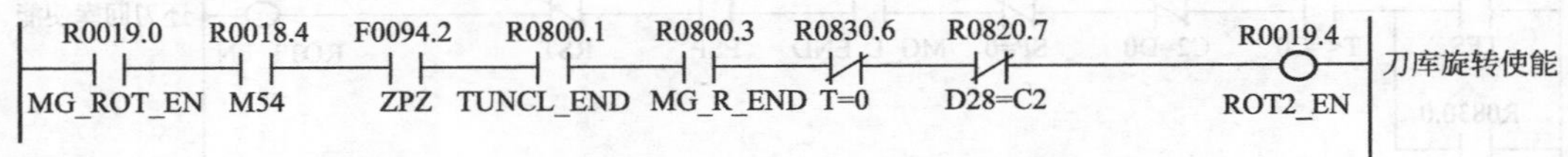

图 4-321　斗笠式刀库换刀控制 PMC 程序（16）

b. 换刀过程刀库旋转控制。C2 为当前刀库刀套号，D28 为 T 代码指令的目标刀具号，刀库旋转选择最短路径。R760.0＝1，刀库反转（刀套号减小方向）；R760.0＝0，刀库正转（刀套号增大方向）。D42 为从当前位置到目标位置所需的步数，数据无用（图 4-322）。

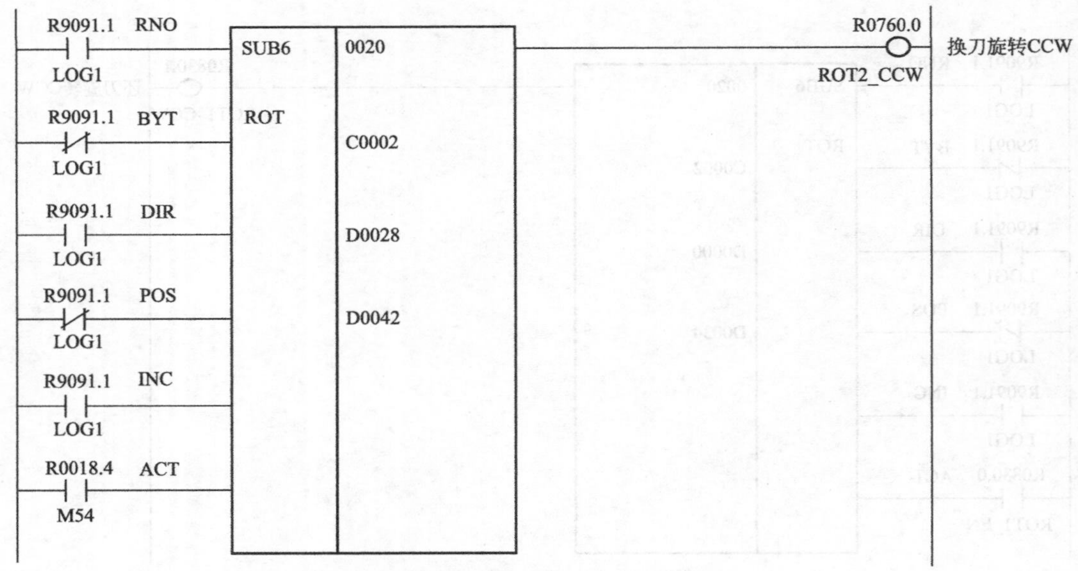

图 4-322　斗笠式刀库换刀控制 PMC 程序（17）

c. 换刀后主轴刀具号更新。当执行主轴紧刀 M55 后，将 T 代码传送给主轴刀具号数据 D0（图 4-323）。

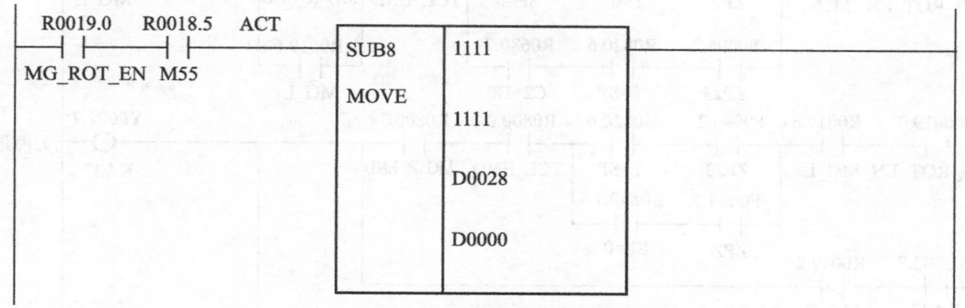

图 4-323　斗笠式刀库换刀控制 PMC 程序（18）

⑬ 刀库伸出控制。执行刀库伸出 M52，有两种情形：a. 主轴上有刀具，但不是目标刀具，还刀回库，此时 Z 轴在第二参考点位置。b. 主轴上无刀，而目标刀具在当前刀套内，需要取出刀具放到主轴上，此时 Z 轴在第一参考点。其他信号说明：信号 TCL_END (R800.0) 为主轴紧刀到位信号；MG_L_END(R800.2) 为刀库退回到位信号；M20 (R11.1) 为 MDI 下执行刀库伸出的 M 指令；M21(R11.2) 为 MDI 下执行刀库退回的 M 指令（图 4-324）。

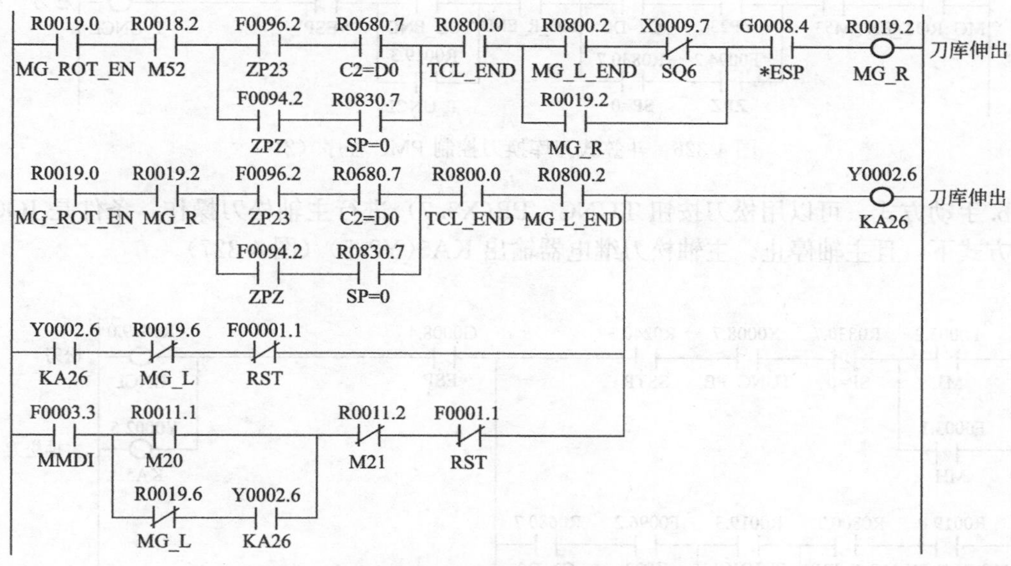

图 4-324　斗笠式刀库换刀控制 PMC 程序（19）

⑭ 刀库退回控制。执行刀库退回 M56 之前，必须保证换刀结束。有两种情形：a. 主轴上有刀，仅执行 T0M6 还刀回库，此时 Z 轴在第一参考点；b. 执行正常换刀指令且换刀结束，此时 Z 轴在第 2 参考点位置。MG_R_END(R800.3) 为刀库伸出到位信号（图 4-325）。

⑮ 主轴松刀控制。

a. 自动方式，执行主轴松刀 M53 指令有两种情形：取刀或还刀。取刀时，Z 轴位于第一参考点，且主轴上无刀；还刀时，Z 轴位于第二参考点，且当前刀套号等于主轴刀具号（图 4-326）。

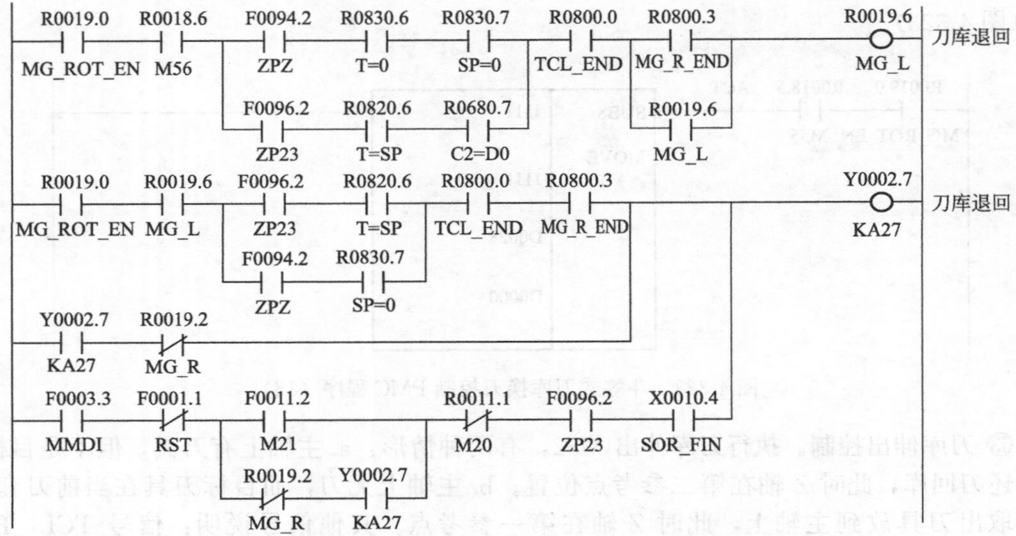

图 4-325 斗笠式刀库换刀控制 PMC 程序（20）

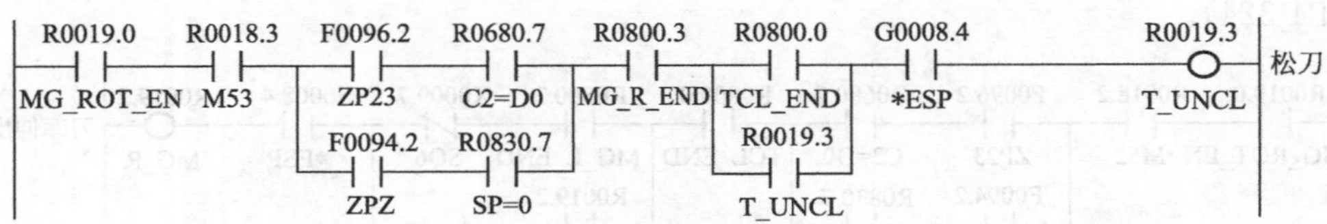

图 4-326 斗笠式刀库换刀控制 PMC 程序（21）

b. 手动方式，可以用松刀按钮 TUNC_ PB(X8.7) 进行主轴松刀操作，条件是 JOG 或手摇方式下，且主轴停止。主轴松刀继电器输出 KA5(Y2.5)（图 4-327)。

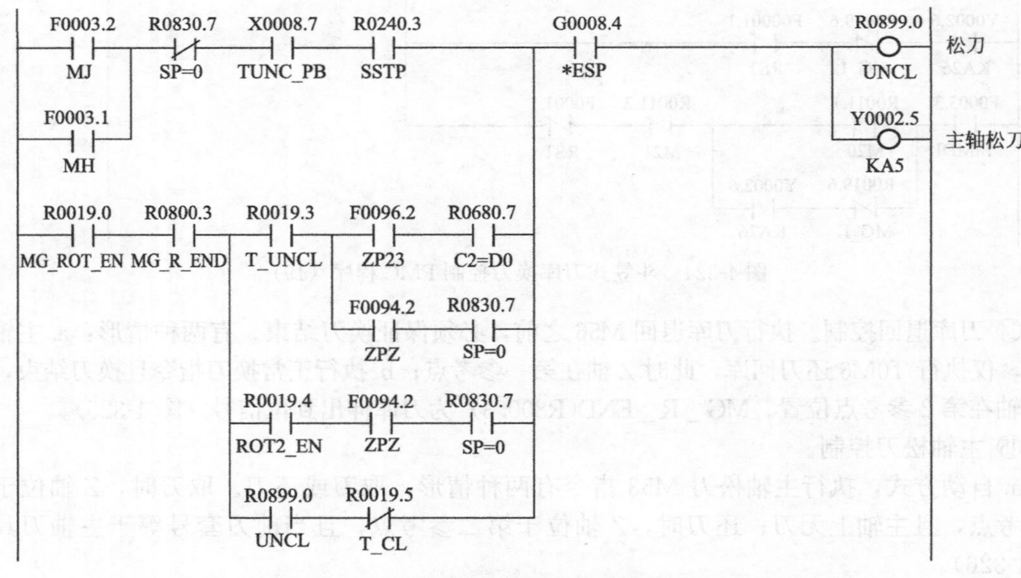

图 4-327 斗笠式刀库换刀控制 PMC 程序（22）

⑯ 主轴紧刀控制。执行主轴紧刀 M55，有两种情形：一是指令了 T0 还刀回库指令，此时 Z 轴位于第一参考点；二是指令了非 T0 指令，且 T 代码等于主轴上刀具号，此时 Z 轴在第二参考点。主轴紧刀 T _ CL(R19.5) 用于断开主轴松刀继电器 KA5(Y2.5)，从而在蝶形弹簧的作用下实现主轴紧刀（图 4-328）。

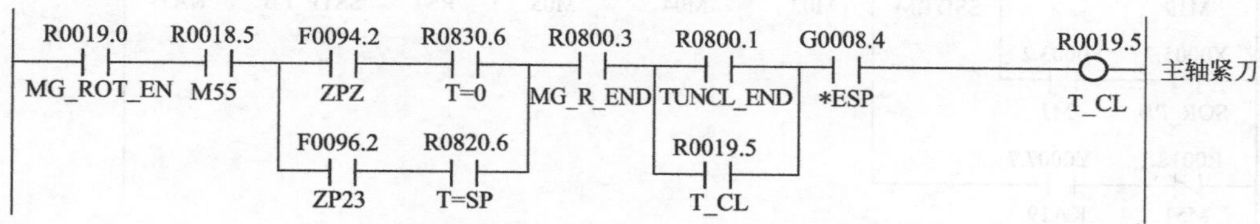

图 4-328 斗笠式刀库换刀控制 PMC 程序（23）

⑰ 刀库正转控制。分三种情形：a. 手动操作刀库，条件是手摇方式下，且刀库退回到位，按刀库正转按钮；b. 还刀时刀库正转，条件是刀库必须退回到位，当前刀套号不是主轴刀具号，且要求主轴正转；c. 正常换刀时，条件是刀库伸出到位，主轴上无刀，且要求刀库正转（图 4-329）。

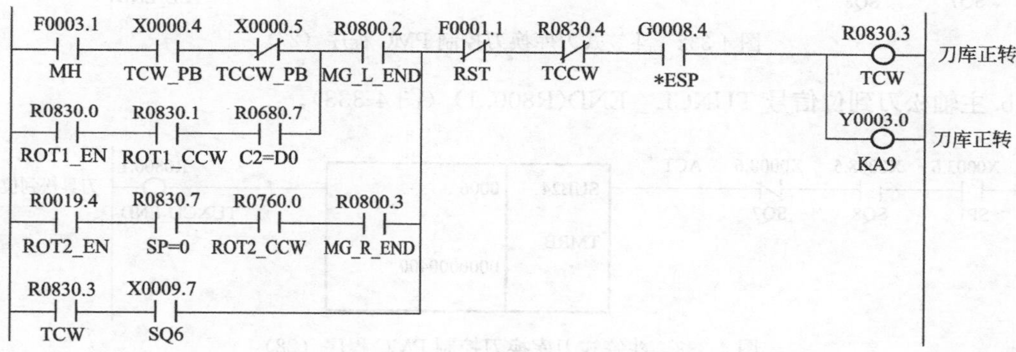

图 4-329 斗笠式刀库换刀控制 PMC 程序（24）

⑱ 刀库反转控制。分三种情形：a. 手动操作刀库，条件是手摇方式下，且刀库退回到位，按刀库反转按钮；b. 还刀时刀库反转，条件是刀库必须退回到位，当前刀套号不是主轴刀具号，且要求主轴反转；c. 正常换刀时，条件是刀库伸出到位，主轴上无刀，且要求刀库反转（图 4-330）。

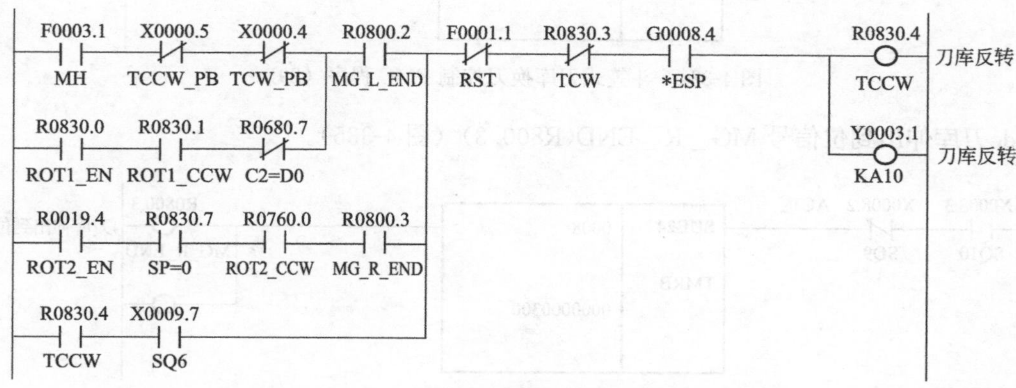

图 4-330 斗笠式刀库换刀控制 PMC 程序（25）

⑲ 主轴定向控制。手动方式下，用按钮 SOR _ PB（X5.7）启动主轴定向；自动方式用 M19 启动主轴定向（图 4-331）。

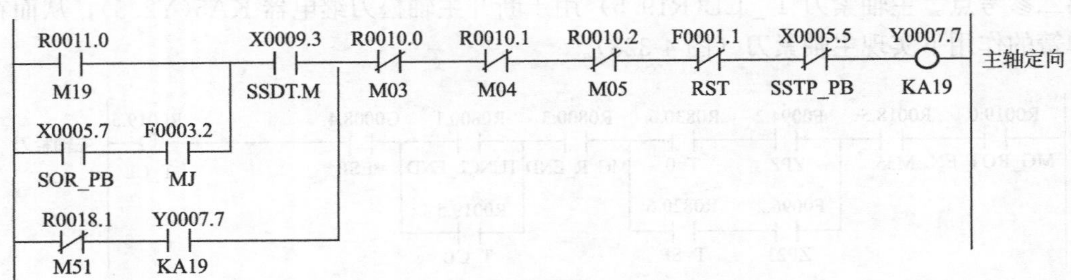

图 4-331 斗笠式刀库换刀控制 PMC 程序（26）

⑳ 状态信号。

a. 主轴紧刀到位信号 TCL _ END(R800. 0)（图 4-332）。

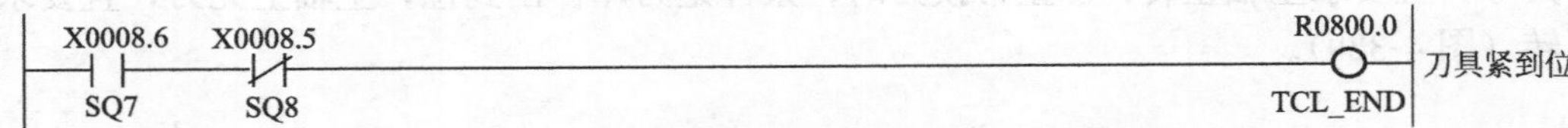

图 4-332 斗笠式刀库换刀控制 PMC 程序（27）

b. 主轴松刀到位信号 TUNCL _ END(R800. 1)（图 4-333）。

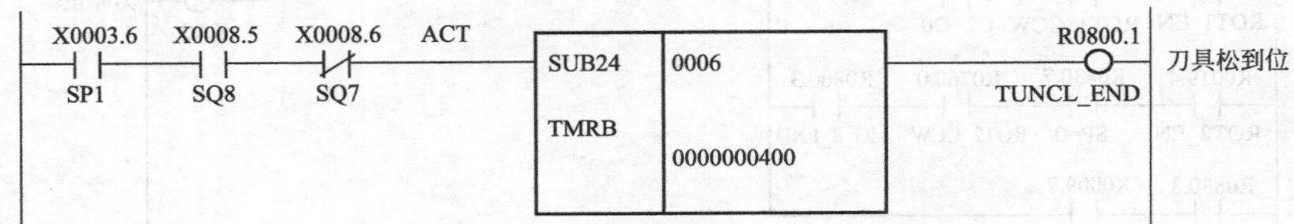

图 4-333 斗笠式刀库换刀控制 PMC 程序（28）

c. 刀库退回到位信号 MG _ L _ END(R800. 2)（图 4-334）。

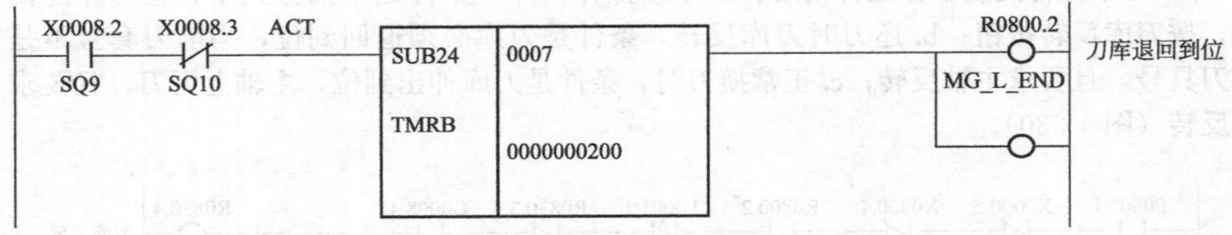

图 4-334 斗笠式刀库换刀控制 PMC 程序（29）

d. 刀库伸出到位信号 MG _ R _ END(R800. 3)（图 4-335）。

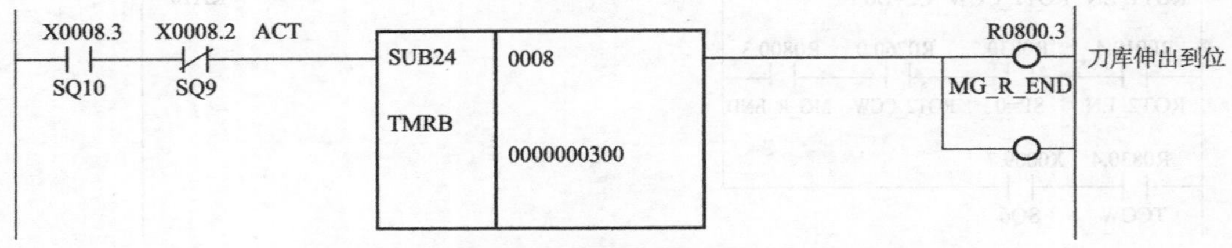

图 4-335 斗笠式刀库换刀控制 PMC 程序（30）

㉑ M 功能完成信号处理。

a. M50～M52 完成信号（图 4-336）。

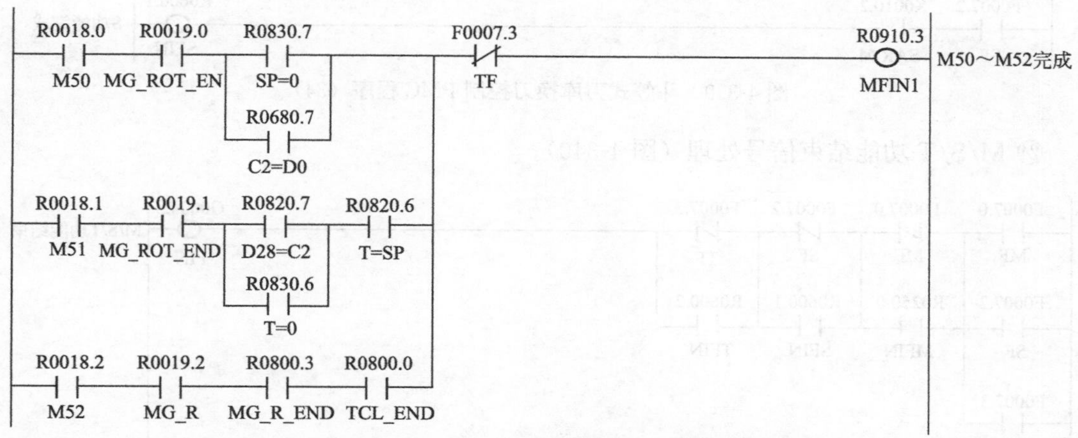

图 4-336　斗笠式刀库换刀控制 PMC 程序（31）

b. M53～M56 完成信号（图 4-337）。

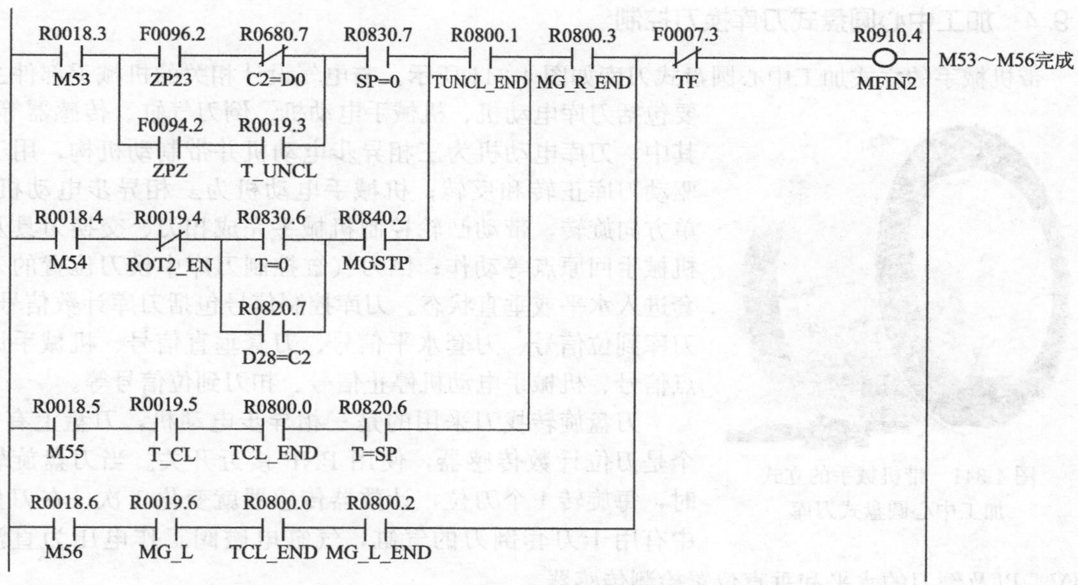

图 4-337　斗笠式刀库换刀控制 PMC 程序（32）

㉒ T 功能完成信号处理（图 4-338）。

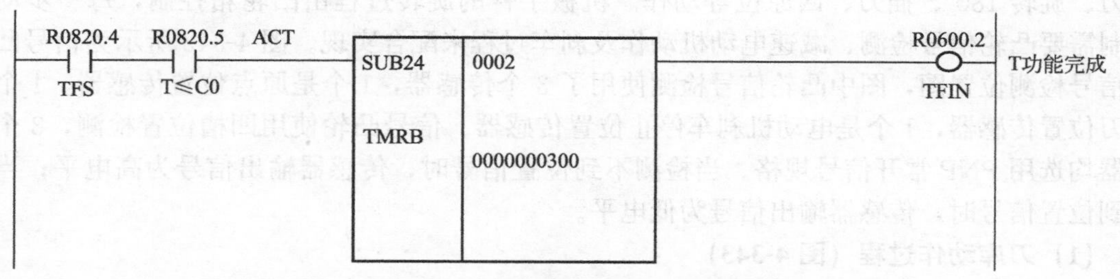

图 4-338　斗笠式刀库换刀控制 PMC 程序（33）

㉓ S 功能完成信号处理（图 4-339）。

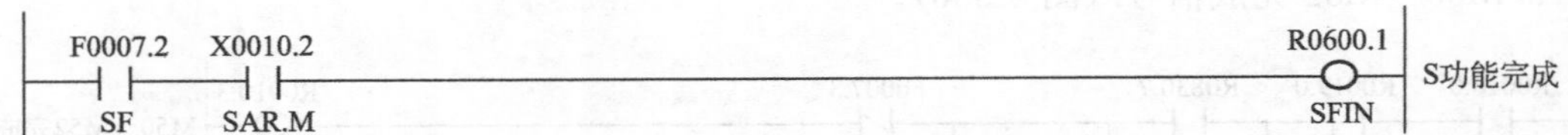

图 4-339　斗笠式刀库换刀控制 PMC 程序（34）

㉔ M/S/T 功能结束信号处理（图 4-340）。

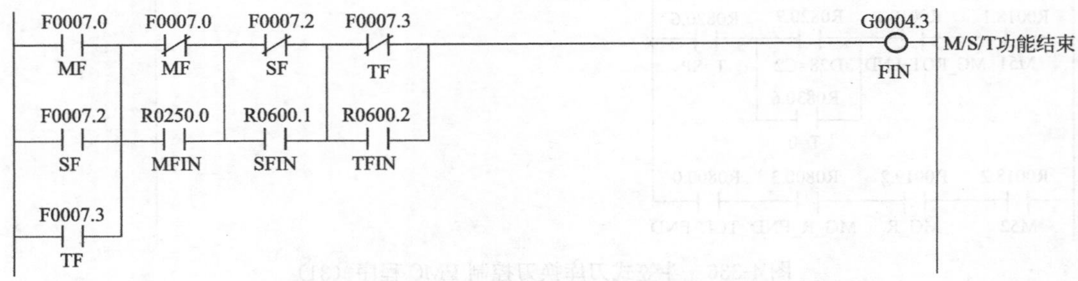

图 4-340　斗笠式刀库换刀控制 PMC 程序（35）

4.9.4　加工中心圆盘式刀库换刀控制

带机械手的立式加工中心圆盘式刀库如图 4-341 所示。与电气设计相关的机械手部件主要包括刀库电动机、机械手电动机、倒刀气缸、传感器等。其中，刀库电动机为三相异步电动机并带制动机构，用于驱动刀库正转和反转；机械手电动机为三相异步电动机，单方向旋转，带动凸轮控制机械手完成扣刀、交换刀具及机械手回原点等动作；倒刀气缸控制刀库中换刀位置的刀套进入水平或垂直状态。刀库控制信号包括刀库计数信号、刀库到位信号、刀套水平信号、刀套垂直信号、机械手原点信号、机械手电动机停止信号、扣刀到位信号等。

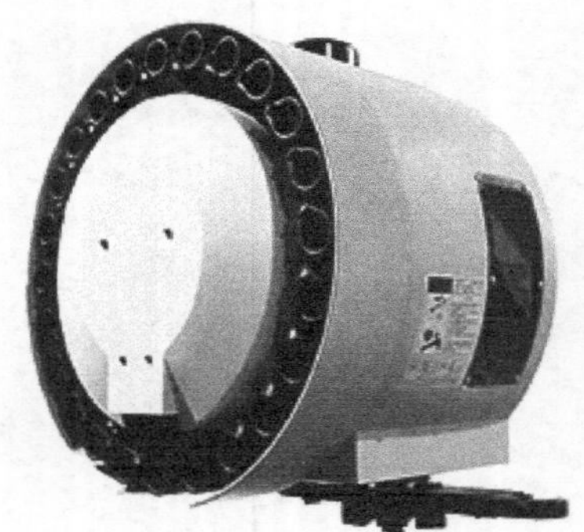

图 4-341　带机械手的立式加工中心圆盘式刀库

刀盘旋转找刀采用的是三相异步电动机，刀盘上有 1 个是刀位计数传感器，使用 PNP 接近开关。当刀盘旋转时，每旋转 1 个刀位，计数器传感器就变化 1 次。在刀盘中有用于刀套倒刀的气缸，气缸电磁阀工作电压为直流 24V，以及倒刀的水平和垂直位置检测传感器。

机械手换刀结构由减速电动机、刹车部件、凸轮箱、刀臂固定轴以及抓刀机械手等组成。在机械手换刀部分，减速电动机驱动凸轮机构带动刀臂固定轴实现机械手臂旋转扣刀、拔刀、旋转 180°、插刀、回原位等动作。机械手臂的旋转过程由凸轮箱控制，每一步动作控制需要凸轮信号检测、减速电动机动作及刹车过程来配合实现。图 4-342 所示为信号凸轮与信号检测位置图，图中凸轮信号检测使用了 3 个传感器，1 个是原点位置传感器，1 个是扣刀位置传感器，1 个是电动机刹车停止位置传感器。信号凸轮使用凹槽位置检测，3 个传感器均选用 PNP 常开信号规格。当检测不到位置信号时，传感器输出信号为高电平；当检测到位置信号时，传感器输出信号为低电平。

（1）刀库动作过程（图 4-343）

① 当程序执行到 T 代码时，首先判别刀库里有无此刀号，如果没有，则发出报警；此

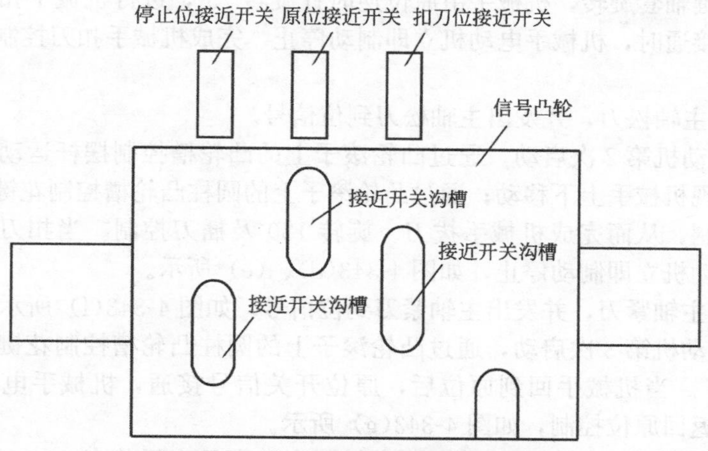

图 4-342　信号凸轮与信号检测位置图

外还要判别所选的刀具是否在主轴上，如果在主轴上，则完成 T 代码控制。然后判别所选刀具在刀库的具体位置，如果所选刀具在换刀位置，则刀盘电动机不动作，等待机械手交换刀具；如果所选刀具不在换刀点位置，判别从当前位置转到换刀位置的路径是正转还是反转及到换刀位置的步数。最后驱动刀盘电动机实现就近选刀控制，通过刀盘上的计数器开关控制所选刀具是否转到换刀位置，如果计数器为零，立即使刀盘电动机制动停车，完成程序的代码控制，如图 4-343(a) 所示。

② 程序执行到换刀指令 M06 后，Z 轴自动返回换刀点且实现主轴定向准停控制。

③ 通过气动电磁阀控制气缸活塞上移，带动偏心凸轮旋转，刀盘把所选择的刀套下翻呈垂直状态，待刀套垂直到位开关接通，完成所选刀套垂直控制，如图 4-343(b) 所示。

④ 机械手电动机第 1 次启动，电动机通过锥齿轮带动凸轮滚子旋转，凸轮滚子上的圆

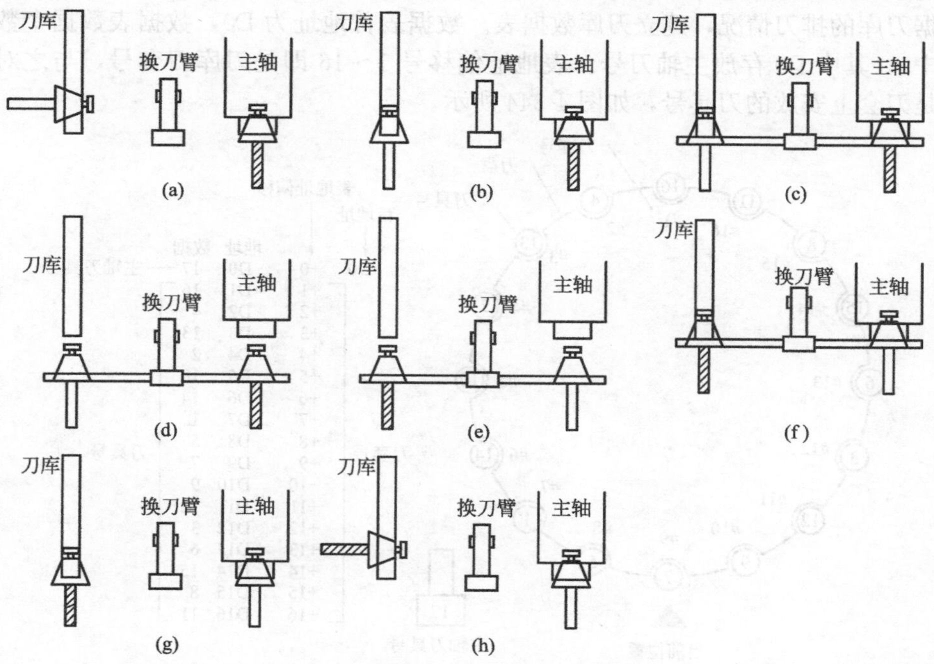

图 4-343　圆盘式刀库动作过程示意图

柱凸轮槽控制花键轴套旋转，机械手由原位逆时针旋转 75°，进行机械手扣刀控制。当机械手扣刀到位开关接通时，机械手电动机立即制动停止，完成机械手扣刀控制，如图 4-343(c) 所示。

⑤ 气动控制主轴松刀，并发出主轴松刀到位信号。

⑥ 机械手电动机第 2 次启动，通过凸轮滚子上的凸轮槽控制摆杆运动，从而控制花键轴上下运动，实现机械手上下移动；通过凸轮滚子上的圆柱凸轮槽控制花键轴套转动，实现机械手的旋转控制，从而完成机械手拔刀、旋转 180°及插刀控制。当扣刀到位开关再次接通后，机械手电动机立即制动停止，如图 4-343(d)、(e) 所示。

⑦ 气动控制主轴紧刀，并发出主轴紧刀到位信号，如图 4-343(f) 所示。

⑧ 机械手电动机第 3 次启动，通过凸轮滚子上的圆柱凸轮槽控制花键轴套转动，机械手顺时针旋转 75°。当机械手回到原位后，原位开关信号接通，机械手电动机立即制动停车，完成机械手返回原位控制，如图 4-343(g) 所示。

⑨ 通过电磁阀控制气缸活塞下移，刀盘把刀套上翻呈水平状态，待刀套水平到位开关接通，完成刀套水平控制，如图 4-343(h) 所示。至此，换刀过程结束。

(2) 刀库数据表

带机械手的刀库通常采用随机存取刀具的方式，可以预选刀具。在零件程序运行的同时，刀库可以将下一把刀具提前转到换刀位置上。换刀指令生效后，机械手将主轴刀套内的刀具与刀库换刀位置刀套内的目标刀具直接交换。

机械手换刀采用随机换刀随机刀库，刀具号和刀套号之间的关系随着刀具的调用而改变。它需要刀具数据表来记录刀具号和刀套号之间的对应关系。换刀时，首先要根据刀库数据表，检索出目标刀具号所对应的刀套号；接着根据目标位置刀套号和当前位置刀套号，计算出旋转步数和旋转方向，并驱动刀库旋转；待目标位置刀套号与刀库当前位置的刀套号一致时停止刀库旋转，与主轴进行刀具交换；刀具交换完成后，更新刀库数据表上的主轴刀具号和当前刀套位置的刀具号。

根据刀库的排刀情况，建立刀库数据表。数据表首地址为 D0，数据表数据个数＝刀库刀套数＋1，其中 D0 存放主轴刀号。表地址偏移号 1～16 即是刀库刀套号，与之对应的数据值即是刀套上安放的刀具号，如图 4-344 所示。

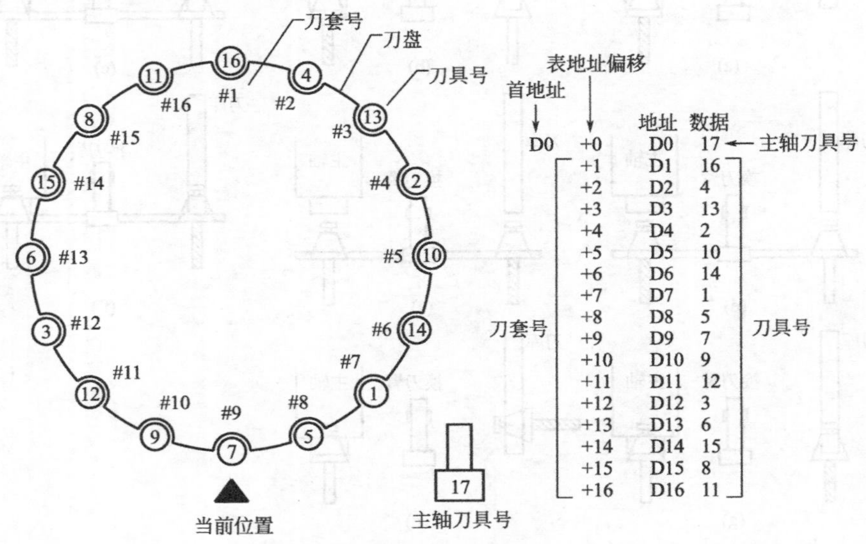

图 4-344 刀库数据表

(3) 圆盘式刀库换刀控制宏程序

① 圆盘式刀库换刀流程　圆盘式刀库换刀流程如图 4-345 所示，圆盘式刀库换刀命令可分为两部分：第一部分，当 PMC 程序接到新刀具的指令 T××后，激活 F7.3 信号，首先在刀具数据表中检索刀具号对应的刀套号，然后将刀套号与当前位置进行比较判断确定刀库旋转方向及旋转步数，将载有目标刀具的刀套按就近方向转到换刀位置上，刀套倒下，等待刀具交换；第二部分，由 M06 激活换刀循环，换刀循环启动后将 Z 轴抬起至换刀位置，并进行主轴定向，然后检查目标刀具的到位情况，在确认目标刀具已经到位后，向 PMC 应用程序发出机械手换刀命令，与之配套的 PMC 应用程序控制刀套扣下，并控制机械手完成伸出、交换、缩回动作。在换刀循环确认刀具交换成功后，对刀具表进行更新。

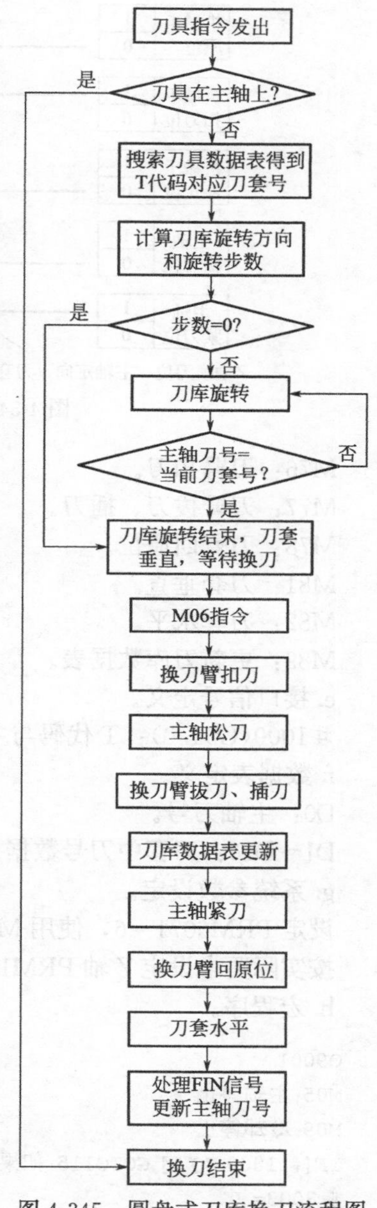

图 4-345　圆盘式刀库换刀流程图

与无机械手的刀库相比，带机械手刀库的找刀指令与机械手交换的指令可以分开，这样可以提前启动找刀指令 T××，让下一把需要的刀具提前在换刀位置上准备好，在需要换刀时，只要执行 M06 指令就可直接启动机械手进行刀具交换。这种预选刀具的方式使换刀的速度得到大幅度提高。

刀盘旋转找刀时，刀库计数器计数。当刀号找到时，刀套垂直电磁阀工作，刀套垂直传感器信号输出，刀套水平传感器信号断开，然后启动机械手臂动作，实现换刀。

② 机械手控制流程　圆盘式刀库机械手动作控制时序图如图 4-346 所示，主要有以下几个时序：

a. 机械手的第一个动作是扣刀。根据控制时序的要求，扣刀动作的启动条件是 Z 轴已经到达换刀位置、刀套倒刀到位、主轴准停到位。扣刀动作的结束条件是机械手停止信号及机械手扣刀信号到位。该结束条件也是主轴松刀的条件，PMC 程序发出主轴松刀命令，控制刀爪松开。

b. 机械手的第二个动作是交换刀具，即机械手伸出、交换、缩回的连续动作。交换刀具动作的启动条件是主轴松刀到位，刀具交换的结束条件是机械手停止信号及机械手扣刀信号到位。该结束条件也是主轴紧刀的条件，PMC 程序发出主轴紧刀命令，主轴卡爪在碟形弹簧反作用下控制刀爪拉紧。

c. 机械手的第三个动作是机械手回原位。机械手回原位动作的启动条件是主轴紧刀到位，机械手动作的结束条件是机械手停止信号及机械手原点到位。第三个动作的结束条件是刀套向上的启动条件。

d. M 代码定义。

M19：主轴定向。

M71：主轴松刀。

M72：主轴紧刀。

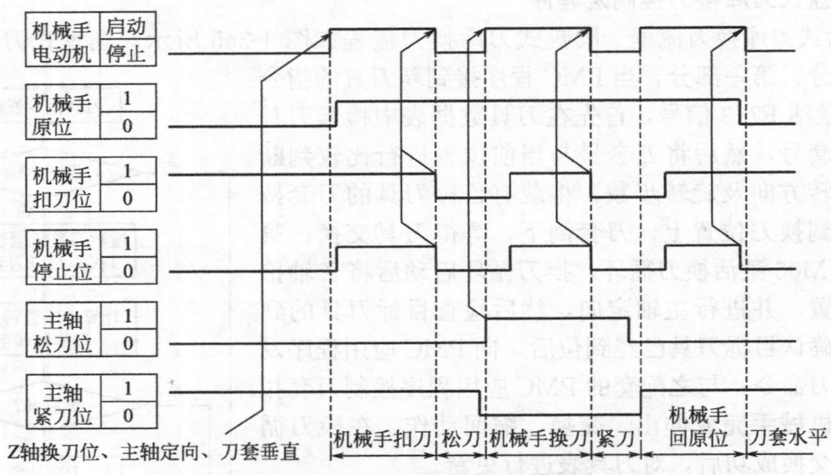

图 4-346　圆盘式刀库机械手动作控制时序图

M76：刀臂扣刀。

M77：刀臂拔刀、插刀。

M78：刀臂回原位。

M81：刀套垂直。

M82：刀套水平。

M89：更新刀库数据表。

e. 接口信号定义。

＃1000(G54.0)：T 代码与主轴刀具号一致。

f. 数据表定义。

D0：主轴刀号。

D1～D16：刀套中刀号数据。

g. 系统参数设定。

设定 PRM6071＝6，使用 M6 调用 O9001 宏程序。

按实际要求设定 Z 轴 PRM1241（第二参考点位置）。

h. 宏程序。

```
O9001
M05;主轴停止
M09;冷却停止
IF[# 1000 EQ 1] GOTO115;如果 T 代码即主轴刀具,则跳至 N115
# 3003= 0
# 23= # 4003;保存 03 组代码
# 26= # 4006;保存 06 组代码
G91 G30 P2 Z0;回 Z 轴二参
M19;主轴定向
M81;刀套垂直
M76;刀臂扣刀
M71;主轴松刀
G4 X0.2
M77;刀臂拔刀、插刀
```

```
M89;更新刀库数据表
M72;主轴紧刀
M78;刀臂回原位
M82;刀套水平
G# 23;恢复 03 组代码
G# 26;恢复 06 组代码
# 23= 0
# 26= 0
# 3003= 0
N115 M99;
```

(4) 接口信号

加工中心圆盘式刀库换刀控制接口信号见表 4-38。

表 4-38 加工中心圆盘式刀库换刀控制接口信号

序号	地址	引脚号	元件号	说明
1	X0.4	CB104A04	—SB14	手动刀库正转
2	X0.5	CB104B04	—SB15	手动刀库反转
3	X0.6	CB104A05	—SB16	主轴吹气
4	X5.7	CB106B09	—SB34	主轴定向
5	X3.6	CB105A05	—SP1	气压检测
6	X8.2	CB105A07	—SQ9	刀套水平到位
7	X8.3	CB105B07	—SQ10	刀套垂直到位
8	X8.5	CB105B08	—SQ8	主轴松刀到位
9	X8.6	CB105A09	—SQ7	主轴紧刀到位
10	X8.7	CB105B09	—SB3	主轴松刀
11	X9.3	CB105B11	—KA21	主轴零速
12	X9.4	CB105A12	—SQ12	刀臂原位
13	X9.5	CB105B12	—SQ11	刀臂扣刀位
14	X9.6	CB105A13	—SQ13	刀臂停止位
15	X9.7	CB105B13	—SQ6	刀库计数
16	X10.2	CB107A07	—KA23	主轴速度到达
17	X10.4	CB107A08	—KA24	主轴定向完成
18	Y2.5	CB105B18	—KA5	主轴松刀
19	Y2.6	CB105A19	—KA8	刀库垂直
20	Y2.7	CB105B19	—KA7	刀库水平
21	Y3.0	CB105A20	—KA9	刀库正转
22	Y3.1	CB105B20	—KA10	刀库反转
23	Y3.2	CB105A21	—KA6	刀臂控制
24	Y7.7	CB107B23	—KA19	主轴定向

(5) 电气连接图

① 刀库旋转采用三相交流电机 M3 驱动，刀臂动作采用三相交流电机 M4 驱动。刀库电

机、刀臂电机的电气连接图如图 4-347 所示。接触器 KM4～KM6 线圈电压为 AC110V。

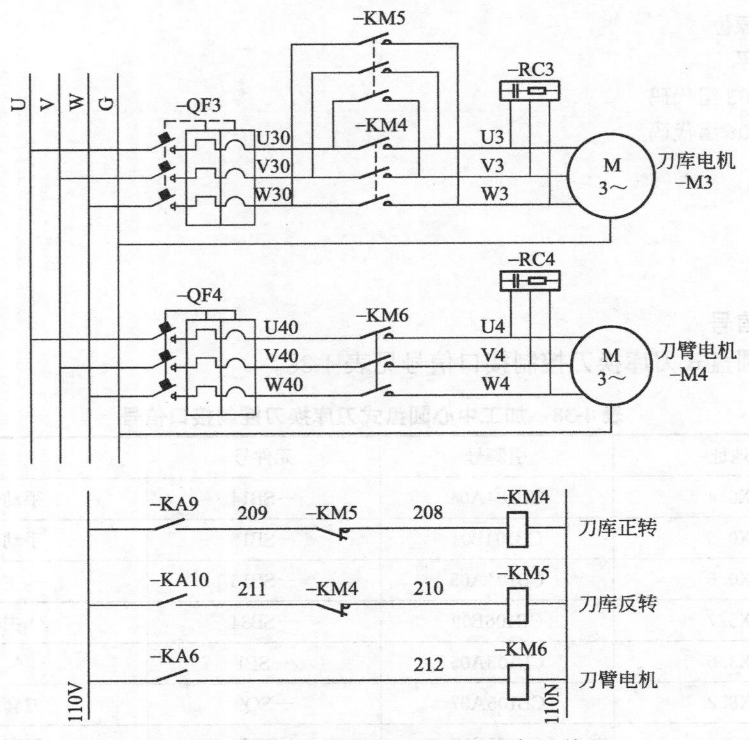

图 4-347　圆盘式刀库及刀臂电机电气连接图

② 主轴松刀、刀套垂直、刀套水平采用启动控制，圆盘式刀库气动电磁阀电气连接图如图 4-348 所示。电磁阀 YC1～YC3 线圈电压为 DC24V。

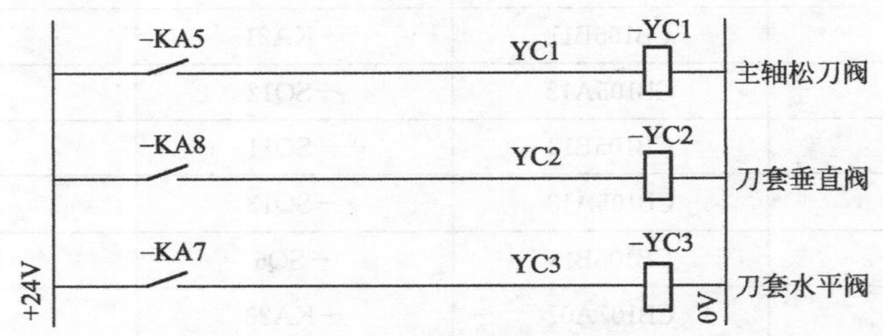

图 4-348　圆盘式刀库气动电磁阀电气连接图

③ 数控系统接电柜用 I/O 单元，其输出首字节定义为 Y0，模块输出信号占用 8 个字节，因此整个模块的输出地址为 Y0～Y7，模块工作电源从 CP1 接口输入 DC24V，如图 4-349 所示。PMC 输出信号 Y2.5～Y3.2 接 CB105 接口，输出信号 Y7.7 接 CB107 接口。

④ 电柜用 I/O 单元，其输入首字节定义为 X0，模块 DI 输入信号占用 12 个字节，因此整个模块的输出地址为 X0～Y11。圆盘式刀库控制按钮输入信号和外部行程开关等 DI 输入信号电气连接图如图 4-350 所示。

⑤ 该设备使用模拟主轴，驱动器采用华中数控主轴驱动器 HSV-18S，与换刀控制相关的主轴输入输出信号连接如图 4-351 所示。

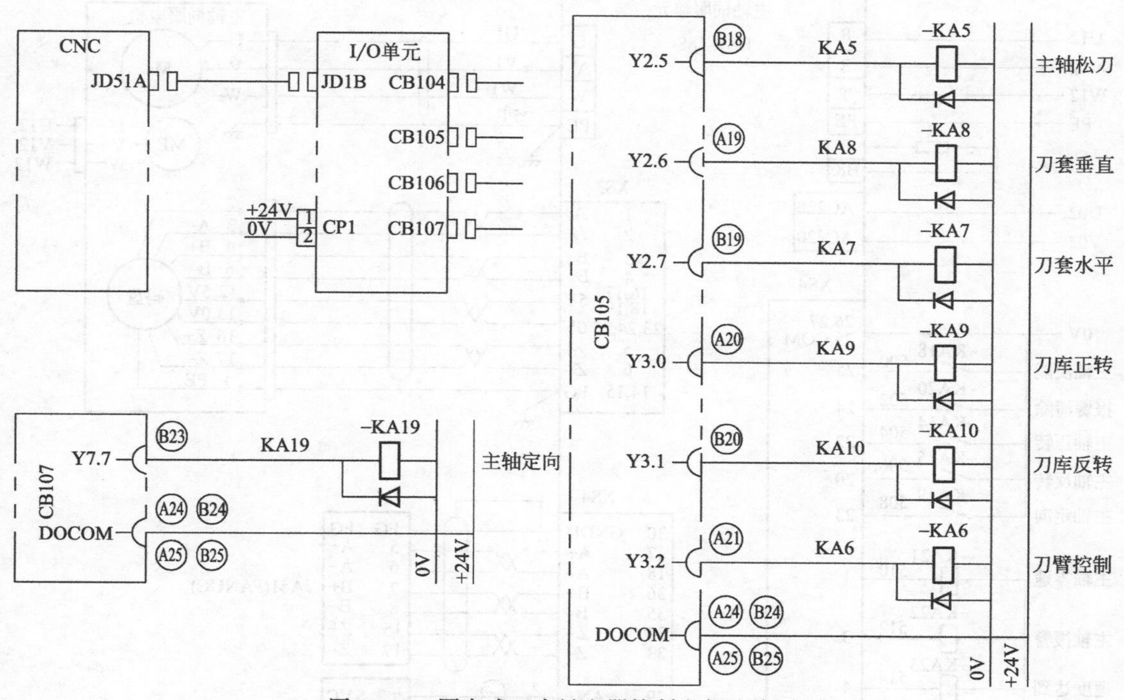

图 4-349　圆盘式刀库继电器控制电气连接图

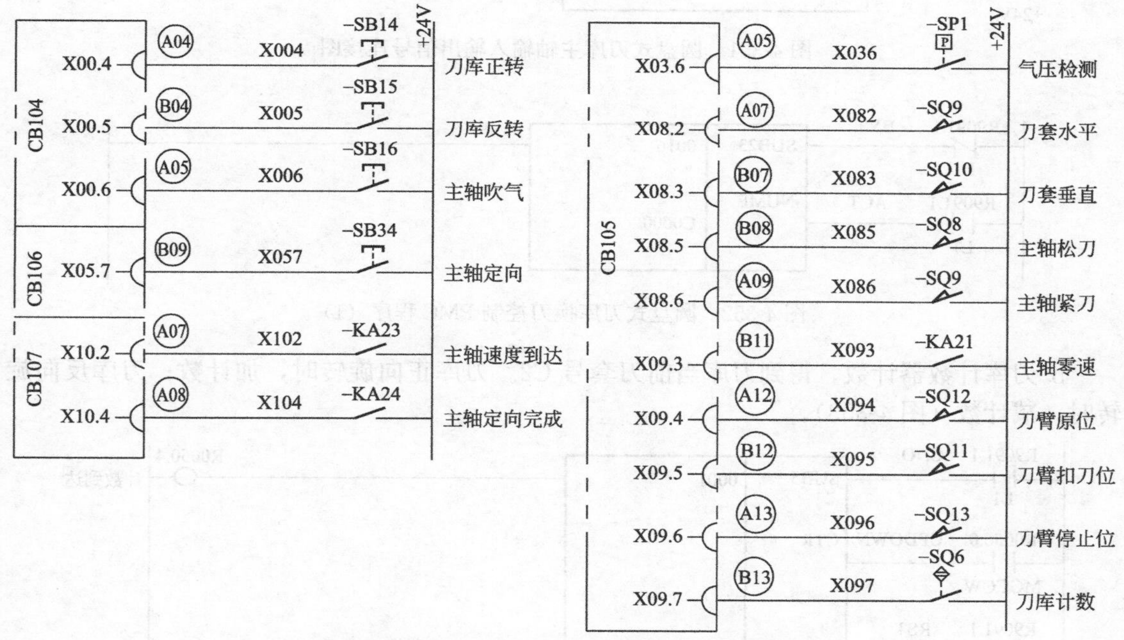

图 4-350　圆盘式刀库 DI 输入信号电气连接图

(6) PMC 程序设计

① 刀库计数器。

a. 刀库计数器使用 1 号计数器，刀库容量为 16，置 1 号计数器计数预置值 C0=16（图 4-352）。

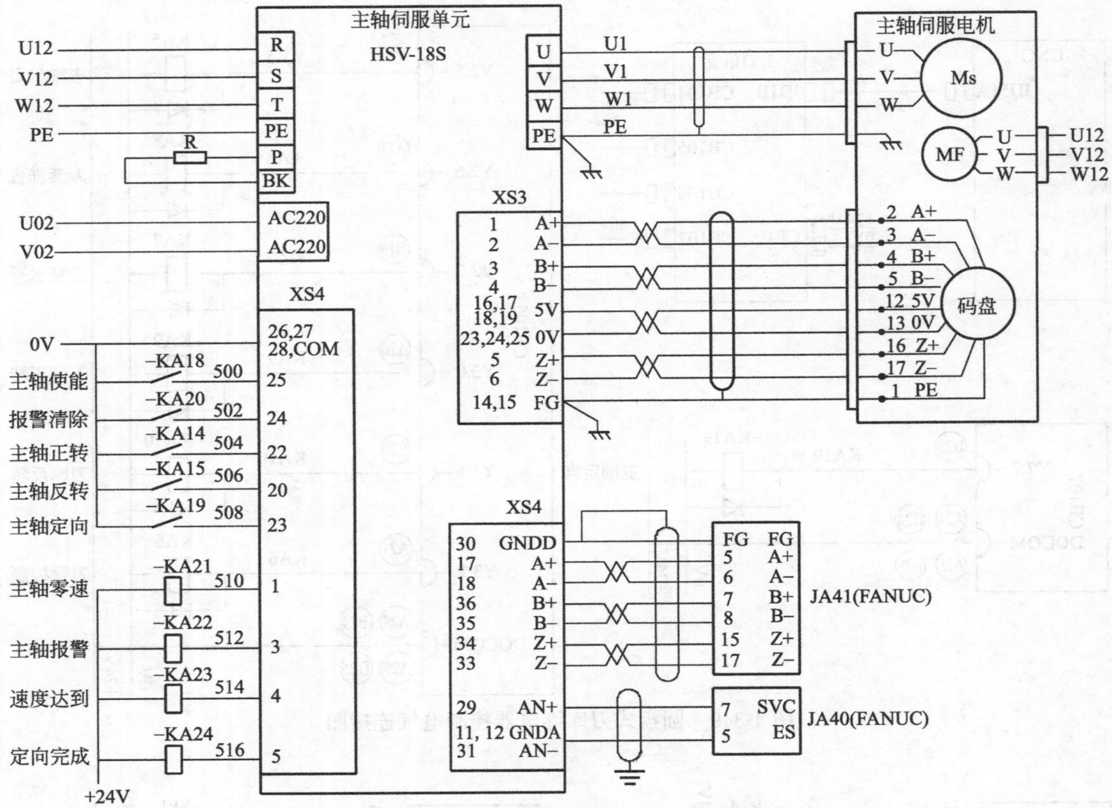

图 4-351　圆盘式刀库主轴输入输出信号连接图

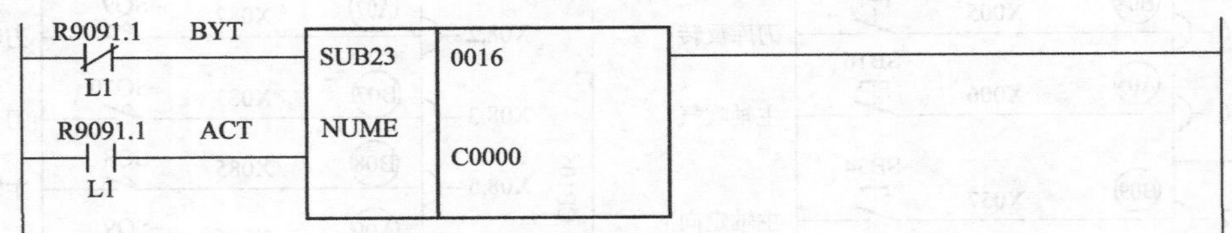

图 4-352　圆盘式刀库换刀控制 PMC 程序（1）

b. 刀库计数器计数，得到刀库当前刀套号 C2。刀库正向旋转时，加计数；刀库反向旋转时，减计数（图 4-353）。

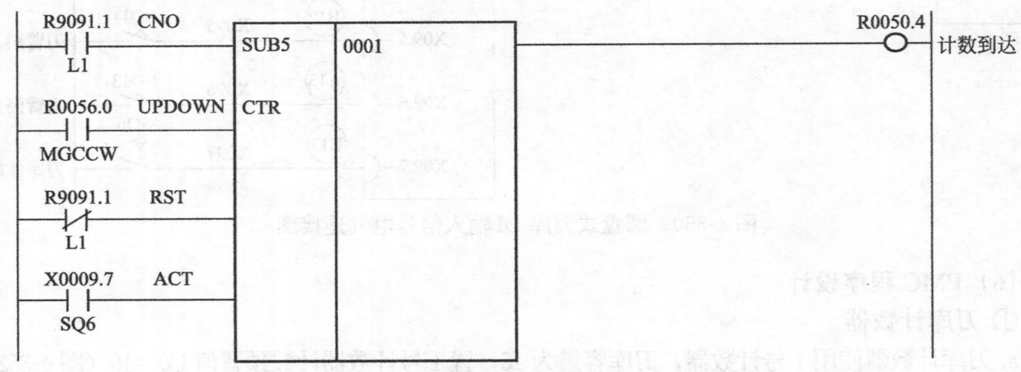

图 4-353　圆盘式刀库换刀控制 PMC 程序（2）

② 换刀用 M 代码译码，译码程序略。

③ 产生 T 代码脉冲信号 R45.7 和 T 代码保持信号 R45.0（图 4-354）。

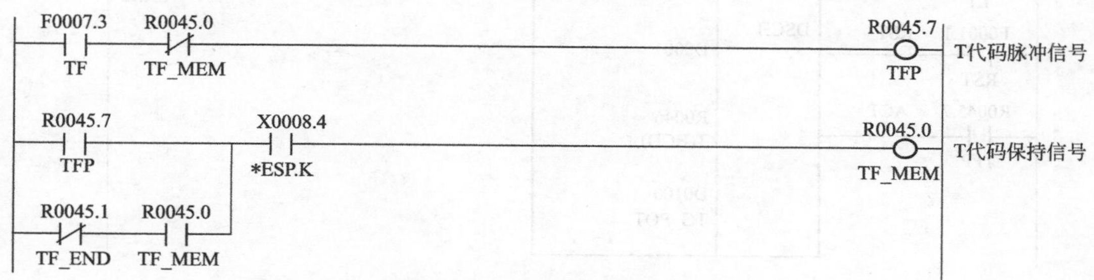

图 4-354 圆盘式刀库换刀控制 PMC 程序（3）

④ 判断主轴上刀具与 T 代码是否一致，当主轴上刀具与 T 代码一致时，程序输出 G54.0=1，即＃1000=1，换刀宏程序跳转至 N115，换刀程序结束（图 4-355）。

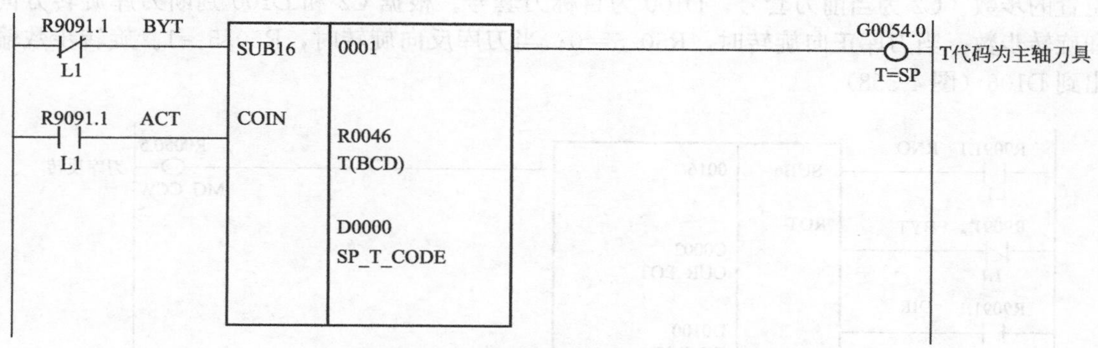

图 4-355 圆盘式刀库换刀控制 PMC 程序（4）

⑤ 检索 T 代码对应的刀套号。

a. 二进制 T 代码转换为 BCD 码，输出到 R46（图 4-356）。

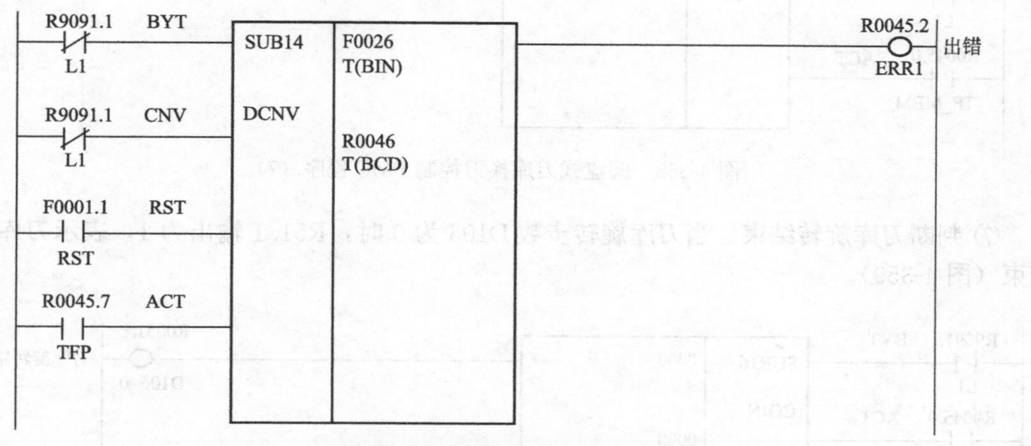

图 4-356 圆盘式刀库换刀控制 PMC 程序（5）

b. 检索 T 代码对应的刀套号，并将检索结果输出到 D100。刀库数据表容量 16，表头地址为 D1（图 4-357）。

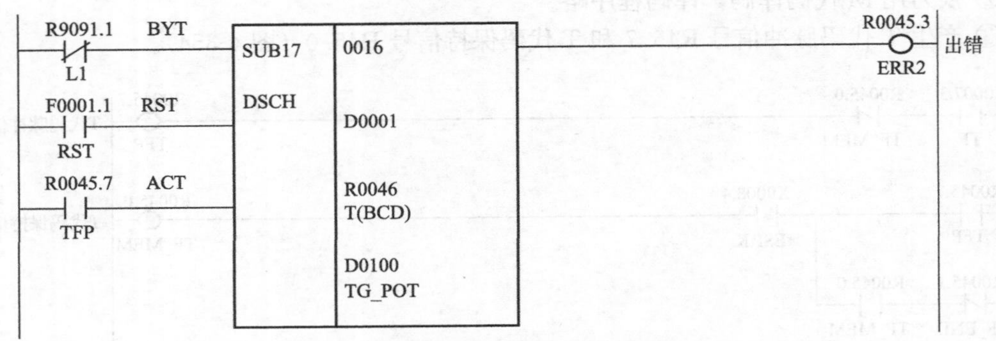

图 4-357 圆盘式刀库换刀控制 PMC 程序（6）

⑥ 判断刀库旋转方向和计算旋转步数。RNO 为 1，表示刀库旋转起始位置为 1；DIR 为 1，刀库按就近路径选刀；POS 为 0，表示计算目标位置；INC 为 1，表示计算到达目标位置的步数。C2 为当前刀套号；D100 为目标刀套号。根据 C2 和 D100 判断刀库旋转方向和旋转步数。当刀库正向旋转时，R50.5＝0；当刀库反向旋转时，R50.5＝1。旋转步数输出到 D106（图 4-358）。

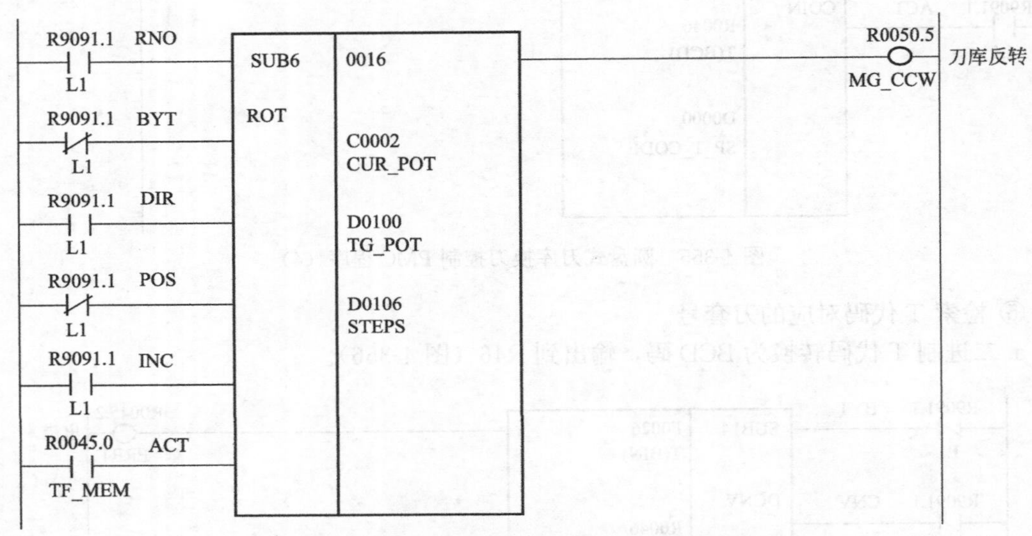

图 4-358 圆盘式刀库换刀控制 PMC 程序（7）

⑦ 判断刀库旋转结束。当刀库旋转步数 D106 为 0 时，R51.1 输出为 1，表示刀库旋转结束（图 4-359）。

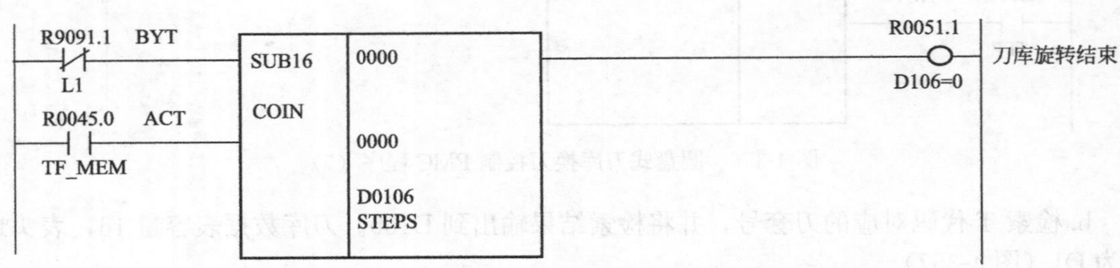

图 4-359 圆盘式刀库换刀控制 PMC 程序（8）

⑧ 判断刀库当前刀套号是否与目标刀套号一致。如果一致，输出 R51.0=1（图 4-360）。

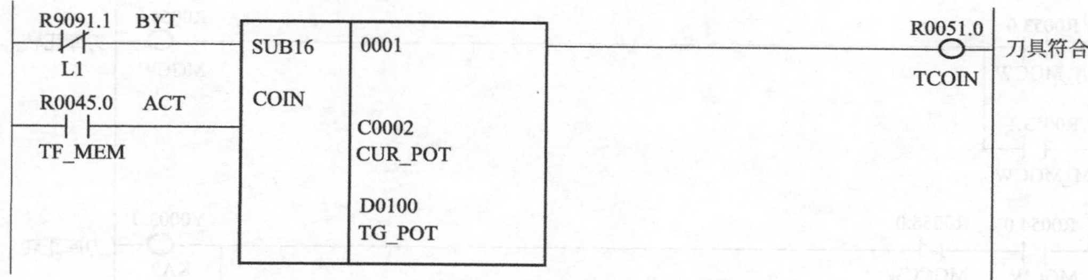

图 4-360 圆盘式刀库换刀控制 PMC 程序（9）

⑨ 刀库正转。

a. 自动刀库正转。当发出 T 代码时，如果刀库当前刀套号与目标刀套号不一致，即 R51.0=0；或主轴上刀具与 T 代码不一致，即 G54.0=0；且 ROT 指令计算刀库就近旋转方向为正向，即自动启动刀库正转。当旋转到刀库当前刀套号与目标刀套号一致后，用刀库计数信号的延时信号 R560.7 停止刀库正转。刀库正转的前提条件是刀套处于水平状态（图 4-361）。

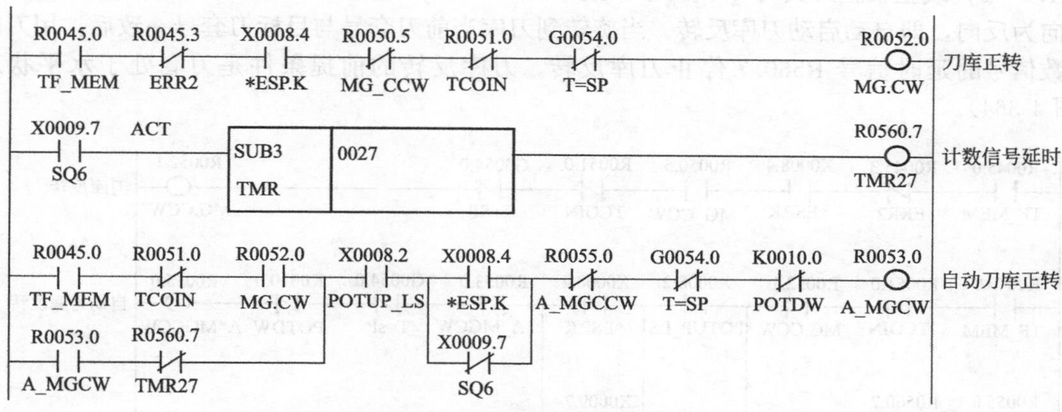

图 4-361 圆盘式刀库换刀控制 PMC 程序（10）

b. 手动刀库正转。在 JOG 方式下，手动刀库正转按钮信号 X0.4 可手动启动刀库正转，用刀库计数信号的延时信号 R560.7 停止刀库正转。刀库正转的前提条件是刀套处于水平状态（图 4-362）。

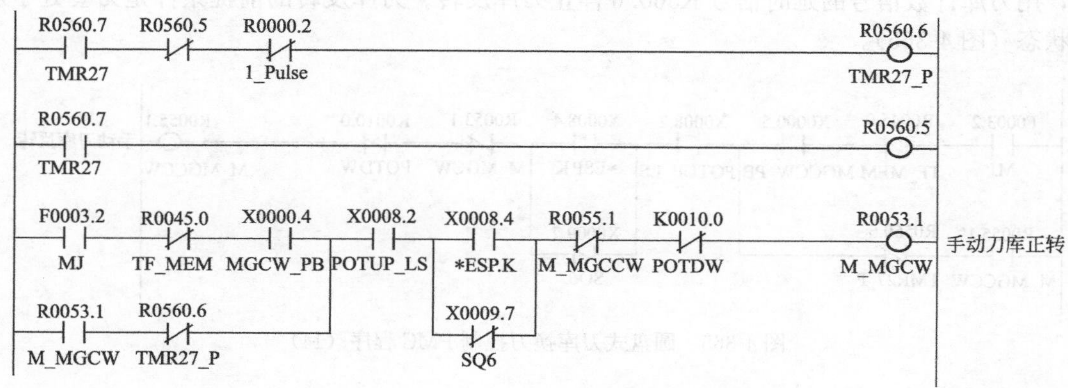

图 4-362 圆盘式刀库换刀控制 PMC 程序（11）

c. 刀库正转输出（图 4-363）。

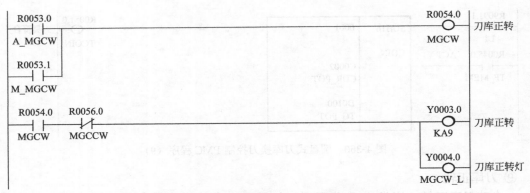

图 4-363　圆盘式刀库换刀控制 PMC 程序（12）

⑩ 刀库反转。

a. 自动刀库反转。当发出 T 代码时，如果刀库当前刀套号与目标刀套号不一致，即 R51.0=0；或主轴上刀具与 T 代码不一致，即 G54.0=0；且 ROT 指令计算刀库就近旋转方向为反向，即自动启动刀库反转。当旋转到刀库当前刀套号与目标刀套号一致后，用刀库计数信号的延时信号 R560.7 停止刀库反转。刀库反转的前提条件是刀套处于水平状态（图 4-364）。

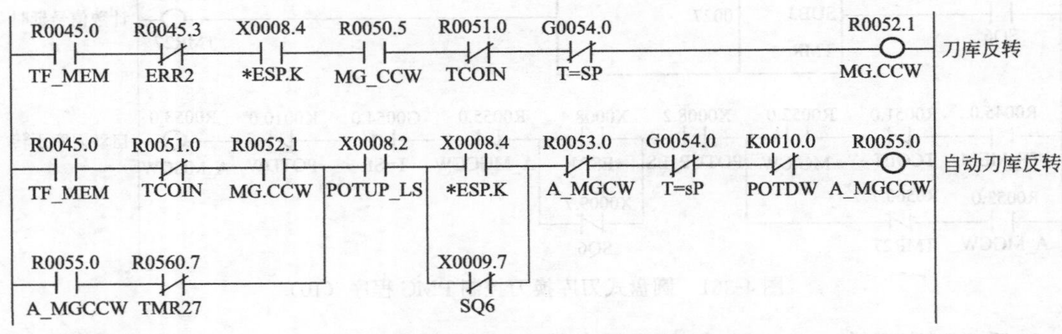

图 4-364　圆盘式刀库换刀控制 PMC 程序（13）

b. 手动刀库反转。在 JOG 方式下，手动刀库反转按钮信号 X0.5，可手动启动刀库正转，用刀库计数信号的延时信号 R560.6 停止刀库反转。刀库反转的前提条件是刀套处于水平状态（图 4-365）。

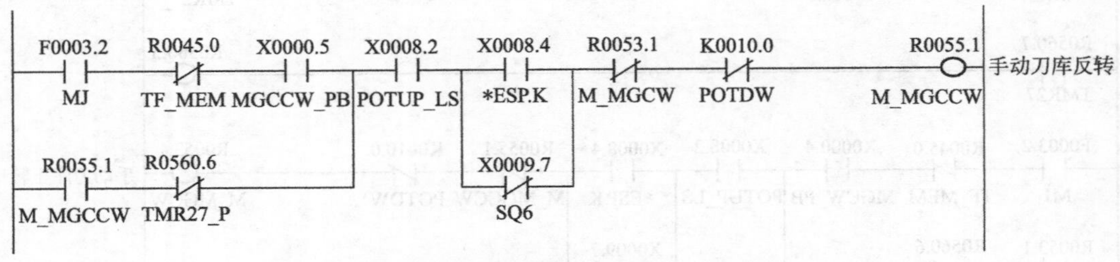

图 4-365　圆盘式刀库换刀控制 PMC 程序（14）

c. 刀库反转输出（图 4-366）。

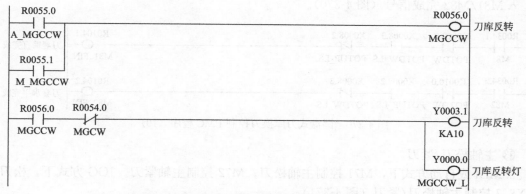

图 4-366　圆盘式刀库换刀控制 PMC 程序（15）

⑪ T 代码结束信号（图 4-367）。

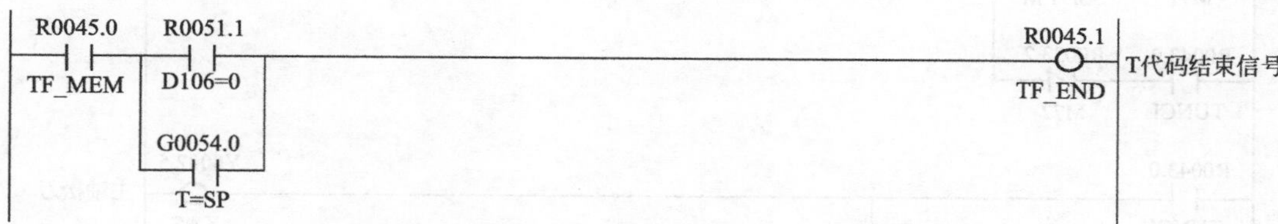

图 4-367　圆盘式刀库换刀控制 PMC 程序（16）

⑫ 刀套水平/垂直。

a. M81 控制刀套垂直（图 4-368）。

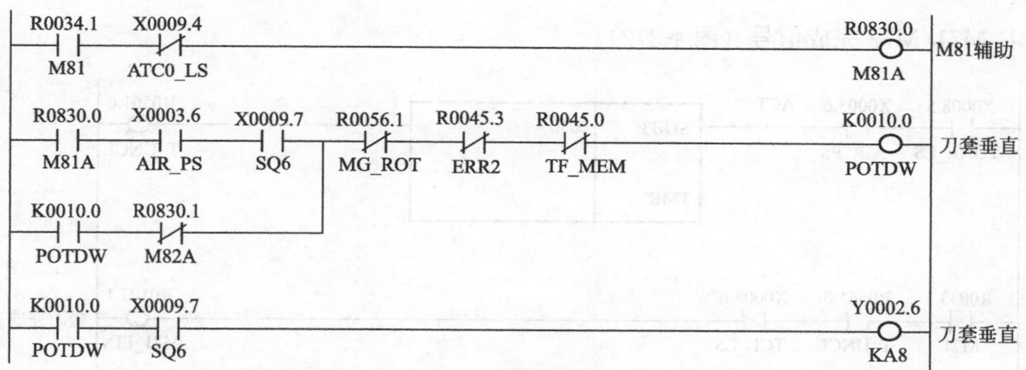

图 4-368　圆盘式刀库换刀控制 PMC 程序（17）

b. M82 控制刀套水平（图 4-369）。

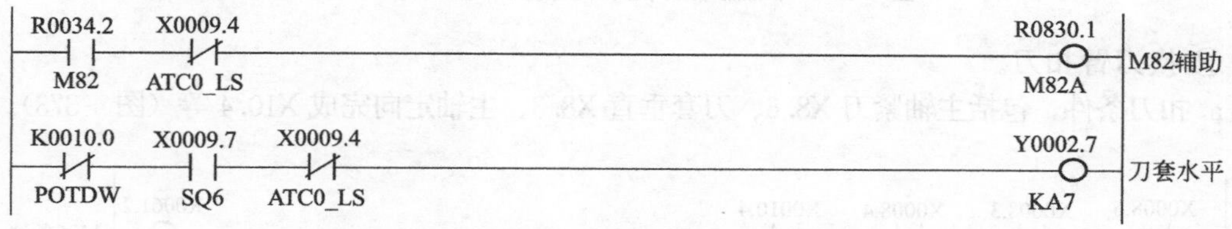

图 4-369　圆盘式刀库换刀控制 PMC 程序（18）

c. M81/M82 完成信号（图 4-370）。

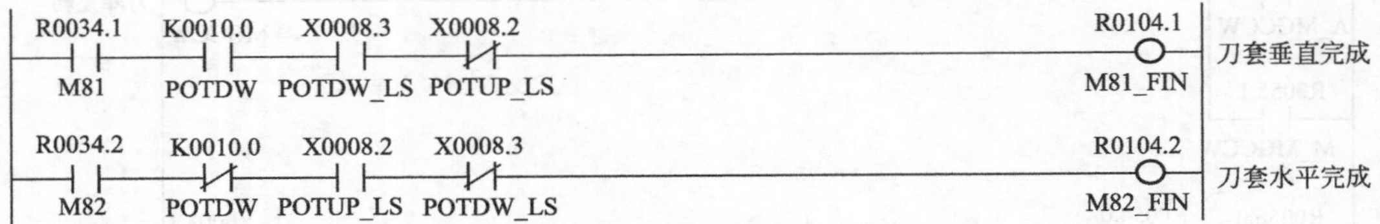

图 4-370　圆盘式刀库换刀控制 PMC 程序（19）

⑬ 主轴松刀/紧刀。

a. MDI 或自动方式下，M71 控制主轴松刀；M72 控制主轴紧刀。JOG 方式下，松刀按钮 X8. 7 控制主轴松刀/紧刀（图 4-371）。

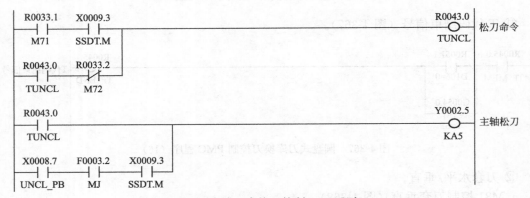

图 4-371　圆盘式刀库换刀控制 PMC 程序（20）

b. M71/M72 完成信号（图 4-372）。

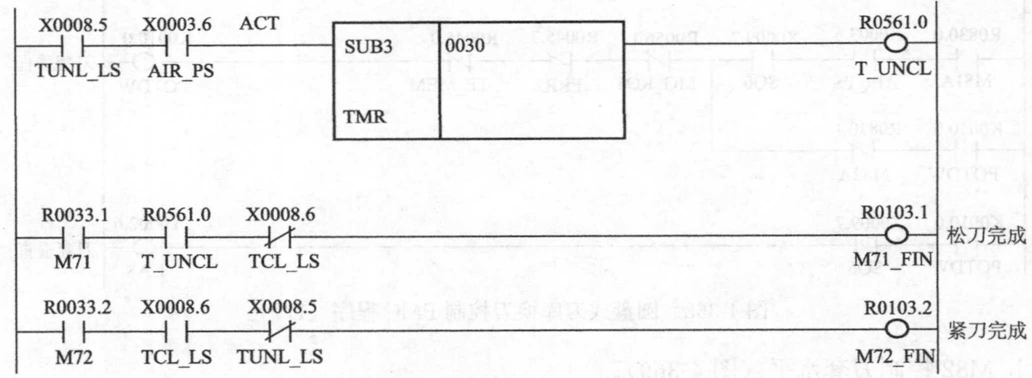

图 4-372　圆盘式刀库换刀控制 PMC 程序（21）

⑭ 换刀臂扣刀。

a. 扣刀条件，包括主轴紧刀 X8. 6、刀套垂直 X8. 3、主轴定向完成 X10. 4 等（图 4-373）。

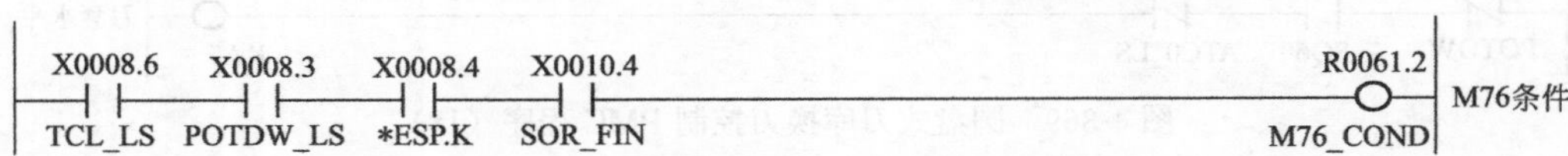

图 4-373　圆盘式刀库换刀控制 PMC 程序（22）

b. 用 M76 脉冲信号 R61.0 产生扣刀命令 R61.3。当发出扣刀位置到达 R60.4 为 1 或换刀臂停止位置到达 R60.0 为 1，取消换扣刀命令 R61.3（图 4-374）。

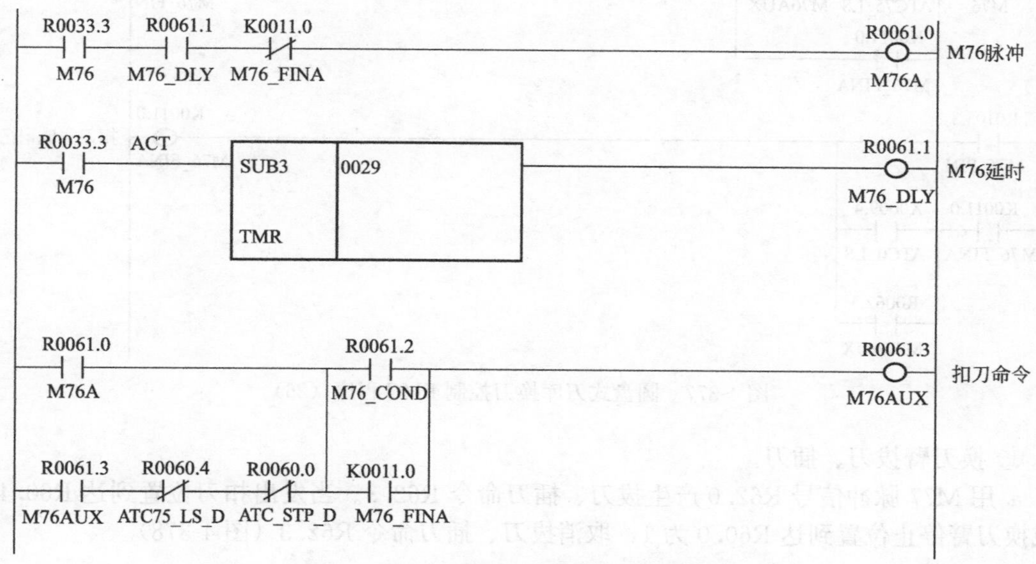

图 4-374　圆盘式刀库换刀控制 PMC 程序（23）

c. 取扣刀位置接近开关信号 X9.5 的下降沿作为扣刀位置到达信号（图 4-375）。

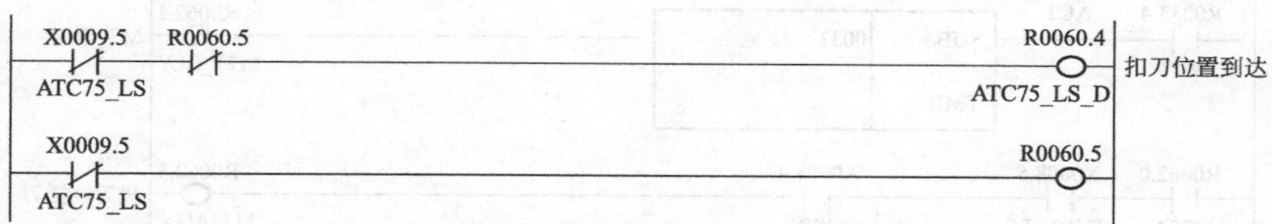

图 4-375　圆盘式刀库换刀控制 PMC 程序（24）

d. 取换刀臂停止位置接近开关信号 X9.6 的下降沿作为停止位置到达信号（图 4-376）。

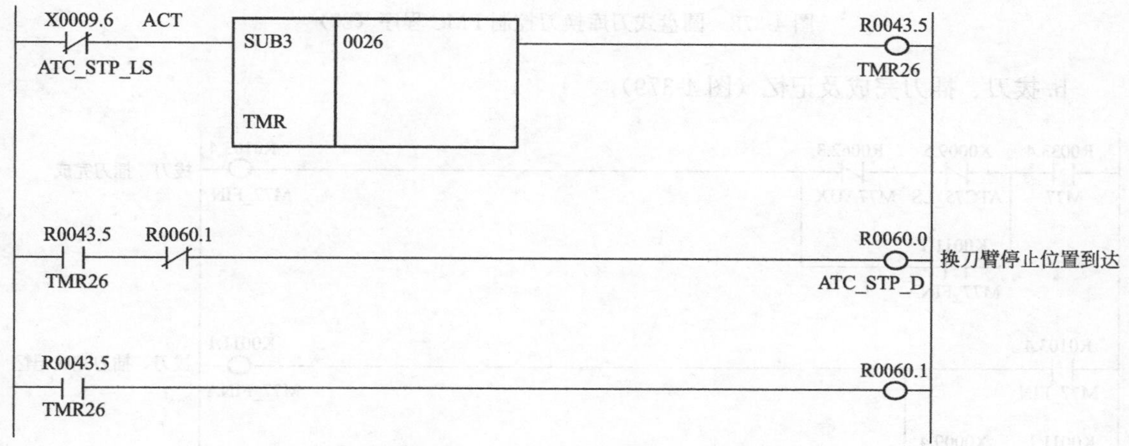

图 4-376　圆盘式刀库换刀控制 PMC 程序（25）

e. 扣刀完成及记忆（图 4-377）。

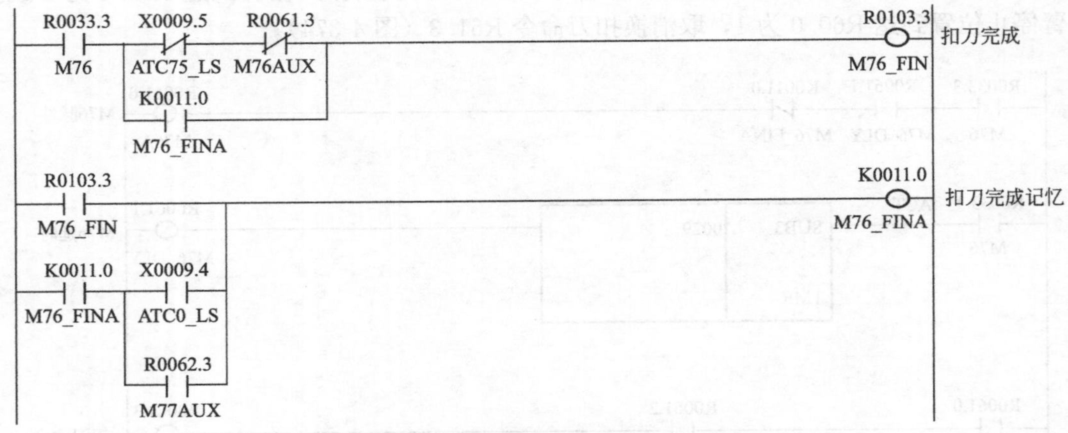

图 4-377　圆盘式刀库换刀控制 PMC 程序（26）

⑮ 换刀臂拔刀、插刀。

a. 用 M77 脉冲信号 R62.0 产生拔刀、插刀命令 R62.3。当发出扣刀位置到达 R60.4 为 1 或换刀臂停止位置到达 R60.0 为 1，取消拔刀、插刀命令 R62.3（图 4-378）。

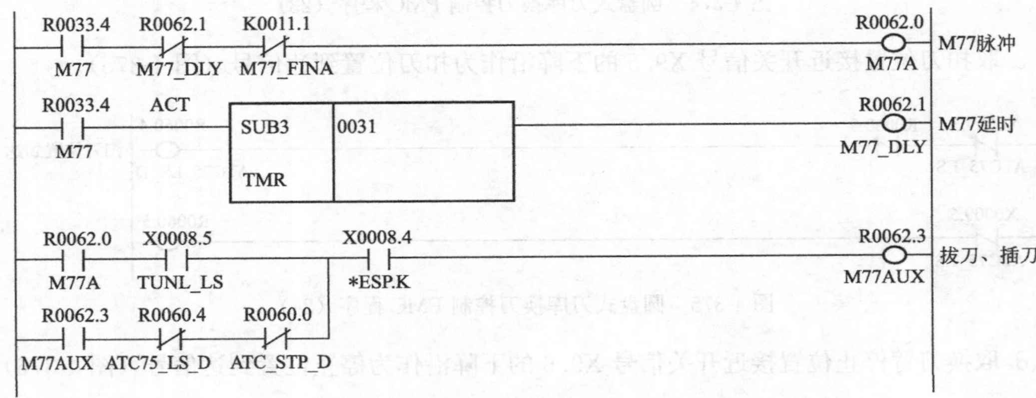

图 4-378　圆盘式刀库换刀控制 PMC 程序（27）

b. 拔刀、插刀完成及记忆（图 4-379）。

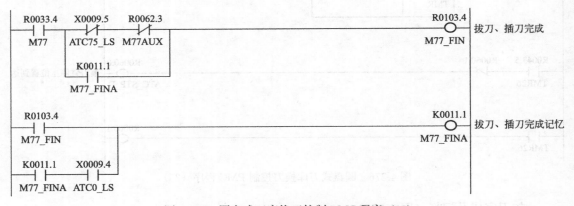

图 4-379　圆盘式刀库换刀控制 PMC 程序（28）

⑯ 换刀臂回零。

a. 用 M78 脉冲信号 R63.0 产生换刀臂回零命令 R63.3。当发出扣刀位置到达 R60.4 为 1 或换刀臂停止位置到达 R60.0 为 1，取消换刀臂回零命令 R63.3（图 4-380）。

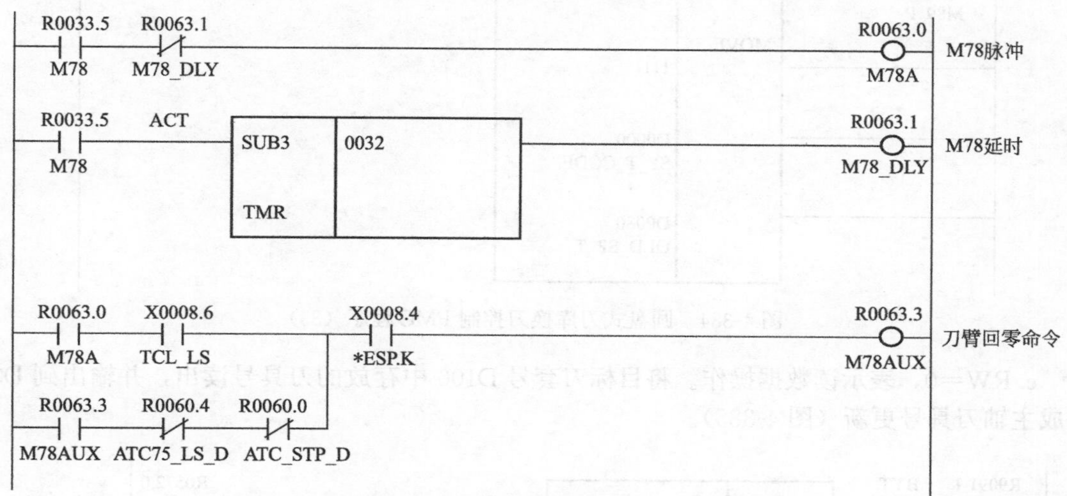

图 4-380 圆盘式刀库换刀控制 PMC 程序（29）

b. 换刀臂回零完成（图 4-381）。

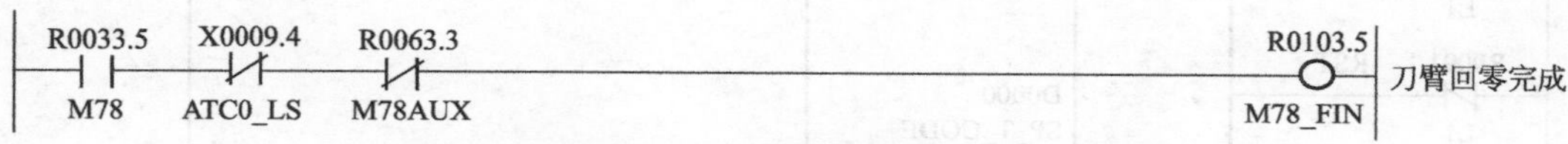

图 4-381 圆盘式刀库换刀控制 PMC 程序（30）

⑰ 换刀臂控制输出（图 4-382）。

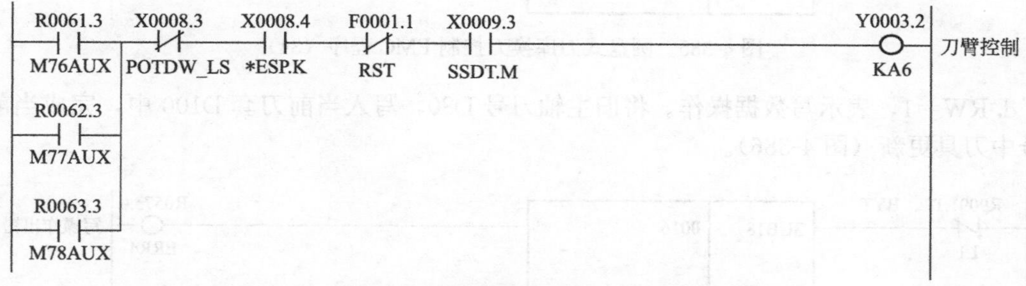

图 4-382 圆盘式刀库换刀控制 PMC 程序（31）

⑱ 刀库数据表更新。

a. 取 M89 脉冲信号作为刀库数据表更新的启动信号（图 4-383）。

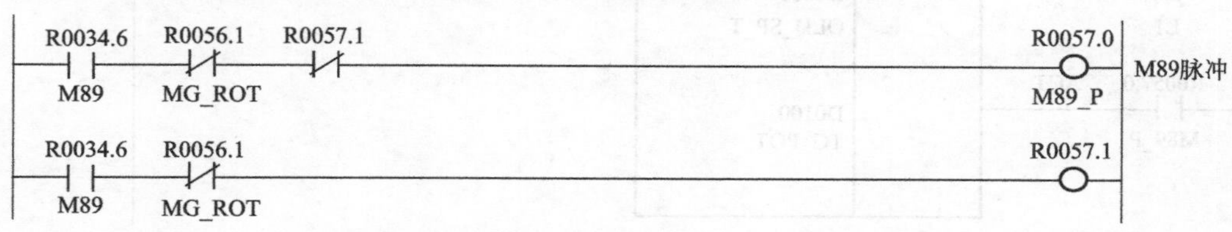

图 4-383 圆盘式刀库换刀控制 PMC 程序（32）

b. 将主轴上刀号数据 D0 写入中间寄存器 D80 中暂存（图 4-384）。

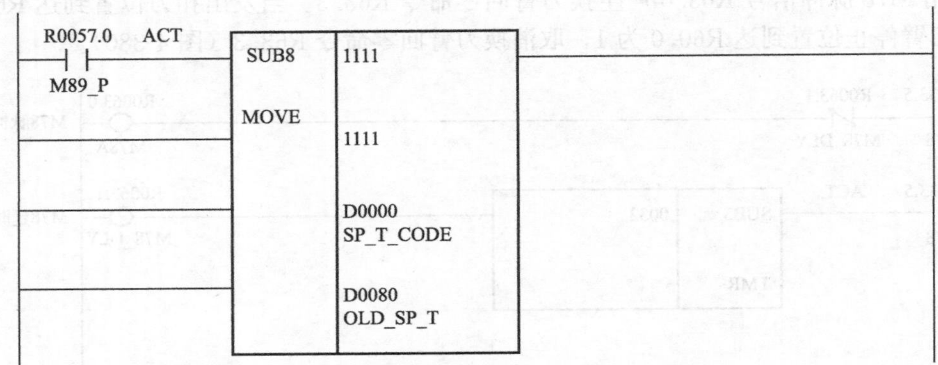

图 4-384 圆盘式刀库换刀控制 PMC 程序（33）

c. RW=0，表示读数据操作。将目标刀套号 D100 中存放的刀具号读出，并输出到 D0，完成主轴刀具号更新（图 4-385）。

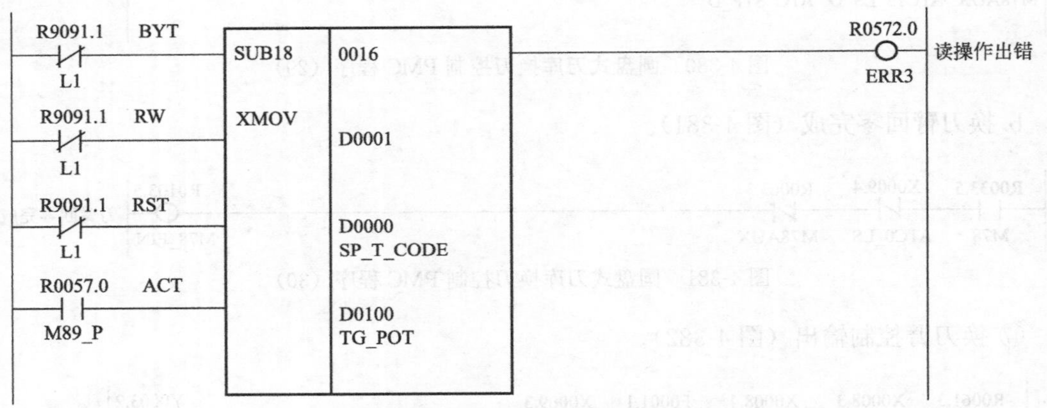

图 4-385 圆盘式刀库换刀控制 PMC 程序（34）

d. RW=1，表示写数据操作。将旧主轴刀号 D80，写入当前刀套 D100 中，完成当前刀套号中刀具更新（图 4-386）。

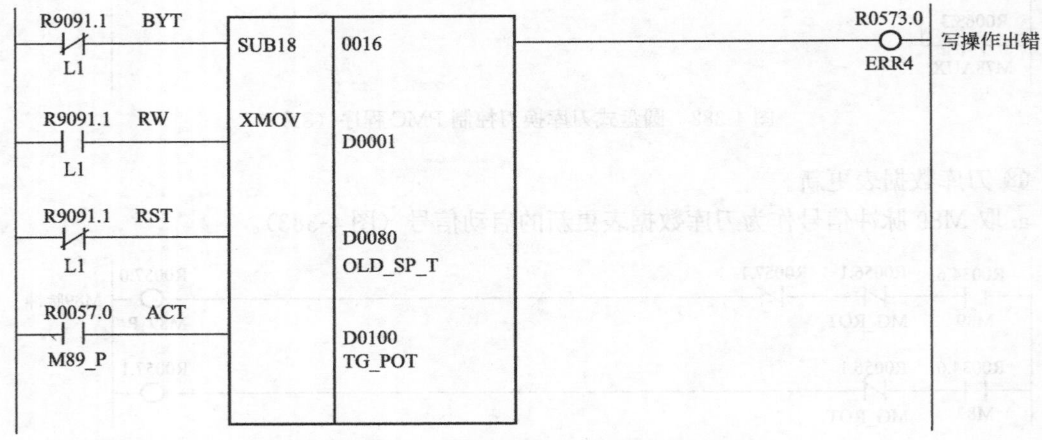

图 4-386 圆盘式刀库换刀控制 PMC 程序（35）

⑲ M89 完成信号（图 4-387）。

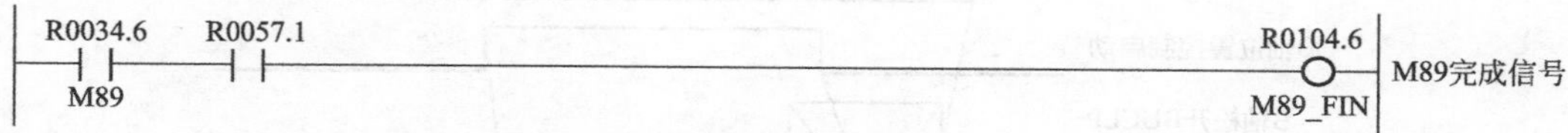

图 4-387　圆盘式刀库换刀控制 PMC 程序（36）

4.10　B 功能设计

4.10.1　分度数控轴的分度过程

回转工作台是数控铣、加工中心等数控机床不可缺少的重要部件。它的作用是按照 CNC 系统的指令作回转分度或连续回转进给。常用的回转工作台有分度工作台和数控回转工作台。

分度工作台的功能是在需要分度时，将工作台及其工件回转一定的角度。其作用是在加工中自动完成工件的转位换面，实现工件一次安装完成几个面的加工。按照采用的定位元件不同，有定位销式分度工作台和鼠牙盘式分度工作台。通常分度工作台的分度运动只限于某些规定的角度，不能实现 0～360°范围内任意角度的分度。

（1）分度动作时序

使用分度轴功能，在自动或 MDI 方式下使用 B 指令指定分度角度，可以增量值编程也可以绝对值编程；在手动方式，只能执行手动回参考点操作。手动回零时，分度动作时序与 B 指令基本相同。

分度工作台定位的时序分 A 型和 B 型，分别见图 4-388 和图 4-389。其不同之处在于伺服位置控制接通关闭时序不同。其动作顺序如下：

① 程序指定 B 指令；

② CNC 将 B 轴松开信号 BUCLP(F61.0) 置 1；

③ 工作台抬起，B 轴夹紧解除；待工作台抬起完成后，B 轴松开完成信号 * BEUCL (G38.6) 为 0；

④ 接着 CNC 将 B 轴松开信号 BUCLP(F61.0) 置 0，表明它已接收到 * BEUCL 信号；

⑤ 当 PMC 得知 BUCLP 已为 0 时，PMC 将 * BEUCL 信号置 1；

⑥ B 轴旋转；

⑦ 当 B 轴距指令位置的偏差小于该轴的到位宽度（参数 1826）时，CNC 将 B 轴夹紧信号 BCLP(F61.1) 置 1；同时 B 轴伺服关断；

⑧ 当 PMC 得知 BCLP(F61.1) 为 1 后，工作台落下，B 轴夹紧。夹紧完成后，B 轴夹紧完成信号 * BECLP(G38.7) 置 0；

⑨ 当 * BECLP 为 0，CNC 将 BCLP 置 0，表明 CNC 已收到夹紧完成信号 * BECLP；

⑩ 在 PMC 侧，当 BCLP 变为 0 时，* BECLP 变为 1。

A 型和 B 型分度时序中伺服位置控制接通关闭时序不同之处如下：

① A 型时序，B 轴松开完成信号 * BEUCL(G38.6) 为 0 时，伺服接通；B 型时序，B 轴松开信号 BUCLP(F61.0) 为 1 时，B 轴伺服即接通。

② A 型时序，B 轴夹紧信号 BCLP(F61.1) 为 1 时，伺服关闭；B 型时序，B 轴夹紧完成信号 * BECLP(G38.7) 为 0 时，B 轴伺服关闭。

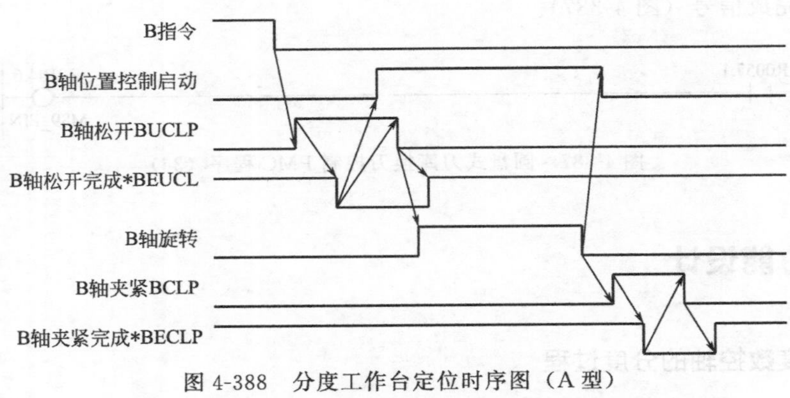

图 4-388　分度工作台定位时序图（A 型）

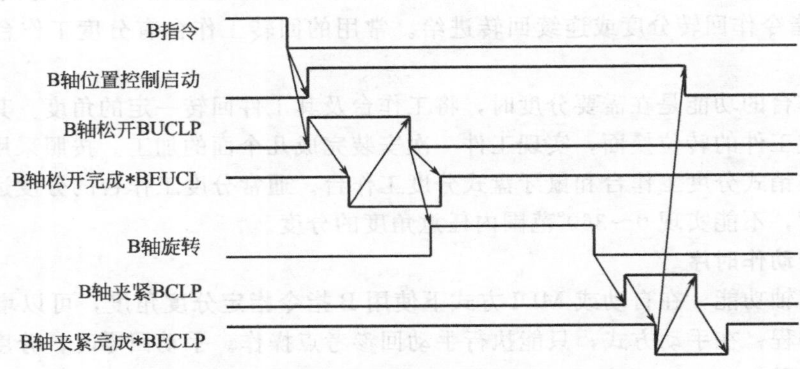

图 4-389　分度工作台定位时序图（B 型）

（2）参数整定

FANUC-0iD 数控系统分度功能相关系统参数如下：

5500＃0（DDP）：分度轴的小数点输入方式选择（0：常规的方法；1：采用计算器的小数点输入方式）。

5500＃1（REL）：分度台分度轴的相对坐标系的位置显示是否四舍五入到一转之内（0：不四舍五入到一转之内；1：四舍五入到一转之内）。

5500＃2（ABS）：分度台分度轴的绝对坐标系的位置显示是否四舍五入到一转之内（0：不四舍五入到一转之内；1：四舍五入到一转之内）。

5500＃3（INC）：不设定负向旋转指令 M 代码（参数 5511）时，是否将 G90 方式下的旋转方向设定为快捷方向（0：不按短路径回转；1：按短路径回转，此时，务必将参数 5500＃2 设定为 1）。

5500＃4（G90）：分度轴的指令始终为绝对指令否（0：根据 G90/G91 方式，视其为绝对/增量指令；1：始终视为绝对指令）。

5500＃6（SIM）：在相同程序段中指令了分度台分度轴的指令与其他的控制轴的指令时，报警否（0：取决于参数 5502＃0 的设定；1：执行指令）。

5500＃7（IDX）：分度定位方式选择（0：A 型；1：B 型）。

5501＃0（ITI）：分度功能有效否（0：有效；1：无效）。

5501＃1（ISP）：夹紧完成时的分度轴伺服关断处理（0：在 CNC 侧进行处理；1：取决于从 PMC 侧输入的伺服关断信号 G126 的状态）。

5502＃0（IXS）：在与分度台分度轴的指令相同的程序段进行指令时，报警否（0：发出报警 PS1564；1：执行指令）。

5510：分度台分度轴控制轴号。

5511：分度台分度负向旋转指令 M 代码。一般地，分度轴始终朝正向移动；只有在指令该 M 代码时才朝负向移动。

5512：分度台分度轴最小定位角度。此参数设定分度台分度轴的最小定位角度（移动量）。定位指令的移动量务须设定为此设定值的整数倍。设定值为 0 时不进行移动量的检测。

4.10.2 基于分度数控轴的分度功能设计

(1) 分度工作台伺服驱动方案

某卧式加工中心一共有 4 个伺服进给轴和 1 个主轴。B 轴，即工作台回转轴采用半闭环控制方式，是数控系统中第 4 伺服轴。

B 轴伺服电机采用 α8/3000i 电机驱动工作台回转。其机械传动系包含 4∶1 行星减速器和 45∶1 的齿轮减速箱。总减速比为 180∶1。B 轴传动示意图如图 4-390 所示。

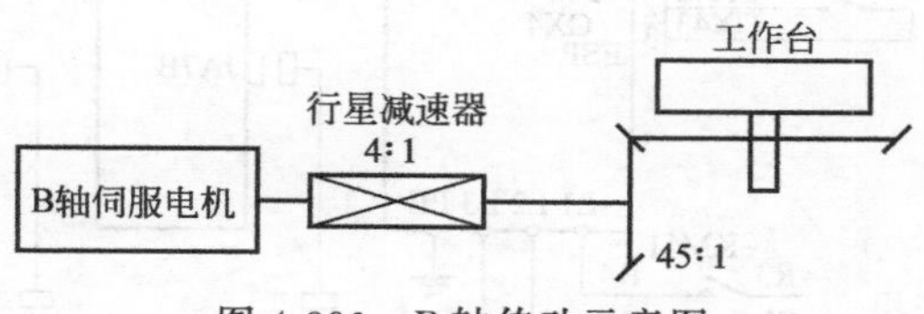

图 4-390 B 轴传动示意图

该加工中心工作台为鼠牙盘式分度工作台。分度盘由相同的上下齿盘组成，齿盘的齿数为 360 齿，因此最小分度为 1°。其工作过程是：第一步，工作台抬起，齿盘脱离啮合；第二步，回转分度；第三步，工作台下降，完成定位夹紧。

(2) 接口信号

基于分度数控轴的分度功能相关控制接口信号见表 4-39。

表 4-39 基于分度数控轴的分度功能相关控制接口信号

序号	地址号	插头号	符号名	元件代号	注释
1	X9.6	CB105A05	SP7	－SP7	托架定位
2	X9.7	CB105B05	SP8	－SP8	托架夹紧
3	X13.2	CB107A03	SQ74	－SQ74	Z 轴在换刀位
4	X14.6	CB105A09	SQ11	－SQ11	工作台限制转位
5	X16.3	CB107B07	SQ36	－SQ36	工作台在抬起位
6	X16.4	CB107A08	SQ37	－SQ37	工作台在落下位
7	Y9.3	CB106B21	KA44	－KA44	工作台抬起阀 YV10
8	F1.1		RST		系统复位
9	F61.0		BUCLP		B 轴松开
10	F61.1		BCLP		B 轴夹紧
11	F94.2		ZPZ		Z 轴零点
12	F94.3		ZP4		B 轴零点
13	F96.2		ZP2Z		Z 轴二参
14	G38.6		* BEUCL		B 轴松开完成
15	G38.7		* BECLP		B 轴夹紧完成
16	G126.3		SVF4		B 轴伺服关断
17	G130.3		* IT		B 轴互锁

(3) 电气连接图

① B轴伺服放大器连接图如图 4-391 所示。B轴伺服放大器规格为 SVM1-40i。

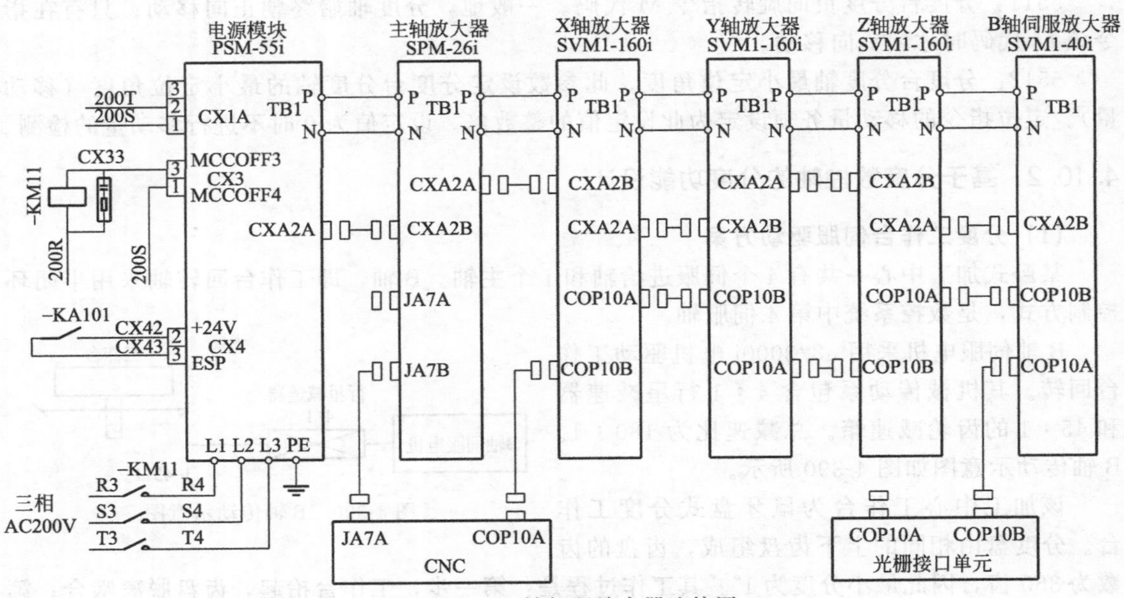

图 4-391 B轴伺服放大器连接图

② B轴伺服电机连接如图 4-392 所示。B轴伺服电机规格为 α8/3000i。图中 JF1 为编码器反馈接口。

③ I/O 模块连接如图 4-393 所示。I/O LINK 共连接了 2 组 I/O 模块。0 组为操作面板 I/O 模块，输入地址为 X0～X5，输出地址为 Y0～Y3。1 组为 I/O 单元，输入地址为 X6～X21，输出地址为 Y4～Y11。

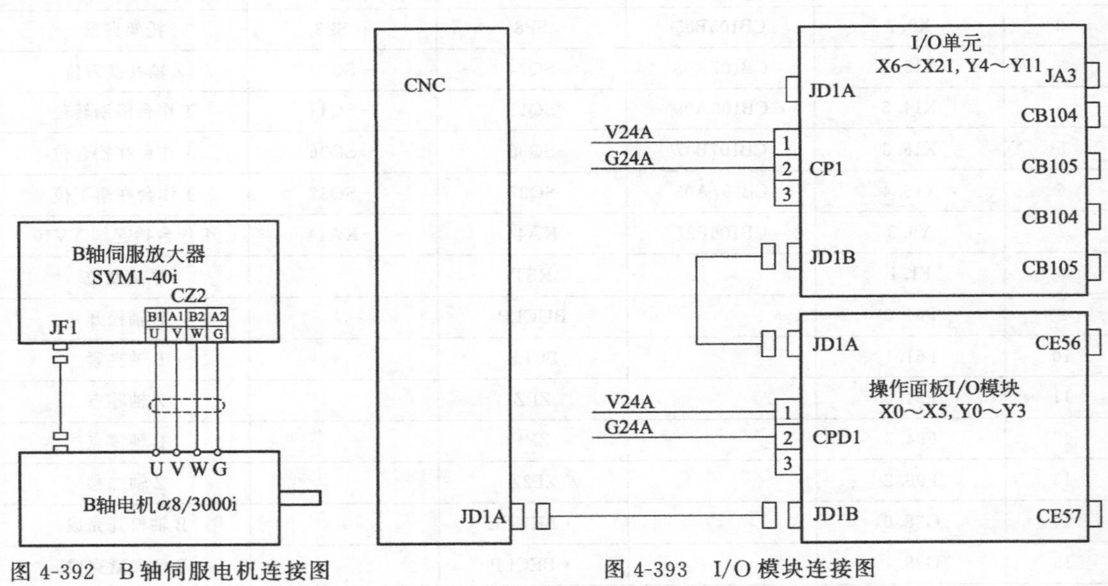

图 4-392 B轴伺服电机连接图

图 4-393 I/O 模块连接图

④ I/O 信号连接如图 4-394 所示。工作台抬起电磁阀 YV10 线圈电压为 DC24V，线号 800 为 DC24V 电源＋，线号 801 为 DC24V 电源－。

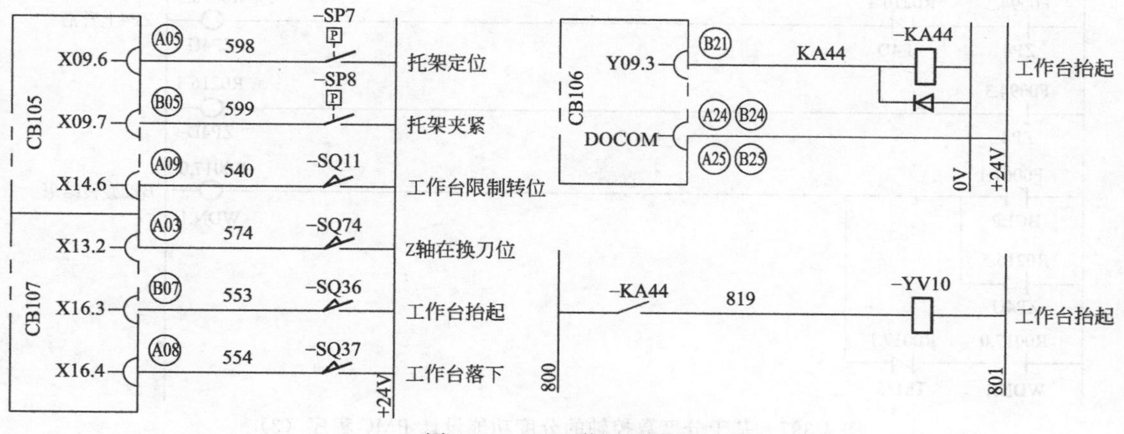

图 4-394　I/O 信号连接图

(4) PMC 程序设计

① 工作台抬起。

出于维修和调整的需要，设计 M 代码用于工作台的抬起和落下。因此工作台抬起启动信号有 2 个：BUCLP（F61.0）（图 4-395）和 M54（R10.6）；落下启动也有 2 个信号：BCLP（F61.1）和 M55（R10.7）。

图 4-395　基于分度数控轴的分度功能设计 PMC 程序（1）

② B 轴松开完成（图 4-396）。

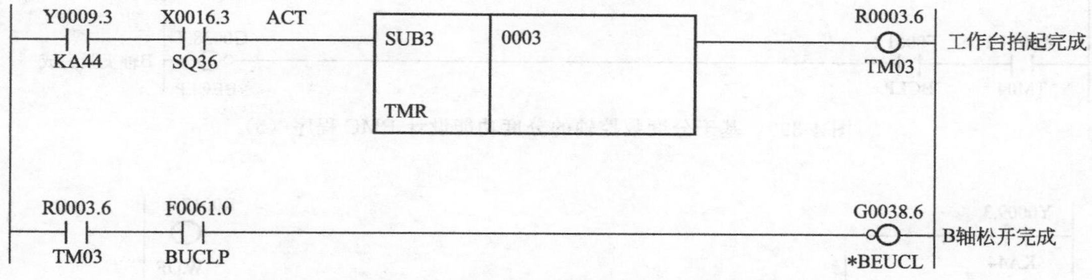

图 4-396　基于分度数控轴的分度功能设计 PMC 程序（2）

③ B 轴旋转结束（图 4-397）。

④ 工作台落下（图 4-398）。

⑤ B 轴夹紧完成（图 4-399）。

⑥ B 轴伺服关断（图 4-400）。

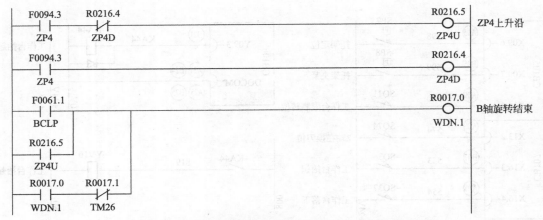

图 4-397 基于分度数控轴的分度功能设计 PMC 程序（3）

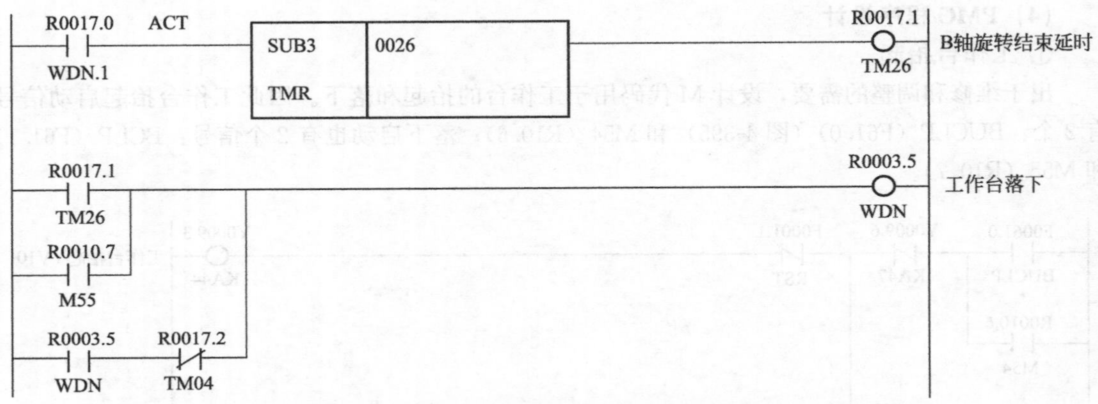

图 4-398 基于分度数控轴的分度功能设计 PMC 程序（4）

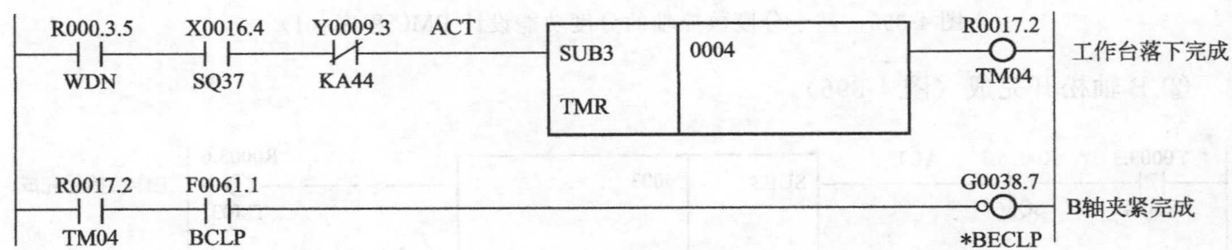

图 4-399 基于分度数控轴的分度功能设计 PMC 程序（5）

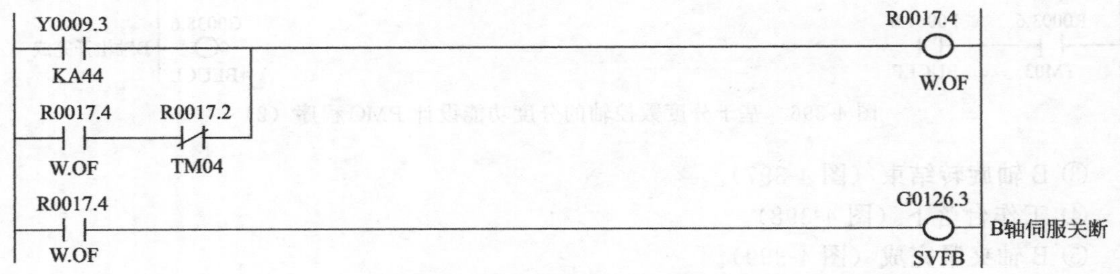

图 4-400 基于分度数控轴的分度功能设计 PMC 程序（6）

⑦ B 轴互锁（图 4-401）。

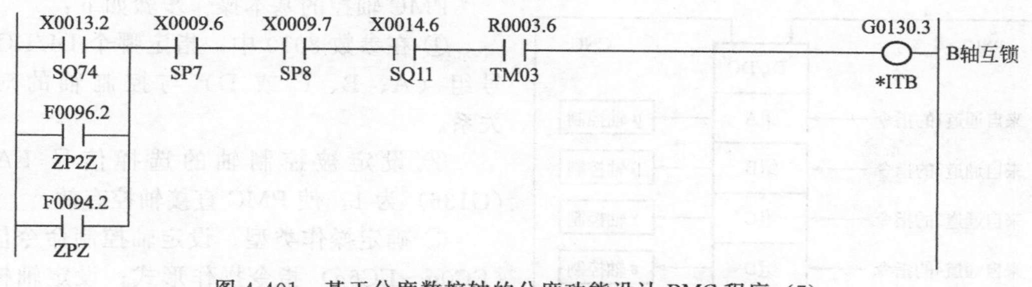

图 4-401　基于分度数控轴的分度功能设计 PMC 程序（7）

4.11 PMC 轴控制

4.11.1 PMC 轴控制功能

（1）PMC 轴控制功能概述

伺服轴的命令指令不是来自 CNC，而是来自 PMC。使用 PMC 控制坐标轴，能控制刀架、交换工作台、分度工作台和其他外围装置。

用特定的轴控信号决定一个轴是 CNC 还是 PMC 控制。PMC 能直接地控制下列操作：

① 快速移动指令的距离。

② 切削进给——每分进给，移动指令的距离。

③ 切削进给——每转进给，移动指令的距离。

④ 跳段——每分进给，移动指令的距离。

⑤ 暂停。

⑥ 连续进给。

⑦ 参考点返回。

⑧ 第 1 参考点返回。

⑨ 第 2 参考点返回。

⑩ 第 3 参考点返回。

⑪ 第 4 参考点返回。

⑫ 外部脉冲同步-主主轴。

⑬ 外部脉冲同步-第 1 手轮。

⑭ 外部脉冲同步-第 2 手轮。

⑮ 外部脉冲同步-第 3 手轮（仅适用于 M 系列）。

⑯ 进给速度控制。

⑰ 辅助功能，第 2 辅助功能，第 3 辅助功能。

⑱ 机床坐标系选择。

⑲ 转矩控制。

（2）PMC 轴控的基本操作步骤

PMC 提供 4 个控制通道，如图 4-402 所示，使用输入和输出信号 DI/DO 去控制这些操作。给 4 个通道发出指令，PMC 能同时控制 4 个独立轴。使用参数 8010 决定哪个通道控制哪个轴。指令可以通过 1 个通道发给 2 个或更多的轴，这样，允许 PMC 使用 1 个通道去控制多个轴。

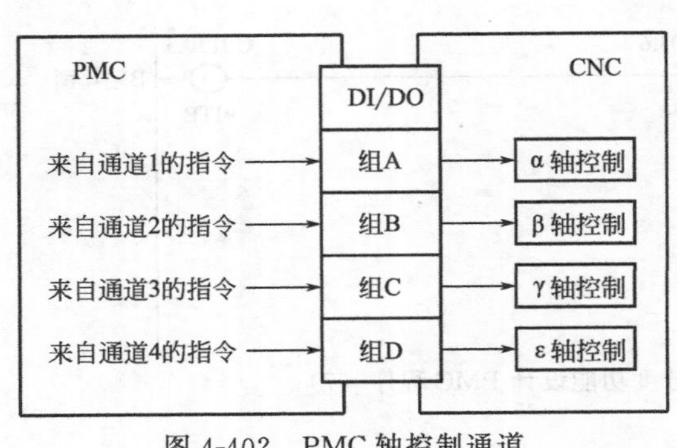

图 4-402　PMC 轴控制通道

PMC 轴控的基本操作步骤如下：

① 在参数 8010 中，指定哪个 DI/DO 信号组（A、B、C 或 D）与控制轴的对应关系。

② 设定被控制轴的选择信号 EAX*n*（G136）为 1，使 PMC 直接轴控有效。

③ 确定操作类型。设定轴控制命令信号（EC0g~EC6g）指令操作形式；设定轴控制进给速度信号（EIF0g～EIF15g）指令进给速度。设定轴控制数据信号（EID0g ～ EID31g）指令运动距离和其他数据。这些信号和程序段停止禁止信号 EMSBKg 一起，决定一个完整的动作，相当于 CNC 控制的自动运行期间，执行一个程序段。这些信号可统称为轴控制程序段数据信号。

④ 当管理一个完整动作（1 个程序段）的数据确定后，翻转轴控制命令阅读信号 EBUFg 的逻辑状态（即，从“0”到“1”，或相反）。为此，轴控制命令阅读完成信号 EBSYg 必须与轴控制命令阅读信号 EBUFg 的逻辑状态相同。

⑤ 重复步骤③和④直到全部程序段发完。当最后的程序段已经发出时，使控制轴选择信号 EAX*n* 为“0”。然而，在设置这些信号为“0”以前，检查 CNC 存储中的输入，等待和执行缓冲区的程序段已经全部被执行。当一个程序段正在执行时，设置这个信号为“0”，或在这些缓冲区仍有指令段时，将导致 P/S 报警。这个报警延缓当前程序段的执行并使储存在输入和等待缓冲区中的程序段无效。为确保没有程序段正在执行，或在输入、等待缓冲区内没有保留程序段，检查控制轴选择状态信号 * EAXSL 应设置为“0”。对于一直由 PMC 控制的那些轴，例如控制刀架、交换工作台和 ATC 的那些轴，确保 EAX*n* 信号总是设为“1”。在从 PMC 到 CNC 发出命令以后，不必设这些信号为“0”。当全部命令程序段已经执行时（没有要执行的剩余程序段），CNC 自动地停止执行。

⑥ 当控制轴选择信号 EAX*n* 从“1”到“0”时，控制返回到 CNC。

图 4-403 表示一个例子。在这个例子中，指令［1］正在执行，指令［2］和［3］被储存在缓冲区中，并且指令［4］已经发出（轴控制程序段数据信号已设定）。

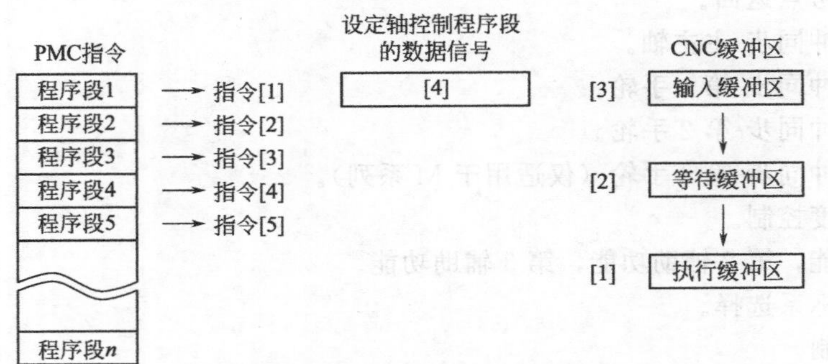

图 4-403　PMC 轴控指令的执行过程

当指令［1］的执行完成时：

a. 指令［2］从等待缓冲区传输到执行缓冲区；

b. 指令［3］从输入缓冲区传输到等待缓冲区；

c. 指令［4］传输到输入缓冲区作为指令程序段（轴控制程序段数据信号）。

输入缓冲区接收到指令［4］以后，PMC 把指令［5］发送到 CNC（轴控制程序段数据信号被设定）。指令操作的时序图如图 4-404 所示。

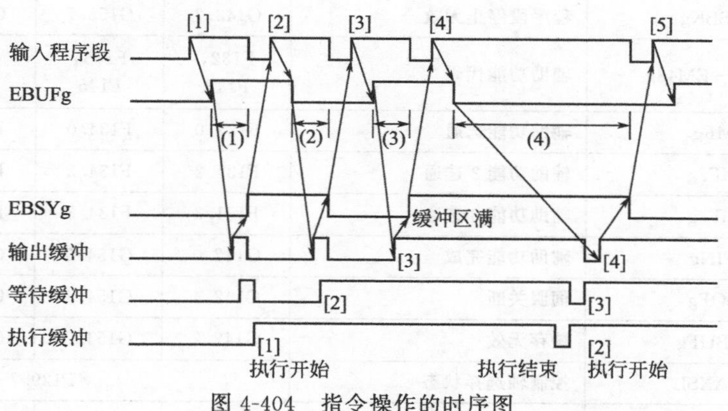

图 4-404　指令操作的时序图

在图 4-404 中（1）～(4）这些间隔期间，新程序段不能发出（当信号 EBUFg 和 EBSYg 在不同的逻辑状态时）。

CNC 缓冲区的状态通过轴控制指令读取信号 EBUFg 和轴控制指令读取完成信号 EBSYg 的异或确定，见表 4-40。

表 4-40　CNC 缓冲区状态

EBUFg	EBSYg	异或 XOR	CNC 缓冲区状态
0	0	0	前一程序段已经读进 CNC 缓冲区。PMC 可以发出下个程序段
1	1		
0	1	1	前一程序段还没有读完。正在读或等待 CNC 缓冲区变为可用。不发出下个程序段，也不翻转 EBUFg 的逻辑状态。如果翻转 EBUFg 的状态，会使已经发出的程序段无效
1	0		

（3）PMC 轴控接口信号

PMC 轴控接口信号一览表见表 4-41。

表 4-41　PMC 轴控接口信号一览表

序号	符号名	信号名称	A	B	C	D
1	EAX1～EAX4	轴控制选择	G136.0～G136.3			
2	EC0g～EC6g	轴控制指令	G143.0～G143.6	G155.0～G155.6	G167.0～G167.6	G179.0～G179.6
3	EIF0g～EIF15g	轴控制进给速度	G144～G145	G156～G157	G168～G169	G180～G181
4	EID0g～EID31g	轴控制数据	G146～G149	G158～G161	G170～G173	G182～G185
5	EBUFg	轴控制指令读取	G142.7	G154.7	G166.7	G178.7
6	EBSYg	轴控制指令读取完成	F130.7	F133.7	F136.7	F139.7
7	ECLRg	复位	G142.6	G154.6	G166.6	G178.6

续表

序号	符号名	信号名称	A	B	C	D
8	ESTPg	轴控制暂停	G142.5	G154.5	G166.5	G178.5
9	ESBKg	程序段停止	G142.3	G154.3	G166.3	G178.3
10	EMSBKg	程序段停止无效	G143.7	G155.7	G167.7	G179.7
11	EM11g～EM48g	辅助功能代码	F132，F142	F135，F145	F138，F148	F141，F151
12	EMFg	辅助功能选通	F131.0	F134.0	F137.0	F140.0
13	EMF2g	辅助功能2选通	F131.2	F134.2	F137.2	F140.2
14	EMF3g	辅助功能3选通	F131.3	F134.3	F137.3	F140.3
15	EFINg	辅助功能完成	G142.0	G154.0	G166.0	G178.0
16	ESOFg	伺服关断	G142.4	G154.4	G166.4	G178.4
17	EMBUFg	缓存无效	G142.2	G154.2	G166.2	G178.2
18	＊EAXSL	控制轴选择状态	F129.7			
19	EINPg	到位	F130.0	F133.0	F136.0	F139.0
20	ECKZg	跟踪误差零检查	F130.1	F133.1	F136.1	F139.1
21	EIALg	报警	F130.2	F133.2	F136.2	F139.2
22	EGENg	轴运动	F130.4	F133.4	F136.4	F139.4
23	EDENg	辅助功能执行	F130.3	F133.3	F136.3	F139.3
24	EOTNg	负向超程	F130.6	F133.6	F136.6	F139.6
25	EOTPg	正向超程	F130.5	F133.5	F136.5	F139.5
26	＊FV0E～＊FV7E	进给速度倍率	G151			
27	OVCE	倍率取消	G150.5			
28	ROV1E，ROV2E	快速移动倍率	G150.0，G150.1			
29	DRNE	空运行	G150.7			
30	RTE	手动快移选择	G150.6			
31	EOV0	倍率0％	F129.5			
32	ESKIP	跳转	X4.6			
33	EADEN1～EADEN4	分配完成	F112.0～F112.3			
34	EABUFg	缓冲区满	F131.1	F134.1	F137.1	F140.1
35	EACNT1～EACNT4	控制信号	F182.0～F182.3			
36	＊＋ED1～＊＋ED4 ＊－ED1～＊－ED4	外部减速	G118.0～G118.3 G120.0～G120.3			
37	ELCKZg	累加零检查	G142.1	G154.1	G166.1	G178.1
38	TRQMx	转矩控制方式	F190.0～F190.3			

(4) 接口信号详细说明

① 控制轴选择信号 EAX1～EAX4　当信号设置为“1”时，相应的轴变为 PMC 控制。当信号设置为“0”时，PMC 控制变为无效。仅当控制轴选择状态信号＊EAXSL 设置为“0”时才可以改变控制轴选择信号的设置。当＊EAXSL 设置为“1”时改变轴选择信号，

会发生 P/S 报警（报警号 139）。报警信号 EIALg 置为“1”。

当参数 8001 的 5 位 CNC 设置为“0”时，控制轴选择信号设置为“1”，并且信号 *EAXL 设置为“0”时，执行从 CNC 发出的命令。当这个参数设置为“1”时，执行上述操作将导致 P/S 报警（报警号 139）。手动连续进给方式中，刀具正沿着轴移动时这个命令无效。当 CNC 现在正在执行一个命令的同时，如果控制轴选择信号设置为“1”，产生 P/S 报警。在手动连续进给方式中，设置这个信号为“1”，中止命令的执行。当控制轴选择信号设置为“1”，并产生 P/S 报警时，同时，当 *EAXSL 设置为“0”时，报警信号 EIALg 的状态不变到“1”。在这个情况下，即使 CNC 在报警状态下，轴仍能由 PMC 控制。

在 EAX1～EAX4 设为 1 之后，至少需要 8ms，PMC 才能发送命令到 CNC。

② 轴控制指令信号 EC0g～EC6g　在轴控制指令信号 EC0g～EC6g 中设定不同的代码可以在每个通道指令各种操作。轴控制指令代码见表 4-42。

表 4-42　轴控制指令代码

轴控制指令（十六进制代码）	操作
00h	快速移动（直线加/减速）。如同执行 CNC 的 G00 操作
01h	切削进给：每分进给（在插补后的指数加/减速或直线加/减速）。如同执行 CNC 的 G94 G01 操作
02h	切削进给：每转进给（在插补后的指数加/减速或直线加/减速）。如同执行 CNC 的 G95 G01 操作
03h	跳转：每分进给。如同执行 CNC 的 G31 G01 操作
04h	暂停。如同执行 CNC 的 G04 操作
05h	参考点返回。如同 CNC 执行手动回参考点一样的操作
06h	连续进给（指数加/减速）。如同 CNC 的 JOG 操作
07h	第 1 参考点返回。如同 CNC 的 G28 操作
08h	第 2 参考点返回。如同 CNC 的 G30 P2 操作
09h	第 3 参考点返回。如同 CNC 的 G30 P3 操作
0Ah	第 4 参考点返回。如同 CNC 的 G30 P4 操作
0Bh	外部脉冲同步：主主轴。与主主轴同步
0Dh	外部脉冲同步：第 1 手轮。与第 1 手轮同步
0Eh	外部脉冲同步：第 2 手轮。与第 2 手轮同步
0Fh	外部脉冲同步：第 3 手轮。与第 3 手轮同步
10h	速度指令（直线加/减速）。以指定的速度执行连续进给
11h	转矩控制。在转矩控制下连续进给
12h	辅助功能。如同执行 CNC 的 M 功能
14h	第 2 辅助功能。如同执行 CNC 的辅助功能
15h	第 3 辅助功能。如同执行 CNC 的辅助功能
20h	机床坐标系选择。如同执行 CNC 的 G53 操作

③ 指令数据　表 4-43 给出了与轴控制指令相对应的指令数据 EIF0g～EIF15g 和 EID0g～EID31g。

表 4-43　轴控制指令数据

操作	轴控制命令 EC0g～EC6g	指令数据
快速移动	00h	总的移动距离：EID0g～EID31g 移动速度：EIF0g～EIF15g (参数 8002＃0 置 1)
切削进给：每分进给	01h	总的移动距离：EID0g～EID31g 移动速度：EIF0g～EIF15g
跳转：每分进给	03h	
切削进给：每转进给	02h	总的移动距离：EID0g～EID31g 每转进给量：EIF0g～EIF15g
暂停	04h	暂停时间：EID0g～EID31g
参考点返回	05h	无
JOG 进给	06h	进给方向：EID31g 进给速度：EIF0g～EIF15g
第 1～4 参考点返回	07h～0Ah	移动速度：EIF0g～EIF15g (参数 8002＃0 置 1)
外部脉冲同步	0Bh～0Fh	脉冲加权：EID0g～EID15g
速度指令	10h	进给速度：EIF0g～EIF15g
转矩控制	11h	最大进给量：EIF0g～EIF15g 扭矩数据：EID0g～EID31g
辅助功能	12h～15h	辅助功能代码：EID0g～EID15g
机床坐标系	20h	机床坐标系设置(绝对值)：EID0g～EID31g 快速移动速度：EIF0g～EIF15g (参数 8002＃0 置 1)

④ 轴控制指令读取信号 EBUFg　该信号从“0”变为“1”或从“1”变为“0”时，指令 CNC 读取 PMC 轴控制的指令数据程序段。

⑤ 轴控制指令读取完成信号 EBSYg　该信号通知系统，CNC 已经读取了 PMC 轴控制的一个指令数据程序段，并已经存储在输入缓冲区。

⑥ 复位信号 ECLRg　复位相应的 PMC 控制轴。当这个信号为“1”时执行以下操作：

a. 当刀具正沿轴移动时：减速并停止运行。

b. 当刀具正在暂停时：停止操作。

c. 当辅助功能正在执行时：停止操作。

同时缓冲的指令都被清除。当这个信号设置为“1”时，忽略任何控制指令。

⑦ 轴控制暂停信号 ESTPg　当这个信号为“1”执行下操作：

a. 当刀具正沿轴移动时：减速并停止运行。

b. 当刀具正在暂停时：停止操作。

c. 当辅助功能正在执行时：等待辅助功能完成信号 EFINg 输入，停止操作。

当这个信号为“0”时，被停止的操作能重新开始。

⑧ 缓存无效信号 EMBUFg　在这个信号为“1”，且正在执行、等待或输入缓冲区包含一个程序段时，不读来自 PMC 的指令。如果这个信号为“1”，当这些缓冲区的任一个包含一个程序段时，程序段被执行，但是，仅当所有缓冲区都空时，才读顺序指令。为了判别缓存无效状态，仅当所有缓冲区是空而读指令时，CNC 输出阅读完成信号（EBSYg）。

⑨ 控制轴选择状态信号 * EAXSL　当信号设置为“0”时，控制轴选择信号 EAX1～EAX4 能改变。在下列情况下这个信号为“1”：

a. 当刀具正沿着 PMC 控制轴移动时。

b. 当一个程序段正在读进缓冲区时。

c. 当伺服关断信号 ESOFg 设为“1”时。

当这个信号为“1”时，控制轴选择信号 EAX1～EAX4 不能改变。任何试图改变这些信号的操作都导致输出 P/S 报警（报警号 139）。

如果当伺服关断信号 ESOFg 是“1”时，试图改变信号 EAX1～EAX4 的话，会出现 P/S 报警（报警号 139），并且不能简单地用设定复位信号 ECLRg 到“1”解除。在这种情况下，应在使复位信号 ECLRg 到“1”之前，恢复信号 EAX1～EAX4 或设伺服关断信号 ESOFg 为“0”。当对 PMC 轴控制的 4 个通道的任何 1 路发出指令时，信号 * EAXSL 为“1”使轴选择无效。这样，改变信号 EAX1～EAX4 引起 P/S 报警（报警号 139）。然而，对未指令的通道，如果参数 8004＃5（DSL）适当地设置的话，轴选择有效。

4. 11. 2　PMC 轴控制基本应用

(1) PMC 轴 JOG 运行控制

① 控制要求

a. 将 X 轴定义为 PMC 轴，实现 JOG 运行。X 轴正向按钮输入地址为 X20. 6；X 轴负向按钮输入地址为 X20. 7。

b. JOG 运行速度为 2000mm/min。

② 接口信号　设定参数 8010 为 1，对应通道 A，控制接口信号见表 4-44。

表 4-44　PMC 轴 JOG 控制接口信号

序号	地址号	符号名	注释
1	G143. 0～G143. 6	EC0～EC6	JOG 运行(06h)
2	G144～G145	EIF0～EIF15	JOG 速度
3	G142. 6	ECLR	轴控制复位
4	G142. 7	EBUF	轴控制指令阅读
5	G149. 7	EID31	轴进给方向
6	F130. 7	EBSY	轴控制指令读取完成

③ PMC 程序设计

a. X 轴设定为 PMC 轴控制（图 4-405）。

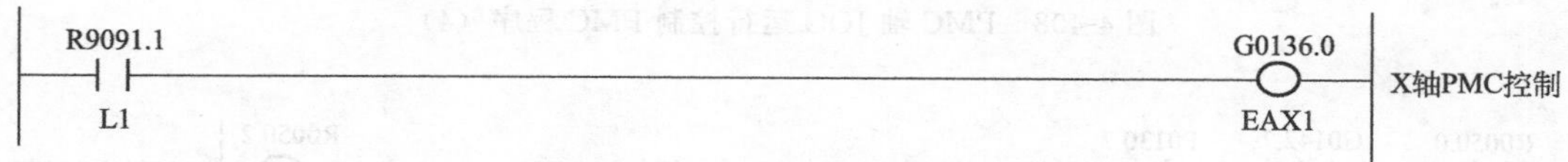

图 4-405　PMC 轴 JOG 运行控制 PMC 程序（1）

b. JOG 方式下，设定 G143＝06h，确定 PMC 轴 JOG 控制（图 4-406）。

c. JOG 方式下，设定 G144～G145＝2000，确定 JOG 速度为 2000mm/min（图 4-407）。

d. 取正向按钮和负向按钮上升沿（图 4-408）。

e. PMC 轴控制启动条件是 EBUF(G142. 7) 与 EBSY(F130. 7) 信号状态一致（图 4-409）。

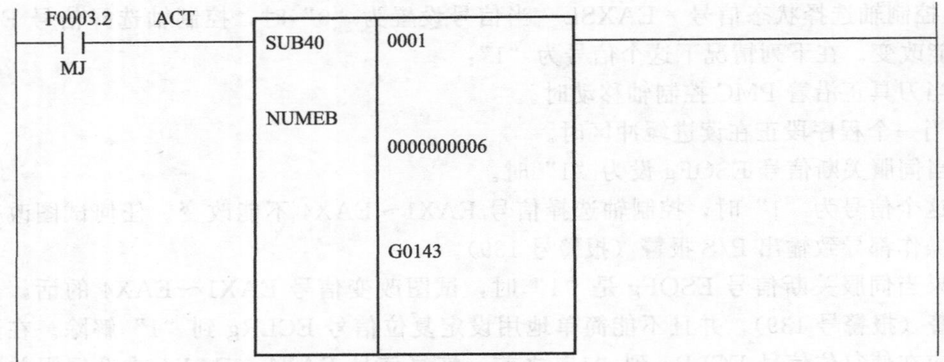

图 4-406　PMC 轴 JOG 运行控制 PMC 程序（2）

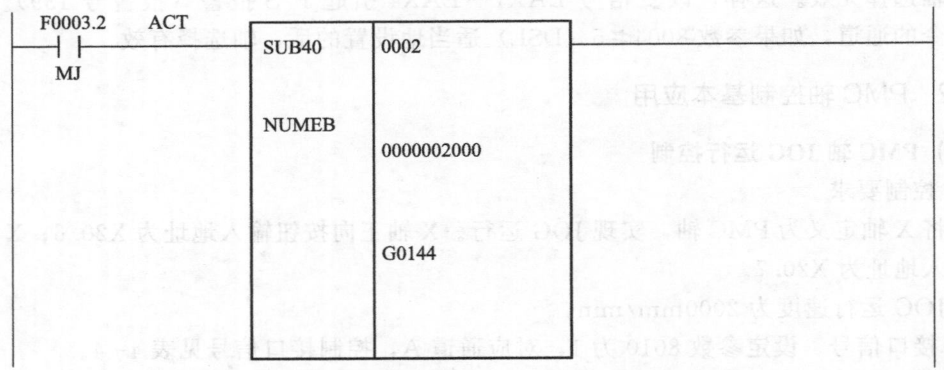

图 4-407　PMC 轴 JOG 运行控制 PMC 程序（3）

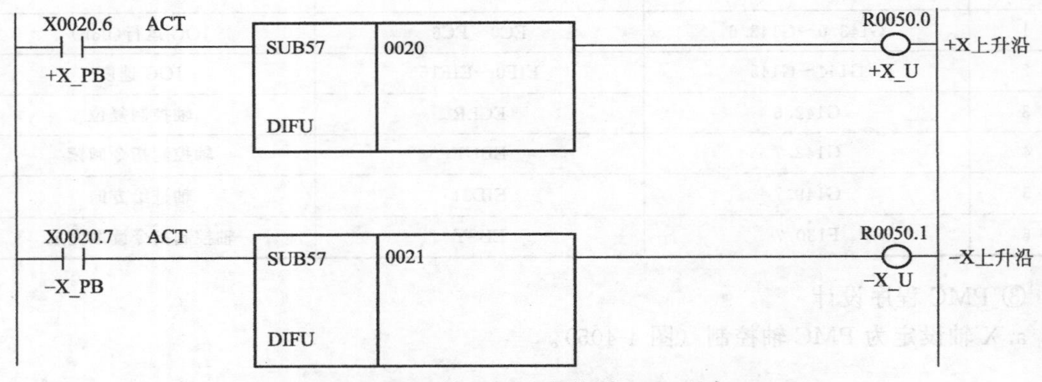

R0050.0 G0142.7 F0130.7 R0050.2
+X_U EBUF EBSY JOG_RDY PMC轴启动条件
R0050.1 G0142.7 F0130.7
–_U EBUF EBSY

图 4-409　PMC 轴 JOG 运行控制 PMC 程序（5）

f. 翻转 EBUF(G142.7) 状态，启动 PMC 轴 JOG 控制（图 4-410）。

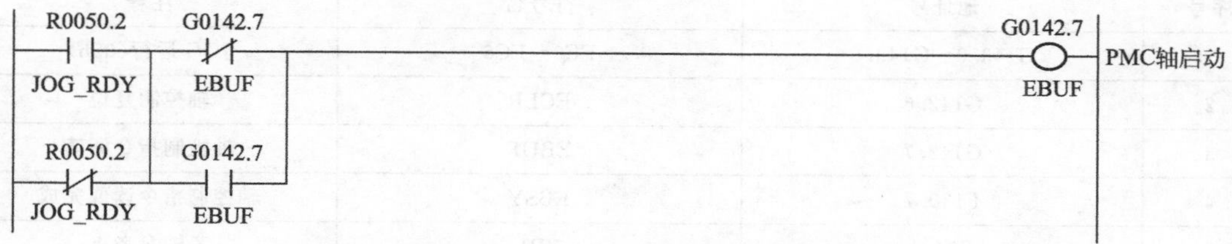

图 4-410　PMC 轴 JOG 运行控制 PMC 程序（6）

g. EID31(G149.7) 是 JOG 运行的换向信号，此信号为 1，可改变运行方向（图 4-411）。

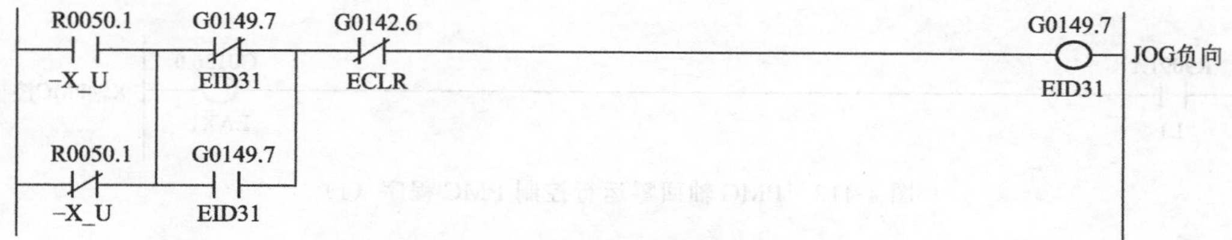

图 4-411　PMC 轴 JOG 运行控制 PMC 程序（7）

h. 用＋X 和－X 按钮下降沿信号停止 PMC 轴 JOG 运行（图 4-412）。

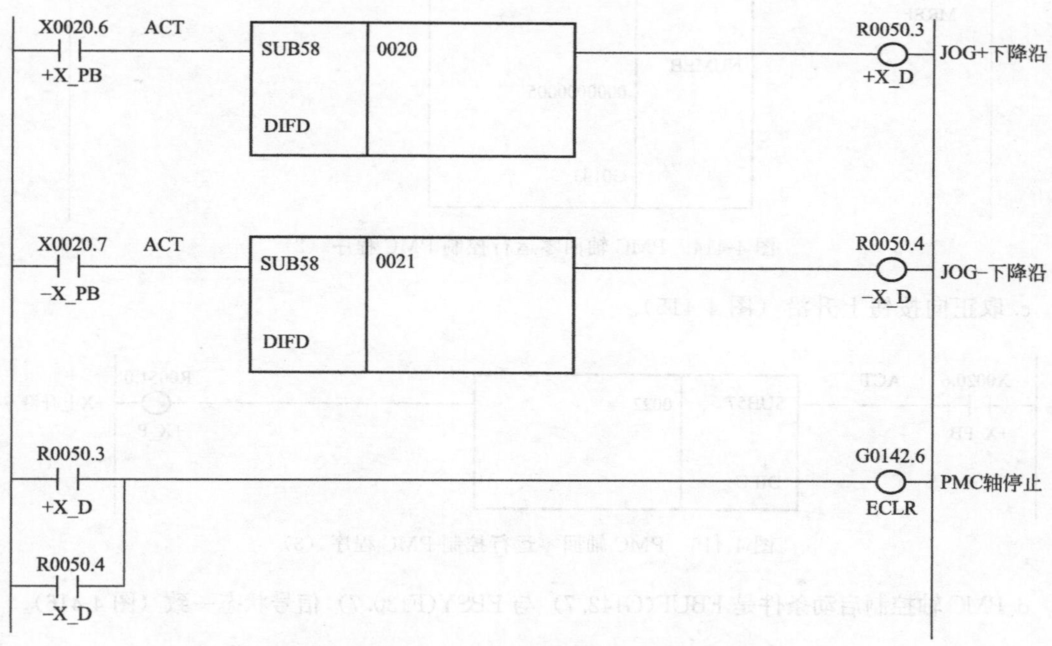

图 4-412　PMC 轴 JOG 运行控制 PMC 程序（8）

（2）PMC 轴回零运行控制

① 控制要求

a. 将 X 轴定义为 PMC 轴，实现回零运行。

b. X 轴正向回零。X 轴正向按钮输入地址为 X20.6。

② 接口信号　设定参数 8010 为 1，对应通道 A，控制接口信号见表 4-45。

表 4-45　PMC 轴回零控制接口信号

序号	地址号	符号名	注释
1	G143.0～G143.6	EC0～EC6	JOG 运行(05h)
2	G142.6	ECLR	轴控制复位
3	G142.7	EBUF	轴控制指令阅读
4	F130.7	EBSY	轴控制指令读取完成
5	F94.0	ZP1	X 轴参考点

③ PMC 程序设计

a. X 轴设定为 PMC 轴控制（图 4-413）。

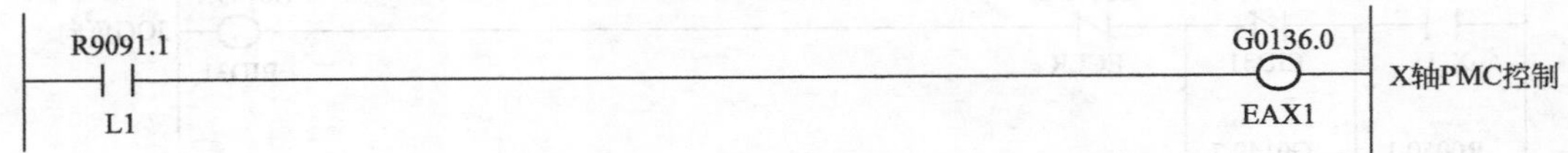

图 4-413　PMC 轴回零运行控制 PMC 程序（1）

b. 回零方式下，设定 G143＝05h，确定 PMC 轴回零控制（图 4-414）。

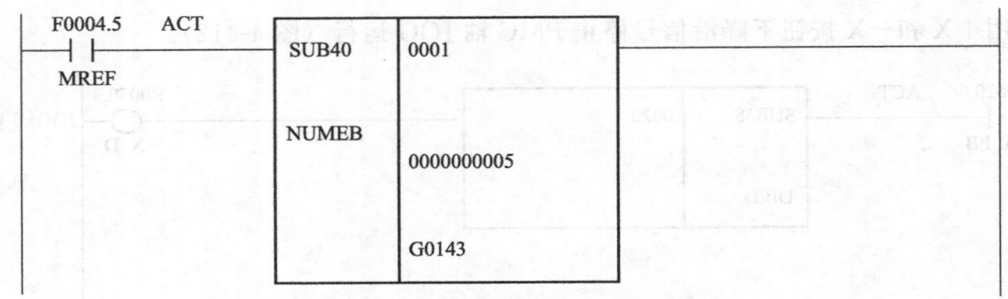

图 4-414　PMC 轴回零运行控制 PMC 程序（2）

c. 取正向按钮上升沿（图 4-415）。

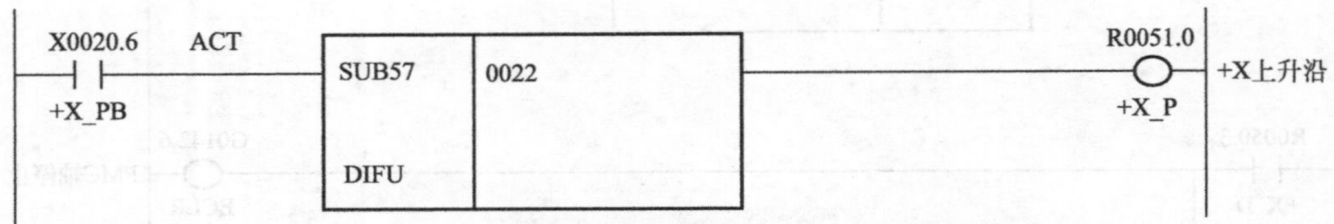

图 4-415　PMC 轴回零运行控制 PMC 程序（3）

d. PMC 轴控制启动条件是 EBUF(G142.7) 与 EBSY(F130.7) 信号状态一致（图 4-416）。

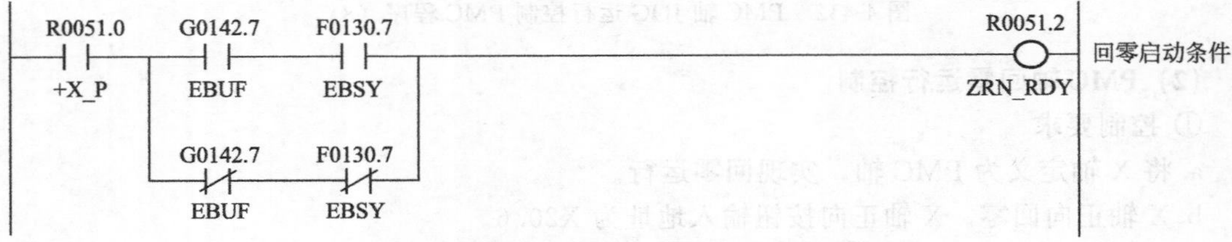

图 4-416　PMC 轴回零运行控制 PMC 程序（4）

e. 翻转 EBUF(G142.7) 状态，启动 PMC 轴回零控制（图 4-417）。

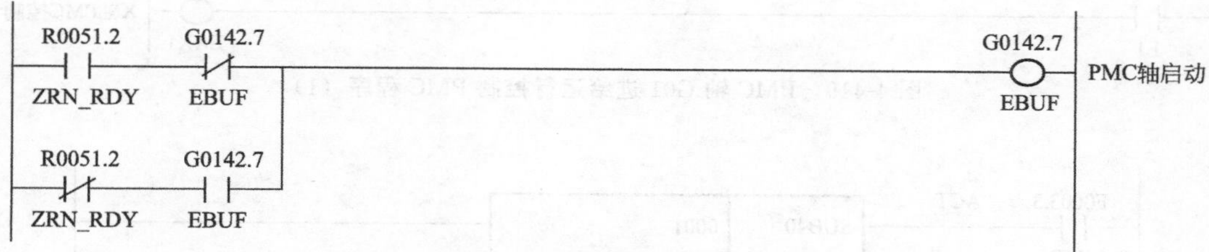

图 4-417　PMC 轴回零运行控制 PMC 程序（5）

f. 用 ZP1(F94.0) 信号上升沿停止 PMC 轴回零运行（图 4-418）。

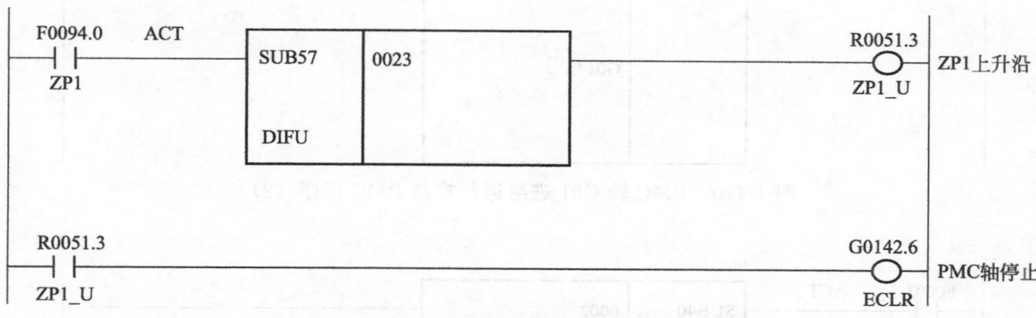

图 4-418　PMC 轴回零运行控制 PMC 程序（6）

(3) PMC 轴 G01 进给运行控制

① 控制要求

a. 将 X 轴定义为 PMC 轴，实现 G01 进给运行，速度为 500mm/min。

b. MDI 方式下，按一下 X 轴正向按钮，X 轴正向移动 100mm；按一下 X 轴负向按钮，X 轴负向移动 100mm。

c. X 轴正向按钮输入地址为 X20.6，X 轴负向按钮输入地址为 X20.7。

② 接口信号　设定参数 8010 为 1，对应通道 A，控制接口信号见表 4-46。

表 4-46　PMC 轴 G01 进给控制接口信号

序号	地址号	符号名	注释
1	G143.0～G143.6	EC0～EC6	切削进给(01h)
2	G144～G145	EIF0～EIF16	切削进给速度(500mm/min)
3	G146～G149	EID0～EID31	进给量(100mm)
4	G142.6	ECLR	轴控制复位
5	G142.7	EBUF	轴控制指令阅读
6	F130.0	EINP	轴到位
7	F130.7	EBSY	轴控制指令读取完成

③ PMC 程序设计

a. X 轴设定为 PMC 轴控制（图 4-419）。

b. MDI 方式下，设定 G143＝01h，确定 PMC 轴切削进给控制（图 4-420）。

c. MDI 方式下，设定 G144～G145＝500，确定 G01 进给速度为 500mm/min（图 4-421）。

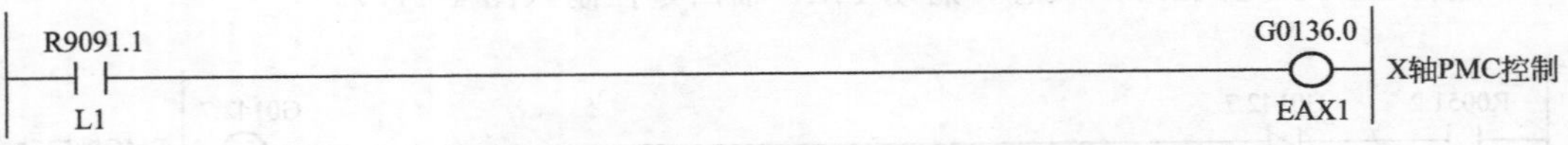

R9091.1
L1
G0136.0
EAX1
X轴PMC控制

图 4-419　PMC 轴 G01 进给运行控制 PMC 程序（1）

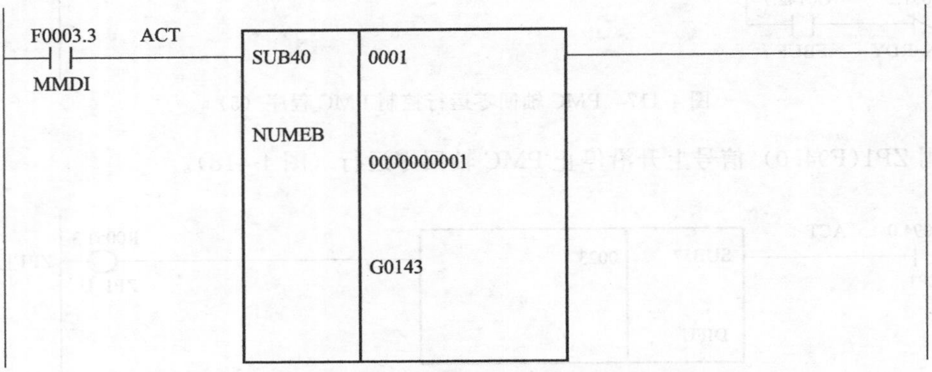

F0003.3
ACT
MMDI
SUB40
0001
NUMEB
0000000001
G0143

图 4-420　PMC 轴 G01 进给运行控制 PMC 程序（2）

F0003.3
ACT
MMDI
SUB40
0002
NUMEB
0000000500
G0144

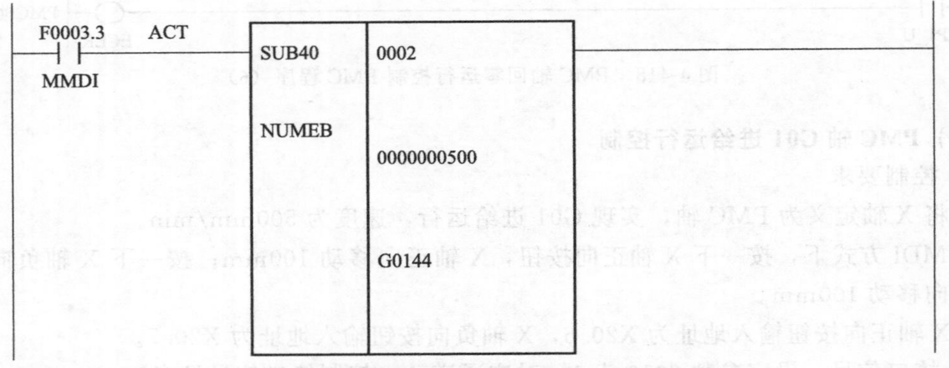

图 4-421　PMC 轴 G01 进给运行控制 PMC 程序（3）

d. 取正向按钮和负向按钮上升沿（图 4-422）。

X0020.6
ACT
+X_PB
SUB57
0020
DIFU
R0050.0
+X_U
+X上升沿
X0020.7
ACT
–X_PB
SUB57
0021
DIFU
R0050.1
–X_U
–X上升沿

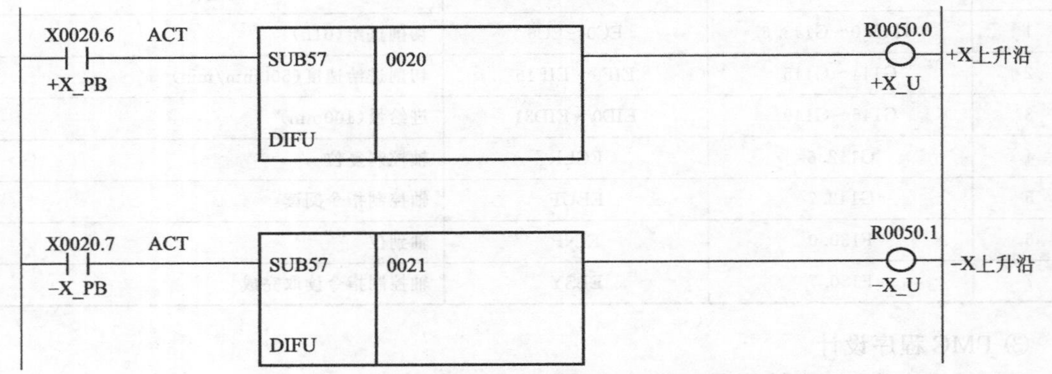

图 4-422　PMC 轴 G01 进给运行控制 PMC 程序（4）

e. 设定正向移动量为 100mm（图 4-423）。

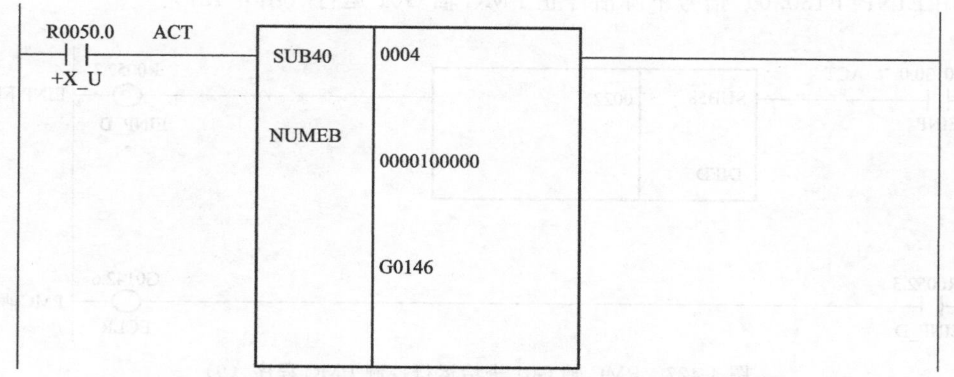

图 4-423　PMC 轴 G01 进给运行控制 PMC 程序（5）

f. 设定负向移动量为 100mm（图 4-424）。

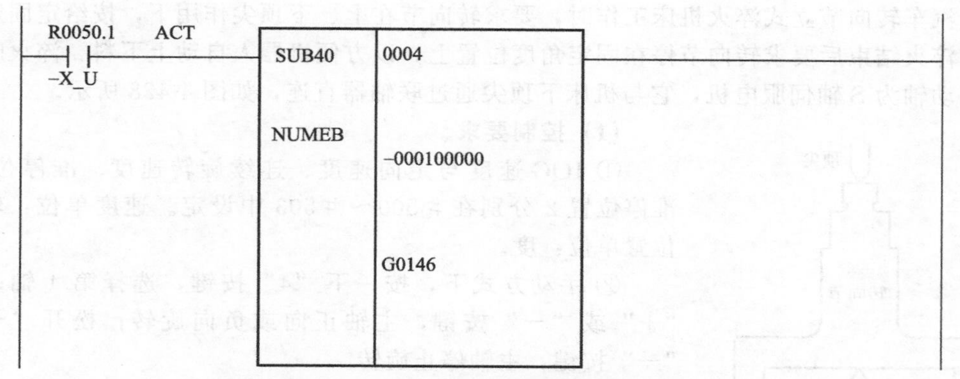

图 4-424　PMC 轴 G01 进给运行控制 PMC 程序（6）

g. PMC 轴控制启动条件是 EBUF(G142.7) 与 EBSY(F130.7) 信号状态一致（图 4-425）。

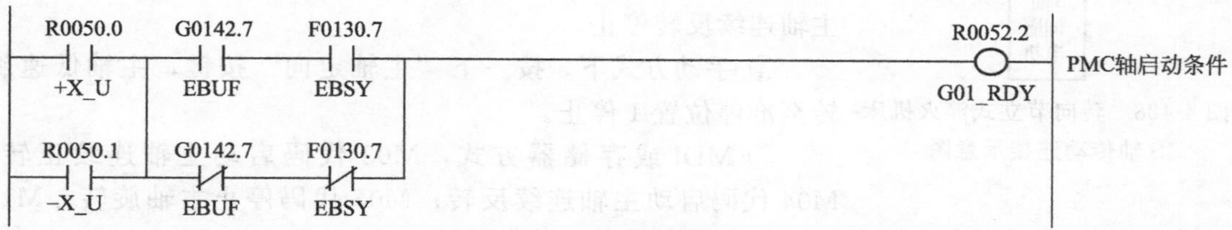

图 4-425　PMC 轴 G01 进给运行控制 PMC 程序（7）

h. 翻转 EBUF(G142.7) 状态，启动 PMC 轴 G01 运行控制（图 4-426）。

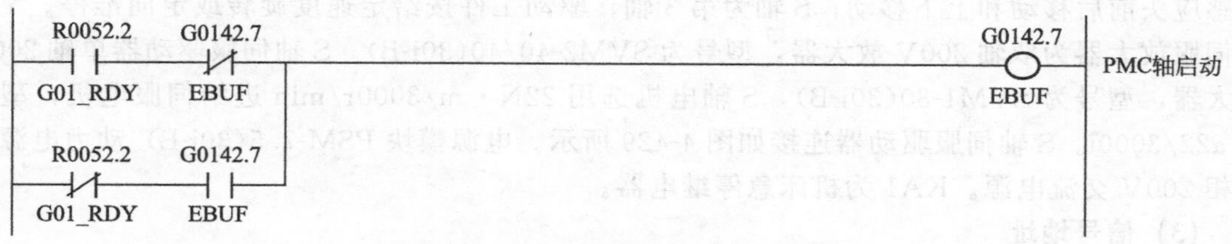

图 4-426　PMC 轴 G01 进给运行控制 PMC 程序（8）

i. 用 EINP(F130.0）信号下降沿停止 PMC 轴 G01 运行（图 4-427)。

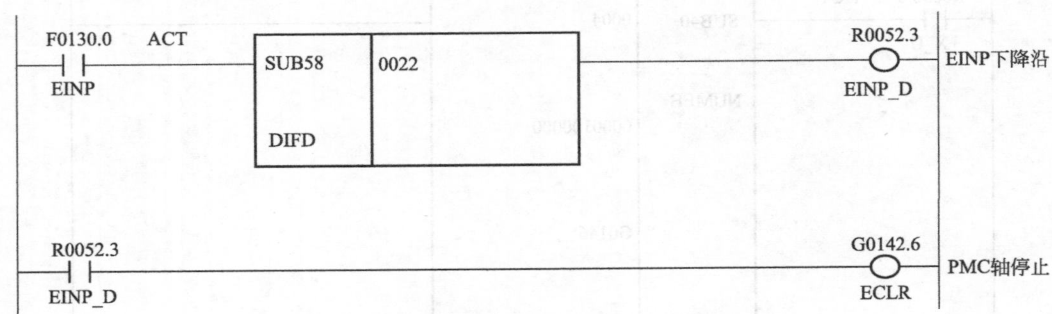

图 4-427 PMC 轴 G01 进给运行控制 PMC 程序（9）

4.11.3 基于 PMC 轴的 S 功能设计

某汽车转向节立式淬火机床工作时，要求转向节在上、下顶尖作用下，按给定固定速度旋转，淬火结束后要求转向节停在固定角度位置上，以方便机器人自动上下料。淬火时工件旋转驱动轴为 S 轴伺服电机，它与机床下顶尖通过联轴器直连，如图 4-428 所示。

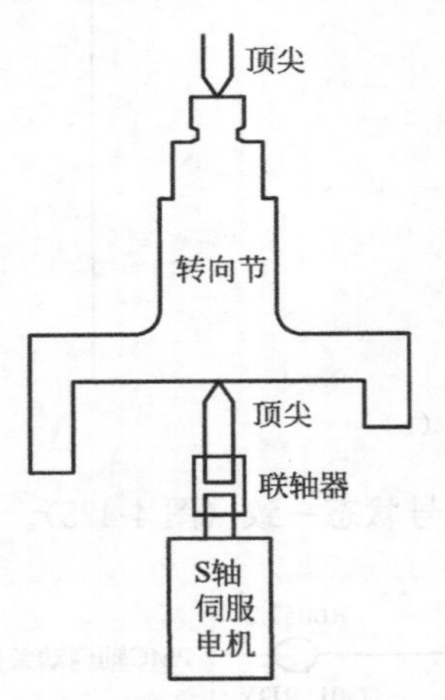

图 4-428 转向节立式淬火机床 S 轴传动连接示意图

(1) 控制要求

① JOG 速度与定向速度、连续旋转速度、准停位置 1、准停位置 2 分别在＃500～＃503 中设定。速度单位：转/分；位置单位：度。

② 手动方式下，按一下“4”按键，选择第 4 轴；按住“＋”或“－”按键，主轴正向或负向旋转；松开“＋”或“－”按键，主轴停止旋转。

③ 手动方式下，按一下“主轴正转”按键，主轴连续正转，按一下“主轴停止”按键，主轴连续正转停止；按一下“主轴反转”按键，主轴连续反转，按一下“主轴停止”按键，主轴连续反转停止。

④ 手动方式下，按一下“主轴定向”按键，主轴低速旋转至准停位置 1 停止。

⑤ MDI 或存储器方式，M03 代码启动主轴连续正转；M04 代码启动主轴连续反转；M05 代码停止主轴旋转；M19 代码启动主轴定向 1；M29 代码启动主轴定向 2。

(2) 电气原理图

CNC 控制器为 0i-F，一共控制 3 个伺服轴，分别是 Y、Z、S 轴。其中 Y、Z 轴驱动淬火感应头前后移动和上下移动；S 轴为第 3 轴，驱动工件按给定速度旋转或定向准停。Y/Z 轴伺服放大器为双轴 200V 放大器，型号为 SVM2-40/40(30i-B)。S 轴伺服驱动器单轴 200V 放大器，型号为 SVM1-80(30i-B)，S 轴电机选用 22N · m/3000r/min 进给伺服电机，型号为 α22/3000i。S 轴伺服驱动器连接如图 4-429 所示。电源模块 PSM-7.5(30i-B) 动力电源为三相 200V 交流电源。KA1 为机床急停继电器。

(3) 信号地址

① I/O 模块地址 转向节立式淬火机床 CNC 系统使用 2 组 I/O 模块，0 组模块为标准机床操作面板，1 组模块为 I/O 单元，模块地址分配如图 4-430 所示。0 组模块输入地址为

X20～X36，输出地址为 Y20～Y27；1 组模块输入地址 X0～X15，输出地址 Y0～Y7。

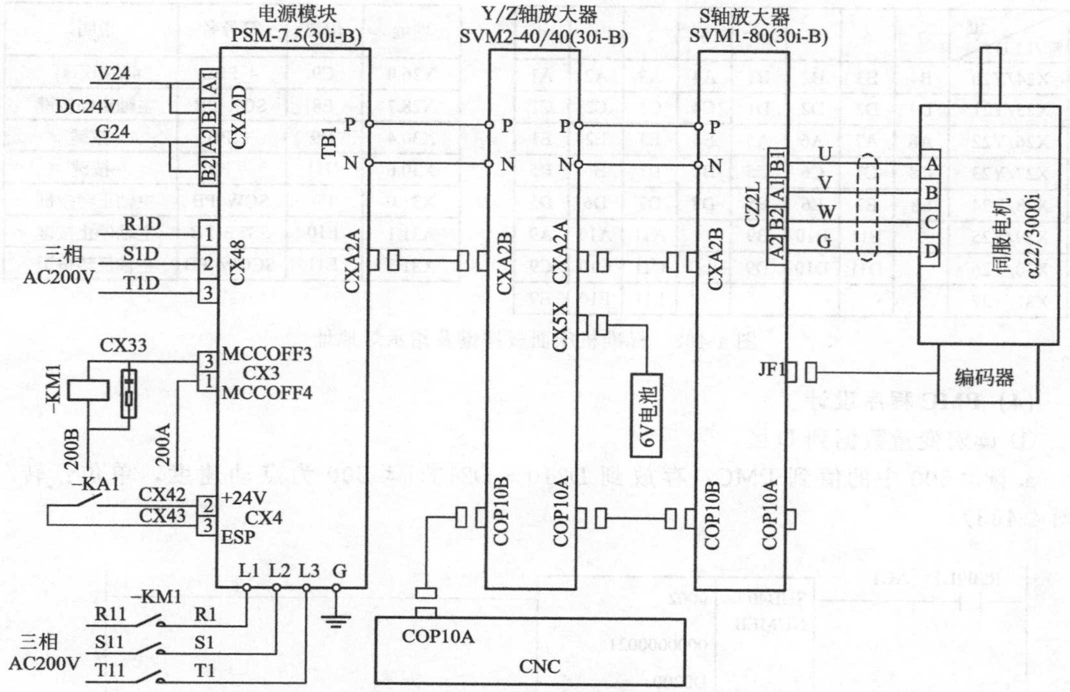

图 4-429　转向节立式淬火机床 S 轴伺服驱动器连接图

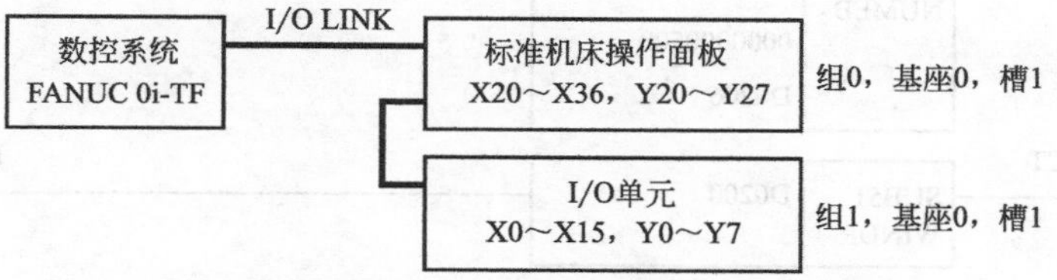

数控系统 FANUC 0i-TF —— I/O LINK —— 标准机床操作面板 X20～X36，Y20～Y27　组0，基座0，槽1

I/O单元 X0～X15，Y0～Y7　组1，基座0，槽1

图 4-430　转向节立式淬火机床 I/O 模块地址分配

② I/O 信号地址　标准机床面板有 55 个按键及指示灯，呈 5 行 11 列分布，如图 4-431 所示。

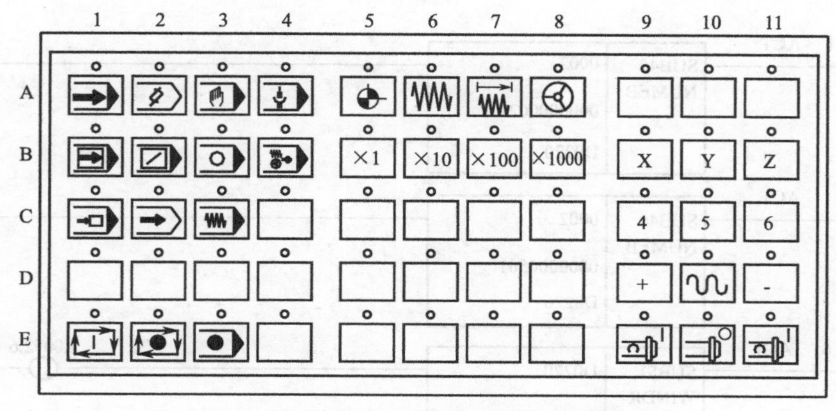

图 4-431　标准机床面板按键及指示灯分布图

本案列中使用的按键及指示灯地址如图 4-432 所示。

位 键/LED	7	6	5	4	3	2	1	0
X24/Y20	B4	B3	B2	B1	A4	A3	A2	A1
X25/Y21	D4	D3	D2	D1	C4	C3	C2	C1
X26/Y22	A8	A7	A6	A5	E4	E3	E2	E1
X27/Y23	C8	C7	C6	C5	B8	B7	B6	B5
X28/Y24	E8	E7	E6	E5	D8	D7	D6	D5
X29/Y25		B11	B10	B9		A11	A10	A9
X30/Y26		D11	D10	D9		C11	C10	C9
X31/Y27						E11	E10	E9

地址	位置	符号名	说明
Y26.0	C9	4_PBL	4轴指示灯
X28.7	E8	SOR_PB	主轴定向按键
X30.4	D9	+_PB	+按键
X30.6	D11	−_PB	−按键
X31.0	E9	SCW_PB	主轴正转按键
X31.1	E10	SSTP_PB	主轴停止按键
X31.2	E11	SCCW_PB	主轴反转按键

图 4-432　标准机床面板按键及指示灯地址

(4) PMC 程序设计

① 读宏变量数据到 D 区。

a. 读＃500 中的值到 PMC，存放到 D210～D213。＃500 为点动速度，单位：转/分（图 4-433）。

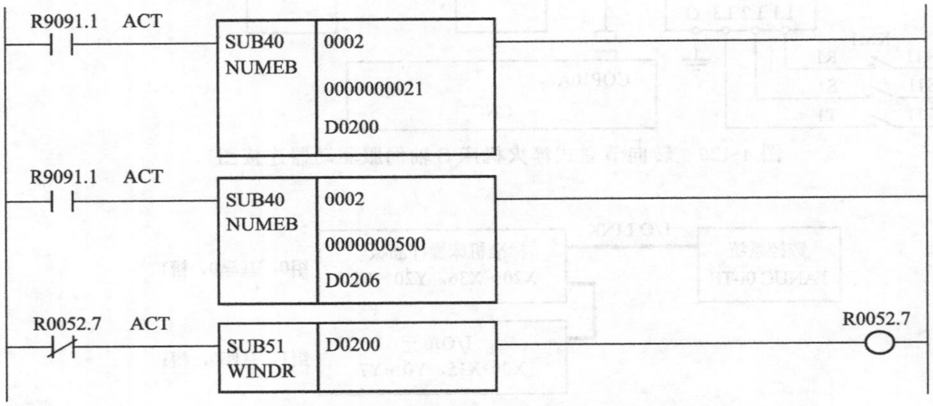

R9091.1
ACT
SUB40
NUMEB
0002
0000000021
D0200
R9091.1
ACT
SUB40
NUMEB
0002
0000000500
D0206
R0052.7
ACT
SUB51
WINDR
D0200
R0052.7
读#500

图 4-433　基于 PMC 轴的 S 功能设计 PMC 程序（1）

b. 读＃501 中的值到 PMC，存放到 D230～D233。＃501 为连续旋转速度，单位：转/分（图 4-434）。

R9091.1
ACT
SUB40
NUMEB
0002
0000000021
D0220
R9091.1
ACT
SUB40
NUMEB
0002
0000000501
D0226
R0052.6
ACT
SUB51
WINDR
D0220
R0052.6
读#501

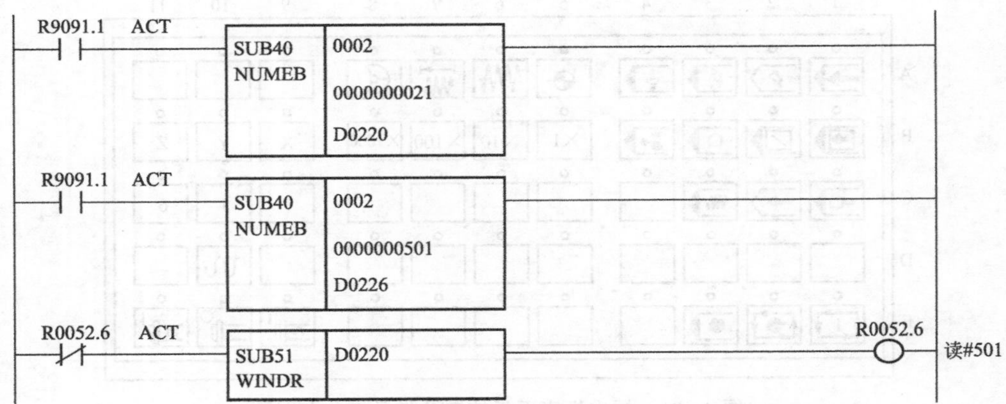

图 4-434　基于 PMC 轴的 S 功能设计 PMC 程序（2）

c. 读＃502中的值到PMC，存放到D250～D253。＃502为定向停止位置1，单位：度（图4-435）。

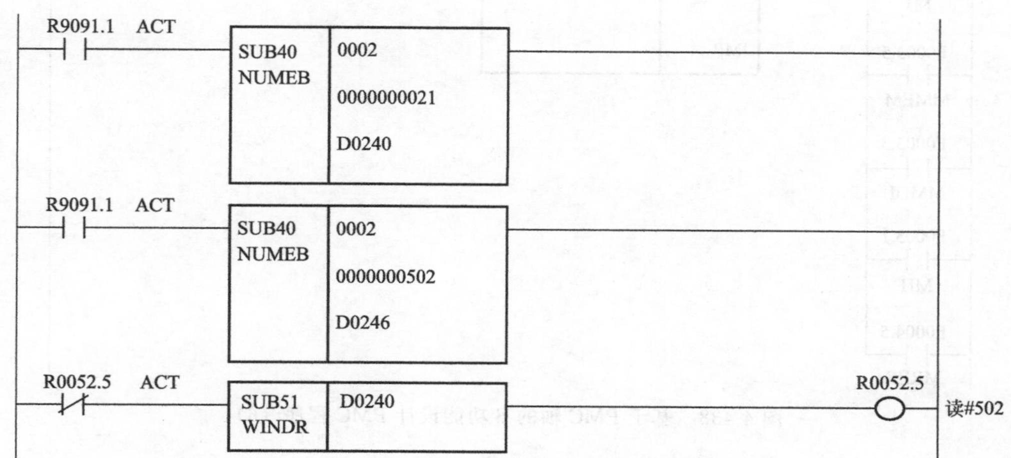

图4-435 基于PMC轴的S功能设计PMC程序（3）

d. 读＃503中的值到PMC，存放到D270～D273。＃503为定向停止位置2，单位：度（图4-436）。

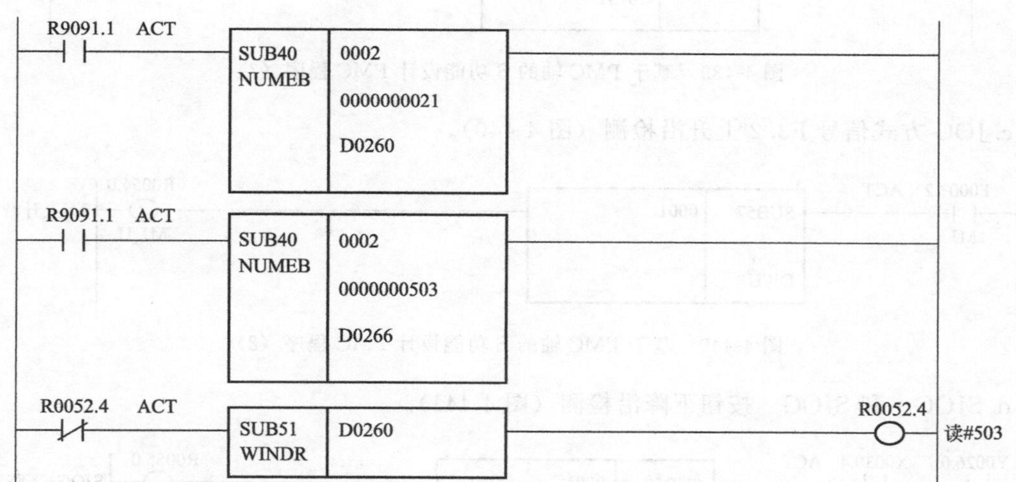

图4-436 基于PMC轴的S功能设计PMC程序（4）

② 将第3轴始终设为PMC轴（图4-437）。

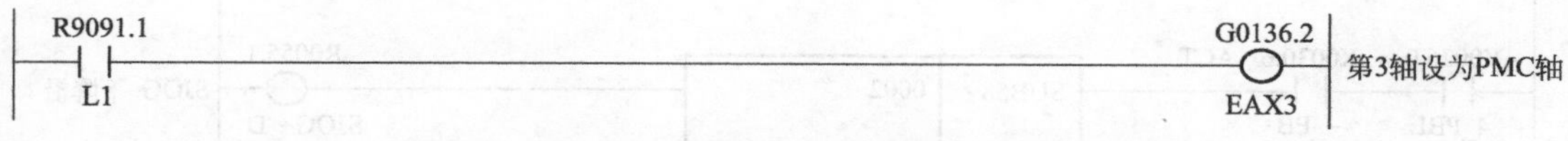

图4-437 基于PMC轴的S功能设计PMC程序（5）

③ 主轴手动控制。

a. JOG模式下，运行以下程序步骤b～m。存储器、MDI、手摇、回零方式跳过不执行以下程序步骤b～m（图4-438）。

b. 将PMC轴进给速度倍率设定为200%（图4-439）。

F0003.2
ACT
MJ
SUB10
0000
JMP
F0003.5
MMEM
F0003.3
MMDI
F0003.1
MH
F0004.5
MREF

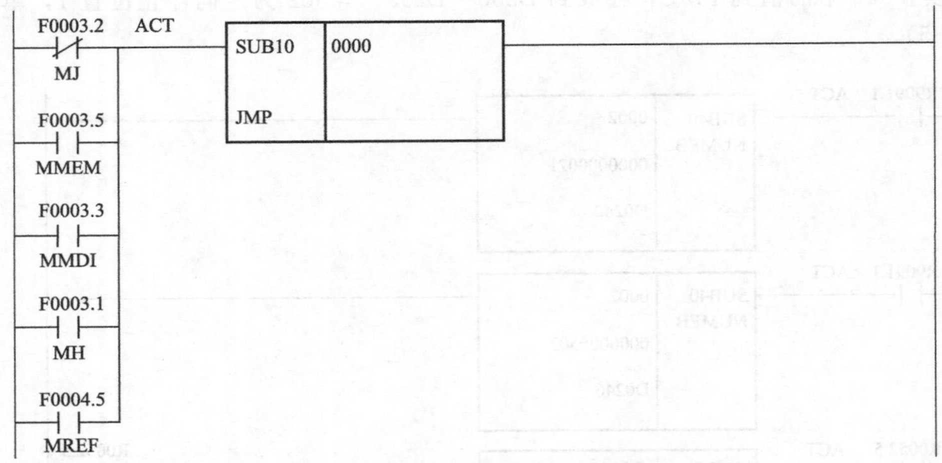

图 4-438　基于 PMC 轴的 S 功能设计 PMC 程序（6）

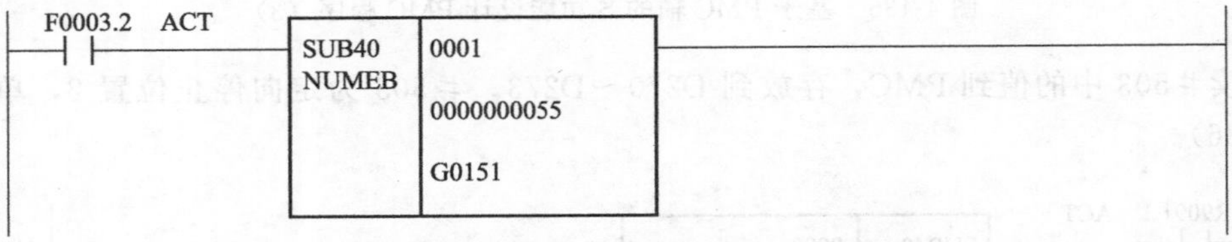

F0003.2
ACT
SUB40
NUMEB
0001
0000000055
G0151

图 4-439　基于 PMC 轴的 S 功能设计 PMC 程序（7）

c. JOG 方式信号 F3.2 上升沿检测（图 4-440）。

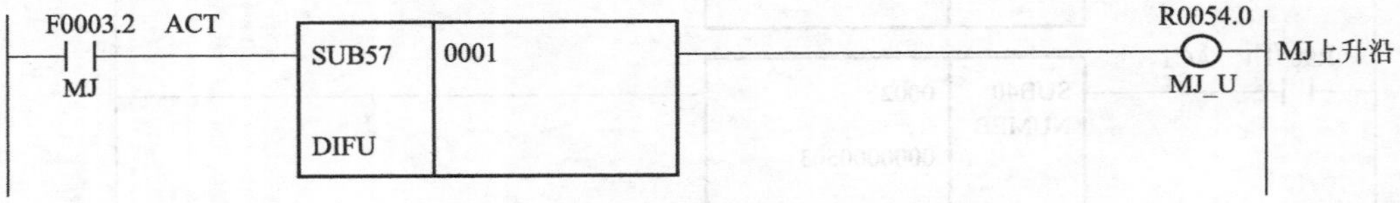

F0003.2
ACT
MJ
SUB57
0001
DIFU
R0054.0
MJ_U
MJ上升沿

图 4-440　基于 PMC 轴的 S 功能设计 PMC 程序（8）

d. SJOG＋和 SJOG－按钮下降沿检测（图 4-441）。

Y0026.0
4_PBL
X0030.4
+_PB
ACT
SUB58
0001
DIFD
R0055.0
SJOG+_D
SJOG+下降沿
Y0026.0
4_PBL
X0030.6
–_PB
ACT
SUB58
0002
DIFD
R0055.1
SJOG–_D
SJOG–下降沿

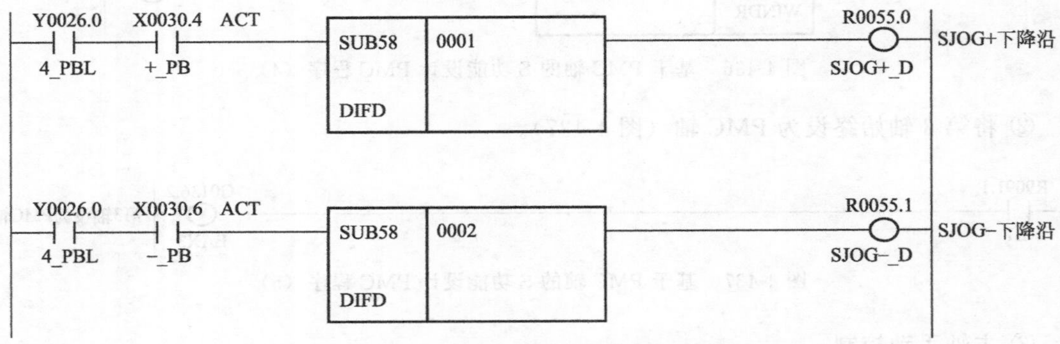

图 4-441　基于 PMC 轴的 S 功能设计 PMC 程序（9）

e. MJ 上升沿，SJOG＋或 SJOG－下降沿，复位信号，主轴停止按钮信号均进行 PMC 轴清除（图 4-442）。

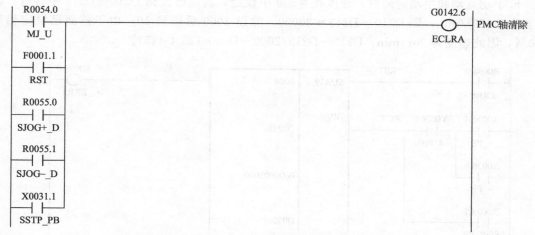

图 4-442 基于 PMC 轴的 S 功能设计 PMC 程序（10）

f. 主轴手动点动或主轴手动连续运转时，G143 均置 6，表示 PMC 轴运行模式为 JOG 进给。此模式还需要指定进给方向 EID31g(G149.7）和进给速度 EIF0g～EIF15g(G144～G145)（图 4-443)。

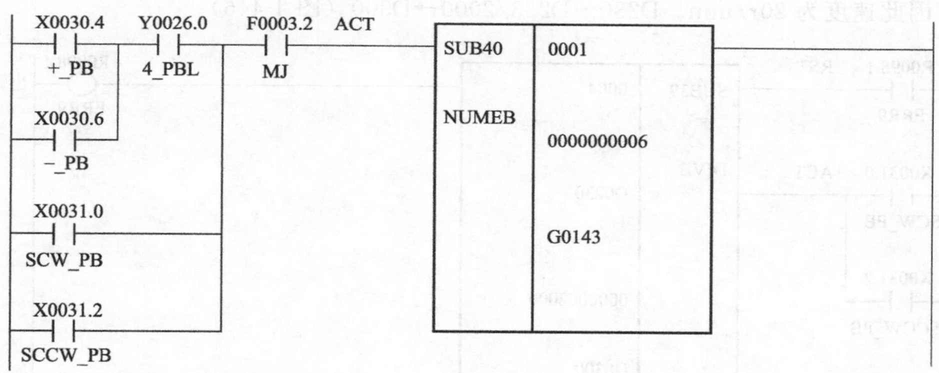

图 4-443 基于 PMC 轴的 S 功能设计 PMC 程序（11）

g. 主轴手动定向时，G143 置 32，表示 PMC 轴运行模式为机械坐标系定位。此模式还需要指定机床坐标系设置（绝对值）EID0g～EID31g(G146～G149）和快速移动速度 EIF0g～EIF15g(G144～G145)（图 4-444)。

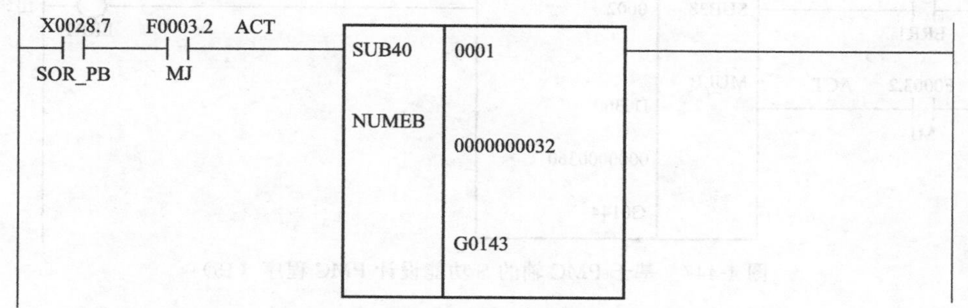

图 4-444 基于 PMC 轴的 S 功能设计 PMC 程序（12）

h. 手动点动和手动定向时，速度在＃500 中设定，前面已读到 D210～D213 中存放。假设＃500＝20r/min，则 D210～D213＝20000，除以 2000 后得到 10，由于前面已设定倍率 200％，因此速度为 20r/min。D210～D213/2000→D300（图 4-445）。

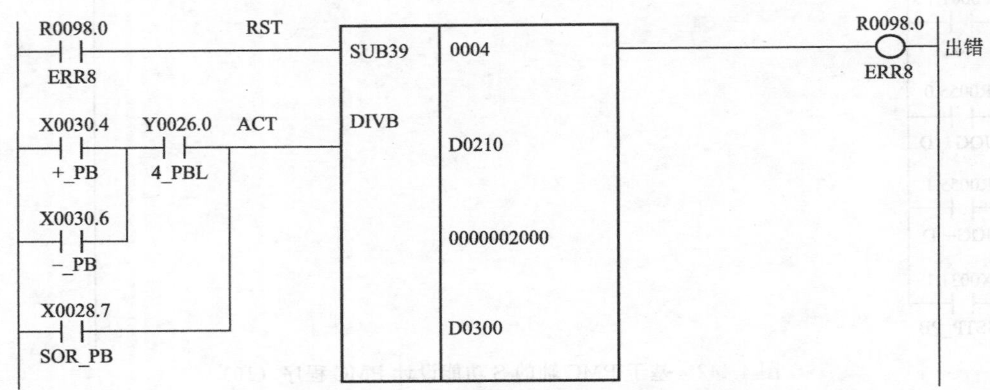

图 4-445　基于 PMC 轴的 S 功能设计 PMC 程序（13）

i. 手动正转或手动反转时，速度在＃501 中设定，前面已读到 D230～D233 中存放。假设＃501＝20r/min，则 D230～D233＝20000，除以 2000 后得到 10，由于前面已设定倍率 200％，因此速度为 20r/min。D230～D233/2000→D300（图 4-446）。

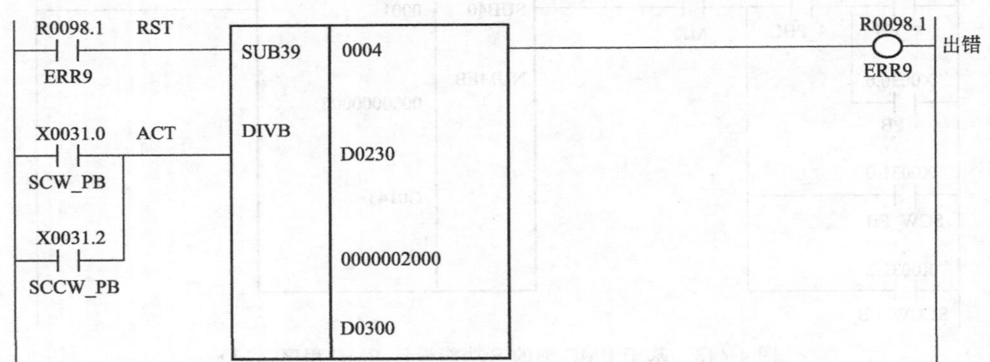

图 4-446　基于 PMC 轴的 S 功能设计 PMC 程序（14）

j. 一转 360°，因此 D300 乘以 360，得到速度 G144，单位：度/分（图 4-447）。

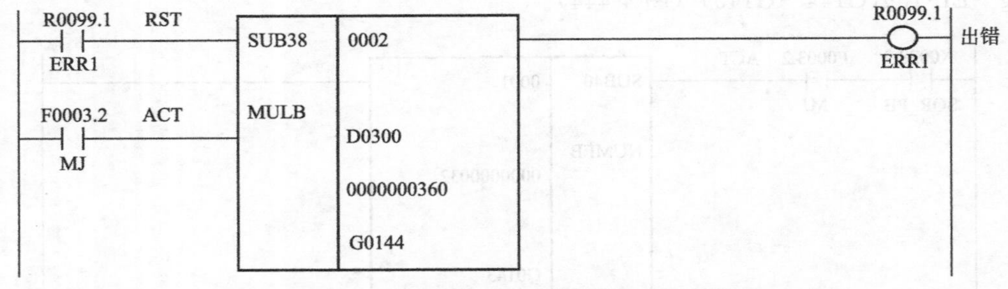

图 4-447　基于 PMC 轴的 S 功能设计 PMC 程序（15）

k. 主轴手动点动或主轴手动连续运转时，主轴反转置 G149.7 为 1；主轴正转置 G149.7 为 0（图 4-448）。

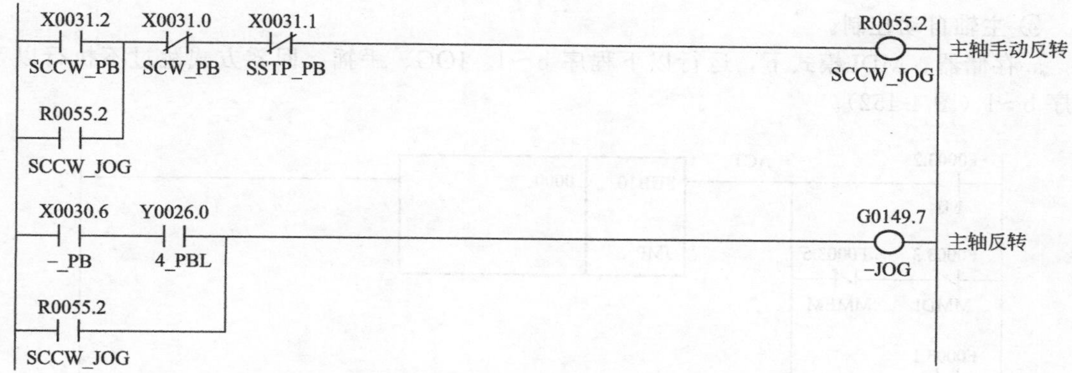

图 4-448　基于 PMC 轴的 S 功能设计 PMC 程序（16）

l. ＃502 主轴定向停止位置 1，已读入 D250～D253 中存放。手动主轴定向时，D250～D253→G146～G149（图 4-449）。

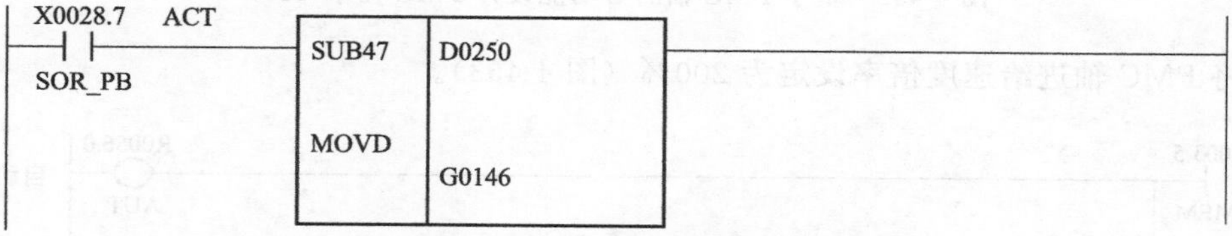

X0028.7 ACT
SOR_PB
SUB47 D0250
MOVD G0146

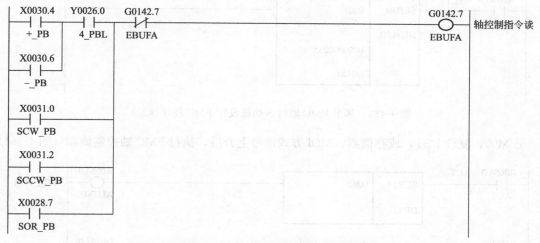

图 4-449　基于 PMC 轴的 S 功能设计 PMC 程序（17）

m. 翻转 EBUFA(G142.7) 的状态，运行 PMC 控制指令（图 4-450）。

图 4-450　基于 PMC 轴的 S 功能设计 PMC 程序（18）

n. JMP 指令跳转结束（图 4-451）。

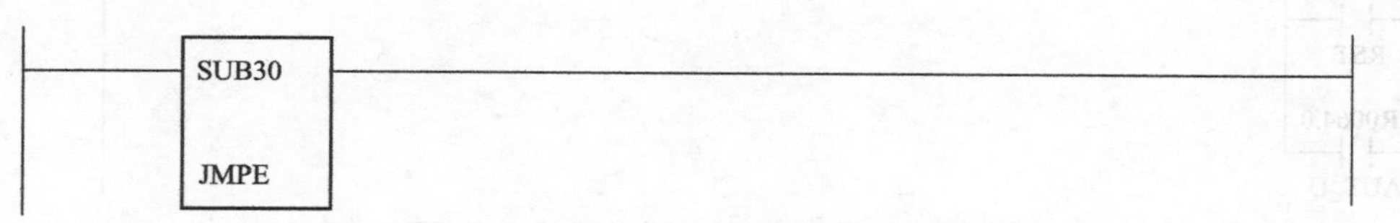

图 4-451　基于 PMC 轴的 S 功能设计 PMC 程序（19）

④ 主轴自动控制。

a. 存储器、MDI模式下，运行以下程序 b～l。JOG、手摇、回零方式跳过不执行以下程序 b～l（图 4-452）。

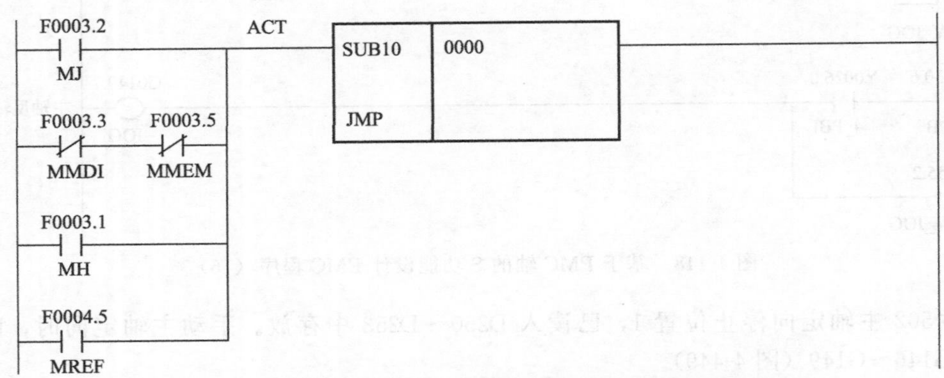

图 4-452　基于 PMC 轴的 S 功能设计 PMC 程序（20）

b. 将 PMC 轴进给速度倍率设定为 200%（图 4-453）。

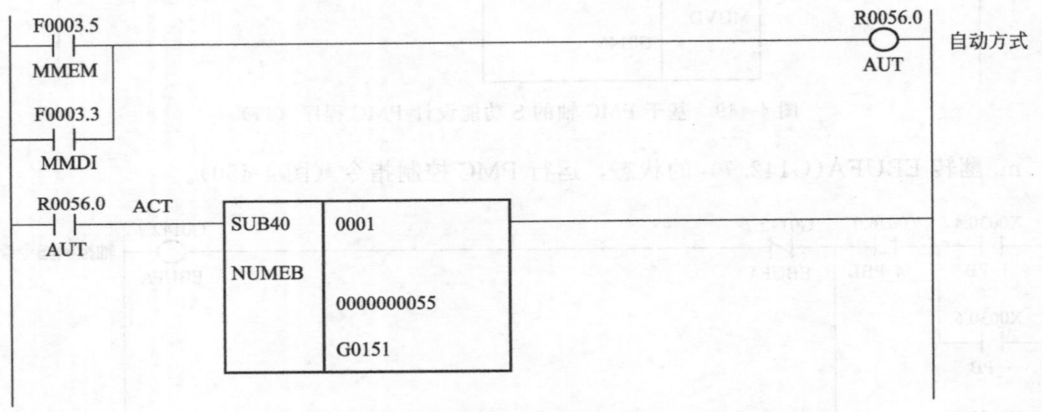

图 4-453　基于 PMC 轴的 S 功能设计 PMC 程序（21）

c. M05，复位 RST，或存储器、MDI 方式信号上升沿，执行 PMC 轴控制清除（图 4-454）。

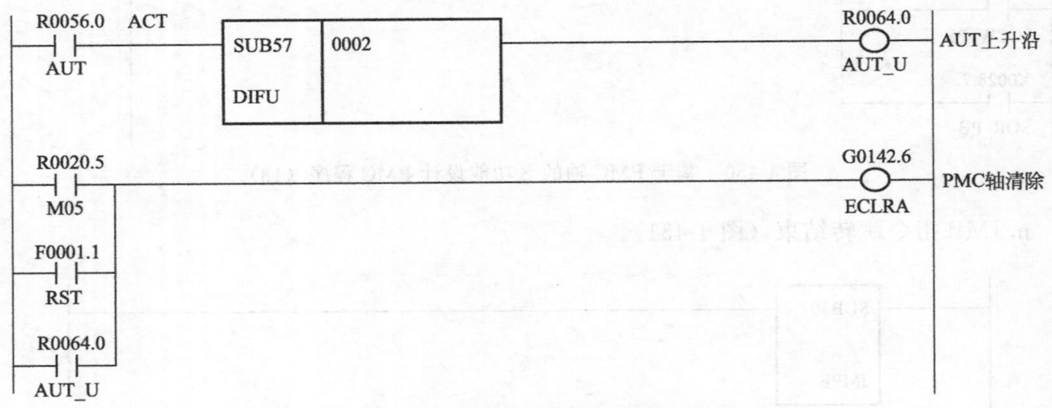

图 4-454　基于 PMC 轴的 S 功能设计 PMC 程序（22）

d. M03 主轴正转或 M04 主轴反转时，G143 均置 6，表示 PMC 轴运行模式为 JOG 进给。此模式还需要指定进给方向 EID31g（G149.7）和进给速度 EIF0g～EIF15g（G144～G145）（图 4-455）。

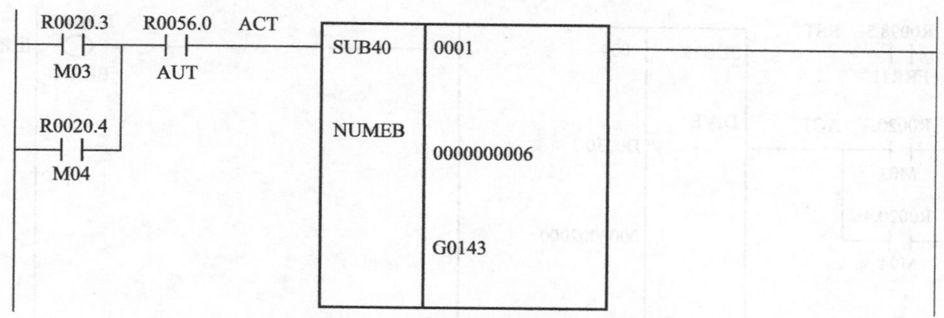

图 4-455　基于 PMC 轴的 S 功能设计 PMC 程序（23）

e. M19 主轴定向 1 或 M29 主轴定向 2 时，G143 置 32，表示 PMC 轴运行模式为机械坐标系定位。此模式还需要指定机床坐标系设置（绝对值）EID0g～EID31g（G146～G149）和快速移动速度 EIF0g～EIF15g（G144～G145）（图 4-456）。

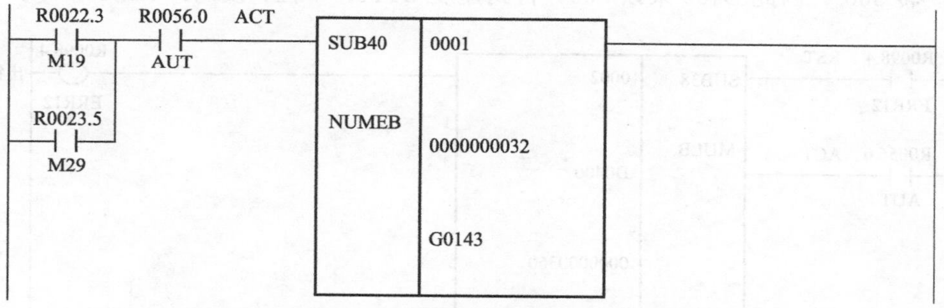

R0022.3
M19
R0056.0
AUT
ACT
R0023.5
M29
SUB40
NUMEB
0001
0000000032
G0143

图 4-456　基于 PMC 轴的 S 功能设计 PMC 程序（24）

f. M19 主轴定向 1 和 M29 主轴定向 2 时，速度在＃500 中设定，前面已读到 D210～D213 中存放。假设＃500＝20r/min，则 D210～D213＝20000，除以 2000 后得到 10，由于前面已设定倍率 200％，因此速度为 20r/min。D210～D213/2000→D400（图 4-457）。

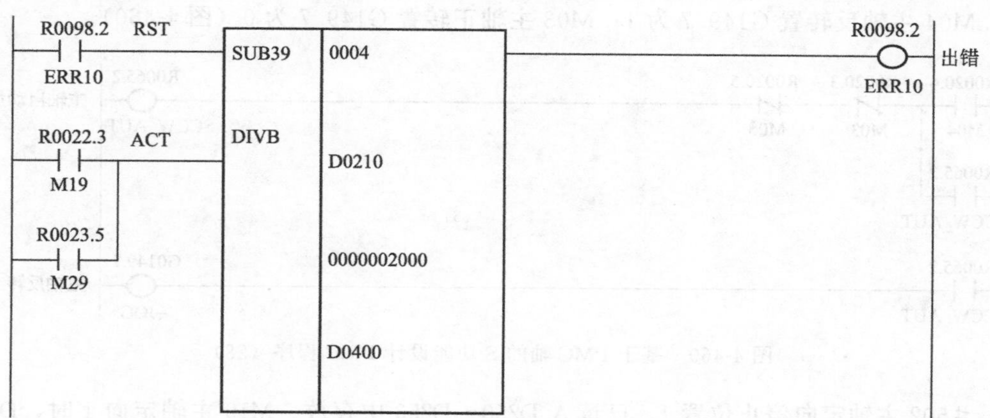

图 4-457　基于 PMC 轴的 S 功能设计 PMC 程序（25）

g. M03 主轴正转或 M04 主轴反转时，速度在＃501 中设定，前面已读到 D230～D233 中存放。假设＃501＝20r/min，则 D230～D233＝20000，除以 2000 后得到 10，由于前面已设定倍率 200％，因此速度为 20r/min。D230～D233/2000→D400（图 4-458）。

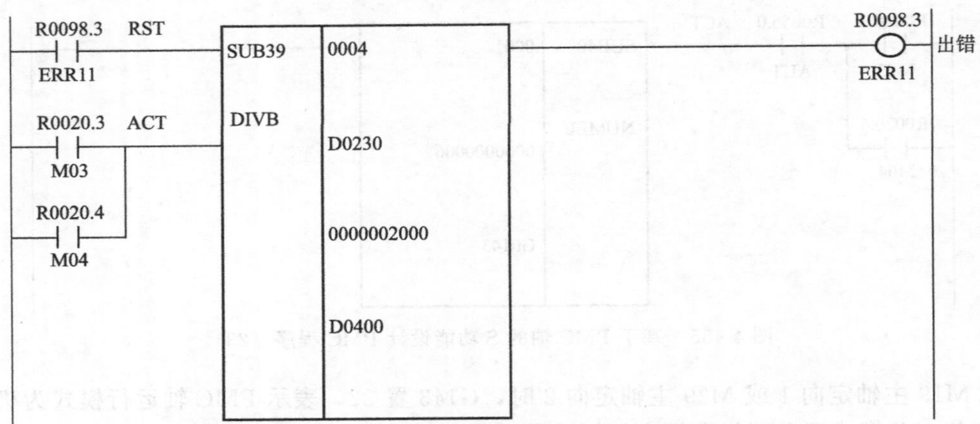

图 4-458 基于 PMC 轴的 S 功能设计 PMC 程序（26）

h. 一转 360°，因此 D400 乘以 360，得到速度 G144，单位：度/分（图 4-459）。

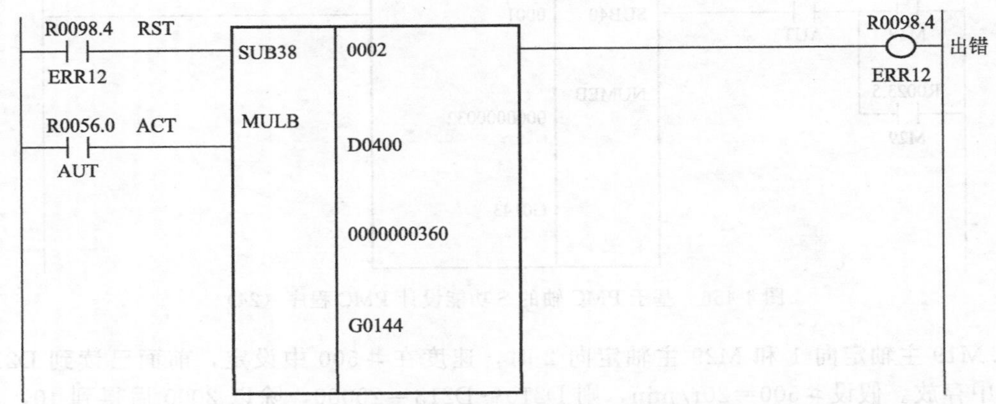

图 4-459 基于 PMC 轴的 S 功能设计 PMC 程序（27）

i. M04 主轴反转置 G149.7 为 1；M03 主轴正转置 G149.7 为 0（图 4-460）。

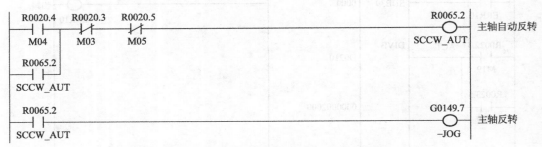

图 4-460 基于 PMC 轴的 S 功能设计 PMC 程序（28）

j. ＃502 主轴定向停止位置 1，已读入 D250～D253 中存放。M19 主轴定向 1 时，D250～D253 传送给 G146～G149（图 4-461）。

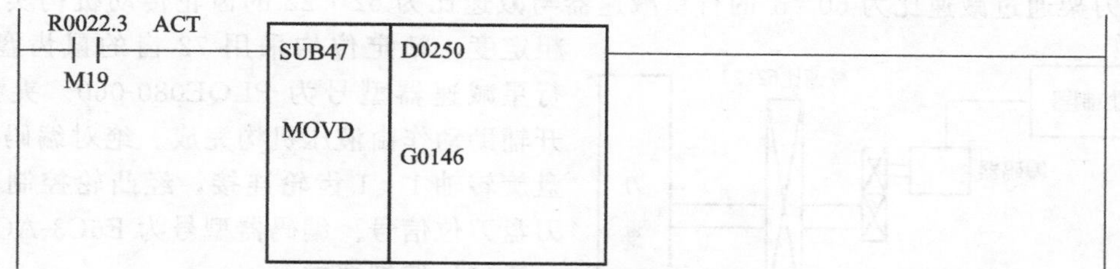

图 4-461　基于 PMC 轴的 S 功能设计 PMC 程序（29）

k. ＃503 主轴定向停止位置 2，已读入 D270～D273 中存放。M29 主轴定向 2 时，D270～D273 传送给 G146～G149（图 4-462）。

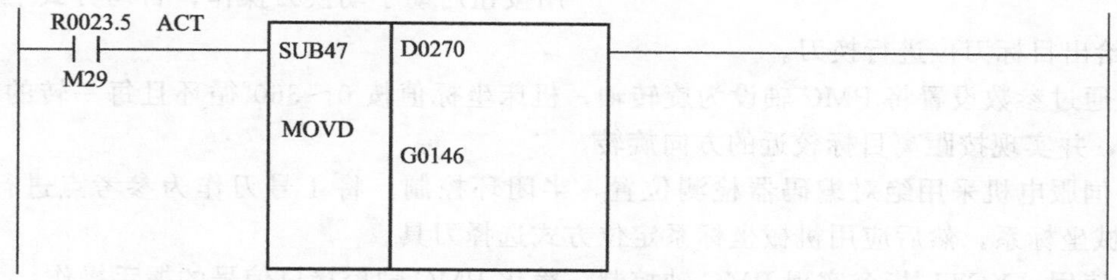

图 4-462　基于 PMC 轴的 S 功能设计 PMC 程序（30）

l. 翻转 EBUFA（G142.7）的状态，运行 PMC 控制指令（图 4-463）。

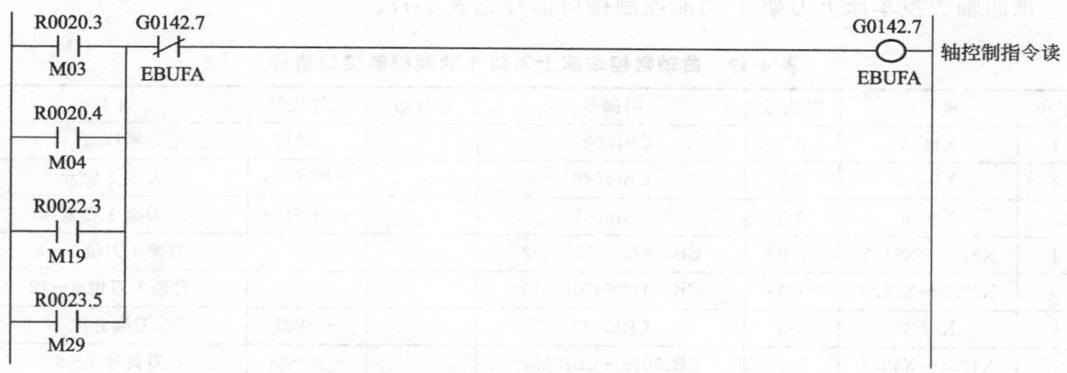

图 4-463　基于 PMC 轴的 S 功能设计 PMC 程序（31）

m. JMP 指令跳转结束（图 4-464）。

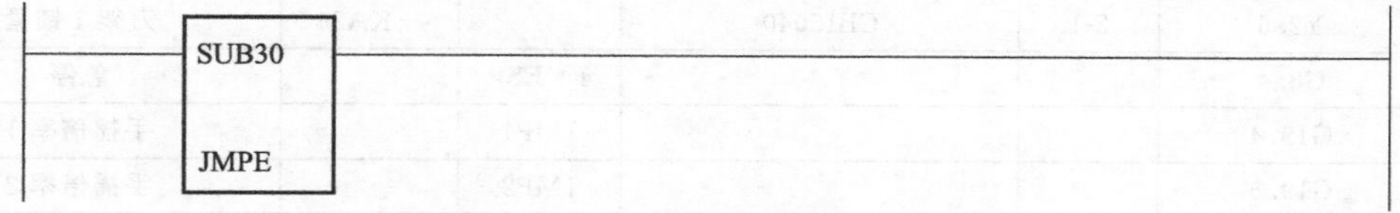

图 4-464　基于 PMC 轴的 S 功能设计 PMC 程序（32）

4.11.4　基于 PMC 轴的 T 功能设计

某曲轴数控车床为双刀架车床，其上刀架 12 个工位，下刀架 8 个工位，均由伺服电机驱动。现以上刀架为例说明基于 PMC 轴的 T 功能设计。上刀架传动示意图如图 4-465 所示。上刀架通过减速比为 60∶1 的行星减速器与减速比为 62∶22 的齿轮传动机构实现刀架粗定度，精定位均采用 72 齿的鼠齿盘定位。行星减速器型号为 PLQE080-060。夹紧与松开辅助动作由液压机构完成。绝对编码器与刀盘旋转轴 1∶1 齿轮连接，经凸轮控制器得到刀盘刀位信号。编码器型号为 E6C3-AG5C-C。

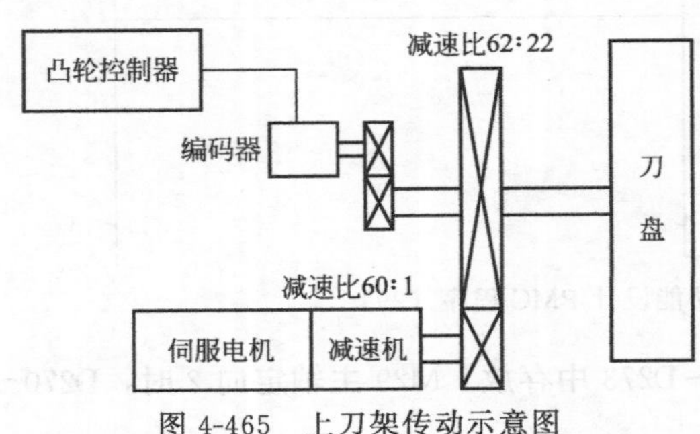

图 4-465　上刀架传动示意图

(1) 控制要求

① 采用 PMC 轴控制刀架伺服电机实现换刀。该伺服轴在数控系统中为第 3 轴。手动方式下，通过格雷码波段开关给出目标刀具号，用按钮启动手动换刀操作；自动方式下，通过 T 代码给出目标刀位进行换刀。

② 通过参数设置将 PMC 轴设为旋转轴，机床坐标值按 0～360°循环且每一转的移动量为 360°，并实现按距离目标较近的方向旋转。

③ 伺服电机采用绝对编码器检测位置，半闭环控制。将 1 号刀作为参考点进行设定，建立机械坐标系，然后应用机械坐标系定位方式选择刀具。

④ 使用 AXCTL 指令实现 PMC 轴控制，简化 PMC 轴控接口信号的握手操作。

⑤ 刀架分度位置采用绝对编码器检测。

(2) 接口信号

该曲轴数控车床上刀架 T 功能控制接口信号见表 4-47。

表 4-47　曲轴数控车床上刀架 T 功能控制接口信号

序号	地址号	模块号	引脚号	符号名	元件代号	注释
1	X14.0	2-3	CB15025		－KM2	液压泵
2	X20.4	3-0	CB15046		－PRS120	刀架 1 松开
3	X20.5	3-0	CB15047		－PRS121	刀架 1 锁紧
4	X21.0～X21.7	3-0	CB15025～CB15032			刀架 1 刀位 1～8
5	X22.0～X22.3	3-0	CB15010～CB15013			刀架 1 刀位 9～12
6	X37.7	1-0	CB15032		－PB27	刀架分度
7	X40.4～X40.7	1-1	CB15029～CB15032		－RSS34	刀具号 1～8
8	X41.0	1-1	CB15010		－SS37	刀架 1 选择
9	X44.7	1-2	CB15017		－SS6	手摇 T 轴
10	Y2.5	2-1	CB15039		－KA23	刀架 1 松开
11	Y2.6	2-1	CB15040		－KA24	刀架 1 锁紧
12	G8.4			1＊ESP		急停
13	G19.4			1MP1		手摇倍率 1
14	G19.5			1MP2		手摇倍率 2
15	G136.2			EAX3		PMC 轴控制选择
16	G142.4			1ESOFA		伺服关断
17	G142.6			1ECLRA		PMC 轴控清除
18	G142.7			1EBUFA		
19	F0.6			1SA		伺服准备好
20	F1.1			1RST		系统复位

续表

序号	地址号	模块号	引脚号	符号名	元件代号	注释
21	F1.7			1MA		系统准备好
22	F7.3			1TF		T 代码选通信号
23	F3.1			1MH		手摇方式
24	F3.2			1MJ		JOG 方式
25	F3.3			1MMDI		MDI 方式
26	F3.5			1MMEM		存储器方式
27	F120.2			1ZRF3		T 轴已建立参考点
28	F130.0			1EINPA		PMC 轴到位信号
29	F130.4			1EGENA		PMC 轴移动中信号

(3) 换刀基本动作过程

换刀基本动作过程如图 4-466 所示，由 T 代码控制换刀的基本动作过程如下：

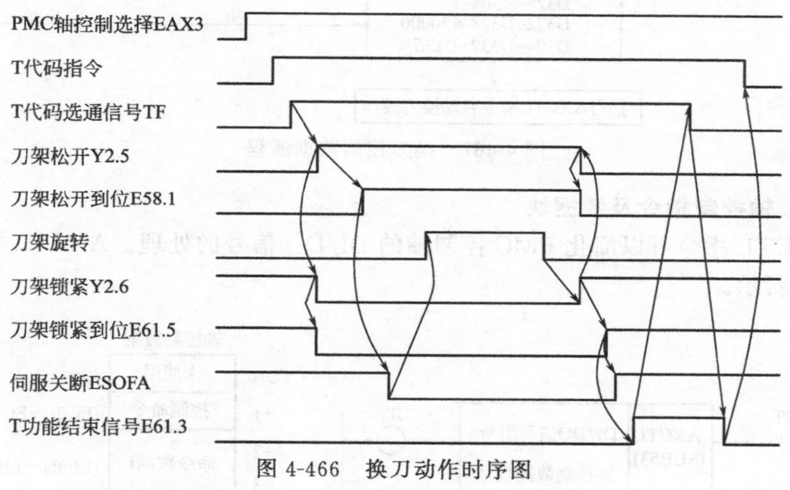

图 4-466 换刀动作时序图

① 轴控制选择信号 EAX3(G136.2) 置 1，第三轴（T 轴）为 PMC 轴。

② 程序指定 T 指令（F26～F29）。

③ T 功能选通信号 TF(F7.3) 置 1。

④ 刀架松开（Y2.5 置 1），同时刀架锁紧（Y2.6 置 0）。当刀架松开开关 PRS120 发信延时 1.2s，即认为刀架完全松开（E58.1 置 1）。

⑤ 伺服关断信号 ESOFA(G142.4) 置 0，伺服接通。

⑥ 刀架开始旋转。刀架旋转过程中，轴移动信号 EGENA(F130.4) 被置 1。

⑦ 刀架旋转结束。轴运动结束标志信号有“轴移动信号 EGENA(F130.4)”从 1 变为 0 和“轴到位信号 EINPA(F130.0)”从 0 变为 1。

⑧ 然后刀架锁紧（Y2.6 置 1），刀架松开（Y2.5 置 0）。当刀架锁紧开关 PRS121 发信延时 2s，即认为刀架完全锁紧（E61.5 置 1）。

⑨ 刀架完全锁紧后，伺服关断信号 ESOFA(G142.4) 置 1。同时，T 功能完成，T 代码选通信号 TF(F7.3) 和 T 代码清 0。

手动换刀时，目标刀具号由 4 位格雷码信号 X40.4～X40.7 确定，当按下刀架分度按钮（X37.7）时，启动刀架分度；刀架为 12 工位，就近方向选刀。其动作过程与 T 代码换刀过程基本相同。

换刀控制数据流程图如图 4-467 所示。其中 D101 是 1 字节数据，R116、D304、F26、D328 为 2 字节数据，D332、D104 为 4 字节数据。D300 和 D304 分别表示当前刀具号和目标刀具号；F26 为 T 代码值。换刀操作时，使用机械坐标系定位操作；如果是自动换刀，F26 作为目标刀具号；如果是手动换刀，R116 作为目标刀具号。

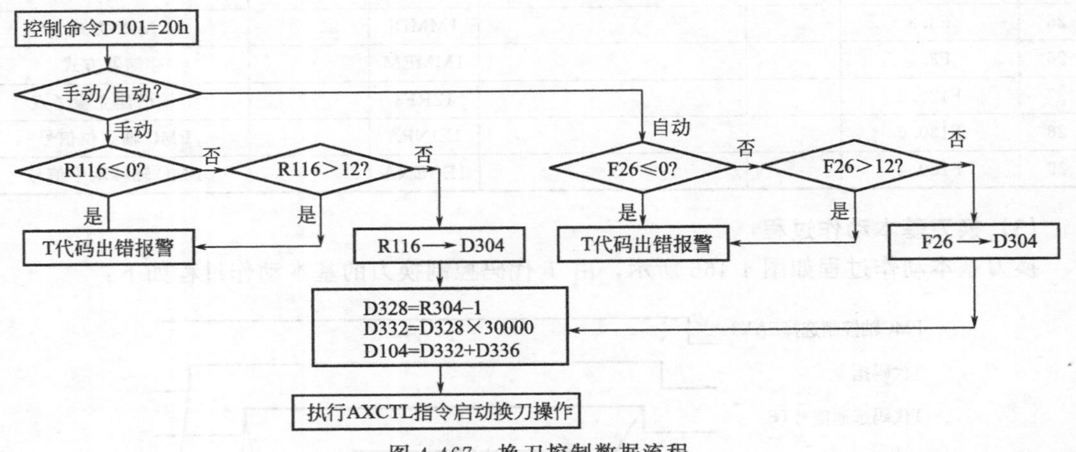

图 4-467 换刀控制数据流程

（4）PMC 轴控制指令及数据块

采用 AXCTL 指令可以简化 PMC 控制轴的 DI/DO 信号的处理。AXCTL 指令梯形图格式如图 4-468 所示。

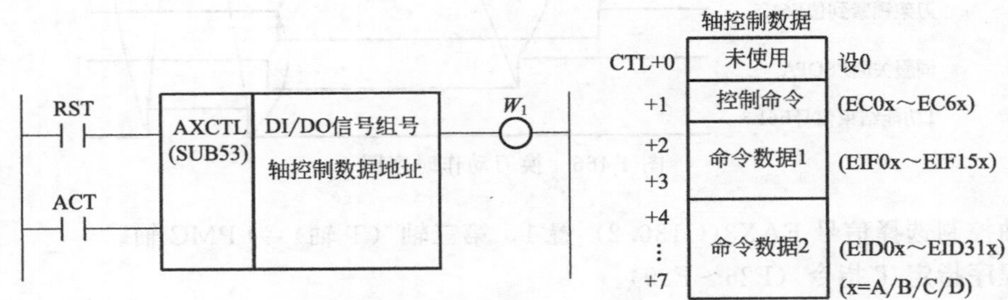

图 4-468 AXCTL 指令梯形图格式

① 控制条件。

ACT＝0：不执行 AXCTL 功能。

ACT＝1：执行 AXCTL 功能。ACT 保持为 1 直至 AXCTL 处理结束，并在处理完成（W_1＝1）后立即将 ACT 复位。

RST＝0：解除复位。

RST＝1：将复位信号（ECLRx）设为 1。所有找指令被清除，且正执行的指令停止。在 CNC 进入报警状态时的 CNC 复位同时设置 RST。

② 控制参数。

a. DI/DO 信号的组号。置 1～4，分别表示使用 A～D 组接口信号。

1：组 A（G142～G149，F130～F132）。

2：组 B（G154～G161，F133～F135）。

3：组 C（G166～G173，F136～F138）。

4：组 D（G178～G185，F139～F141）。

b. 轴控制数据地址。PMC 轴控制数据块定义如图 4-469 所示。AXCTL 指令中轴控制数据地址指定该数据块起始地址，即 D100。

PMC 轴控制数据块中，D100 为保留区，不使用，设 0；D101 为控制命令数据地址，指定控制代码。D102～D103 为 PMC 轴控制命令数据 1。D104～D107 为 PMC 轴控制命令数据 2。

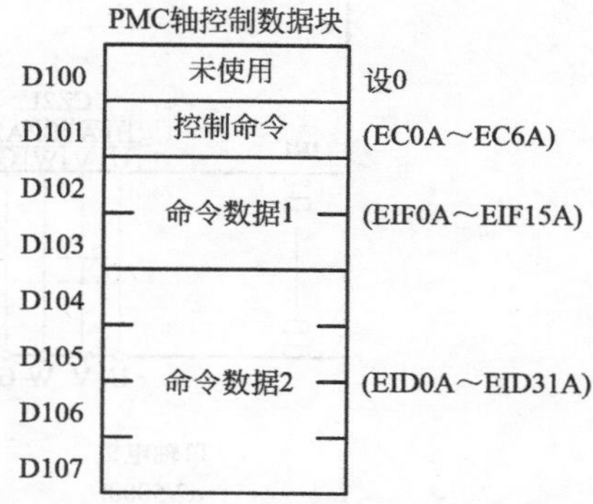

图 4-469　PMC 轴控制数据块定义

③ 机械坐标系定位 PMC 轴控制数据块。

设定参数 1006＃1，＃0＝01：选择 A 型旋转轴，轴机械坐标值按 0～360°循环。

设定参数 1008＃0＝1：旋转轴的循环功能有效。

设定参数 1008＃1＝0：绝对指令的旋转方向按距离目标较近的旋转方向。

设定参数 1260＝360000：旋转轴每一转的移动量为 360°。

设定参数 8002＃0＝0：轴的快速移动速度由系统参数 1420 设定。

设定参数 1420＝6500：轴的快移速度为 6.5（°）/min。

控制命令 D101＝20h，表示进行机械坐标系定位，同执行 CNC 的 G53（机械坐标系选择）操作类似；命令数据 1 不需要设定，即 D102～D103（EIF0A～EIF15A）不需要指定，轴的移动速度由参数 1420 决定；命令数据 2 指定刀架目标位置的机械坐标，它占用 4 个字节，其计算公式如下：

$$D104\sim D107=(\text{目标刀具号}-1)\times 30000$$

(5) 电气连接图

① 伺服放大器连接图如图 4-470 所示。上刀架 T1 轴和下刀架 T2 轴共用一个双轴放大器，规格为 SVM2-20/20i。

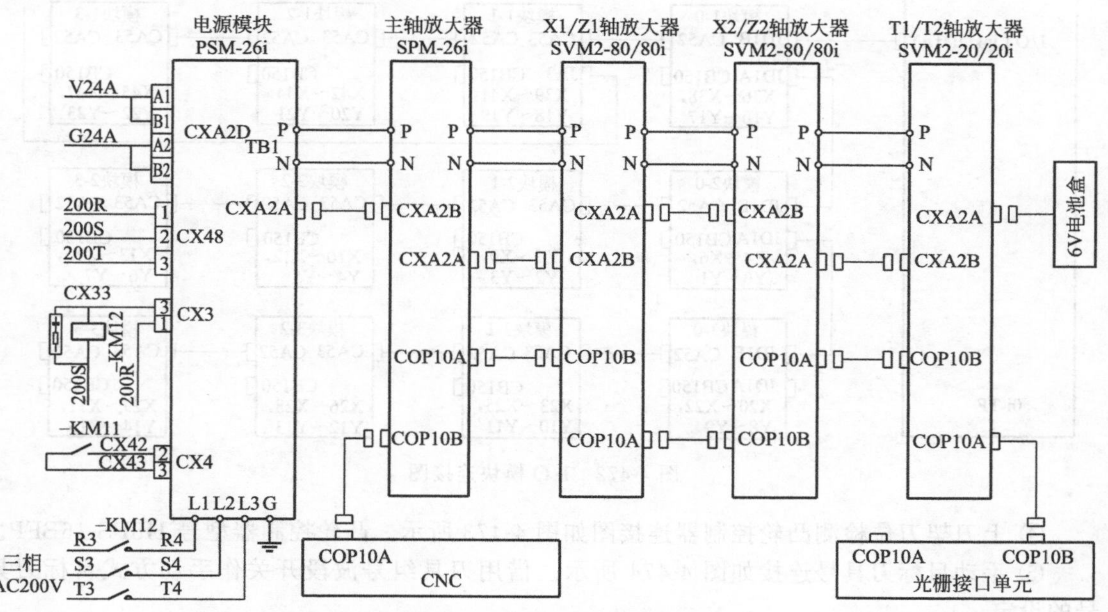

图 4-470　伺服放大器连接图

② 伺服电机连接图如图 4-471 所示。T1 轴和 T2 轴均采用 α2/5000i 伺服电机。JF1 和 JF2 为电机编码器接口。

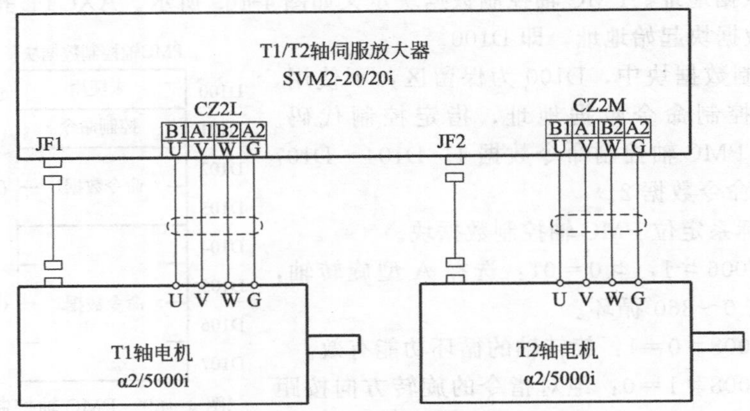

图 4-471　伺服电机连接图

③ I/O 模块连接图如图 4-472 所示。一共有 3 组 I/O 模块，全部为分线盘 I/O 模块。0 组模块输入信号地址为 X36～X47，输出信号地址为 Y16～Y23；1 组模块输入信号地址为 X4～X15，输出信号地址为 Y0～Y7；2 组模块输入信号地址为 X20～X31，输出信号地址为 Y8～Y15。

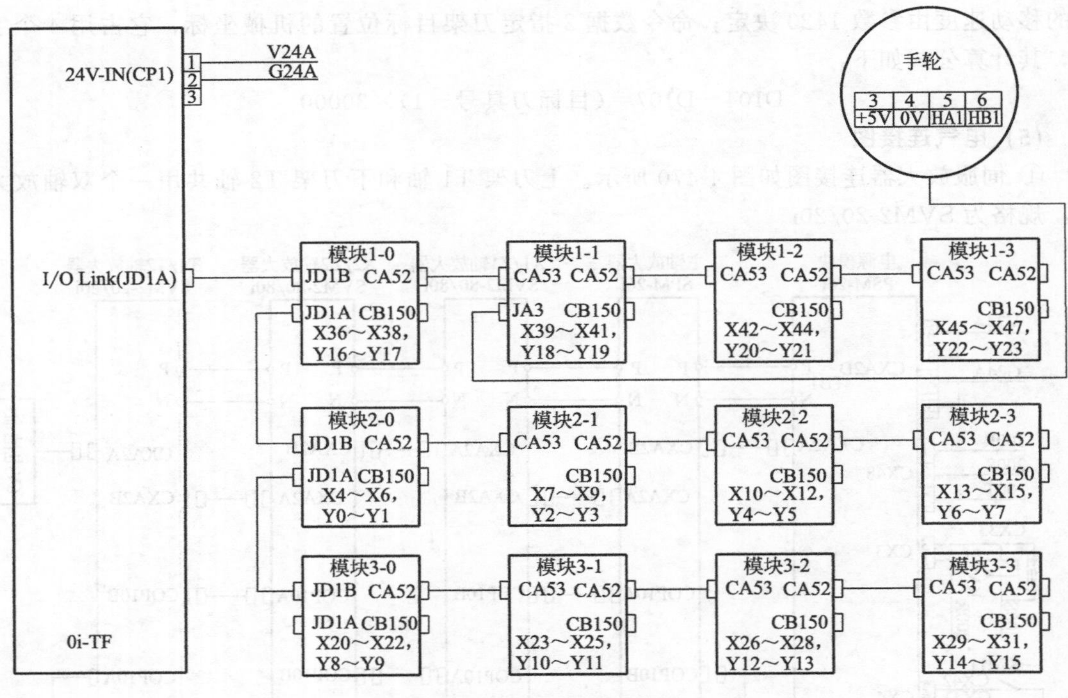

图 4-472　I/O 模块连接图

④ 上刀架刀位检测凸轮控制器连接图如图 4-473 所示。凸轮控制器型号 H8PS-16BFP。

⑤ 手动目标刀具号连接如图 4-474 所示。借用刀具组号波段开关作手动方式目标刀具号的设定。

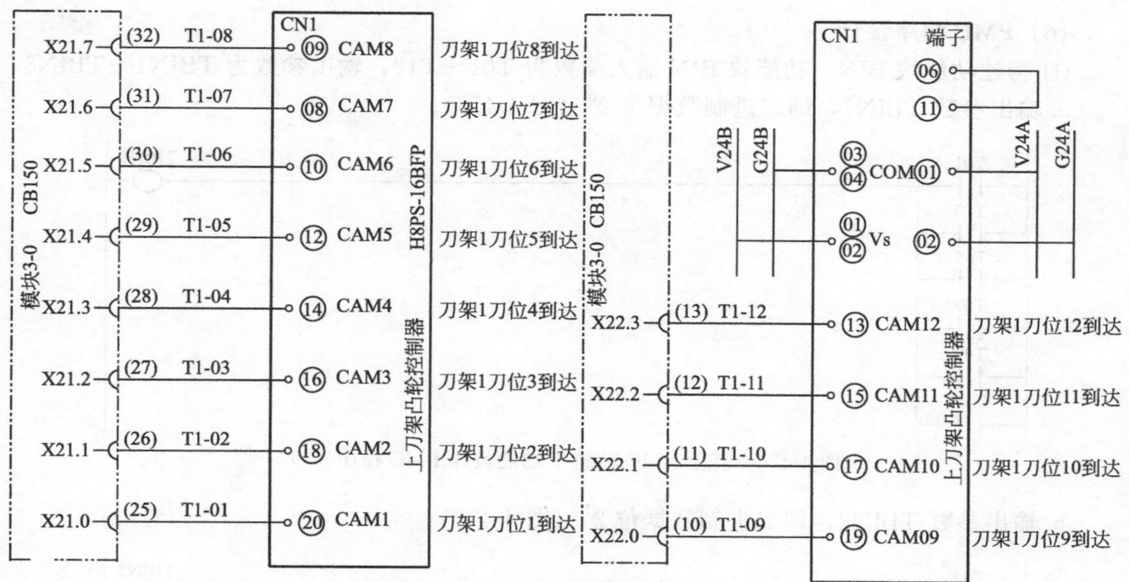

图 4-473　上刀架刀位检测凸轮控制器连接图

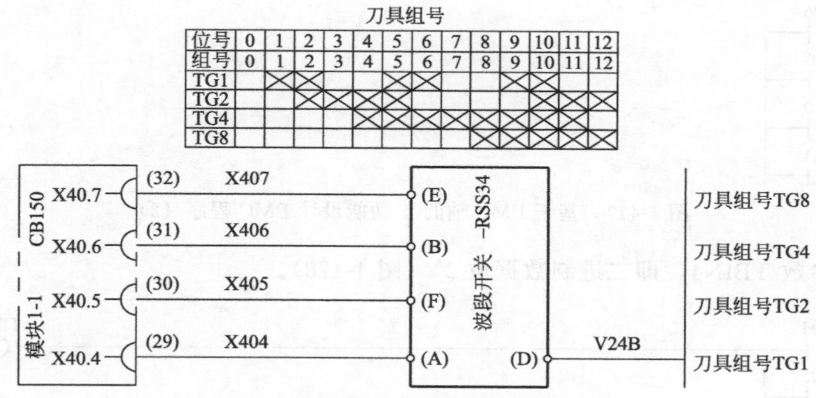

刀具组号

位号	0	1	2	3	4	5	6	7	8	9	10	11	12
组号	0	1	2	3	4	5	6	7	8	9	10	11	12
TG1		╳		╳		╳		╳		╳		╳	
TG2			╳	╳			╳	╳			╳	╳	
TG4					╳	╳	╳	╳					╳
TG8									╳	╳	╳	╳	╳

图 4-474　手动目标刀具号连接图

⑥ I/O 信号连接如图 4-475 所示。

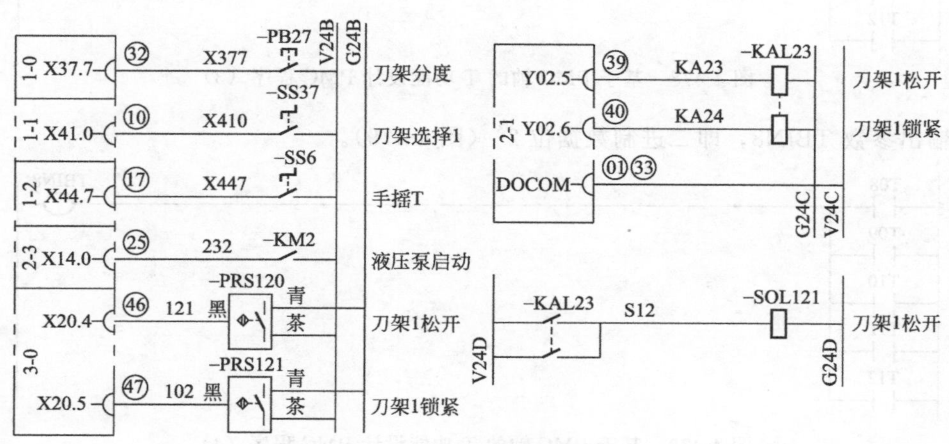

图 4-475　I/O 信号连接图

(6) PMC程序设计

① 构建功能块BIN。功能块BIN输入参数为T01～T12，输出参数为TBIN1～TBIN8。

a. 输出参数TBIN1，即二进制数据位2^0（图4-476）。

图4-476　基于PMC轴的T功能设计PMC程序（1）

b. 输出参数TBIN2，即二进制数据位2^1（图4-477）。

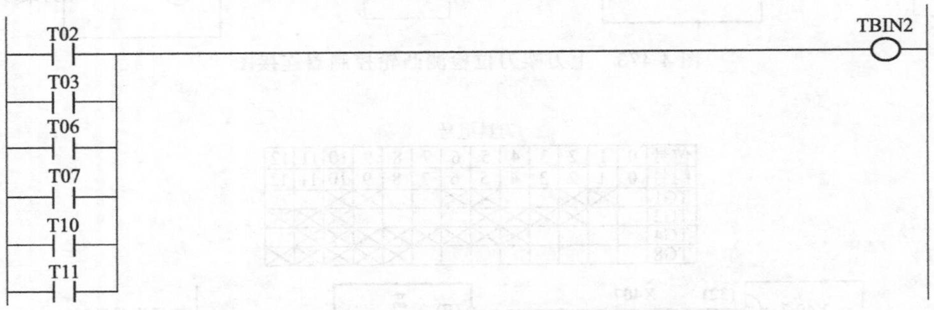

图4-477　基于PMC轴的T功能设计PMC程序（2）

c. 输出参数TBIN4，即二进制数据位2^2（图4-478）。

图4-478　基于PMC轴的T功能设计PMC程序（3）

d. 输出参数TBIN8，即二进制数据位2^3（图4-479）。

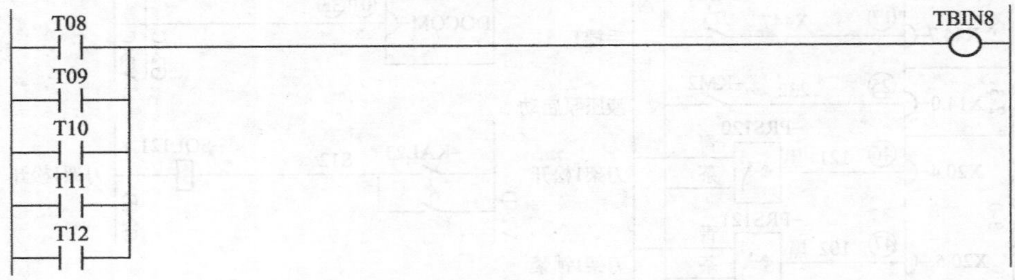

图4-479　基于PMC轴的T功能设计PMC程序（4）

② 调用功能块 BIN 将当前刀具位置检测信号 X21.0～X22.3 转换为二进制字节信号 D300（图 4-480）。

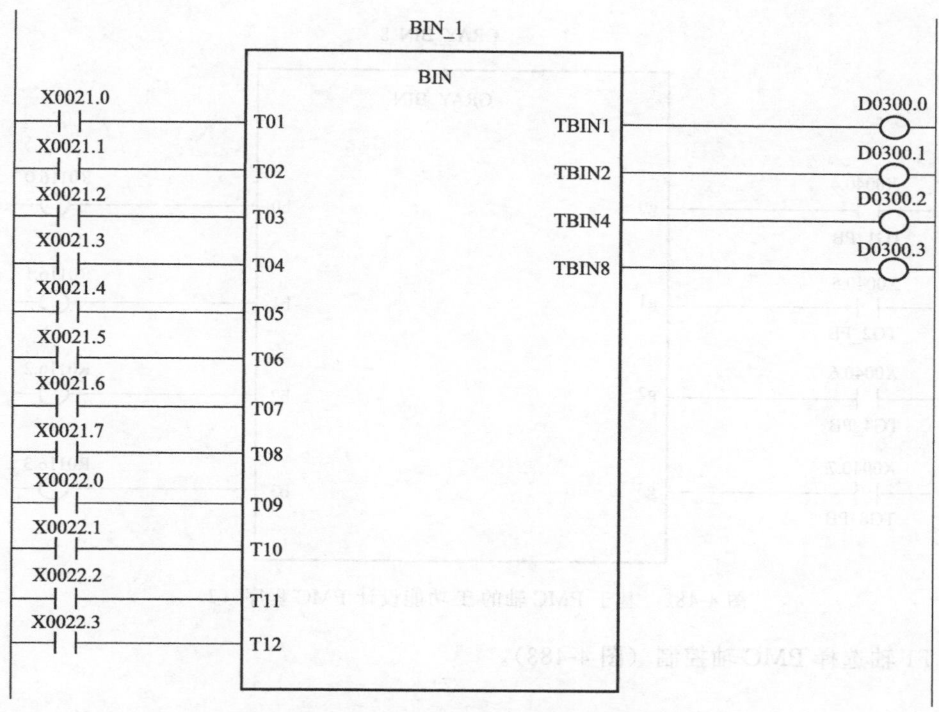

图 4-480　基于 PMC 轴的 T 功能设计 PMC 程序（5）

③ 构建功能块 GRAY_BIN。输入参数 g0～g3，输出参数 b0～b3（图 4-481）。

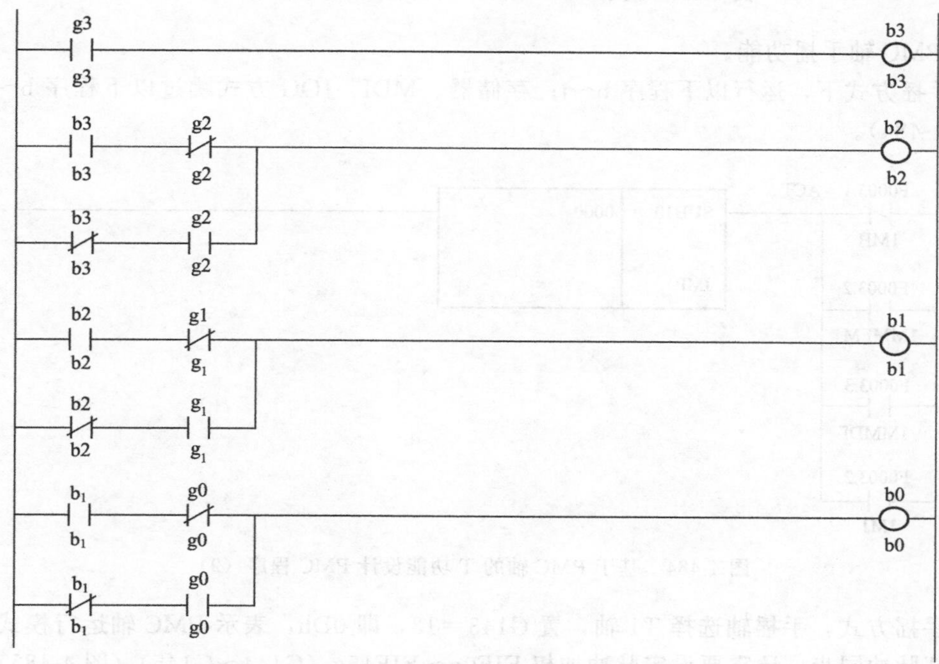

图 4-481　基于 PMC 轴的 T 功能设计 PMC 程序（6）

④ 调用功能块 GRAY _ BIN 将手动目标刀具号 X40.4～X40.7 转换为二进制字节信号 R116（图 4-482）。

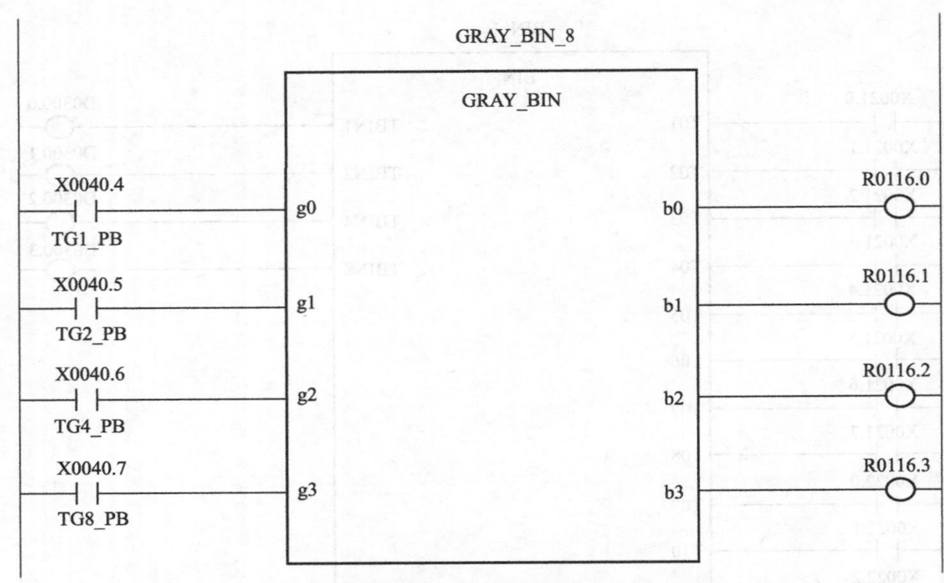

图 4-482　基于 PMC 轴的 T 功能设计 PMC 程序（7）

⑤ T1 轴选择 PMC 轴控制（图 4-483）。

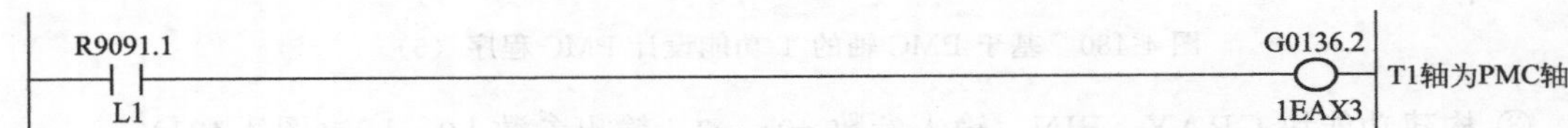

图 4-483　基于 PMC 轴的 T 功能设计 PMC 程序（8）

⑥ PMC 轴手摇功能。

a. 手摇方式下，运行以下程序 b～i；存储器、MDI、JOG 方式跳过以下程序 b～i 不运行（图 4-484）。

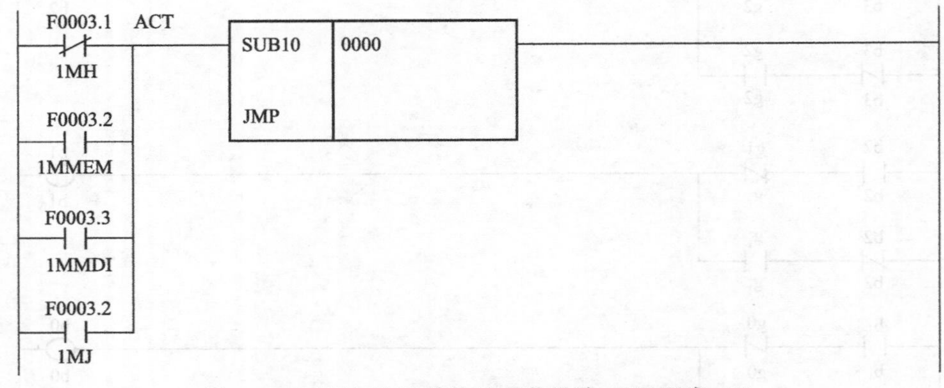

图 4-484　基于 PMC 轴的 T 功能设计 PMC 程序（9）

b. 手摇方式，手摇轴选择 T1 轴，置 G143＝13，即 0Dh，表示 PMC 轴运行模式为第 1 手轮外部脉冲同步。还需要设定脉冲加权 EIF0g～EIF15g（G144～G145）（图 4-485）。

X0041.0
X0044.7
F0003.1
ACT
T1_PB
H4_PB
1MH
SUB40
0001
NUMEB
0000000013
G0143

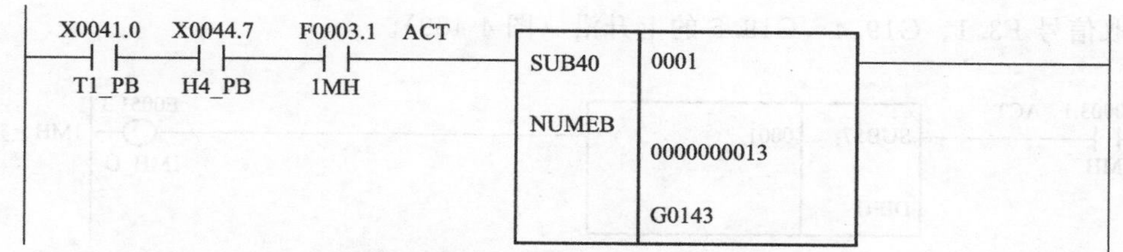

图 4-485　基于 PMC 轴的 T 功能设计 PMC 程序（10）

c. PMC 轴使用与 NC 轴一样的手轮倍率信号（图 4-486）。

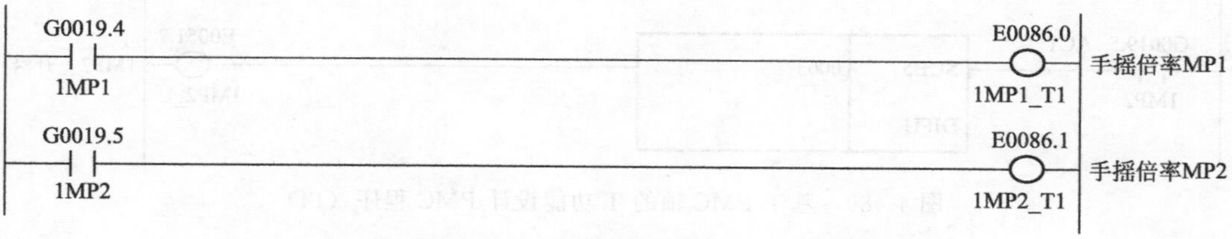

G0019.4
1MP1
E0086.0
1MP1_T1
手摇倍率MP1
G0019.5
1MP2
E0086.1
1MP2_T1
手摇倍率MP2

图 4-486　基于 PMC 轴的 T 功能设计 PMC 程序（11）

d. EIF0g～EIF7g（G144）用于指定小数点以后的位数。此处置 G144＝0，表示小数点以后的位数为 0（图 4-487）。

F0003.1
ACT
1MH
SUB8
0000
MOVE
0000
E0086
G0144

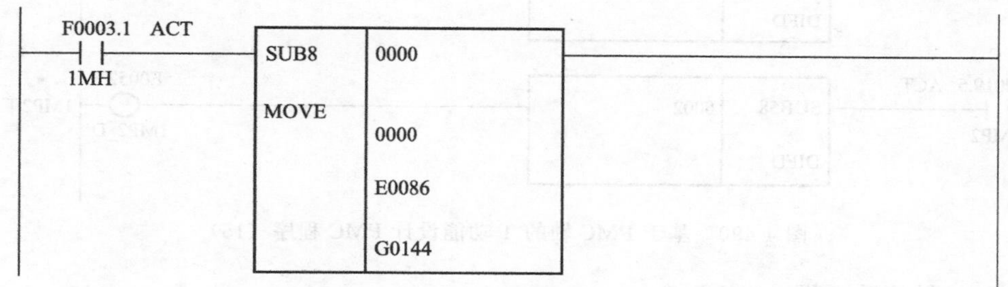

图 4-487　基于 PMC 轴的 T 功能设计 PMC 程序（12）

e. 手轮倍率信号 MP1、MP2 产生 3 挡脉冲加权，即×1、×10、×100（图 4-488）。

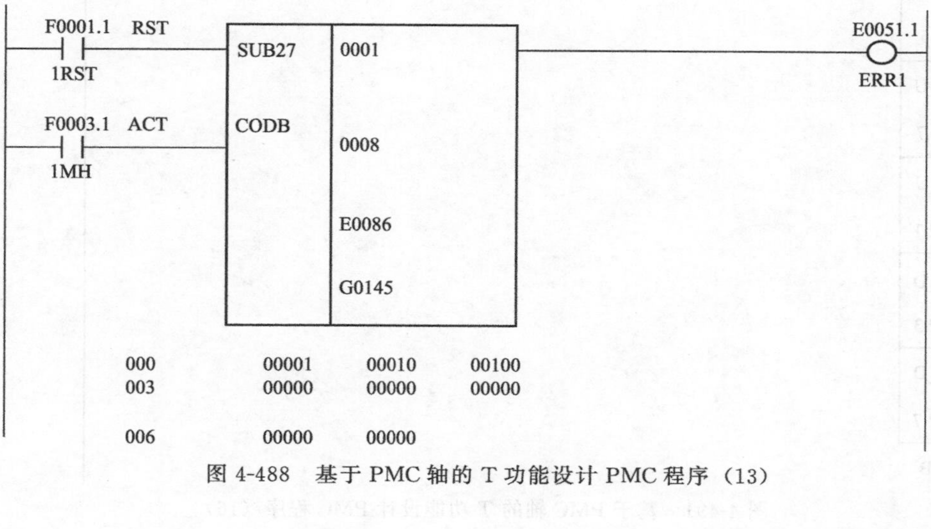

F0001.1
RST
1RST
F0003.1
ACT
1MH
SUB27
0001
CODB
0008
E0086
G0145
E0051.1
ERR1
出错
000 00001 00010 00100
003 00000 00000 00000
006 00000 00000

图 4-488　基于 PMC 轴的 T 功能设计 PMC 程序（13）

f. 取信号 F3.1、G19.4、G19.5 的上升沿（图 4-489）。

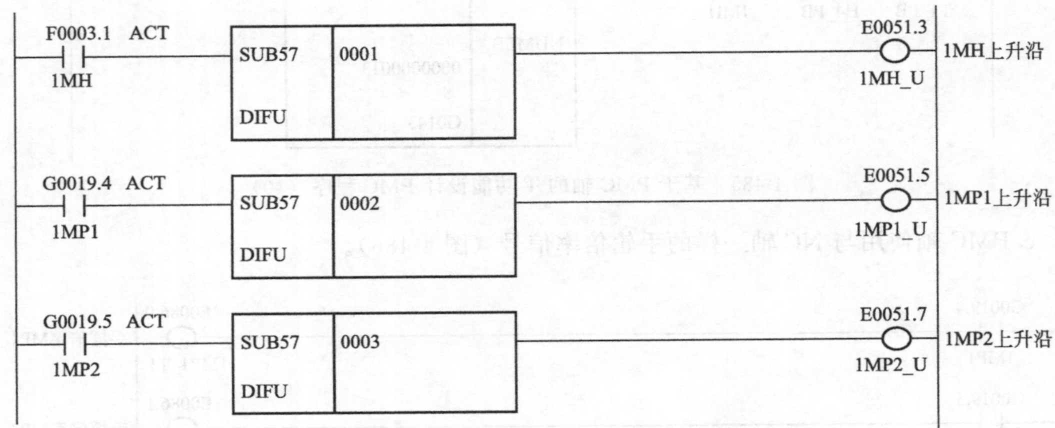

图 4-489 基于 PMC 轴的 T 功能设计 PMC 程序（14）

g. 取信号 G19.4、G19.5 的下降沿（图 4-490）。

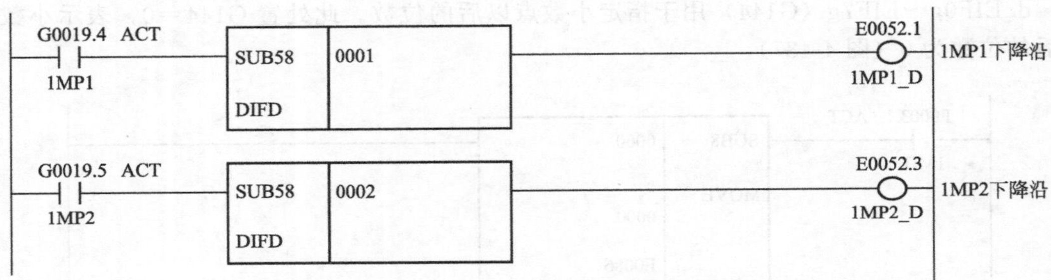

图 4-490 基于 PMC 轴的 T 功能设计 PMC 程序（15）

h. PMC 轴清除（图 4-491）。

E0051.3
1MH_U
E0051.5
1MP1_U
E0051.7
1MP2_U
E0052.1
1MP1_D
E0052.3
1MP2_D
X0044.7
H4_PB
G0142.6
1ECLRA
PMC轴清除

图 4-491 基于 PMC 轴的 T 功能设计 PMC 程序（16）

i. G142.7 信号状态翻转，执行 PMC 轴控制（图 4-492）。

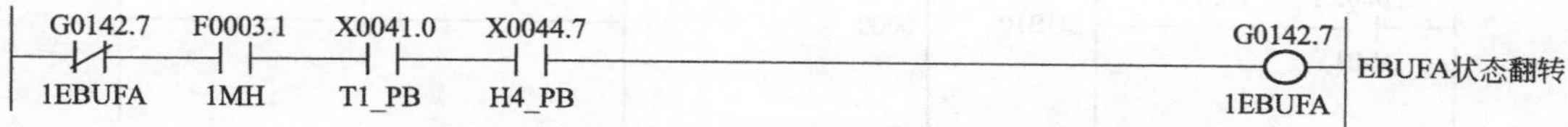

图 4-492 基于 PMC 轴的 T 功能设计 PMC 程序（17）

j. JMP 指令控制结束（图 4-493）。

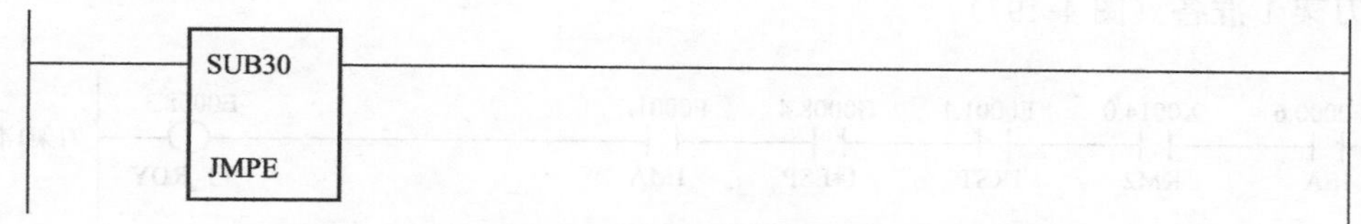

图 4-493 基于 PMC 轴的 T 功能设计 PMC 程序（18）

k. 手摇开始前，还需用 M15 代码让刀架 1 抬起；手摇结束后，再用 M16 代码让刀架 1 落下（图 4-494）。

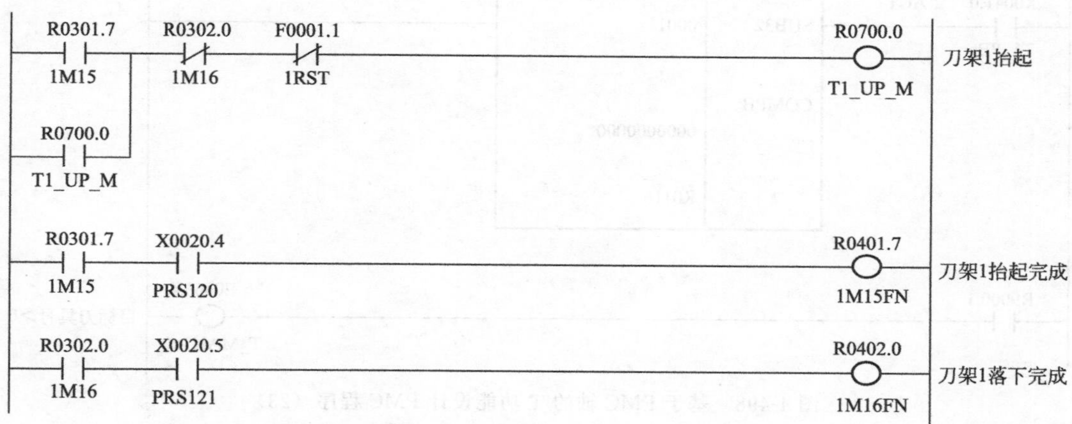

图 4-494 基于 PMC 轴的 T 功能设计 PMC 程序（19）

⑦ 方式切换为 JOG、MDI 或存储器方式时，PMC 轴控制清除（图 4-495）。

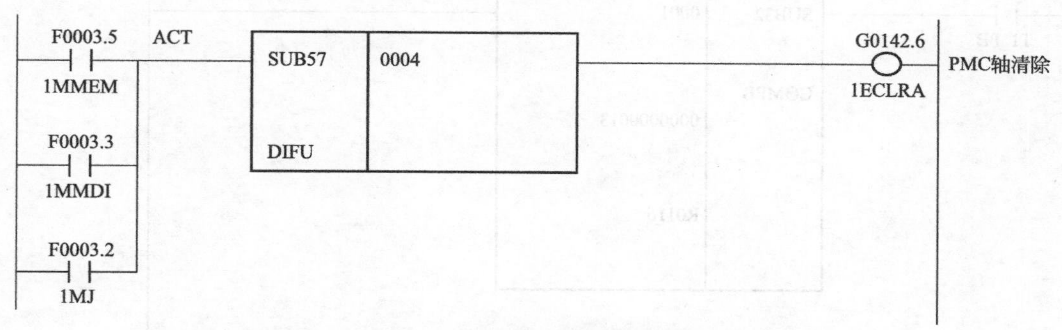

图 4-495 基于 PMC 轴的 T 功能设计 PMC 程序（20）

⑧ 手动或自动换刀。

a. JOG、MDI、存储器方式，运行以下程序步骤 b～w；手摇方式，跳过以下程序不运行步骤 b～w（图 4-496）。

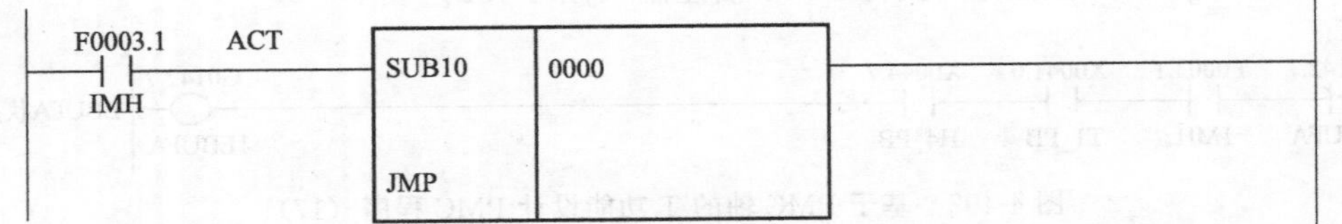

图 4-496 基于 PMC 轴的 T 功能设计 PMC 程序（21）

b. 刀架 1 准备（图 4-497）。

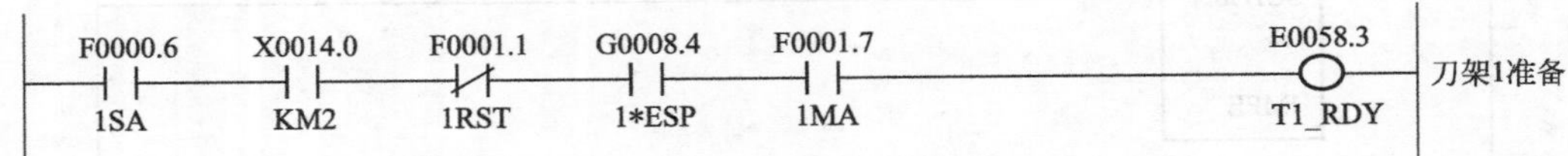

图 4-497 基于 PMC 轴的 T 功能设计 PMC 程序（22）

c. 判断手动目标刀具号 R116＞0（图 4-498）。

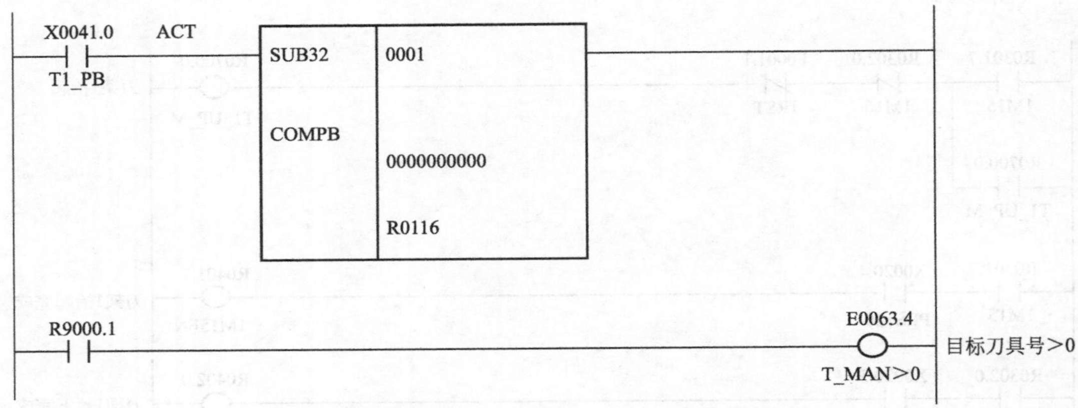

图 4-498 基于 PMC 轴的 T 功能设计 PMC 程序（23）

d. 判断手动目标刀具号 R116＜13（图 4-499）。

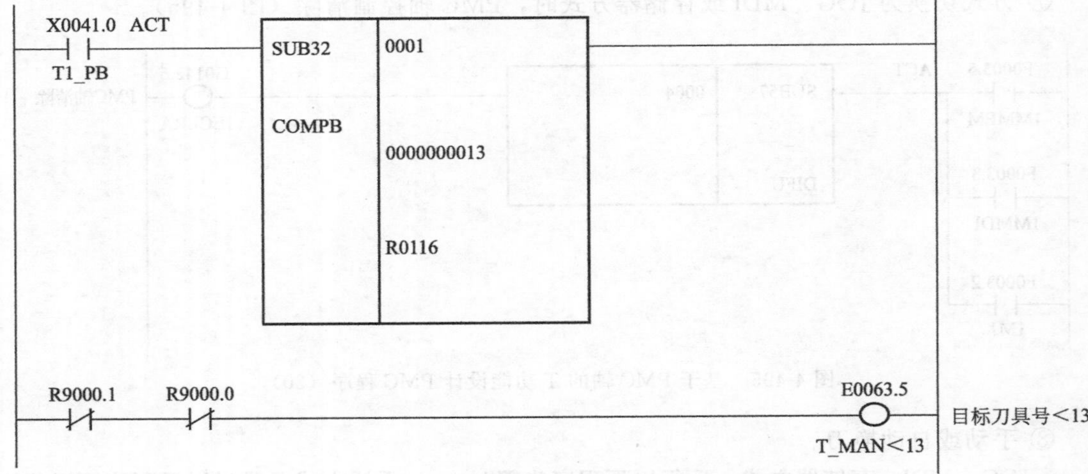

图 4-499 基于 PMC 轴的 T 功能设计 PMC 程序（24）

e. 判断手动目标刀具号正常（图 4-500）。

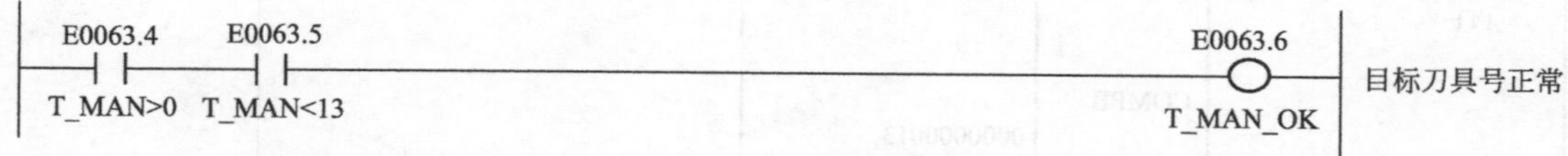

图 4-500 基于 PMC 轴的 T 功能设计 PMC 程序（25）

f. 用刀架分度按钮 TINDEX _ PB（X37.7），启动刀架 1 手动分度。前提条件包括坐标轴已建立零点，目标刀具号正常等（图 4-501）。

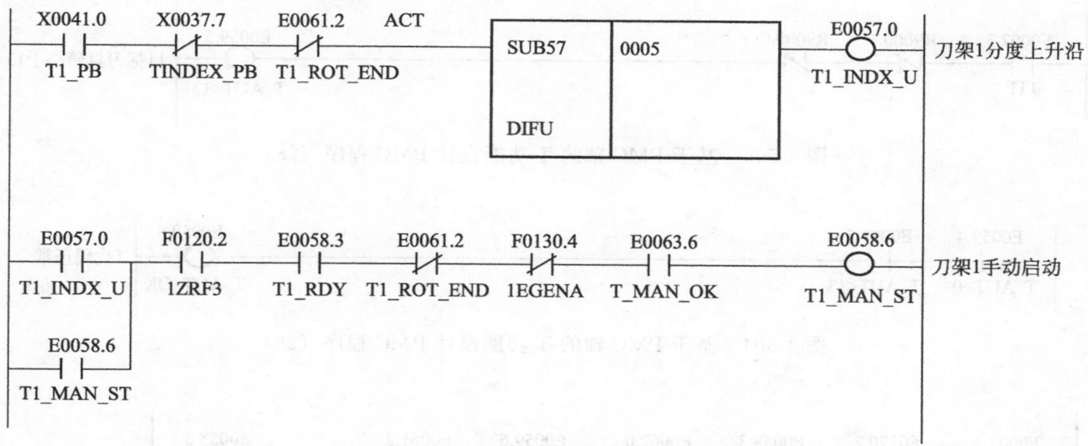

图 4-501 基于 PMC 轴的 T 功能设计 PMC 程序（26）

g. 判断自动目标刀具号 F26＞0（图 4-502）。

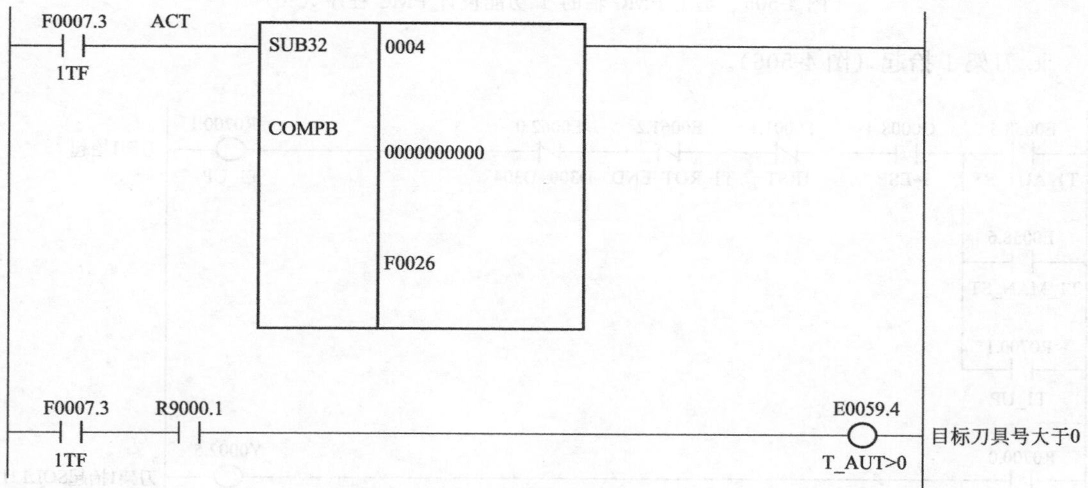

图 4-502 基于 PMC 轴的 T 功能设计 PMC 程序（27）

h. 判断自动目标刀具号 F26＜13（图 4-503）。

i. 判断自动目标刀具号正常（图 4-504）。

j. 用 T 代码选通信号 1TF（F7.3），启动刀架 1 自动分度。前提条件包括坐标轴已建立零点，目标刀具号正常等（图 4-505）。

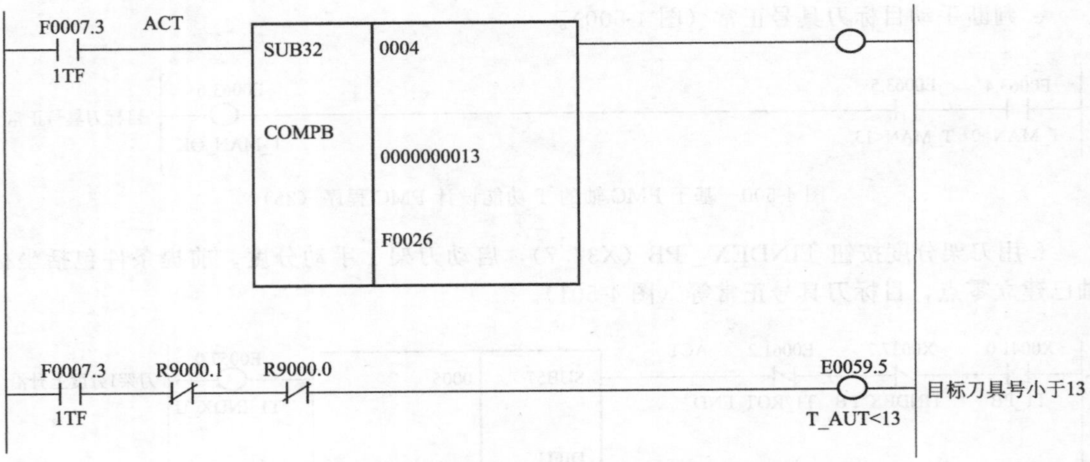

F0007.3 ACT
1TF
SUB32 0004
COMPB 0000000013
F0026

F0007.3 R9000.1 R9000.0 E0059.5
1TF T_AUT<13 目标刀具号小于13

图 4-503 基于 PMC 轴的 T 功能设计 PMC 程序（28）

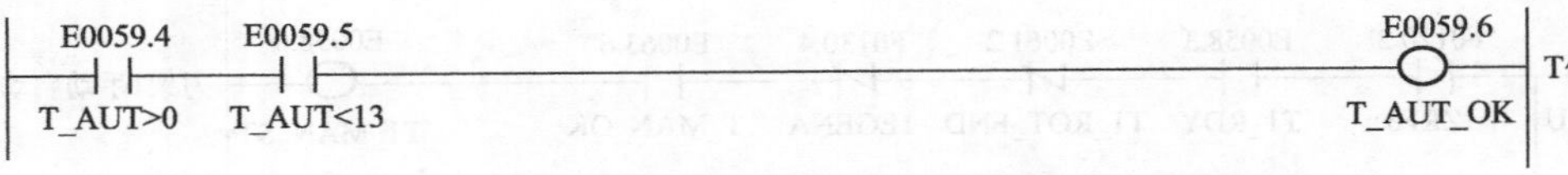

E0059.4 E0059.5 E0059.6
T_AUT>0 T_AUT<13 T_AUT_OK T代码正常

图 4-504 基于 PMC 轴的 T 功能设计 PMC 程序（29）

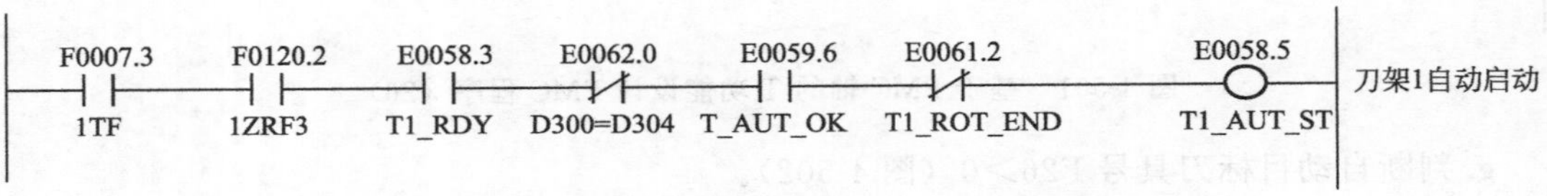

F0007.3 F0120.2 E0058.3 E0062.0 E0059.6 E0061.2 E0058.5
1TF 1ZRF3 T1_RDY D300=D304 T_AUT_OK T1_ROT_END T1_AUT_ST 刀架1自动启动

图 4-505 基于 PMC 轴的 T 功能设计 PMC 程序（30）

k. 刀架 1 抬起（图 4-506）。

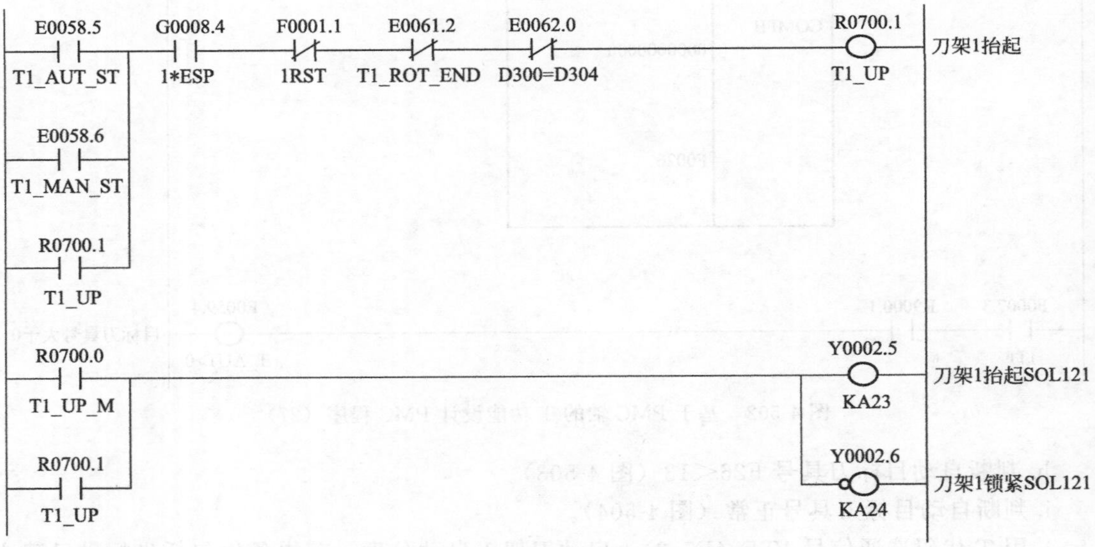

E0058.5 G0008.4 F0001.1 E0061.2 E0062.0 R0700.1
T1_AUT_ST 1*ESP 1RST T1_ROT_END D300=D304 T1_UP 刀架1抬起
E0058.6
T1_MAN_ST
R0700.1
T1_UP

R0700.0 Y0002.5
T1_UP_M KA23 刀架1抬起SOL121
R0700.1 Y0002.6
T1_UP KA24 刀架1锁紧SOL121

图 4-506 基于 PMC 轴的 T 功能设计 PMC 程序（31）

l. 手动方式目标刀具号 D304＝R116；自动方式目标刀具号 D304＝F26（图 4-507）。

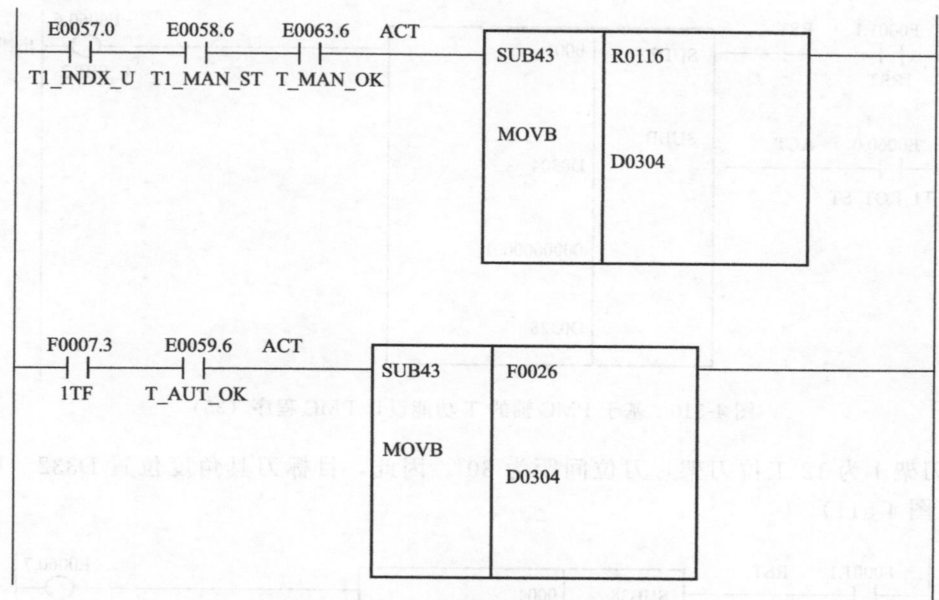

图 4-507 基于 PMC 轴的 T 功能设计 PMC 程序（32）

m. 刀具符合判别（图 4-508）。

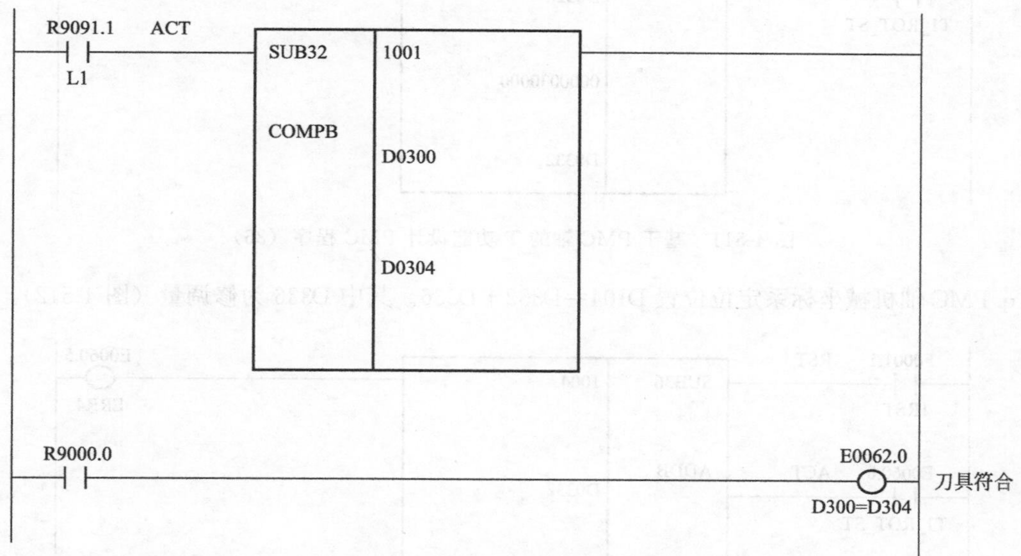

图 4-508 基于 PMC 轴的 T 功能设计 PMC 程序（33）

n. 刀架 1 回转启动（图 4-509）。

R0700.1 T1_UP　E0058.1 T1UNC_END　E0060.0 T1_ROT_ST 刀架1回转启动

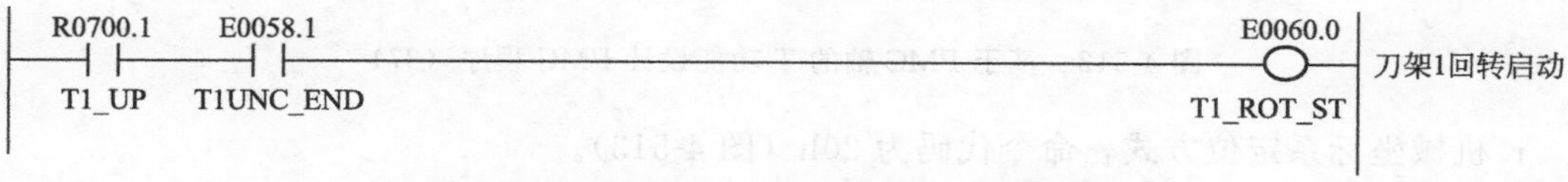

图 4-509 基于 PMC 轴的 T 功能设计 PMC 程序（34）

o. 目标刀具号减 1，送给 D328，即 D328＝D304－1（图 4-510）。

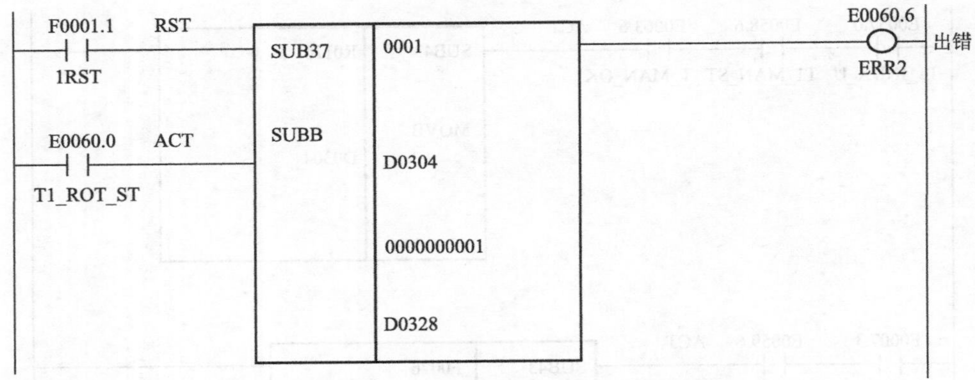

图 4-510 基于 PMC 轴的 T 功能设计 PMC 程序（35）

p. 刀架 1 为 12 工位刀架，刀位间距为 30°。因此，目标刀具角度位置 D332＝D328×30000（图 4-511）。

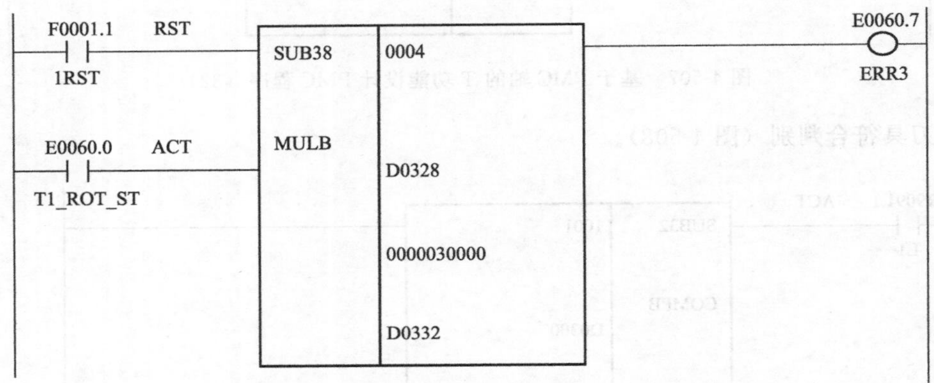

图 4-511 基于 PMC 轴的 T 功能设计 PMC 程序（36）

q. PMC 轴机械坐标系定位位置 D104＝D332＋D336。其中 D336 为修调量（图 4-512）。

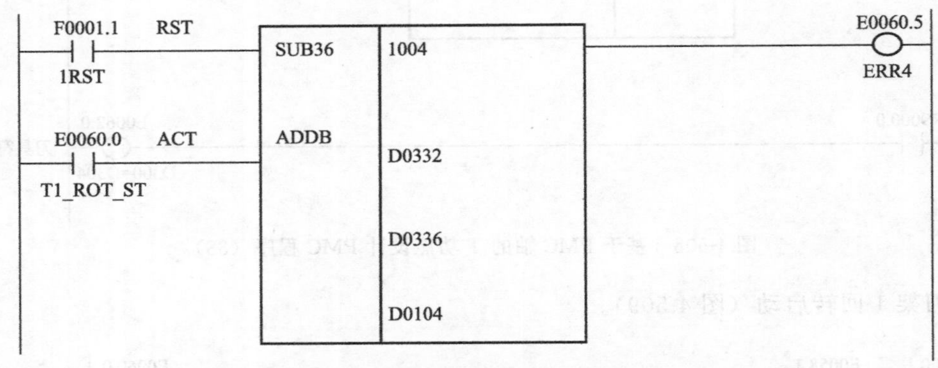

图 4-512 基于 PMC 轴的 T 功能设计 PMC 程序（37）

r. 机械坐标系定位方式，命令代码为 20h（图 4-513）。

s. PMC 轴控指令（图 4-514）。

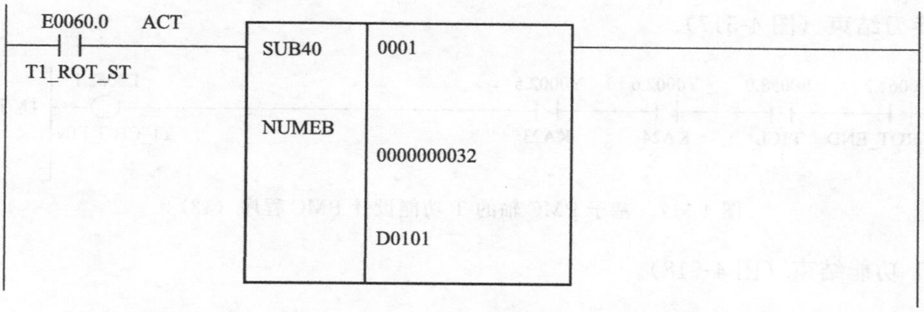

E0060.0
ACT
T1_ROT_ST
SUB40
0001
NUMEB
0000000032
D0101

图 4-513　基于 PMC 轴的 T 功能设计 PMC 程序（38）

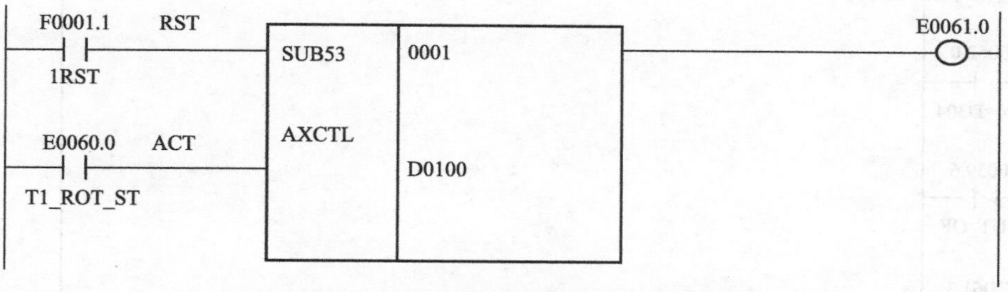

F0001.1
RST
1RST
E0060.0
ACT
T1_ROT_ST
SUB53
0001
AXCTL
D0100
E0061.0

图 4-514　基于 PMC 轴的 T 功能设计 PMC 程序（39）

t. 轴移动记忆（图 4-515）。

F0130.4
ACT
1EGENA
SUB57
0006
DIFU
E0100.2
1EGENA_U
轴移动信号上升沿
E0100.2
1EGENA_U
E0060.0
T1_ROT_ST
F0001.1
1RST
E0061.1
1MOV_MEM
轴移动记忆
E0061.1
1MOV_MEM

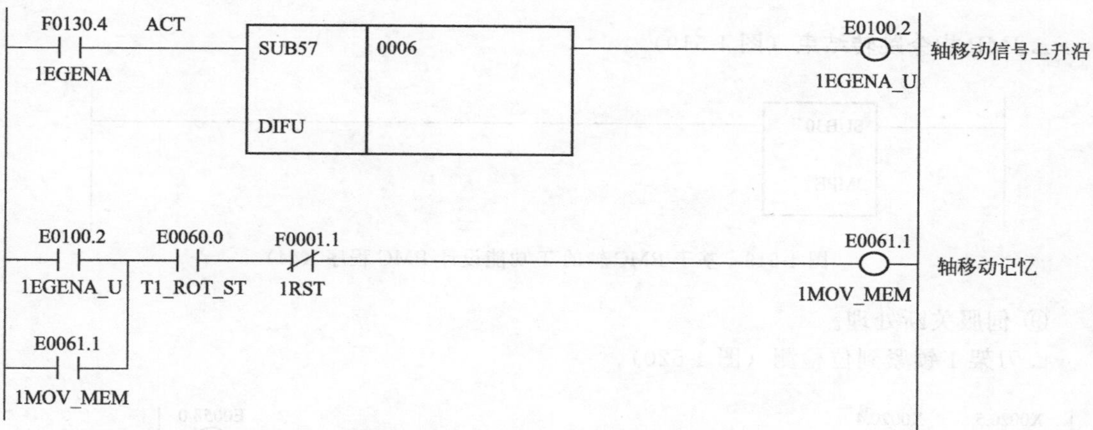

图 4-515　基于 PMC 轴的 T 功能设计 PMC 程序（40）

u. 刀架 1 回转结束（图 4-516）。

E0061.1
1MOV_MEM
F0130.0
1EINPA
E0062.1
T1_CHG_FIN
F0001.1
1RST
G0008.4
1*ESP
E0062.0
D300=D304
E0061.2
T1_ROT_END
刀架1回转结束
E0061.2
T1_ROT_END

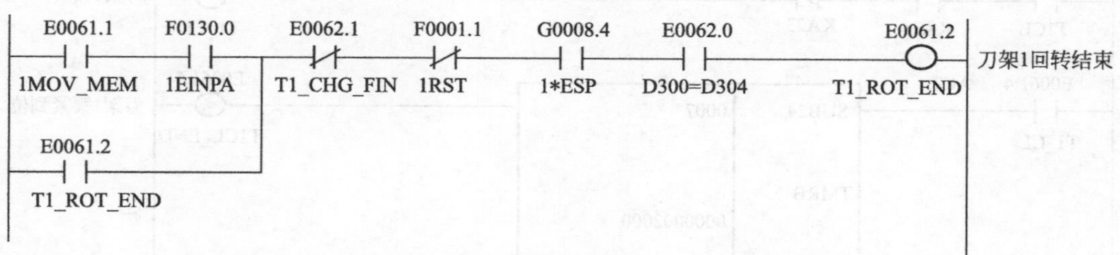

图 4-516　基于 PMC 轴的 T 功能设计 PMC 程序（41）

v. 换刀结束（图 4-517）。

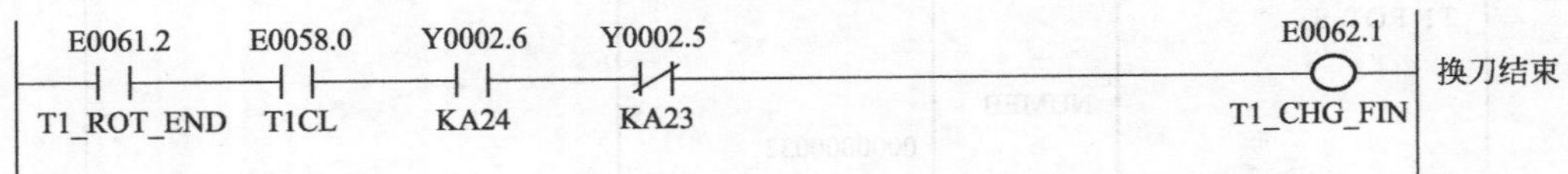

图 4-517　基于 PMC 轴的 T 功能设计 PMC 程序（42）

w. T 功能结束（图 4-518）。

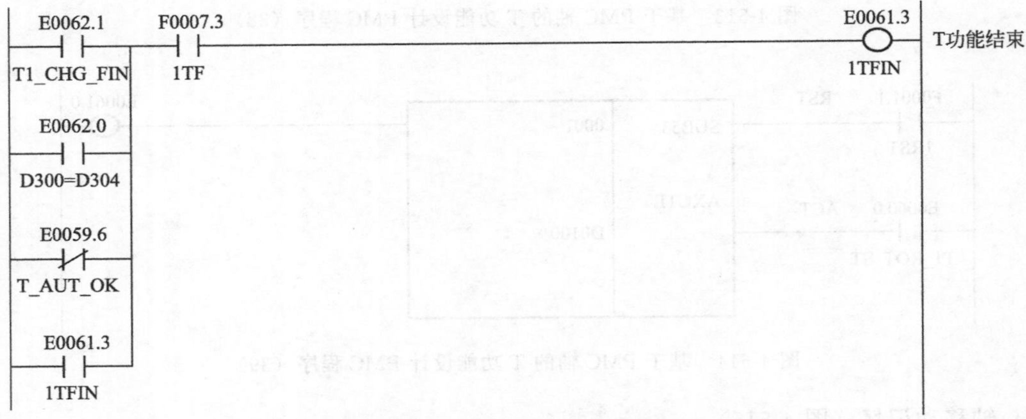

图 4-518　基于 PMC 轴的 T 功能设计 PMC 程序（43）

x. JMP 指令跳转结束（图 4-519）。

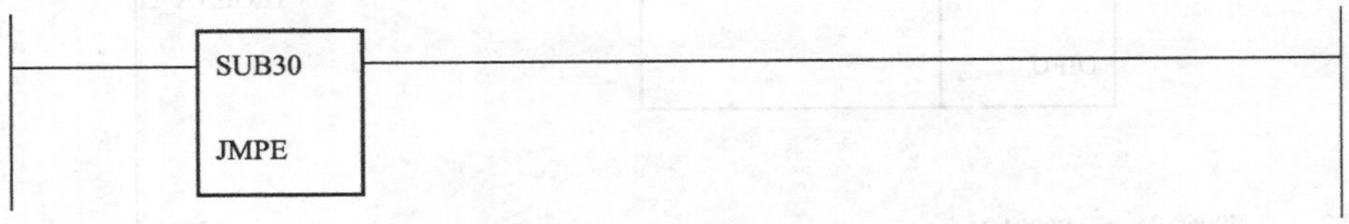

SUB30
JMPE

图 4-519　基于 PMC 轴的 T 功能设计 PMC 程序（44）

⑨ 伺服关断处理。

a. 刀架 1 锁紧到位检测（图 4-520）。

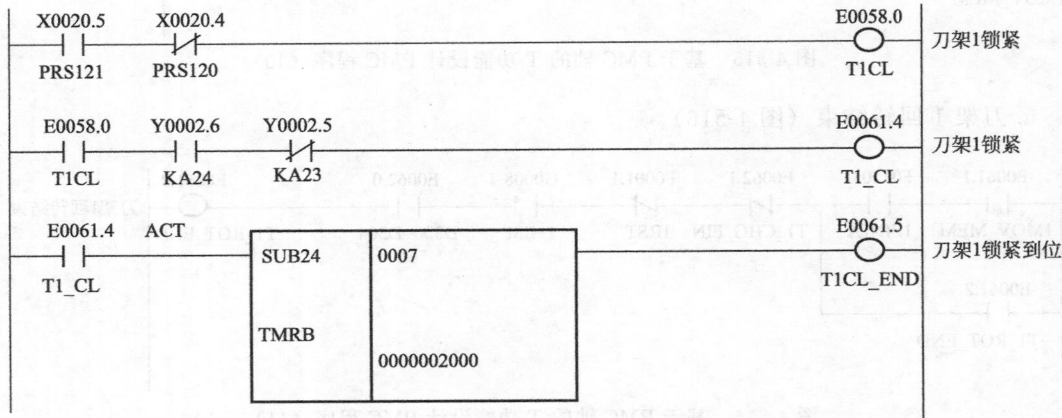

图 4-520　基于 PMC 轴的 T 功能设计 PMC 程序（45）

b. 刀架 1 松开到位检测（图 4-521）。

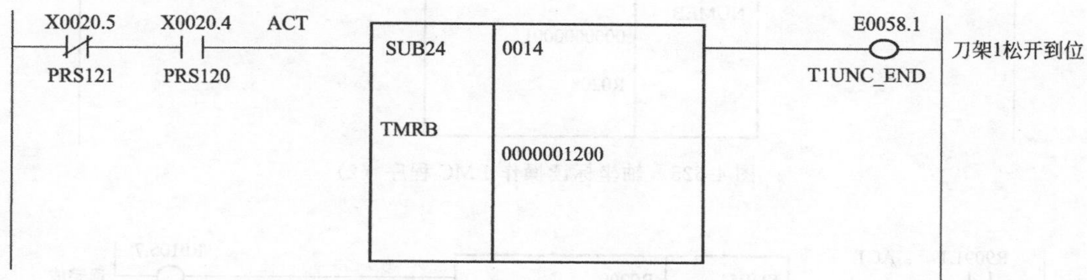

图 4-521　基于 PMC 轴的 T 功能设计 PMC 程序（46）

c. 伺服关断 1ESOFA（G142.4）处理（图 4-522）。

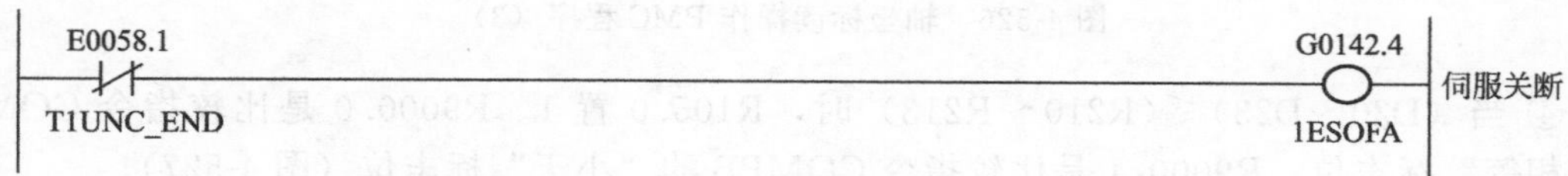

图 4-522　基于 PMC 轴的 T 功能设计 PMC 程序（47）

4.12 PMC 窗口功能应用

4.12.1 轴坐标读操作

(1) 控制要求

通过 PMC 窗口读取某数控车床 X 轴的机械坐标值，并将结果送入（R210～R213）中；当(D20～D23)≤(R210～R213)≤(D24～D27)时，把软位置开关信号 R100.0 置 1，否则 R100.0 置 0。

(2) 控制数据块

读 X 轴机械坐标控制数据块如图 4-523 所示。其首地址为 R200，总长度 14 个字节。

读机械坐标控制数据块

地址		
R200	功能代码	28
R202	结束代码	不需指定
R204	数据长度	不需指定
R206	数据号	0
R208	轴号	1
R210 ⋮ R213	轴坐标	数据区 不需指定

图 4-523　读 X 轴机械坐标控制数据块

(3) PMC 程序设计

① 读机械坐标值 PMC 窗口操作代码为 28，将它设定到 R200～R201 中（图 4-524）。

② X 轴为数控系统的第 1 轴，该轴号设定到 R208～R209 中（图 4-525）。

③ PMC 窗口读 X 轴机械坐标操作。结果存放在 R210～R213 中（图 4-526）。

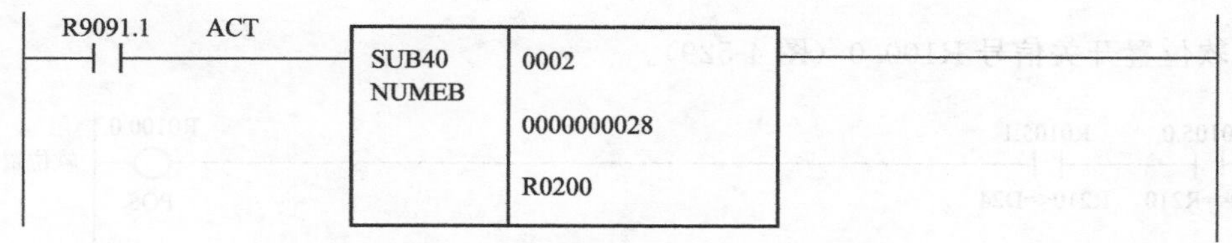

图 4-524　轴坐标读操作 PMC 程序（1）

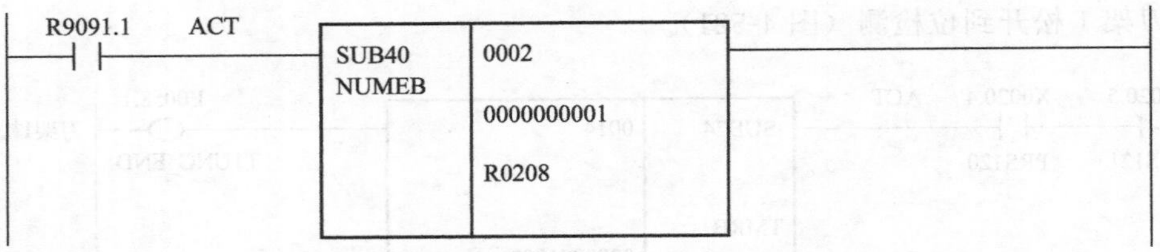

R9091.1
ACT
SUB40
NUMEB
0002
0000000001
R0208

图 4-525　轴坐标读操作 PMC 程序（2）

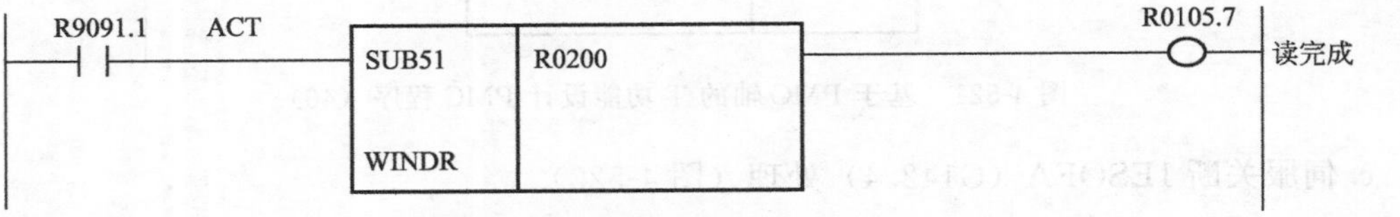

R9091.1
ACT
SUB51
WINDR
R0200
R0105.7
读完成

图 4-526　轴坐标读操作 PMC 程序（3）

④ 当（D20～D23）≤（R210～R213）时，R105.0 置 1。R9000.0 是比较指令 COMPB 的“相等”标志位；R9000.1 是比较指令 COMPB 的“小于”标志位（图 4-527）。

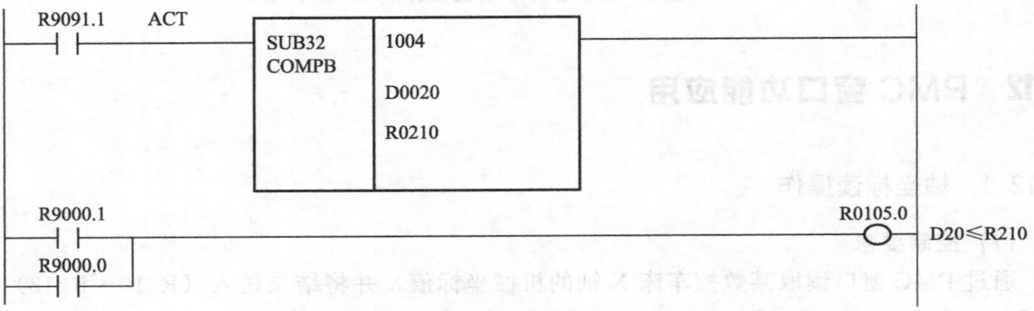

R9091.1
ACT
SUB32
COMPB
1004
D0020
R0210
R9000.1
R9000.0
R0105.0
D20≤R210

图 4-527　轴坐标读操作 PMC 程序（4）

⑤ 当（R210～R213）≤（D24～D27）时，R105.1 置 1（图 4-528）。

R9091.1
ACT
SUB32
COMPB
1004
R0210
D0024
R9000.1
R9000.0
R0105.1
R210≤D24

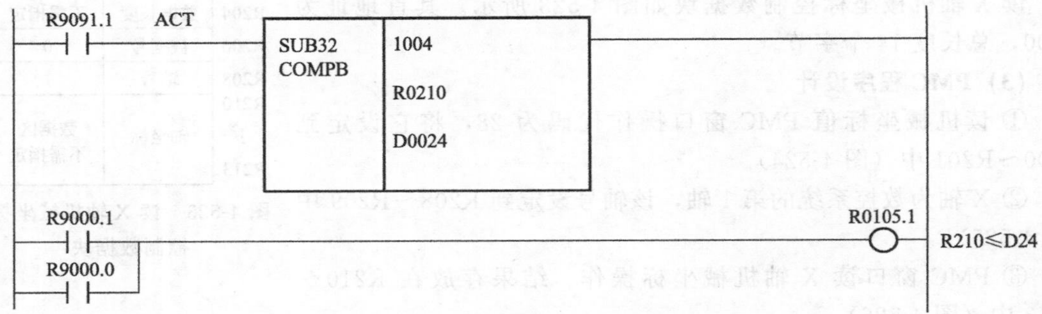

图 4-528　轴坐标读操作 PMC 程序（5）

⑥ 软位置开关信号 R100.0（图 4-529）。

R0105.0
D20<=R210
R0105.1
R210<=D24
R0100.0
POS
软位置开关

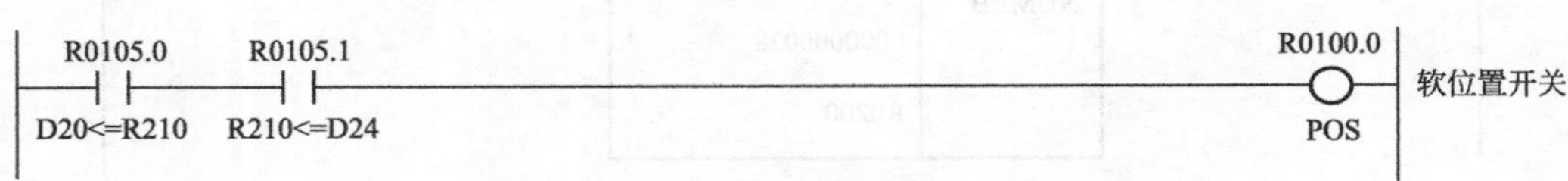

图 4-529　轴坐标读操作 PMC 程序（6）

4.12.2 宏变量写操作

(1) 控制要求

通过PMC窗口写宏变量操作，将机床外部6位BCD码拨码开关数据写入#100变量中。该6位数据由3位整数+3位小数组成。有关接口信号地址如表4-48所示。

表4-48 PMC窗口写宏变量接口信号地址

序号	地址号	符号名	元件代号	注释
1	X11.0	SA1_1	—SA1	10^{-3}
2	X11.1	SA1_2		
3	X11.2	SA1_4		
4	X11.3	SA1_8		
5	X11.4	SA2_1	—SA2	10^{-2}
6	X11.5	SA2_2		
7	X11.6	SA2_4		
8	X11.7	SA2_8		
9	X14.0	SA3_1	—SA3	10^{-1}
10	X14.1	SA3_2		
11	X14.2	SA3_4		
12	X14.3	SA3_8		
13	X14.4	SA4_1	—SA4	10^{0}
14	X14.5	SA4_2		
15	X14.6	SA4_4		
16	X14.7	SA4_8		
17	X15.0	SA5_1	—SA5	10^{1}
18	X15.1	SA5_2		
19	X15.2	SA5_4		
20	X15.3	SA5_8		
21	X15.4	SA6_1	—SA6	10^{2}
22	X15.5	SA6_2		
23	X15.6	SA6_4		
24	X15.7	SA6_8		
25	X5.7	SB5	—SB5	写操作启动

(2) 控制数据块

写宏变量#100的控制数据块如图4-530所示。其首地址为R250，总长度16个字节。

写宏变量控制数据块

地址	项目	值
R250	功能代码	22
R252	结束代码	不需指定
R254	数据长度	6
R256	宏变量号	100
R258	数据属性	0
R260 ⋮ R263	宏变量数据数值部分	
R264 R265	宏变量数据指数部分	

图4-530 写宏变量#100的控制数据块

(3) PMC程序设计

① 写宏变量PMC窗口操作代码为22，将它设定到R250～R251中（图4-531）。

② 宏变量数据长度为6，设定到R254～R255中（图4-532）。

③ 宏变量号为100，设定到R256～R257中（图4-533）。

④ 数据传送。数值输入数据X11、X14、X15依次送到R240～R242中（图4-534）。

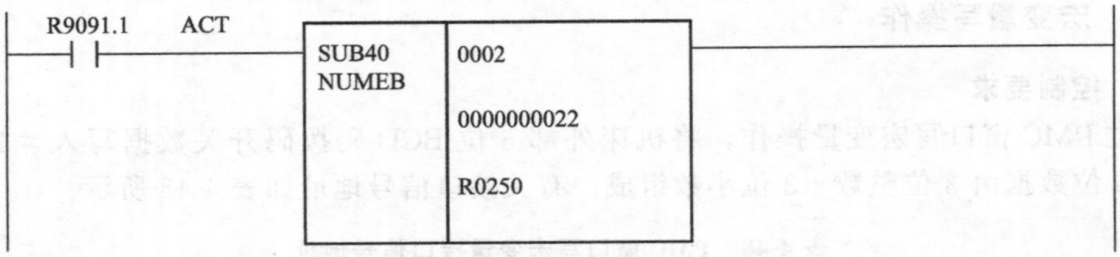

R9091.1 ACT	SUB40 NUMEB	0002
		0000000022
		R0250

图 4-531 宏变量写操作 PMC 程序（1）

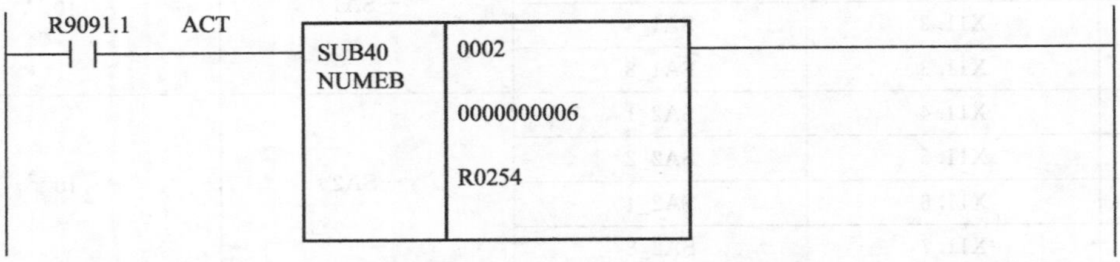

R9091.1 ACT	SUB40 NUMEB	0002
		0000000006
		R0254

图 4-532 宏变量写操作 PMC 程序（2）

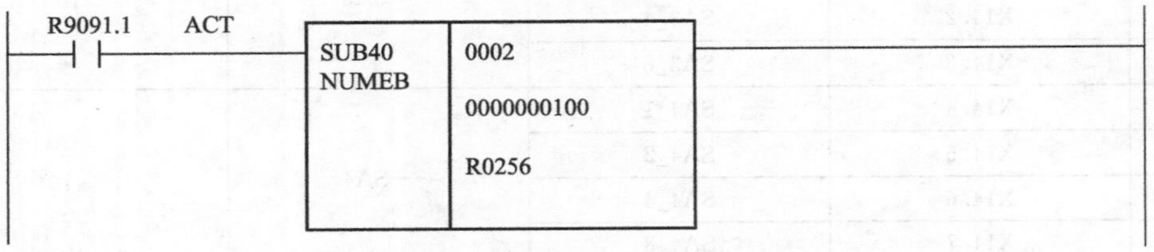

R9091.1 ACT	SUB40 NUMEB	0002
		0000000100
		R0256

图 4-533 宏变量写操作 PMC 程序（3）

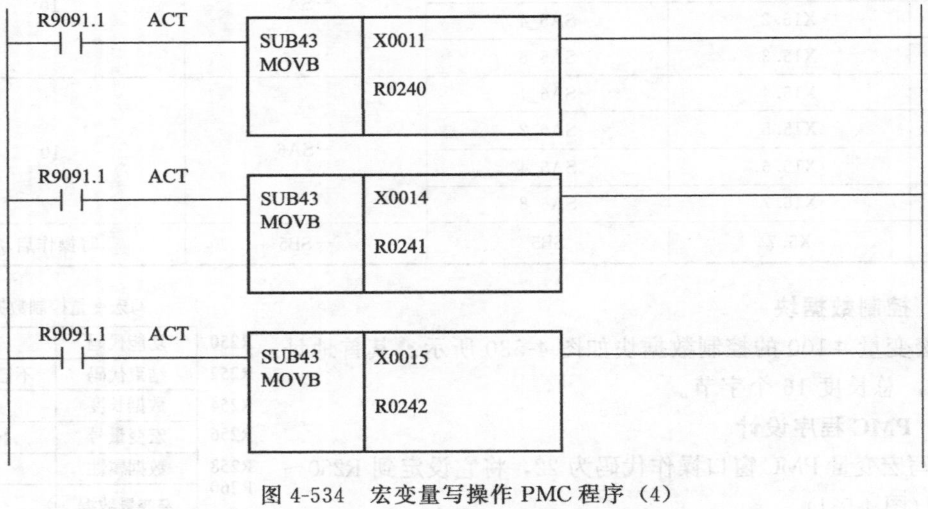

R9091.1 ACT	SUB43 MOVB	X0011
		R0240
R9091.1 ACT	SUB43 MOVB	X0014
		R0241
R9091.1 ACT	SUB43 MOVB	X0015
		R0242

图 4-534 宏变量写操作 PMC 程序（4）

⑤ 将 BCD 码数据 R240～R243 转换为二进制数据，并存放到 R260～R263 中（图 4-535）。

⑥ 宏变量的小数位数为 3 位，因此将 R264～R265 置 3（图 4-536）。

⑦ PMC 窗口写宏变量操作（图 4-537）。

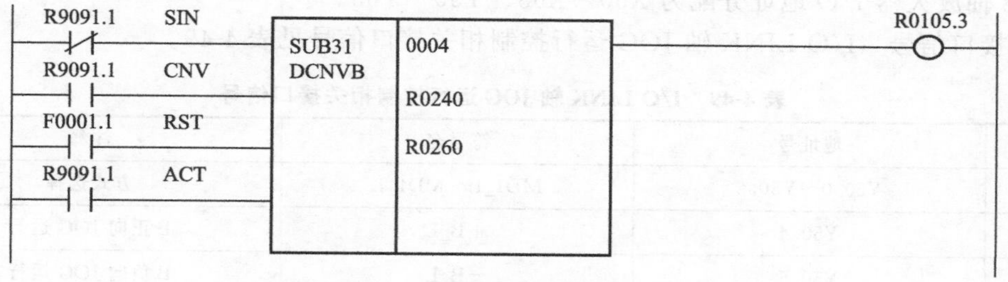

R9091.1
SIN
R9091.1
CNV
F0001.1
RST
R9091.1
ACT
SUB31
DCNVB
0004
R0240
R0260
R0105.3

图 4-535　宏变量写操作 PMC 程序（5）

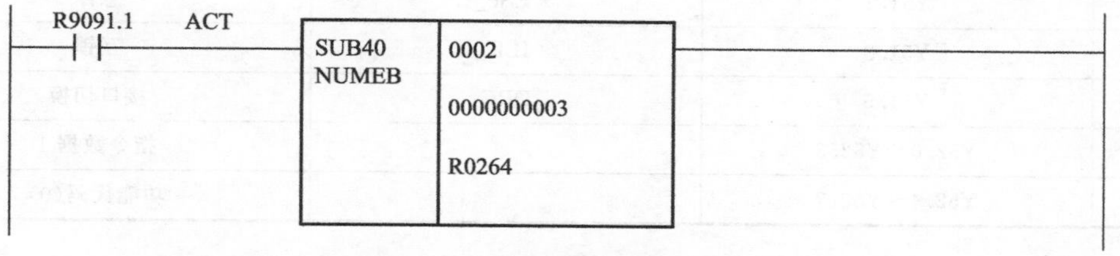

R9091.1
ACT
SUB40
NUMEB
0002
0000000003
R0264

图 4-536　宏变量写操作 PMC 程序（6）

X0005.7
ACT
SB5
SUB57
DIFU
0001
R0105.5
SB5U
SB5上升沿
R0105.5
SB5U
R0105.4
WRT_FIN
R0105.6
WRT
写操作启动
R0105.6
WRT
R0105.6
WRT
ACT
SUB52
WINDW
R0250
R0105.4
WRT_FIN
写完成

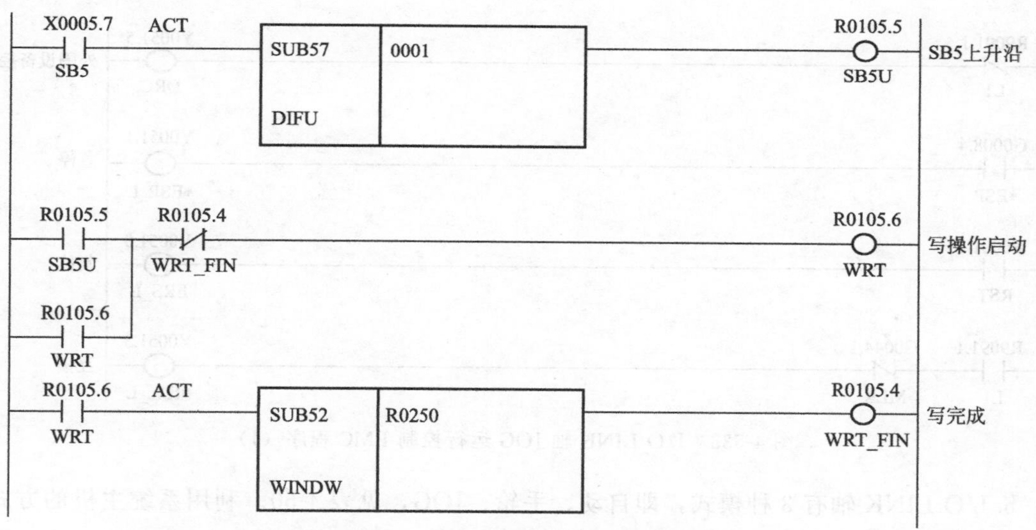

图 4-537　宏变量写操作 PMC 程序（7）

4.13　I/O LINK 轴控制

4.13.1　I/O LINK 轴控制基本应用

（1）I/O LINK 轴 JOG 运行控制

① 控制要求

a. B 轴设定为 I/O LINK 轴，旋转轴。

b. 在 JOG 方式下，按“＋B”按钮，实现 B 轴正向旋转；按“－B”按钮，实现 B 轴负向旋转。

c. B 轴放大器 I/O 地址分配为 X50～X65、Y50～Y65。

② 接口信号　I/O LINK 轴 JOG 运行控制相关接口信号见表 4-49。

表 4-49　I/O LINK 轴 JOG 运行控制相关接口信号

序号	地址号	符号名	注释
1	Y50.0～Y50.3	MD1_L～MD4_L	方式选择
2	Y50.4	＋B_L	B 正向 JOG 运行
3	Y50.5	－B_L	B 负向 JOG 运行
4	Y51.0	ERS_L	外部复位
5	Y51.1	*ESP_L	急停
6	Y51.3	*ILK_L	互锁
7	Y51.5	DRC	接口切换
8	Y52.0～Y52.3		指令数据 1
9	Y52.4～Y52.7		功能代码(0)

③ PMC 程序设计

a. 运行准备。DRC(Y51.5) 设为 0，选择 I/O LINK 轴外设控制方式（图 4-538）。

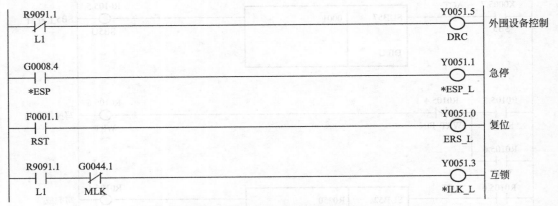

图 4-538　I/O LINK 轴 JOG 运行控制 PMC 程序（1）

b. I/O LINK 轴有 3 种模式，即自动、手轮、JOG，见表 4-50。利用系统主机的方式来设定 I/O LINK 轴的方式（图 4-539）。

表 4-50　I/O LINK 轴模式

Y50.2	Y50.1	Y50.0	注释
0	0	1	自动
1	0	0	手轮
1	0	1	JOG

c. 定义功能代码。Y52 高 4 位为功能代码，设为 0，表示 JOG 运行；Y52 低 4 位为指令数据 1，JOG 运行无此数据，也置 0。因此将 Y52 置 0（图 4-540）。

d. JOG 启动信号处理。X38.0 和 X38.1 分别是“＋B”和“－B”按钮输入信号地址（图 4-541）。

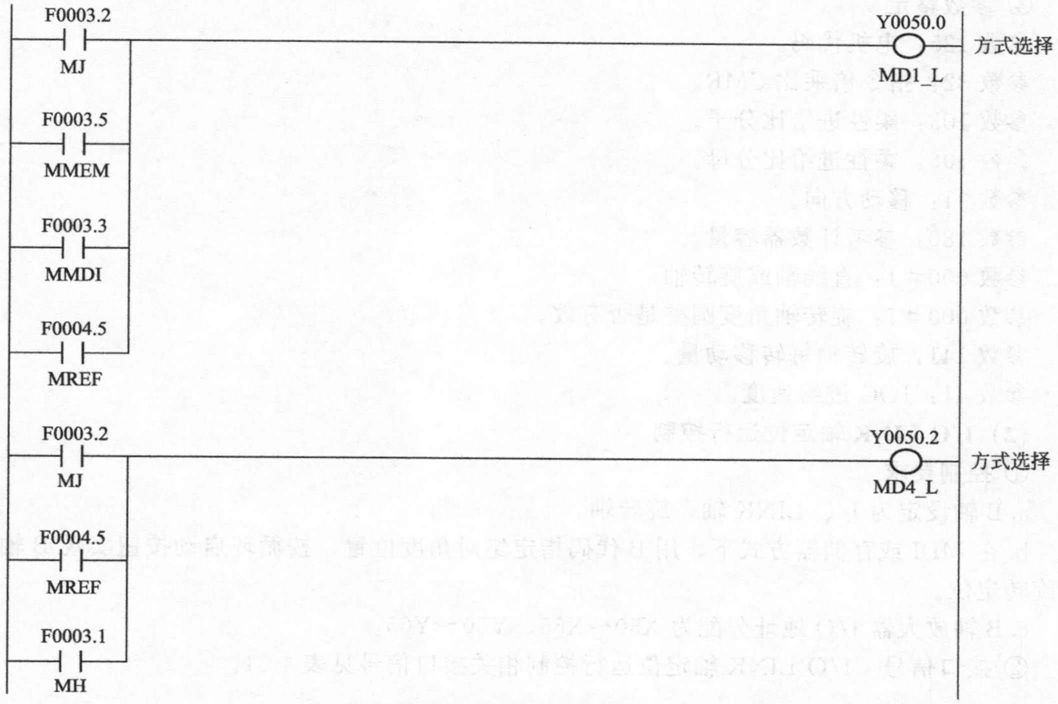

F0003.2 MJ — Y0050.0 MD1_L 方式选择

F0003.5 MMEM

F0003.3 MMDI

F0004.5 MREF

F0003.2 MJ — Y0050.2 MD4_L 方式选择

F0004.5 MREF

F0003.1 MH

图 4-539 I/O LINK 轴 JOG 运行控制 PMC 程序（2）

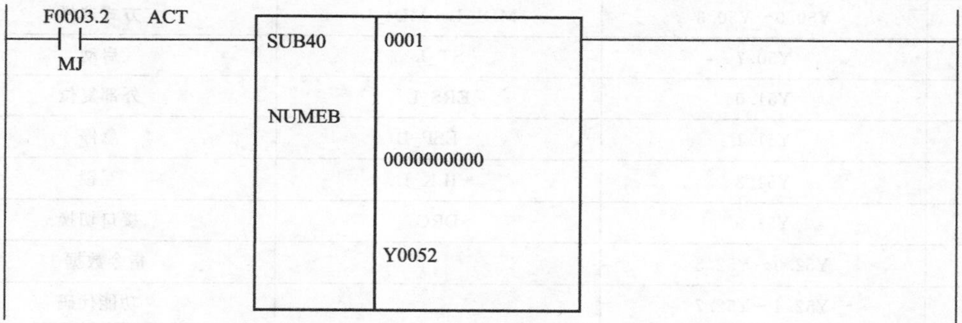

F0003.2 MJ ACT — SUB40 NUMEB 0001 0000000000 Y0052

图 4-540 I/O LINK 轴 JOG 运行控制 PMC 程序（3）

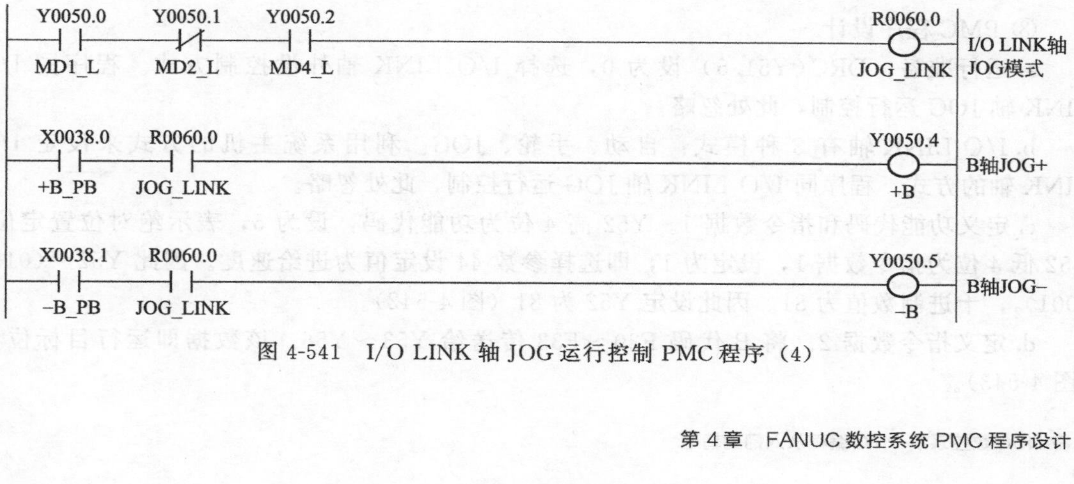

Y0050.0 MD1_L — Y0050.1 MD2_L — Y0050.2 MD4_L — R0060.0 JOG_LINK I/O LINK轴 JOG模式

X0038.0 +B_PB — R0060.0 JOG_LINK — Y0050.4 +B B轴JOG+

X0038.1 −B_PB — R0060.0 JOG_LINK — Y0050.5 −B B轴JOG−

图 4-541 I/O LINK 轴 JOG 运行控制 PMC 程序（4）

④ 参数整定

参数 125：电机代码。

参数 32：指令倍乘比 CMR。

参数 105：柔性进给比分子。

参数 106：柔性进给比分母。

参数 31：移动方向。

参数 180：参考计数器容量。

参数 000＃1：直线轴或旋转轴。

参数 000＃7：旋转轴角度圆整是否有效。

参数 141：旋转轴每转移动量。

参数 41：JOG 进给速度。

（2）I/O LINK 轴定位运行控制

① 控制要求

a. B 轴设定为 I/O LINK 轴，旋转轴。

b. 在 MDI 或存储器方式下，用 B 代码指定绝对角度位置，按循环启动按钮实现 B 轴就近旋转定位。

c. B 轴放大器 I/O 地址分配为 X50～X65、Y50～Y65。

② 接口信号　I/O LINK 轴定位运行控制相关接口信号见表 4-51。

表 4-51　I/O LINK 轴定位运行控制相关接口信号

序号	地址号	符号名	注释
1	Y50.0～Y50.3	MD1_L～MD4_L	方式选择
2	Y50.7	ST_L	启动
3	Y51.0	ERS_L	外部复位
4	Y51.1	*ESP_L	急停
5	Y51.3	*ILK_L	互锁
6	Y51.5	DRC	接口切换
7	Y52.0～Y52.3		指令数据 1
8	Y52.4～Y52.7		功能代码
9	Y53～Y56		指令数据 2
10	X50.7	OPC4	动作结束

③ PMC 程序设计

a. 运行准备。DRC（Y51.5）设为 0，选择 I/O LINK 轴外设控制方式。程序同 I/O LINK 轴 JOG 运行控制，此处忽略。

b. I/O LINK 轴有 3 种模式：自动、手轮、JOG。利用系统主机的方式来设定 I/O LINK 轴的方式。程序同 I/O LINK 轴 JOG 运行控制，此处忽略。

c. 定义功能代码和指令数据 1。Y52 高 4 位为功能代码，设为 5，表示绝对位置定位。Y52 低 4 位为指令数据 1，设定为 1，即选择参数 44 设定值为进给速度。因此 Y52＝$(0101\ 0001)_2$，十进制数值为 81。因此设定 Y52 为 81（图 4-542）。

d. 定义指令数据 2。将 B 代码 F30～F33 传送给 Y53～Y56。该数据即运行目标位置（图 4-543）。

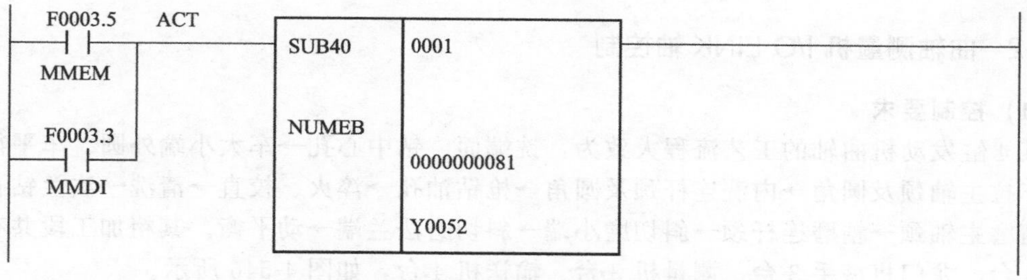

F0003.5
ACT
MMEM
F0003.3
MMDI
SUB40
0001
NUMEB
0000000081
Y0052

图 4-542　I/O LINK 轴定位运行控制 PMC 程序（1）

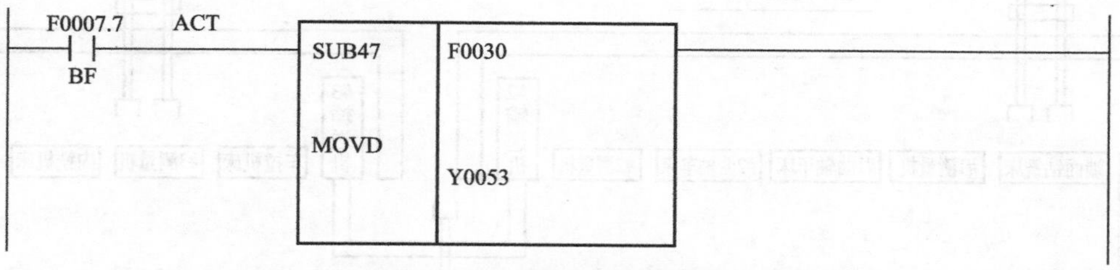

F0007.7
ACT
BF
SUB47
F0030
MOVD
Y0053

图 4-543　I/O LINK 轴定位运行控制 PMC 程序（2）

e. 利用 BF 脉冲信号，启动 B 轴运行（图 4-544）。

F0007.7
ACT
BF
SUB57
0025
DIFU
R0061.0
BF_U
BF上升沿
F0003.5
MMEM
F0003.2
MJ
R0061.0
BF_U
F0003.3
MMDI
Y0050.7
ST_L
启动

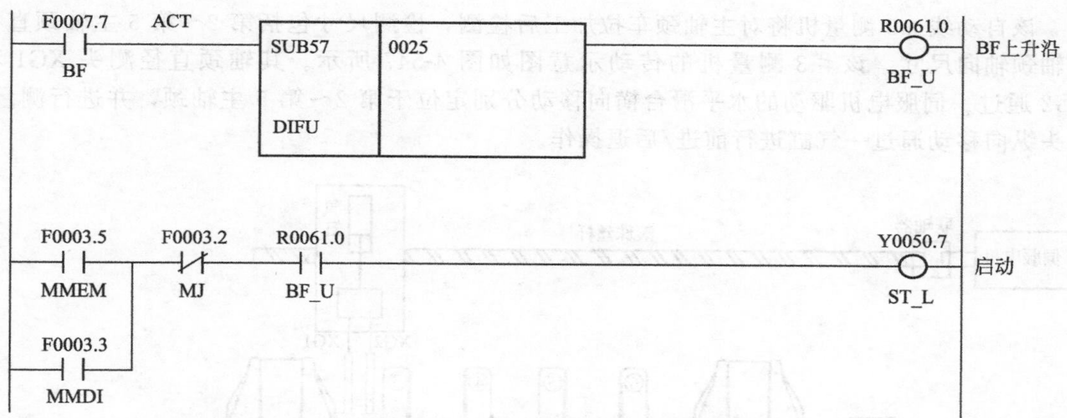

图 4-544　I/O LINK 轴定位运行控制 PMC 程序（3）

f. 运行到位处理。利用动作结束信号 OPC4（X50.7）将指令数据 2 清零（图 4-545）。

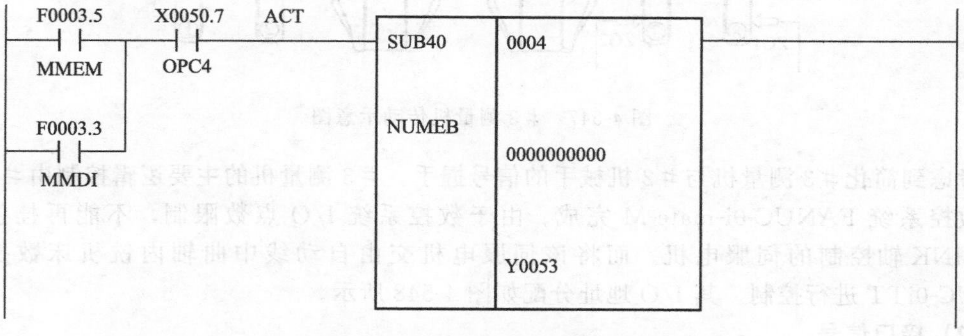

F0003.5
X0050.7
ACT
MMEM
OPC4
F0003.3
MMDI
SUB40
0004
NUMEB
0000000000
Y0053

图 4-545　I/O LINK 轴定位运行控制 PMC 程序（4）

4.13.2 曲轴测量机 I/O LINK 轴控制

(1) 控制要求

某 4 缸发动机曲轴的工艺流程大致为：铣端面、钻中心孔→车大小端外圆、车平衡块端面→车拉主轴颈及圆角→内洗连杆颈及圆角→枪钻油孔→淬火、校直→清洗→法兰钻孔攻螺纹→精磨主轴颈→精磨连杆颈→斜切磨小端→斜切磨法兰端→动平衡。其粗加工段共有加工设备 5 台、龙门机械手 3 台、测量机 3 台、输送机 4 台，如图 4-546 所示。

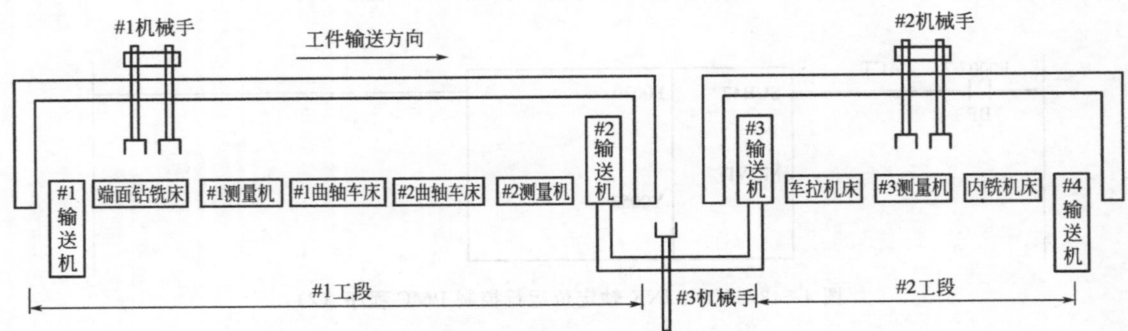

图 4-546　曲轴粗加工自动线

该自动线＃3 测量机将对主轴颈车拉加工后检测，检测尺寸包括第 2～第 5 主轴颈直径和轴颈轴向尺寸。该＃3 测量机的传动示意图如图 4-547 所示。其轴颈直径测头 XG1 和 XG2 通过一伺服电机驱动的水平滑台横向移动分别定位于第 2～第 5 主轴颈，并进行测量；测头纵向移动通过一气缸进行前进/后退操作。

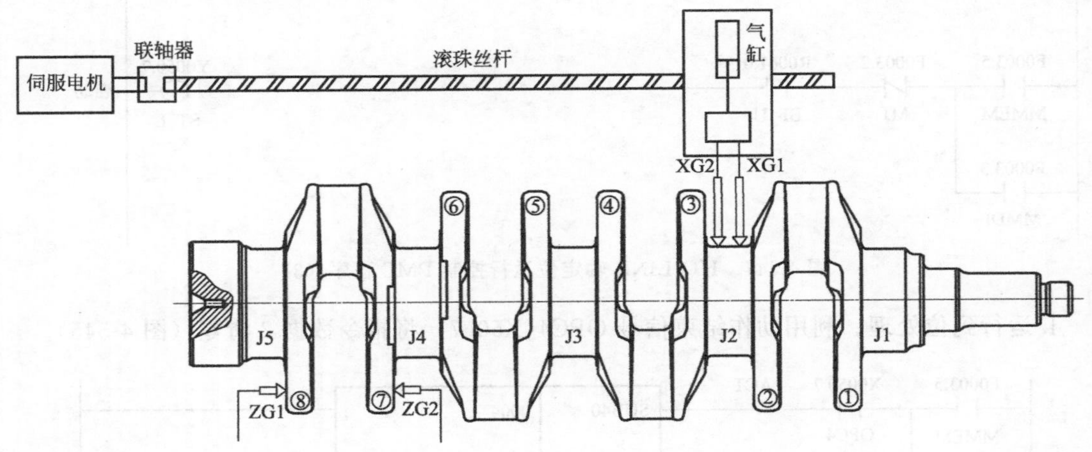

图 4-547　＃3 测量机传动示意图

考虑到简化＃3 测量机与＃2 机械手的信号握手，＃3 测量机的主要逻辑控制由＃2 机械手的数控系统 FANUC-0i-mate-M 完成。由于数控系统 I/O 点数限制，不能再挂接基于 I/O-LINK 轴控制的伺服电机。而将该伺服电机交由自动线中曲轴内铣机床数控系统 FANUC-0iTT 进行控制。其 I/O 地址分配如图 4-548 所示。

(2) 接口信号

① ＃2 机械手与内铣机床的握手信号如表 4-52 所示。

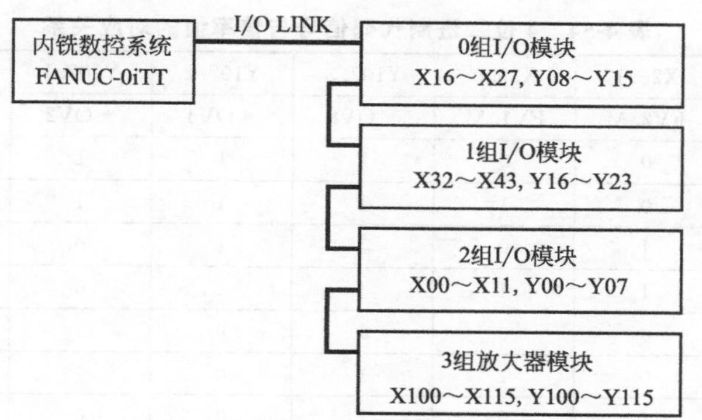

图 4-548　I/O LINK 地址分配

表 4-52　#2 机械手与内铣机床的握手信号

序号	地址号	注释	序号	地址号	注释
1	X35.0	正常运行	16	Y18.0	自动 ON
2	X35.1	调整运行	17	Y18.1	自动运行中
3	X35.2	机床启动命令	18	Y18.2	工件夹紧确认
4	X35.3	机械手不干涉	19	Y18.3	工件松开确认
5	X35.4	机械手异常	20	Y18.4	加工完了
6	X35.5	报警	21	Y18.5	机床原位
7	X35.6	测量机左移	22	Y18.6	机床异常
8	X35.7	测量机右移	23	Y18.7	品种 A
9	X36.0	测量机正常	24	Y19.0	品种 B
10	X36.1	测量机横移允许	25	Y19.1	品种 C
11	X36.2	横移请求 2	26	Y19.2	横向移动中
12	X36.3	横移请求 3	27	Y19.3	J2 位置到达
13	X36.4	横移请求 4	28	Y19.4	J3 位置到达
14	X36.5	横移请求 5	29	Y19.5	J4 位置到达
15	X36.6	测量机手动方式	30	Y19.6	J5 位置到达

② 有关测量机的接口信号如表 4-53 所示。

表 4-53　有关测量机的接口信号

序号	地址号	符号名	元件号	注释
1	X0.0	* ESP.M	－KM01	测量机急停
2	X20.3	RESET_PB	－PB203	异常复位 PB
3	X16.3	MP1	－SA163	手轮倍率 MP1
4	X16.4	MP10	－SA163	手轮倍率 MP10
5	X16.5	MP100	－SA163	手轮倍率 MP100
6	X26.0	FV1.M	－SA260	进给倍率 1
7	X26.1	FV2.M	－SA260	进给倍率 2
8	X26.2	FV4.M	－SA260	进给倍率 4
9	X26.3	FV8.M	－SA260	进给倍率 8

对手动连续进给和切削进给速度应用倍率。4 位的二进制代码信号与倍率值的对应关系如表 4-54 所示。

表 4-54　4 位二进制代码信号与倍率值的对应关系

X26.3	X26.2	X26.1	X26.0	Y107.3	Y107.2	Y107.1	Y107.0	倍率值/%
FV8.M	FV4.M	FV2.M	FV1.M	*OV8	*OV4	*OV2	*OV1	
0	0	0	0	1	1	1	1	0
0	0	0	1	1	1	1	0	10
0	0	1	0	1	1	0	1	20
0	0	1	1	1	1	0	0	30
0	1	0	0	1	0	1	1	40
0	1	0	1	1	0	1	0	50
0	1	1	0	1	0	0	1	60
0	1	1	1	1	0	0	0	70
1	0	0	0	0	1	1	1	80
1	0	0	1	0	1	1	0	90
1	0	1	0	0	1	0	1	100
1	0	1	1	0	1	0	0	110
1	1	0	0	0	0	1	1	120
1	1	0	1	0	0	1	0	130
1	1	1	0	0	0	0	1	140
1	1	1	1	0	0	0	0	150

③ I/O LINK 轴控制采用外围设备控制方式，其接口信号地址如图 4-549 所示。I/O LINK 轴控制接口信号详细说明参见本书 2.6.3 节。

	7	6	5	4	3	2	1	0
Y100	ST	UCPS2	-X	+X	DSAL	MD4	MD2	MD1
Y101			DRC	ABSRD	*ILK	SVFX	*ESP	ERS
Y102	功能代码				指令数据1			
Y103～Y106	指令数据2							
Y107	RT	DRN	ROV2/MP2	ROV1/MP1	*OV8	*OV4	*OV2	*OV1
Y108～Y115	系统预留区(不能使用)							

	7	6	5	4	3	2	1	0
X100	OPC4	OPC3	OPC2	OPC1	INPX	SUPX	IPLX	DEN2
X101	OP	SA	STL	UCPC2	OPTENB	ZRFX	DRCO	ABSWT
X102	MA	AL	DSP2	DSP1	DSALO	TRQM	RST	ZPX
X103～X106	响应数据							
X107		SVERX		PSG2	PSG1	MVX	APBAL	MVDX
X108～X115	POWER MATE CNC管理器用响应区(不能使用)							

图 4-549　I/O LINK 轴控制接口信号地址

(3) 电气连接图

① I/O LINK 轴伺服放大器连接图如图 4-550 所示。放大器规格为 SVM1-20i。放大器输入输出地址分配 X100～X115 和 Y100～Y115。

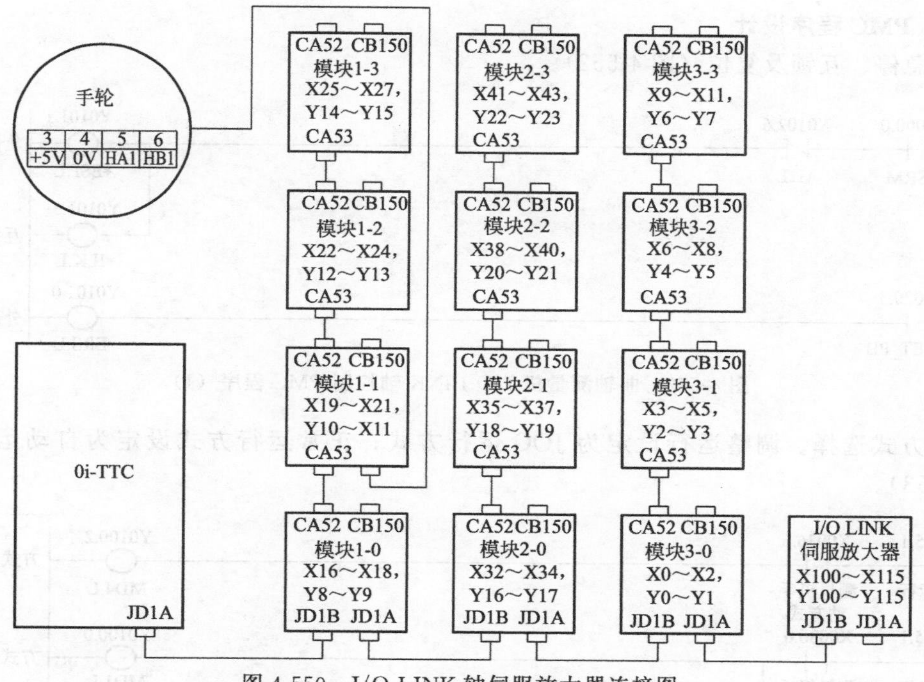

图 4-550　I/O LINK 轴伺服放大器连接图

② 伺服电机连接如图 4-551 所示。伺服电机型号为 βis4/4000，堵转转矩为 3.5N·m，最高转速为 4000r/min，绝对位置检测。

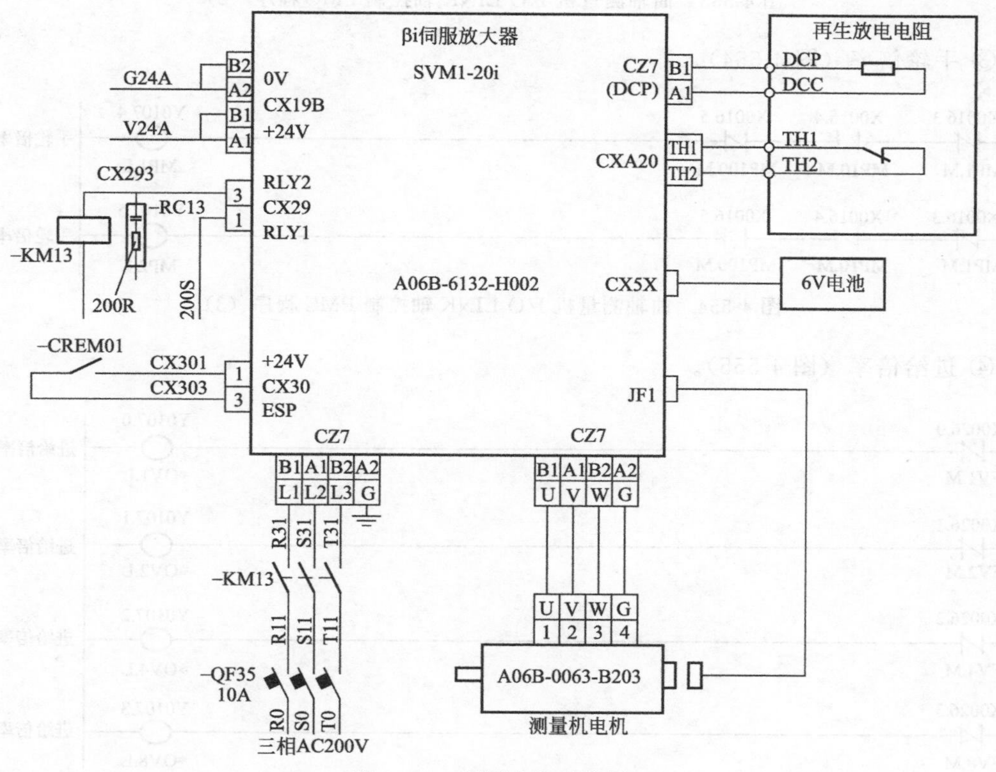

图 4-551　伺服电机连接图

(4) PMC 程序设计

① 急停、互锁及复位（图 4-552）。

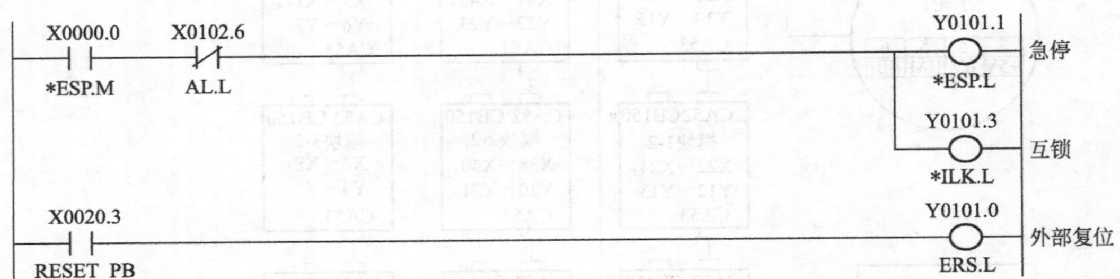

图 4-552 曲轴测量机 I/O LINK 轴控制 PMC 程序（1）

② 方式选择。调整运行设定为 JOG 运行方式；正常运行方式设定为自动运行方式（图 4-553）。

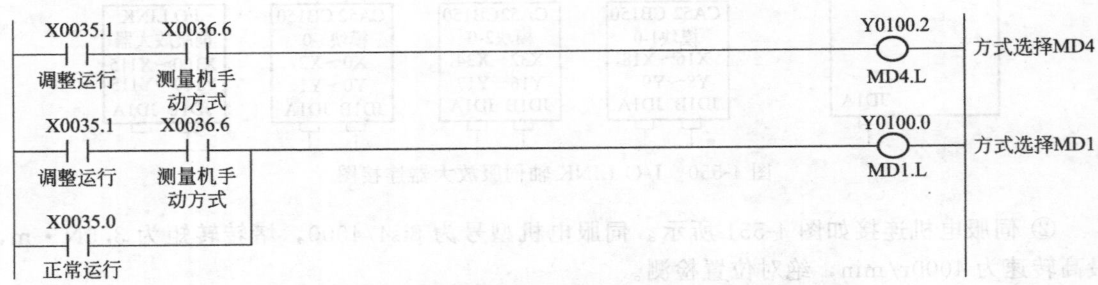

图 4-553 曲轴测量机 I/O LINK 轴控制 PMC 程序（2）

③ 手轮倍率（图 4-554）。

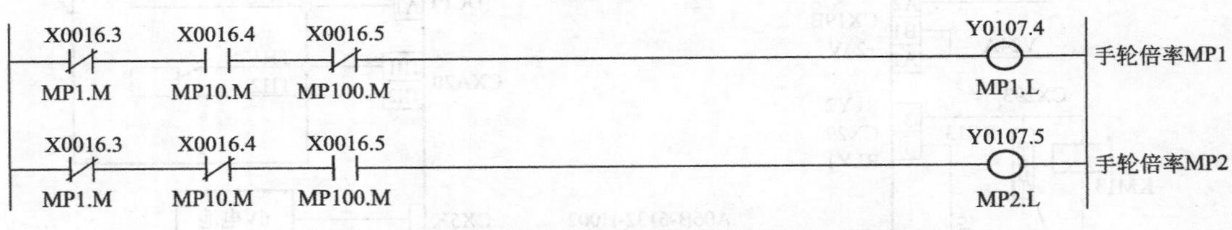

图 4-554 曲轴测量机 I/O LINK 轴控制 PMC 程序（3）

④ 进给倍率（图 4-555）。

图 4-555 曲轴测量机 I/O LINK 轴控制 PMC 程序（4）

⑤ 测量机调整运行。

a. JOG 移动功能代码和指令代码 1 指定（图 4-556）。

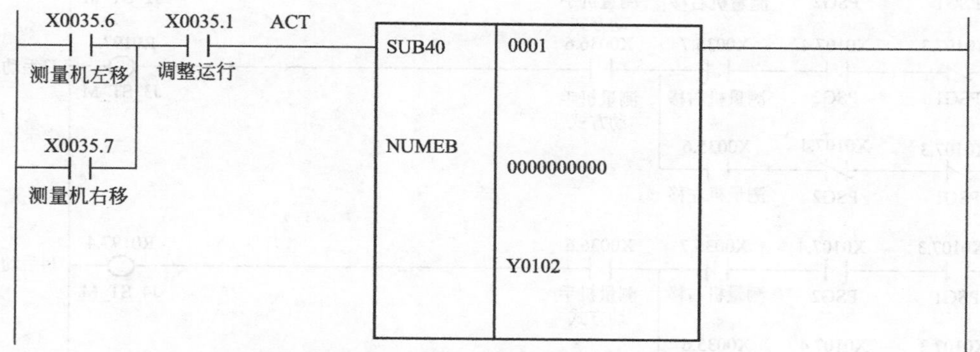

图 4-556　曲轴测量机 I/O LINK 轴控制 PMC 程序（5）

b. JOG 移动方向选择（图 4-557）。

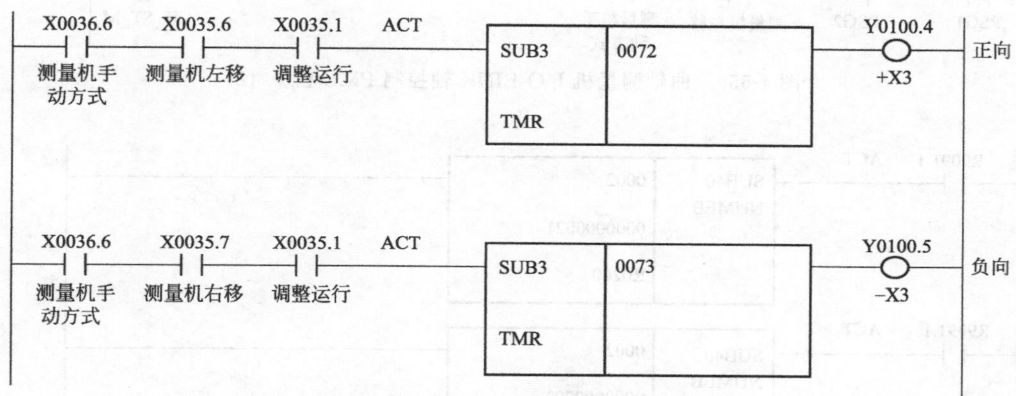

图 4-557　曲轴测量机 I/O LINK 轴控制 PMC 程序（6）

⑥ 测量机正常运行。

a. COM 指令开始（图 4-558）。

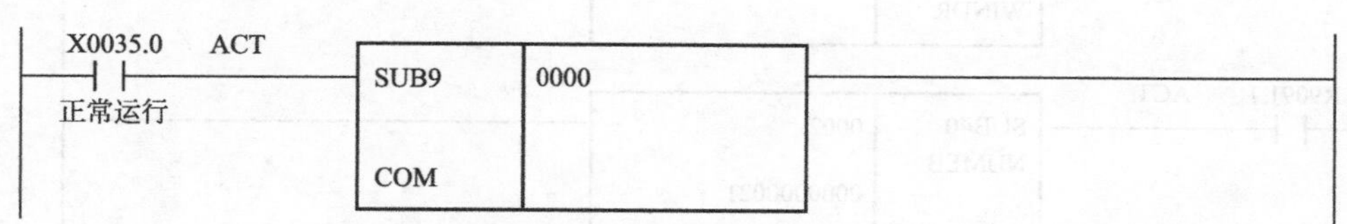

图 4-558　曲轴测量机 I/O LINK 轴控制 PMC 程序（7）

b. 手动跳挡。当前位置是 J2 位置，左移定位到 J3 位置，无右移；当前位置是 J3 位置，左移定位到 J4 位置，右移定位到 J2 位置；当前位置是 J4 位置，左移定位到 J5 位置，右移定位到 J3 位置；当前位置是 J5 位置，无左移，右移定位到 J4 位置。当前位置通过位置开关信号 X107.3（PSG1）和 X107.4（PSG2）判别（图 4-559）。

c. J2～J5 位置的坐标设定值分别设定到宏变量＃702～＃705 中，通过 PMC 窗口读取，并分别存放到 R210、R230、R250、R270 中（图 4-560）。

d. I/O-LINK 轴移动指令数据 2（Y103），即坐标位置的指定（图 4-561）。

X0107.3 X0107.4 X0035.7 X0036.6 R0197.2
PSG1 PSG2 测量机右移 测量机手动方式 J2_ST_M J2手动启动

X0107.3 X0107.4 X0035.7 X0036.6 R0197.3
PSG1 PSG2 测量机右移 测量机手动方式 J3_ST_M J3手动启动
X0107.3 X0107.4 X0035.6
PSG1 PSG2 测量机左移

X0107.3 X0107.4 X0035.7 X0036.6 R0197.4
PSG1 PSG2 测量机右移 测量机手动方式 J4_ST_M J4手动启动
X0107.3 X0107.4 X0035.6
PSG1 PSG2 测量机左移

X0107.3 X0107.4 X0035.6 X0036.6 R0197.5
PSG1 PSG2 测量机左移 测量机手动方式 J5_ST_M J5手动启动

图 4-559 曲轴测量机 I/O LINK 轴控制 PMC 程序（8）

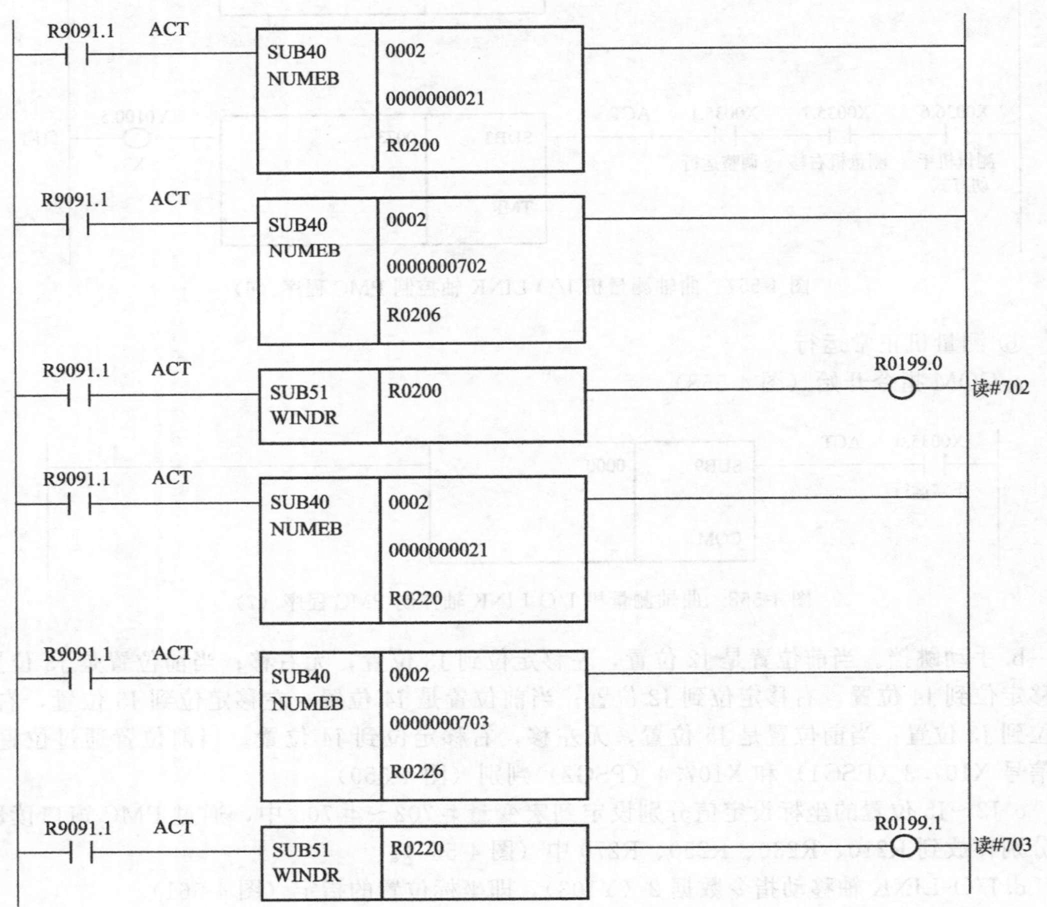

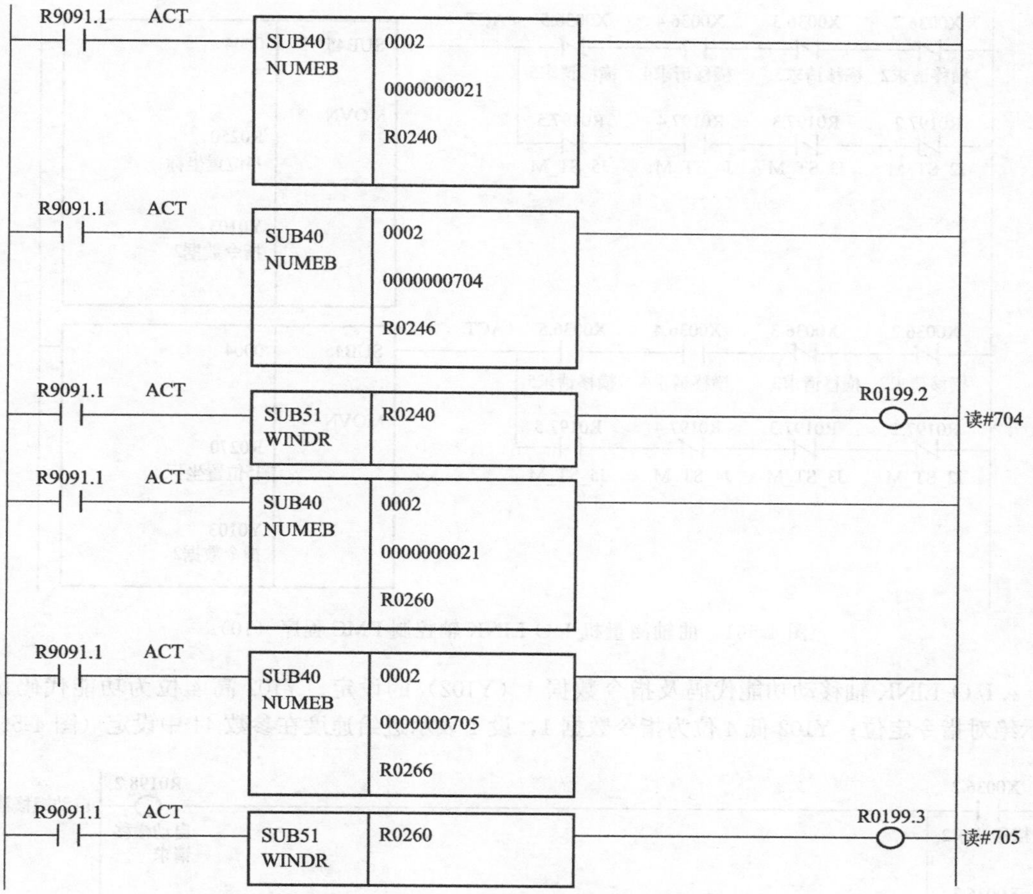

R9091.1 ACT SUB40 NUMEB 0002 0000000021 R0240

R9091.1 ACT SUB40 NUMEB 0002 0000000704 R0246

R9091.1 ACT SUB51 WINDR R0240 R0199.2 读#704

R9091.1 ACT SUB40 NUMEB 0002 0000000021 R0260

R9091.1 ACT SUB40 NUMEB 0002 0000000705 R0266

R9091.1 ACT SUB51 WINDR R0260 R0199.3 读#705

图 4-560 曲轴测量机 I/O LINK 轴控制 PMC 程序（9）

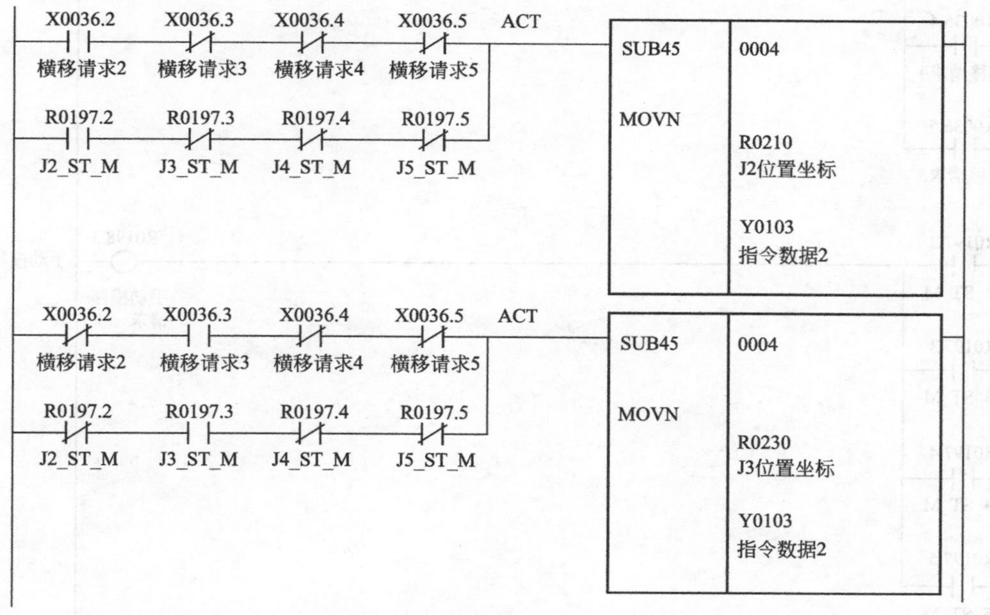

图 4-561

X0036.2
X0036.3
X0036.4
X0036.5
ACT
横移请求2
横移请求3
横移请求4
横移请求5
R0197.2
R0197.3
R0197.4
R0197.5
J2_ST_M
J3_ST_M
J4_ST_M
J5_ST_M
SUB45
0004
MOVN
R0250
J4位置坐标
Y0103
指令数据2
X0036.2
X0036.3
X0036.4
X0036.5
ACT
横移请求2
横移请求3
横移请求4
横移请求5
R0197.2
R0197.3
R0197.4
R0197.5
J2_ST_M
J3_ST_M
J4_ST_M
J5_ST_M
SUB45
0004
MOVN
R0270
J5位置坐标
Y0103
指令数据2

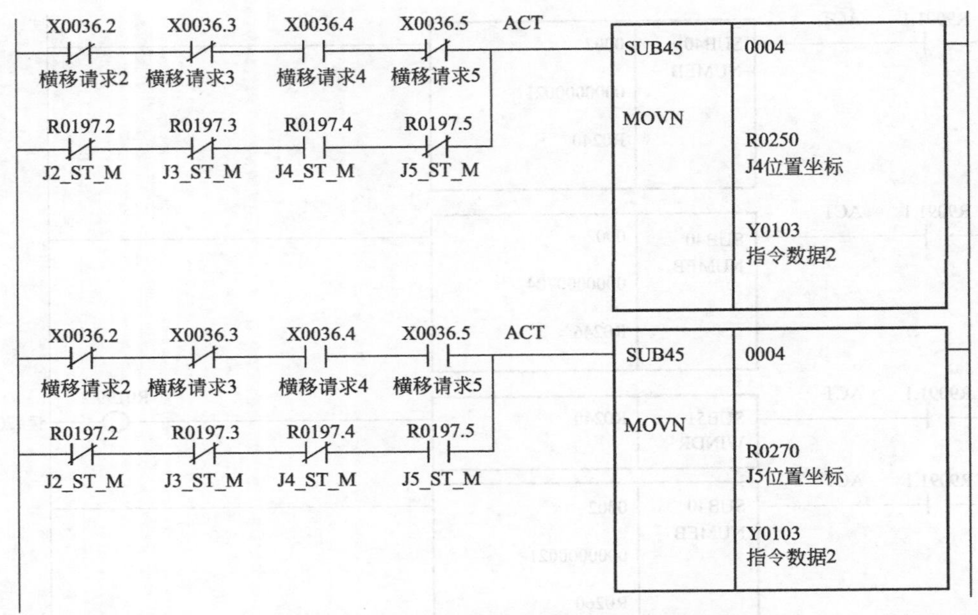

图 4-561　曲轴测量机 I/O LINK 轴控制 PMC 程序（10）

e. I/O-LINK 轴移动功能代码及指令数据 1（Y102）的设定。Y102 高 4 位为功能代码设 5，表示绝对指令定位；Y102 低 4 位为指令数据 1，设 1 表示进给速度在参数 44 中设定（图 4-562）。

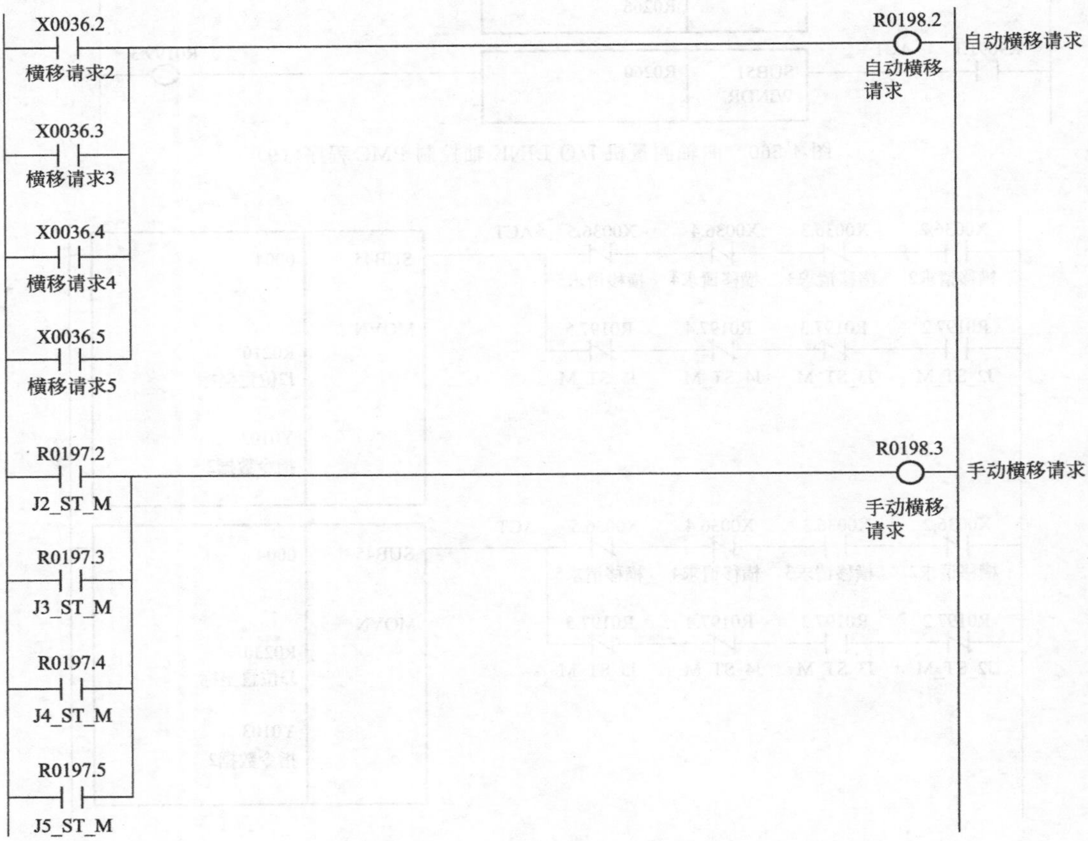

X0036.2
横移请求2
X0036.3
横移请求3
X0036.4
横移请求4
X0036.5
横移请求5
R0198.2
自动横移请求
自动横移
请求
R0197.2
J2_ST_M
R0197.3
J3_ST_M
R0197.4
J4_ST_M
R0197.5
J5_ST_M
R0198.3
手动横移请求
手动横移
请求

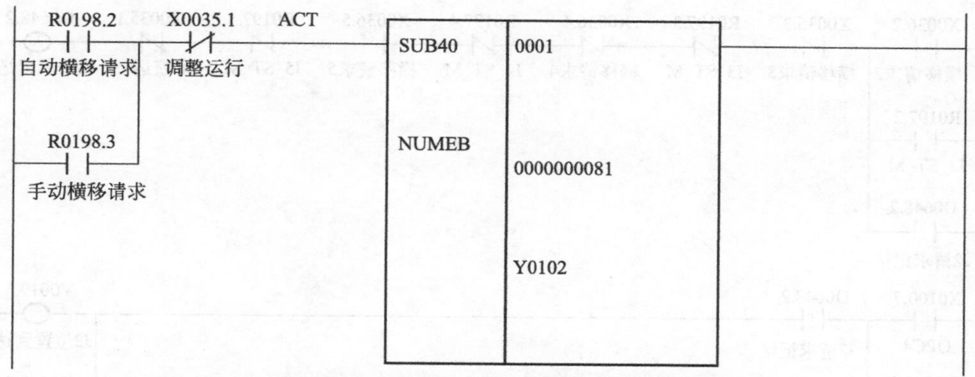

图 4-562 曲轴测量机 I/O LINK 轴控制 PMC 程序（11）

f. 循环启动。循环启动信号 Y100.7 从 1 变为 0 时，轴移动启动（图 4-563）。

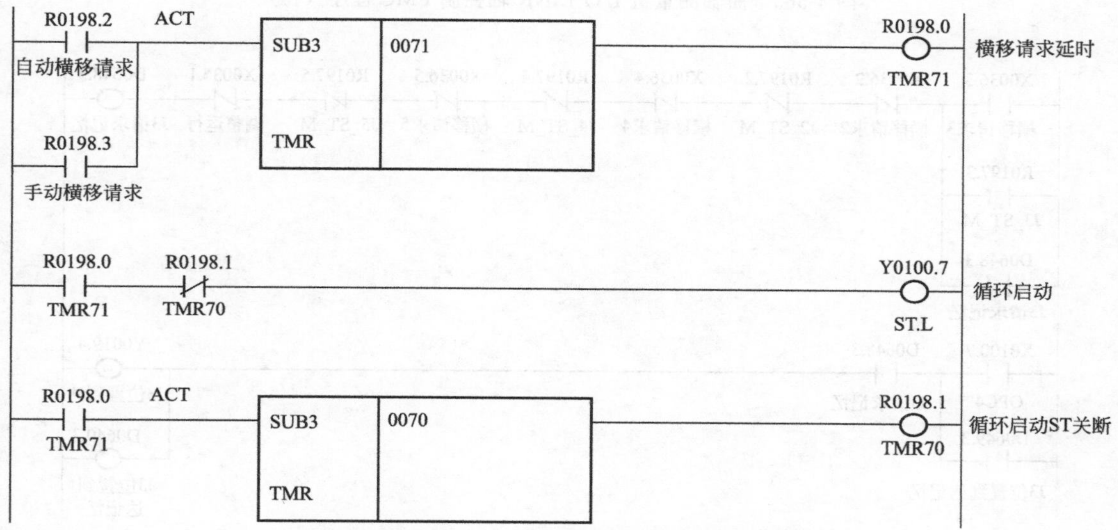

图 4-563 曲轴测量机 I/O LINK 轴控制 PMC 程序（12）

g. COM 结束（图 4-564）。

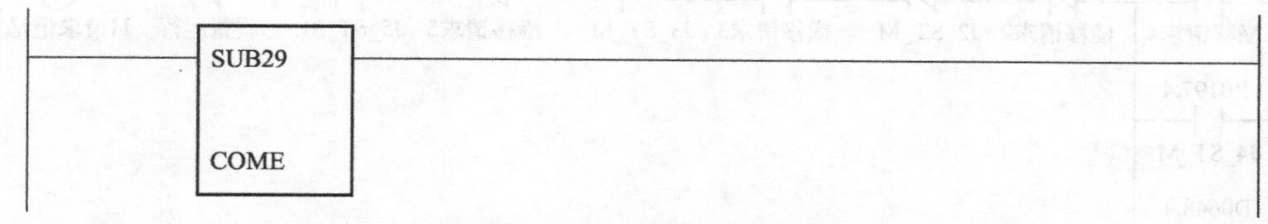

图 4-564 曲轴测量机 I/O LINK 轴控制 PMC 程序（13）

⑦ J2～J5 位置到位指示。

a. J2 位置到位（图 4-565）。

b. J3 位置到位（图 4-566）。

c. J4 位置到位（图 4-567）。

d. J5 位置到位（图 4-568）。

⑧ 横向移动中，即 I/O LINK 轴移动中（图 4-569）。

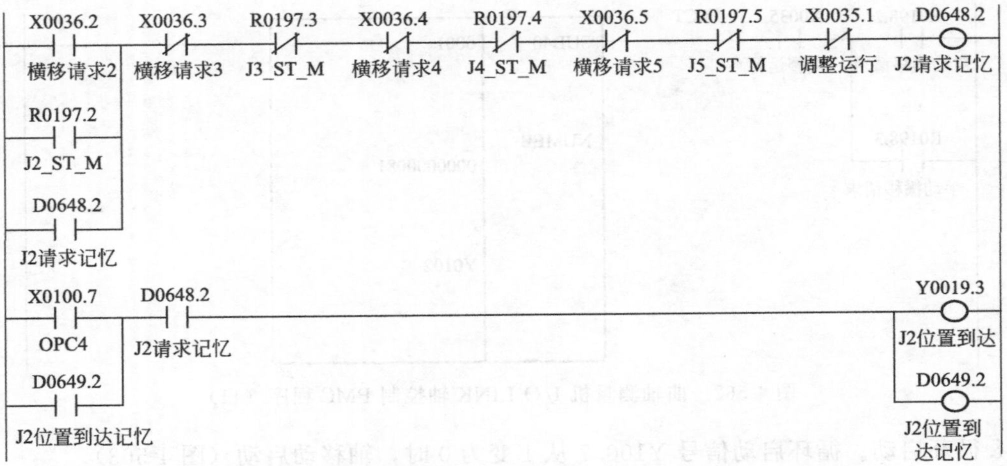

X0036.2
X0036.3
R0197.3
X0036.4
R0197.4
X0036.5
R0197.5
X0035.1
D0648.2
横移请求2
横移请求3
J3_ST_M
横移请求4
J4_ST_M
横移请求5
J5_ST_M
调整运行
J2请求记忆
R0197.2
J2_ST_M
D0648.2
J2请求记忆
X0100.7
D0648.2
Y0019.3
OPC4
J2请求记忆
J2位置到达
D0649.2
D0649.2
J2位置到达记忆
J2位置到
达记忆

图 4-565　曲轴测量机 I/O LINK 轴控制 PMC 程序（14）

X0036.3
X0036.2
R0197.2
X0036.4
R0197.4
X0036.5
R0197.5
X0035.1
D0648.3
横移请求3
横移请求2
J2_ST_M
横移请求4
J4_ST_M
横移请求5
J5_ST_M
调整运行
J3请求记忆
R0197.3
J3_ST_M
D0648.3
J3请求记忆
X0100.7
D0648.3
Y0019.4
OPC4
J3请求记忆
J3位置到达
D0649.3
D0649.3
J3位置到达记忆
J3位置到
达记忆

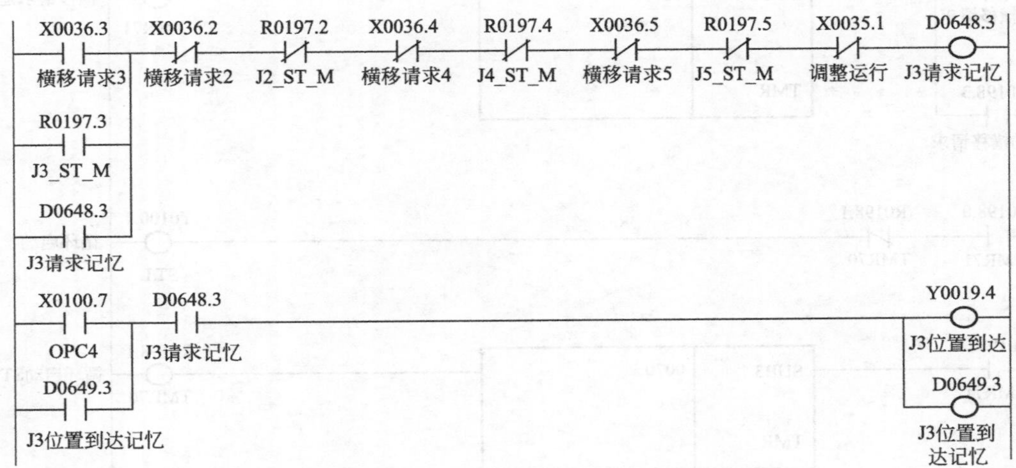

图 4-566　曲轴测量机 I/O LINK 轴控制 PMC 程序（15）

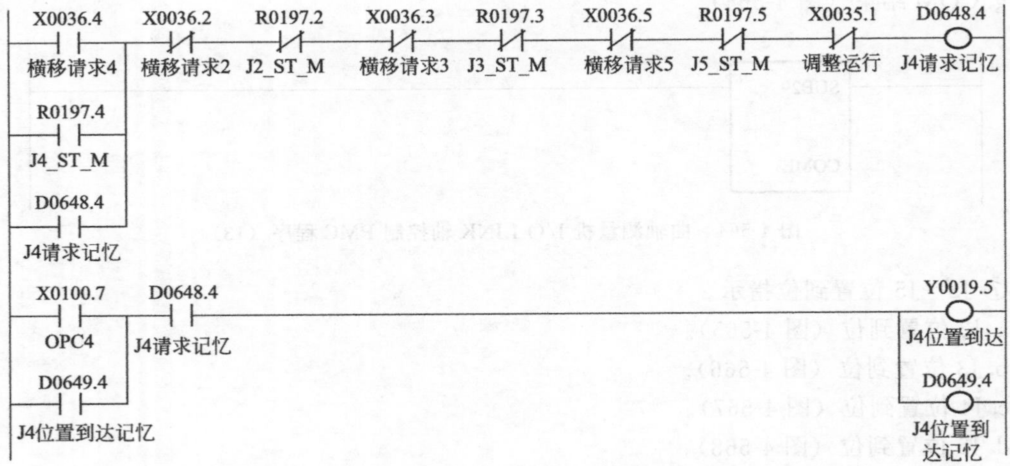

X0036.4
X0036.2
R0197.2
X0036.3
R0197.3
X0036.5
R0197.5
X0035.1
D0648.4
横移请求4
横移请求2
J2_ST_M
横移请求3
J3_ST_M
横移请求5
J5_ST_M
调整运行
J4请求记忆
R0197.4
J4_ST_M
D0648.4
J4请求记忆
X0100.7
D0648.4
Y0019.5
OPC4
J4请求记忆
J4位置到达
D0649.4
D0649.4
J4位置到达记忆
J4位置到
达记忆

图 4-567　曲轴测量机 I/O LINK 轴控制 PMC 程序（16）

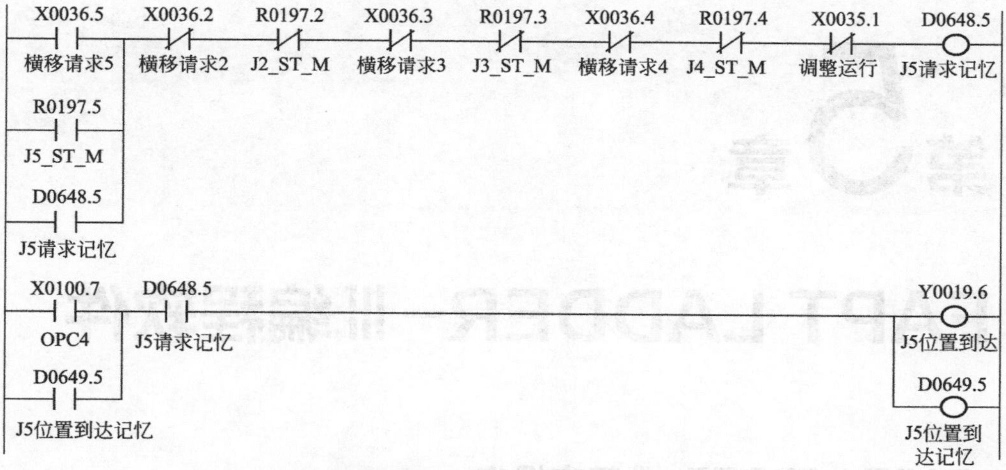

X0036.5 横移请求5　X0036.2 横移请求2　R0197.2 J2_ST_M　X0036.3 横移请求3　R0197.3 J3_ST_M　X0036.4 横移请求4　R0197.4 J4_ST_M　X0035.1 调整运行　D0648.5 J5请求记忆

R0197.5 J5_ST_M

D0648.5 J5请求记忆

X0100.7 OPC4　D0648.5 J5请求记忆　Y0019.6 J5位置到达

D0649.5 J5位置到达记忆　D0649.5 J5位置到达记忆

图 4-568　曲轴测量机 I/O LINK 轴控制 PMC 程序（17）

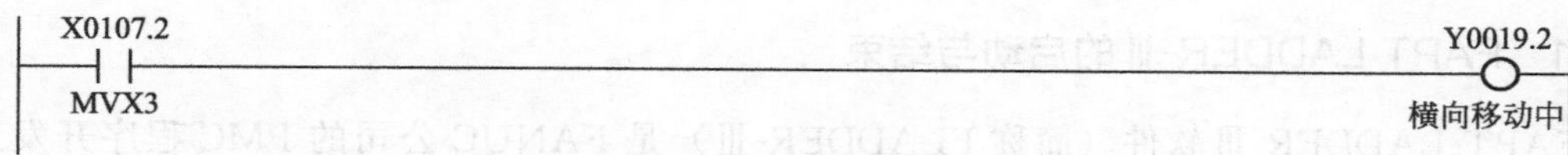

图 4-569　曲轴测量机 I/O LINK 轴控制 PMC 程序（18）

第5章

FAPT LADDER-Ⅲ编程软件

5.1 FAPT LADDER-Ⅲ基本操作

5.1.1 FAPT LADDER-Ⅲ的启动与结束

FAPT LADDER-Ⅲ软件（简称 FLADDER-Ⅲ）是 FANUC 公司的 PMC 程序开发工具软件。启动 FLADDER-Ⅲ的步骤如下：

① 使用 Windows 操作系统的“开始”菜单。

② 选择“开始”菜单的“所有程序”→“FAPT LADDER-Ⅲ”选项。

③ 在“FAPT LADDER-Ⅲ”选项上点击鼠标左键，即启动 FAPT LADDER-Ⅲ软件。当软件正常启动后，显示如图 5-1 所示的软件主界面。

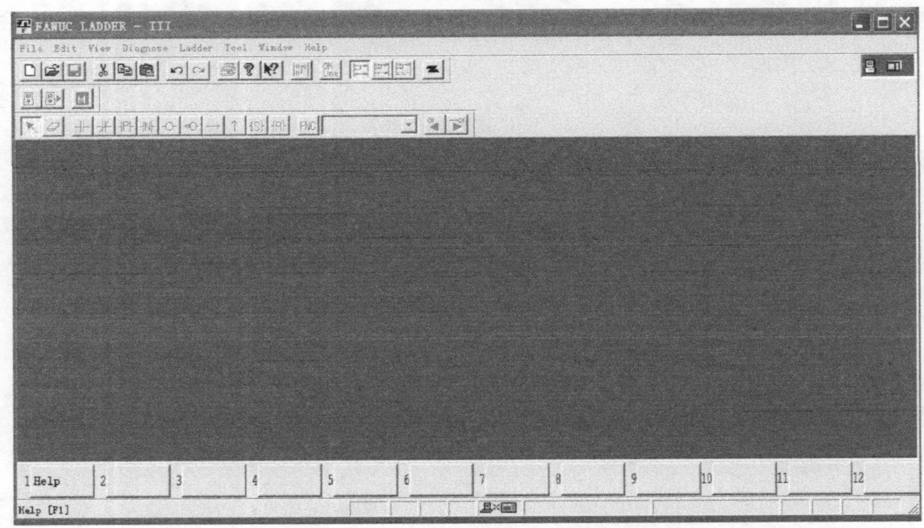

图 5-1 FAPT LADDER-Ⅲ软件主界面

结束 FLADDER-Ⅲ有 2 种方法：

① 选择“文件”菜单中的“结束”。

② 鼠标左键点击图 5-1 所示主界面右上角“×”按钮。

5.1.2　FAPT LADDER-Ⅲ窗口及功能

在 FAPT LADDER-Ⅲ软件的主窗口可以显示多个子窗口，软件界面如图 5-2 所示。在 FAPT LADDER-Ⅲ软件中有快捷键 F1～F9，在界面上有提示信息，如 F1 为 Help（帮助），F2 为 Down Coil Search（向下搜索线圈），等等。

主菜单有 8 个选项，分别说明如下：

① File："文件"菜单。进行 PMC 程序的新建、打开、保存；PMC 类型的更改及保存；PMC 程序的导入导出；PMC 程序的打印。

② Edit："编辑"菜单。进行编辑、搜索、跳转等操作。

③ View："显示"菜单。选择工具栏、状态栏和软键等显示与否。

④ Diagnose："诊断"菜单。显示 PMC 信号状态、PMC 参数、信号扫描等。

⑤ Ladder："梯形图"菜单。进行在线/离线、监视/编辑等切换。

⑥ Tool："工具"菜单。进行程序编译/反编译、PMC 程序上传/下载等操作。

⑦ Window："窗口"菜单。进行操作窗口的选择、窗口的排列等操作。

⑧ Help："帮助"菜单。显示主题的检索、帮助、版本信息。

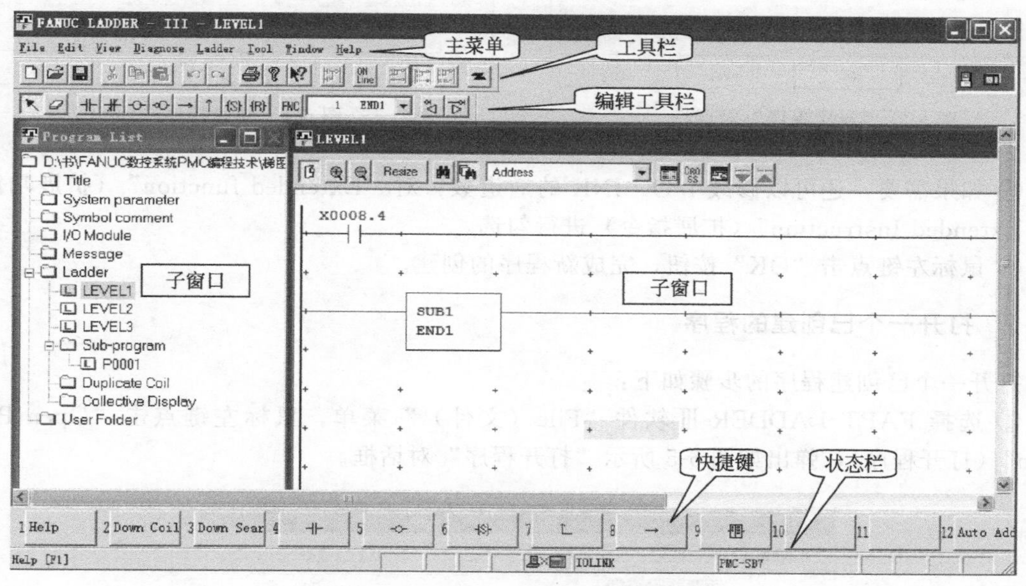

图 5-2　FAPT LADDER-Ⅲ软件界面

5.2　PMC 程序的创建和编辑

5.2.1　创建一个新程序

创建一个新程序的步骤如下：

① 选择 FAPT LADDER-Ⅲ软件"File"（文件）菜单，鼠标左键点击"New Program"（新建程序），弹出如图 5-3 所示"新建程序"对话框。

② 鼠标左键点击"Browse..."（浏览）新建或选择程序存放的文件夹，然后在"Name"（程序名）栏输入程序名，后缀".LAD"可以忽略。

③ 在“PMC Type”（PMC 类型）下拉式列表框中选择所使用的 PMC 类型。

④ 如果使用第 3 级梯形图，则勾选“LEVEL3 Program Using”控制框，如图 5-4 所示。

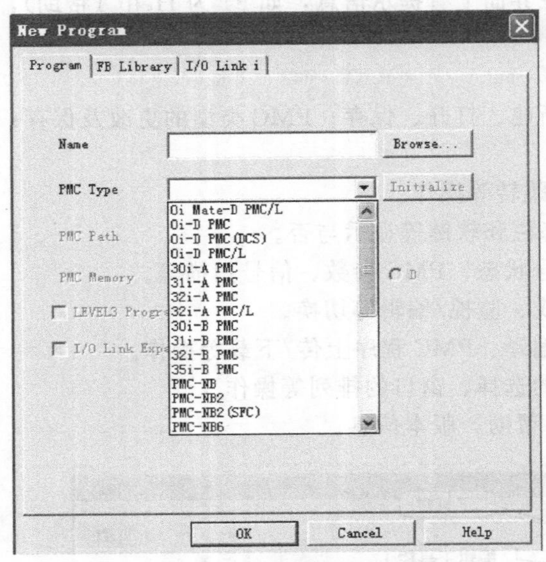

图 5-3 “新建程序”对话框

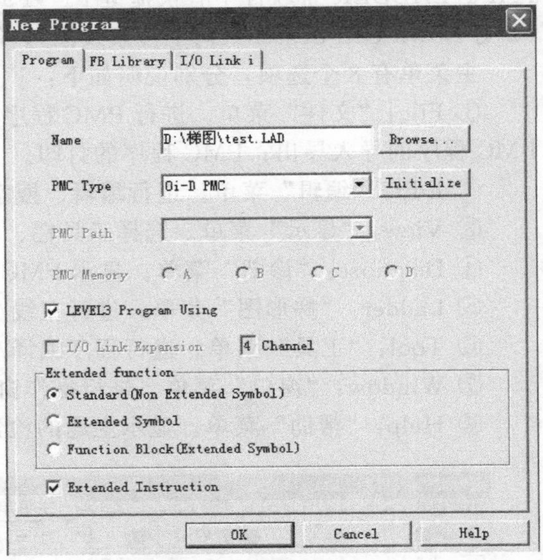

图 5-4 新建程序选项

⑤ 如果需要，还可以修改 I/O LINK 的通道数；对“Extended function”（扩展功能）和“Extended Instruction”（扩展指令）进行勾选。

⑥ 鼠标左键点击“OK”按钮，完成新程序的创建。

5.2.2 打开一个已创建的程序

打开一个已创建程序的步骤如下：

① 选择 FAPT LADDER-Ⅲ 软件“File（文件）”菜单，鼠标左键点击“Open Program”（打开程序），弹出如图 5-5 所示“打开程序”对话框。

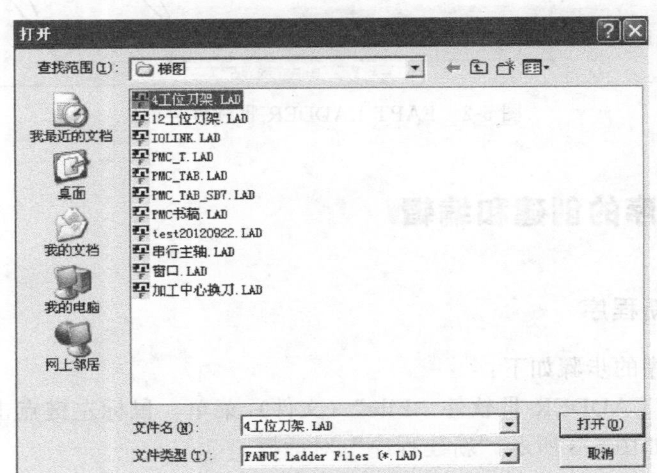

图 5-5 “打开程序”对话框

② 选中程序文件，如图 5-5 中“4 工位刀架. LAD”，然后鼠标左键点击“打开（O）”按钮，即打开已创建的程序“4 工位刀架. LAD”。

5.2.3 编辑标题

编辑标题的步骤如下：

① 显示“Program List”（程序清单）对话框，如图 5-6 所示。

② 鼠标左键双击“Title”（标题）栏，显示如图 5-7 所示的“Edit Title”（编辑标题）对话框。

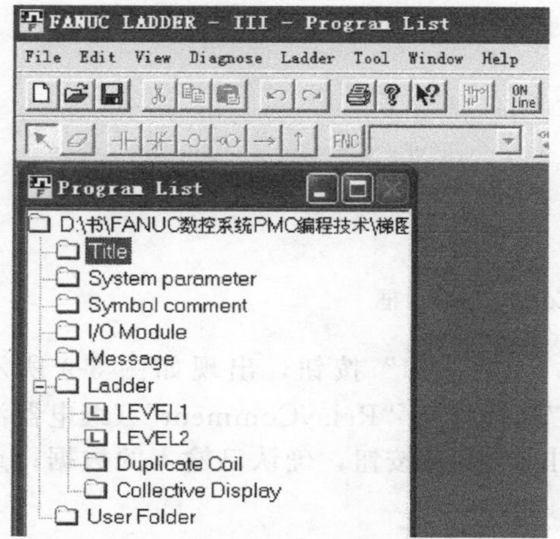

图 5-6 “Program List”对话框

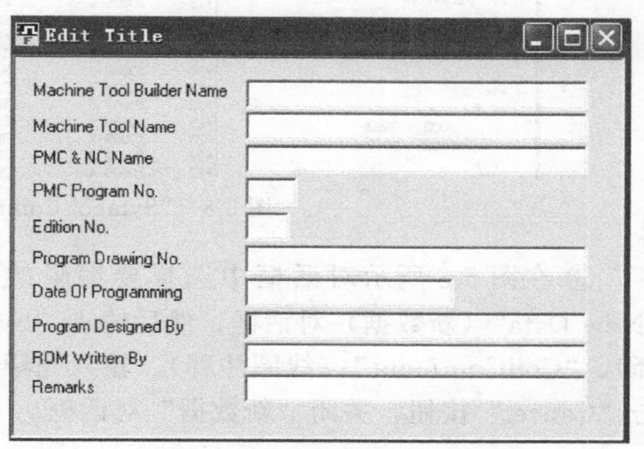

图 5-7 “Edit Title”对话框

③ 按表 5-1 的要求，设定标题的各个选项。

表 5-1 标题各选项的设定字符数

选项	最多字符数	备注
Machine Tool Builder Name	32	机床厂名
Machine Tool Name	32	机床名
PMC&NC Name	32	PMC 和 NC 型号
PMC Program No.	4	程序号
Edition No.	2	版本号
Program Drawing No.	32	程序图号
Date Of Programming	16	编程日期
Program Designed By	32	程序设计者
ROM Written By	32	ROM 制作者
Remarks	32	注释

5.2.4 编辑符号和注释

编辑符号和注释的步骤如下：

① 显示“Program List”（程序清单）对话框，如图 5-6 所示。

② 鼠标左键双击“Symbol comment”（符号注释）栏，显示如图 5-8 所示的“Symbol

Comment Editing”（符号注释编辑）对话框。

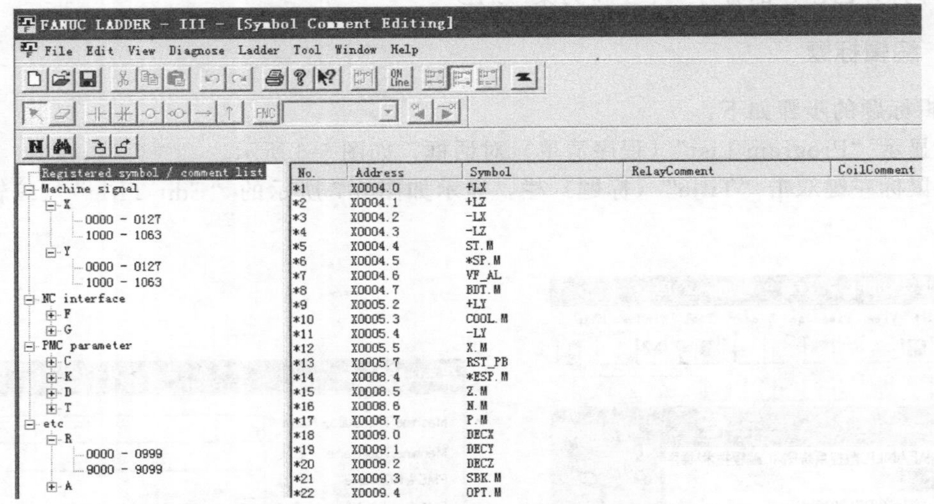

图 5-8 “Symbol Comment Editing”对话框

③ 在图 5-8 所示对话框中选择要编辑的信号，点击“N”按钮，出现如图 5-9 所示“New Data”（新数据）对话框，然后输入“Symbol”（符号）、“RelayComment”（继电器注释）、“CoilComment”（线圈注释）。输入完毕，点击“OK”按钮，确认已输入的数据；点击“Cancel”按钮，关闭“新数据”对话框。

图 5-9 “新数据”对话框

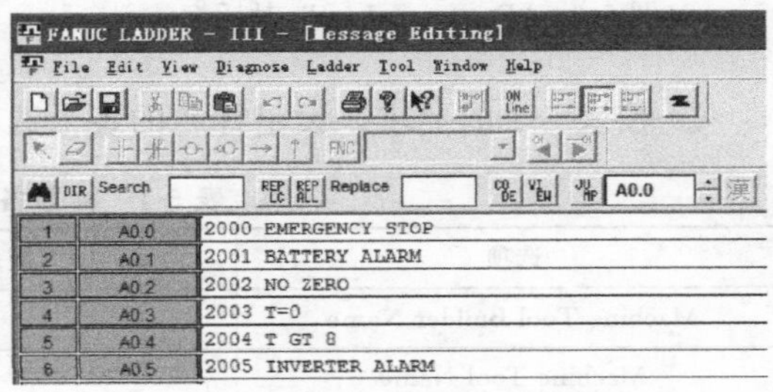

图 5-10 “信息编辑”对话框

5.2.5 编辑信息

编辑信息的步骤如下：

① 鼠标左键双击“Program List”（程序清单）对话框的“Message”（信息）栏，显示如图 5-10 所示“Message Editing”（信息编辑）对话框。

② 在相应的信息请求地址栏，输入信息号和信息字符。如在地址 A0.0 一栏，输入信息“2000 EMERGENCY STOP”。

5.2.6 编辑 I/O 模块地址

编辑 I/O 模块地址的步骤如下：

① 鼠标左键双击“Program List”（程序清单）对话框的“I/O Module”（I/O 模块）栏，显示如图 5-11 所示“Edit I/O Module”（编辑 I/O 模块）对话框。

② 鼠标左键双击“Edit I/O Module”（编辑 I/O 模块）对话框中的信号地址 X0004（I/O 模块的首地址），出现如图 5-12 所示“Module”（模块）对话框。

③ 选择 I/O 模块的种类，自动给该模块分配字节长度。也可以直接指定字节长度。

④ 输入或编辑模块的组号、基座号、插槽号。

⑤ 点击“OK”按钮，确认输入，完成分配。

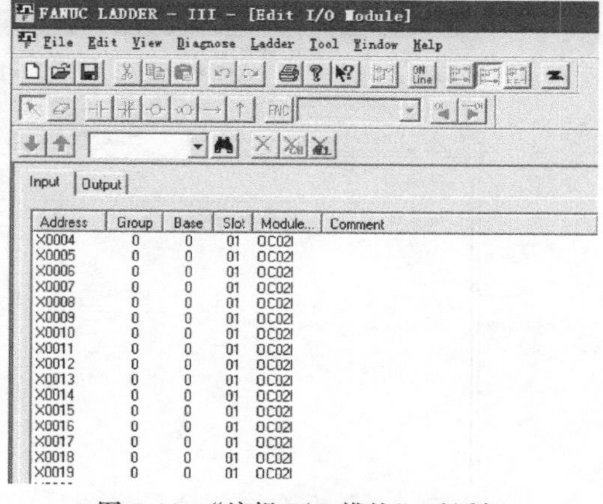

图 5-11 “编辑 I/O 模块”对话框

5.2.7 编辑系统参数

编辑系统参数的步骤如下：

① 鼠标左键双击“Program List”（程序清单）对话框的“System parameter”（系统参数）栏，显示如图 5-13 所示“Edit System Parameter”（编辑系统参数）对话框。

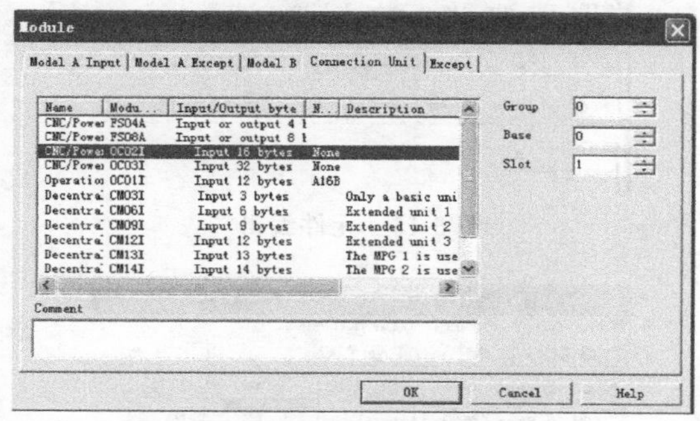

图 5-12 “模块”对话框

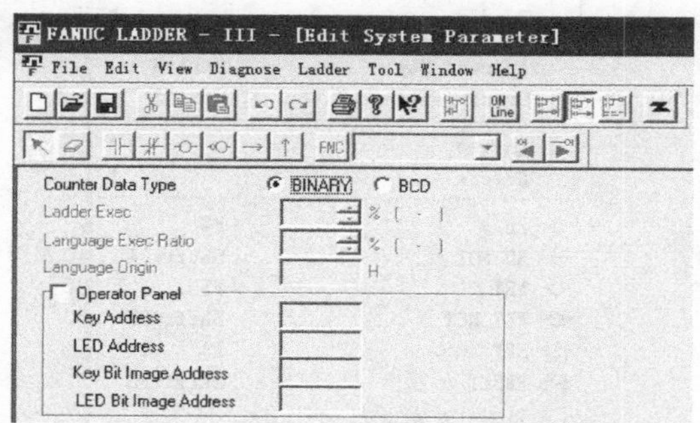

图 5-13 “编辑系统参数”对话框

② 从“Counter Data Type”（计数器数据类型）栏，勾选“BINARY”（二进制）或“BCD”。

5.2.8 编辑梯形图

编辑梯形图的过程或步骤大致如下：

① 鼠标左键双击“Program List”（程序清单）对话框的“LEVEL1”（第 1 级程序）栏或“LEVEL2”（第 2 级程序）栏等，开始对所选程序进行编辑，如图 5-14 所示，该画面是对第 1 级程序的编辑。

② 在如图 5-14 所示梯形图编辑画面，单击鼠标右键，可以弹出如图 5-15 所示的编辑工具画面，可以选择插入元件、行、网络等；可以选择删除元件、网络等；可以进行地址查找；可以进行双线圈检查等操作。

③ 需要输入触点或线圈等元件时，在编辑工具栏用鼠标先选中元件类型，然后在程序编辑区编辑位置鼠标左键点击一下，该选中的元件即出现在程序编辑区。接下来，就可以输入该元件的地址或符号，如图 5-16 所示，“X8.4”常开触点。

④ 需要编辑功能指令时，下拉展开“功能指令”对话框，选择所要输入的功能指令，如图 5-17 所示，选择了 TMR 功能指令。然后编辑功能指令的控制条件和参数等。

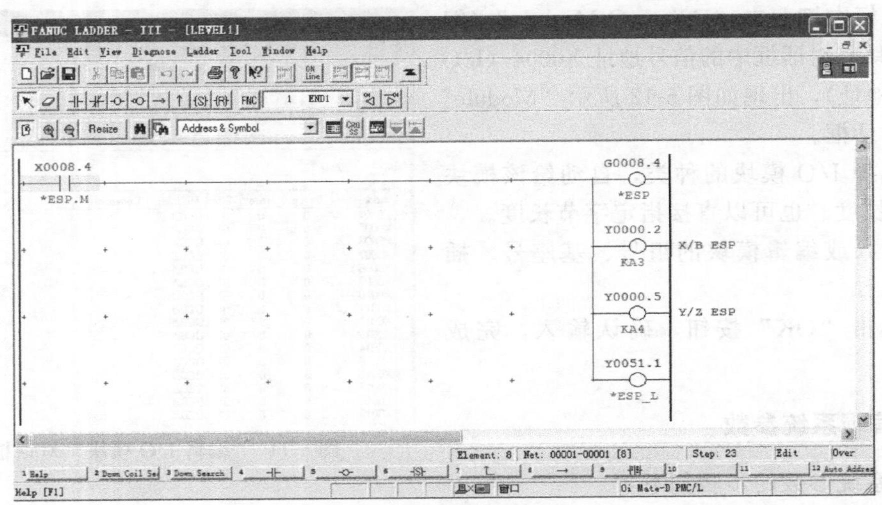

图 5-14　梯形图编辑画面

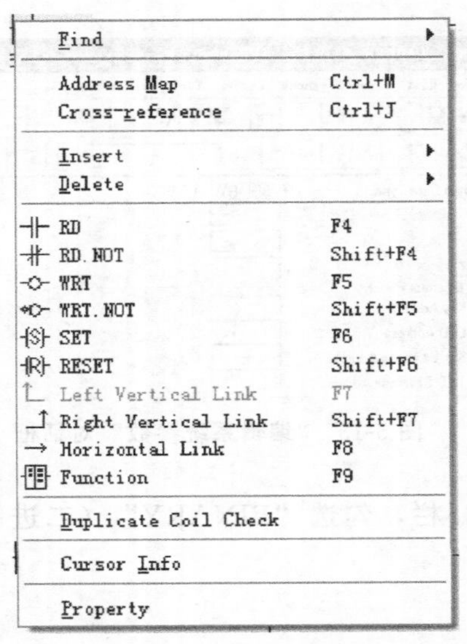

图 5-15　编辑工具画面

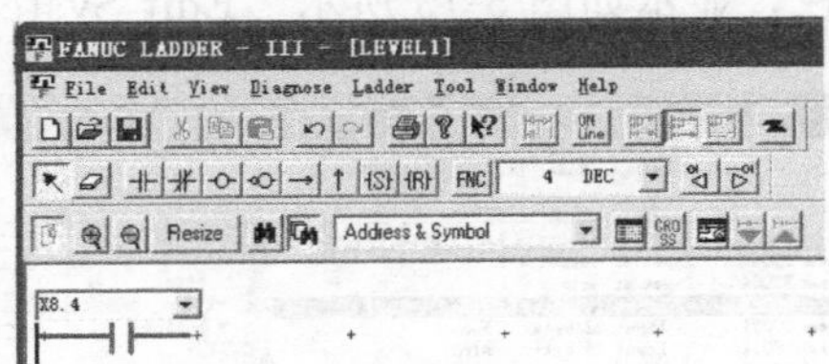

图 5-16　元件编辑

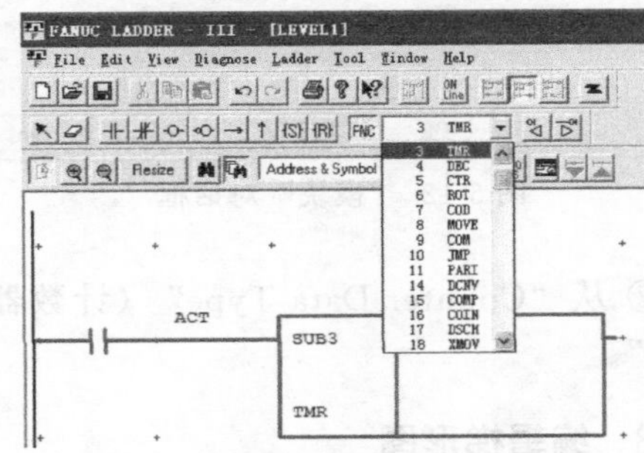

图 5-17　“功能指令”对话框

⑤ 当输入或编辑的程序网络未完成时，该程序网络显示红色；当程序网络编辑完成后，梯形图程序网络自动变成黑色。

5.2.9　保存程序

保存程序的步骤如下：

① 选择菜单栏“File”（文件），点击“Save as”（另存为），出现如图 5-18 所示的程序保存画面。

② 在“文件名”栏输入需要保存的文件名，也可以选中已经存在的文件名，然后鼠标左键点击“保存”，将弹出如图 5-19 所示的程序保存选项选择画面。

③ 在图 5-19 所示的保存选项选择画面，进行适当的勾选，然后鼠标左键点击“OK”按钮，即完成程序的保存。

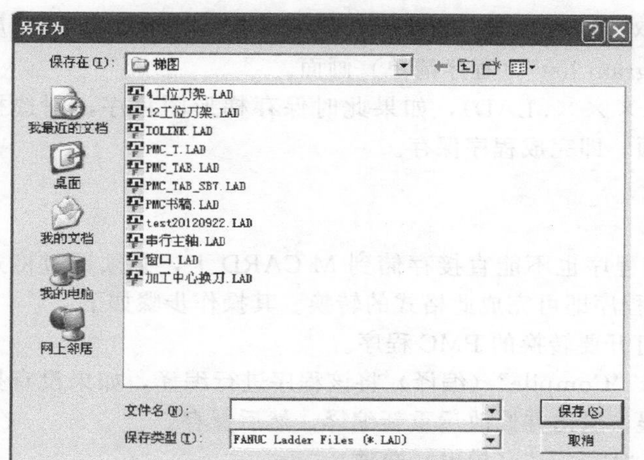

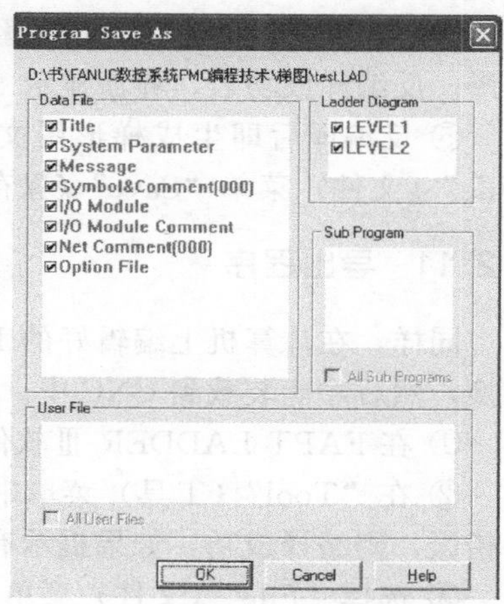

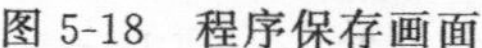

图 5-18 程序保存画面　　　　图 5-19 程序保存选项选择画面

5.2.10 导入程序

通过存储卡备份的 PMC 梯形图称为存储卡格式的 PMC 程序。由于其为机器语言格式，FAPT LADDER-Ⅲ软件不能直接识别和读取并进行修改和编辑，所以必须通过 IMPORT（导入）方式进行格式转换。

导入程序的步骤如下：

① 运行 FAPT LADDER-Ⅲ软件，在该软件下新建一个类型与备份的 M-CARD 格式的 PMC 程序类型相同的空文件。

② 选择“File”（文件）菜单中的“Import”（导入），软件会弹出“Select import file type”（选择导入文件类型）对话框，如图 5-20 所示。根据提示导入的源文件格式，选择“Memory-card Format File”格式，然后点击“Next”按钮。

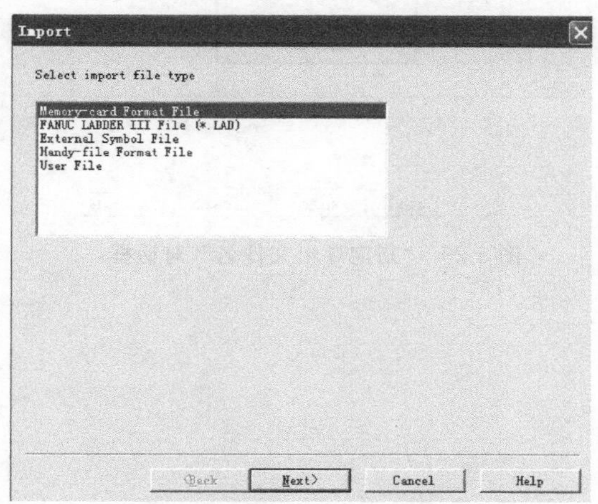

图 5-20 “选择导入文件类型”对话框

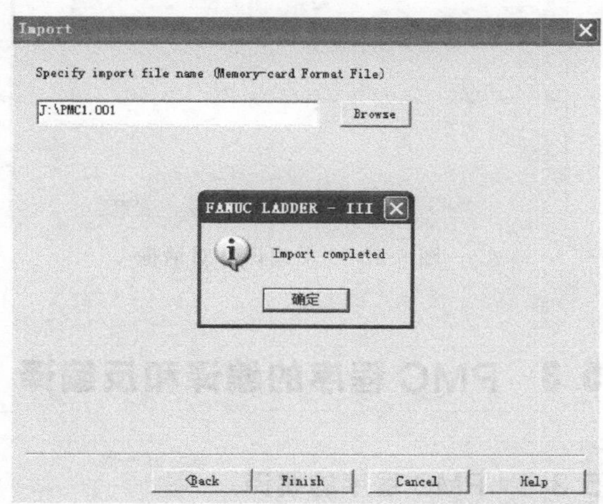

图 5-21 “指定导入文件名”对话框

③ 然后弹出“Specify import file name”（指定导入文件名）对话框，如图 5-21 所示，找到相应的路径，选择需要导入的文件名，如图中“J:\PMC1.001”，点击“Finish”（结束）按钮，出现“Import completed”（导入完成）信息框后，点击“确定”按钮。

④ 出现“Decompile”（反编译）对话框，如图 5-22 所示，点击“Yes”按钮，进行反编译。反编译成功后，界面显示“Program list”（程序清单）画面。

⑤ 反编译后即生成梯形图文件（×××.LAD），如果此时保存梯形图程序，则选择“File”（文件）菜单“Save”（保存）项，即完成程序保存。

5.2.11 导出程序

同样，在计算机上编辑好的 PMC 程序也不能直接存储到 M-CARD 上，必须通过格式转换，然后才能装载到 CNC 中。导出程序即可完成此格式的转换。其操作步骤如下：

① 在 FAPT LADDER-Ⅲ软件中打开要转换的 PMC 程序。

② 在“Tool”（工具）菜单中选择“Compile”（编译）将该程序进行编译，如果没有提示错误，则编译成功，如果提示有错误，退出并修改后重新编译，然后保存。

③ 选择“File”（文件）菜单中的“Export”（导出）选项。

④ 在选择“Export”（导出）后，软件会弹出“Select Export file type”（选择导出文件类型）对话框，提示选择输出的文件类型，选择“Memory-card Format File”格式，然后点击“Next”。

⑤ 然后弹出“Specify export file name”（指定导出文件名）对话框，选择文件路径，输入需要导出的文件名，点击“保存”按钮；再次弹出“Specify export file name”（指定导出文件名）对话框，如图 5-23 所示，点击“Finish”按钮，出现“Export completed”（导出完成）信息框后，点击“确定”按钮。整个导出过程完毕。

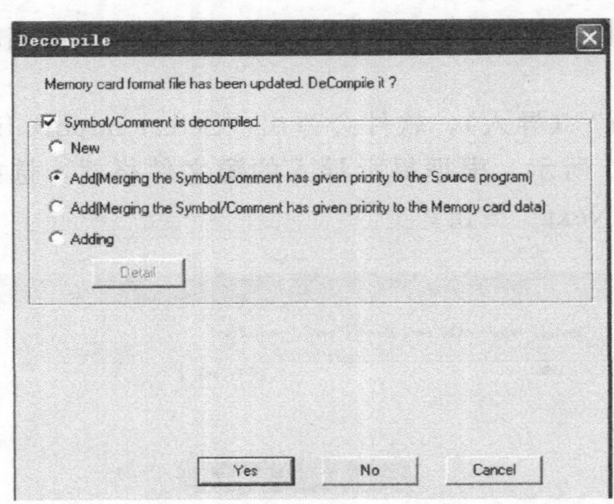

图 5-22 “反编译”对话框

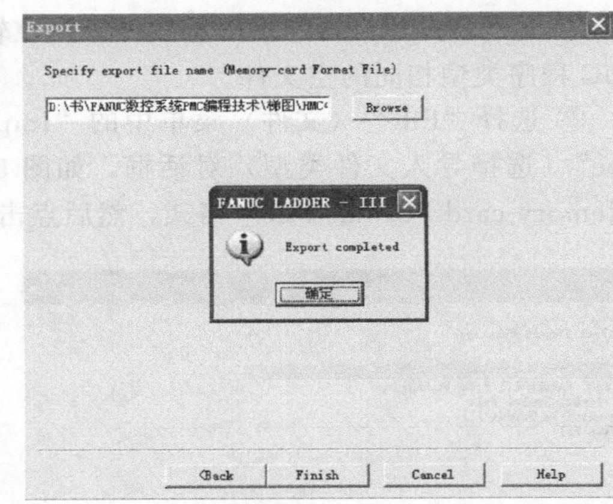

图 5-23 “指定导出文件名”对话框

5.3 PMC 程序的编译和反编译

5.3.1 PMC 程序的编译

PMC 程序的编译步骤如下：

① 在 FAPT LADDER-Ⅲ软件中打开要编译的 PMC 程序。

② 在“Tool”（工具）菜单中选择“Compile”（编译）项，弹出“Compile”（编译）对话框，如图 5-24 所示。

③ 点击“Exec”（执行），开始程序编译。编译结束，会显示出错信息，或提示无错误。

④ 点击“Close”（关闭），关闭“Compile”（编译）对话框。如有错误，则更正。

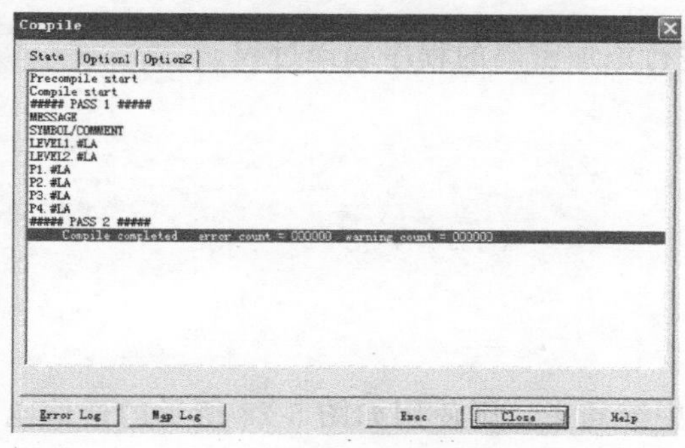

图 5-24 “编译”对话框

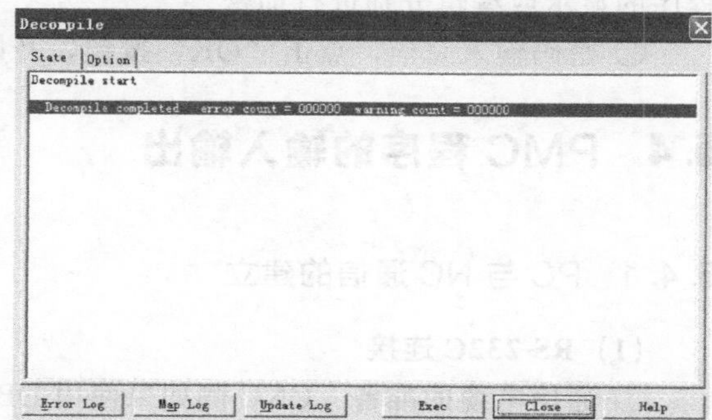

图 5-25 “反编译”对话框

5.3.2 PMC 程序的反编译

PMC 程序的反编译步骤如下：

① 在 FAPT LADDER-Ⅲ软件中打开要反编译的 PMC 程序。

② 在“Tool”（工具）菜单中选择“Decompile”（反编译）项，弹出“Decompile”（反编译）对话框，如图 5-25 所示。

③ 点击“Exec”（执行），开始程序反编译。反编译结束，会报告出错信息，或提示无错误。

④ 点击“Close”（关闭），关闭“Decompile”（反编译）对话框。

5.3.3 PMC 程序的加密

PMC 程序的加密步骤如下：

① 在 FAPT LADDER-Ⅲ软件中打开要编译的 PMC 程序。

② 在“Tool”（工具）菜单中选择“Compile”（编译）项，弹出“Compile”（编译）对话框，如图 5-24 所示。

③ 点击“Option2”，出现如图 5-26 所示“Compile”（编译）对话框时，勾选“Setting of Password”（密码设定）后，点击“Exec”（执行）按钮。

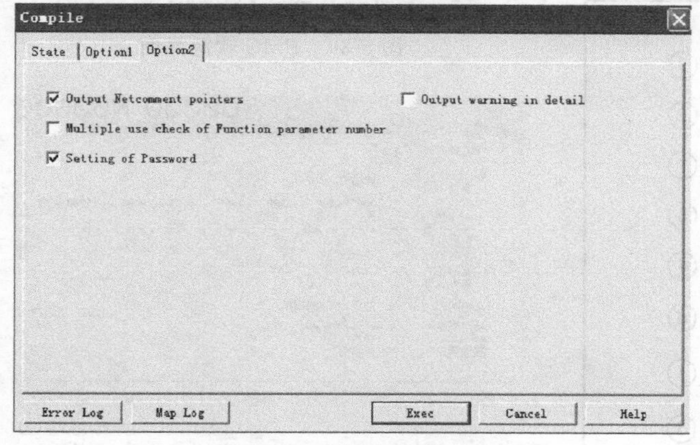

图 5-26 “编译”对话框

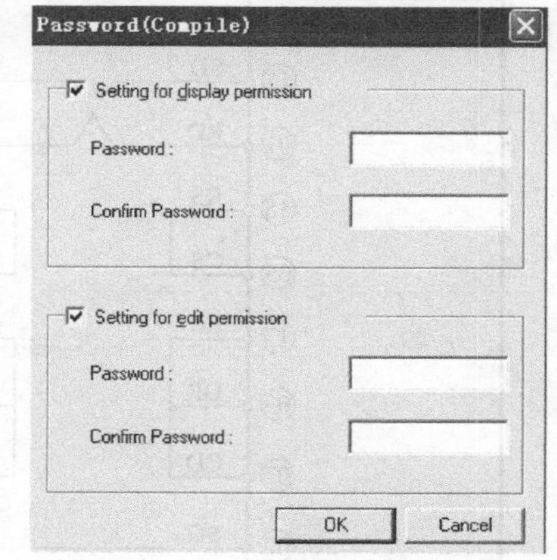

图 5-27 “密码输入”对话框

④ 出现如图 5-27 所示“Password（Compile）”（密码输入）对话框后，可以就梯形图程序的显示或编辑分别进行加密。

⑤ 密码输入完毕，点击“OK”按钮，开始进行添加密码的程序编译过程。

5.4 PMC 程序的输入输出

5.4.1 PC 与 NC 通信的建立

（1）RS-232C 连接

① 通信电缆的准备　CNC 侧如果使用 DB25 中继插头，则使用如图 5-28 所示的通信电缆；CNC 侧如果使用 20 芯本田 PCR 插头，则使用如图 5-29 所示的通信电缆。

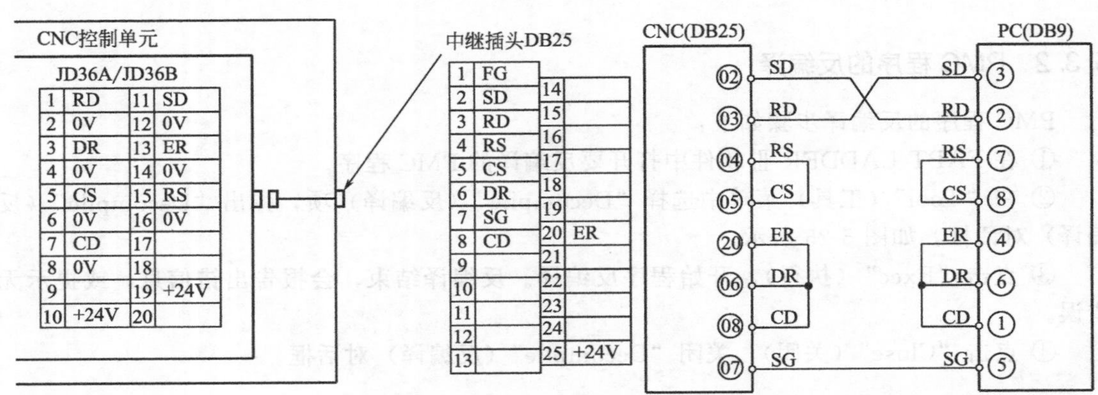

图 5-28　CNC 侧使用 DB25 插头的通信电缆

② NC 侧的准备　操作步骤：

a. 按 MDI 键盘的“系统”功能键，再反复按“+”扩展软键，直到出现如图 5-30 所示软键时，按“PMC 配置”键。

b. 反复按“+”扩展软键，直至软键中出现“在线”软键时，按“在线”软键，调出如图 5-31 所示通信参数设定画面。

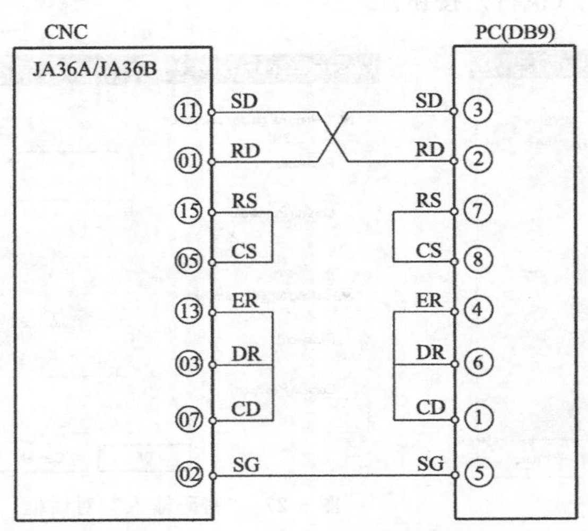

图 5-29　CNC 侧使用 PCR 插头的通信电缆

图 5-30　PMC 软键界面

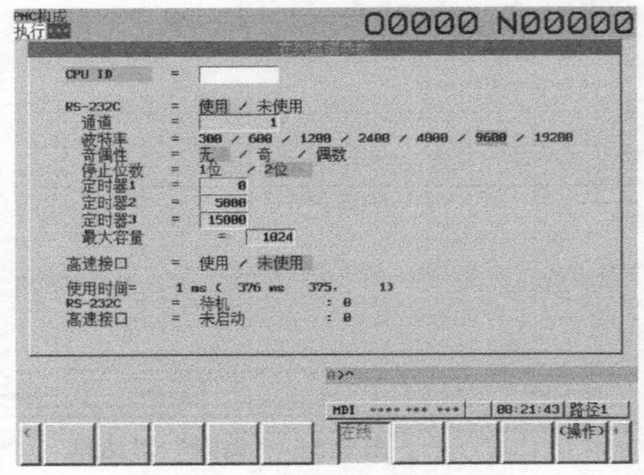

图 5-31　通信参数设定画面

c. 设定参数。RS-232C 置“使用”；波特率置“9600”；奇偶性置“无”；停止位数置“2位”；高速接口置“未使用”。

③ PC 侧的准备

a. 运行 FAPT LADDER-Ⅲ 软件，选择“Tool”（工具）菜单中的“Communication”（通信），软件会弹出“Communication”（通信）对话框，如图 5-32 所示。

b. 在“Communication”（通信）对话框的“Setting”（设置）项，设置通信端口。系统自动搜索计算机上可用的 RS-232C 串行通信端口，并显示在“Enable device”（可用设备）列表框中。

c. 在“Enable device”（可用设备）列表框中，选中当前使用的 RS-232C 串行通信端口，点击“Add”（添加）按钮，所选中的端口即显示在“Use device”（当前使用设备）列表框中。图 5-32 中的 COM1 即是选中的当前使用端口。

d. 点击如图 5-32 所示“通信”对话框中“Setting”（设定）按钮，弹出如图 5-33 所示“Communication parameter”（通信参数）对话框。

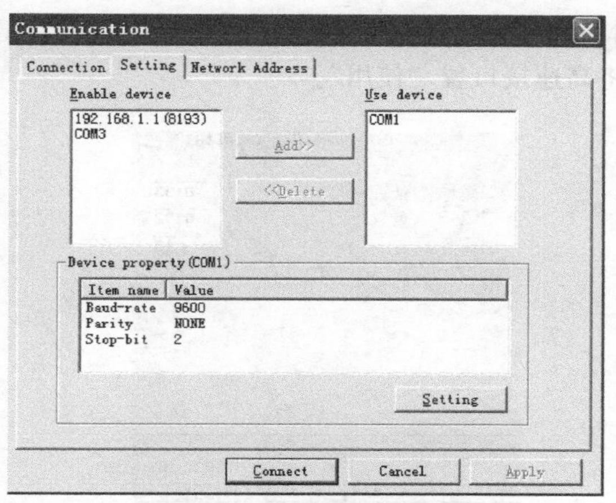

图 5-32 “通信”对话框

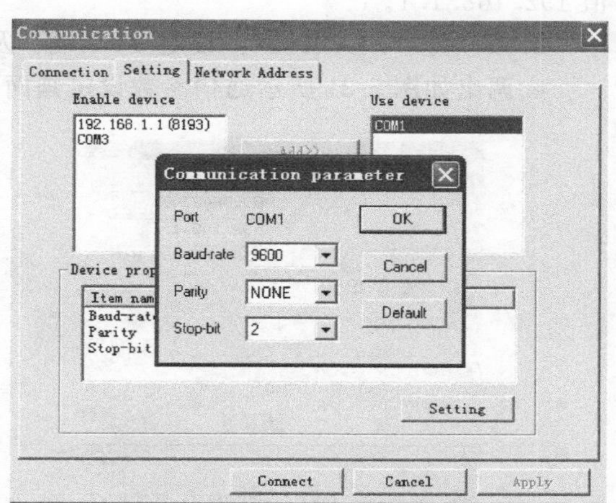

图 5-33 “通信参数”对话框

e. 设定波特率、奇偶校验位和停止位。设定完毕，点击“OK”按钮确认设定。通信参数设定必须与 NC 中的设定完全一致。

f. 至此，NC 侧和 PC 侧的通信准备完毕，点击“Connect”（连接）按钮，连接完成出现如图 5-34 所示画面。

(2) 以太网连接

① 通信电缆的准备　RJ45 网线插头又称水晶头，其连接电缆如图 5-35 所示。该网线可以用于 CNC 与 PC 直接通信，也可以用于 CNC 通过以太网集线器 HUB 与 PC 通信。

② NC 侧的准备

a. 按 MDI 键盘的“系统”功能键，再反复按“+”扩展软键，直到出现如图 5-36 所示软键时，按“内藏口”键。

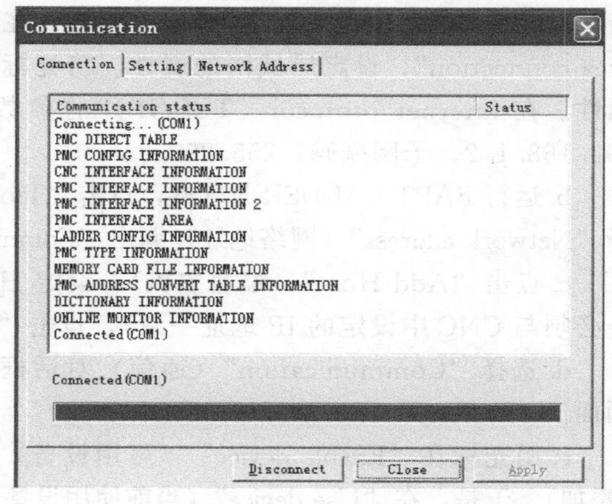

图 5-34 串行通信连接完成画面

b. 进入以太网设定画面后，再按“操作”软键，出现如图 5-37 所示软键。按“内嵌/PCMCIA”软键，选择内置板（内嵌网口），再按“再启动”“执行”软键，使设备有效为“内置板”，如图 5-38 所示。

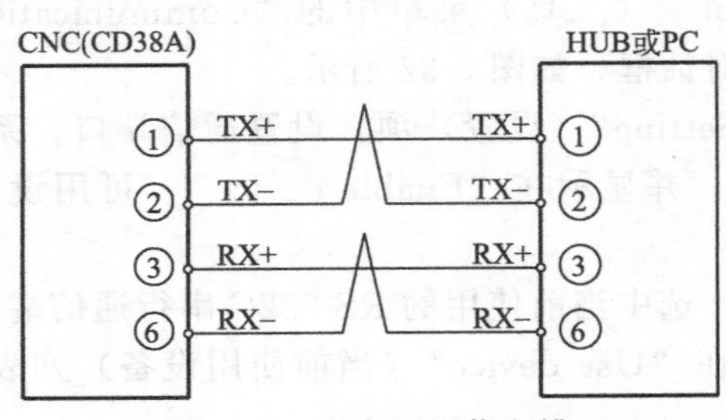

图 5-35　以太网通信电缆

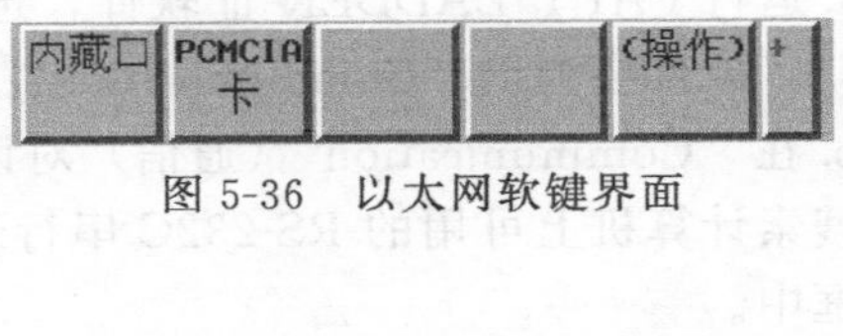

图 5-36　以太网软键界面

图 5-37　以太网设定软键

c. 然后在图 5-38 所示的以太网参数输入画面，设定 CNC 的 IP 地址，或使用推荐值 192.168.1.1。

d. 按软键“FOCAS2”，设定 TCP 端口及时间间隔，如图 5-39 所示。

e. 调出如图 5-31 所示通信参数设定画面，将高速接口置“使用”。

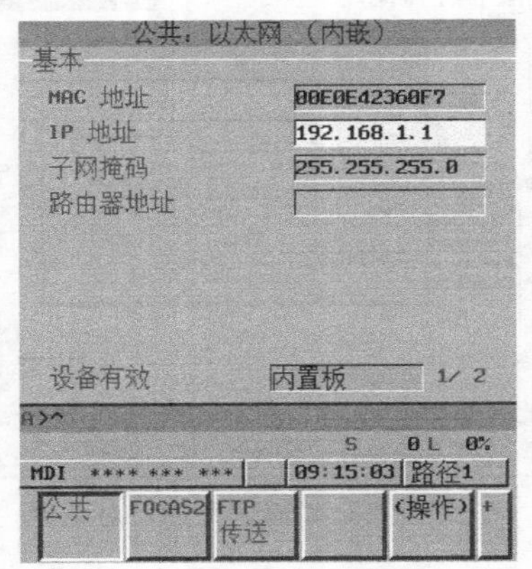

图 5-38　以太网参数输入画面

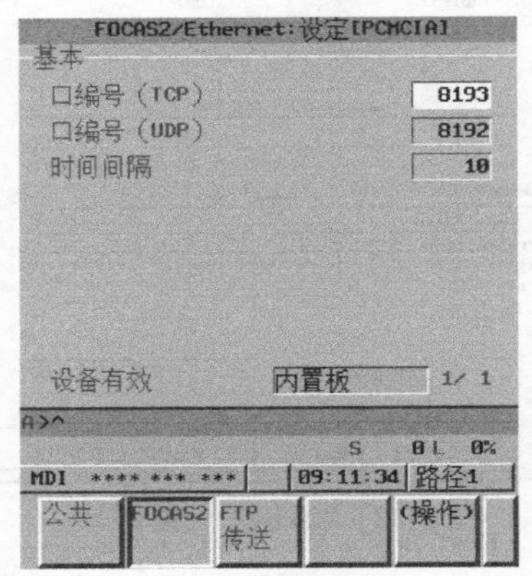

图 5-39　TCP 端口及时间间隔设定对话框

③ PC 侧的准备

a. 在 PC 侧，也需设定 IP 地址等参数。在 PC 机的“网络连接”画面上，双击“Local area connection”，设定局域网的属性。将光标置于“internet protocol（TCP/IP）”，点击属性。在 internet protocol（TCP/IP）的参数画面输入 IP 地址和子网掩码。IP 地址：192.168.1.2。子网掩码：255.255.255.0。

b. 运行 FAPT LADDER-Ⅲ软件，点击“Tool”（工具），选择“Communication”通信，选择“Network address”（网络地址）调出“Communication”通信对话框，如图 5-40 所示。

c. 点击“Add Host”（添加主机）。设定 Host（主机）的 IP 地址：192.168.1.1（该地址必须与 CNC 中设定的 IP 地址一致），点击“OK”按钮。

d. 选择“Communication”（通信）对话框“Setting”（设置）项，调出如图 5-41 所示画面。

e. 用光标在“Enable device”（可用设备）栏选定主机地址：192.168.1.1，点击“Add”（添加）。于是，在“Use device”（当前使用设备）栏中出现“192.168.1.1（8193）”。

f. 此后，点击“Connect”（连接），建立通信，即可像通常用 RS-232C 口一样进行梯形图的上下传送。

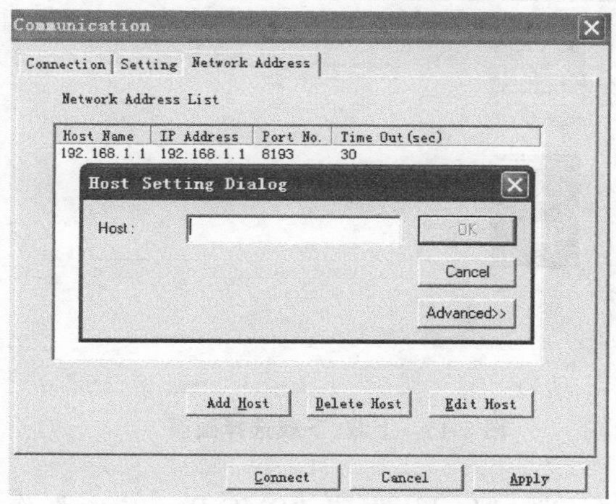

图 5-40　添加主机画面

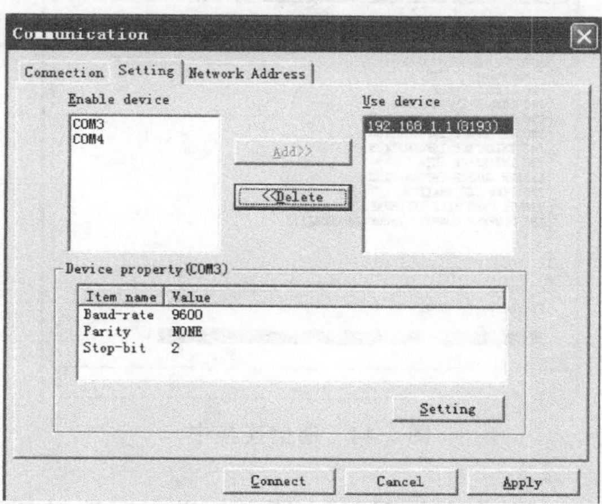

图 5-41　添加以太网口画面

5.4.2　从 PC 上载 PMC 程序

（1）未建立通信连接

① 运行 FAPT LADDER-Ⅲ软件。

② 点击“Tool”（工具）菜单中“Load from PMC”（从 PMC 上载），弹出如图 5-42 所示“Selection of transferred method”（传送方式选择）画面。

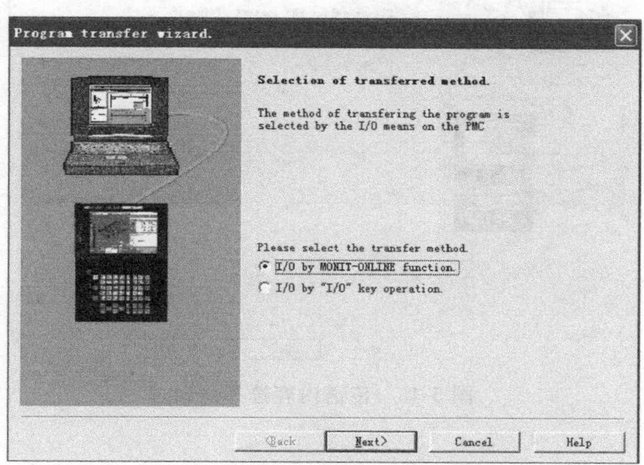

图 5-42　传送方式选择画面

③ 勾选“I/O by MONIT-ONLINE function”，点击“Next”按钮。此时，弹出如图 5-43 所示“通信”对话框，询问是否连接 PMC，点击“是”按钮。

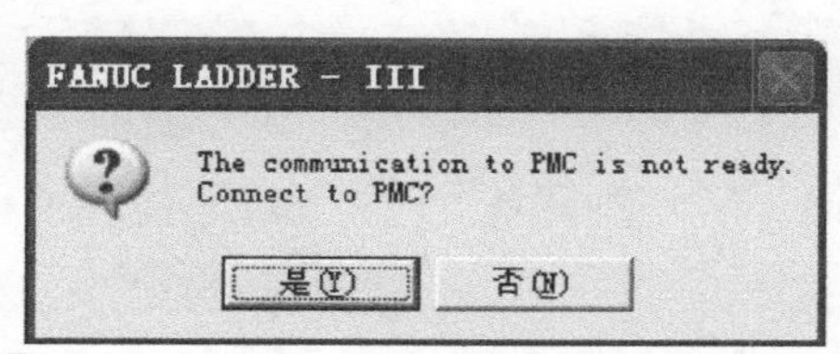

图 5-43　“通信”对话框

④ 通信连接中，出现如图 5-44 所示画面。

⑤ 通信连接完成后，弹出如图 5-45 所示上载/下载选择画面，这里已经选择上载，因此直接点击

"Next"按钮，进入下一步。

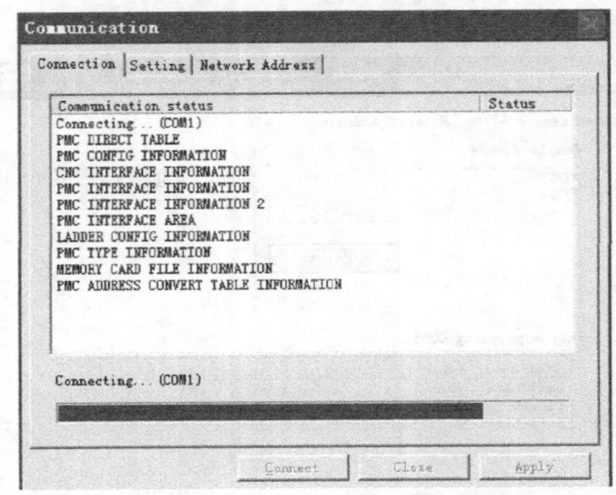

图 5-44　通信连接中

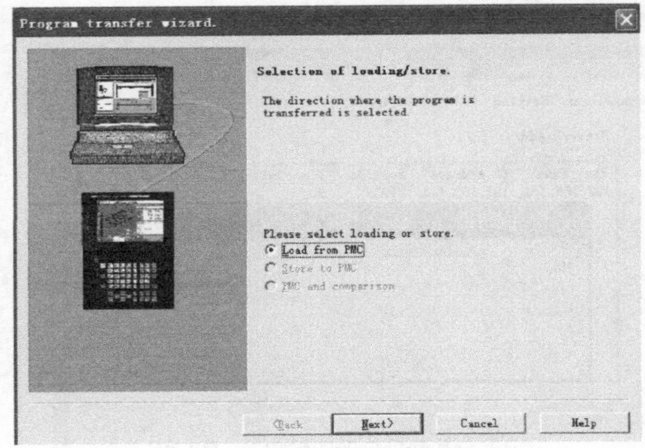

图 5-45　上载/下载选择画面

⑥ 出现如图 5-46 所示传送内容选择画面时，勾选"Ladder"或"PMC Parameter"作为传送内容。选择完毕，点击"Next"按钮。

⑦ 开始进行从 PMC 到 PC 的传送，上载中画面如图 5-47 所示。

⑧ 传送结束，如果在"Online"（在线），切换为"Offline"（离线），即出现反编译画面，如图 5-48 所示。此时，点击"Yes"按钮，进行反编译。

⑨ 将上载的 PMC 程序进行保存。

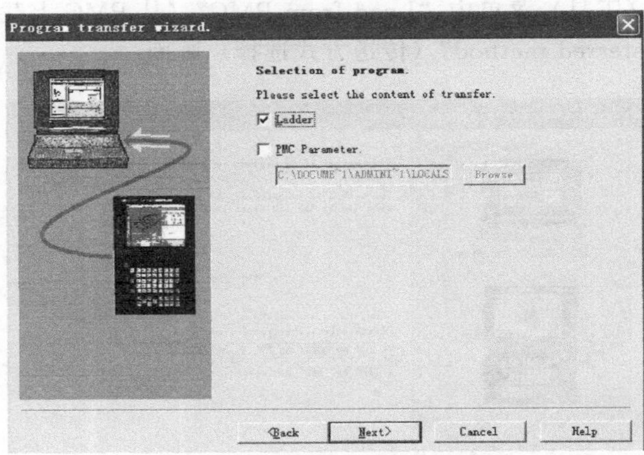

图 5-46　传送内容选择画面

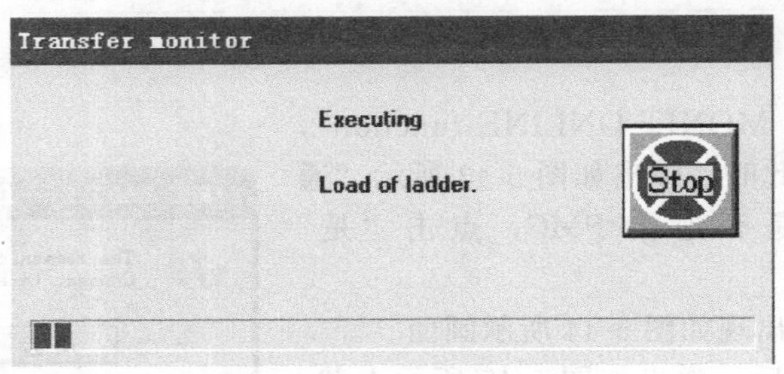

图 5-47　上载中画面

(2) 已建立通信连接

① 运行 FAPT LADDER-Ⅲ软件。

② 点击“Tool”(工具)菜单中“Load from PMC”(从 PMC 上载),弹出如图 5-46 所示传送内容选择画面。勾选“Ladder”或“PMC Parameter”作为传送内容。选择完毕,点击“Next”按钮。

③ 接着,出现如图 5-49 所示上载传送设定确认画面时,点击“Finish”按钮。

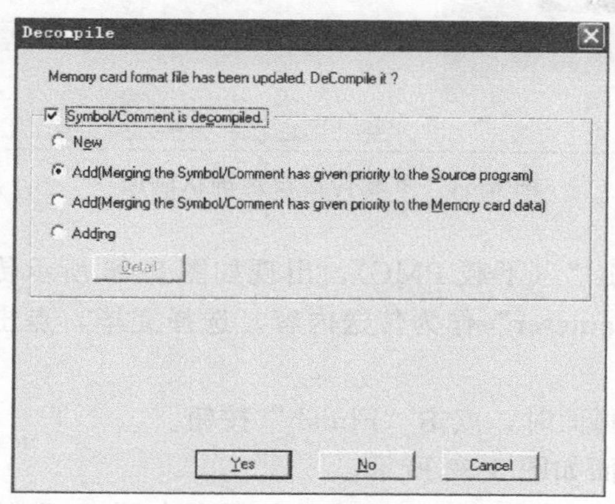

图 5-48 反编译画面

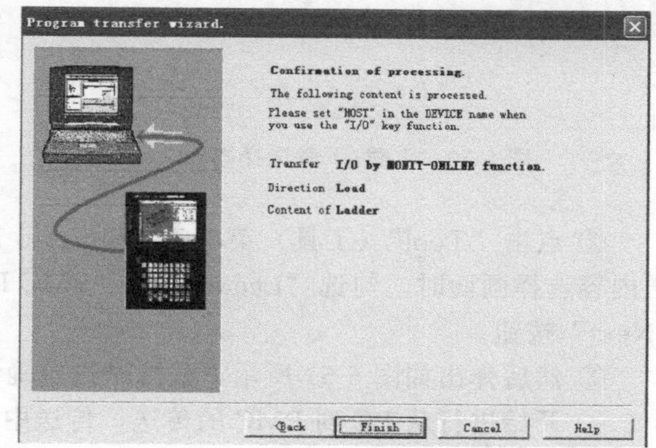

图 5-49 上载传送设定确认画面

④ 开始进行从 PMC 到 PC 的传送,上载中画面如图 5-47 所示。

⑤ 传送结束,如果在“Online”(在线),切换为“Offline”(离线),即出现反编译画面,如图 5-48 所示。此时,点击“Yes”按钮,进行反编译。

⑥ 将上载的 PMC 程序进行保存。

5.4.3 将 PMC 程序下载到 NC

(1) 未建立通信连接

① 运行 FAPT LADDER-Ⅲ软件。

② 点击“Tool”(工具)菜单中“Store to PMC”(下载 PMC),弹出如图 5-50 所示上载/下载选择画面。

③ 勾选“I/O by MONIT-ONLINE function”,点击“Next”按钮。此时,弹出如图 5-43 所示“通信”对话框,询问是否连接 PMC,点击“是”按钮。

④ 通信连接中,出现如图 5-44 所示画面。

⑤ 通信连接完成后,弹出如图 5-50 所示上载/下载选择画面,这里已经选择下载,因此直接点击“Next”按钮,进入下一步。

⑥ 出现如图 5-46 所示传送内容选择画面时,勾选“Ladder”或“PMC Parameter”作为传送内容。选择完毕,点击“Next”按钮。

⑦ 弹出如图 5-51 所示下载传送设定确认画面时,点击“Finish”按钮。

⑧ 开始进行从 PC 到 PMC 的传送,下载中画面如图 5-52 所示。

⑨ 传送完毕,弹出如图 5-53 所示画面,询问是否启动 PMC 程序。如果点击“Yes”按钮,则立即运行 PMC 程序。

(2) 已建立通信连接

① 运行 FAPT LADDER-Ⅲ软件。

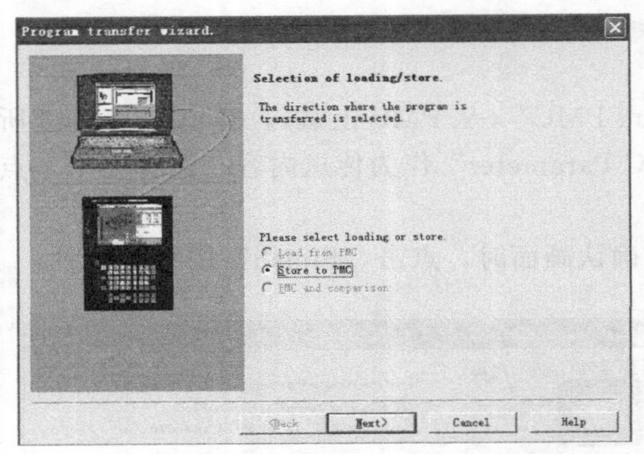

图 5-50 上载/下载选择画面

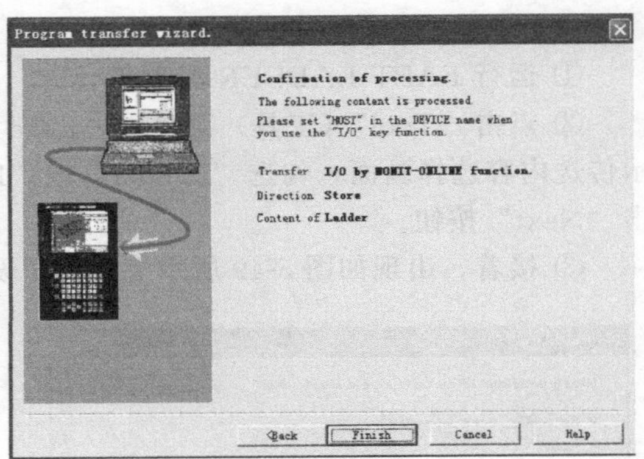

图 5-51 下载传送设定确认画面

② 点击“Tool”（工具）菜单中“Store to PMC”（下载 PMC），出现如图 5-46 所示传送内容选择画面时，勾选“Ladder”或“PMC Parameter”作为传送内容。选择完毕，点击“Next”按钮。

③ 然后弹出如图 5-51 所示下载传送设定确认画面时，点击“Finish”按钮。

④ 开始进行从 PC 到 PMC 的传送，传送中画面如图 5-52 所示。

⑤ 传送完毕，弹出如图 5-53 所示画面，询问是否启动 PMC 程序。如果点击“Yes”按钮，则立即运行 PMC 程序。

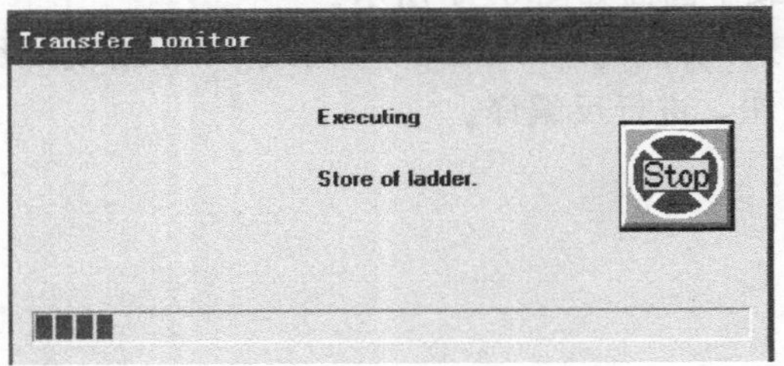

图 5-52 下载中画面

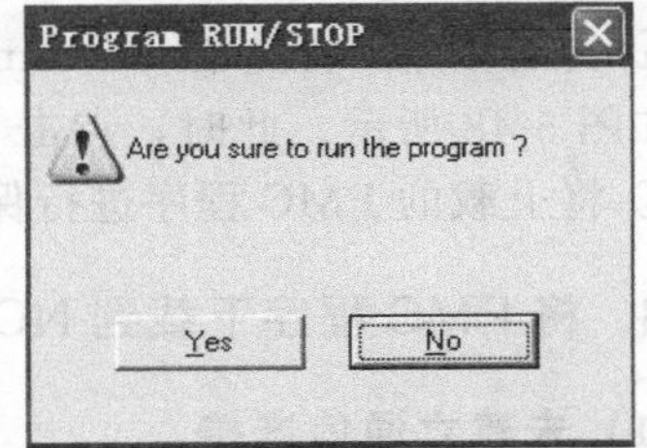

图 5-53 PMC 程序运行启动画面

5.4.4 将 PMC 程序写入 F-ROM

将 PMC 程序写入 F-ROM 的步骤如下：

① 运行 FAPT LADDER-Ⅲ软件。

② 点击“Tool”（工具）菜单中“Store to PMC”（下载 PMC），弹出如图 5-54 所示 F-ROM 写入画面。

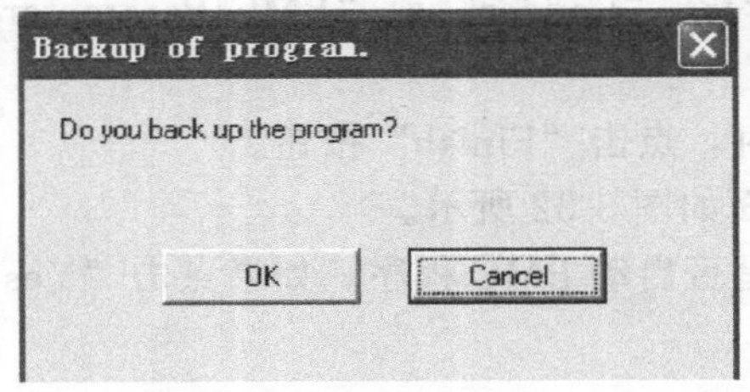

图 5-54 F-ROM 写入画面

图 5-55 F-ROM 写入结束画面

③ 点击“OK”按钮，开始将 PMC 程序写入 F-ROM。写入完毕，弹出如图 5-55 所示写入结束画面时，点击“确定”按钮，即完成整个写入操作。

5.5 PMC 程序的运行和停止

5.5.1 运行 PMC 程序

运行 PMC 程序的步骤如下：

① 选择“Tool”（工具）菜单的“Program Run/Stop”（程序运行/停止）项，如图 5-56 所示。

② 如果此时 PMC 程序处于停止状态，则出现如图 5-57 所示“程序运行启动”对话框，点击“Yes”按钮，立即启动程序运行。

5.5.2 停止 PMC 程序

停止 PMC 程序的步骤如下：

① 选择“Tool”（工具）菜单的“Program Run/Stop”（程序运行/停止）项，如图 5-56 所示。

② 如果此时 PMC 程序处于运行状态，则出现如图 5-58 所示“程序停止”对话框，点击“Yes”按钮，立即停止程序运行。

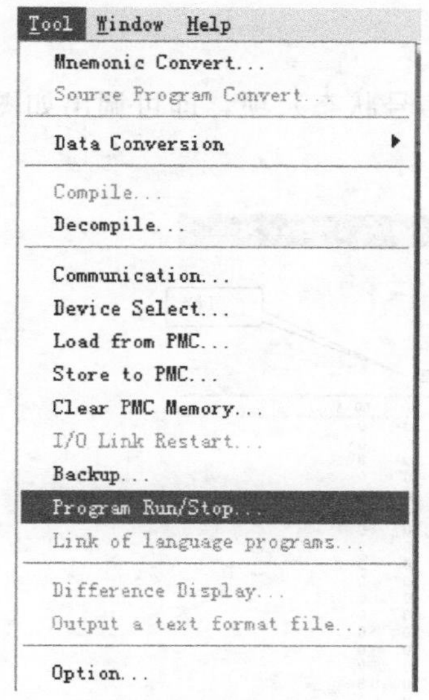

图 5-56　工具菜单

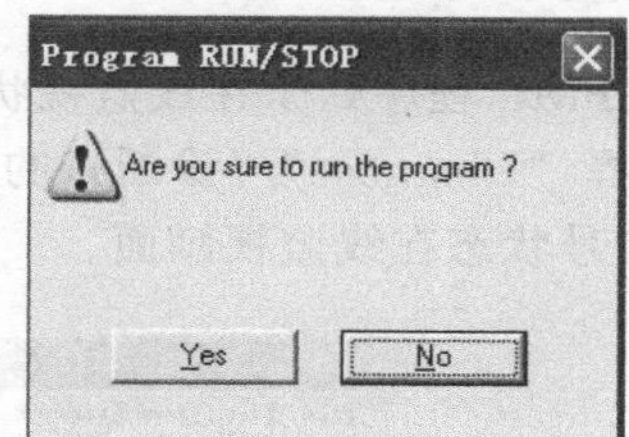

图 5-57　“程序运行启动”对话框

图 5-58　“程序停止”对话框

5.6 PMC 程序的调试

5.6.1 PMC 程序在线监视

PMC 程序在线监视的步骤如下：

① 运行 FAPT LADDER-Ⅲ软件。

② 建立通信连接，并上载 PMC 程序。

③ 点击工具栏“ON Line”按钮，使梯形图程序变为在线方式，如图 5-59 所示。凡是接通的触点、线圈等均加粗并变蓝进行显示。

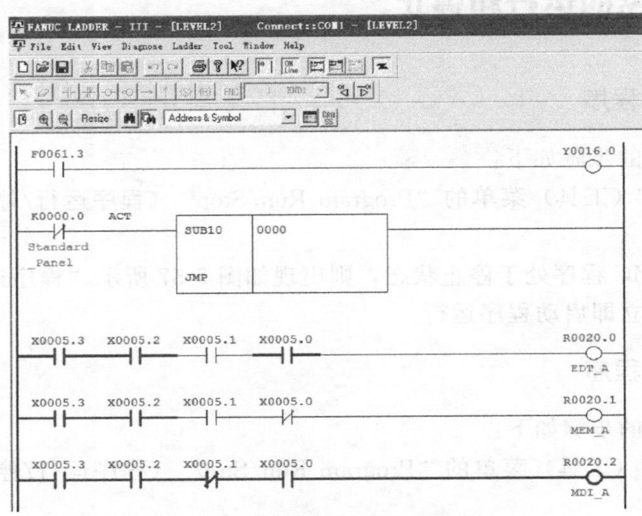

图 5-59　梯形图程序在线监视

5.6.2　信号状态监视

① 使 PMC 程序处于在线监视状态。

② 选择“Diagnose”（诊断）的“Signal Status”（信号状态）项，即可调出如图 5-60 所示 PMC 信号状态在线监视画面。

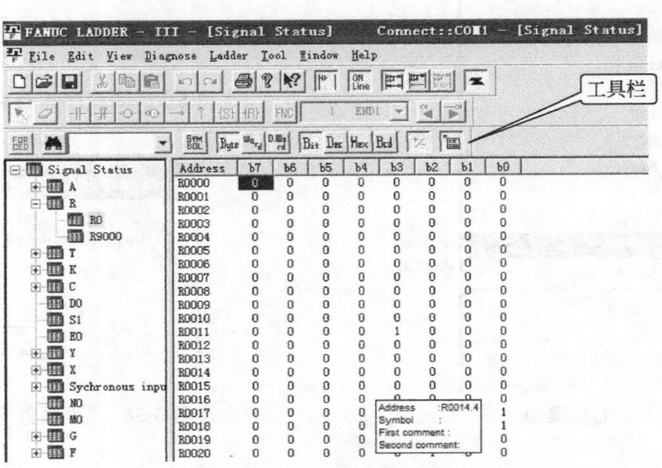

图 5-60　PMC 信号状态在线监视画面

③ 通过工具栏，如图 5-61 所示，可以对信号监视作相应设定。

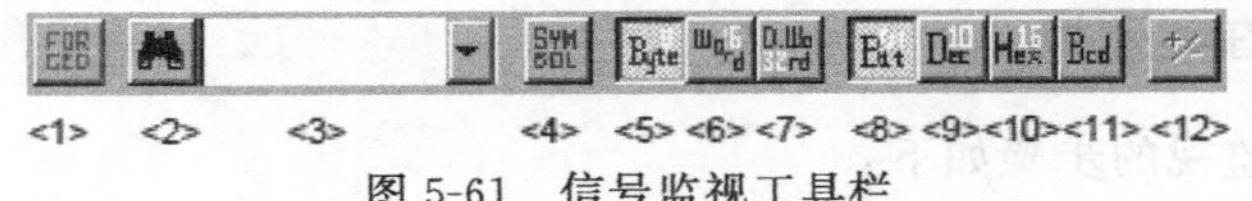

图 5-61　信号监视工具栏

<1>：状态监视画面与 I/O 强制画面切换开关；

<2>：“搜索”按钮；

<3>：输入搜索用字符串的对话框；

<4>：符号显示 OFF/ON 切换；

<5>：显示格式——字节；

<6>：显示格式——字；

<7>：显示格式——双字；

<8>：显示形式——二进制；

<9>：显示形式——十进制；

<10>：显示形式——十六进制；

<11>：显示形式——BCD 码；

<12>：信号显示 OFF/ON 切换。

5.6.3 PMC 参数

① 选择“Diagnose”(诊断) 的“PMC Parameter”(PMC 参数) 项。

② 显示下拉菜单，然后根据需要选择“Timer”(定时器)、“Counter”(计数器)、“Keep Relay”(保持型继电器)、“Data Table”(数据表) 或“Set Up”(设定)。

③ 定时器画面如图 5-62 所示。TMR 指令中使用的 T 地址内容，即延时时间可以在此修改。

④ 计数器画面如图 5-63 所示。CTR 指令中使用的 C 地址内容，即计数器预置值和当前值可以在此修改。

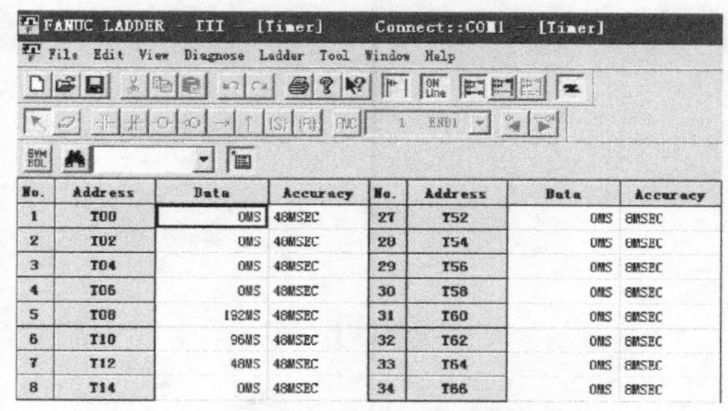

图 5-62 定时器画面

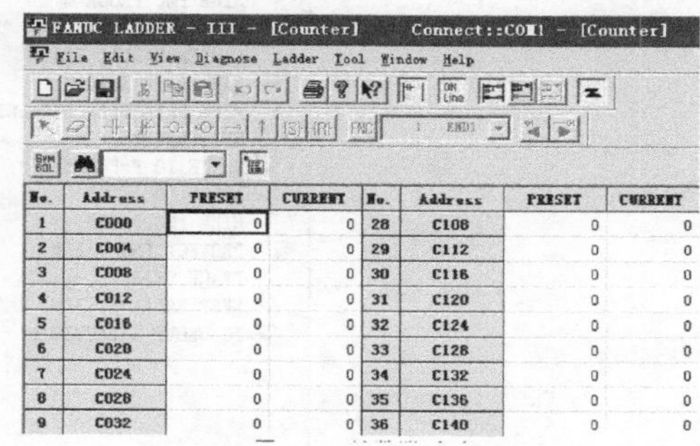

图 5-63 计数器画面

⑤ 保持型继电器画面如图 5-64 所示。保持型继电器 K 地址各信号位状态，可以在此进行设定。勾选为 ON，否则为 OFF。

⑥ 数据表画面如图 5-65 所示。数据表中的数据值可以在此进行设定。

⑦ PMC 设定画面如图 5-66 所示。设定项包括：

a. HIDE PMC PROGRAM：PMC 程序隐藏；

b. PROGRAMMER ENABLE：编程器功能有效；

c. LADDER MANUAL START：梯形图手动启动；

d. RAM WRITE ENABLE：RAM 可写入；

e. HIDE DATA TBL CNTL SCREEN：数据表控制画面隐藏；

f. EDIT ENABLE：编辑许可；

g. WRITE TO F-ROM（EDIT）：编辑后保存；

h. ALLOW PMC STOP：PMC 停止许可；

i. HIDE PMC PARAM：PMC 参数隐藏；

j. PROTECT PMC PARAM：禁止 PMC 参数修改；

k. TRACE START：跟踪启动；

l. KEEP RELAY（SYSTEM）：保持型继电器（系统）显示；

m. IO GROUP SELECTION：IO 组选择画面显示。

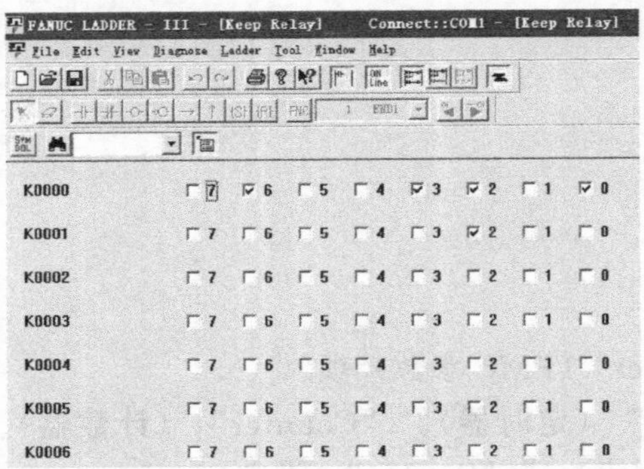

图 5-64　保持型继电器画面

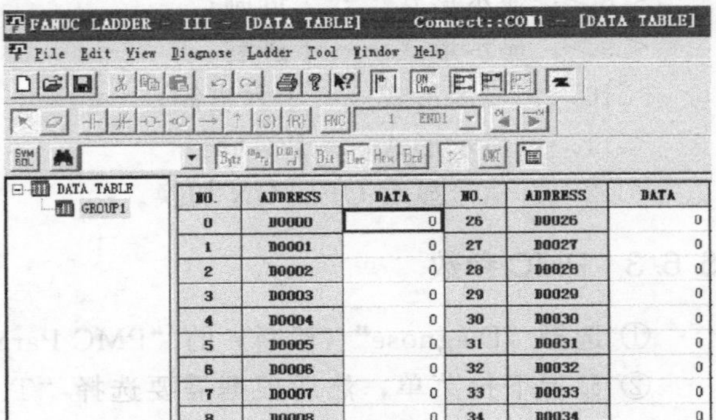

图 5-65　数据表画面

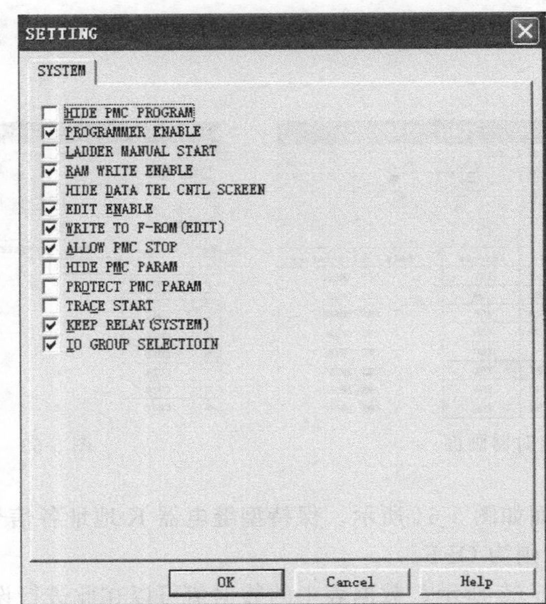

图 5-66　PMC 设定画面

附 录

附录A 按功能顺序的信号一览表（0i-F）

按功能顺序列表的 FANUC 0i-F 系统接口信号如下表所示，表中所列信号为 CNC 第 1 路径接口信号 G0～或 F0～。对于第 n 路径 CNC 接口信号地址，其地址号在第 1 路径接口信号地址号基础上加 $(n-1)\times1000$，即第 2 路径 CNC 接口信号为 G1000～或 F1000～，第 3 路径 CNC 接口信号为 G2000～或 F2000～，依次类推。

功能手册	功能	信号名称	符号	地址
1.2.4	控制轴解除	控制轴解除信号	DTCH1～DTCH8	G124
		控制轴解除中信号	MDTCH1～MDTCH8	F110
1.2.5	轴移动状态输出	轴移动中信号	MV1～MV8	F102
		轴移动方向信号	MVD1～MVD8	F106
1.2.6	镜像	镜像信号	MI1～MI5	G106.0～G106.4
		镜像确认信号	MMI1～MMI5	F108.0～F108.4
1.2.7	位置跟踪	位置跟踪信号	*FLWU	G7.5
1.2.8	伺服关断/机械手轮进给	伺服关断信号	SVF1～SVF8	G126
1.2.9	位置开关	位置开关信号	PSW01～PSW16	F70,F71
1.2.10	高速位置开关	高速位置开关信号	HPS01～HPS16	F293,F294 Yxxx～Yxxx+1
1.4.2	绝对位置检测	绝对编码器电池电压零报警信号	PBATZ	F172.6
		绝对编码器电池电压低报警信号	PBATL	F172.7
1.5.2.7	各轴工件坐标系预置	各轴工件坐标系预置信号	WPRST1～WPRST8	G358
		各轴工件坐标系预置完成信号	WPSF1～WPSF8	F358
1.6	轴同步控制	同步手动进给选择信号	SYNCJ1～SYNCJ8	G140
		机械坐标一致状态输出信号	SYNMT1～SYNMT8	F210
		进给轴同步控制中	SYNO1～SYNO8	F532
		可进行同步调整的状态输出信号	SYNOF1～SYNOF8	F211
		同步控制位置偏差报警信号	SYNER	F403.0
		同步控制选择信号	SYNC1～SYNC8	G138
		同步控制转矩差报警无效信号	NSYNCA	G59.7

续表

功能手册	功能	信号名称	符号	地址
1.8	倾斜轴控制	正交轴倾斜轴控制无效信号	NOZAGC	G63.5
1.9	电子齿轮箱	回退信号	RTRCT	G66.4
		回退完成信号	RTRCTF	F65.4
		EGB方式中信号	SYNMOD	F65.6
1.9.4	U轴控制	EGB同步方式选择信号	EGBS	G67.4
		EGB同步方式确认信号	EGBSM	F82.6
1.9.5	基于信号的伺服EGB同步控制	EGB同步启动信号	EGBS1～EGBS8	G530
		EGB方式确认信号	EGBM1～EGBM8	F208
1.10	双位置反馈	车削方式选择信号	HBTRN	G531.3
		补偿取消信号	＊CL1～＊CL8	G548
1.11	电源失效减速停止	电源失效减速信号	PWFL	G203.7
1.12	柔性同步控制	柔性同步方式选择信号	MTA～MTD	G197.0～G197.3
		柔性同步方式状态信号	MFSYNA～MFSYND	F197.0～F197.3
1.12.2 1.12.3	柔性同步控制自动相位同步	柔性同步控制自动相位同步信号	AUTPHA～AUTPHD	G381.0～G381.3
		柔性同步控制自动相位同步完成	PHFINA～PHFIND	F381.0～F381.3
		自动相位同步位置误差检测信号	PHERA～PHERD	F553.0～F553.3
1.12.4	路径内柔性同步控制	路径内柔性同步控制方式选择信号	OVLN	G531.4
		路径内柔性同步控制方式信号	OVLNS	F545.1
1.13	轴立即停止	轴立即停止启动信号	ESTPR	G203.3
1.14	柔性路径轴指定	移除启动信号	RMVST	G536.2
		指定启动信号	ASNST	G536.3
		交换启动信号	EXCST	G536.4
		直接指定方式信号	DASN	G536.5
		移除完成信号	RMVED	F536.2
		指定完成信号	ASNED	F536.3
		交换完成信号	EXCED	F536.4
		初始轴指定信号	INIST	F536.7
1.15	高精度振荡功能	振荡进给倍率信号	＊CHP1～＊CHP8	G51.0～G51.3
		振荡启动信号	CHPST	G51.6
		振荡暂停信号	＊CHLD	G51.7
		振荡进程中信号	CHPMD	F39.2
		振荡循环信号	CHPCYL	F39.3
1.20	外设轴控制	外设轴控制组1～3启动信号	PE1EX～PE3EX	F534.5～F534.7
2.1	急停	急停信号	＊ESP	G8.4,X8.4
2.2	CNC准备就绪	CNC准备就绪信号	MA	F1.7
		伺服准备就绪信号	SA	F0.6

续表

功能手册	功能	信号名称	符号	地址
2.3.1	超程	超程信号	*＋L1～*＋L8	G114
			－L1～－L8	G116
2.3.2 2.3.3 2.3.4	存储行程检测	轴方向软极限1切换信号	＋EXL1～＋EXL8	G104
			－EXL1～－EXL8	G105
		软极限1切换信号	EXLM	G7.6
			EXLM2,EXLM3	G531.6,G531.7
		软极限1释放信号	RLSOT	G7.7
		软极限超程报警中信号	＋OT1～＋OT8	F124
			－OT1～－OT8	F126
		软极限3释放信号	RLSOT3	G7.4
2.3.6	行程极限外部设定	行程极限外部设定信号	＋LM1～＋LM8	G110
			－LM1～－LM8	G112
2.3.8	存储行程检测范围切换	存储行程检测范围切换数据选择信号	OTD0～OTD15	G594～G595
		存储行程检测范围切换轴选择信号	OTA1～OTA8	G596
		存储行程检测范围切换选择信号	＋OT11,－OT11	G597.0,G597.1
			＋OT12,－OT12	G597.2,G597.3
			＋OT2,－OT2	G597.4,G597.5
			＋OT3,－OT3	G597.6,G597.7
		存储行程检测范围切换取消信号	＋OT11C,－OT11C	G598.0,G598.1
			＋OT12C,－OT12C	G598.2,G598.3
			＋OT2C,－OT2C	G598.4,G598.5
			＋OT3C,－OT3C	G598.6,G598.7
		存储行程检测范围切换启动信号	OTSW	G599.0
		存储行程检测范围切换确认信号	＋OT11O,－OT11O	F598.0,F598.1
			＋OT12O,－OT12O	F598.2,F598.3
			＋OT2O,－OT2O	F598.4,F598.5
			＋OT3O,－OT3O	F598.6,F598.7
		存储行程检测范围切换完成信号	OTSWFN	F599.0
2.3.9	卡盘/尾架干涉	尾架干涉选择信号	*TSB	G60.7
2.4	报警	报警中信号	AL	F1.0
		电池报警信号	BAL	F1.2
2.5	互锁	启动互锁信号	STLK	G7.1
		所有轴互锁信号	*IT	G8.0
		各轴互锁信号	*IT1～*IT5	G130.0～G130.4
		各轴方向互锁信号	＋MIT1～＋MIT5	G132.0～G132.4
			－MIT1～－MIT5	G134.0～G134.4

续表

功能手册	功能	信号名称	符号	地址
2.5	互锁	切削程序段开始互锁信号	*CSL	G8.1
		程序段开始互锁信号	*BSL	G8.3
2.6	方式选择	方式选择信号	MD1,MD2,MD4	G43.0～G43.2
		MDI方式确认信号	MMDI	F3.3
		存储器运行方式确认信号	MMEM	F3.5
		编辑方式确认信号	MEDT	F3.6
		手轮进给方式确认信号	MH	F3.1
		增量进给方式确认信号	MINC	F3.0
		JOG方式确认信号	MJ	F3.2
2.7	状态输出	快速移动中信号	RPDO	F2.1
		切削进给中信号	CUT	F2.6
		停顿中信号	DWL	F526.5
2.8	VRDY OFF 报警忽略	所有轴 VRDY OFF 报警忽略信号	IGNVRY	G66.0
		各轴 VRDY OFF 报警忽略信号	IGVRY1～IGVRY8	G192
2.9	异常负载检测	异常负载检测忽略信号	IUDD1～IUDD8	G125
		异常负载检测信号	ABDT1～ABDT8	F184
		伺服轴异常负载检测信号	ABTQSV	F90.0
		第1～3主轴异常负载检测信号	ABTSP1～ABTSP3	F90.1～F90.3
		第4主轴异常负载检测信号	ABTSP4	F91.4
2.13	误操作防止	开始检测信号	STCHK	G408.0
		中间程序段开始信号	MBSO	F534.4
3.1	JOG/增量进给	进给轴方向选择信号	+J1～+J5	G100.0～G100.4
			-J1～-J5	G102.0～G102.4
		JOG倍率信号	*JV0～*JV15	G10,G11
		手动快速移动选择信号	RT	G19.7
3.2	手轮进给	手轮进给轴选择信号	HS1A～HS1D HS1E	G18.0～G18.3 G411.0
			HS2A～HS2D HS2E	G18.4～G18.7 G411.1
			HS3A～HS3D HS3E	G19.0～G19.3 G411.2
			HS4A～HS4D HS4E	G20.0～G20.3 G411.3
			HS5A～HS5D HS5E	G379.0～G379.3 G412.0
		手轮进给倍率信号	MP1,MP2,MP4	G19.4～G19.6
		手轮进给倍率信号	MP21,MP22	G87.0,G87.1
			MP31,MP32	G87.3,G87.4

续表

功能手册	功能	信号名称	符号	地址
3.2	手轮进给	手轮进给倍率信号	MP41,MP42	G87.6,G87.7
			MP51,MP52	G380.0,G380.1
		手轮进给最大速度切换信号	HNDLF	G23.3
		手轮进给方向变向信号	HDN	G347.1
3.3	手轮中断	手轮中断轴选择信号	HS1IA～HS1ID HS1IE	G41.0～G41.3 G411.4
			HS2IA～HS2ID HS2IE	G41.4～G41.7 G411.5
			HS3IA～HS3ID HS3IE	G42.0～G42.3 G411.6
			HS4IA～HS4ID HS4IE	G88.4～G88.7 G411.7
			HS5IA～HS5ID HS5IE	G379.4～G379.7 G412.4
		三维坐标系变换手轮中断使能/禁止切换信号	NOT3DM	G347.7
		三维坐标系变换手轮中断方式信号	D3MI	F347.7
3.4	手动直线/圆弧插补	进给轴方向信号	＋Jg,－Jg,＋Ja,－Ja	G86.0～G86.3
		手动直线/圆弧插补信号	MHLC1～MHLC5	G544.0～G544.4
		手动直线/圆弧插补使用信号	MHUS1～MHUS5	G545.0～G545.4
3.5	手轮同步进给	手轮同步进给信号	HREV	G023.4
		手轮旋转方向选择信号	HDSR	G193.3
		进给零信号	FEED0	F066.2
3.7.5.2	三维手动进给	刀具轴向进给方式信号	ALNGH	G23.7
		刀具轴直角方向进给方式信号	RGHTH	G23.6
		工作台基础信号	TB_BASE	G298.0
		刀尖中心旋转进给方式信号	RNDH	G298.2
3.9	I/O LINK βi 手轮接口(外设方式)	手轮进给选择信号	IOLBH1,IOLBH2	G199.0,G199.1
		β准备信号	IOLBR	F531.7
4.1	参考点返回	手动回零方式信号	ZRN	G43.7
		手动回零方式确认信号	MREF	F4.5
		回零减速信号	*DEC1～*DEC8	X9,G196
		参考点返回完成信号	ZP1～ZP8	F94
		参考点建立信号	ZRF1～ZRF8	F120
4.4	第2～4参考点返回	第2参考点返回到位信号	ZP21～ZP28	F96
		第3参考点返回到位信号	ZP31～ZP38	F98
		第4参考点返回到位信号	ZP41～ZP48	F100
4.6	撞块式参考点设定	撞块式参考点设定用扭矩限制到达信号	CLRCH1～CLRCH8	F180

续表

功能手册	功能	信号名称	符号	地址
4.11	参考点位置输出信号	参考点位置匹配信号	RP11～RP18	F517.0～F517.7
		第二参考点位置匹配信号	RP21～RP28	F518.0～F518.7
4.13	手动返回 2～4 参考点	手动返回 2～4 参考点选择 1 信号	SLREF	G340.5
		手动返回 2～4 参考点选择 2 信号	SLRER	G340.6
5.1	循环启动/进给暂停	自动运行启动信号	ST	G7.2
		自动运行暂停信号	*SP	G8.5
		自动运行中信号	OP	F0.7
		自动运行启动中信号	STL	F0.5
		自动运行暂停中信号	SPL	F0.4
5.2	复位 & 反绕	外部复位信号	ERS	G8.7
		MDI 复位确认信号	MDIRST	F6.1
		复位 & 反绕信号	RRW	G8.6
		复位中信号	RST	F1.1
		反绕中信号	RWD	F0.0
5.3.1	机床锁住	所有轴机床锁住信号	MLK	G44.1
		各轴机床锁住信号	MLK1～MLK8	G108
		所有轴机床锁住确认信号	MMLK	F4.1
5.3.2	空运行	空运行信号	DRN	G46.7
		空运行确认信号	MDRN	F2.7
5.3.3	单程序段	单程序段信号	SBK	G46.1
		单程序段确认信号	MSBK	F4.3
5.3.4	高速程序检查	高速程序检查信号	PGCK	G290.5
		高速程序检查方式信号	PRGMD	F290.5
		高速程序存储数据信号	PCKSV	F290.4
5.3.5	手轮回退	检查方式信号	MMOD	G67.2
		手轮检查信号	MCHK	G67.3
		正向移动禁止信号	FWSTP	G531.0
		反向移动禁止信号	MRVM	G531.1
		反向移动中信号	MRVMD	F91.0
		禁止变向中信号	MNCHG	F91.1
		反向移动禁止中信号	MRVSP	F91.2
		检查方式中信号	MMMOD	F91.3
5.3.6	手轮回退	M 功能输出段逆向移动使能信号	ADCO	F91.5
5.4	手动绝对 ON/OFF	手动绝对信号	*ABSM	G6.2
		手动绝对确认信号	MABSM	F4.2
5.5	程序段选择跳过	可选程序段跳过信号	BDT1～BDT9	G44.0，G45.0～G45.7
		可选程序段跳过确认信号	MBDT1～MBDT9	F4.0，F5.0～F5.7

续表

功能手册	功能	信号名称	符号	地址
5.6	程序再启动	程序再启动信号	SRN	G6.0
		程序再启动中信号	SRNMV	F2.4
		程序再启动 MDI 程序输出完成信号	SQMPR	F316.6
		程序再启动 MDI 程序执行完成信号	SQMPE	F316.7
5.7	快速程序再启动	快速程序再启动中信号	SRNEX	F534.1
5.8	刀具退回 & 恢复	刀具退回轴移动信号	TRMTN	F92.4
		刀具退回信号	TRESC	G59.0
		刀具退回方式信号	TRACT	F92.3
		刀具返回信号	TRRTN	G59.1
		刀具返回完成信号	TRSPS	F92.5
5.10	退回	逆向执行信号	RVS	G7.0
		逆向移动中信号	RVSL	F82.2
5.11	程序段跳过	程序段跳过信号	BCAN	G297.0
		程序段跳过确认信号	MBCAN	F297.0
5.13	刚性攻螺纹退回	刚性攻螺纹退回启动信号	RTNT	G62.6
		刚性攻螺纹退回完成信号	RTPT	F66.1
5.14	DNC 运行	DNC 运行选择信号	DNCI	G43.5
		DNC 运行确认信号	MRMT	F3.4
		外设程序执行信号	DVCPR	F531.6
5.15	基于开放式 CNC 的直接运行	直接运行选择	DMMC	G42.7
6.5.1	螺纹切削	螺纹切削中信号	THRD	F2.3
6.5.6	任意速度车螺纹	螺纹谷测量信号	GTMSR	G549.4
		螺纹再加工信号	MRTC	G549.5
		螺纹谷测量完成信号	GTMC	F546.4
		螺纹谷测量出错信号	GTME	F546.5
6.9	多边形加工	多变形同步中信号	PSYN	F63.7
6.9.2	主轴间多边形加工	多边形主轴停止信号	*PLSST	G38.0
		多边形主轴速度到达信号	FSAR	F63.2
		多边形主控轴未到达信号	PSE1	F63.0
		多边形同步轴未到达信号	PSE2	F63.1
7.1.5	F1 位进给	F1 位进给选择信号	F1D	G16.7
7.1.7.1	快移倍率	快移倍率信号	ROV1,ROV2	G14.0,G14.1
		1%快移倍率选择信号	HROV	G96.7
		1%快移倍率信号	*HROV0～*HROV6	G96.0～G96.6
		0.1%快移倍率选择信号	FHROV	G353.7
		0.1%快移倍率信号	*FHRO0～*FHRO9	G352.0～G353.1

续表

功能手册	功能	信号名称	符号	地址
7.1.7.2	进给速度倍率	进给速度倍率信号	*FV0～*FV7	G12
7.1.7.3	第2进给倍率	第2进给倍率信号	*AFV0～*AFV7	G13
7.1.7.4	倍率取消	倍率取消信号	OVC	G6.4
7.1.10	外部减速	外部减速1	*+ED1～*+ED8	G118
			-ED1～-ED8	G120
		外部减速2	*+ED21～*+ED28	G101
			-ED21～-ED28	G103
		外部减速3	*+ED31～*+ED38	G107
			-ED31～-ED38	G109
7.1.12	AI轮廓控制	AI轮廓控制方式中	AICC	F62.0
7.2.1.2	快速移动程序段重叠	快速移动程序段重叠无效信号	ROVLP	G53.5
7.2.6.2	到位检测	到位信号	INP1～INP8	F104
		到位检测信号	SMZ	G53.6
		到位检测禁止信号	NOINPS	G23.5
8.2	等待M代码	等待忽略信号	NOWT,NMWT	G63.1,G63.7
		等待中信号	WATO	F63.6
8.3	高速型等待M代码	高速型等待M代码无效信号	NHSW	G579.6
8.4	干涉检测	路径间干涉检测关联中	ITF01～ITF10	G406.0～G407.1
		路径间干涉检测中	TICHK	F64.6
		路径间干涉报警信号	TIALM	F64.7
8.6	同步/混合控制	混合控制轴选择信号	MIX1～MIX8	G128
		混合轴确认	MIXO1～MIXO8	F343
		同步主控轴选择信号	SYNC1～SYNC8	G138
		同步主控轴确认信号	SYCM1～SYCM8	F341
		同步从控轴确认信号	SYCS1～SYCS8	F342
		驻留信号	PK1～PK8	G122
		驻留轴确认信号	SMPK1～SMPK8	F346
		同步误差超差信号	SEO1～SEO8	F559
8.7	重叠控制	重叠控制轴选择信号	OVLS1～OVLS8	G190
		重叠主控轴确认信号	OVMO1～OVMO8	F344
		重叠从控轴确认信号	OVSO1～OVSO8	F345
		同步/混合/重叠控制中信号	SYN1O～SYN8O	F118
8.11	路径间主轴控制	路径间主轴指令选择信号	SLSPA,SLSPB, SLSPC,SLSPD	G63.2,G63.3, G403.0,G403.1
		路径间主轴反馈选择信号	SLPCA,SLPCB, SLPCC,SLPCD	G64.2,G64.3 G403.4,G403.5
		路径间主轴指令确认信号	COSP	F64.5
			COSP1～COSP2	F63.3,F63.4
			COSP3,COSP4	F404.0,F404.1

续表

功能手册	功能	信号名称	符号	地址
10.1	M/S/T/B功能	M功能代码信号	M00～M31	F10～F13
		M功能选通信号	MF	F7.0
		M译码信号	DM30	F9.4
		M译码信号	DM02～DM00	F9.5～F9.7
		S功能代码信号	S00～S31	F22～F25
		S功能选通信号	SF	F7.2
		T功能代码信号	T00～T31	F26～F29
		T功能选通信号	TF	F7.3
		B功能代码信号	B00～B31	F30～F33
		B功能选通信号	BF	F7.7
		M/S/T/B结束信号	FIN	G4.3
		分配结束信号	DEN	F1.3
10.2	辅助功能锁住	辅助功能锁住信号	AFL	G5.6
		辅助功能锁住确认信号	MAFL	F4.4
10.3	1程序段多M代码	第2M功能代码	M200～M215	F14,F15
			M200～M231	F14～F18
		第3M功能代码	M300～M315	F16,F17
			M300～M331	F564～F567
		第4M功能代码	M400～M431	F568～F571
		第5M功能代码	M500～M531	F572～F575
		第6M功能选通信号	MF2	F8.4
		第3M功能选通信号	MF3	F8.5
		第4M功能选通信号	MF4	F8.6
		第5M功能选通信号	MF5	F8.7
10.4	高速M/S/T/B接口	M功能结束信号	MFIN	G5.0
		S功能结束信号	SFIN	G5.2
		T功能结束信号	TFIN	G5.3
		B功能结束信号	BFIN	G5.7
		第2M功能结束信号	MFIN2	G4.4
		第3M功能结束信号	MFIN3	G4.5
		第4M功能结束信号	MFIN4	G4.6
		第5M功能结束信号	MFIN5	G4.7
11.2	主轴串行输出	转矩限制指令LOW信号	TLMLA,TLMLB	G70.0,G74.0
			TLMLC,TLMLD	G204.0,G266.0
		转矩限制指令HIGH信号	TLMHA,TLMHB	G70.1,G74.1
			TLMHC,TLMHD	G204.1,G266.1

续表

功能手册	功能	信号名称	符号	地址
11.2	主轴串行输出	齿轮挡位信号	CTH1A,CTH2A	G70.3,G70.2
			CTH1B,CTH2B	G74.3,G74.2
			CTH1C,CTH2C	G204.3,G204.2
			CTH1D,CTH2D	G266.3,G266.2
		反向旋转指令信号	SRVA,SRVB	G70.4,G74.4
			SRVC,SRVD	G204.4,G266.4
		正向旋转指令信号	SFRA,SFRB	G70.5,G74.5
			SFRC,SFRD	G204.5,G266.5
		定向指令信号	ORCMA,ORCMB	G70.6,G74.6
			ORCMC,ORCMD	G204.6,G266.6
		机械准备就绪信号	MRDYA,MRDYB	G70.7,G74.7
			MRDYC,MRDYD	G204.7,G266.7
		报警复位信号	ARSTA,ARSTB	G71.0,G75.0
			ARSTC,ARSTD	G205.0,G267.0
		紧急停止信号	*ESPA,*ESPB	G71.1,G75.1
			*ESPC,*ESPD	G205.1,G267.1
		主轴选择信号	SPSLA,SPALB	G71.2,G75.2
			SPSLC,SPALD	G205.2,G267.2
		动力线切换完成信号	MCFNA,MCFNB	G71.3,G75.3
			MCFNC,MCFND	G205.3,G267.3
		软启动停止取消信号	SOCNA,SOCNB	G71.4,G75.4
			SOCNC,SOCND	G205.4,G267.4
		速度积分控制信号	INTGA,INTGB	G71.5,G75.5
			INTGC,INTGD	G205.5,G267.5
		输出切换请求信号	RSLA,RSLB	G71.6,G75.6
			RSLC,RSLD	G205.6,G267.6
		动力线状态确认信号	RCHA,RCHB	G71.7,G75.7
			RCHC,RCHD	G205.7,G267.7
		定向停止位置变更指令信号	INDXA,INDXB	G72.0,G76.0
			INDXC,INDXD	G206.0,G268.0
		定向停止位置变更时旋转方向指令信号	ROTAA,ROTAB	G72.1,G76.1
			ROTAC,ROTAD	G206.1,G268.1
		定向停止位置变更时快捷指令信号	NRROA,NRROB	G72.2,G76.2
			NRROC,NRROD	G206.2,G268.2
		差速方式指令信号	DEFMDA,DEFMDB	G72.3,G76.3
			DEFMDC,DEFMDD	G206.3,G268.3

续表

功能手册	功能	信号名称	符号	地址
11.2	主轴串行输出	模拟倍率信号	OVRA,OVRB	G72.4,G76.4
			OVRC,OVRD	G206.4,G268.4
		增量指令外部设定型定向信号	INCMDA,INCMDB	G72.5,G76.5
			INCMDC,INCMDD	G206.5,G268.5
		主轴切换 MAIN 侧 MCC 接点状态	MFNHGA,MFNHGB	G72.6,G76.6
			MFNHGC,MFNHGD	G206.6,G268.6
		主轴切换 HIGH 侧 MCC 接点状态	RCHHGA,RCHHGB	G72.7,G76.7
			RCHHGC,RCHHGD	G206.7,G268.7
		磁传感器方式定向指令	MORCMA,MORCMB	G73.0,G77.0
			MORCMC,MORCMD	G207.0,G269.0
		从属运行方式指令信号	SLVA,SLVB	G73.1,G77.1
			SLVC,SLVD	G207.1,G269.1
		电机动力关断指令信号	MPOFA,MPOFB	G73.2,G77.2
			MPOFC,MPOFD	G207.2,G269.2
		报警信号	ALMA,ALMB	F45.0,F49.0
			ALMC,ALMD	F168.0,F266.0
		零速度信号	SSTA,SSTB	F45.1,F49.1
			SSTC,SSTD	F168.1,F266.1
		速度检测信号	SDTA,SDTB	F45.2,F49.2
			SDTC,SDTD	F168.2,F266.2
		速度到达信号	SARA,SARB	F45.3,F49.3
			SARC,SARD	F168.3,F266.3
		负载检测信号 1	LDT1A,LDT1B	F45.4,F49.4
			LDT1C,LDT1D	F168.4,F266.4
		负载检测信号 2	LDT2A,LDT2B	F45.5,F49.5
			LDT2C,LDT2D	F168.5,F266.5
		转矩限制中信号	TLMA,TLMB	F45.6,F49.6
			TLMC,TLMD	F168.6,F266.6
		定向完成信号	ORARA,ORARB	F45.7,F49.7
			ORARC,ORARD	F168.7,F266.7
		动力线切换信号	CHPA,CHPB	F46.0,F50.0
			CHPC,CHPD	F169.0,F267.0
		主轴切换完成信号	CFINA,CFINB	F46.1,F50.1
			CFINC,CFIND	F169.1,F267.1
		输出切换信号	RCHPA,RCHPB	F46.2,F50.2
			RCHPC,RCHPD	F169.2,F267.2

续表

功能手册	功能	信号名称	符号	地址
11.2	主轴串行输出	输出切换完成信号	RCFNA,RCFNB	F46.3,F50.3
			RCFNC,RCFND	F169.3,F267.3
		从属运行状态信号	SLVSA,SLVSB	F46.4,F50.4
			SLVSC,SLVSD	F169.4,F267.4
		位置编码器方式定向附近信号	PORA2A,PORA2B	F46.5,F50.5
			PORA2C,PORA2D	F169.5,F267.5
		磁传感器方式定向完成信号	MORA1A,MORA1B	F46.6,F50.6
			MORA1C,MORA1D	F169.6,F267.6
		磁传感器方式定向附近信号	MORA2A,MORA2B	F46.7,F50.7
			MORA2C,MORA2D	F169.7,F267.7
		位置编码器1转信号检测状态	PC1DEA,PC1DEB	F47.0,F51.0
			PC1DEC,PC1DED	F170.0,F268.0
		增量方式定向方式信号	INCSTA,INCSTB	F47.1,F51.1
			INCSTC,INCSTD	F170.1,F268.1
		全串行主轴准备就绪信号	SRSRDY	F34.7
		第1~4串行主轴运行准备就绪	SRSP1R~SRSP4R	F34.6~F34.3
		主轴警告信号	SPWRN1~SPWRN9	F264.0~F265.0
11.5	主轴速度控制	主轴停止信号	*SSTP	G29.6
		主轴定向信号	SOR	G29.5
		主轴速度倍率信号	SOV0~SOV7	G30
		速度到达信号	SAR	G29.4
		主轴使能信号	ENB	F1.4
		齿轮选择信号(输出)	GR1O~GR3O	F34.0~F34.2
		齿轮选择信号(输入)	GR1~GR2	G28.1,G28.2
		S12位代码信号	R01O~R12O	F36.0~F37.3
11.6	基于PMC的主轴输出控制	主轴电机速度指令选择信号	SIND,SIND2	G33.7,G35.7
			SIND3,SIND4	G37.7,G273.7
		主轴电机速度指令信号	R01I~R12I	G32.0~G33.3
			R01I2~R12I2	G34.0~G35.3
			R01I3~R12I3	G36.0~G37.3
			R01I4~R12I4	G272.0~G273.3
		主轴电机速度指令极性选择信号	SSIN,SSIN2	G33.6,G35.6
			SSIN3,SSIN4	G37.6,G273.6
		主轴电机速度指令极性指令信号	SGN,SGN2	G33.5,G35.5
			SGN3,SGN4	G37.5,G273.5
11.8	周速恒定控制	周速恒定中信号	CSS	F2.2

续表

功能手册	功能	信号名称	符号	地址
11.9	实际主轴速度输出	实际主轴速度信号	AR00～AR15	F40,F41
			AR002～AR152	F202,F203
			AR003～AR153	F206,F207
			AR004～AR154	F272,F273
11.10	主轴定位	主轴停止完成信号	SPSTPA	G28.6
			SPSTPB～SPSTPD	G402.1～G402.3
		主轴松开信号	SUCLPA	F38.1
			SUCLPB～SUCLPD	F400.1～F400.3
		主轴松开完成信号	* SUCPFA	G28.4
			* SUCPFB～* SUCPFD	G400.1～G400.3
		主轴锁紧完成信号	* SCPFA	G28.5
			* SCPFB～* SCPFD	G401.1～G401.3
		主轴锁紧信号	SCLPA	F38.0
			SCLPB～SCLPD	F401.1～F401.3
		主轴定位方式中信号	MSPOSA	F39.0
			MSPOSB～MSPOSD	F402.1～F402.3
11.11	Cs 轮廓控制	Cs 轮廓控制切换信号	CON	G27.7
		Cs 轮廓控制切换信号(各主轴用)	CONS1～CONS4	G274.0～G274.3
		Cs 轮廓控制切换完成信号	FSCSL	F44.1
		Cs 轮廓控制切换完成(各主轴用)	FCSS1～FCSS4	F274.0～F274.3
11.11.4	Cs 轮廓控制轴坐标建立	Cs 轴坐标建立请求信号	CSFI1～CSFI4	G274.4～G274.7
		Cs 轴坐标建立报警信号	CSFO1～CSFO4	F274.4～F274.7
		Cs 轴坐标建立状态信号	CSPENA,CSPENB	F48.4,F52.4
		Cs 轴坐标建立状态信号	CSPENC,CSPEND	F171.4,F269.4
11.12	多主轴	主轴选择信号	SWS1～SWS3	G27.0～G27.2
			SWS4	G26.3
		各主轴停止信号	* SSTP1～* SSTP3	G27.3～G27.5
			* SSTP4	G26.6
		齿轮选择信号	GR21,GR22	G29.0,G29.1
			GR31,GR32	G29.2,G29.3
			GR41,GR42	G31.4,G31.5
		第 2 位置编码器选择信号	PC2SLC	G28.7
		第 3～4 位置编码器选择信号	PC3SLC,PC4SLC	G26.0,G26.1
		第二主轴速度倍率信号	SOV20～SOV27	G376
		第三主轴速度倍率信号	SOV30～SOV37	G377
		第四主轴速度倍率信号	SOV40～SOV47	G378
		主轴指令路径指定信号	SPSP	G536.7
		主轴使能信号	ENB2,ENB3	F38.2,F38.3
			ENB4	F39.1

续表

功能手册	功能	信号名称	符号	地址
11.12	多主轴	S12 位代码信号	R01O2～R12O2	F200.0～F201.3
			R01O3～R12O3	F204.0～F205.3
			R01O4～R12O4	F270.0～F271.3
		多主轴地址 P 信号	MSP00～MSP15	F160,F161
11.13	刚性攻螺纹	刚性攻螺纹信号	RGTAP	G61.0
		主轴旋转方向信号	RGSPP	F65.0
			RGSPM	F65.1
		刚性攻螺纹中信号	RTAP	F76.3
		刚性攻螺纹主轴选择信号	RGTSP1～RGTSP4	G61.4～G61.7
11.14	主轴同步控制	主轴同步控制信号	SPSYC	G38.2
		主轴同步控制信号(各主轴)	SPSYC1～SPSYC4	G288.0～G288.3
		主轴相位同步控制信号	SPPHS	G38.3
		主轴相位同步控制信号(各主轴)	SPPHS1～SPPHS4	G289.0～G289.3
		主轴同步速度控制完成信号	FSPSY	F44.2
		主轴同步速度控制完成(各主轴)	FSPSY1～FSPSY4	F288.0～F288.3
		主轴相位同步完成信号	FSPPH	F44.3
		主轴相位同步完成信号(各主轴)	FSPPH1～FSPPH4	F289.0～F289.3
		相位误差监视信号	SYCAL	F44.4
		相位误差监视信号(各主轴)	SYCAL1～SYCAL4	F43.0～F43.3
		主轴同步转速比控制钳制信号	RSMAX	F65.2
		主轴同步转速比控制信号	SBRT	G38.1
11.14.1	任意主轴位置相位同步	主轴位置记忆启动信号	SPMST1～SPMST4	G587.0～G587.3
		主轴位置记忆选择信号	SMSL11～SMSL14	G588.0～G588.3
			SMSL21～SMSL24	G588.4～G588.7
		任意主轴位置相位同步信号	SPAPH1～SPAPH4	G587.4～G587.7
		主轴位置记忆完成信号	SPMFN1～SPMFN4	F577.0～F577.3
		主轴位置记忆出错信号	SPMER1～SPMER4	F577.4～F577.7
11.15	主轴定向	主轴定向外部停止位置指令信号	SH00A～SH14A	G78.0～G79.6
			SH00B～SH14B	G80.0～G81.6
			SH00C～SH14C	G208.0～G209.6
			SH00D～SH14D	G270.0～G271.6
11.17	主轴同步控制	主轴同步控制信号	ESRSYC	G64.6
		主轴同步控制信号(各主轴)	ESSYC1～ESSYC4	G264.0～G264.3
		第一主轴驻车信号	PKESS1	G122.6(G31.6)
		第二主轴驻车信号	PKESS2	G122.7(G31.7)
		主轴同步驻车信号(各主轴)	PKESE1～PKESE4	G265.0～G265.3
		相位误差监视信号	SYCAL	F44.4
		相位误差监视信号(各主轴)	SYCAL1～SYCAL4	F43.0～F43.3

续表

功能手册	功能	信号名称	符号	地址
11.19	主轴速度波动检测	主轴速度波动检测报警信号	SPAL	F35.0
11.20	基于伺服电机的主轴控制	SV旋转控制方式信号	SRVON1～SRVON8	G521
		SV反转信号	SVRVS1～SVRVS8	G523
		SV旋转控制方式中信号	SVREV1～SVREV8	F521
		各轴的主轴分度中信号	SPP1～SPP8	F522
		速度0信号	SVSST1～SVSST8	F376
		速度到达信号	SVSAR1～SVSAR8	F377
11.21	主轴旋转历史功能	总主轴转数复位信号	SSR1～SSR4	G533.0～G533.3
		总主轴转数复位选择信号	SSRS	G533.4
11.22.1	伺服/主轴同步控制	伺服电机旋转速度信号	SVR01I～SVR12I	G21.0～G22.3
		不同速度同步命令使能信号	DFSYC	G22.4
		伺服电机旋转方向信号	SVGN	G22.5
		伺服电机主轴控制切换信号	SVSP	G22.7
		伺服电机主轴同步启动信号	SYSS	G61.2
		伺服电机主轴同步方式加减速完成信号	SYAR	F90.4
		伺服电机主轴同步方式信号	SYSSM	F90.5
		伺服电机主轴控制方式加减速完成信号	SVAR	F90.6
		伺服电机主轴控制方式信号	SVSPM	F90.7
11.22.3	伺服/主轴相位同步	伺服/主轴相位同步启动信号	SYPST	G517.7
		伺服/主轴相位同步完成信号	SYPFN	F527.6
		伺服/主轴相位同步出错信号	SYPER	F527.7
11.24	简单主轴EGB	简单主轴EGB信号	SSEGB1～SSEGB4	G351.0～G351.3
		简单主轴EGB方式信号	SSEGBM1～SSEGBM4	F351.0～F351.3
11.27	高分辨率主轴速度命令	32位S代码信号	RE01O～RE32O	F708～F711
			RE01O2～RE32O2	F712～F715
			RE01O3～RE32O3	F716～F719
			RE01O4～RE32O4	F720～F723
		扩展实际主轴速度信号	ARE00～ARE31	F580～F583
			ARE002～ARE312	F584～F587
			ARE003～ARE313	F588～F591
			ARE004～ARE314	F592～F595
		扩展主轴电机速度命令信号	RE01I～RE32I	G708～G711
			RE01I2～RE32I2	G712～G715
			RE01I3～RE32I3	G716～G719
			RE01I4～RE32I4	G720～G723

续表

功能手册	功能	信号名称	符号	地址
12.3.1	刀具管理	刀具管理数据修改中信号	TLMG10	F315.2
		刀具管理数据输出中信号	TLMOT	F315.4
		刀具管理数据编辑中信号	TLMEM	F315.7
		刀具管理数据搜索中信号	TLMSRH	F315.1
		换刀信号	TLCH	F64.0
		换刀信号1～4	TLCH1～TLCH4	F328.0～F328.3
		换刀复位信号	TLRST	G48.7
		换刀复位信号1～4	TLRST1～TLRST4	G328.0～G328.3
		单独换刀信号	TLCHI	F64.2
		单独换刀信号1～4	TLCHI1～TLCHI4	F328.4～F328.7
		单独换刀复位信号	TLRSTI	G48.6
		单独换刀复位信号1～4	TLRSTI1～TLRSTI4	G328.4～G328.7
		刀具寿命到达信号	TLCHB	F64.3
		刀具寿命到达信号1～4	TLCHB1～TLCHB4	F329.4～F329.7
		刀具跳过信号	TLSKP	G48.5
		刀具跳过信号1～4	TLSKP1～TLSKP4	G329.0～G329.3
		刀具跳过完成信号	TLSKF	F315.0
		刀具跳过完成信号1～4	TLSKF1～TLSKF4	F329.0～F329.3
		刀具寿命计数倍率信号	*TLV0～*TLV9	G49.0～G50.1
		刀具寿命计数禁止信号1～4	TLNCT1～TLNCT4	G329.4～G329.7
		刀具寿命到期信号	TMFNFD	F315.6
12.3.2	刀具管理扩展功能	刀具管理数据保护信号	TKEY0～TKEY5	G330.0～G330.5
12.4	第2刀具几何偏置	刀具偏置方向信号	G2RVX	G90.0
			G2RVZ	G90.1
			G2RVY	G90.2
		第2刀具几何偏置轴选择信号	G2X	G90.4
			G2Z	G90.5
			G2Y	G90.6
		第2刀具几何偏置信号	G2SLC	G90.7
12.5	刀具寿命管理	换刀信号	TLCH	F64.0
		换刀复位信号	TLRST	G48.7
		逐把刀具更换信号	TLCHI	F64.2
		逐把刀具更换复位信号	TLRSTI	G48.6
		刀具跳过信号	TLSKP	G48.5
		新刀具选择信号	TLNW	F64.1
		刀具组号选择信号	TL01～TL512	G47.0～G48.1
		刀具寿命计数倍率信号	*TLV0～*TLV9	G49.0～G50.1

续表

功能手册	功能	信号名称	符号	地址
12.5	刀具寿命管理	刀具寿命预告信号	TLCHB	F64.3
		刀具寿命计数无效信号	LFCIV	G48.2
		刀具寿命计数无效中信号	LFCIF	F93.2
		刀具剩余数量通知信号	TLAL	F154.0
13.5	英制/公制转换	英制输入信号	INCH	F2.0
13.6	用户宏程序	用户宏程序输入信号	UI000～UI031	G54～G57
			UI100～UI131	G276～G279
			UI200～UI231	G280～G283
			UI300～UI331	G284～G287
		用户宏程序输出信号	UO000～UO031	F54,F55, F276,F277
			UO100～UO131	F56～F59
			UO200～UO231	F280～F283
			UO300～UO331	F284～F287
13.6.3	中断型用户宏程序	中断信号	UINT	G53.3
13.7	固定循环	小口径深孔加工钻削循环执行中	PECK2	F66.5
		攻丝中信号	TAP	F1.5
13.8		倒角信号	* CDZ	G53.7
13.9	横向进给控制(磨床)	横向进给控制进刀开始信号	INFD	G63.6
13.12	工作台分度	B轴锁紧信号	BCLP	F61.1
		B轴锁紧完成信号	* BECLP	G38.7
		B轴松开信号	BUCLP	F61.0
		B轴松开完成信号	* BEUCP	G38.6
13.15	三维坐标变换	三维坐标变换手动中断开关信号	M3R	G31.3
		三维坐标变换方式信号	D3ROT	F62.6
13.17	宏执行器	P代码宏程序用输入信号	EUI00～EUI15	G82,G83
		P代码宏程序用输出信号	EUO00～EUO15	F84,F85
14.1.1	工作时间/零件数显示	要求工件数达到信号	PRTSF	F62.7
		通用累计表启动信号	TMRON	G53.0
14.1.2	软操作面板	方式选择信号	MD1O～MD4O	F73.0～F73.2
		回零方式选择	ZRNO	F73.4
		进给轴方向选择信号	+J1O～+J4O	F81.0,F81.2, F81.4,F81.6
			-J1O～-J4O	F81.1,F81.3, F81.5,F81.7
		手动快速选择信号	RTO	F77.6
		手轮轴选择信号	HS1AO～HS1DO	F77.0～F77.3
		增量倍率信号	MP1O,MP2O	F76.0,F76.1

续表

功能手册	功能	信号名称	符号	地址
14.1.2	软操作面板	JOG 倍率信号	*JV0O～*JV15O	F79,F80
		进给倍率信号	*FV0O～*FV7O	F78
		快移倍率信号	ROV1O～ROV2O	F76.4,F76.5
		跳程序段	BDTO	F75.2
		单程序段	SBKO	F75.3
		机床锁住	MLKO	F75.4
		空运行	DRNO	F75.5
		数据保护	KEYO	F75.6
		进给暂停	SPO	F75.7
		通用开关信号	OUT0～OUT15	F72,F74
14.1.7	触摸板确认	触摸板确认信号	TPPRS	F6.0
14.1.8	显示语言切换	显示语言切换启动信号	SLANG	G581.7
		显示语言设定信号	LANG1～LANG7	G581.0～G581.6
		显示语言切换完成信号	FLANG	F545.0
14.1.9	CNC 画面双重显示	键盘输入选择信号	CNCKY	G295.7
		双重显示强制切断请求信号	C2SEND	G295.6
		键盘输入选择状态信号	CNCNYO	F295.7
		双重显示强制切断状态信号	C2SENO	F295.6
14.1.10	速度显示	速度显示切换信号	SDPC	G38.5
14.1.13	清除画面	清除画面禁止信号	*CRTOF	G62.1
		自动画面清除状态中	ERTVA	F6.2
14.1.14	画面硬拷贝	硬拷贝中止请求信号	HCABT	G67.6
		硬拷贝执行请求信号	HCREQ	G67.7
		硬拷贝中止请求受理信号	HCAB2	F61.2
		硬拷贝执行中	HCEXE	F61.3
14.1.15	实际速度显示	实际速度显示轴选择信号	*ACTF1～*ACTF8	G580
14.1.18	周期维修	周期维修警告信号	LIFOVR	F93.0
14.1.19	轴隐藏	轴隐藏信号	NPOS1～NPOS8	G198
14.1.23	设定修改警告	C 语言执行器程序修改通知信号	CDCEX	F558.0
		第 1～3 路径 PMC 程序修改通知信号	CDLAD1～CDLAD3	F558.1～F558.3
		DCSPMC 程序修改通知信号	CDDCL	F558.4
		CNC 参数修改通知信号	CDPRM	F558.5
		第 4～5 路径 PMC 程序修改通知信号	CDLAD4～CDLAD5	F558.6,F558.7
14.2	存储器保护	存储器保护信号	KEY1～KEY4	G46.3～G46.6
			KEYP	G46.0

续表

功能手册	功能	信号名称	符号	地址
14.3	路径选择	路径选择信号	HEAD	G63.0
15.2	I/O 设备外围控制	外部读入开始信号	EXRD	G58.1
		外部读入/输出停止信号	EXSTP	G58.2
		外部输出开始信号	EXWT	G58.3
		读入/输出中信号	RPBSY	F53.2
		读入/输出报警信号	RPALM	F53.3
		后台编辑信号	BGEACT	F053.4
15.3	NC 数据输出	NC 数据输出信号	ALLO	F578.5
16.2	自动刀具长度测量/自动刀具偏置测量	测量位置到达信号	GAE1～GAE3	G517.0～G517.2
16.3.3	高速跳过	高速跳过状态信号	HDO0～HDO7	F122
16.3.5	SKIP 跳过功能	跳过信号	SKIPP	G6.6
			SKIP	X4.7
			SKIP2～SKIP6	X4.2～X4.6
			SKIP7,SKIP8	X4.0,X4.1
16.3.6	转矩极限跳过	转矩极限到达信号	TRQL1～TRQL8	F114
16.4.1	刀补测量值直接输入	位置记录信号	PRC	G40.6
16.4.2	刀补测量值直接输入 B	刀具补偿号选择信号	OFN0～OFN5	G39.0,G39.5
		刀具补偿号选择信号	OFN6～OFN9	G40.0,G40.3
		刀具补偿量写入方式选择	GOQSM	G39.7
		工件坐标系偏移量写入方式选择	WOQSM	G39.6
		刀具补偿量写入信号	+MIT1,－MIT1 +MIT2,－MIT2	X4.2,X4.3 X4.4,X4.5
			+MIT1,－MIT1 +MIT2,－MIT2	G132.0,G132.1 G134.0,G134.1
		主轴测量选择信号	S2TLS	G40.5
		工件坐标系偏移量写入信号	WOSET	G40.7
		刀具补偿号规格信号	ONSC	G547.6
		主轴 1 测量中	S1MES	F62.3
		主轴 2 测量中	S2MES	F62.4
17.1	PMC 轴控制	PMC 轴控制轴选择信号	EAX1～EAX8	G136
		PMC 轴控制命令(A～D 组)	EC0A～EX6A	G143.0～G143.6
			EC0B～EX6B	G155.0～G155.6
			EC0C～EX6C	G167.0～G167.6
			EC0D～EX6D	G179.0～G179.6
		PMC 轴控制速度信号(A～D 组)	EIF0A～EIF15A	G144,G145
			EIF0B～EIF15B	G156,G157
			EIF0C～EIF15C	G168,G169
			EIF0C～EIF15C	G168,G169

续表

功能手册	功能	信号名称	符号	地址
17.1	PMC 轴控制	PMC 轴控制命令读信号	EBUFA,EBUFB	G142.7,G154.7
			EBUFC,EBUFD	G166.7,G178.7
		PMC 轴控制数据信号(A～D 组)	EID0A～EID31A	G146～G149
			EID0B～EID31B	G158～G161
			EID0C～EID31C	G170～G173
			EID0D～EID31D	G182～G185
		PMC 轴控制命令读完成信号(A～D 组)	EBSYA,EBSYB	F130.7,F133.7
			EBSYC,EBSYD	F136.7,F139.7
		PMC 轴控制复位信号(A～D 组)	ECLRA,ECLRB	G142.6,G154.6
			ECLRC,ECLRD	G166.6,G178.6
		PMC 轴控制暂停信号(A～D 组)	ESTPA,ESTPB	G142.5,G154.5
			ESTPC,ESTPD	G166.5,G178.5
		PMC 轴控制单段信号(A～D 组)	ESBKA,ESBKB	G142.3,G154.3
			ESBKC,ESBKD	G166.3,G178.3
		PMC 轴控制单段禁止信号(A～D 组)	EMSBKA,EMSBKB	G143.7,G155.7
			EMSBKC,EMSBKD	G167.7,G179.7
		PMC 轴控制 M 功能代码(A～D 组)	EM11A～EM48A	F132,F142
			EM11B～EM48B	F135,F145
			EM11C～EM48C	F138,F148
			EM11D～EM48D	F141,F151
		PMC 轴控制 M 功能选通信号(A～D 组)	EMFA,EMFB	F131.0,F134.0
			EMFC,EMFD	F137.0,F140.0
		PMC 轴控制 M 功能 2 选通信号(A～D 组)	EMF2A,EMF2B	F131.2,F134.2
			EMF2C,EMF2D	F137.2,F140.2
		PMC 轴控制 M 功能 3 选通信号(A～D 组)	EMF3A,EMF3B	F131.3,F134.3
			EMF3C,EMF3D	F137.3,F140.3
		PMC 轴控制 M 功能完成信号(A～D 组)	EFINA,EFINB	G142.0,G154.0
			EFINC,EFIND	G166.0,G178.0
		PMC 轴控制伺服关断信号(A～D 组)	ESOFA,ESOFB	G142.4,G154.4
			ESOFC,ESOFD	G166.4,G178.4
		PMC 轴控制缓冲禁止信号(A～D 组)	EMBUFA,EMBUFB	G142.2,G154.2
			EMBUFC,EMBUFD	G166.2,G178.2
		PMC 轴控制轴选择状态信号	*EAXSL	F129.7
		PMC 轴控制到位信号(A～D 组)	EINPA,EINPB	F130.0,F133.0
			EINPC,EINPD	F136.0,F139.0
		PMC 轴控制跟随零检查信号(A～D 组)	ECKZA,ECKZB	F130.1,F133.1
			ECKZC,ECKZD	F136.1,F139.1

续表

功能手册	功能	信号名称	符号	地址
17.1	PMC 轴控制	PMC 轴控制报警信号(A～D组)	EIALA,EIALB	F130.2,F133.2
			EIALC,EIALD	F136.2,F139.2
		PMC 轴控制轴移动中信号(A～D组)	EGENA,EGENB	F130.4,F133.4
			EGENC,EGEND	F136.4,F139.4
		PMC 轴控制 M 功能执行中信号(A～D组)	EDENA,EDENB	F130.3,F133.3
			EDENC,EDEND	F136.3,F139.3
		PMC 轴控制负向超程信号(A～D组)	EOTNA,EOTNB	F130.6,F133.6
			EOTNC,EOTND	F136.6,F139.6
		PMC 轴控制正向超程信号(A～D组)	EOTPA,EOTPB	F130.5,F133.5
			EOTPC,EOTPD	F136.5,F139.5
		PMC 轴控制进给倍率信号(A～D组)	*EFOV0～*EFOV7	G151
			*EFOV0B～*EFOV7B	G163
			*EFOV0C～*EFOV7C	G175
			*EFOV0D～*EFOV7D	G187
		PMC 轴控制 1% 快移倍率信号(A～D组)	*EROV0～*EROV7	G151
			*EROV0B～*EROV7B	G163
			*EROV0C～*EROV7C	G175
			*EROV0D～*EROV7D	G187
		PMC 轴控制倍率取消信号(A～D组)	EOVC,EOVCB	G150.5,G162.5
			EOVCC,EOVCD	G174.5,G186.5
		PMC 轴控制快移倍率信号	EROV1,EROV2	G150.0,G150.1
		PMC 轴控制空运行信号	EDRN	G150.7
		PMC 轴控制手动快速信号	ERT	G150.6
		PMC 轴控制倍率 0 信号	EOV0	F129.5
		PMC 轴控制 SKIP 信号	ESKIP	X4.6
		PMC 轴控制分配结束信号	EADEN1～EADEN8	F112
		PMC 轴控制缓冲区溢出信号(A～D组)	EABUFA,EABUFB	F131.1,F134.1
			EABUFC,EABUFD	F137.1,F140.1
		PMC 轴控制信号	EACNT1～EACNT8	F182
		PMC 轴控制累积零检查信号(A～D组)	ELCKZA,ELCKZB	G142.1,G154.1
			ELCKZC,ELCKZD	G166.1,G178.1
		PMC 轴扭矩控制方式信号	TRQM1～TRQM8	F190
		A/B 相编码器断线报警忽略信号	NDCAL1～NDCAL8	G202
		手轮倍率改变信号	HNDMP	G88.3
17.2	外部数据输入	外部数据输入用地址信号	EA0～EA6	G2.0～G2.6
		外部数据输入用数据信号	ED0～ED31	G0,G1,G210,G211
		外部数据输入用读取信号	ESTB	G2.7

续表

功能手册	功能	信号名称	符号	地址
17.2	外部数据输入	外部数据输入用读取完成信号	EREND	F60.0
		外部数据输入用检索完成信号	ESEND	F60.1
		外部数据输入用检索取消信号	ESCAN	F60.2
17.3	扩展外部机械零点偏移	扩展外部机械零点偏移信号	EMZ0～EMZ15	参数1280指定
17.5	外部工件号检索	外部工件号检索信号	PN1～PN16	G9.0～G9.4
		扩展外部工件号检索信号	EPN0～EPN13	G24.0～G25.5
		外部工件号检索启动信号	EPNS	G25.7
17.6	外部键盘输入	外部键盘输入方式选择信号	ENBKY	G66.1
		键控代码	EKC0～EKC7	G98
		键控代码读取信号	EKSET	G66.7
		键控代码读取完成信号	EKENB	F53.7
		键盘输入无效信号	INHKY	F53.0
		程序画面显示中	PRGDPL	F53.1
17.7	一键式宏调用	宏调用启动信号	MCST1～MCST16	G512,G513
		方式切换完成信号	MCFIN	G514.0
		宏调用执行中	MCEXE	F512.0
		方式切换请求信号	MCRQ	F512.1
		方式通知信号	MD1R～MD4R	F513.0～F513.2
			DNCIR,ZRNR	F513.5,F513.7
		宏调用异常信号	MCSP	F512.2
		调用程序确认信号	MCEX1～MCEX16	F514,F515
17.9	PMC与DCSPMC数据传送	PMC与DCSPMC数据传送DI信号	TPMG00～TPMG07	G765
		PMC与DCSPMC数据传送DO信号	TDCF00～TDCF07	F747
18.2.7	CNC画面网络服务器功能	网络浏览器连接状态信号	WBCNT	F578.2
		网络浏览器连接禁止信号	WBEND	G579.5
19.1	伺服警告接口	伺服警告详细信号	SVWRN1～SVWRN4	F93.4～F93.7
19.3	风扇电机异常监控	报警信号	SFAN	F093.1
		警告信号	WFAN	F093.3
19.3.2	通信重试监控功能	I/O LINK 1～3重试异常警告信号	WIOCH1～WIOCH3	F535.0～F535.2
		SRAM ECC异常警告信号	WECCS	F535.3
		内嵌以太网通信异常警告信号	WETE	F535.4
		快速以太网通信异常警告信号	WETF	F535.5
		FL-net1通信异常警告信号	WFLN1	F0535.6
		FL-net2通信异常警告信号	WFLN2	F0535.7
19.4	故障诊断	热仿真故障预告信号	TDSML1～TDSLM8	F298
		干扰强度故障预告信号	TDFTR1～TDFTR8	F299

附录B 按地址顺序的信号一览表（0i-F）

地址	符号	信号名称	功能手册
X4.2～X4.6,X4.0,X4.1	SKIP2～SKIP6,SKIP7,SKIP8	跳过信号	16.3.3
X4.2～X4.5	＋MIT1,－MIT1,＋MIT2,－MIT2	刀具补偿量写入信号	16.4.2
X4.6	ESKIP	跳过信号(PMC 轴控制)	17.1
X4.7	SKIP	跳过信号	16.3
X8.0,X8.1,X8.4	* ESP	急停信号	2.1
X9	* DEC1～ * DCE8	回零减速信号	4.1
Yxxx,Yxxx＋1	HPS01～HPS16	高速位置开关信号	1.2.10
G0,G1	ED0～ED15	外部数据输入用数据信号	17.2
G2.0～G2.6	EA0～EA6	外部数据输入用地址信号	
G2.7	ESTB	外部数据输入用读取信号	
G4.3	FIN	结束信号	10.1
G4.4～G4.7	MFIN2～MFIN5	第 2～5M 功能结束信号	10.4
G5.0/G5.2/G5.3/G5.7	MFIN/SFIN/TFIN/BFIN	M/S/T/B 功能结束信号	
G5.6	AFL	辅助功能锁住信号	10.2
G6.0	SRN	程序再启动信号	5.6
G6.2	* ABSM	手动绝对信号	5.4
G6.4	OVC	倍率取消信号	7.1.7.4
G6.6	SKIPP	跳过信号	16.3
G7.0	RVS	逆向执行信号	5.10
G7.1	STLK	启动互锁信号	2.5
G7.2	ST	自动运行启动信号	5.1
G7.4	RLSOT3	行程极限 3 释放信号	2.3.4
G7.5	* FLWU	位置跟踪信号	1.2.7
G7.6	EXLM	存储行程极限 1 切换信号	2.3.2
G7.7	RLSOT	行程极限释放信号	
G8.0	* IT	所有轴互锁信号	2.5
G8.1	* CSL	切削程序段开始互锁信号	
G8.3	* BSL	程序段开始互锁信号	
G8.4	* ESP	急停信号	2.1
G8.5	* SP	自动运行暂停信号	5.1
G8.6	RRW	复位＆倒带信号	5.2
G8.7	ERS	外部复位信号	
G9.0～G9.4	PN1～PN16	外部工件号检索信号	17.5
G10～G11	* JV0～ * JV15	手动进给倍率信号	3.1
G12	* FV0～ * FV7	进给速度倍率信号	7.1.7.2

续表

地址	符号	信号名称	功能手册
G13	* AFV0～* AFV7	第二进给速度倍率信号	7.1.7.3
G14.0,G14.1	ROV1～ROV2	快速移动倍率信号	7.1.7.1
G16.7	F1D	F1 位进给选择信号	7.1.5
G18.0～G18.3	HS1A～HS1D	第 1 手轮进给轴选择信号	3.2
G18.4～G18.7	HS2A～HS2D	第 2 手轮进给轴选择信号	
G19.0～G19.3	HS3A～HS3D	第 3 手轮进给轴选择信号	
G19.4～G19.6	MP1～MP4	手轮进给倍率信号	3.2,3.5
G19.7	RT	手动快速移动信号	3.1
G20.0～G20.3	HS4A～HS4D	手轮进给轴选择信号	3.2
G21.0～G22.3	SVR01I～SVR12I	伺服电机旋转速度信号	11.22.1
G22.4	DFSYC	不同速度同步命令使能信号	
G22.5	SVGN	伺服电机旋转方向信号	
G22.7	SVSP	伺服电机主轴控制切换信号	
G23.3	HNDLF	手轮进给最大速度切换信号	3.2,7.1.10
G23.4	HREV	手轮同步进给信号	3.5
G23.5	NOINPS	到位检测禁止信号	7.2.6.3
G23.6	RGHTH	刀具轴直角方向进给方式信号	3.7.5.2
G23.7	ALNGH	刀具轴向进给方式信号	
G24.0～G25.5	EPN0～EPN13	扩展外部工件号检索信号	17.5
G25.7	EPNS	外部工件号检索启动信号	
G26.0,G26.1	PC3SLC,PC4SLC	位置编码器选择信号	11.12
G26.3	SWS4	主轴选择信号	
G26.6	* SSTP4	各主轴停止信号	
G27.0～G27.2	SWS1～SWS3	主轴选择信号	
G27.3～G27.5	* SSTP1～* SSTP3	各主轴停止信号	
G27.7	CON	Cs 轮廓控制切换信号	11.11.1
G28.1,G28.2	GR1～GR2	齿轮选择信号(输入)	11.5
G28.4	* SUCPFA	主轴松开完成信号	11.10
G28.5	* SCPFA	主轴锁紧完成信号	
G28.6	SPSTPA	主轴停止完成信号	
G28.7	PC2SLC	第 2 位置编码器选择信号	11.12
G29.0～G29.3	GR21～GR22,GR31～GR32	齿轮选择信号(输入)	
G29.4	SAR	速度到达信号	11.5
G29.5	SOR	主轴定向信号	
G29.6	* SSTP	主轴停止信号	
G30	SOV0～SOV7	主轴倍率信号	
G31.3	M3R	三维坐标变换手动中断开关信号	13.15

续表

地址	符号	信号名称	功能手册
G31.4,G31.5	GR41～GR42	齿轮选择信号	11.12
G31.6,G31.7	PKESS1～PKESS2	第1～2主轴驻留信号	11.17
G32.0～G33.3 G34.0～G35.3 G36.0～G37.3	R01I～R12I R01I2～R12I2 R01I3～R12I3	主轴电机速度指令信号	11.6
G33.5,G35.5,G37.5	SGN,SGN2,SGN3	主轴电机指令极性指令信号	
G33.6,G35.6,G37.6	SSIN,SSIN2,SSIN3	主轴电机指令极性选择信号	
G33.7,G35.7,G37.7	SIND,SIND2,SIND3	主轴电机速度指令选择信号	
G38.0	*PLSST	多边形主轴停止信号	6.9.2
G38.1	SBRT	主轴同步转速比控制信号	11.14
G38.2	SPSYC	主轴同步控制信号	
G38.3	SPPHS	主轴相位同步控制信号	
G38.5	SDPC	速度显示切换信号	14.1.10
G38.6	*BEUCP	B轴松开完成信号	13.12
G38.7	*BECLP	B轴锁紧完成信号	
G39.0～G39.5,G40.0～G40.3	OFN0～OFN9	刀具补偿号选择信号	16.4.2
G39.6	WOQSM	工件原点补偿量测量方式选择	
G39.7	GOQSM	刀具补偿量测量方式选择	
G40.5	S2TLS	主轴测量选择信号	
G40.6	PRC	位置记录信号	16.4.1
G40.7	WOSET	工件坐标系偏移量写入信号	16.4.2
G41.0～G41.3	HS1IA～HS1ID	第1手轮中断轴选择信号	3.3
G41.4～G41.7	HS2IA～HS2ID	第2手轮中断轴选择信号	
G42.0～G42.3	HS3IA～HS3ID	第3手轮中断轴选择信号	
G42.7	DMMC	直接运行选择信号	5.15,5.16
G43.0～G43.2	MD1～MD4	方式选择信号	2.6
G43.5	DNCI	DNC运行选择信号	5.14
G43.7	ZRN	手动回零选择信号	4.1
G44.0,G45	BDT1～BDT9	可选程序段跳过信号	5.5
G44.1	MLK	所有轴机床锁住信号	5.3.1
G46.0	KRYP	存储器保护信号	14.2.2
G46.1	SBK	单程序段信号	5.3.3
G46.3～G46.6	KEY1～KEY4	存储器保护信号	14.2.1
G46.7	DRN	空运行信号	5.3.2
G47.0～G48.1	TL01～TL512	刀具组号选择信号	12.5
G48.2	LFCIV	刀具寿命计数无效信号	
G48.5	TLSKP	刀具跳过信号	
G48.6	TLRSTI	逐把刀具更换复位信号	

续表

地址	符号	信号名称	功能手册
G48.7	TLRST	换刀复位信号	2.5
G49.0～G50.1	＊TLV0～＊TLV9	刀具寿命计数倍率信号	
G53.0	TMRON	通用累计表启动信号	14.1.1
G53.3	UINT	用户宏程序中断信号	13.6.3
G53.5	ROVLP	快速移动程序段重叠无效信号	7.2.1.2
G53.6	SMZ	到位检测信号	7.2.6.1
G53.7	＊CDZ	倒角信号	13.8
G54～G57	UI000～UI031	用户宏程序用输入信号	13.6
G58.1	EXRD	外部读入开始信号	15.2
G58.2	EXSTP	外部读入输出停止信号	
G58.3	EXWT	外部读入输出开始信号	
G59.0	TRESC	刀具退回信号	5.8
G59.1	TRRTN	刀具返回信号	
G59.7	NXYNCA	同步控制转矩差报警检测无效	1.6
G60.7	＊TSB	尾架干涉选择信号	2.3.8
G61.0	RGTAP	刚性攻螺纹信号	11.13
G61.2	SYSS	伺服电机主轴同步启动信号	11.22.1
G61.4～G61.7	RGTSP1～RGTSP4	刚性攻螺纹主轴选择信号	11.13
G62.1	＊CRTOF	清除画面禁止信号	14.1.13
G62.6	RTNT	攻螺纹返回启动信号	5.13
G62.7	HEAD2	路径选择信号	14.3
G63.0	HEAD	路径选择信号	
G63.1	NOWT	等待忽略信号	8.2
G63.2,G63.3	SLSPA,SLSPB	路径间主轴指令选择信号	8.11
G63.5	NOZAGC	正交轴倾斜控制无效信号	1.8
G63.6	INFD	横向进给控制进刀开始信号	13.9
G63.7	NMWT	等待忽略信号	8.2
G64.2,G64.3	SLPCA,SLPCB	路径间主轴反馈选择信号	8.11
G64.6	ESRSYC	主轴简易同步控制	11.17
G66.0	IGNVRY	所有轴 VRDY OFF 报警忽略	2.8
G66.1	ENBKY	外部键盘输入方式选择信号	17.6
G66.4	RTRCT	回退信号	1.10,6.22
G66.7	EKSET	键控代码读取信号	17.6
G67.0	MTLC	手动刀具补偿指令号	12.1.5
G67.2	NMOD	检查方式信号	5.3.5
G67.3	MCHK	手轮检查信号	
G67.4	EGBS	EGB 同步方式选择信号	1.9.4

续表

地址	符号	信号名称	功能手册
G67.6	HCABT	硬拷贝中止请求信号	14.1.14
G67.7	HCREQ	硬拷贝执行请求信号	
G68～G69	MTLN00～MTLN15	手动刀具补偿刀具号	12.1.5
G70.0	TLMLA	转矩限制指令 LOW 信号	11.2
G70.1	TLMHA	转矩限制指令 HIGH 信号	
G70.2,G70.3	CTH1A～CTH2A	齿轮挡位信号	
G70.4	SRVA	主轴反向旋转指令	
G70.5	SFRA	主轴正向旋转指令	
G70.6	ORCMA	主轴定向指令	11.3,11.15
G70.7	MRDYA	机械准备就绪信号	11.2
G71.0	ARSTA	主轴报警复位信号	
G71.1	*ESPA	主轴紧急停止信号	
G71.2	SPSLA	主轴选择信号	
G71.3	MCFNA	主轴动力线切换完成信号	
G71.4	SOCNA	主轴软启动停止取消信号	
G71.5	INTGA	主轴速度积分控制信号	
G71.6	RSLA	主轴输出切换请求信号	
G71.7	RCHA	主轴动力线状态确认信号	
G72.0	INDXA	主轴定向停止位置变更指令	
G72.1	ROTAA	主轴定向停止位置变更时旋转方向指令信号	
G72.2	NRROA	主轴定向停止位置变更时快捷指令信号	
G72.3	DEFMDA	主轴差速方式指令信号	
G72.4	OVRA	主轴模拟倍率信号	
G72.5	INCMDA	增量指令外部设定型定向信号	
G72.6	MFNHGA	主轴切换 MAIN 侧 MCC 触点状态信号	
G72.7	RCHHGA	主轴切换 HIGH 侧 MCC 触点状态信号	
G73.0	MORCMA	磁传感器方式主轴定向指令信号	
G73.1	SLVA	主轴从属运行方式指令信号	
G73.2	MPOFA	主轴电机动力关断指令信号	
G70～G73	TLMLA	第 1 串行主轴信号	
G74～G77	TLMLB	第 2 串行主轴信号	
G78.0～G79.6	SH00A～SH14A	第 1 主轴定向外部停止位置	11.15
G80.0～G81.6	SH00B～SH14B	第 2 主轴定向外部停止位置	
G82,G83	EUI00～EUI15	P 代码宏程序输入信号	13.17

续表

地址	符号	信号名称	功能手册
G86.0～G86.3	＋Jg,－Jg,＋Ja,－Ja	进给轴方向信号	3.4
G87.0、G87.1	MP21～MP22	手轮进给移动量选择信号	3.2
G87.3、G87.4	MP31～MP32	手轮进给移动量选择信号	
G87.6、G87.7	MP41～MP42	手轮进给移动量选择信号	
G88.3	HNDMP	手轮倍率改变信号	17.1
G88.4～G88.7	HS4IA～HS4ID	手轮中断轴选择信号	3.3
G90.0～G90.2	G2RVX,G2RVZ,G2RVY	刀具偏置方向信号	12.4.4
G90.4～G90.6	G2X,G2Z,G2Y	第二刀具几何偏置轴选择信号	
G90.7	G2SLC	第二刀具几何偏置信号	
G96.0～G96.6	＊HROV0～＊HROV6	1%快速移动倍率信号	7.1.7.1
G96.7	HROV	1%快速移动倍率选择信号	
G98	EKC0～EKC7	键控代码信号	17.6
G100	＋J1～＋J8	各轴正向选择信号	3.1
G101	＊＋ED21～＊＋ED28	各轴正向外部减速信号 2	7.1.9
G102	－J1～－J8	各轴负向选择信号	3.1
G103	＊－ED21～＊－ED28	各轴负向外部减速信号 2	7.1.10
G104	＋EXL1～＋EXL8	各轴正向软极限 1 切换信号	2.3.2
G105	－EXL1～－EXL8	各轴负向软极限 1 切换信号	
G106	MI1～MI8	各轴轴镜像信号	1.2.6
G107	＊＋ED31～＊＋ED38	各轴正向外部减速信号 3	7.1.10
G108	MLK1～MLK8	各轴机床锁住信号	5.3.1
G109	＊－ED31～＊－ED38	各轴负向外部减速信号 3	7.1.10
G110	＋LM1～＋LM8	各轴正向软极限外部设定信号	2.3.6
G112	－LM1～－LM8	各轴负向软极限外部设定信号	
G114	＊＋L1～＊＋L8	各轴正向超程信号	2.3.1
G116	＊－L1～＊－L8	各轴负向超程信号	
G118	＊＋ED1～＊＋ED8	各轴正向外部减速信号 1	7.1.10
G120	＊－ED1～＊－ED8	各轴负向外部减速信号 1	
G122	PK1～PK8	各轴驻留信号	8.6.2
G122.6(G31.6)	PKESS1	第 1 主轴驻留信号	11.17
G122.7(G31.7)	PKESS2	第 2 主轴驻留信号	
G124	DTCH1～DTCH8	各轴解除信号	1.2.5
G125	IUDD1～IUDD5	各轴异常负载检测忽略信号	2.9
G126	SVF1～SVF8	各轴伺服关断信号	1.2.8
G128	MIX1～MIX8	混合控制选择信号	8.6
G130	＊IT1～＊IT8	各轴互锁信号	2.5
G132	＋MIT1～＋MIT8	各轴正向互锁信号	
G134	－MIT1～－MIT8	各轴负向互锁信号	

续表

地址	符号	信号名称	功能手册
G132.0,G132.1	+MIT1,+MIT2	刀具补偿量写入信号	16.4.2
G134.0,G134.1	-MIT1,-MIT2	刀具补偿量写入信号	
G136	EAX1～EAX8	各轴 PMC 轴控制选择信号	17.1
G138	SYNC1～SYNC8	各轴同步控制选择信号	1.6,8.6
G140	SYNCJ1～SYNCJ8	各轴手动同步控制选择信号	1.6
G142.0	EFINA	A 组 PMC 轴辅助功能完成信号	
G142.1	ELCKZA	A 组 PMC 轴累积零检测信号	
G142.2	EMBUFA	A 组 PMC 轴缓冲禁止信号	
G142.3	ESBKA	A 组 PMC 轴单程序段信号	
G142.4	ESOFA	A 组 PMC 轴伺服关断信号	
G142.5	ESTPA	A 组 PMC 轴暂停信号	
G142.6	ECLRA	A 组 PMC 轴复位信号	
G142.7	EBUFA	A 组 PMC 轴指令读取信号	
G143.0～G143.6	EC0A～EC6A	A 组 PMC 轴控制指令	
G143.7	EMSBKA	A 组 PMC 轴单段禁止信号	
G144～G145	EIF0A～EIF15A	A 组 PMC 轴进给速度指令	17.1
G146～G149	EID0A～EID31A	A 组 PMC 轴控制数据	
G150.5	EOVC	A 组 PMC 轴倍率取消信号	
G151	*EFOV0A～*EFOV7A	A 组 PMC 轴进给倍率信号	
G142～G151	EFINA	A 组 PMC 轴信号	
G154～G163	EFINB	B 组 PMC 轴信号	
G166～G175	EFINC	C 组 PMC 轴信号	
G178～G187	EFIND	D 组 PMC 轴信号	
G150.0,G150.1	EROV1～EROV2	PMC 轴快移倍率信号	
G150.6	ERT	PMC 轴手动快移信号	
G150.7	EDRN	PMC 轴空运行信号	
G190	OVLS1～OVLS8	各轴重叠控制选择信号	8.7
G192	IGVRY1～IGVRY8	各轴 VRDY OFF 报警忽略信号	2.8
G193.3	HDSR	手轮旋转方向选择信号	3.5
G196	*DEC1～*DEC8	各轴回零减速信号	4.1
G197.0～G197.3	MTA～MTD	柔性同步方式选择信号	1.12
G198	NPOS1～NPOS8	轴隐藏信号	14.1.19
G199.0,G199.1	IOLBH1～IOLBH2	IO LINK 轴手轮选择信号	3.9
G202	NDCAL1～NDCAL8	PMC 轴 A/B 相编码器断线报警忽略信号	17.1
G203.3	ESTPR	轴立即停止启动信号	1.13
G203.7	PWFL	电源失效减速信号	1.11
G204～G207	TLMLC	第 3 串行主轴信号	11.2

续表

地址	符号	信号名称	功能手册
G208.0～G209.6	SH00C～SH14C	第3主轴定向外部停止位置指令信号	11.15
G210,G211	ED16～ED31	外部数据输入用数据信号	17.2
G264.0～G264.3	ESSYC1～ESSYC4	各主轴简易同步控制信号	11.17
G265.0～G265.3	PKESE1～PKESE4	各主轴简易同步驻留信号	
G266～G269	TLMLD	第4串行主轴信号	11.2
G270.0～G271.6	SH00D～SH14D	第4主轴定向外部停止位置指令信号	11.15
G272.0～G273.3	R01I4～R12I4	主轴电机速度指令信号	11.6
G273.5	SGN4	主轴电机速度指令极性指令信号	
G273.6	SSIN4	主轴电机速度指令极性选择信号	
G273.7	SIND4	主轴电机速度指令选择信号	
G274.0～G274.3	CONS1～CONS4	各主轴Cs轮廓控制切换信号	11.11
G274.4～G274.7	CSFI1～CSFI4	各主轴Cs轴坐标建立请求	
G276～G279	UI100～UI131	用户宏程序输入信号	13.6
G280～G283	UI200～UI231	用户宏程序输入信号	
G284～G287	UI300～UI331	用户宏程序输入信号	
G288.0～G288.3	SPSYC1～SPSYC4	各主轴同步控制信号	11.14
G289.0～G289.3	SPPHS1～SPPHS4	各主轴相位同步控制信号	
G290.5	PGCK	高速程序检查信号	5.3.4
G292.3	ITRC	干涉检查区切换信号	2.3.9
G292.4～G292.6	ITCD1～ITCD3	组间干涉检查禁止信号	
G292.7	ITCD	回转干涉检查禁止信号	
G295.6	C2SEND	双重显示强制切断请求信号	14.1.9
G295.7	CNCKY	键盘输入选择信号	14.1.11
G297.0	BCAN	程序段跳过信号	5.11
G298.0	TB_BASE	工作台基础信号	3.7.5.2
G298.2	RNDH	刀尖中心旋转进给方式信号	
G328.0～G328.3	TLRST1～TLRST4	换刀复位信号1～4	12.3.1
G328.4～G328.7	TLRSTI1～TLRSTI4	单独换刀复位信号1～4	
G329.0～G329.3	TLSKP1～TLSKP4	刀具跳过信号1～4	
G329.4～G329.7	TLNCT1～TLNCT4	刀具寿命计数禁止信号1～4	
G330.0～G330.5	TKEY0～TKEY5	刀具管理数据保护信号	12.3.2
G340.5	SLREF	手动返回2～4参考点选择1信号	4.13
G340.6	SLRER	手动返回2～4参考点选择2信号	
G341	*+ED41～*+ED48	外部减速信号4	7.1.10
G342	*－ED41～*－ED48	外部减速信号4	
G343	*+ED51～*+ED58	外部减速信号5	
G344	*－ED51～*－ED58	外部减速信号5	

续表

地址	符号	信号名称	功能手册
G347.1	HDN	手轮进给方向变向信号	3.2
G347.7	NOT3DM	三维坐标系变换手轮中断使能/禁止切换信号	3.3.1
G352.0～G353.1	＊FHRO0～＊FHRO9	0.1%快移倍率信号	7.1.7.1
G353.7	FHROV	0.1%快移倍率选择信号	
G358	WPRST1～WPWST8	各轴工件坐标系预置信号	1.5.2.6
G376	SOV20～SOV27	第2主轴倍率信号	11.12
G377	SOV30～SOV37	第3主轴倍率信号	
G378	SOV40～SOV47	第4主轴倍率信号	
G379.0～G379.3	HS5A～HS5D	手轮进给轴选择信号	3.2
G379.4～G379.7	HS5IA～HS5ID	手轮中断轴选择信号	3.3
G380.0,G380.1	MP51～MP52	手轮进给倍率信号	3.2
G381.0～G381.3	AUTPHA～AUTPHD	柔性同步控制自动相位同步信号	1.12.2
G400.1～G400.3	＊SUCPFB～＊SUCPFD	主轴松开完成信号	11.10
G401.1～G401.3	＊SCPFB～＊SCPFD	主轴锁紧完成信号	
G402.1～G402.3	SPSTPB～SPSTPD	主轴停止确认信号	
G403.0,G403.1	SLSPC～SLSPD	路径间主轴指令选择信号	8.11
G403.4,G403.5	SLPCC～SLPCD	路径间主轴反馈选择信号	
G406.0～G407.1	ITF01～ITF10	路径间干涉检测关联中	8.4
G408.0	STCHK	开始检测信号	2.13
G411.0～G411.3	HS1E～HS4E	手轮进给轴选择信号	3.2
G411.4～G411.7	HS1IE～HS4IE	手轮中断轴选择信号	3.3
G412.0	HS5E	手轮进给轴选择信号	3.2
G412.4	HS5IE	手轮中断轴选择信号	3.3
G512,G513	MCST1～MCST16	宏调用启动信号	17.7
G514.0	MCFIN	方式切换完成信号	
G517.0～G517.2	GAE1～GAE3	测量位置到达信号	16.2
G517.7	SYPST	伺服/主轴相位同步启动信号	11.22.3
G521	SRVON1～SRVON8	SV旋转控制方式信号	11.20
G523	SVRVS1～SVRVS8	SV反转信号	11.20.1
G525～G528	MT8N00～MT8N31	手动刀具补偿刀具号(8位数)	12.1.5
G530	EGBS1～EGBS8	EGB同步启动信号	1.9
G531.0	FWSTP	手轮检查正向移动禁止信号	5.3.5
G531.1	MRVM	手轮检查反向移动禁止信号	
G531.3	HBTRN	车削方式选择信号	1.10
G531.4	OVLN	路径内柔性同步控制方式选择信号	1.12.4
G531.6,G531.7	EXLM2～EXLM3	软极限1切换信号	2.3.3

续表

地址	符号	信号名称	功能手册
G533.0～G533.3	SSR1～SSR4	总主轴转数复位信号	11.21
G533.4	SSRS	总主轴转数复位选择信号	
G536.2	RMVST	移除启动信号	1.14
G536.3	ASNST	指定启动信号	
G536.4	EXCST	交换启动信号	
G536.5	DASN	直接指定方式信号	
G536.7	SPSP	主轴指令路径指定信号	11.12
G544.0～G544.4	MHLC1～MHLC5	手动直线/圆弧插补信号	3.4
G545.0～G545.4	MHUS1～MHUS5	手动直线/圆弧插补使用信号	
G547.6	ONSC	刀具补偿号规格信号	16.4.2
G548	*CL1～*CL8	补偿取消信号	1.10
G549.4	GTMSR	螺纹谷测量信号	6.5.6
G549.5	RMTC	螺纹再加工信号	
G579.5	WBEND	网络浏览器连接禁止信号	18.2.7
G579.6	NHSW	高速型等待 M 代码无效信号	8.3
G580	*ACTF1～*ACTF8	实际速度显示轴选择信号	14.1.15
G581.0～G581.6	LANG1～LANG7	显示语言设定信号	14.1.8
G581.7	SLANG	显示语言切换启动信号	
G587.0～G587.3	SPMST1～SPMST4	主轴位置记忆启动信号	11.14.1
G587.4～G587.7	SPAPH1～SPAPH4	任意主轴位置相位同步信号	
G588.0～G588.3	SMSL11～SMSL14	主轴位置记忆选择信号	
G588.4～G588.7	SMSL21～SMSL24	主轴位置记忆选择信号	
G594,G595	OTD0～OTD15	存储行程检测范围切换数据选择信号	2.3.8
G596	OTA1～OTA8	存储行程检测范围切换轴选择信号	
G597	＋OT11,－OT11,＋OT12,－OT12 ＋OT2,－OT2,＋OT3,－OT3	存储行程检测范围切换选择信号	
G598	＋OT11C,－OT11C,＋OT12C, －OT12C ＋OT2C,－OT2C,＋OT3C, －OT3C	存储行程检测范围切换取消信号	
G708～G711	RE01I1～RE32I1	扩展主轴电机速度命令信号	11.27
G712～G715	RE01I2～RE32I2	扩展主轴电机速度命令信号	
G716～G719	RE01I3～RE32I3	扩展主轴电机速度命令信号	
G720～G723	RE01I4～RE32I4	扩展主轴电机速度命令信号	
G765	TPMG00～TPMG07	PMC 与 DCSPMC 数据传送 DI 信号	17.9
F0.0	RWD	倒带中信号	5.2
F0.4	SPL	自动运行暂停中信号	5.1
F0.5	STL	自动运行启动中信号	

续表

地址	符号	信号名称	功能手册
F0.6	SA	伺服准备就绪信号	2.2
F0.7	OP	自动运行中信号	5.1
F1.0	AL	报警中信号	2.4
F1.1	RST	复位中信号	5.2
F1.2	BAL	电池报警信号	2.4
F1.3	DEN	分配结束信号	10.1
F1.4	ENB	主轴使能信号	11.5
F1.5	TAP	攻螺纹中信号	13.7.1
F1.7	MA	准备就绪信号	2.2
F2.0	INCH	英制输入信号	13.5
F2.1	RPDO	快速移动中信号	2.7,7.1.1
F2.2	CSS	周速恒定中信号	11.8
F2.3	THRD	螺纹切削中信号	6.5
F2.4	SRNMV	程序再启动中信号	5.6
F2.6	CUT	切削进给中信号	2.7
F2.7	MDRN	空运行确认信号	5.3.2
F3.0	MINC	增量进给方式确认信号	2.6
F3.1	MH	手摇方式确认信号	
F3.2	MJ	JOG 方式确认信号	
F3.3	MMDI	MDI 方式确认信号	
F3.4	MRMT	DNC 运行方式确认信号	5.14
F3.5	MMEM	存储器运行方式确认信号	2.6
F3.6	MEDT	编辑方式确认信号	
F4.0,F5	MBDT1～MBDT9	可选程序段跳过确认信号	5.5
F4.1	MMLK	机床锁住确认信号	5.3.1
F4.2	MABSM	手动绝对确认信号	5.4
F4.3	MSBK	单程序段确认信号	5.3.3
F4.4	MAFL	辅助功能锁住确认信号	10.2
F4.5	MREF	手动回零方式确认信号	4.1
F6.0	TPPRS	触摸屏确认信号	14.1.7
F6.1	MDIRST	基于 MDI 的复位确认信号	5.2
F6.2	ERTVA	自动画面清除状态中信号	14.1.12
F7.0	MF	M 功能选通信号	10.1
F7.2	SF	S 功能选通信号	
F7.3	TF	T 功能选通信号	
F7.7	BF	B 功能选通信号	
F8.4～F8.7	MF2～MF5	第 2～5M 功能选通信号	10.3

续表

地址	符号	信号名称	功能手册
F9.4	DM30	M功能解码信号	10.1
F9.5～F9.7	DM02～DM00	M功能解码信号	
F10～F13	M00～M31	M功能代码信号	
F14～F15	M200～M215	第2M功能代码信号	10.3
F16～F17	M300～M315	第3M功能代码信号	
F22～F25	S00～S31	S功能代码信号	10.1
F26～F29	T00～T31	T功能代码信号	
F30～F33	B00～B31	B功能代码信号	
F34.0～F34.2	GR1O～GR3O	齿轮选择信号	11.5
F34.3～F34.6	SRSP4R～SRSP1R	第4～第1主轴运行准备就绪	11.2
F34.7	SRSRDY	全串行主轴准备就绪	11.3
F35.0	SPAL	主轴波动检测报警	11.19
F36.0～F37.3	R01O～R12O	主轴12位代码信号	11.5
F38.0	SCLPA	主轴锁紧信号	11.10
F38.1	SUCLPA	主轴松开信号	
F38.2,F38.3	ENB2～ENB3	主轴使能信号	11.12
F39.0	MSPOSA	主轴定位方式中信号	11.10
F39.1	ENB4	主轴使能信号	11.12
F39.2	CHPMD	振荡进程中信号	1.15
F39.3	CHPCYL	振荡循环信号	
F40,F41	AR00～AR15	实际主轴速度信号	11.9
F43.0～F43.3	SYCAL1～SYCAL4	各主轴相位误差监视信号	11.14,11.17
F44.1	FSCSL	Cs轮廓控制切换完成信号	11.11.1
F44.2	FSPSY	主轴同步速度控制完成信号	11.14
F44.3	FSSPPH	主轴相位同步控制完成信号	
F44.4	SYCAL	相位误差监视信号	11.14,11.17
F45.0	ALMA	第1串行主轴报警信号	11.2
F45.1	SSTA	第1串行主轴速度零信号	
F45.2	SDTA	第1串行主轴速度检测信号	
F45.3	SARA	第1串行主轴速度到达信号	
F45.4	LDT1A	第1串行主轴负载检测信号1	
F45.5	LDT2A	第1串行主轴负载检测信号2	
F45.6	TLMA	第1串行主轴扭矩限制中信号	
F45.7	ORARA	第1串行主轴定向完成信号	
F46.0	CHPA	第1串行主轴动力线切换完成	
F46.1	CFINA	第1串行主轴切换完成信号	
F46.2	RCHPA	第1串行主轴输出切换信号	

续表

地址	符号	信号名称	功能手册
F46.3	RCFNA	第1串行主轴输出切换完成	11.2
F46.4	SLVSA	第1串行主轴从属运行状态	
F46.5	PORA2A	第1串行主轴位置编码器方式定向附近信号	
F46.6	MORA1A	第1串行主轴磁传感器定向完成信号	
F46.7	MORA2A	第1串行主轴磁传感器定向附近信号	
F47.0	PC1DEA	第1串行主轴位置编码器1转信号检测状态	
F47.1	INCSTA	第1串行主轴增量方式定向信号	
F48.4	CSPENA	第1串行主轴Cs轴原点建立状态信号	11.11.4
F45～F48	ALMA	第1串行主轴信号	11.2
F49～F52	ALMB	第2串行主轴信号	
F53.0	INHKY	键盘输入无效信号	17.6
F53.1	PRGDPL	程序画面显示中信号	
F53.2	PRBSY	读入输出中信号	15.2
F53.3	PRALM	读入输出报警信号	
F53.4	BGEACT	后台编辑信号	
F53.7	EKENB	键控代码读取完成信号	17.6
F54,F55	UO000～UO015	用户宏程序用输出信号	13.6
F56～F59	UO100～UO131	用户宏程序用输出信号	
F60.0	EREND	外部数据输入读取完成信号	17.2
F60.1	ESEND	外部数据输入检索完成信号	
F60.2	ESCAN	外部数据输入检索取消信号	
F61.0	BUCLP	B轴松开信号	13.12
F61.1	BCLP	B轴锁紧信号	
F61.2	HCAB2	硬拷贝中止请求受理信号	14.1.14
F61.3	HCEXE	硬拷贝执行中	
F61.4	MTLANG	手动刀具补偿未完成信号	12.1.5
F61.5	MTLA	手动刀具补偿完成信号	
F62.0	AICC	AI轮廓控制方式中信号	7.1.12
F62.3	S1MES	主轴1测量中	16.4.2
F62.4	S2MES	主轴2测量中	
F62.6	D3ROT	三维坐标变换方式信号	13.15
F62.7	PRTSF	所需零件数到达信号	14.1.1
F63.0	PSE1	多边形主控轴未到达信号	6.9.2
F63.1	PSE2	多边形同步轴未到达信号	
F63.2	PSAR	多边形主轴速度到达信号	

续表

地址	符号	信号名称	功能手册
F63.3,F63.4	COSP1,COSP2	路径间主轴指令确认信号	8.11
F63.6	WATO	等待中信号	8.2
F63.7	PSYN	多边形同步中信号	6.9.1
F64.0	TLCH	换刀信号	12.5
F64.1	TLNW	新刀具选择信号	
F64.2	TLCHI	逐把刀具更换信号	
F64.3	TLCHB	刀具寿命警告信号	
F64.5	COSP	路径间主轴指令确认信号	8.11
F64.6	TICHK	路径间干涉检测中信号	8.4
F64.7	TIALM	路径间干涉报警信号	
F65.0,F65.1	RGSPP,RGSPM	主轴旋转方向信号	11.13
F65.2	RSMAX	主轴同步转速比控制钳制信号	11.14
F65.4	RTRCTF	回退完成信号	1.9
F65.6	SYNMOD	EGB方式中信号	
F66.1	RTPT	攻螺纹返回完成信号	5.13
F66.2	EED0	进给零信号	3.5
F66.5	PECK2	深孔钻削循环执行中信号	13.7.1
F70,F71	PSW01～PSW16	位置开关信号	1.2.9
F72	OUT0～OUT7	软操作面板通用开关信号	14.1.2
F73.0～F73.2	MD1O,MD2O,MD4O	软操作面板方式选择信号	
F73.4	ZRNO	软操作面板回零信号	
F74	OUT8～OUT15	软操作面板通用开关信号	
F75.2	BDTO	软操作面板跳程序段信号	
F75.3	SBKO	软操作面板单程序段信号	
F75.4	MLKO	软操作面板机床锁住信号	
F75.5	DRNO	软操作面板空运行信号	
F75.6	KEYO	软操作面板数据保护开关信号	
F75.7	SPO	软操作面板进给暂停信号	
F76.0,F76.1	MP1O～MP2O	软操作面板增量倍率信号	
F76.3	RTAP	刚性攻螺纹方式中信号	11.13
F76.4,F76.5	ROV1O～ROV2O	软操作面板快移倍率信号	14.1.2
F77.0～F77.3	HS1AO～HS1DO	软操作面板手摇轴选择信号	
F77.6	RTO	软操作面板手动快移选择信号	
F78	*FV0O～*FV7O	软操作面板进给倍率信号	
F79,F80	*JV0O～*JV15O	软操作面板JOG倍率信号	
F81.0,F81.2,F81.4,F81.6	＋J1O～＋J4O	软操作面板轴正向信号	
F81.1,F81.3,F81.5,F81.7	－J1O～－J4O	软操作面板轴负向信号	

续表

地址	符号	信号名称	功能手册
F82.0	RVSL	逆向移动中信号	5.10
F82.6	EGBSM	EGB 同步方式确认信号	1.9.4
F84,F85	EUO00～EUO15	P 代码宏程序输出信号	13.17
F90.0	ABTQSV	进给轴异常负载检测信号	2.9
F90.1～F90.3	ABTSP1～ABTSP3	第 1～3 主轴异常负载检测信号	2.9
F90.4	SYAR	伺服电机主轴同步方式加减速完成信号	11.22.1
F90.5	SYSSM	伺服电机主轴同步方式信号	
F90.6	SVAR	伺服电机主轴控制方式加减速完成信号	
F90.7	SVSPM	伺服电机主轴控制方式信号	
F91.0	MRVMD	反向移动中信号	5.3.5
F91.1	MNCHG	禁止变向中信号	
F91.2	MRVSP	反向移动禁止中信号	
F91.3	NMMOD	检查方式中信号	
F91.4	ABTSP4	第 4 主轴异常负载检测信号	2.9
F91.5	ADCO	M 功能输出段逆向移动使能信号	5.3.6
F92.3	TRAC	刀具退回方式信号	5.8
F92.4	TRMTN	刀具退回轴移动信号	
F92.5	TRSPS	刀具返回完成信号	
F93.0	LIFOVR	周期维修警告信号	14.1.8
F93.1	SFAN	报警信号	19.3.1
F93.2	LFCIF	刀具寿命计数无效中信号	12.5
F93.4～F93.7	SVWRN1～SVWRN4	伺服警告信号	19.1
F94	ZP1～ZP8	参考点返回完成信号	4.1
F96	ZP21～ZP28	第 2 参考点返回完成信号	4.4
F98	ZP31～ZP38	第 3 参考点返回完成信号	
F100	ZP41～ZP48	第 4 参考点返回完成信号	
F102	MV1～MV8	轴移动中信号	1.2.5
F104	INP1～INP8	轴到位信号	7.2.6.2
F106	MVD1～MVD8	轴移动方向判别信号	1.2.5
F108	NMI1～NMI8	轴镜像确认信号	1.2.6
F110	MDTCH1～MDTCH8	轴解除中信号	1.2.5
F112	EADEN1～EADEN8	PMC 轴控制分配结束信号	17.1
F114	TRQL1～TRQL8	扭矩极限到达信号	16.3.6

续表

地址	符号	信号名称	功能手册
F118	SYN1O～SYN8O	同步/混合/重叠控制中信号	8.6,8.7
F120	ZRF1～ZRF8	参考点建立信号	4.1
F122	HDO0～HDO8	高速跳过状态信号	16.3.3
F124	＋OT1～＋OT8	正向超程报警中信号	2.3.2
F126	－OT1～－OT8	负向超程报警中信号	
F129.5	EOV0	PMC 轴倍率 0%信号	17.1
F129.7	* EAXSL	PMC 轴选择状态信号	
F130.0	EINPA	A 组 PMC 轴到位信号	
F130.1	ECKZA	A 组 PMC 轴累积零检测信号	
F130.2	EIALA	A 组 PMC 轴报警中信号	
F130.3	EDENA	A 组 PMC 轴辅助功能执行中	
F130.4	EGENA	A 组 PMC 轴移动中信号	
F130.5	EOTPA	A 组 PMC 轴正向超程信号	
F130.6	EOTNA	A 组 PMC 轴负向超程信号	
F130.7	EBSYA	A 组 PMC 轴指令读取信号	
F131.0	EMFA	A 组 PMC 轴 M 功能选通信号	
F131.1	EABUFA	A 组 PMC 轴缓冲器满信号	
F131.2	EMF2A	A 组 PMC 轴第 2M 功能选通信号	
F131.3	EMF3A	A 组 PMC 轴第 3M 功能选通信号	
F130,F131	EINPA	A 组 PMC 轴信号	
F133,F134	EINPB	B 组 PMC 轴信号	
F136,F137	EINPC	C 组 PMC 轴信号	
F139,F140	EINPD	D 组 PMC 轴信号	
F132,F142	EM11A～EM48A	A 组 PMC 轴 M 功能代码信号	
F135,F145	EM11B～EM48B	B 组 PMC 轴 M 功能代码信号	
F138,F148	EM11C～EM48C	C 组 PMC 轴 M 功能代码信号	
F141,F151	EM11D～EM48D	D 组 PMC 轴 M 功能代码信号	
F154.0	TLAL	刀具剩余数量通知信号	12.5
F160,F161	MSP00～MSP15	多主轴地址 P 信号	11.12
F168～F171	ALMC	第 3 串行主轴信号	11.2
F172.6	PBATZ	绝对编码器电池电压零报警	1.4.2
F172.7	PBATL	绝对编码器电池电压低报警	
F180	CLRCH1～CLRCH8	撞块式回零扭矩限制到达信号	4.7
F182	EACNT1～EACNT8	PMC 轴控制中信号	17.1
F184	ABDT1～ABDT8	异常负载检测信号	2.9

续表

地址	符号	信号名称	功能手册
F190	TRQM1～TRQM8	PMC 轴扭矩控制方式中信号	17.1
F197.0～F197.3	MFSYNA～MFSYND	柔性同步方式状态信号	1.12
F200.0～F201.3	R01O2～R12O2	S12 位代码信号	11.12
F202,F203	AR002～AR152	实际主轴速度信号	11.9
F204.0～F205.3	R01O3～R12O3	S12 位代码信号	11.12
F206～F207	AR003～AR153	实际主轴速度信号	11.9
F208	EGBM1～EGBM8	EGB 方式确认信号	1.9.5
F210	SYNMT1～SYNMT	机械坐标一致状态输出信号	1.6
F211	SYNOF1～SYNOF	可进行同步调整的状态输出信号	
F264.0,F265.0	SPWRN1～SPWRN9	主轴警告信号	11.2
F266～F269	ALMD	第 4 串行主轴信号	
F270.0～F271.3	R01O4～R12O4	S12 位代码信号	11.12
F272,F273	AR004～AR154	实际主轴速度信号	11.9
F274.0～F274.3	FCSS1～FCSS4	各主轴 Cs 轮廓控制切换完成	11.11
F274.4～F274.7	CSFO1～CSFO4	各主轴 Cs 轴坐标建立报警信号	11.11.4
F276,F277	UO016～UO031	用户宏程序输出信号	13.6
F280～F283	UO200～UO231	用户宏程序输出信号	
F284～F287	UO300～UO331	用户宏程序输出信号	
F288.0～F288.3	FSPSY1～FSPSY4	各主轴同步速度控制完成信号	11.14
F289.0～F289.3	FSPPH1～FSPPH4	各主轴相位同步控制完成信号	
F290.4	PCKSV	高速程序存储数据信号	5.3.4
F290.5	PRGMD	高速程序检查方式信号	
F293,F294	HPS01～HPS16	高速位置开关信号	1.2.10
F295.6	C2SENO	双重显示强制切断状态信号	14.1.9
F295.7	CNCKYO	键盘输入选择状态信号	14.1.11
F298	TDSML1～TDSML8	热仿真故障预告信号	19.4
F299	TDFTR1～TDFTR8	干扰强度故障预告信号	
F315.0	TLSKF	刀具跳过完成信号	12.3.1
F315.1	TLMSRH	刀具管理数据搜索中信号	
F315.2	TLMG10	刀具管理数据修改中信号	
F315.4	TLMOT	刀具管理数据输出中信号	
F315.6	TMFNFD	刀具寿命到期信号	
F315.7	TLMEM	刀具管理数据编辑中信号	
F316.6	SQMPR	程序再启动 MDI 程序输出完成信号	5.6.1
F316.7	SQMPE	程序再启动 MDI 程序执行完成信号	

续表

地址	符号	信号名称	功能手册
F328.0～F328.3	TLCH1～TLCH4	换刀信号 1～4	12.3.1
F328.4～F328.7	TLCHI1～TLCHI4	单独换刀信号 1～4	
F329.0～F329.3	TLSKF1～TLSKF4	刀具跳过完成信号 1～4	
F329.4～F329.7	TLCHB1～TLCHB4	刀具寿命到达信号 1～4	
F341	SYCM1～SYCM8	同步主控轴确认信号	8.5
F342	SYCS1～SYCS8	同步从控轴确认信号	
F343	MIXO1～MIXO8	混合轴确认信号	
F344	OVMO1～OVMO8	重叠主控轴确认信号	8.6
F345	OVSO1～OVSO8	重叠从控轴确认信号	
F346	SMPK1～SMPK8	驻留轴确认信号	8.5
F347.7	D3MI	三维坐标系变换手轮中断方式信号	3.3.1
F351.0～F351.3	SSEGBM1～SSEGBM4	简单主轴 EGB 方式信号	11.24
F358	WPSF1～WPSF8	各轴工件坐标系预置完成信号	1.5.2.6
F376	SVSST1～SVSST8	速度 0 信号	11.20
F377	SVSAR1～SVSAR8	速度到达信号	
F381.0～F381.3	PHFINA～PHFIND	柔性同步控制自动相位同步完成	1.12.2
F400.1～F400.3	SUCLPB～SUCLPD	主轴松开信号	11.10
F401.1～F401.3	SCLPB～SCLPD	主轴锁紧信号	
F402.1～F402.3	MSPOSB～MSPOSD	主轴定位方式中信号	
F403.0	SYNER	同步控制位置偏差报警信号	1.6
F404.0,F404.1	COSP3～COSP4	路径间主轴指令确认信号	8.11
F512.0	MCEXE	宏调用执行中信号	17.7
F512.1	MCRQ	方式切换请求信号	
F512.2	MCSP	宏调用异常信号	
F513.0～F513.2	MD1R,MD2R,MD4R	方式通知信号	
F513.5,F513.7	DNCIR,ZRNR	方式通知信号	
F514,F515	MCEXE1～MCEXE16	调用程序确认信号	
F517.0～F517.7	RP11～RP18	参考点位置匹配信号	4.11
F518.0～F518.7	RP21～RP28	第 2 参考点位置匹配信号	
F520.0	ATBK	自动数据备份执行中信号	
F521	SVREV1～SVREV8	SV 旋转控制方式信号	11.20.1
F522	SPP1～SPP8	各轴的主轴分度中信号	11.20.2
F526.5	DWL	停顿中信号	2.7
F527.6	SYPFN	伺服/主轴相位同步完成信号	11.22.3
F527.7	SYPER	伺服/主轴相位同步出错信号	

续表

地址	符号	信号名称	功能手册
F531.6	DVCPR	外设程序执行信号	5.14
F531.7	IOLBR	β准备信号	3.9
F532	SYNO1～SYNO8	进给轴同步控制中信号	1.6
F534.1	SRNEX	快速程序再启动中信号	5.7
F534.4	MBSO	中间程序段开始信号	2.13
F534.5～F534.7	PE1EX～PE3EX	外设轴控制组 1～3 启动信号	1.20
F535.0～F535.2	WIOCH1～WIOCH3	I/O LINK 1～3 重试异常警告信号	19.3.2
F535.3	WECCS	SRAM ECC 异常警告信号	
F535.4	WETE	内嵌以太网通信异常警告信号	
F535.5	WETF	快速以太网通信异常警告信号	
F535.6	WFLN1	FL-net1 通信异常警告信号	
F535.7	WFLN2	FL-net2 通信异常警告信号	
F536.2	RMVED	移除完成信号	1.14
F536.3	ASNED	指定完成信号	
F536.4	EXCED	交换完成信号	
F536.7	INIST	初始轴指定信号	
F545.0	FLANG	显示语言切换完成信号	14.1.8
F545.1	OVLNS	路径内柔性同步控制方式信号	1.12.4
F545.4	DNTER	DeviceNet 通信异常信号	
F546.4	GTMC	螺纹谷测量完成信号	6.5.7.2
F546.5	GTME	螺纹谷测量出错信号	
F553.0～F553.3	PHERA～PHERD	自动相位同步位置误差检测信号	1.12.3
F558.0	CDCEX	C 语言执行器程序修改通知信号	14.1.23
F558.1～F558.3	CDLAD1～CDLAD3	第 1～3 路径 PMC 程序修改通知信号	
F558.4	CDDCL	DCSPMC 程序修改通知信号	
F558.5	CDPRM	CNC 参数修改通知信号	
F558.6,F558.7	CDLAD4～CDLAD5	第 4～5 路径 PMC 程序修改通知信号	
F559	SEO1～SEO8	同步误差超差信号	8.6
F564～F567	M300～M331	第 3M 功能代码	10.3
F568～F571	M400～M431	第 4M 功能代码	
F572～F575	M500～M531	第 5M 功能代码	
F577.0～F577.3	SPMFN1～SPMFN4	主轴位置记忆完成信号	11.14.1
F577.4～F577.7	SPMER1～SPMER4	主轴位置记忆出错信号	
F578.2	WBCNT	网络浏览器连接状态信号	18.2.7
F578.5	ALLO	NC 数据输出信号	15.3

续表

地址	符号	信号名称	功能手册
F580～F583	ARE00～ARE31	扩展实际主轴速度信号	11.27
F584～F587	ARE002～ARE312		
F588～F591	ARE003～ARE313		
F592～F595	ARE004～ARE314		
F598	+OT11O,－OT11O,+OT12O,－OT12O,+OT2O,－OT2O,+OT3O,－OT3O	存储行程检测范围切换确认信号	2.3.8
F599.0	OTSWFN	存储行程检测范围切换完成信号	2.3.8
F708～F711	RE01O～RE32O	32位S代码信号	11.27
F712～F715	RE01O2～RE32O2		
F716～F719	RE01O3～RE32O3		
F720～F723	RE01O4～RE32O4		
F747	TDCF00～TDCF07	PMC与DCSPMC数据传送DO信号	17.9

参考文献

[1] 罗敏，等. S3241/242 数控车床 PMC 控制程序设计 [J]. 装备维修技术，1996 (4)：16-18.

[2] 罗敏. H203 曲轴磨数控改造 [J]. 设备管理与维修，1990 (3)：19-21.

[3] 罗敏. 5 轴加工中心主-从式控制系统 [J]. 制造技术与机床，1999 (4)：41-42.

[4] 罗敏. 钻削中心自动换刀宏程序的设计方法 [J]. 制造技术与机床，2000 (9)：28-29.

[5] 罗敏. PMC 窗口功能及应用 [J]. 制造技术与机床，2003 (3)：58-60.

[6] 罗敏. 4R 曲轴磨床砂轮修整程序设计 [J]. 制造技术与机床，2003 (4)：63-66.

[7] 罗敏. 4R 曲轴磨床数控改造及设计 [J]. 设备管理与维修，2004 (1)：26-27.

[8] 罗敏. 采用双 0M 系统控制曲轴内铣 [J]. 制造技术与机床，2004 (3)：81-83.

[9] 罗敏. 用分度数控轴实现加工中心工作台分度功能的设计方法 [J]. 制造技术与机床，2007 (2)：35-38.

[10] 罗敏. 利用 CNC 与 PLC 公共存储器设计数控分度台的方法 [J]. 制造技术与机床，2007 (3)：119-121.

[11] 罗敏. MCFHD80A 卧式加工中心控制系统设计 [J]. 伺服控制，2008 (3)：40-42.

[12] 罗敏. 基于交流伺服的曲轴磨床头尾架同步控制方法 [J]. 制造技术与机床，2009 (10)：49-51.

[13] 罗敏. 基于 FANUC-0i-TTC 的曲轴连杆颈内铣控制系统设计及应用 [J]. 制造技术与机床，2010 (6)：154-157.

[14] 罗敏. 典型数控系统应用技术 [M]. 北京：机械工业出版社，2009.

[15] 罗敏，等. 数控原理与编程 [M]. 北京：机械工业出版社，2011.

[16] 罗敏，徐金瑜，吴清生，等. 曲轴自动线数控龙门机械手改造 [J]. 设备管理与维修，2012 (10)：33-36.

[17] 罗敏，吴清生. 基于 AXCTL 指令的伺服刀架 PMC 轴控制 [J]. 制造技术与机床，2013 (11)：144-147.

[18] 罗敏. FANUC 数控系统 PMC 编程技术 [M]. 北京：化学工业出版社，2013.

[19] 罗敏. FANUC 数控系统设计及应用 [M]. 北京：机械工业出版社，2014.

[20] 陈旭红，罗敏，陈志楚. 基于 FANUC 系统 IO-LINK 通信的曲轴磨床头尾架同步控制 [J]. 制造技术与机床，2015 (10)：146-150.

[21] 马彬，方学舟，罗敏，等. 加工中心随机自动换刀方式的实现 [J]. 装备维修技术，2015 (3)：71-79.